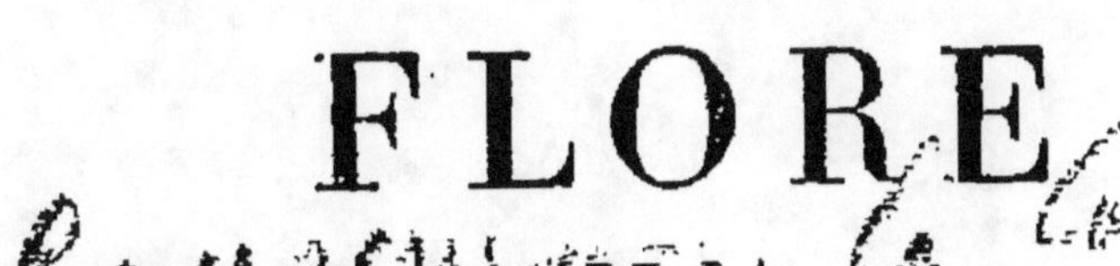

FLORE

DE LA
COTE - D'OR

CONTENANT

LA DESCRIPTION DES PLANTES VASCULAIRES

SPONTANÉES OU CULTIVÉES EN GRAND DANS LE DÉPARTEMENT,

UN APERÇU

de leurs propriétés médicales et de leurs usages,

DES TABLEAUX ANALYTIQUES

pour la détermination des familles, des genres et des espèces,

ET UN VOCABULAIRE

des mots techniques,

PAR

A. VIALLANES
Professeur à l'École de Médecine
et de Pharmacie de Dijon

J. D'ARBAUMONT
Vice-Président de l'Académie des
Sciences, Arts et Belles-Lettres
de Dijon

Membres de la Société Botanique de France.

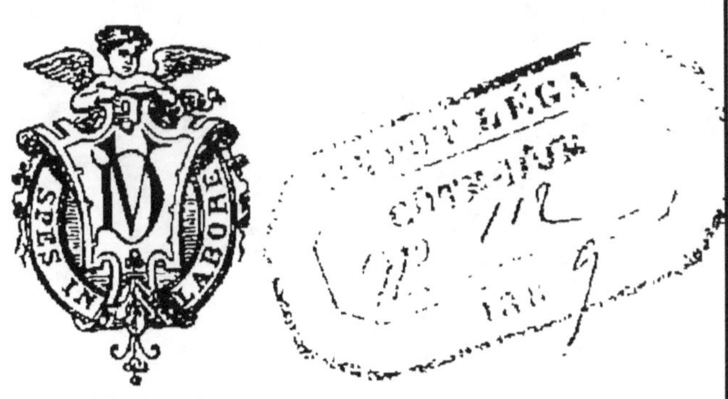

DIJON
IMPRIMERIE DARANTIERE
65, Rue Chabot-Charny, 65

—

1889

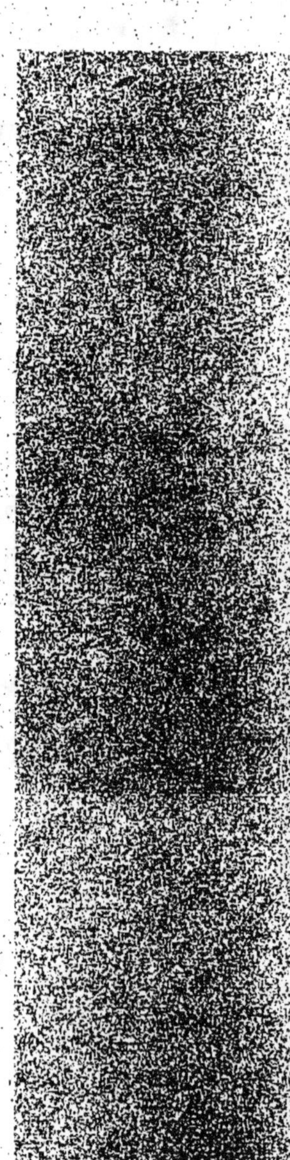

a

FLORE DE LA COTE-D'OR

FLORE

DE LA

COTE = D'OR

CONTENANT

LA DESCRIPTION DES PLANTES VASCULAIRES

SPONTANÉES OU CULTIVÉES EN GRAND DANS LE DÉPARTEMENT,

UN APERÇU

de leurs propriétés médicales et de leurs usages,

DES TABLEAUX ANALYTIQUES

pour la détermination des familles, des genres et des espèces,

ET UN VOCABULAIRE

des mots techniques,

PAR

A. VIALLANES | **J. D'ARBAUMONT**
Professeur à l'École de Médecine | Vice-Président de l'Académie des
et de Pharmacie de Dijon | Sciences, Arts et Belles-Lettres
| de Dijon

Membres de la Société Botanique de France.

DIJON

IMPRIMERIE DARANTIERE

65, Rue Chabot-Charny, 65

1889

INTRODUCTION.

La seule et très modeste ambition des auteurs de
ce livre est d'offrir à tous ceux qu'intéresse la récolte des plantes dans notre région, étudiants ou
simples amateurs, un manuel pratique de détermination qui, sous un format commode et essentiellement portatif, puisse leur servir en quelque sorte
de *vade-mecum* dans leurs courses d'herborisations.

Ce manuel paraît-il à son heure? Sa publication
correspond-elle à un besoin réel de la classe de lecteurs auxquels il s'adresse ? C'est ce que nous allons
rapidement examiner.

Publiée en 1831, la *Flore de la Côte-d'Or* de
Lorey et Duret est depuis longtemps épuisée ; les
rares exemplaires de cet ouvrage qu'on voit de
temps à autre figurer dans les catalogues et les
annonces de librairie, se maintiennent généralement
à un prix assez élevé, ce qui, joint à la considéra-
tion du format in-8 adopté par les auteurs et de
l'épaisseur des deux volumes dans lesquels se dis-
tribue leur travail, empêche qu'on puisse le considérer comme un livre de vulgarisation.

Il faut de plus faire attention que les lois de la nomenclature botanique ont été sensiblement modifiées dans ces dernières années, et que, tant à ce point de vue qu'à celui du nombre assez considérable d'espèces et de variétés qui ont été signalées dans la Côte-d'Or depuis la date de sa publication, la *Flore* de Lorey et Duret, tout en restant, pour notre région, la base classique et indispensable des études botaniques, ne nous apparaît plus que comme un guide incomplet et peu sûr pour la détermination pratique de nos espèces.

La *Flore de la Côte-d'Or* du très regretté Charles Royer est de date beaucoup plus récente (1881-1883) ; mais, en laissant même de côté la question du format qui est aussi l'in-8, elle répond, moins bien encore que celle de ses prédécesseurs, au but que nous nous proposons.

Ce livre, fruit de longues et persévérantes recherches, se compose : 1° du catalogue très complet des plantes du département, avec de nombreuses et très utiles indications de localités ; 2° d'une suite importante de notes et d'observations sur divers points de morphologie, d'anatomie et de biologie végétales, que l'auteur a cru devoir intercaler, suivant l'ordre des familles, des genres ou des espèces, dans le texte même du catalogue.

Ces observations, personnelles pour la plupart à l'auteur, présentent un intérêt varié et abondent en aperçus ingénieux ; plusieurs d'entre elles ont fait faire certains progrès à la science. Mais ne résulte-t-il pas de cet énoncé même, qu'elles doivent dépasser la portée d'un livre élémentaire et s'adressent uniquement à des esprits déjà versés dans l'étude des végétaux ?

Le catalogue lui-même ne peut rendre, au point de vue restreint des herborisations courantes, que des services indirects et de simple statistique. Il ne comprend, d'abord, que les plantes croissant sponta-nément dans le département ; celles de grande cul-ture, dont la récolte s'impose si fréquemment au cours des herborisations, et auxquelles on a jugé utile par cela même de faire une place dans la plu-part des flores locales, en ont été systématiquement exclues.

De plus l'auteur, supposant, chez ses lecteurs, l'emploi parallèle d'ouvrages appropriés, s'est abste-nu avec soin de toute description, se bornant à indi-quer en petit texte les caractères différentiels des variétés et de certaines espèces affines ou liti-gieuses. L'analyse est restreinte elle-même à ses plus étroites limites : elle s'applique uniquement à la détermination des espèces, au moyen de tableaux dichotomiques basés soit, suivant l'usage courant, sur les caractères extérieurs des végétaux, soit, d'a-près un système propre à Ch. Royer, mais qui, dans bien des cas, lui fait complètement défaut, sur la connaissance approfondie de leur appareil souter-rain.

Il suffit de ces indications sommaires pour mon-trer qu'un tel livre, quelle qu'en soit d'ailleurs la valeur intrinsèque, — et nous sommes les premiers à en proclamer le puissant intérêt, — ne peut être mis utilement entre les mains des commençants et des simples amateurs.

Signalons enfin une *Flore* en cours de publication (1), dont l'auteur, M. Lachot, instituteur à Magny-la-Ville, s'est proposé d'étudier en détail la végétation de l'arrondissement de Semur, qu'il paraît bien connaître. C'est un très utile appoint à la statistique végétale de notre département, mais qui laisse en dehors de son horizon la plupart des formes variées et si intéressantes qui caractérisent, d'une part, la région des plateaux jurassiques, de l'autre le massif granitique du Morvan et les alluvions siliceuses du Val-de-Saône.

La *Flore élémentaire* du même auteur, simplement autographiée et tirée à petit nombre, présente, par son format portatif et la disposition, artificielle à la vérité, mais assez commode, de ses tableaux analytiques, des qualités précieuses pour les herborisations, mais on n'y trouve point de descriptions et elle ne sort point d'ailleurs des limites étroites qui viennent d'être indiquées.

En résumé, sans contester l'importance des travaux dont la flore de la Côte-d'Or a été l'objet dans les temps modernes, et qui en ont si bien montré les différents aspects, on ne fera pas difficulté de reconnaître que notre littérature botanique présente encore une lacune qu'il importe de combler.

Les auteurs de la nouvelle *Flore* espèrent répondre à ce *desideratum*, en offrant au public, comme

(1) Dans le *Bulletin de la Société des sciences historiques et naturelles de Semur.*

nous le disions en commençant, un manuel pratique d'herborisations, où ils se sont efforcés, non pas sans doute d'étendre les horizons de la science, mais de condenser, sous une forme aussi concise que possible, les indications et renseignements nécessaires pour arriver sans trop d'efforts à la détermination et à la connaissance exacte des plantes de notre région.

Dans ce but ils ont cru devoir se borner, dans les diagnoses des familles, des genres, des espèces et des variétés, aux caractères les plus saillants, ces diagnoses elles-mêmes, surtout celles des espèces, devant d'ailleurs se compléter le plus souvent par la lecture attentive des tableaux analytiques qui les précèdent.

Cette façon de procéder nous était imposée par la nécessité d'éviter des répétitions qui eussent considérablement allongé notre texte et fait éclater le cadre du travail condensé que nous nous proposions.

Le même motif nous a fait restreindre au strict nécessaire ce qui concerne les indications géographiques, nous bornant à citer quelques localités dans les différentes régions où la présence de telle ou telle plante, d'une rareté relative, a été constatée, ou nous contentant même d'indications générales, telles que : l'Auxois, le Morvan, le Val-de-Saône, etc., etc. L'indication complète des localités ne nous a semblé nécessaire que pour les espèces les plus rares ; quant aux autres, il sera toujours loisible de recourir, pour la préparation des herborisations, aux travaux de nos prédécesseurs.

Nous nous sommes également abstenus de toutes indications synonymiques d'un caractère général, et cela dans la persuasion que de tels renseignements, complément nécessaire des ouvrages d'une portée réellement scientifique, n'ont guère d'utilité dans un livre élémentaire où ils risqueraient même bien plutôt de brouiller et d'obscurcir les idées des commençants. Les seules indications de ce genre que nous ayons cru utile de retenir ont presque toutes pour but, étant donnés les changements introduits récemment dans la nomenclature botanique, de faciliter l'identification de celles de nos plantes qui figurent sous des noms génériques ou spécifiques différents dans la *Flore* de Lorey et Duret, ou dans celle de Royer. Il nous a paru, en effet, que nous devions nous conformer, pour la dénomination des plantes, à la loi de priorité qui est aujourd'hui acceptée par la plupart des botanistes descripteurs et a reçu une large et heureuse application dans quelques ouvrages de date récente, tels que le *Conspectus Floræ europææ* de Nyman et la *Petite Flore parisienne* du docteur Edmond Bonnet.

Nous ne nous dissimulons pas les inconvénients qui peuvent résulter pour ceux qui n'en sont plus tout à fait aux débuts dans l'étude de la botanique, de cette substitution de noms peu connus et pour la plupart depuis longtemps tombés en désuétude, à des noms consacrés par l'usage et par l'autorité d'auteurs éminents ; mais c'est là une habitude à prendre, et il y faudra, croyons-nous, peu de temps.

Nous ferons aussi remarquer, qu'à l'exemple de Royer et de MM. Cosson et Germain de Saint-Pierre, dans leur excellente *Flore des environs de Paris*, nous avons maintenu au rang des variétés un assez grand nombre de formes que certains auteurs, sans tomber même dans les regrettables exagérations de l'école multiplicatrice, considèrent comme des espèces légitimes. Sans vouloir nous prononcer doctrinalement sur les appréciations de ces auteurs, il nous a paru qu'il y avait tout avantage, dans un ouvrage élémentaire, à ne pas divertir l'attention des lecteurs et à ne pas leur imposer un trop grand effort de mémoire par l'excessive multiplication des types spécifiques. Ces types une fois bien établis, il sera plus facile d'y rattacher les formes dérivées, quoi qu'on puisse penser d'ailleurs de la valeur intrinsèque de ces dernières.

Ce qui a été dit plus haut des plantes de grande culture laisse assez préjuger que nous leur avons fait une place dans les tableaux analytiques et les diagnoses de notre *Flore*. Quant à certaines plantes rencontrées adventivement dans notre département ou qui sont employées plus ou moins fréquemment dans la culture maraîchère ou ornementale, elles ont fait l'objet de courtes notes intercalées dans le texte.

Nous en avons usé de même pour ce qui concerne les propriétés des plantes et leur emploi en médecine ou dans les arts; les mots abrégés : pl. off. (plante officinale) désignent celles qui sont portées au *Codex* de 1884.

On nous saura gré sans doute de joindre à cette introduction : 1° un tableau sommaire de la distribution des plantes dans le département de la Côte-d'Or ; 2° la liste aussi complète que possible des espèces et des principales variétés qui y ont été signalées depuis la publication de la *Flore* de Lorey et Duret (1) ; 3° enfin une courte instruction sur l'emploi des tableaux analytiques.

On trouvera, à la suite de cette instruction, la liste des auteurs cités et celle des principales abréviations, et, à la fin du volume, un petit vocabulaire des mots techniques.

DISTRIBUTION DES PLANTES
DANS LE DÉPARTEMENT DE LA COTE-D'OR.

Le département de la Côte-d'Or peut, aussi bien au point de vue botanique qu'au point de vue géologique, être divisé en quatre régions naturelles : 1° le Morvan, 2° les vallées et coteaux de l'Auxois, 3° les plateaux jurassiques, 4° la plaine de Saône (2).

1. Le *Morvan* comprend, dans notre département, une partie des arrondissements de Beaune et de Semur. Un sol montagneux presque entièrement formé de roches cristallines : granite, porphyre,

---

(1) Pour ce qui concerne l'histoire de la botanique en Bourgogne avant cette époque, nous renvoyons au premier volume des mêmes auteurs, p. IX et suivantes.

(2) Souvent désignée aussi sous le nom de Val-de-Saône.

gneiss, une altitude dépassant souvent 600 mètres, des vallées tortueuses, étroitement encaissées, des étangs placés sur des hauteurs, des marécages tourbeux ou siliceux, de grandes forêts, impriment à la végétation de cette région un caractère spécial : les plantes de la silice y dominent à l'exclusion des espèces calcicoles.

2. Les *vallées et coteaux de l'Auxois*, compris entre les montagnes granitiques du Morvan et les plateaux oolithiques de la troisième région, forment une partie des arrondissements de Beaune et de Semur. Ce vaste bassin, creusé de profondes vallées, est essentiellement formé par les quatre étages du lias. Tous les sommets appartiennent à l'oolithe inférieure et ont, en conséquence, une végétation identique à celle des plateaux jurassiques. Au point de vue botanique, cette région est moins bien caractérisée que les trois autres ; sa flore, moins riche et moins variée, n'a rien de spécial.

3. Les *plateaux jurassiques*, qui tiennent une si grande place dans le département, comprennent tout l'arrondissement de Châtillon et une partie des arrondissements de Semur, de Beaune et de Dijon. Cette région, comprise entre la deuxième et la quatrième, est la plus intéressante et la plus riche. Formée en grande partie par les trois groupes de la série oolithique, elle est couverte d'immenses forêts et creusée de combes profondes, à fond souvent tourbeux, avec des altitudes de plus de 600 mètres. Sa flore est des mieux caractérisées.

Les espèces calcicoles montagnardes y sont largement représentées, et, fait curieux et d'une explication difficile, à de faibles altitudes, à 300 ou 400 mètres, apparaissent en assez grand nombre des espèces alpines ou subalpines. On y trouve également, dans de nombreuses stations, quelques espèces méridionales, qui donnent à la végétation de cette région un caractère tout particulier.

4. La *plaine de Saône* comprend une partie des arrondissements de Beaune et de Dijon. Commençant, au nord et au nord-est, à la base des hauteurs du plateau de Langres, elle se continue, au sud, avec les plaines chalonnaises, est bornée à l'ouest par la côte de riches vignobles qui limite la troisième région, et se confond à l'est avec les plaines du Jura et de la Haute-Saône. Sa plus grande altitude est de 300 mètres au nord ; elle descend un peu au-dessous de 200 mètres au sud. Ondulée sur différents points, couverte de forêts à sol souvent humide, arrosée par la Saône, par de nombreux cours d'eau, par le canal de Bourgogne, riche encore, malgré les progrès de l'agriculture, en tourbières et en étangs siliceux, les stations intéressantes au point de vue botanique y sont aussi nombreuses que variées.

Les terrains qui constituent la plaine appartiennent aux formations jurassique, crétacée, tertiaire et récente. Sans entrer dans des détails que ne saurait comporter cet aperçu (1), on peut dire que la

(1) Voir *Esquisse orographique, hydrographique et géologique du département de la Côte-d'Or*, par M. Collenot. (*Bulletin de la Société des Sciences historiques et naturelles de Semur*, 1874).

partie nord et nord-est appartient au terrain jurassique ; le terrain crétacé y est représenté par quelques lambeaux. Les différents étages du terrain tertiaire s'y présentent, au contraire, sur un grand nombre de points. Enfin toute la partie basse de la plaine est formée par des alluvions anciennes ou modernes, mais où souvent domine la silice à l'exclusion du calcaire.

De cette constitution géologique variée, de ces altitudes différentes, du contact avec les plaines du Jura, de la Haute-Saône et de Saône-et-Loire, résulte, pour cette région, une grande variété dans la végétation.

Après ce rapide exposé, il ne nous reste plus qu'à mettre en relief la physionomie spéciale que donnent à chacune de nos régions naturelles la présence ou l'absence de certaines espèces végétales.

Dans les tableaux suivants, nous avons réuni les espèces qui nous paraissent caractéristiques pour chacune de nos régions botaniques, en ayant soin d'exclure celles qui, indifférentes au sol ou à la station, se retrouvent partout.

Ce groupement synthétique met rapidement en évidence le caractère propre à chacune de nos flores régionales et, de plus, la comparaison entre ces tableaux fait bien saisir les différences qui les séparent ou les ressemblances qui les rapprochent.

Plateaux jurassiques.

Les nombreuses espèces de cette région manquent presque complètement dans le Morvan et dans la partie siliceuse de la plaine de Saône. Elles se retrouvent au contraire en assez grand nombre dans la partie calcaire de cette plaine.

Quelques excursions dans les combes et sur les collines des environs de Dijon donnent une idée très exacte, dans son ensemble, de la végétation de nos plateaux jurassiques. Nous allons en énumérer les espèces caractéristiques; il suffira, pour compléter le tableau, de signaler ensuite les espèces rares ou spéciales aux autres stations de la même région.

Les coteaux de Plombières, de Velars, de Larrey, de Dijon, le vallon de Flavignerot, les combes voisines, Notre-Dame-d'Étang, le Mont-Afrique, sont d'une grande richesse, et il est facile d'y récolter les espèces suivantes :

Thalictrum minus, Anemone Pulsatilla et *ranunculoides, Adonis æstivalis* et *flammea, Ranunculus gramineus, nemorosus* et *auricomus, Helleborus fœtidus, Nigella arvensis, Aconitum lycoctonum, Actæa spicata, Berberis vulgaris, Corydalis solida, Fumaria Vaillantii* et *parviflora, Cheiranthus Cheiri, Arabis brassicæformis* et *arenosa, Dentaria pinnata, Cardamine impatiens, Erysimum cheiriflorum* et *orientale, Turritis glabra, Diplotaxis viminea* et *tenuifolia, Alyssum montanum, Thlaspi perfoliatum* et *montanum, Iberis amara* et *Durandii, Hutchinsia petræa, Isatis tinctoria, Neslia paniculata, Helianthemum Chamæcystus, canum* et *polifolium, Fumana procumbens, Viola mirabilis* et *alba, Polygala comosa* et *amarella, Dianthus silvestris* et *Carthusianorum, Silene nutans* et *Otites, Melandrium silvestre, Buffonia macrosperma, Alsine Jacquini, Holosteum umbellatum, Sedum purpurascens, reflexum* et *dasyphyllum, Linum tenuifolium, Althæa hirsuta, Hypericum montanum* et *hirsutum, Geranium sanguineum, columbinum* et *pyrenaicum, Rhamnus alpinus, Buxus sempervirens, Cytisus Laburnum* et *supinus* var. *capitatus, Genista prostrata* et *pilosa, Ononis subocculta* et *Natrix, Anthyllis montana, Medicago minima, Trifolium scabrum, montanum, ochroleucum, rubens* et *alpestre, Colutea arborescens, Lathyrus latifolius, Orobus niger, vernus* et *tuberosus, Coronilla minima* et *coronata, Hippocrepis comosa, Cerasus Mahaleb, Potentilla micrantha, Fragaria collina, Rubus tomentosus, Rosa spinosissima, tomentosa, rubiginosa* et *micrantha, Cotoneaster vulgaris, Sorbus Aria* et *torminalis, Amelanchier vulgaris, Ribes alpinum, Sanicula europæa, Torilis nodosa, Orlaya grandiflora, Laserpitium latifolium* et *gallicum, Peucedanum Cervaria, Tordylium maximum, Anthriscus silvestris, Seseli Libanotis* et *montanum, Bupleurum falcatum, aristatum* et *rotundifolium, Trinia vulgaris, Carum Carvi* et *Bulbocastanum, Pimpinella magna, Ptychotis heterophylla, Viburnum Lantana, Lonicera Xylosteum, Asperula arvensis, cynanchica* et *galioides, Galium silvaticum* et *silvestre, Rubia peregrina, Centranthus angustifolius, Cirsium eriophorum, Centaurea montana, Lynosiris vulgaris,*

Micropus erectus, Leucanthemum corymbosum, Inula Conyza, squarrosa et *montana, Picris hieracioides, Tragopogon dubium, Mycelis muralis, Lactuca perennis* et *chondrillæflora, Crepis pulchra, Hieracium murorum* var. *cinerascens, Specularia hybrida, Phyteuma orbiculare, Primula elatior, Vincetoxicum officinale, Gentiana germanica, lutea* et *cruciata, Anchusa italica, Lappula Myosotis, Cynoglossum montanum, Lithospermum purpureo-cæruleum, Physalis Alkekengi, Veronica Teucrium, præcox* et *triphyllos, Scrophularia canina* et var. *Hoppii, S. alata, Digitalis lutea, Odontites lutea, Lathræa squamaria, Mentha rotundifolia, Melittis Melissophyllum, Galeobdolon luteum, Stachys alpina, Brunella grandiflora, Scutellaria alpina, Ajuga genevensis, Teucrium montanum, Globularia Willkommii, Rumex scutatus, Thesium humifusum* et *divaricatum, Thymelæa Passerina, Daphne Mezereum* et *Laureola, Asarum europæum, Euphorbia verrucosa, falcata* et *esula* var. *Loreyi, Mercurialis perennis, Parietaria erecta, Quercus sessiliflora* var. *pubescens, Narcissus Pseudo-Narcissus, Leucoium vernum, Orchis ustulata, purpurea* et *galeata, Gymnadenia conopea, Anacamptis pyramidalis, Loroglossum hircinum, Aceras anthropophora, Ophrys muscifera, aranifera, fuciflora* et *apifera, Limodorum abortivum, Cephalanthera grandiflora* et *rubra, Epipactis atrorubens, Neottia nidus-avis, Paris quadrifolia, Ruscus aculeatus, Lilium Martagon, Scilla autumnalis* et *bifolia,*

Allium sphærocephalum, Phalangium Liliago et *ramosum, Carex montana, humilis, gynobasis, digitata, ornithopoda* et *præcox, Phleum Bœhmeri, Sesleria cærulea, Stipa pennata, Deschampsia media, Kœleria cristata* et *valesiaca, Melica ciliata* et *nutans, Bromus squarrosus, Elymus europæus, Ceterach officinarum, Ophioglossum vulgatum, Polypodium Dryopteris* var. *calcareum.*

La plupart de ces espèces sont répandues dans toute la région ; on trouvera de plus les suivantes dans une ou plusieurs des stations que nous allons indiquer : Marey-sur-Tille, Tarsul, Voulaine, Essarois, Combe-Noire, Val-des-Choux, Montbard, Jouvence, Sainte - Foy, Val - de - Suzon, Val - Courbe, Gevrey, Nuits, Beaune, Savigny. Arcenant, Bouilland, Santenay, Nolay, etc., etc.

Thalictrum majus, Ranunculus aconitifolius, Isopyrum thalictroides, Pæonia corallina, Meconopsis cambrica, Biscutella lævigata, Draba aizoides, Viola elatior, Polygala amara, Dianthus superbus, Saponaria ocymoides, Alsine mucronata, Linum Loreyi, Geranium lucidum, Ruta graveolens, Dictamnus albus, Acer opulifolium, platanoides et *monspessulanum, Tetragonolobus siliquosus, Lathyrus sphæricus, Vicia pisiformis, Coronilla Emerus, Spiræa Filipendula, Rubus saxatilis, Alchemilla vulgaris, Sanguisorba officinalis, Mespilus germanica, Sorbus latifolia, Saxifraga granulata, Silaus virescens, Athamanta cretensis, Helosciadium repens, Sambucus racemosa, Valeriana tuberosa, Carlina acaulis, Cirsium tuberosum, Carduus defloratus, Artemisia Absinthium, Buphthalmum salicifolium, Aster Amellus, Ligularia sibirica, Cineraria lanceolata, Scorzonera austriaca, Crepis præmorsa, Hieracium Jacquini* et *murorum* var. *cinerascens, Arctostaphylos officinalis, Pyrola rotundifolia, Hypopytis multiflora, Chlora perfoliata, Swertia perennis, Gentiana ciliata* et *pneumonanthe, Convolvulus cantabrica, Cynoglossum Dioscoridis, Belladona baccifera, Linaria alpina* et *filiformis, Orobanche major* et *Hederæ, Plantago Cynops, Thesium alpinum* et *pratense, Daphne Cneorum* et *alpina, Euphorbia Gerardiana, Iris fætidissima, Narcissus poeticus, Orchis coriophora, Gymnadenia odoratissima, Cypripedium Calceolus, Allium rotundum* et *Schœnoprasum, Arum italicum, Carex Davalliana* et *alba, Eriophorum latifolium, Schœnus nigricans* et *ferrugineus, Aira præcox, Poa alpina, Botrychium Lunaria.*

Morvan.

La flore de cette région présente un contraste frappant avec celle des plateaux jurassiques. La plupart des espèces qui forment le fond de sa végétation manquent complètement dans les terrains calcaires. Ce qui donne un grand intérêt à sa végétation si caractéristique, c'est la présence d'un certain nombre d'espèces appartenant aux grandes altitudes ; nous avons déjà relevé le même fait pour la région des plateaux jurassiques.

Nous diviserons le tableau des espèces morvandelles en deux parties : dans la première, nous ne citerons que celles qui nous paraissent lui appartenir d'une manière exclusive, dans la seconde, nous réunirons celles qui appartiennent, tout à la fois, au Morvan et à la plaine de Saône.

Les stations les plus intéressantes de cette région sont les suivantes : Saulieu et ses environs, Laroche-en-Brenil, Rouvray, Saint-Léger, Villargoix, Semur, etc., etc.

1. *Espèces appartenant exclusivement à la région du Morvan.*

Ranunculus aconitifolius, Cardamine amara, Sisymbrium Irio, Draba muralis, Teesdalia nudicaulis, Sinapis Cheiranthus, Viola palustris, Silene Armeria, Spergula pentandra, Tillæa muscosa, Bulliarda Vaillantii, Sedum villosum, Umbilicus pendulinus, Elodes palustris, Cerasus Padus, Rubus nitidus, Sorbus aucuparia, Epilobium lanceolatum et roseum, Circæa intermedia, Myriophyllum alternifolium, Carum verticillatum, Chrysosplenium alternifolium, Galium saxatile, Campanula patula, Jasione perennis, Walhenbergia hederacea, Antennaria dioica, Arnica montana, Doronicum austriacum, Senecio adonidifolius, Oxycoccos palustris, Utricularia minor, Anagallis tenella, Digitalis purpurea,

Anarrhinum bellidifolium, Littorella palustris, Polygonum Bistorta, Salix pentandra, Alisma natans et ranunculoides, Scheuchzeria palustris, Potamogeton alpinus, trichoides et obtusifolius, Sparganium minimum, Juncus supinus et squarrosus, Endymion non-scriptus, Carex canescens, lævigata, teretiuscula et filiformis, Scirpus fluitans, Eriophorum vaginatum, gracile et angustifolium, Nardus stricta, Nardurus Lachenalii, Glyceria loliacea, Vulpia sciuroides, Equisetum silvaticum, Osmunda regalis, Polypodium Phegopteris et Dryopteris, Lomaria spicant, Polystichum montanum et Thelypteris, Asplenium septentrionale et Adiantum-nigrum, Lycopodium Selago, inundatum et clavatum, Pilularia globulifera.

2. *Espèces communes au Morvan et à la plaine de Saône.*

Ranunculus hederaceus et Lingua, Myosurus minimus, Nasturtium asperum et palustre, Lepidium graminifolium, Viola canina, Parnassia palustris, Polygala serpyllacea, Gypsophylla muralis, Spergularia campestris, Sagina apetala, Stellaria nemorum, graminea et glauca, Corrigiola littoralis, Herniaria hirsuta, Illecebrum verticillatum, Scleranthus perennis, Montia fontana, Elatine hexandra, Sedum rubens et pruinatum, Radiola linoides, Hypericum pulchrum et humifusum, Sarothamnus scoparius,

Genista anglica, Lotus uliginosus, Melilotus alba, Trifolium elegans, Vicia lathyroides et varia, Lathyrus Nissolia et angulatus, Ornithopodium perpusillum, Potentilla argentea, Comarum palustre, Rubus idæus, Agrimonia odorata, Lythrum Hyssopifolia, Peplis Portula, Epilobium palustre, Trapa natans, Hydrocotyle vulgaris, Selinum Carvifolia, Peucedanum palustre et Oreoselinum, Œnanthe peucedanifolia, Sambucus racemosa, Galium uliginosum, Bidens cernua, Petasites officinalis, Chamomilla nobilis, Matricaria Chamomilla, Senecio nemorensis, Arnoseris minima, Hypochœris glabra, Leontodon autumnale, Thrincia hirta, Scorzonera humilis, Chondrilla juncea, Campanula Rapunculus, Jasione montana, Vaccinium Myrtillus, Calluna vulgaris, Utricularia vulgaris, Lysimachia nemorum, Centunculus minimus, Menyanthes trifoliata, Cicendia filiformis, Lycopsis arvensis, Myosotis versicolor, Verbascum floccosum et Blattaria, Veronica scutellata, montana, acinifolia et verna, Limosella aquatica, Linaria Pelisseriana, Pedicularis palustris et silvatica, Orobanche Rapum, Mentha Pulegium, Lamium hybridum, Galeopsis dubia, Scutellaria minor, Rumex maritimus et Acetosella, Ulmus montana, Castanea sativa, Salix aurita, Betula alba, Alnus glutinosus, Potamogeton gramineus et pectinatus, Satyrium viride, Epipactis palustris, Juncus capitatus, Luzula silvatica et albida, Cyperus flavescens, Scirpus compressus et setaceus,

Eleocharis ovata, Rhynchospora alba, Carex pulicaris, stellulata, Pseudo-Cyperus, remota, limosa, pilulifera et *elongata, Alopecurus fulvus, Digitaria glabra, Agrostis canina* var. *surculifera, Apera spica-venti, Weingærtneria canescens, Aira præcox, Molinia cærulea, Scleropoa rigida, Nardurus Lachenalii* et *tenellus, Festuca gigantea, Aspidium aculeatum, Pteris aquilina, Polystichum spinulosum.*

Plaine de Saône.

Cette grande région comprend trois zones de végétation qui correspondent à des terrains de constitution différente.

La première zone, sèche et calcaire, forme une partie des cantons de Selongey, Is-sur-Tille. Dijon, Gevrey, Beaune et Nuits.

La physionomie générale de sa végétation est celle des plateaux jurassiques, dont elle ne diffère que par l'absence des espèces montagnardes. Quelques-unes de ces dernières descendent cependant dans la plaine, comme : *Ranunculus gramineus, Aconitum Napellus, Belladona baccifera, Asarum europæum, Daphne Mezereum, Leucoium vernum,* etc.

Nous n'avons donc à mentionner dans cette zone que quelques espèces non signalées dans le tableau de la région des plateaux jurassiques ou appartenant plus spécialement à la plaine calcaire :

Delphinium Consolida, Erucastrum Pollichii,

Camelina sativa, Lepidium ruderale, Myagrum perfoliatum, Calepina Corvini, Medicago cinerascens, Vicia Ervilia, Sanicula europæa, Turgenia latifolia, Anthriscus silvestris, Galium tricorne, Specularia hybrida, Androsace maxima, Lithospermum arvense et *officinale, Heliotropium europæum, Veronica triphyllos, Orobanche amethystea, Rumex pulcher, Aristolochia Clematitis, Euphorbia Gerardiana, Gagea arvensis, Andropogon Ischæmum.*

Dans la seconde zone, largement arrosée, riche en étangs, constituée surtout par des alluvions argilocalcaires ou argilo-siliceuses, la flore est riche en espèces des lieux humides et en espèces qui se retrouvent dans la région du Morvan. Les stations de Satenay, Saulon, Limpré, Magny-sur-Tille, Orgeux, Arcelot, sont les plus intéressantes à explorer. Les espèces suivantes leur sont spéciales :

Thalictrum flavum, Adonis autumnalis, Ranunculus divaricatus et *sceleratus, Erysimum cheiranthoides, Braya supina, Gypsophylla Vaccaria, Silene noctiflora, Rhamnus Frangula, Cytisus supinus* var. *capitatus, Lathyrus palustris, Sanguisorba officinalis, Epilobium spicatum, Œnothera biennis, Œnanthe Lachenalii, Adoxa moschatellina, Galium boreale, Cirsium bulbosum* et *oleraceum, Serratula tinctoria, Cupularia graveolens, Corvisartia Helenium, Doronicum Pardalianches, Samolus Valerandi, Gentiana pneumonanthe, Amarantus silvestris* et *retroflexus, Euphorbia Gerardiana, palustris* et *La-*

thyris, Salix repens, Triglochin palustre, Orchis laxiflora, Platanthera bifolia, Allium acutangulum, Cyperus fuscus et *longus, Eriophorum latifolium, Cladium Mariscus, Carex Davalliana, elongata, strigosa* et *polyrhyza, Equisetum hyemale.*

La végétation de la troisième zone, très riche en plantes de la silice, a beaucoup d'analogie avec celle de la seconde ; elle contraste au contraire d'une manière frappante avec celle de la première zone qui n'a que des espèces du calcaire. Sans compter les plantes qui lui sont communes avec le Morvan, et elles sont nombreuses, un certain nombre d'espèces lui sont particulières.

Les stations suivantes : Seurre, Labergement, Auxonne, Cîteaux, Boncourt, Pontailler, Vielverge, Renève, sont les mieux connues ; on y trouve les espèces suivantes :

Cardamine silvatica, Cucubalus baccifer, Elatine Alsinastrum, Linum gallicum, Oxalis stricta, Cytisus supinus, Adenocarpus parvifolius, Genista germanica, Trifolium Michelianum, Potentilla supina, Œnanthe silaifolia, Bupleurum tenuissimum, Helosciadium inundatum, Sium latifolium, Dipsacus laciniatus, Logfia gallica, Gnaphalium luteo-album, Inula britannica, Senecio paludosus, Xanthium strumarium, Campanula Cervicaria, Hottonia palustris, Limnanthemum peltatum, Cuscuta Bidentis, Myosotis stricta, Lindernia pyxidaria, Linaria Elatine, Leonurus Marrubiastrum, Scutellaria hastifolia,

Plantago arenaria, Amarantus retroflexus, Polycnemum arvense, Chenopodium glaucum et *ficifolium, Rumex Hydrolapathum, Damasonium stellatum, Hydrocharis Morsus-ranæ, Sagittaria sagittifolia, Potamogeton pusillus* et *acutifolius, Spiranthes autumnalis, Fritillaria Meleagris, Scirpus mucronatus, supinus* et *Michelianus, Eleocharis multicaulis, Carex cyperoides, pendula, polyrhyza, brizoides* et *nutans, Alopecurus utriculatus, Calamagrostis lanceolata, Cynodon Dactylon, Crypsis alopecuroides, Leersia orysoides,* · *Lasiagrostis Calamagrostis, Eragrostis major, Gaudinia fragilis.*

Ajoutons, pour donner le dernier trait, que, grâce au large contact de notre plaine avec celle de Saône-et-Loire, un assez grand nombre d'espèces méridionales ou étrangères s'y sont introduites et fixées. Citons particulièrement : *Fumaria capreolata* et *micrantha, Rapistrum rugosum, Lepidium Draba, Isatis tinctoria, Medicago ambigua, Petroselinum segetum, Ammi majus* et *Visnaga, Centaurea solstitialis* et *paniculata, Barkhausia setosa, Helminthia echioides, Veronica persica, Vallisneria spiralis, Elodea canadensis,* etc.

LISTE DES ESPÈCES SIGNALÉES

DANS LA CÔTE-D'OR DEPUIS LOREY ET DURET.

La *Flore* de Lorey et Duret attribuait au département de la Côte-d'Or environ 1230 espèces indigènes ; la flore actuelle en comprend environ 1350, soit

120 espèces nouvelles, au moins, sans compter un grand nombre de variétés dont quelques-unes ont été élevées au rang d'espèces par plusieurs botanistes modernes.

Un grand nombre de botanistes ont contribué à cet accroissement de richesse, soit par la découverte de nouvelles espèces, soit par l'indication de stations intéressantes.

Pour ne pas trop augmenter le volume de cet ouvrage élémentaire, nous n'avons pas cru devoir, après chaque espèce rare ou nouvelle, indiquer le nom du, ou des botanistes qui les ont fait connaître ; nous nous sommes contentés de puiser dans la *Flore* de Royer et de condenser ici les renseignements si précis et si nombreux qu'il donne à cet égard.

La *Flore de France* de Grenier et Godron, la *Flore du centre de la France* de Boreau, firent connaître, pour le département, un certain nombre d'espèces nouvelles ; toutes ces découvertes étaient dues à MM. Fleurot, Verlot, Méline, Moreau, Duret, Leclerc, pour la région des plateaux jurassiques et pour celle de la plaine de Saône, et à M. Lombard, pour le Morvan.

Voici la liste de ces espèces nouvelles appartenant aux plateaux jurassiques et à la plaine de Saône :

Dictamnus albus, Fumaria capreolata et *micrantha, Diplotaxis muralis, Rapistrum rugosum, Medicago polycarpa, Coronilla Emerus, Potentilla micrantha, Linaria alpina, Leonurus Marrubiastrum, Veronica persica, Galium silvestre* var. *Fleuroti, Seseli annuum, Carduus de-*

floratus, Centaurea Jacea var. *microptilon, Barkhausia setosa, Chenopodium ficifolium, Rumex nemorosus, Euphorbia stricta, Salix rubra, Schœnus ferrugineus, Deschampsia media, Kœleria valesiaca, Eragrostis major.*

Les plantes signalées dans le Morvan par M. Lombard sont les suivantes :

Silene Armeria, Circæa intermedia, Myriophyllum alterniflorum, Jasione perennis, Allium rotundum, Spiranthes æstivalis, Scheuchzeria palustris, Potamogeton polygonifolius et *alpinus, Juncus capitatus* et *pygmæus, Carex canescens, lævigata, teretiuscula, filiformis* et *depauperata, Eriophorum vaginatum, Polypodium Dryopteris* et *Phegopteris, Polystichum montanum, Lycopodium Selago.*

Les découvertes faites postérieurement à celleslà sont dues en grande partie à Royer qui, pendant plus de dix années, a exploré le département dans toutes ses parties ; voici l'énumération des espèces trouvées par lui :

Thalictrum majus, Ranunculus ophioglossifolius, Cardamine deciduifolia, Viola alba et *canina, Polygala comosa* et *serpyllacea, Linum Loreyi* var. *Leonii, Acer monspessulanum, Hypericum Desetangsii, Cytisus supinus, Genista germanica, Ononis campestris, Trifolium hybridum, Vicia tenuifolia* et *varia, Sedum pruinatum, Prunus silvatica, Spiræa hypericifolia, Rubus (plures), Fragaria elatior, Rosa (plures) Mespilus germanica, Sorbus latifolia, scandica* et *fal-*

lacina, Epilobium roseum et *lanceolatum, Ammi Visnaga, Œnanthe silaifolia, Fœniculum capillaceum, Scrophularia alata, Orobanche major, Cervariæ, Hederæ* et *Picridis, Mentha sativa, Valerianella carinata* et *Morisonii, Cineraria lanceolata, Filago spathulata, Salix rubra* et *repens, Vallisneria spiralis, Elodea canadensis, Potamogeton obtusifolius* et *trichoides, Arum italicum, Juncus silvaticus, Carex paradoxa, Hornschuchiana* et *polyrhiza, Alopecurus fulvus, Calamagrostis lanceolata, Gaudinia fragilis, Festuca loliacea.*

Ch. Royer, soit dans son ouvrage, soit dans ses communications à la Société botanique de France, attribue les autres espèces nouvelles aux botanistes dont les noms suivent :

Mme Masson : *Isopyrum thalictroides.* — L'abbé Fournier : *Meconopsis cambrica.* — Berthiot : *Scutellaria hastifolia, Erucastrum Pollichii, Bupleurum tenuissimum, Cuscuta Bidentis.* —Morelet : *Lepidium Draba.* — Dr Laguesse : *Myosotis (plures).* — Faculté des sciences : *Œnanthe pimpinelloides.* — Dr Bonnet : *Orobanche amethystea, Doronicum Pardalianches, Centaurea paniculata, Eleocharis multicaulis, Scirpus mucronatus.* — Lucand : *Lamium hybridum, Hieracium murorum (var. plures).* — Le Frère Joseph : *Campanula Cervicaria, Lasiagrostis Calamagrostis.* — Viallanes : *Thesium pratense.* — Magdelaine : *Galanthus nivalis.* — Fautrey : *Avena tenuis.* — Rochet : *Carex strigosa.* — Dr Gillot et Ozanon : *Carex Pairæi, Rosa (plures).*

Enfin de nombreuses indications de stations ont été données par les botanistes que nous venons de citer et de plus par MM. Paillot, Dr Maillard, Weber, Morizot, Latreille, Genty, Lachot, Charleu et Corot.

DE L'EMPLOI DES TABLEAUX ANALYTIQUES.

Les tableaux analytiques ont pour but de faire arriver facilement et rapidement au nom d'une plante quelconque appartenant à notre *Flore*, qu'elle soit spontanée ou cultivée en grand dans notre département.

Avant d'expliquer le mécanisme de ces tableaux, nous croyons devoir présenter quelques observations générales et donner quelques conseils aux débutants pour leur en faciliter l'emploi.

Tout végétal considéré en lui-même et abstraction faite de tous les autres, est un *individu;* la réunion de tous les individus semblables, ou se ressemblant plus entre eux qu'ils ne ressemblent à tous les autres, constitue *l'espèce ;* de même la réunion de toutes les espèces qui ont entre elles beaucoup de ressemblance, constitue le *genre ;* enfin, la réunion de tous les genres qui ont entre eux plus de ressemblance qu'ils n'en ont avec tous les autres, forme un groupement d'ordre supérieur qu'on appelle *famille.*

Chaque plante a donc un nom de famille, un

nom générique, qui est un substantif, et enfin un nom spécifique, qui suit le premier et est un qualificatif.

Les tableaux analytiques, au nombre de trois, font connaître successivement les noms de famille, de genre et d'espèce, de la plante soumise à la détermination.

Pour se servir utilement de ces tableaux, il est indispensable d'avoir quelques notions d'organographie végétale et de connaître le langage botanique. Toutes les fois que le débutant ne comprendra pas la signification d'un mot technique, il devra consulter le vocabulaire placé à la fin de ce volume; il y trouvera une explication succincte, mais suffisante de ce mot.

La plante à déterminer doit être, en général, complète, c'est-à-dire pourvue de feuilles, de fleurs et de fruits. Le plus souvent les feuilles et les fleurs suffisent pour l'analyse, mais quand il s'agit de déterminer une Crucifère ou une Ombellifère, la présence des fruits bien développés est nécessaire. Heureusement dans ces familles on trouve le plus souvent, sur la même tige, les fleurs et les fruits en état convenable. La racine fournissant quelquefois de bons caractères, doit accompagner la tige.

L'outillage du botaniste est fort simple; il se compose d'une loupe et d'un canif. Quand il faut analyser, cependant, des fleurs très petites, comme celles des Graminées ou des Composées, les deux mains doivent être libres; on se sert alors de la loupe des horlogers fixée sur une potence, ou, mieux encore, de la loupe montée ; deux aiguilles servent à séparer et à dilacérer les organes.

Pour se familiariser avec l'usage des tableaux analytiques, l'élève devra chercher à déterminer d'abord des plantes à grandes fleurs, dont les noms de famille et d'espèce lui sont connus.

Les tableaux analytiques se composent tous d'une série de deux phrases distinctes, mais réunies sous le même numéro. Chacun des termes de l'une de ces phrases est contradictoire des termes de l'autre ; souvent, pour ne pas répéter dans son entier la première, la seconde est ainsi conçue : *Plantes ne présentant aucun de ces caractères*, ou : *Plantes ne présentant pas cet ensemble de caractères*, ou plus brièvement encore : *Non*, ce qui a la même signification.

L'une des deux phrases appartenant au même numéro doit toujours convenir ou s'adapter exactement à la plante à déterminer ; l'autre, au contraire, ne lui convient nullement. A la droite de la phrase qui s'adapte à la plante se trouve un numéro qu'on doit chercher à gauche du tableau. Accolées à ce numéro se trouvent deux autres phrases, entre lesquelles il faut choisir celle qui convient à la plante. En continuant ainsi et en procédant par choix successifs, on arrive à déterminer rapidement, d'abord la famille, puis le genre et enfin l'espèce.

Quelques exemples feront bien vite comprendre ce mécanisme fort simple. Supposons que le débutant veuille connaître la famille et le nom botanique d'une plante bien commune, le Bassin d'or.

Il place devant lui la plante à analyser et lit attentivement le numéro 1 de l'*Analyse des familles* :

1. Plantes ayant un pistil ou des étamines, ou un pistil et des étamines . . . . Phanérogames A. B. C.   2
Plantes n'ayant ni pistil ni étamines. Cryptogames D. (p. lxix).

Le choix entre ces deux phrases ne peut être douteux. La fleur a des étamines et un pistil, celui-ci facile à distinguer en arrachant ou en écartant les étamines ; il se compose d'un grand nombre de carpelles arrondis. Nous allons au numéro 2 :

2. Fleurs sessiles sur un réceptacle commun, entouré d'un involucre commun; corolle monopétale ; anthères des étamines soudées en un tube à travers lequel passe le style (Marguerite, Chardon, Pissenlit). . . . Composées (p. 186).
Fleurs n'ayant pas ces trois caractères réunis 3

Le Bassin d'or n'ayant pas les trois caractères réunis indiqués dans la première phrase, on passe au numéro 3 :

3. Fleurs complètes, ayant à la fois calice, corolle, étamines et pistil 4
Fleurs incomplètes, ou paraissant incomplètes, c'est-à-dire n'ayant pas à la fois calice, corolle, étamines et pistil . . . . Incomplètes C. (p. lx).

La première de ces phrases, qui renvoie à 4, convient en tous points au Bassin d'or qui est muni d'un calice, d'une corolle, d'étamines et d'un pistil. On passe donc à 4 :

4. Fleurs polypétales (corolle de plusieurs pièces). . . . . Polypétales A. 5. (p. xlix).
Fleurs monopétales (corolle d'une seule pièce) . . . . Monopétales B. (p. lvi).

Notre plante est polypétale, puisque chacun des pétales peut s'enlever séparément et n'est pas soudé à ses voisins. Nous passons donc au numéro 5, où nous avons à choisir entre les deux phrases suivantes :

5. Corolle au-dessous ou autour de l'ovaire, celui-ci complètement libre (*ovaire supère*), ou soudé avec le réceptacle ou le calice par sa base seulement (*ovaire semi-infère*). . . 6

Corolle paraissant naître au sommet de l'ovaire, celui-ci complètement soudé avec le réceptacle ou le calice, ou étroitement enveloppé par l'un ou l'autre de ces organes (*ovaire infère*). — Fendez au besoin la fleur en long pour bien juger de la position respective des parties. 67

La première phrase du numéro 5 convient bien à notre plante. Après avoir enlevé les sépales, les pétales et les étamines, on voit saillir au centre de la fleur un corps couvert de carpelles. L'ovaire ou les ovaires sont donc bien supères. Si l'ovaire ou les ovaires étaient infères, ou ne verrait saillir dans la fleur que les styles et les stigmates, et, au-dessous du calice, on remarquerait un renflement contenant le ou les ovaires et par conséquent les ovules.

Conduits au numéro 6, nous trouvons :

6. Étamines 11 ou plus. 7
Étamines 10 ou moins 26

Les étamines étant très nombreuses, passons à 7 :

7. Corolle et étamines insérées ou paraissant insérées sur le calice. — On ne peut détacher le calice sans enlever en même temps les pétales et les étamines 21
Corolle non insérée sur le calice.—Le calice entoure les pétales et ne les porte pas 8

Ces deux caractères opposés sont plus délicats et plus difficiles à saisir que les précédents. Nous devons cependant prévenir les commençants, pour leur rendre la tâche plus facile, qu'on ne trouve dans ce groupe que quelques familles où la corolle et les étamines soient ou paraissent insérées sur le calice : Rosacées, Crassulacées, Portulacées et Lythrariées.

Dans le cas qui nous occupe, la corolle n'est pas attachée sur le calice, puisque chaque sépale peut s'enlever, sans entraîner avec lui des pétales ou des étamines. Nous allons donc, sans hésiter, au nº 8 :

8. Arbres élevés 9
   Plantes herbacées, rarement sous-frutescentes. . . . 10

Le Bassin d'or étant herbacé, nous passons à 10 :

10. Filets des étamines soudés en colonne tubuleuse; calice double . . . . MALVACÉES (p. 73).
    Non 11

Les étamines étant libres et le calice simple, nous passons à 11 :

11. Pétales de formes différentes (corolle irrégulière). . . 12
    Pétales de même forme (corolle régulière). 13

Les pétales sont de même forme dans notre plante; passons à 13 :

13. Ovaires plus ou moins nombreux, ou un seul profondément divisé 14
    Un seul ovaire très entier 16

Nous savons déjà que les ovaires sont très nombreux, 14 :

14. Feuilles charnues; plantes grasses. CRASSULACÉES (p. 67.)
    Non 15

Les feuilles ne sont pas charnues, 15 :

15. Feuilles toutes radicales; sépales et pétales 3 . . . . ALISMACÉES (p. 356).
    Feuilles alternes; sépales ou pétales plus de 3 . . . . RENONCULACÉES (p. 1).

Les feuilles du Bassin d'or sont alternes; les sépales et les pétales sont au nombre de 5; nous avons donc sous les yeux une plante de la famille des Renonculacées, ce qui nous renvoie à la page 1.

Avant d'aller plus loin, nous pouvons déjà constater l'importance de notre travail. Nous avions à choisir entre près de 1400 espèces réparties dans 565 genres et 115 familles. Le champ de nos recherches est maintenant bien restreint; nous n'avons plus à choisir qu'entre 16 genres et 41 espèces.

Nous lisons attentivement les caractères généraux de la famille des Renonculacées, pour constater qu'ils s'appliquent bien à notre plante, et nous cherchons, dans le tableau analytique des genres, ce qui convient au Bassin d'or :

1. Feuilles opposées; tige sarmenteuse . . *Clematis* (1).
   Feuilles alternes, ternées ou radicales; tige non sarmenteuse 2

La plante que nous avons sous les yeux a les feuilles alternes et la tige herbacée, ce n'est donc pas une Clématite; nous passons à 2 :

2. Fleurs en casque ou munies d'un seul éperon ou de plusieurs éperons recourbés 3
   Fleurs n'ayant pas ces caractères 5

La fleur du Bassin d'or ne présente aucun des caractères de la première phrase, la seconde lui convient; nous passons à 5 :

5. Un seul carpelle; fruit charnu . . . . . *Actæa* (16).
   Carpelles plus ou moins nombreux; fruit sec 6

Les carpelles sont nombreux, les fruits secs; nous passons à 6 :

6. Pétales très petits, beaucoup plus courts que les sépales, à limbe bilabié, ou tubuleux et terminés en cornet à la base 7

Les pétales sont grands, presque plans, d'un beau jaune ; nous passons à 9 :

Les feuilles du Bassin d'or sont alternes ; passons à 11 :

Les fleurs que nous avons sous les yeux ayant un calice et une corolle distincts, ont bien deux enveloppes florales ; passons à 12 :

Le calice ayant 5 sépales, nous arrivons à 13 :

Les pétales de notre plante sont tous munis à l'onglet d'une fossette nectarifère, elle appartient en conséquence au genre *Ranunculus*. On lit alors les caractères du genre, et on cherche le nom spécifique dans le tableau qui suit :

Les fleurs sont jaunes ; passons à 7 :

Les feuilles du Bassin d'or sont toutes ou la plupart palmatipartites ; l'hésitation n'est pas possible ; nous passons à 11.

Les sépales n'étant pas réfléchis sur le pédoncule, nous allons à 14 :

La seconde phrase convenant en tous points au Bassin d'or, nous passons à 15 :

Enlevant les étamines, on constate avec la loupe que, dans les fleurs du Bassin d'or, les carpelles sont glabres ; d'autre part, les feuilles radicales sont palmatipartites ; nous passons à 16 :

Les pédoncules ne sont pas creusés de sillons. Après avoir enlevé les étamines et les carpelles, la loupe permet de constater que le réceptacle est glabre. Cette phrase convenant donc à la plante, nous devons conclure que la plante à déterminer est le *Ranunculus acris* L.

Nous avons appris déjà, en suivant le tableau, que le *R. acris* a les fleurs grandes, d'un beau jaune, que les pédoncules ne sont pas sillonnés, que les carpelles sont glabres, que les sépales ne sont pas réfléchis; la lecture de la courte description de cette espèce complètera les caractères déjà connus.

Prenons une autre plante dont nous désirons connaître les noms botaniques, soit, cette belle Sauge, si commune dans les prés ou aux bords des chemins, et, pour abréger, ne citons que les phrases des tableaux analytiques, qui conviennent à cette plante.

Nous commençons, comme précédemment, par l'*Analyse des familles* :

1. Les fleurs de la Sauge sont pourvues d'étamines et de pistil. 2
2. Elles ne sont pas disposées comme celles de la Marguerite, du Chardon ou du Pissenlit 3
3. Elles ont un calice, une corolle, des étamines et un pistil. 4
4. Leur corolle est monopétale (corolle d'une seule pièce) . . . . MONOPÉTALES B. (p. LVI).

Ainsi renvoyés au tableau des Monopétales, p. LVI, nous suivons la série des numéros de ce tableau et nous constatons :

1. Que l'ovaire est supère 2
2. Que les feuilles ne sont ni coriaces, ni persistantes, ni épineuses ; que la tige est herbacée 3
3. Que les fleurs sont irrégulières 32
32. Que les étamines sont en petit nombre. 33
33. Qu'il y en a moins de 5 dans chaque fleur. 41
41. Qu'il y en a moins de 4. 48
48. Que le calice est à 4 ou 5 divisions, ou bilabié. . . . 49
49. Que l'ovaire est à 4 divisions, se séparant à la maturité en 4 nucules. . . . . LABIÉES (p. 290).

A la page 290 nous lisons les caractères de la famille des Labiées, qui doivent convenir à la plante, et nous cherchons, dans le tableau qui suit, son nom générique :

1. La corolle est très irrégulière 3

3. La corolle est bilabiée, à lèvres bien développées 5
5. Elle n'a que 2 étamines, à filet divisé en 2 branches, l'une
     portant la loge développée de l'anthère.   . *Salvia* (3).

Après avoir constaté que les caractères de notre
plante sont bien ceux du genre *Salvia*, nous cherchons dans le tableau des espèces son nom spécifique :

1. Ses bractées sont vertes, petites, ne dépassant pas le calice.
     2
2. Sa corolle est grande, bien plus longue que le calice ; le style
     dépasse longuement la lèvre supérieure de la corolle . .
     . . . . *S. pratensis*.

Tous ces caractères, ainsi que ceux qui sont donnés à la description de l'espèce, s'adaptant exactement à notre plante, nous avons la certitude qu'elle
est bien le *Salvia pratensis* L.

Prenons enfin comme dernier exemple le Muguet
des bois :

1. Le Muguet a des étamines et un pistil 2
2. Il ne ressemble en rien à la Marguerite ni au Chardon . 3
3. Ses fleurs ne sont pas complètes, puisqu'il est impossible de
     distinguer un calice et une corolle. . . . .
     . . . . INCOMPLÈTES C. (p. LX).

Le Muguet est donc une Incomplète. Nous allons
à la page indiquée et passons successivement par
les numéros 1, 24, 25, 26, 28, 35, 37, 38, 39, 40,
41, 44, 46, 49, 52, 53, 54, 55, 57, 58 et 60, ce qui
nous conduit à la famille des Asparaginées, p. 383.

Après avoir lu les caractères de cette famille,
nous cherchons le nom générique dans le tableau
des genres. Passant successivement par les numéros 1, 2, 4, 5, nous arrivons à reconnaître que
le Muguet appartient au genre *Convallaria*, et,

comme ce genre ne comprend qu'une seule espèce, nous pouvons avoir la certitude, après avoir lu les caractères du genre et de l'espèce, que le Muguet est bien le *Convallaria maialis* L.

Terminons enfin par quelques recommandations qui s'adressent aux débutants.

Si vous ne voulez pas vous égarer dans l'analyse que vous tentez, commencez toujours par le premier numéro du tableau qui est le point de départ de tous les végétaux décrits dans cet ouvrage.

Souvenez-vous que, dans les plantes, tout ce qui n'est pas vert est regardé comme coloré ; ainsi une corolle blanche est dite *colorée.*

Lorsque les fleurs sont très petites et serrées les unes contre les autres, comme dans les Saules, les Composées, etc., gardez-vous de prendre cette réunion pour une seule fleur.

S'il arrivait qu'aucun des caractères indiqués dans les deux phrases placées sous le même numéro ne pût s'appliquer exactement à la plante que l'on aurait sous les yeux, il y aurait lieu de penser que l'on s'est trompé dans l'analyse, ou que l'on a pris un numéro pour un autre, et il faudrait recommencer, jusqu'à ce qu'on arrive à un résultat certain.

Le calice est souvent caduc dans les Papavéracées et dans les Fumariacées ; leurs fleurs paraissent incomplètes ; nous avons prévu le cas et placé ces familles dans les Complètes et les Incomplètes.

Dans quelques familles : Malvacées, Oxalidées, Papilionacées, la corolle n'est pas en réalité polypétale, bien qu'elle en ait l'apparence, les pétales étant un peu soudés à la base ; nous avons placé ces familles dans le groupe des Polypétales et dans celui des Monopétales pour éviter toute erreur.

Quand l'élève est absolument novice, la détermination des plantes au moyen des tableaux analytiques est fort lente, mais, après un temps d'exercice relativement court, si l'élève herborise, s'il fait un herbier, et surtout s'il analyse beaucoup d'espèces, il arrive bien vite à distinguer à première vue, d'abord les familles, puis les genres. Le champ d'investigation est alors fort limité et les déterminations deviennent très rapides.

NOMS DES AUTEURS CITÉS ET ABRÉVIATIONS.

A. Br.	Alex. Braun.
Adans.	Adanson.
Ad. Brongn.	Ad. Brongniart.
A. DC.	Alph. de Candolle.
Ait.	Aiton.
All.	Allioni.
And., Anders.	Anderson.
Ard.	Arduini.
A. Rich.	A. Richard.
Asch.	Ascherson.
Asso.	Asso y del Rio.
Auct.	Auctorum.
Auct. mult.	Auctorum multorum.
Babgt.	Babington.
Balb.	Balbis.
Bartl.	Bartling.
Bast.	Bastard.
Batsch.	
Bechst.	Bechstein.
Bell.	Bellard.
Berg.	Bergeret.
Bernh.	Bernhardi.
Bert.	Bertoloni.
Berthiot.	
Bess.	Besser.
Bieb.	Bieberstein.
Bluff et Fing.	Bluff et Fingerhuth.
Bœnn.	Bœnninghausen.
Boerh.	Boerhave.
Boiss.	Boissier.
Bor.	Boreau.
Borkh.	Borkhausen.
Bréb.	Brébisson.
Brot.	Brotero.
Camb.	Cambessèdes.
C. A. Mey.	C. A. Meyer.
C. B.	C. Bauhin.
Cass.	Cassini.
Chaix.	

Cham. et Schlech.	Chamisso et Schlechtenal.
Chaub.	Chaubard.
Choisy.	
Clairv.	Clairville.
Coss.	Cosson.
Coss. et Germ.	Cosson et Germain de Saint-Pierre.
Coult.	Coulter.
Crantz.	
Curt.	Curtis.
DC.	De Candolle.
Dcsne.	Decaisne.
Delarb.	Delarbre.
Delastre.	
Déség.	Déséglise.
Desf.	Desfontaines.
Desm.	Desmoulins.
Desp.	Desportes.
Desr.	Desrousseau.
Desv.	Desvaux.
Dietr.	Dietrich.
Dill.	Dillenius.
Duby.	
Duch.	Duchesne.
Dufr.	Dufresne.
Dumort.	Dumortier.
Dun.	Dunal.
Durande.	
Ehrh.	Ehrhart.
E. Meyer.	
Endl.	Endlicher.
Faye.	
Fenzl.	
Fl. de Wett.	Flore de Wettéravie (*Flora der Wetterau*).
Forst.	Forster.

Foug.	Fougeroux.	Lehm.	Lehmann.
Fries.		Lej.	Lejeune.
Gærtn.	Gærtner.	Lestib.	Lestiboudois.
Garke.		Leyss.	Leysser.
Gaud.	Gaudichaud.	L'Hérit.	L'Héritier.
Gay.		Lindl.	Lindley.
Gilib.	Gilibert.	Link.	
Gillot.		Lob.	Lobel.
Gmel.	Gmelin.	Lois.	Loiseleur.
Godr.	Godron.	Lorey.	
Good.	Goodenough.	Loureiro.	
Gray.		M. et K.	Mertens et Koch.
Gren.	Grenier.	Medik.,Medic.	Medikus.
Gren. et Godr.	Grenier et Godron.	Mér.	Mérat.
Griseb.	Grisebach.	Mercier.	
Guss.	Gussone.	Mey.	Meyer.
Hab.	Haberle.	Mich.	Micheli.
Hænke.		Michalet.	
Hall.	Haller.	Mikan.	
Hayne.		Mill.	Miller.
Heist.	Heister.	Mirb.	Mirbel.
Herm.	Hermann.	Mœnch.	
Hœss.		Moq.-Tand.	Moquin-Tandon.
Hoffm.	Hoffmann.	Müll.	Müller.
Hoffms. et Link.	Hoffmannsegg et Link.	Murr.	Murray.
		Næg.	Nægeli.
		Neck.	Necker.
Hoppe.		Nees.	Nees von Esenbeck.
Host.		Nutt.	Nuttal.
Huds.	Hudson.	Nym.	Nyman.
Jacq.	Jacques.	Ozanon et Gillot.	
Jan.			
Jord.	Jordan.	Pall.	Pallas.
Juss.	Jussieu.	Parl.	Parlatore.
Kit.	Kitaibel.	P. B.	Palisot de Beauvois.
Koch.			
Koch et Ziz.		Pers.	Persoon.
Kœl.	Kœler.	Poir.	Poiret.
Krock.	Krocker.	Poit. et Turp.	Poiteau et Turpin.
Kunth.		Poll.	Pollich.
Kütz.	Kützing.	Pourr.	Pourret.
L.	Linné.	Presl.	
Lag.	Lagasca.	Rafin.	Rafinesque.
Lam.	Lamarck.	Ram.	Ramond.
Lamotte.		Rau.	
Lap.	Lapeyrouse.	R. Br.	Robert Brown.
Leers.		Rchb.	Reichenbach.

Reich.	Reichaud.	Sutt.	Sutton.
Relhan.		Sw.	Swartz.
Reneaulme.		S. W.	Soyer-Willemet.
R. et S.	Rœmer et Schulter.	Symons.	
Retz.	Retzius.	Tausch.	
Reut.	Reuter.	Ten.	Tenore.
Reyn.	Reynier.	Thuill.	Thuillier.
Rich.	Richard.	Timb.	Timbal-Lagrave.
Rip.	Ripart.	Tourn.	Tournefort.
Riv.	Rivinus.	Trin.	Trinius.
Rœhl.	Rœhling.	Vaill.	Vaillant.
Rozier.		Vauch.	Vaucher.
Roth.		Vent.	Ventenat.
Royer.		Vig.	Viguier.
Salisb.	Salisbury.	Vill.	Villars.
Savi.		Wahl.	Wahlenberg.
St-Hil.	Saint-Hilaire.	Wallr.	Wallroth.
Schk.	Schkuhr.	Walp.	Walpers.
Schlecht.	Schlechtendal.	Web.	Weber.
Schleid.	Schleiden.	Wedd.	Weddel.
Schrad.	Schrader.	Weig.	Weigel.
Schrank.		Weihe.	
Schreb.	Schreber.	Wend.	Wenderoth.
Schult.	Schultes.	Wib.	Wibel.
Schultz.		Wigg.	Wiggers.
Scop.	Scopoli.	Willd.	Willdenow.
S. et M.	Sebastiani et Mauri.	Wimm.	Wimmer.
Ser.	Seringe.	Wimm. et Grab.	Wimmer et Grabowski.
Sibth.	Sibthorp.		
Sibth. et Sm.	Sibthorp et Smith.		
Sm.	Smith.	Wirtg.	Wirtgen.
Soland.		With.	Withering.
Spach.		Wulf.	Wulfen.
Spenn.	Spenner.	W. et K.	Waldstein et Kitaibel.
Sternb.	Sternberg.		
Stremp.	Strempel.	W. et N.	Weihe et Nees von Esenbeck.
Suard.			

LISTE DES ABRÉVIATIONS.

Abrév.	Signification	Abrév.	Signification
Advent	adventivement.	Fruct.	fructification.
Alternt	alternativement.	G.	genre.
Amplt	amplement.	Gént	généralement.
Antér.	antérieur.	Gr.	graine.
Brièvt	brièvement.	Hermaphr.	hermaphrodite.
Brusqt	brusquement.	Horizontalt	horizontalement.
Cal.	calice.	Incomplètt	incomplètement.
Caps.	capsule.	Indéhisc.	indéhiscent.
Capit.	capitule.	Inégalt	inégalement.
Carp.	carpelle.	Infér.	inférieur.
Cent.	centimètre.	Infért	inférieurement.
Circonf.	circonférence.	Inflor.	inflorescence.
Circult	circulairement.	Insensiblt	insensiblement.
Complètt	complètement.	Intér.	intérieur.
Cor.	corolle.	Intért	intérieurement.
Courtt	courtement.	Invol.	involucre.
Cult.	cultivé.	Irrég.	irrégulier.
Déc.	décimètre.	Irrégt	irrégulièrement.
Déhisc.	déhiscent.	Juill.	juillet.
Div.	divisions.	Lâcht	lâchement.
Diverst	diversement.	Largt	largement.
Doublt	doublement.	Latér.	latéral.
Égalt	également.	Latért	latéralement.
Entt	entièrement.	Légèrt	légèrement.
Etam.	étamines.	Locul.	loculaire.
Etroitt	étroitement.	Locul. (1-, 2-, 3-).	Uni., bi., triloculaire, etc.
Extér.	extérieur.		
Extért	extérieurement.	Longt	longuement.
F.	feuille.	Longitudt	longitudinalement.
Facilt	facilement.	M.	mètre.
Faiblt	faiblement.	Mill.	millimètre.
Fév.	février.	Mollt	mollement.
Fint	finement.	Nettemt	nettement.
Fl.	fleur.	Nov.	novembre.
Fol.	foliole.	Obliqt	obliquement.
Fortt	fortement.	Obscurt	obscurément.
Fr.	fruit.	Oct.	octobre.
Fréqt	fréquemment.	Ordt	ordinairement.

Ov. ovaire.
Pédic. pédicelle.
Pédonc. pédoncule.
Pét. pétale.
Pl. plante.
Postér. postérieur.
Postér^t postérieurement.
Prob^t probablement.
Prof^t profondément.
Promp^t promptement.
Qqfois quelquefois.
Rac. racine.
Rar^t rarement.
Récept. réceptacle.
Rég. régulier.
Rég^t régulièrement.
Sensibl^t sensiblement.
Sép. sépale.
Sept. septembre.
Seul^t seulement.
Simpl^t simplement.
Souv^t souvent.
Sperme (1-, 2-, 3-). Mono., di., trisperme, etc.
Stigm. stigmate.
Stip. stipule.
Subsp. subspontané.

Success^t successivement.
Supér. supérieur.
Supér^t supérieurement.
Superf^t superficiellement.
Transvers^t transversalement.
Unilatér. unilatéral.
Unilatér^t unilatéralement.
Var. variété.
Vulg^t vulgairement.
① Plante annuelle.
② Plante bisannuelle.
♃ Plante vivace non ligneuse.
♄ Plante ligneuse.
C. commun.
A. C. assez commun.
T. C. très commun.
R. rare.
A. R. assez rare.
T. R. très rare.
1-, 2-, 3-, 4-. Uni., mono. — bi., di. — tri. — quadri., tétra., etc. : bifide, triséquée, bipennatiséquée, quadrilobée, bicaréné, uniflore, monosperme, disperme, trisperme, tétrasperme, etc.

ANALYSE DES FAMILLES.

1. Plantes ayant un pistil ou des étamines, ou un pistil et des étamines . . . . PHANÉROGAMES A. B. C. 2
   Plantes n'ayant ni pistil ni étamines. CRYPTOGAMES D. (p. LXIX).

2. Fleurs sessiles sur un réceptacle commun, entouré d'un involucre commun ; corolle monopétale ; anthères des étamines
   soudées en un tube à travers lequel passe le style (Marguerite, Chardon, Pissenlit) . . COMPOSÉES (p. 186).
   Fleurs n'ayant pas ces trois caractères réunis. 3

3. Fleurs complètes, ayant à la fois calice, corolle, étamines et
   pistil 4
   Fleurs incomplètes, ou paraissant incomplètes, c'est-à-dire
   n'ayant pas à la fois calice, corolle, étamines et pistil . .
   . . . . INCOMPLÈTES C. (p. LX).

4. Fleurs polypétales (corolle de plusieurs pièces) . . . . .
   . . . . POLYPÉTALES A. 5. (p. XLIX).
   Fleurs monopétales (corolle d'une seule pièce) . . . . .
   . . . . MONOPÉTALES B. (p. LVI).

A. POLYPÉTALES.

5. Corolle au-dessous ou autour de l'ovaire, celui-ci complètement libre (*ovaire supère*), ou soudé avec le réceptacle ou le
   calice par sa base seulement (*ovaire semi-infère*). . . 6
   Corolle paraissant naître au sommet de l'ovaire, celui-ci complètement soudé avec le réceptacle ou le calice, ou étroitement
   enveloppé par l'un ou l'autre de ces organes (*ovaire infère*).
   — Fendez au besoin la fleur en long pour bien juger de la
   position respective des parties. 67

6. Étamines 11 ou plus 7
   Étamines 10 ou moins 26

7. Corolle et étamines insérées ou paraissant insérées sur le calice.
   — On ne peut détacher le calice sans enlever en même
   temps les pétales et les étamines. 21
   Corolle non insérée sur le calice. — Le calice entoure les
   pétales et ne les porte pas 8

B. MONOPÉTALES.

36. Calice à 2-3 sépales ; feuilles charnues . . . .
. . . . PORTULACÉES (p. 66).

Calice à 4-5 divisions ; feuilles non charnues 37

37. Fleurs éperonnées. . . . . . . BALSAMINÉES (p. 81).
Fleurs non éperonnées 38

38. Corolle irrégulièrement rotacée, à tube court ; fruit, une
capsule . . . . VERBASCÉES (p. 269).
Corolle irrégulièrement campanulée ; fruit, une pixyde . . .
. . . . SOLANÉES (p. 266).

39. Feuilles trifoliolées (G. *Trifolium*). PAPILIONACÉES (p. 88).
Non. 40

40. Feuilles simples, très entières . . POLYGALÉES (p. 48).
Feuilles très découpées . . . . FUMARIACÉES (p. 17).

41. Étamines 4. 42
Étamines moins de 4 48

42. Un seul ovaire à 4 divisions, se séparant à la maturité en 4 nucules. 43
Un seul ovaire très entier, ne se séparant pas à la maturité en
4 nucules 44

43. Plantes aromatiques ; fleurs ordinairement en glomérules . .
. . . . LABIÉES (p. 290).
Plantes inodores ; fleurs solitaires, en longs épis effilés . .
. . . . VERBÉNACÉES (p. 310).

44. Fleurs en capitules involucrés. GLOBULARIÉES (p. 311).
Non 45

45. Feuilles toutes radicales (G. *Limosella*). . . . . . .
. . . . SCROPHULARINÉES (p. 272).
Non 46

46. Tige décolorée ; feuilles réduites à des écailles . . . . .
. . . . OROBANCHÉES (p. 287).
Tige verte, pourvue de véritables feuilles 47

47. Calice à 2-3 sépales ; feuilles charnues . . . .
. . . . PORTULACÉES (p. 66).
Calice à 4-5 divisions ; feuilles non charnues. . . . . .
. . . . SCROPHULARINÉES (p. 272).

48. Calice à 2-3 sépales ; feuilles charnues . . . .
. . . . PORTULACÉES (p. 66).
Calice à 4-5 divisions, ou bilabié ; feuilles non charnues. 49

C. incomplètes.

75. Fleurs nombreuses, disposées en capitule terminal, subglobuleux, compacte ; feuilles imparipennées (G. *Sanguisorba*) . . . . ROSACÉES (p. 114).
Non 76

76. Feuilles opposées ; étamines 1-3, libres . . . . VALÉRIANÉES (p. 180).
Feuilles alternes ; étamines 6, diadelphes. FUMARIACÉES (p. 17).

77. Feuilles opposées-digitées. . . CANNABINÉES (p. 340).
Feuilles alternes, rarement opposées, jamais digitées. . 78

78. Étamines ordinairement 6, 4 grandes et 2 petites, rarement 2 ; fruit déhiscent, polysperme ou disperme . . . . CRUCIFÈRES (p. 19).
Étamines ordinairement 5 ou nulles ; fruit indéhiscent, monosperme. . . . . SALSOLACÉES (p. 315).

79. Calice, ou corolle, ou périanthe pétaloïde 80
Périanthe ou calice herbacé ou scarieux 85

80. Feuilles cordiformes à la base 81
Feuilles non cordiformes à la base 84

81. Fleurs régulières. 82
Fleurs irrégulières - 83

82. Fleurs blanches, en grappe ; feuilles lancéolées, entières, 1-2 sur la tige (G. *Maianthemum*). ASPARAGINÉES (p. 383).
Fleurs jaunes, en cymes dichotomes ; feuilles suborbiculaires, crénelées, nombreuses sur la tige (G. *Chrysosplenium*). . . . . SAXIFRAGÉES (p. 145).

83. Fleurs éperonnées ; feuilles dentées. BALSAMINÉES (p. 81).
Fleurs en languette ; feuilles entières . . . . ARISTOLOCHIÉES (p. 330).

84. Corolle polypétale ; ovaire supère, ou étamines 10 . . . . CARYOPHYLLÉES (p. 50).
Corolle monopétale ; ovaire infère, ou étamines 1-3 . . . . VALÉRIANÉES (p. 180).

85. Plante aquatique ; feuilles très entières, spatulées . . . . ONAGRARIÉES (p. 138).
Plantes terrestres ; feuilles ni très entières ni spatulées. 86

86. Fleurs à périanthe scarieux, naissant à l'aisselle de bractées scarieuses . . . . AMARANTACÉES (p. 313).
Fleurs à périanthe herbacé ; bractées nulles ou herbacées. 87

98. Feuilles linéaires, sinuées-dentées, spinescentes, engaînantes à la base. . . . . NAIADÉES (p. 565).

Plantes ne présentant pas ces caractères. 99

99. Feuilles verticillées. 100

Feuilles alternes ou opposées, les supérieures quelquefois en rosette. 103

100. Feuilles entières 101

Feuilles plus ou moins découpées 102

101. Feuilles verticillées par 3 (G. *Elodea*) . . . . HYDROCHARIDÉES (p. 359).

Feuilles verticillées par 8-12 . HIPPURIDÉES (p. 143).

102. Feuilles, au moins les inférieures, pennatiséquées . . . . HALORAGÉES (p. 142).

Feuilles di-trichotomes, à segments aigus, dentés. . . . . CÉRATOPHYLLÉES (p. 338).

103. Feuilles toutes opposées ; calice à 4 divisions ; étamines 4 (G. *Isnardia*). . . . . . . ONAGRARIÉES (p. 138).

Feuilles submergées ordinairement opposées ; feuilles nageantes le plus souvent en rosette dense ; périanthe formé de 2 pièces falciformes, membraneuses. . . . . CALLITRICHINÉES (p. 337).

D. CRYPTOGAMES VASCULAIRES.

1. Tiges articulées, pourvues de gaînes dentées ; rameaux verticillés ; fructifications en épi terminal . . . . ÉQUISÉTACÉES (p. 466).

Plantes n'ayant pas tous ces caractères 2

2. Plantes aquatiques, à feuilles linéaires, subulées, ou à 4 segments obovales, verticillés ; sporanges renfermés dans un fruit globuleux, presque ligneux . . . . RHIZOCARPÉES (p. 478).

Non 3

3. Feuilles 2, une stérile foliacée, l'autre fertile, réduite au rachis (G. *Botrychium* et *Ophioglossum* . . . . FOUGÈRES (p. 469).

Non 4

4. Fructifications (*sporanges*) disposées à la face inférieure des feuilles, soit sur les nervures, soit sur les bords. . . . . FOUGÈRES (p. 469).

DESCRIPTION DES FAMILLES.

ANALYSE ET DESCRIPTION

DES GENRES ET DES ESPÈCES.

PHANÉROGAMES.

DICOTYLÉDONÉES.

I. RENONCULACÉES Juss.

Fl. rég. ou irrég. Sép. 3-15, souv[t] pétaloïdes. Pét. 3-15, rar[t] nuls. Étam. ord[t] en nombre indéfini. Styles libres, souv[t] très courts. Ov. supère. Fr. formé de carp. plus ou moins nombreux, secs, tantôt 1-spermes, indéhisc. (*achaines*), libres entre eux, tantôt polyspermes, déhisc. (*follicules*), libres ou plus ou moins soudés entre eux infér[t], rar[t] solitaires ; rar[t] un seul carp. charnu-bacciforme. — Herbes ou sous-arbrisseaux sarmenteux, à f. ord[t] alternes, simples, entières ou plus ou moins divisées, ord[t] sans stip. Fl. solitaires, en cymes, en grappes ou en panicules. — Pl. toutes âcres et vénéneuses, au moins à l'état frais.

1. F. opposées ; tige sarmenteuse . . . . . *Clematis* (1).
   F. alternes, ternées ou radicales ; tige non sarmenteuse   2
2. Fl. en casque ou munies d'un seul éperon ou de plusieurs éperons recourbés 3
   Fl. n'ayant pas ces caractères 5

3. Fl. en casque . . . . *Aconitum* (14).
   Fl. munies d'un ou plusieurs éperons. 4

4. Un seul éperon. . . . . *Delphinium* (13).
   Cinq éperons recourbés . . . . *Aquilegia* (12).

5. Un seul carp. ; fr. charnu. . . . . . . *Actæa* (16).
   Carp. plus ou moins nombreux, rar^t solitaires ; fr. sec . 6

6. Pét. très petits, beaucoup plus courts que les sép., à limbe
      bilabié, ou tubuleux et terminés en cornet à la base . 7
   Pét. ou sép. pétaloïdes, plans ou légèr^t concaves, jamais
      très petits 9

7. Pét. bilabiés au sommet ; fl. bleues ou bleuâtres. . . .
      . . . . *Nigella* (11).
   Pét. tubuleux, en cornet ; fl. verdâtres ou blanches. . 8

8. Fl. verdâtres ; cal. persistant . . . . *Helleborus* (9).
   Fl. blanches ; cal. caduc . . . . *Isopyrum* (10).

9. F. toutes ternées ou radicales . . , ... 10
   F. alternes 11

10. Etam. 5-10 ; f. toutes radicales et linéaires . *Myosurus* (5).
    Plus de 20 étam. ; f. non linéaires, toutes radicales ou ternées,
       3-lobées ou prof^t découpées . . . . . *Anemone* (3).

11. Deux enveloppes florales. 12
    Une seule enveloppe florale. 15

12. Cal. à 3, qqfois 4 sép. . . . . *Ficaria* (7).
    Cal. à 5 sép. 13

13. Pét. munis à la base intér^t d'une petite fossette nectarifère ;
       fl. jaunes ou blanches . . . . . . *Ranunculus* (6).
    Pét. sans fossette à la base ; fl. rouges ou jaunâtres ou à pét.
       jaunes ord^t marqués de noir à l'onglet. 14

14. F. découpées en lanières très étroites ; fr. glabre ; pl. bisan-
       nuelle . . . . *Adonis* (4).
    F. à div. élargies ; fr. cotonneux ; pl. vivace . . . . . .
       . . . . *Pæonia* (15).

15. Fl. d'un jaune vif ; f. crénelées . . . . *Caltha* (8).
    Fl. d'un blanc jaunâtre ; f. très découpées . *Thalictrum* (2).

A. Carpelles monospermes, indéhiscents ; une seule enveloppe florale.

1. CLEMATIS Tourn. (Clématite). — Sép. 4-5,

pétaloïdes; carp. accrescents à la maturité en une longue arête plumeuse.

C. Vitalba L. (Herbe aux gueux, Viorne, Barbe de chèvre). — Pl. grimpante, à f. pennées; 1-4 paires de fol. entières ou incisées-dentées; fl. blanches, en panicules axillaires; sép. 4. — ♄. — Juin-juill. — C. — Bois, haies. — Pl. vésicante dans toutes ses parties.

2. **Thalictrum** Tourn. (Pigamon). — Sép. 4-5, pétaloïdes, caducs; étam. saillantes; carp. sillonnés, terminés par une courte pointe. — F. alternes, 2-3-pennatiséquées; fl. d'un blanc jaunâtre, en panicule terminale.

1. Tige droite, compressible, très fistuleuse; fl. et étam. dressées; carp. 6-10 . . . . *T. flavum.*
   Tige flexueuse, incompressible, pleine ou à peine fistuleuse; fl. et étam. penchées; carp. 3-6 2

2. Tige pleine, nue et écailleuse à la base, presque nue au sommet; souche stolonifère . . . . . . *T. minus.*
   Tige faibl^t fistuleuse, feuillée jusque dans la panicule; souche sans stolons . . . . *T. majus.*

T. majus Jacq. — Tige très rameuse, fort^t sillonnée surtout sur une face; f. à segments ord^t très larges, à peine glauques en dessous; panicule ord^t très ample; achaines fusiformes. — ♃. — Juin-juill. — R. — Coteaux incultes, rochers. — Nuits, Beaune, Puligny.

T. minus L. — Tige faibl^t sillonnée; f. à segments plus petits que dans l'espèce précédente et ord^t très glauques en dessous; panicule lâche, étalée; achaines ovoïdes-comprimés. — ♃. — Juin-juill. — A. R. — Friches, collines herbeuses. — Flavignerot, Messigny, Dijon, Gevrey, Blaisy-Bas, etc.

Formes plus grêles : var. *saxatile* (*T. saxatile* DC.). — Coteaux secs.

T. flavum L. (Rue des prés, Rhubarbe des pauvres). — Tige stolonifère, élevée, rameuse au sommet, fort^t cannelée; f. à fol. oblongues-cunéiformes; fl. en panicule corymbiforme étroite et compacte; achaines ovoïdes-subglobuleux. — ♃. — Juin-juill. — A.C. — Prairies marécageuses de la région montagneuse et des alluvions de la plaine. — Jouvence, Vielverge, Talmay, Brognon, etc. — Rhizome purgatif, utilisé en teinture pour sa matière colorante jaune.

3. **ANEMONE** Tourn. (Anémone). — Sép. 5-15,
pétaloïdes ; carp. nombreux, en tête, avec ou sans
arête plumeuse. — F. radicales ou ternées, celles-ci
disposées en involucre ou collerette à la base d'un
ou plusieurs pédonc. floraux plus ou moins allongés.

1. F. 3-lobées . . . . *A. Hepatica.*
   F. pennati. ou palmatiséquées. 2
2. Fl. grandes, violacées. . . . . *A. Pulsatilla.*
   Fl. médiocres, blanches, d'un blanc rosé ou jaunes . . 3
3. Fl. jaunes . . . . *A. ranunculoides.*
   Fl. blanches ou d'un blanc rosé . . . . *A. nemorosa.*

A. Pulsatilla L. (Pulsatille, Herbe au vent, Coque-
rette, Cougias, Coucou, Paquette). — Pl. soyeuse, à souche
épaisse ; f. 2-pennatiséquées, à segments linéaires ; collerette sessile, laciniée ; fl. solitaires ; styles longs, plumeux. — 2$\jupiter$. —
Avril-juin. — C. — Pelouses sèches des montagnes calcaires.
— Rare dans la silice : Villargoix, Thoisy-la-Berchère.— Pl. off. ;
employée contre le rhumatisme et la paralysie.

A. Hepatica L.—*Hepatica triloba* Chaix ; Lorey, 8 (Hé-
patique, Trinitaire, Coucou). — Pl. moll^t velue, à f. coriaces,
persistantes, long^t pétiolées ; collerette à 3 fol. entières, petites,
sessiles, simulant un cal. ; fl. solitaires, bleues, roses ou blanches. — 2$\jupiter$. — Mars-mai. — R. — Coteaux boisés. — Messigny,
Mauvilly, Grancey-le-Château, Val-Suzon, Norges, etc.

A. nemorosa L. (Sylvie). — F. palmatiséquées, à 3-5
segments rhomboïdaux ; collerette à fol. incisées, très écartées des
fl., celles-ci blanches intér^t, souv^t roses ou rosées au dehors ; sép.
glabres extér^t. — 2$\jupiter$. — Mars-avril. — T.C. — Bois, taillis.
— Pl. off. ; rubéfiante et vésicante.

A. ranunculoides L. — F. palmatiséquées, à 5-7
segments digités ; sép. velus au dehors. — 2$\jupiter$. — Mars-avril. —
R. — Bois, vallées ombragées. — Vallon du Suzon, combes de
Gevrey et de Flavignerot.

**B. Carpelles monospermes, indéhiscents ;
deux enveloppes florales.**

4. **ADONIS** Dill. (Adonide). — Sép. 5, colorés,
caducs ; pét. 3-10, ord^t tachés de noir à l'onglet ;
carp. nombreux, mucronés, sur un récept. al-

longé. — F. découpées en segments linéaires; fl. solitaires.

1. Sép. velus ; tige hérissée infér[t] . . . . . *A. flammea.*
   Sép. glabres ; tige non hérissée infér[t]. 2
2. Sép. étalés, d'un pourpre foncé ; pét. 6-8, concaves, conni-
   vents, de même couleur. . . . . . *A. autumnalis.*
   Sép. dressés, jaunâtres ; pét. 5-10, plans, d'un rouge clair
   ou jaunâtres. . . . . *A. æstivalis.*

A. autumnalis L. (Goutte de sang). — Carp. à bord postér. non denté, terminé par un bec concolore, ascendant ; épi fructifère ovoïde-oblong, très dense. — ②. — Mai-août. — A. R. — Moissons, cultures. — Dijon, Flavigny, le Pays-Bas.

A. æstivalis L. (Goutte de sang). — Carp. à bord postér. muni d'une dent éloignée du bec, celui-ci concolore, assez court, oblique-ascendant ; épi fructifère oblong-cylindrique, dense. — ②. — Mai-août. — A. R. — Moissons. — Dijon, Aignay, Ruffey, etc. — Fl. jaunes : Flavigny, Dijon, les Laumes, Jeux.

A. flammea Jacq. (Goutte de sang). — Pét. 3-6, ord[t] iné- gaux, d'un rouge vif, rar[t] jaunes ; carp. à bord postér. denté près du bec, celui-ci court, noirâtre, fort[t] redressé ; épi fruc- tifère lâche. — ②. — Mai-août. — A. R. — Moissons, cultures. — Dijon, Laignes, Lucenay, les Laumes, Ruffey, etc.

5. MYOSURUS Dill. (Ratoncule). — Sép. 5, colo- rés, prolongés en éperon à la base, caducs ; pét. 5, à onglet tubuleux-filiforme, plus long que le limbe ; carp. très nombreux sur un récept. qui s'allonge à la maturité en forme de queue de rat.

M. minimus L. (Queue de souris). — Pl. petite, à f. toutes radicales ; fl. solitaires, d'un jaune verdâtre, au sommet de hampes de 5 à 8 cent. — ②. — Avril-mai. — R. — Champs humides ou souv[t] inondés, dans les alluvions siliceuses. — Cîteaux, Seurre, Genay, Rouvray, Pontailler.

6. RANUNCULUS Tourn. (Renoncule). — Sép. 5, caducs ; pét. 5, rar[t] plus, munis à l'onglet d'une fossette nectarifère ; carp. gén[t] nombreux, com- primés, mucronés, sur un récept. globuleux ou

conique. — Pl. âcres et vésicantes, mais seul[t] à l'état frais.

1. Fl. blanches. 2
   Fl. jaunes 7

2. Pl. terrestre ; pédonc. dressés à la maturité . . . . . .
   . . . . R. *aconitifolius.*
   Pl. aquatiques ; pédonc. courbés à la maturité 3

3. F. toutes réniformes, à 3-5 lobes obtus, entiers . . . .
   . . . . R. *hederaceus.*
   F., au moins les infér., multiséquées, à lanières capillaires. 4

4. F. toutes à lanières filiformes très allongées, presque parallèles ; récept. glabre . . . . R. *fluitans.*
   F., au moins les infér., à lanières capillaires ou sétacées, plus
   ou moins divergentes ; récept. hérissé. 5

5. F. toutes à lanières raides, disposées en cercle sur un même
   plan même à l'émersion ; pédonc. grêles, 2-3 fois plus
   longs que les f. . . . . R. *divaricatus.*
   F. supér. souv[t] pétiolées ; lanières des f. capillaires, se ramas-
   sant en pinceau ou s'étalant en divers sens à l'émersion ;
   pédonc. un peu renflés ou grêles, et égalant ou dépassant
   peu les f. 6

6. F. toutes laciniées ; pét. larg[t] obovales, contigus ; pédonc.
   grêles. . . . . R. *trichophyllus.*
   F. souv[t] de deux formes ; pét. étroits, non contigus, caducs ;
   pédonc. un peu renflés . . . . R. *aquatilis.*

7. F. entières ou superf[t] incisées. 8
   F. toutes ou la plupart prof[t] découpées 11

8. Carp. lisses ; cal. velu 9
   Carp. ridés ou tuberculeux ; cal. glabre. 10

9. Fl. grandes ; pédonc. lisses ; tige robuste. . R. *Lingua.*
   Fl. assez petites ; pédonc. sillonnés ; tige grêle . . . .
   . . . . R. *Flammula.*

10. Carp. fin[t] tuberculeux ; fl. petites ; f. infér. cordiformes-
    ovales, long[t] pétiolées. . . . . . R. *ophioglossifolius.*
    Carp. réticulés ; fl. grandes ; f. toutes linéaires-lancéolées, gra-
    miniformes . . . . R. *gramineus.*

11. Sép. réfléchis sur le pédonc. 12
    Sép. dressés ou étalés, non réfléchis sur le pédonc. . . 14

12. Fossette nectarifère nue ; carp. très petits, très nombreux,
    un peu ridés au centre et disposés en tête ovale-oblongue.
    . . . . R. *sceleratus.*

Fossette nectarifère couverte par une écaille ; carp. peu nombreux, assez gros et disposés en tête globuleuse . 13

13. Tige renflée en bulbe à la base ; carp. lisses. *R. bulbosus.*
Tige non renflée à la base ; carp. tuberculeux. *R. sardous.*

14. Fl. petites, d'un jaune verdâtre ; carp. ord^t chargés de pointes épineuses. . . . . *R. arvensis.*
Fl. assez grandes, d'un beau jaune d'or ; carp. non chargés de pointes épineuses 15

15. Carp. pubescents ; f. radicales réniformes-suborbiculaires, crénelées ou incisées-lobées . . . . . *R. auricomus.*
Carp. glabres ; f. radicales palmatipartites ou pennatiséquées 16

16. Pédonc. non sillonnés ; récept. glabre . . . *R. acris.*
Pédonc. sillonnés ; récept. velu 17

17. Tiges couchées, émettant des rejets rampants ; carp. à bec arqué . . . . *R. repens.*
Tiges ascendantes ou dressées, sans rejets rampants ; carp. à bec enroulé . . . . *R. nemorosus.*

1. Fleurs blanches ; pédoncules uniflores, opposés aux feuilles et courbés à la maturité ; carpelles ridés en travers ; plantes aquatiques.

R. aquatilis L., pro parte (Grenouillette). — Tiges submergées, ord^t allongées, rameuses, fistuleuses ; f. toutes ou la plupart capillaires, se prenant en pinceau à l'émersion ; étam. nombreuses. — ♃. — Avril-août. — T. C. — Etangs, fossés, cours d'eau.

F. toutes submergées, à div. capillaires : var. *submersus* Gren. et Godr.
F. supér. nageantes, lobées-subréniformes, les infér. capillaires : var. *heterophyllus* (*R. heterophyllus* Willd.).

R. trichophyllus Chaix. — *R. aquatilis* L. var. *capillaceus* DC. ; Lorey, 13 ; Royer, 9. — Tiges submergées, rameuses, fistuleuses ; f. ne formant pas, ou formant (*R. paucistamineus* Tausch) pinceau à l'émersion ; étam. 12-15. — ♃. — Avril-août. — T. C. — Etangs, fossés, cours d'eau.

Pl. très grêle, à fl. petites ; f. formant pinceau hors de l'eau : var. *Drouetii* (*R. Drouetii* Schultz. — *R. aquatilis* L. var. *stagnalis* DC. ; Lorey, 13). — A. R. — Buffon, Pouillenay, Liernais.

R. divaricatus Schrank. — *R. aquatilis* L. var. *cæspitosus* DC. ; Lorey, 13. — Tiges submergées, rameuses, fragiles ; f. ne se prenant pas en pinceau à l'émersion ; fl. grandes ; étam.

10-20.— ♃.— Mai-août. — A. R. — Mares, rivières. — Aignay, Auxonne, Is-sur-Tille, etc.

R. fluitans Lam. — *R. aquatilis* L. var. *peucedanifolius* DC. ; Lorey, 13. — Tiges submergées, très longues, peu rameuses ; fl. grandes sur des pédonc. épais, renflés à la base ; étam. nombreuses. — ♃. — Mai-août. — C. — Eaux courantes.

Croissant à sec, cette espèce et les trois précédentes forment des gazons denses, avec tiges courtes et f. ord^t divisées en lanières linéaires, courtes et raides, qqfois élargies et lobées dans les f. supér.

R. hederaceus L. — Tiges couchées-radicantes ; fl. très petites sur des pédonc. grêles ; étam. 10 ; carp. glabres.— ♃. — Mai-août. — R. — Sources et fossés des terrains siliceux. — Semur, Arnay-le-Duc, Vielverge, Saulieu, Laroche-en-Brenil, Rouvray.

2. *Fleurs jaunes, rarement blanches ; pédoncules dressés à la maturité ; carpelles non ridés en travers ; plantes ordinairement terrestres.*

1. Fleurs blanches.

R. aconitifolius L. (Bouton d'argent). — Tige rameuse, flexueuse ; f. palmées, à 3, 5 ou 7 segments ovales-lancéolés, distincts jusqu'à la base, incisés-dentés, les supér. sessiles ; pétioles radicaux fort^t canaliculés ; pédonc. velus ; cal. caduc. — ♃. — Mai-juill. — R. — Bords des eaux, lieux frais des terrains granitiques. — Laroche-en-Brenil, St-Didier, Rouvray.
Tige plus élancée, raide ; segments des f. plus étroits, long^t acuminés, non distincts jusqu'à la base ; pédonc. glabres ou légèr^t pubescents : var. *platanifolius* (*R. platanifolius* L. — *R. aconitifolius* Lorey, 14). — R. — Lieux ombragés. — Vallées de la Côte, Changey, Saulieu, Aubaine, Savigny-sous-Beaune, Lamargelle, bois de Prenois, Menessaire.

2. Fleurs jaunes.

* *Feuilles indivises.*

R. Lingua L. (Grande Douve). — Pl. légèr^t pubescente, à tige élevée, dressée, fistuleuse, radicante ; f. sessiles, long^t lancéolées, ord^t dentées, celles des nœuds submergés de la souche ovales-cordiformes, long^t pétiolées ; carp. très nombreux, à bec large. — ♃. — Juin-juill. — R. — Marais, étangs, ruisseaux. — Saulon, Limpré, Saulieu, Magny-sur-Tille, Satenay, Laignes, Vertault, Fontaine-Française.

R. Flammula L. (Petite Douve). — Tige fistuleuse, ascendante ou couchée-radicante ; f. glabres, les infér. long[t] pétiolées, les supér. lancéolées-linéaires ; carp. à bec court. — ♃. — Mai-sept. — A. C. — Bords des étangs, prairies marécageuses.

R. gramineus L. — Pl. glauque, à tige grêle, dressée, souv[t] 1-flore ; carp. à bec court. — ♃. — Mai-juin. — R. — Pelouses des plateaux et clairières de la Côte. — Marsannay-la-Côte, Gevrey, environs de Velars.

R. ophioglossifolius Vill. — Tige droite, fistuleuse, multiflore ; f. supér. oblongues, presque sessiles ; carp. à bec court et épais. — ②. — Mai-juin. — Trouvé une seule fois par Royer dans un fossé asséché des prés de Vielverge.

** Feuilles divisées.

R. repens L. (Bassinot, Pied de poule, Piépou). — Pl. plus ou moins velue, à f. pennatiséquées, ord[t] marbrées, les radicales à 3 segments 2-3-fides, le moyen long[t] pétiolulé. — ♃. — Avril-oct. — T. C. — Cultures, vignes, friches.

R. nemorosus DC. — Tiges droites, fistuleuses, hérissées, ainsi que les pétioles, de poils roussâtres ; f. d'un vert foncé, qqfois tachées de blanc, les radicales palmatiséquées, à 3-5 segments larges, écartés, les supér. à div. linéaires. — ♃. — Mai-sept. — C. — Buissons, bois.

R. auricomus L. — F. radicales réniformes, crénelées ou palmatipartites, à 3-5 lobes cunéiformes, les caulinaires sessiles, digitées, à laciniures linéaires ; pét. souv[t] avortés ; carp. renflés, à bec crochu. — ♃. — Avril-juin. — T. C. — Bois couverts, haies, taillis.

R. bulbosus L. (Bassin, Bassinot, Pied de coq). — Pl. velue, à tiges dressées ou ascendantes ; f. pennatiséquées, à 3 segments 3-fides, le moyen long[t] pétiolulé ; fl. assez grandes sur des pédonc. sillonnés ; carp. comprimés, à bec courbé. — ♃. — Mai-juill. — T. C. — Prés, haies, chemins.

R. acris L. (Clair Bassin, Bassin d'or, Bassinot). — Pl. plus ou moins velue, à souche rhizomateuse ; tige souv[t] assez élevée, fistuleuse au sommet ; f. palmatipartites, à 3-5 lobes cunéiformes, les supér. sessiles, les autres long[t] pétiolées. Très polymorphe. — ♃. — Mai-août. — T. C. — Prés, buissons, bords des chemins.

> Rhizome oblique, un peu grêle ; poils apprimés ; f. à segments larges ; carp. à bec presque droit : var. *vulgatus* (*R. vulgatus* Jord.).

Rhizome épais, horizontal ; poils étalés ; f. à segments étroits; carp. à bec crochu : var. *Friesanus* (*R. Friesanus* Jord.).

R. sardous Crantz. — *R. Philonotis* Ehrh. ; Lorey, 20 ; Royer, 13 (Bassin, Bassinot). — Pl. pâle, velue, qqfois naine (var. *parvulus*), à tiges nombreuses, ord[t] dressées-ascendantes ; f. infér. pennatiséquées, ovales, à 3 segments, le moyen pétiolulé ; f. supér. sessiles, à div. linéaires ; pédonc. sillonnés ; carp. à bec court, droit. — ② ou ①. — Mai-août. — A. C. — Vignes, cultures humides, surtout dans le granit et les alluvions siliceuses.

R. arvensis L. (Bassin, Bassinot). — Tige glabrescente, rameuse, dressée ; f. d'un vert pâle, à 3 segments découpés en lobes linéaires ; pédonc. lisses ; carp. épineux, bordés d'une côte saillante avec bec allongé. —① ou ②. —Mai-août. — C. — Moissons.

    Carp. non épineux : var. *inermis*. — R. — Baulme-la-Roche, Mâlain, Vic-sous-Thil, Marcelois.

R. sceleratus L. — Pl. glabre, d'un vert clair, à tige dressée, sillonnée, fistuleuse ; f. infér. pétiolées, palmatipartites, à 3 segments lobés, cunéiformes, les supér. sessiles, entières ou à lobes étroits ; pédonc. sillonnés ; récept. un peu velu ; carp. à bec épais, très court. — ②.— Mai-août.— A. R.— Lieux humides et fangeux. — Larrey-lez-Poinçon, Bourberain, Auxonne, moulin des Etangs près Barges, Cîteaux. — Pl. très vénéneuse.

7. FICARIA Dill. (Ficaire). — Sép. 3 ; pét. 6-10, à fossette nectarifère ; carp. nombreux, sans bec, en tête globuleuse.

F. ranunculoides Mœnch (Grenouillette). — Pl. glabre, molle, luisante, à souche munie de fibres charnues ; tiges souv[t] couchées ; f. en cœur, entières ou crénelées, à pétiole qqfois bulbifère à la base ; sép. d'un jaune verdâtre ; pét. lancéolés, d'un beau jaune vernissé. — ♃. — Mars-mai. — T. C. — Haies, bois et lieux humides. — F. alimentaires après cuisson.

C. Follicules polyspermes ; une seule enveloppe florale.

8. CALTHA L. (Populage). — Sép. 5-7, pétaloïdes ; pét. nuls ; carp. 5-12, rayonnants. — Fl. jaunes.

C. palustris L. (Grand Bassinot). — Pl. glabre, à f. épaisses, luisantes, cordées-subréniformes ; fl. très grandes. — ♃. —

Avril-juin.— T. C.— Lieux marécageux, bords des ruisseaux et des petites rivières.

D. Follicules polyspermes ; deux enveloppes florales.

9. HELLEBORUS Tourn. (Hellébore). — Sép. 5, persistants ; pét. 5-10, en cornet, très petits ; carp. comprimés, soudés à la base et terminés par un long bec.

H. fœtidus L. (Pied de griffon, Herbe à séton, Fève de loup, Machard, Biquette). — Fl. très fétide, à tige dure, persistante; f. coriaces, les infér. d'un vert foncé, à 7-10 segments en pédale, les supér. entières, blanchâtres ; sép. dressés, concaves, verdâtres, bordés de rouge. — ♃. — Février-mai. — C. — Bords des chemins, friches et bois des sols calcaires. — Pl. âcre, vésicante, purgative ; le rhizome était autrefois employé dans le traitement de la folie.

10. ISOPYRUM L. — Sép. 5, pétaloïdes, caducs ; pét. 5, en cornet, très petits ; carp. 1-3, comprimés, atténués en bec court, libres.

I. thalictroides L. — Tige dressée, grêle, nue infér^t ; f. glauques, 2-3-ternatiséquées, à segments long^t pétiolulés et divisés eux-mêmes en lobes cunéiformes inégaux, les radicales très long^t pétiolées ; fl. blanches, peu nombreuses. — ♃. — Avril-mai. — T. R. — Bois. — Barbirey, combe d'Arcey près Pont-de-Pany.

11. NIGELLA Tourn. — Sép. 5, pétaloïdes, caducs ; pét. 5-10, très courts, bilabiés au sommet ; carp. soudés entre eux infér^t et terminés par un long bec.

N. arvensis L.—Tiges nombreuses, striées ; f. 2-3-pennatiséquées, à segments capillaires ; sép. bleuâtres, long^t onguiculés; carp. 5-7, 3-nervés. — ①. — Juin-sept. — C. — Moissons. — Gr. d'une saveur piquante et aromatique.

12. AQUILEGIA Tourn. (Ancolie).— Sép. 5, pétaloïdes, caducs; pét. en corne d'abondance; carp.

5, atténués en bec grêle, libres ou un peu soudés à la base.

A. vulgaris L. (Clochette). — Tige droite, élevée, fistuleuse ; f. 2-3-ternatiséquées, les infér. long^t pétiolées, les florales 3-séquées, sessiles ; fl. penchées, bleues, qqfois blanches ou d'un rose violacé ; carp. pubescents. — ♃. — Mai-juill. — C. — Bois, friches, broussailles. — Fl. vantées autrefois comme diurétiques et antiscorbutiques.

13. DELPHINIUM Tourn. (Dauphinelle). — Sép. 5, pétaloïdes, caducs, le postér. éperonné ; pét. 4, qqfois réduits aux 2 postĕr. soudés qui se prolongent en un éperon s'emboîtant dans celui du sép. correspondant ; carp. 5, libres, à bec assez court, qqfois moins par avortement.

D. Consolida L. (Pied d'alouette, Pied d'oiseau). — Tige grêle, rameuse ; f. très découpées, à div. linéaires ; fl. assez grandes, bleues, rar^t roses ou blanches ; carp. ord^t solitaire, presque glabre. — ①. — Juin-sept. — C. — Moissons. — Pl. regardée jadis comme vulnéraire ; très suspecte ; gr. très âcres.

14. ACONITUM Tourn. (Aconit). — Sép. 5, pétaloïdes, caducs, le postér. en casque ; pét. 5, les 2 postér. long^t onguiculés, dilatés en cornet et plus ou moins roulés en crosse au sommet, tous deux nichés dans le casque, les antér. petits ou nuls ; carp. 3-5, libres, à bec grêle. — F. palmatiséquées, à segments linéaires-lancéolés ; fl. en grappes terminales.

Fl. d'un jaune pâle . . . . A. *lycoctonum.*
Fl. bleues, rar^t blanches . . . . A. *Napellus.*

A. lycoctonum L. (Aconit tue-loup). — Rac. charnue ; tige pubescente de 1 m. et plus, anguleuse ; fl. en grappes courtes et à pédonc. étalés ; casque allongé ; carp. glabres. — ♃. — Juin-juill. — T. R. — Bois couverts. — Gevrey, Chaugey, Antheuil, Val-Suzon, Curtil près Ste-Foy, Bouilland, sources de l'Ouche, combe de Flavignerot. — Pl. très vénéneuse.

A. Napellus L. (Aconit Napel, Casque, Char de Vénus).
— Rac. en forme de navet ; tige glabre, dressée, de 1 m. et plus,
rameuse au sommet ; fl. assez grandes, en grappes allongées, à
pédonc. courts, dressés ; carp. glabres, appliqués contre l'axe à
la maturité. — ⚄. — Août-sept. — A. R. — Bois marécageux.—
Messigny, Orgeux, Flavigny, Selongey, Arcelot, vallon du Suzon,
Lusigny, etc. — Pl. off. ; très vénéneuse ; médicament précieux.

15. PÆONIA L. (Pivoine). — Sép. 5, inégaux ;
pét. 5-10 ; carp. 2-5, oblongs, ventrus.

P. corallina Retz. — Pl. glabre, à rac. charnue ; tige
simple, 1-flore ; f. 1-2-ternatiséquées, à segments ovales, entiers ;
fl. grandes, rouges ; carp. étalés. — ⚄. — Mai-juin. — T. R. —
Rochers des bois couverts de la Côte. — Corcelles-les-Monts,
Savigny-sous-Beaune, Mont-Afrique, bois entre Gevrey et Cham-
bœuf, Bouilland, Chaignay, Val-Suzon, combe de Gevrey, bois du
Chêne et de Talant, combe Ragot près Messigny. — Pl. off. ; très
vantée autrefois contre l'épilepsie et les convulsions.

E. Fruit charnu ; deux enveloppes florales.

16. ACTÆA L. — Sép. 4, pétaloïdes ; pét. 4, très
étroits ; fr. bacciforme, 1-locul., polysperme.

A. spicata L. (Herbe de Saint-Christophe). — Tige grêle,
dressée, nue infér[t] ; f. 2-3-pennatiséquées, pétiolées ; fl. blanches,
petites, en grappes axillaires long[t] pédonculées ; baies noires.
— ⚄. — Mai-juin. — A. R. — Bois couverts. — Messigny,
Gevrey, Couchey, Flavigny, Val-Suzon, Mont-Afrique, Marey-sur-
Tille, etc. — Pl. purgative drastique ; baies très vénéneuses.

II. BERBÉRIDÉES Vent.

Sép. 4-6, pétaloïdes, caducs. Pét. 6-8, sur 2 rangs.
Étam. 4-6, oppositipét. Ov. supère. Stigm. subsessile,
suborbiculaire, en disque. Fr. ord[t] bacciforme. —
Arbrisseaux à f. alternes ou fasciculées au sommet de
courts rameaux ; stip. très caduques. Fl. en grappes.

14 NYMPHÉACÉES.

Berberis Tourn.(Vinettier).— Sép. 6 et pét. 6, concaves ; étam. 6 ; baie ord^t 2-3-sperme. — F. simples.

B. vulgaris L. (Epine-Vinette). — Arbrisseau épineux, à
f. obovales, ciliées-dentées ; fl. jaunes, d'une odeur fade, en grappes
pendantes ; baies rouges, acidules. — ♄. — Mai-juin. — A. C. —
Haies, buissons, rochers. — Pl. off. ; fr. comestible ; rac. amère,
fébrifuge, utilisée dans la teinture en jaune.

L'*Epimedium alpinum* L. et le *Mahonia aquifolium*. Nutt., de la
même famille, sont naturalisés au parc de Dijon. Le premier se
reconnaît à ses 8 pét. jaunes, entourés d'un cal. rouge brun, le
second à ses f. épineuses et à ses baies d'un noir bleuâtre.

III. NYMPHÉACÉES Salisb.

Sép. 4-5. Pét. nombreux, disposés en spirale.
Étam. nombreuses, à filets plus ou moins pétaloïdes,
portant les anthères sur leur face interne. Ov. supère
ou semi-infère. Plusieurs stigm. sessiles, en disque
rayonnant. Fr. bacciforme-pulpeux, à loges nombreuses, polyspermes. — Pl. herbacées, aquatiques,
à souche rampante. F. flottantes, simples, entières,
coriaces, long^t pétiolées, échancrées à la base. Fl.
grandes, solitaires, flottantes, à long pédonc. radical.

Fl. blanches . . . . *Nymphæa* (1).
Fl. jaunes . . . . *Nuphar* (2).

1. Nymphæa Tourn. (Nénuphar). — Sép. 4, lancéolés, caducs ; pét. insérés, de même que les
étam., sur la partie infér. de l'ov.

N. alba L. (Nénuphar blanc, Volet blanc, Lis des étangs).
— F. très grandes, larges, arrondies, à pétiole cylindrique ; fl. très
grandes ; fr. subglobuleux, munis de cicatrices provenant de la
chute des pét. et des étam. — ♃. — Juin-août. — A. C. —
Etangs, rivières, eaux profondes. — Lucenay, Is-sur-Tille,
Arnay-le-Duc, le Val-de-Saône, le Morvan, etc. — Pl. off. ; autrefois employée comme anaphrodisiaque.

Pl. beaucoup plus petite dans toutes ses parties ; pét. moins
nombreux : var. *minor* DC. — R. — Genlis, Vielverge.

2. Nuphar Sibth. et Sm. — Sép. 5, suborbicu-laires, persistants ; pét. et étam. insérés sous l'ov.

N. luteum Sibth. et Sm. (Plateau, Nénuphar jaune, Volet jaune). — F. grandes, larges, ovales, à pétiole triquètre ; fl. glo-buleuses ; fr. obconiques, rétrécis supér^t. — ♃. — Juin-sept. — C. — Eaux tranquilles. — Pl. off. ; on lui attribuait les mêmes propriétés qu'à la précédente.

IV. PAPAVÉRACÉES Juss.

Sép. 2, très caducs. Pét. 4, caducs. Étam. ord^t en nombre indéfini. Ov. supère. Stigm. sessiles ou portés sur un style très court. Fr. sec, polysperme, capsulaire, globuleux, oblong ou en forme de silique. — Herbes à suc laiteux blanc ou jaune, à f. alter-nes, ord^t pennatifides ou pennatiséquées, sans stip. Fl. terminales ou en ombelles pauciflores. — Pl. toutes vénéneuses ou suspectes.

1. Fr. capsulaire, globuleux ou oblong ; stigm. 4-20, rayon-nants 2
Fr. linéaire, mince, allongé ; stigm. 2, dressés. . . . 3
2. Fl. ord^t rouges ou rougeâtres, jamais jaunes ; stigm. sessiles . . . . *Papaver* (1).
Fl. jaunes ; style très court . . . . . *Meconopsis* (2).
3. Fl. petites, en ombelles pauciflores . . *Chelidonium* (3).
Fl. grandes, solitaires et terminales . . *Glaucium* (4).

1. Papaver Tourn. (Pavot). — Pét. chiffonnés dans le bouton ; stigm. 4-20, disposés en rayons sur un disque aplati qui couronne l'ov. ; caps. ovoïde ou oblongue-renflée, 1-locul., avec cloisons incom-plètes. — Fl. solitaires et terminales, penchées avant l'anthèse ; suc ord^t blanc.

1. Caps. glabre ; filets des étam. en alène ; anthères brunes. 2
Caps. plus ou moins hérissée ; filets des étam. élargis au sommet ; anthères bleues au moins avant la déhiscence. 3

2. Caps. courte, subglobuleuse, arrondie à la base ; pl. plus ou
moins couverte de poils raides, étalés. . . *P. Rhœas.*
Caps. oblongue, atténuée rég^t du sommet à la base ; pl. à
poils gén^t apprimés . . . . *P. dubium.*

3. Caps. ovale-subglobuleuse, arrondie à la base ; anthères d'un
bleu vif. . . . . *P. hybridum.*
Caps. oblongue-allongée, atténuée à la base ; anthères d'un
bleu pâle. . . . . *P. Argemone.*

P. Rhœas L. (Coquelicot). — Fl. grandes, d'un beau
rouge foncé ; disque stigmatifère rég^t lobé, à lobes se recouvrant
par leurs bords. — ② ou ①. — Juin-sept. — T. C. — Moissons,
cultures. — Pl. off.; les pét. de cette espèce et des espèces voisines sont calmants et béchiques.

P. dubium L. (Coquelicot). — Fl. assez grandes, d'un
rouge vif ; disque stigmatifère superf^t lobé, à lobes écartés les
uns des autres. — ② ou ①. — Juin-sept. — T. C. — Moissons,
cultures.

P. Argemone L. — Pl. ord^t hérissée de poils raides ;
fl. médiocres, d'un rouge clair ; disque stigmatifère irrég^t sinué,
non lobé ; caps. marquées de sillons longitudinaux. — ② ou ①. —
Juin-août. — A. C. — Friches, moissons.

P. hybridum L. — Pl. plus ou moins velue ; f. à div.
linéaires ; fl. médiocres, d'un rouge vineux ; disque stigmatifère
sinué-lobé, moins large que la caps., celle-ci munie de sillons
longitudinaux. — ②. — Mai-juill. — T. R. — Rochers, coteaux
incultes. — Vauchignon.

Le Pavot cultivé (*P. somniferum* L. var. *officinale* et *seti-
gerum* Coss. et Germ.), qqfois subspontané près des cultures, appartient au même genre. Pl. glauque, ord^t très glabre, reconnaissable en outre à ses f. caulinaires embrassantes, et à ses fl. grandes,
blanches, violettes ou divers^t panachées, marquées de noir à
l'onglet. — Pl. off.; caps. employées comme calmantes ; on en retire
l'opium ; gr. oléagineuses.

2. **Meconopsis** Vig. — Stigm. 4-6, rayonnants,
mais libres au sommet d'un style très court; caps.
obovale ou oblongue, 1-locul., s'ouvrant au sommet par des valves; suc jaune.

M. cambrica Vig. — Pl. plus ou moins parsemée de
poils étalés ; f. pennatifides, glauques en dessous ; fl. grandes,
d'un jaune pâle, sur un long pédonc. nu. — ♃. — Mai-août. —

T. R.— Bois frais et ombragés. — Lieu dit Fontaine-Latine près des sources de l'Ouche à Lusigny.

3. CHELIDONIUM Tourn. (Chélidoine). — Style très court; stigm. 2 ; caps. 1-locul., s'ouvrant par 2 valves de la base au sommet; gr. munies d'une strophiole ; suc jaune.

G. majus L. (Eclaire, Herbe aux verrues, Herbe au diable). — Pl. fétide, à tige légèr[t] velue ; f. pennatiséquées, molles, glauques en dessous ; fl. jaunes. — ♃. — Avril-sept. — T. C. — Vieux murs, pierrailles, haies. — Pl. vénéneuse, à suc âcre et caustique.

F. laciniées, à lobes étroits ; pét. souv[t] incisés-crénelés : var. *laciniatum* (*C. laciniatum* Mill.). — Montbard.

4. GLAUCIUM Tourn. — Stigm. 2 ; caps. 2-locul., s'ouvrant par 2 valves du sommet à la base ; gr. sans strophiole.

G. flavum Crantz (Pavot cornu). — F. pennatifides, glauques, glabres ou poilues, épaisses, les radicales pétiolées, les supér. larg[t] embrassantes ; caps. glabres, plus ou moins tuberculeuses, très allongées ; fl. jaunes. — ♃ ou ②. — Juin-août. — R. — Bords des routes, lieux pierreux, décombres. — Molesme, Semur, Dijon, Plombières. — Pl. off. ; vénéneuse, âcre et narcotique.

V. FUMARIACÉES DC.

Fl. irrég. Sép. 2, très petits, souv[t] colorés, caducs. Pét. 4, inégaux, les deux latér. cohérents au sommet en forme de cuiller, le supér. éperonné ou en sac à la base, l'infér. canaliculé. Étam. 6, soudées en 2 faisceaux terminés chacun par 3 anthères dont la médiane seule est 2-locul. Ov. supère. Style filiforme. Stigm. 2-4-lobé. Fr. sec, 1-locul.— Herbes à suc aqueux, gén[t] glauques et molles, à f. alternes, très découpées, sans stip. Fl. en grappes.

> Fl. à éperon aigu ; fr. siliquiforme, polysperme, s'ouvrant par 2 valves . . . . *Corydalis* (1).
> Fl. à éperon court, obtus ; fr. subglobuleux, 1-sperme, indéhisc. . . . . *Fumaria* (2).

1. CORYDALIS DC. — Fr. siliquiforme, polysperme, s'ouvrant par 2 valves ; gr. luisantes, lisses, munies d'une strophiole.

> Fl. jaunes . . . . *C. lutea.*
> Fl. purpurines ou blanches. . . . . *C. solida.*

C. lutea DC. — *C. capnoides* Pers. ; Lorey, 40 (Fume-terre jaune). — Souche grêle ; tiges rameuses, diffuses ; éperon recourbé. — ♃. — Avril-oct. — T. R. — Naturalisé à Larrey-lez-Dijon et sur les murs des anciens remparts de Montbard, Dijon, Semur et Beaune.

C. solida Sm. — *C. bulbosa* DC. ; Lorey, 39. — Souche tuberculeuse ; tiges 1-2, rar^t plus, munies de 1 ou 2 écailles à la base ; éperon aminci, à peine courbé au sommet. — ♃. — Avril-mai. — A. R. — Broussailles, lieux couverts. — Thoisy-la-Berchère, Gevrey, St-Remy, combe des Trois-Fontaines, Larrey-lez-Dijon, parc de Dijon, etc..

2. FUMARIA Tourn. (Fumeterre). — Pét. supér. en sac ; fr. 1-sperme, indéhisc. ; gr. opaques, fin^t ponctuées, sans strophiole. — Tiges gén^t rameuses et diffuses.

1. Sép. suborbiculaires, beaucoup plus larges que la base de la cor. . . . . *F. micrantha.*
Sép. non suborbiculaires, plus étroits que la base de la cor. ou la débordant à peine 2

2. Sép. très petits, plus étroits que le pédic. floral . . . . *F. Vaillantii.*
Sép. aussi larges ou plus larges que le pédic. floral . . 3

3. Fr. mûr terminé en pointe au sommet ; sép. n'égalant pas le tiers de la longueur de la cor. . . . . . *F. parviflora.*
Fr. mûr non apiculé au sommet ; sép. égalant au moins le tiers de la longueur de la cor. 4

4. Fr. plus large que long, tronqué et un peu échancré au som-met ; sép. égalant environ le tiers de la longueur de la cor. . . . . *F. officinalis.*

Fr. globuleux-ovoïde ; sép. égalant environ la moitié de la longueur de la cor. . . . . *F. capreolata.*

F. capreolata L. — F. à pétiole tortile, accrochant ; fl. en grappes un peu lâches, ord¹ blanchâtres, marquées de pourpre noir au sommet ; pédic. dressés ou réfléchis ; fr. lisses. — ① ou ②. — Mai-août. — T. R. — Moissons, cultures, bords des chemins. — Auxonne, Aiserey, Brazey, le long des murs de l'ancien jardin botanique à Dijon.

Fl. ord¹ blanchâtres ou purpurines, marquées de pourpre foncé au sommet ; pédic. ord¹ dressés ; fr. ruguleux : var. *Bastardi* (*F. Bastardi* Bor.). — T. R. — Pâquis de Bray entre Dijon et Longvic.

F. officinalis L. — F. à segments étroits ; fl. ord¹ purpurines, en grappes multiflores assez courtes ; fr. ruguleux. — ① ou ②. — Avril-oct. — T. C. — Cultures, moissons, vignes. — Pl. off. ; amère, dépurative, antiscorbutique.

Segments des f. ovales-oblongs ; pétioles souv¹ tortiles, accrochants au contact d'un support : var. *scandens* (*F. capreolata* Thuill. ; non L.). — R. — Fontaine-lez-Dijon, Chassagne, Semur.

Fr. subglobuleux : var. *Wirtgeni* (*F. Wirtgeni* Koch). — R. — St-Remy, Rougemont, Dijon.

F. Vaillantii Lois. — F. à segments linéaires-aigus ; fl. petites, rosées ou blanchâtres, en grappes courtes et lâches ; fr. tuberculeux. — ① ou ②. — Mai-sept. — R. — Moissons, coteaux incultes. — St-Remy, Val-Suzon, Semur, Dijon.

F. parviflora Lam. — F. un peu charnues, à segments aigus, canaliculés ; fl. petites, blanchâtres, marquées de pourpre au sommet, en grappes courtes et denses ; fr. tuberculeux. — ① ou ②. — Mai-sept. — R. — Moissons, cultures. — Montbard, Vanvey, Châtillon, Dijon.

F. micrantha Lag. — *F. densiflora* DC. ; Royer, 76. — F. un peu charnues, à segments lancéolés ou linéaires-aigus ; fl. petites, purpurines, en grappes denses, courtes ; fr. tuberculeux. — ① ou ②. — Mai-sept. — T. R. — Cultures, bords des chemins. — Pâquis de Bray et talus des chemins de la plaine de Pouilly près Dijon, Longecourt. — Probablement adventif.

VI. CRUCIFÈRES Juss.

Sép. 4. Pét. 4, unguiculés, disposés en croix. Étam. 6, inégales, les 2 latér. plus courtes, souv¹ accompagnées de glandes à leur base. Ov. supère. Style 1. Stigm. entier ou 2-lobé. Fr. tantôt sec, allongé (*silique*), ou court (*silicule*), divisé par une fausse cloison en deux loges ord[t] polyspermes, plus rar[t] 1-spermes, à valves déhiscentes de bas en haut, tantôt indéhisc., 1-3-locul. et 1-sperme, ou se séparant en articles transversaux. — Pl. herbacées ou sous-frutescentes, à f. alternes, sans stip. Fl. ord[t] en grappes simples, plus ou moins allongées. — Pl. de saveur piquante, due à une huile essentielle ; la plupart sont alimentaires et jouissent de propriétés antiscorbutiques ; aucune n'est vénéneuse. Gr. oléagineuses.

1. Fr. beaucoup plus long que large (*silique*) 2
Fr. presque aussi large que long (*silicule*) 20

2. Silique indéhisc., renflée-spongieuse ou divisée en articles moniliformes . . . . *Raphanus* (1).
Silique ni renflée-spongieuse, ni divisée en articles moniliformes. 3

3. Gr. disposées sur 2 rangs dans chaque loge du fr. . . 4
Gr. sur un seul rang 8

4. F. caulinaires entières, sagittées-embrassantes ; fl. d'un blanc jaunâtre . . . . *Turritis* (13).
F. caulinaires dentées ou plus ou moins divisées, jamais sagittées-embrassantes ; fl. blanches ou jaunes . . . 5

5. Fl. blanches. 6
Fl. jaunes 7

6. Fl. en grappes nues ; cal. à sép. étalés. *Nasturtium* (12).
Fl. en grappes feuillées ; cal. à sép. dressés . *Braya* (14).

7. Silique comprimée, à valves munies d'une nervure dorsale. . . . . *Diplotaxis* (15).
Silique cylindrique, à valves dépourvues de nervure dorsale . . . . *Nasturtium* (12).

8. Fl. jaunes ou d'un blanc jaunâtre 9
Fl. jamais jaunes 16

9. Stigm. nettement divisé en 2 lames divergentes ; sép. bruns
. . . . *Cheiranthus* (2).
Stigm. entier ou à peine échancré ; sép. jamais bruns dans nos
espèces indigènes 10

10. Silique terminée par un bec plus ou moins allongé . . 11
Silique à bec très court ou nul. 12

11. Silique à valves munies de 3-5 nervures saillantes . . .
. . . . *Sinapis* (11).
Silique à valves munies d'une seule nervure peu saillante
. . . . *Brassica* (10).

12. Silique comprimée ; fl. d'un blanc jaunâtre . *Arabis* (4).
Silique tétragone, anguleuse ou cylindrique ; fl. jaunes ou
jaunâtres. 13

13. Silique nettement tétragone ; f. entières ou simpl^t dentées
. . . . , *Erysimum* (8).
Silique cylindrique ou anguleuse ; f. la plupart lyrées, pen-
natifides, pennatipartites ou pennatiséquées 14

14. Pl. très glabre ; f. caulinaires embrassantes. *Barbarea* (3).
Pl. plus ou moins velue ou pubescente ; f. caulinaires
pétiolées ou sessiles, non embrassantes 15

15. Sép. latér. bossus à la base ; silique à valves munies d'une
seule nervure . . . . *Erucastrum* (9).
Sép. latér. non bossus à la base, à valves munies de 3
nervures, les 2 latér. qqfois peu distinctes . . . . .
. . . . , *Sisymbrium* (7)

16. Silique à valves dépourvues de nervures distinctes. . . 17
Silique à valves munies d'une ou plusieurs nervures. . 18

17. Silique grosse, terminée en bec ; souche charnue, écailleuse
. . . . *Dentaria* (5).
Silique mince, sans bec ; point de souche écailleuse . . .
. . . . *Cardamine* (6).

18. Silique à bec allongé ; pl. glabre. . . . *Brassica* (10).
Silique à bec très court ou nul ; pl. très rar^t tout à fait
glabre. 19

19. Silique à valves munies d'une seule nervure longitudinale ou
de plusieurs nervures irrég. ; gr. comprimées . . . .
. . . . *Arabis* (4).
Silique à valves munies de 3 nervures longitudinales, les
deux latér. qqfois peu distinctes ; gr. ovoïdes ou oblongues . . . . *Sisymbrium* (7).

20. Fl. jaunes ou jaunâtres, blanchissant qqfois à la maturité. 21
Fl. toujours blanches, violettes ou violacées 29

35. Silicule ni tronquée ni échancrée au sommet. *Draba* (19).
Silicule tronquée ou échancrée au sommet 36
36. Silicule triangulaire-cunéiforme . . . . *Capsella* (25).
Silicule suborbiculaire ou obovale, à bords ailés . . . .
. . . . *Thlaspi* (22).
37. Loges ord^t 1-spermes ; silicule échancrée ou non . . .
. . . . *Lepidium* (26).
Loges 2-spermes, qqfois 1-spermes par avortement . . 38
38. Silicule entière, non ailée ; pl. très petite *Hutchinsia* (24).
Silicule échancrée, ailée. . . . . . . *Thlaspi* (22).

SILIQUEUSES.

Fruit (silique) beaucoup plus long que large et linéaire ou linéaire-lancéolé, rarement oblong.

A. Siliques indéhiscentes, articulées ou continues.

1. Raphanus L. (Radis). — Sép. dressés, les latér. bossus à la base ; silique à long bec conique; gr. globuleuses. — Pl. hispides, à f. infér. lyrées-pennatifides, les supér. oblongues, incisées-dentées.

Silique oblongue-conique, spongieuse . . . *R. sativus.*
Silique cylindrique, divisée à la maturité en articles monili-formes. . . . . *R. Raphanistrum.*

R. sativus L. (Radis). — Rac. charnue ; fl. blanches ou violettes. — ① ou ②. — Mai-juill. — Culture alimentaire; qqfois subspontané près des jardins.

Rac. petite, globuleuse, rosée ou rouge : var. *Radicula* (*R. Radicula* Pers.). — (Radis, Petite Rave).

Rac. volumineuse, noire : var. *niger* (*R. niger* Mér.). — (Radis noir, Raifort).

R. Raphanistrum L. (Ravenelle). — Rac. grêle, pivotante ; fl. blanches ou jaunes, veinées de violet. — ① ou ②. — Mai-sept. — C. — Moissons, cultures.

B. Siliques déhiscentes par deux valves se détachant de la base au sommet.

A. GRAINES DISPOSÉES SUR UN RANG DANS CHAQUE LOGE DE LA SILIQUE (UNISÉRIÉES).

2. CHEIRANTHUS R. Br. (Giroflée). — Sép. dressés, les latér. bossus à la base ; silique subtétragone, à valves munies d'une nervure saillante ; gr. comprimées-ailées.

C. Cheiri L. (Carafée). — Tige frutescente ; f. entières, lancéolées ; fl. grandes, d'un beau jaune, très odorantes ; siliques blanchâtres-pubescentes. — ② ou ♃. — Avril-juin. — C. — Sur les vieux murs.

3. BARBAREA R. Br. — Sép. dressés ; silique subtétragone, à valves munies d'une nervure saillante ; gr. comprimées. — Pl. très glabres, à fl. jaunes.

F. à saveur herbacée, les caulinaires ord^t obovales . . . .
. . . . *B. vulgaris.*
F. à saveur de Cresson, toutes pennatipartites . *B. præcox.*

B. vulgaris R. Br. (Rondotte, Barbarée, Herbe de Sainte-Barbe). — Tige cannelée ; f. luisantes, les radicales lyrées-pennatipartites, à lobe terminal ord^t très ample, les caulinaires obovales-embrassantes, toutes plus ou moins sinuées-dentées; pét. dépassant peu le cal. ; siliques courtes, à bec effilé, en grappes assez fournies. — ♃. — Avril-juin. — C. — Lieux humides, haies, taillis, bords des chemins. — Pl. très usitée jadis comme vulnéraire.

Tige triquètre ; f. supér. pennatilobées : var. *intermedia* (*B. intermedia* Bor.). — T. R. — Liernais.

B. præcox R. Br. — *B. patula* Fries ; Royer, 79. — Tige anguleuse ; f. supér. à lobes linéaires, souv^t entiers, le terminal cunéiforme ; pét. deux fois plus longs que le cal. ; siliques longues, à bec obtus, en grappes très allongées. — ♃. — Mai-juill. — T. R. — Coteaux incultes, bords des chemins. — Dijon, Liernais, Menessaire. — Cultivée, cette pl. peut remplacer le Cresson.

4. ARABIS L. (Arabette). — Sép. dressés, les latér. bossus ou non à la base; silique grêle, comprimée, à valves munies d'une nervure longitu-

dinale ou de plusieurs nervures irrég. ; gr. comprimées, plus ou moins ailées.

1. Fl. d'un jaune très pâle . . . . *A. Turrita.*
  Fl. blanches ou rosées. 2
2. F. radicales lyrées-pennatifides, les caulinaires non embrassantes . . . . *A. arenosa.*
  F. radicales ou dentées, les caulinaires embrassantes. . 3
3. Pl. ent^t glabre ou seul^t un peu velue à la base ; f. caulinaires lancéolées-oblongues, ou un peu aiguës, très entières . . . . *A. brassicæformis.*
  Pl. plus ou moins hérissée ou velue ; f. caulinaires lancéolées-obtuses, dentelées ou presque entières . *A. hirsuta.*

A. brassicæformis Wallr. — *Erysimum alpinum* Baumg. ; Lorey, 79. — Tige droite, presque simple, raide ; f. radicales ovales ou oblongues, long^t pétiolées ; siliques allongées sur des pédic. redressés ; fl. blanches. — ♃. — Mai-juin. — R. — Rochers des vallées boisées. — Combes de la Côte de Dijon à Beaune, Courtivron, Mont-Afrique, Flavignerot, etc.

A. hirsuta Scop. — *A. sagittata* DC. ; Lorey, 51 ; Royer, 80. — Tiges dressées, ord^t simples ; f. radicales spatulées, en rosette ; fl. petites, blanches ; siliques denses, dressées contre l'axe. — ② — Mai-juill. — C. — Bois, pelouses, coteaux incultes.

A. Turrita L. — Pl. plus ou moins velue, à tige droite, robuste ; f. sinuées-dentées, les radicales grandes, obovales, les caulinaires embrassantes ; siliques très longues, arquées et déjetées d'un côté à la maturité ; gr. larg^t ailées. — ♃. — Mai-juin. — R. — Rochers, lieux arides. — Mont-Afrique, la Côte.

A. arenosa Scop. (Lilas bâtard). — Pl. moll^t velue, à tiges grêles, gén^t flexueuses ; f. radicales en rosette, les caulinaires entières ou pennatifides ; fl. rosées, rar^t blanchâtres ; siliques grêles, en grappes très lâches. — ② ou ♃. — Avril-sept. — C. — Rochers, lieux secs et sablonneux des coteaux calcaires.

5. DENTARIA Tourn. (Dentaire). — Sép. dressés ; silique lancéolée-comprimée, à valves sans nervures ; gr. comprimées. — Pl. à souche charnue, écailleuse.

D. pinnata Lam. — Tige dressée, simple, nue infér^t ; f. peu nombreuses, glaucescentes en dessous, grandes, toutes pennatiséquées, pétiolées ; fl. grandes, violettes ou blanchâtres. — ♃.

— Avril-mai. — A. C. — Bois de la Côte et de l'Auxois. —
Flavignerot, Gevrey, Savigny-sous-Beaune, Val-Suzon, etc.

6. CARDAMINE Tourn. (Cardamine). — Sép. plus
ou moins étalés ; silique grêle, sans nervures ; gr.
comprimées. — F. toutes pennatiséquées, pétiolées. — Pl. amères, de saveur piquante ; peuvent
remplacer le Cresson.

1. Fl. petites ; pét. à limbe étroit, dressé, à peine aussi long
    que le cal., qqfois nuls 2
  Fl. grandes ; pét. à limbe élargi et étalé, dépassant long^t le cal. 3
2. F. caulinaires à pétiole auriculé-embrassant. *C. impatiens.*
  F. caulinaires à pétiole non auriculé-embrassant . . . . .
  . . . . *C. silvatica.*
3. Anthères violettes ; f. toutes à segments larges, anguleux,
    dentés . . . . *C. amara.*
  Anthères jaunes ; f. supér. à segments linéaires, entiers, plus
    rar^t oblongs, dentés-lobulés 4
4. F. à saveur herbacée, les radicales persistant 2-3 ans, les cau-
    linaires ne périssant qu'à la fructification ; celles-ci à seg-
    ments sessiles, atténués à la base, décurrents sur le rachis
    . . . . *C. pratensis.*
  F. à saveur de Cresson, toutes à segments caducs avant la flo-
    raison, ceux des f. caulinaires pétiolés, non décurrents sur
    le rachis . . . . *C. deciduifolia.*

C. impatiens L. — Tige grêle, très feuillée ; f. à 13-19
segments dentés ; fl. petites, blanches, à pét. qqfois nuls ; siliques
grêles, bien plus longues que les pédic. — ②. — Mai-juill. —
A. R. — Bois humides, lieux frais et ombragés. — Ste-Foy,
Flavignerot, Cîteaux, Gevrey, Val-des-Choux, Val-Suzon, Nolay, etc.

C. silvatica Link. — *C. hirsuta* Lorey, 54 ; non L. —
Pl. plus ou moins velue, à tiges grêles ; f. à 5-9 segments arrondis,
les caulinaires aussi grandes ou plus grandes que les radicales ; fl.
blanches ; siliques grêles, deux fois plus longues que les pédic.
— ② ou ♃. — Avril-juin. — T. R. — Bois humides du Pays-
Bas. — Longchamp, Cîteaux.

C. pratensis L. (Cresson des prés, Lilas bâtard, Soupe
au vin). — Tiges ord^t glabres ; f. radicales long^t pétiolées, à segments ovales ou arrondis, obscur^t sinués-anguleux, portant qqfois
des bulbilles à leur base, ceux des f. supér. linéaires, entiers ; fl.
lilacées ou blanchâtres ; siliques à peine plus longues que les
pédic. — ♃. — Avril-mai. — T. C. — Prés, fossés, bois humides.

C. deciduifolia Royer. — Tiges robustes; f. ondulées, les radicales et les caulinaires infér. et moyennes, à segments suborbiculaires, presque entiers, les supér. à segments oblongs, dentéslobulés; fl. blanchâtres; anthères plus ou moins atrophiées; siliques avortées ou à gr. stériles. — ♃. — Avril-mai. — Forme probablement hybride ou tératologique du *C. pratensis*, trouvée à Pontailler dans un fossé s'asséchant par Royer qui la considère comme espèce légitime.

C. amara L. (Cresson amer). — Pl. glabre, à tiges flexueuses; f. à segments ord^t sinués-dentés, le terminal beaucoup plus grand que les autres; fl. blanches, rar^t roses; siliques bien plus longues que les pédic. — ♃. — Mai-juin. — T. R. — Bois marécageux de Laroche-en-Brenil et de Saulieu, source de Veuxhaules.

7. Sisymbrium Tourn. —Sép. dressés ou un peu étalés; silique cylindrique ou subtrigone, à valves munies de 3 nervures, les latér. qqfois peu distinctes; gr. ovoïdes ou oblongues.

1. Fl. blanches. 2
   Fl. jaunes 3

2. Pl. robuste; f. amples, réniformes ou ovales-cordées, crénelées, toutes pétiolées, exhalant par le frottement une odeur d'ail . . . . *S. Alliaria.*

   Pl. grêle, peu élevée; f. petites, obovales ou oblongues, les caulinaires lancéolées, sessiles, sans odeur d'ail . . . . *S. Thalianum.*

3. F. pubescentes-blanchâtres, toutes 2-3-pennatiséquées, à segments linéaires; sép. jaunâtres . . . . . *S. Sophia.*

   F. glabres ou pubescentes, non blanchâtres, roncinées-pennatipartites, à lobes oblongs, les supér. hastées; sép. verdâtres. 4

4. Siliques velues, courtes, appliquées sur l'axe, à pédic. épais . . . . *S. officinale.*
   Siliques glabres, allongées, étalées, à pédic. grêles. *S. Irio.*

S. Alliaria Scop. — *Alliaria officinalis* DC.; Lorey, 77 (Alliaire). — Pl. d'un vert pâle; siliques allongées, à pédic. épais, très courts. — ② ou ①. — Avril-juin. — T. C. — Lieux incultes, taillis, haies, bords des chemins. — Pl. rubéfiante, d'odeur alliacée.

S. Thalianum Gay. — *Arabis Thaliana* L.; Lorey, 51. — F. radicales ord^t atténuées en pétiole et rapprochées en rosette;

fl. très petites; siliques grêles, étalées ou redressées. — ① ou ②·
— Mai-juill. — A. C. — Vignes, cultures des sols argileux.

S. officinale. Scop. (Vélar, Tortelle, Herbe aux chantres).
— Pl. pubescente, d'un vert sombre, à rameaux étalés; fl. très
petites. — ②. — Mai-août. — T. C. — Lieux incultes, décombres,
bords des chemins. — Pl. off.; pectorale et astringente.

S. Sophia L. (Sagesse des chirurgiens). — Pl. pubescente,
d'un vert blanchâtre : f. très découpées; fl. petites, d'un jaune pâle,
à pét. plus courts que le cal. — ② ou ①. — Mai-sept. — A. R. —
Décombres, lieux incultes, bords des chemins, surtout dans la
silice. — Auxonne, Premières, Nolay, Saulieu, Genlis, Collonges,
etc. — Pl. très vantée jadis comme vulnéraire.

S. Irio. L. — Pl. glabre ou un peu velue ; f. à lobes élargis,
le terminal très long dans les f. supér. — ② ou ①. — Mai-
sept. — T. R. — Rues, décombres. — Arnay-le-Duc, Saulieu.

8. ERYSIMUM Tourn. (Vélar). — Sép. dressés, les
latér. bossus ou non à la base; silique tétragone,
à valves carénées, 1-nervées ; gr. oblongues.

1. Pl. glauque et glabre; f. supér. embrassantes; fl. d'un jaune
    très pâle, inodores . . . . *E. orientale.*
   Pl. verte et pubescente; f. non embrassantes ; fl. jaunes . 2
2. Fl. petites; f. entières, denticulées, molles. *E. cheiranthoides.*
   Fl. grandes; f. sinuées-dentées, rudes . *E. cheiriflorum.*

E. cheiranthoides L. — Tige anguleuse, rude, striée ;
f. lancéolées ou oblongues ; siliques courtes, étalées-redressées, à
pédic. grêles. — ② ou ① — Mai-sept. — C. — Décombres,
lieux humides, bords des eaux, cultures.

E. cheiriflorum Wallr. — *E. lanceolatum* Lorey, 79 ;
non DC. — Pl. rude, d'un vert un peu jaunâtre; f. oblongues-
lancéolées; siliques allongées, étalées-redressées, à pédic. épais ;
fl. odorantes. — ②. — Mai-août. — A. C. — Coteaux incultes,
bords des chemins, carrières, surtout dans le calcaire. — Dijon,
toute la Côte, l'Auxois et le Châtillonnais.

E. orientale R. Br. — *E. perfoliatum* Crantz; Lorey, 80.
— Pl. glauque, très glabre; f. très entières, les radicales spatulées ;
sép. latér. bossus à la base ; siliques très longues, étalées. —
② ou ①. — A. C. — Champs et moissons des sols argileux. —
L'Auxois, le Pays-Bas, la Côte.

L'*Hesperis matronalis* L. (Julienne, Girarde), à fl. grandes, odorantes, blanches ou rosées, à siliques grêles, toruleuses, se trouve
qqfois subspontané au voisinage des habitations.

9. ERUCASTRUM Spenn. — Sép. dressés ou étalés, les latér. légèr^t bossus à la base ; silique subcylindrique, à valves 1-nervées ; gr. comprimées.

E. Pollichii Spenn. — *Brassica Erucastrum* Lorey, 94, pro parte ; non L. nec DC.— Pl. velue, à tige dressée ; f. pennatiséquées, à segments dentés ; fl. d'un jaune pâle, les infér. munies de bractées pennatipartites ; siliques étalées. — ②. — Mai-juill. — R. — Décombres, sables, cultures. — Pouilly-sur-Saône, Nuits, Beaune, Dijon, Longecourt, St-Jean-de-Losne.

Récoltés à l'état adventif dans les environs de Dijon : *E. obtusangulum* Rchb., à fl. jaunes et sép. étalés (sur les talus du chemin de fer de Langres) ; — *E. incanum* Koch (*Hirschfeldia adpressa* Mœnch. ; Royer, 90), à fl. jaunes et f. hispides, lyrées à la base, oblongues ou lancéolées au sommet (sur les mêmes talus, les bords de l'Ouche, et au rond-point du parc) ; — *Eruca sativa* Lam., à sép. bruns, dressés ; fl. blanches ou jaunâtres, veinées de violet ; gr. 2-sériées (dans les cultures).

10. BRASSICA Tourn. (Chou). — Sép. dressés ou étalés, les latér. bossus ou non à la base ; silique cylindrique ou subtétragone, à bec allongé et valves munies d'une nervure saillante ; gr. subglobuleuses. — F. infér. lyrées-pennatifides, pétiolées ; fl. ord^t jaunes.

1. F. toutes pétiolées ; rameaux étalés . . . . *B. nigra.*
   F. supér. sessiles ou embrassantes ; rameaux dressés . . 2

2. F. supér. sessiles, non embrassantes ; sép. dressés ; étam. presque égales . . . . *B. oleracea.*
   F. supér. embrassantes-auriculées; sép. étalés ; étam. très inégales 3

3. F. toutes glabres ; fl. espacées dès l'épanouissement . . . . *B. Napus.*
   F. infér. hérissées-ciliées ; fl. rapprochées au sommet lors de l'épanouissement . . . . *B. asperifolia.*

B. nigra Koch. — *Sinapis nigra* L. ; Lorey, 94 (Moutarde noire). — Pl. ord^t un peu hérissée à la base ; f. infér. à lobe terminal très grand ; sép. étalés ; siliques courtes, appliquées contre la tige. — ②. — Juin-août. — A. R. — Décombres, champs, taillis, berges des rivières. — St-Remy, Pontailler, Auxonne,

Seurre, etc. — Pl. off. ; gr. rubéfiantes (farine de moutarde) et condimentaires (moutarde de table).

B. oleracea L. (Chou). — Pl. glabre, à f. un peu charnues, grandes ; fl. qqfois blanches ; siliques allongées, bosselées, plus ou moins étalées. — ① ou ②. — Mai-juin. — Culture alimentaire ; nombreuses variétés.

B. Napus L. (Navet). — Pl. glabre, à f. glauques ; siliques bosselées, très étalées. — ① ou ②. — Avril-mai. — Culture alimentaire ; qqfois subspontané.

Rac. grêle, pivotante : var. *oleifera* DC. (Colza).

Rac. renflée, charnue, fusiforme : var. *esculenta* DC. (Navet).

B. asperifolia Lam. — *B. Rapa* Koch ; Lorey, 92. — Pl. hérissée infér[t] ; f. vertes ; siliques bosselées, étalées-redressées. — ① ou ②. — Avril-mai. — Cultivé et subspontané.

Rac. grêle : var. *oleifera* DC. (Navette).

Rac. grosse, charnue, fusiforme ou en toupie : var. *esculenta* Gren. et Godr. (Rave).

11. SINAPIS **Tourn. (Moutarde).** — Sép. étalés ou rar[t] dressés ; silique subcylindrique, toruleuse, à bec allongé, plus ou moins comprimé, et valves à 3-5 nervures saillantes ; gr. globuleuses. — Pl. plus ou moins hispides, à fl. jaunes.

1. F. supér. sessiles ou subsessiles, ovales-lancéolées, sinuées-dentées ; rameaux étalés . . . . *S. arvensis.*
   F. toutes pétiolées, pennatipartites ou lyrées-pennatipartites ; rameaux dressés 2

2. Siliques glabres ; sép. dressés . . . . . *S. Cheiranthus.*
   Siliques hispides ; sép. étalés . . . . *S. alba.*

S. Cheiranthus Koch. — *Brassica Erucastrum* Lorey, 94, pro parte ; non L. nec DC. — Tige arrondie ; siliques à valves 6-7 fois plus longues que le bec ; gr. brunes, fin[t] alvéolées. — ♃ ou ②. — Mai-août. — A. C. — Moissons, coteaux incultes et rochers du Morvan.

S. arvensis L. (Moutarde sauvage, Sendres, Senoves). — Tige anguleuse ; f. infér. lyrées ou sinuées ; sép. très étalés ; siliques à bec long, subtétragone ; gr. noires, lisses. — ① ou ②. — Mai-oct. — T. C. — Moissons, cultures.

Siliques fort[t] toruleuses, plus allongées et plus grêles : var. *Schkuhriana* (*S. Schkuhriana* Rchb.). — Avec le type.

S. alba L. (Moutarde blanche). — Tige anguleuse; bec un peu courbé, aussi long ou plus long que la silique; gr. jaunes, fin^t alvéolées. — ①. — Juin-juill. — C. — Champs, moissons, places à charbon dans les bois (subspontané). — Gr. stomachiques et purgatives.

B. GRAINES DISPOSÉES SUR DEUX RANGS DANS CHAQUE LOGE DE LA SILIQUE (BISÉRIÉES).

12. NASTURTIUM R. Br. (Cresson). — Sép. étalés, souv^t jaunâtres; silique courte, cylindrique, ou silicule oblongue ou subglobuleuse, ord^t sans nervure distincte; gr. ovales ou arrondies. — Pl. glabres.

1. Fl. blanches . . . . *N. officinale.*
   Fl. jaunes 2

2. Siliques rudes-tuberculeuses, blanchâtres, à pédic. courts et épais . . . . *N. asperum.*
   Siliques ou silicules lisses, à pédic. grêles et allongés. 3

3. Pét. égalant ou dépassant peu le cal.; siliques à peu près de la longueur des pédic. . . . . *N. palustre.*
   Pét. sensibl^t plus longs que le cal.; siliques ou silicules aussi longues ou plus courtes que les pédic. . . . 4

4. F. supér. toujours entières ou simpl^t dentées, jamais prof^t pennatifides . . . . *N. amphibium.*
   F. toutes, ou les supér. seul^t, prof^t pennatifides ou pennatiséquées 5

5. F. toutes prof^t pennatipartites ou pennatiséquées, à segments lancéolés ou oblongs, incisés-dentés; siliques arquées, égalant les pédic. ou plus courtes . . . . *N. silvestre.*

   F. caulinaires pennatiséquées, à segments linéaires entiers; silicules renflées, plus courtes que les pédic. *N. pyrenaicum.*

1. Fruit plus long que large (silique).

N. asperum Coss. — *Sisymbrium asperum* L.; Lorey, 76. — Tiges grêles, étalées ou diffuses; f. pennatipartites, à segments nombreux, les radicales en rosette; siliques étalées. — ② ou ①. — Mai-juill. — A. R. — Bords des eaux, champs humides. — Le Pays-Bas, Arcelot, Nuits, Liernais, champs de la Guette à Saulieu, Montigny-sur-Aube, Gevrey, etc.

N. palustre DC. — Tiges dressées ; f. molles, toutes prof^t pennatipartites, à segments lancéolés, dentés, les radicales en rosette, à lobe terminal plus grand ; siliques courtes, renflées-bosselées, étalées ; gr. jaunes. — ①. — Juill.-sept. — A. R. — Lieux humides, champs marécageux, atterrissements. — Fontenay, Lucenay, Cîteaux, St-Jean-de-Losne, Seurre, Saulieu.

N. silvestre R. Br. — Tiges anguleuses, dressées, flexueuses ; f. radicales à segment terminal de même longueur que les latér. ; siliques linéaires, arquées, étalées, égalant les pédic. ou plus courtes ; gr. brunes. — ♃. — Mai-sept. — C. — Lieux humides, atterrissements, sables des rivières.

> Tiges plus robustes ; f. plus amples ; siliques de moitié plus courtes que les pédic. : var. *anceps* (*N. anceps* Rchb.). — A. R. — Buffon, Fleurey, Premières, Laroche-en-Brenil, Moutiers-St-Jean.
> Siliques plus longues que les pédic. : var. *rivulare* (*N. rivulare* Rchb.). — T. R. — Bords de l'Ouche à Dijon.

N. officinale R. Br. (Cresson de fontaine). — Tiges fistuleuses, rameuses, couchées-radicantes à la base ; f. pennatiséquées, à segments oblongs, sinués, le terminal plus grand ; siliques courtes, arquées, étalées, munies de valves à nervure distincte. — ♃. — Avril-sept. — C. — Ruisseaux, fontaines, sols humides. — Pl. off. ; amère, antiscorbutique ; se mange en salade.

2. *Fruit presque aussi large que long (silicule).*

N. amphibium R. Br. — Pl. robuste, à tiges sillonnées, fistuleuses, radicantes à la base ; f. fermes, les infér. qqfois pennatifides ou même pectinées, à segments capillaires lorsqu'elles croissent dans l'eau ; silicules oblongues, étalées ; gr. brunes, ponctuées. — ♃. — Mai-juill. — C. — Bords des eaux, fossés, rivières, atterrissements.

N. pyrenaicum R. Br. — Pl. de 1 à 2 m., à tiges grêles, flexueuses ; f. radicales long^t pétiolées, obovales ou plus ou moins prof^t découpées ; silicules renflées, étalées ; gr. brunes, alvéolées. — ♃. — Mai-juill. — T. R. — Pelouses et sables des terrains siliceux. — Entre Lacanche et Bessey-la-Cour, Dijon.

13. Turritis Dill. (Tourette). — Sép. étalés ;

silique comprimée, à valves 1-nervées ; gr. comprimées.

T. glabra L. — Tige dressée, raide, velue à la base, glabre et glauque au sommet; f. radicales en rosette, dentées ou subroncinées, atténuées en pétiole, velues, les caulinaires très entières, lancéolées-aiguës, embrassantes ; fl. d'un jaune très pâle ; siliques appliquées contre l'axe, en grappe dense. — ②. — Mai-juill. — A. R. — Coteaux boisés. — Laroche-en-Brenil, Val-Suzon, Nolay, toute la Côte.

14. BRAYA Sternb. — Sép. un peu ouverts ; silique un peu comprimée, à valves 1-nervées ; gr. ovoïdes.

B. supina Koch. — *Sisymbrium supinum* L. ; Lorey, 77. — Pl. velue, à tiges couchées ; f. toutes pennatipartites, à segments oblongs ; fl. blanches, très petites, en grappes feuillées ; siliques allongées, à pédic. très courts. — ②. — Juin-août. — R. — Sables des rivières, lieux humides. — Til-Châtel, étangs de Cîteaux, Arcelot, Limpré, bords de la Tille.

15. DIPLOTAXIS DC. — Sép. dressés ou étalés ; silique comprimée, à valves 1-nervées ; gr. comprimées, lisses. — Pl. glabres ou un peu velues, à fl. jaunes.

1. Tiges ord[t] nombreuses, feuillées, subligneuses à la base ; siliques à peu près de la longueur des pédic. *D tenuifolia.*

Tiges ord[t] simples, herbacées, aphylles ou presqu'aphylles ; siliques ord[t] 2-3 fois plus longues que les pédic. . . 2

2. Sép. hérissés de poils raides, et beaucoup plus courts que les pét., ceux-ci à limbe suborbiculaire. . *D. muralis.*

Sép. glabres, à peine dépassés par les pét., ceux-ci à limbe linéaire-oblong . . . . *D. viminea.*

D. tenuifolia DC. — Pl. fétide ; f. irrég[t] pennatipartites, à segments écartés. — ♃ ou ②. — Mai-sept. — T. R. — Lieux incultes, décombres, bords des chemins (introduit). — Velars, Dijon, gares de Pontailler et de Beaune, Plombières.

D. muralis DC. — Pl. moins fétide, à tiges ord[t] simples ; f. sinuées-dentées ou sinuées-pennatipartites, ord[t] toutes ou presque toutes en rosette. — ④ ou ②. — Mai-sept. — A. C. —

Vignes, décombres, lieux incultes. — Dijon, Longecourt, voie du chemin de fer à Darcey et à St-Julien, Meursault, Santenay.

D. viminea DC. — Pl. inodore, à tiges grêles, couchées ; f. toutes radicales, dentées, sinuées ou pennatifides. — ① ou ②. — Mai-août. — R. — Vignes, chemins, sables. — Talant, Is-sur-Tille, vignes de Montmusard à Dijon, Auxey, Ebaty.

SILICULEUSES.

Fruit (silicule) à peine plus long que large.

A. Silicules articulées.

16. Rapistrum Boerh. — Sép. appliqués ou plus ou moins ouverts, les deux latér. bossus à la base ; silicule à 2 articles, le supér. arrondi, 1-sperme, l'infér. en forme de pédic. ; gr. ovoïdes.

R. rugosum All. — Pl. à rameaux nombreux, divariqués ; f. infér. lyrées, pétiolées, les supér. oblongues ; fl. d'un jaune pâle ; silicule pubescente, à article supér. globuleux. — ①. — Juin-août. — T. R. — Lieux incultes, chemins. — Dijon, au port du canal, dans la plaine de Pouilly et sur les bords du Suzon.

Le *R. perenne* Berg. qui a été trouvé à Velars, se distingue du *R. rugosum* par sa silicule glabre, à article supér. ovoïde, et par ses f. infér. pennatifides, non lyrées.

B. Silicules non articulées.

A. SILICULES DÉHISCENTES, COMPRIMÉES PARALLÈLEMENT A LA CLOISON.

17. Alyssum L. — Sép. dressés ; silicule orbiculaire, à loges 1-2 spermes ; valves sans nervures ; gr. comprimées. — Pl. à tiges diffuses ; f. entières, obovales ou oblongues, atténuées à la base.

Fl. d'un jaune vif, à pét. une fois plus longs que les sép. ; cal. caduc . . . . *A. montanum.*
Fl. d'un jaune pâle, passant au blanc, à pét. à peine plus longs que les sép. ; cal. persistant. . . *A. calycinum.*

A. montanum L. — Pl. blanchâtre, couverte de poils étoilés ; tiges à peu près simples, subligneuses à la base, couchées ou ascendantes ; étam. longues, à filets ailés ; style long. — ♃.— Mars-juill. — R. — Pelouses, rochers calcaires de toute la Côte.

A. calycinum L. — Pl. d'un vert grisâtre, couverte de poils étoilés ; tiges herbacées, grêles, très rameuses, dressées ou couchées ; étam. toutes à filets capillaires ; style très court. — ②. — Avril-juin. — C. — Friches, chemins, lieux secs et sablonneux.

L'*A. incanum* L. (*Berteroa incana* DC.), à fl. blanches et pét. 2-fides, a été signalé comme subspontané sur plusieurs points du département : Epoisses, Dijon en 1879-1880, près la petite gare, Semur, Velars.

18. LUNARIA L. (Lunaire). — Sép. dressés, les deux latér. bossus à la base ; silicule elliptique, large, très aplatie, à valves sans nervures ; gr. comprimées.

L. rediviva L.—Tige dressée, robuste, élevée ; f. grandes, lancéolées-cordiformes, toutes pétiolées ; fl. violettes, veinées, odorantes ; silicules pendantes. — ♃. — Mai-juill. — T. R. — Bois montagneux. — Combes de Vauteloy près Savigny-sous-Beaune, et d'Arcey près Pont-de-Pany, Roche-Percée près Bouilland, Sombernon.

Le *Vesicaria utriculata* Lam., à silicules globuleuses et fl. jaunes, a été signalé aux Bordes près Montbard et sur les murs de la même ville.

19. DRABA Dill. (Drave). — Sép. un peu étalés ; silicule ovale, oblongue ou lancéolée, à valves faibl^t nervées ; gr. ovales-comprimées, 2-sériées.

1. Fl. jaunes . . . . *D. aizoides.*
   Fl. blanches 2
2. Pét. 2-partits ; f. toutes radicales, en rosette. *D. verna.*
   Pét. entiers ; tiges feuillées . . . . *D. muralis.*

D. aizoides L. — Pl. petite, gazonnante, à tige simple ; f. coriaces, linéaires-subulées, ciliées, toutes en rosette radicale ; silicules lancéolées. — ♃. — Mars-avril. — T. R. — Rochers calcaires. — Gevrey, Bouilland, Beaune, Jouvence, Val-Courbe.

D. muralis L. — Pl. assez élevée, hérissée de poils rudes ; tige dressée, grêle ; f. caulinaires ovales-aiguës, embrassantes, les radicales en rosette lâche, ovales, rétrécies en pétiole ; silicules oblongues. — ②. — Avril-juin. — R. — Rochers ombragés. — Laroche-en-Brenil, Montberthault, St-Remy, Rougemont, Millery.

D. verna L. — *Erophila vulgaris* DC. ; Lorey, 62. — Pl. petite, à tiges grêles, glabres au sommet ; f. plus ou moins spatulées, entières ou dentées, velues ; silicules long^t pédicellées. — ②. — Mars-mai. — T. C. — Champs, murs, lieux cultivés ou incultes. — Pl. à formes très nombreuses dont certains auteurs font autant d'espèces.

20. CAMELINA Crantz (Cameline). — Sép. dressés ou étalés ; silicule renflée-pyriforme, à valves munies d'une nervure saillante ; gr. ovoïdes, 2-sériées.

C. sativa Crantz. — Pl. ord^t glabre, à tige dressée ; f. lancéolées, les supér. embrassantes-sagittées, les infér. atténuées en pétiole ; fl. jaunes ; silicules jaunâtres, ventrues ; gr. jaunâtres. — ②. — Juin-août. — A. R. — Subspontané près des champs où on le cultive. — Pothières, Nolay, Bourberain. — Gr. oléagineuses.

> Pl. ord^t velue ; fl. d'un jaune plus pâle ; silicules plus petites, grisâtres, obovales ; gr. brunes : var. *silvestris* (*C. silvestris* Wallr.). — Moissons, friches. — Buffon, Laignes, Beaune, St-Aubin, Nolay, Semur.

B. SILICULES DÉHISCENTES, COMPRIMÉES PERPENDICULAIREMENT A LA CLOISON.

21. TEESDALIA. R. Br. — Sép. un peu étalés ; pét. inégaux, les extér. plus grands ; étam. à filets munis d'une écaille à la base ; silicule suborbiculaire, brièv^t échancrée, à valves carénées, un peu ailées au sommet ; loges 2-spermes ; gr. ovoïdes.

T. nudicaulis R. Br. — *T. Iberis* DC. ; Lorey, 68. — Pl. petite, à tiges grêles, dressées ou un peu étalées ; f. radicales lyrées-pennatipartites, en rosette, les caulinaires peu nombreuses, très petites ; fl. blanches, très petites ; silicules étalées. — ②.

Avril-juin. — A. R. — Pelouses et rochers des terrains siliceux. — Saulieu, Semur, Vielverge, Nolay, etc.

22. **Thlaspi** Dill. (Tabouret). — Sép. dressés; silicule ovale ou suborbiculaire, échancrée au sommet, à valves plus ou moins ailées ; gr. comprimées, 1-6 dans chaque loge. — F. ovales ou oblongues ; fl. blanches.

1. Pl. à odeur alliacée ; silicules grandes, suborbiculaires, larg^t ailées sur tout leur pourtour . . . . . . *T. arvense.*
   Pl. inodore ; silicules plus petites, un peu rétrécies à la base et larg^t ailées au sommet seul^t 2
2. Style dépassant à la maturité l'échancrure des valves. . . . . *T. montanum.*
   Style très court, ne dépassant pas l'échancrure des valves. . . . . *T. perfoliatum.*

T. arvense L. — Tige dressée; f. entières ou dentées, les radicales spatulées, les caulinaires auriculées-sagittées ; silicules larges de 12-15 mill., prof^t échancrées ; gr. brunes, striées.— ② ou ①. — Mai-août. — A. C. — Moissons, cultures. — L'Auxois, Blaisy-Bas, Val-Suzon, etc.

T. perfoliatum L. — Pl. glauque, à tiges souv^t nombreuses ; f. entières ou denticulées, les supér. embrassantes, à oreillettes arrondies ; silicules larg^t échancrées, à valves convexes d'un côté et concaves de l'autre ; gr. jaunâtres, lisses. — ②. — Mars-juin. — T. C. — Vignes, cultures, friches, bords des chemins.

T. montanum L. (Téraspic). — Souche émettant des rosettes de f. radicales, les unes florifères, les autres stériles, disposées en larges touffes arrondies ; f. ord^t entières, les radicales spatulées, les caulinaires auriculées-sagittées ; fl. assez grandes ; silicules larg^t échancrées, à loges 2-spermes ou 1 spermes par avortement ; gr. brunes, lisses. — ♃. — Avril-mai. — A. R. — Bois de montagne, rochers calcaires. — Plombières, Gevrey, Val-Suzon, Velars, Nuits, Santenay, Dijon, Mont-Afrique, l'Auxois, etc.

23. **Iberis** Dill. — Sép. dressés ; pét. inégaux, les 2 extér. plus grands ; silicule obovale ou suborbiculaire, échancrée et ailée, au moins au sommet, à loges 1-spermes ; gr. ovoïdes.

F. caulinaires dentées-ciliées ; fl. blanches ou violacées, en grappes assez lâches . . . . *I. amara.*
F. caulinaires linéaires, entières, glabres ; fl. violettes, rar[t] blanches, en grappes denses et courtes. . *I. Durandii.*

I. amara L. (Téraspic). — Tige peu rugueuse, rameuse dès la base ; f. spatulées, toutes conformes ; silicules plus ou moins ailées dans leur partie supér., à ailes ord[t]. peu divergentes. — ① ou ②. — Mai-oct. — C. — Friches, moissons, cultures.

I. Durandii Lorey. — Tige très rugueuse à la base, rameuse au sommet ou plus rar[t] dès la base ; f. radicales caduques, lancéolées, à dents peu nombreuses, écartées ; silicules ailées seul[t] dans leur partie supér., à ailes ord[t] très divergentes. — ②. — Mai-juill. — A. R. — Sables et éboulis des coteaux calcaires. — Voulaines, Ste-Foy, Marsannay-la-Côte, Chambolle, Beaune, Recey, Velars, Dijon, Plombières, etc.

24. HUTCHINSIA R. Br. — Sép. dressés ; style très court ; silicule oblongue, entière, à loges 2-spermes ; gr. oblongues-comprimées.

H. petræa R. Br. — Pl. très petite, à tiges très grêles, pubérulentes, ord[t] nombreuses, flexueuses ; f. pectinées-pennatipartites, les radicales pétiolées, en rosette ; fl. blanches, très petites, en grappes très lâches ; silicules à pédic. étalés. — ②. — Avril-mai. — A. R. — Vieux murs, rochers, champs arides. — Dijon, Plombières, St-Romain, Santenay, Nolay, Norges, Val-Suzon.

25. CAPSELLA Vent. — Sép. dressés ; style très court ; silicule triangulaire - cunéiforme, émarginée au sommet ; gr. oblongues-comprimées, nombreuses.

C. bursa-pastoris Mœnch (Bourse à pasteur). — Tiges dressées ou ascendantes ; f. radicales lyrées-pennatifides, en rosette, les caulinaires souv[t] entières, embrassantes ; fl. petites, blanches. — ② ou ①. — Mars-oct. — T. C. — Bords des chemins, cultures, lieux incultes.

Silicules à bords latér. concaves, élargies et très peu échancrées au sommet ; fl. plus petites, à sép. rougeâtres, dépassant à peine les pét. : var. *rubella* (*C. rubella* Reut.). — A. C.

26. LEPIDIUM Tourn. (Passerage). — Sép. dressés ou étalés ; silicule ovale ou arrondie, comprimée, entière, émarginée ou échancrée au sommet, à valves ailées ou carénées, et loges 1-spermes ; gr. ovoïdes ou oblongues-comprimées. — Fl. blanches.

1. F. caulinaires sagittées ou auriculées-embrassantes. . . 2
F. caulinaires sessiles, non embrassantes 3
2. Silicules obovales, échancrées, à valves larg^t ailées au sommet. . . . . *L. campestre.*
Silicules triangulaires-cordées, non échancrées, à valves renflées, non ailées . . . . *L. Draba.*
3. Silicules entières ou à peine émarginées au sommet. . 4
Silicules échancrées au sommet. 5
4. Silicules glabres ; f. supér. linéaires . . *L. graminifolium.*
Silicules pubescentes ; f. supér. ovales-lancéolées . . . .
. . . . *L. latifolium.*
5. Pét. dépassant le cal. ; silicules suborbiculaires, à valves larg^t ailées au sommet. . . . . *L. sativum.*
Pét. très courts, qqfois nuls ; silicules ovales, à valves très étroit^t ailées au sommet. . . . . . . *L. ruderale.*

L. sativum L. (Cresson alénois).— Pl. glabre, glauque, à saveur piquante ; f. infér. pennatipartites, pétiolées, les supér. linéaires, subsessiles ; silicules à pédic. courts, dressés. — ①. — Juin-juill. — Subspontané aux environs des cultures. — Alimentaire ; remplace le Cresson.

L. latifolium L.—Pl. glabre, à tiges robustes, élevées ; f. infér. grandes, ovales-obtuses, denticulées ; silicules suborbiculaires, légèr^t émarginées. — ♃. — Juin-août. — R. — Cultures, bords des chemins (introduit). — Meursault, Santenay, Fontaine-lez-Dijon.

L. campestre R. Br. — Pl. velue, d'un vert blanchâtre, ord^t rameuse au sommet ; f. radicales lyrées ou obovales, en rosette ; pédic. épais ; silicules écailleuses. — ②. — Mai-juill. — C. — Champs, taillis, lieux incultes, bords des chemins.

L. ruderale L. — Pl. plus ou moins pubescente, d'un vert foncé, très rameuse, très fétide ; f. infér. pennatiséquées, pétiolées, les supér. linéaires, entières ; fl. très petites, à pét. souv^t avortés, souv^t à 2 étam. — ②. — Mai-août. — A. R. — Décombres, chemins, lieux incultes. — Dijon, Ladoix, Fontaine-lez-Dijon, St-Jean-de-Losne, Nuits.

L. Draba L. — Pl. glauque, pubescente, à tiges raides, dressées ; f. larges, ovales-oblongues, plus ou moins pubescentes, les radicales pétiolées ; rameaux florifères en corymbes. — ♃. — Mai-juill. — R. — Décombres, bords des routes et des voies ferrées. — Velars, Dijon, au faubourg Raine et au faubourg d'Ouche, quais de St-Jean-de-Losne, Morey, Plombières, Pont-de-Pany.

L. graminifolium L. — *L. Iberis ;* Lorey, 86 ; non L. — Pl. glabre, à tiges raides, dressées ; rameaux effilés et étalés ; f. radicales oblongues-lancéolées ou lyrées-pennatifides, en rosette ; silicules ovoïdes, aiguës au sommet, non ailées. — ♃. — Juin-août. — T. R. — Bords des chemins, décombres, lieux incultes. — Quais de Seurre, murs de l'église de Vic-sous-Thil.

C. SILICULES INDÉHISCENTES OU SE PARTAGEANT QUELQUEFOIS EN VALVES QUI RETIENNENT LES GRAINES.

27. BISCUTELLA L. (Lunetière). — Sép. presque dressés, les latér. bossus ou non à la base ; silicule très comprimée, formée de 2 lobes orbiculaires surmontés par le style allongé et persistant ; loges 1-spermes ; gr. comprimées.

B. lævigata Auct. ; an L. ? — *B. ambigua* DC. ; Lorey, 72. — Pl. pubescente, à tiges grêles, assez allongées ; f. hérissées, les radicales pétiolées, oblongues, dentées-subpennatilobées ou presque entières, les caulinaires étroites, sessiles ou embrassantes ; fl. jaunes, grandes. — ♃. — Mai-juill. — T. R. — Rochers de la Côte. — Ste-Foy, Gevrey, Jouvence.

28. SENEBIERA Pers. — Sép. étalés ; silicule comprimée, à loges 1-spermes et valves épaisses, réticulées-tuberculeuses ; gr. oblongues-subtriquètres. — F. pennatipartites, à segments linéaires-lancéolés, dentés ; fl. blanches, très petites, en grappes oppositifoliées.

Pl. glabre ; cal. persistant . . . . . . *S. Coronopus.*
Pl. velue ; cal. caduc. . . . . *S. pinnatifida.*

S. Coronopus Poir. (Corne de cerf). — Tiges nombreuses, étalées en cercle sur la terre ; silicules sessiles, réniformes ou à 2 lobes, non échancrées au sommet. — ② ou ①. — Mai-oct. — C. — Rues, décombres.

S. pinnatifida DC. — Tiges nombreuses, décombantes, diffuses ; fl. à pét. qqfois avortés ; silicules pédicellées, échancrées au sommet. — ①. — Juin-juill. — T. R. — Pelouses arides, bords des chemins (introduit). — Talus des Allées de la Retraite à Dijon.

29. Isatis Tourn. (Pastel). — Sép. étalés ; style presque nul ; silicule oblongue, comprimée-ailée, 1-locul. et 1-sperme ; gr. subcylindriques.

I. tinctoria L. — Pl. glabre ou un peu hérissée, à tige raide, ramifiée en corymbe au sommet ; f. infér. oblongues-lancéolées, pétiolées, les caulinaires lancéolées, embrassantes-sagittées ; fl. petites, jaunes ; silicules pendantes, noires à la maturité. — ②. — Mai-juin. — R. — Lieux sablonneux (introduit). — Pellerey près Nuits, St-Remy. Montbard, les Laumes, talus du chemin de fer au midi entre Dijon et Plombières. — Pl. tinctoriale ; contient de l'indigo.

30. Neslia Desv. — Sép. dressés ou un peu étalés, les latér. un peu bossus à la base ; silicule subglobuleuse, 1-locul. et 1-sperme par avortement, rar^t 2-locul., à loges 2-spermes ; gr. ovoïdes.

N. paniculata Desv. — Pl. velue-hérissée, à tiges dressées, rameuses ; f. caulinaires lancéolées-auriculées, les radicales atténuées en pétiole ; fl. jaunes ; silicules à valves osseuses, réticulées, à pédic. filiformes, étalés. — ②. — Juin-août. — A. C. — Moissons, champs, friches dans le calcaire.

31. Myagrum Tourn. (Caquillier). — Sép. dressés ; silicule épaisse, comprimée-subtriangulaire, à 3 loges, les deux supér. stériles, l'infér. 1-sperme ; gr. obovées.

M. perfoliatum L. — Pl. glabre, glauque, à rameaux étalés ; f. infér. oblongues, lyrées ou sinuées, pétiolées, les supér. embrassantes-auriculées ; fl. jaunes, à pédonc. appliqués, creux au sommet. — ②. — Juin-août. — T. R. — Moissons, friches. — Gemeaux, Limpré, Rouvray, Veuxhaules, Orgeux.

32. Calepina Adans. — Sép. étalés ; silicule ovoïde, légèr^t comprimée, 1-locul., 1-sperme, à bec très court ; gr. subglobuleuses.

C. Corvini. Desv. — Pl. glabre, un peu glauque ; f. radicales lyrées-pennatifides, pétiolées, en rosette, les caulinaires oblongues, embrassantes-auriculées ; fl. blanches, à pét. extér. plus grands ; silicules ovoïdes-subglobuleuses, à valves dures, subligneuses, réticulées. — ②. — Mai-juill. — T. R. — Moissons, prairies artificielles. — Ahuy, Dijon, Messigny.

Le *Bunias Erucago* L., à fl. jaunes et silicules 4-locul., subtétragones, atténuées en longue pointe, se rencontre qqfois dans les champs au voisinage des habitations.

VII. CISTINÉES Juss.

Sép. 5, dont 2 plus petits, considérés qqfois comme des bractées. Pét. 5, très caducs. Étam. en nombre indéfini. Ov. supère. Style filiforme, qqfois très court. Stigm. entier ou à peine lobé. Fr. capsulaire, polysperme, 1-locul. ou à plusieurs loges incomplètes. — Pl. herbacées ou sous-frutescentes, à f. simples, entières, alternes ou opposées, avec ou sans stip. Fl. solitaires ou en grappes.

F., au moins les infér., opposées . . *Helianthemum* (1).
F. toutes éparses. . . . . *Fumana* (2).

1. Helianthemum Tourn. (Hélianthème). — Étam. toutes fertiles ; caps. 1-locul., à 3 valves ; gr. sans raphé. — F. gén[t] blanchâtres-tomenteuses en dessous ; fl. en grappes scorpioïdes ; tiges ord[t] ligneuses à la base.

1. F. toutes ou au moins les infér. dépourvues de stip . . 2
   F. toutes stipulées. 3
2. Tiges herbacées ; pét. tachés de violet à la base ; gr. fin[t] tuberculeuses . . . . *H. guttatum.*
   Tiges ligneuses ; pét. non tachés ; gr. lisses. *H. canum.*
3. Sép. tomenteux-grisâtres ; fl. blanches . . *H. polifolium.*
   Sép. glabrescents, velus sur les nervures ; fl. jaunes, très rar[t] blanches . . . . *H. Chamæcistus.*

H. Chamæcistus Mill. — *H. vulgare* Gærtn. ; Lorey, 106 ; Royer, 103. — Tiges grêles, étalées-dressées, pubescentes ou velues, surtout au sommet ; f. elliptiques ou oblongues, à bords souv^t un peu enroulés en dessous. — ♄. — Mai-oct. — T. C. — Coteaux, rochers, bois clairs, surtout dans le calcaire. — Très rare à fl. blanches : St-Remy, Nuits.

H. polifolium DC. — *H. apenninum* et *pulverulentum* DC. ; Lorey, 105 ; Royer, 103. — Tiges nombreuses, dressées ou couchées, à pubescence blanchâtre-pulvérulente ; f. linéaires-oblongues, obtuses, plus ou moins tomenteuses-blanchâtres sur les 2 faces, à bords fort^t enroulés, ou vertes, glabrescentes en dessus, à bords à peine enroulés (var. *apenninum*). — ♄. — Juin-août. — A. R. — Rochers. pelouses arides. — Larochepot, Santenay, Nolay, Châtillon, Tarsul, Gevrey, Nuits, Flavignerot, Dijon, Plombières, etc.

H. canum Dun. — Tiges diffuses, à rameaux dressés, pubescents-blanchâtres ; f. ovales, planes, plus ou moins velues sur la face supér., blanchâtres-tomenteuses en dessous ; cal. velu-soyeux ; fl. jaunes, petites. — ♄. — Juin-août. — A. R. — Friches, bois, coteaux calcaires. — Recey, Mâlain, Gevrey, Santenay, Meloisey, Flavignerot, Dijon, etc.

H. guttatum Mill. — Tiges grêles, dressées ; f. lancéolées, planes, plus ou moins hérissées ; fl. jaunes, à pét. tachés de violet à l'onglet ; stigm. presque sessile. — ①. — Juin-août. — T. R. — Coteaux secs, lieux sablonneux. — Indiqué par Lorey sur les bords de l'Armançon près Montbard.

2. FUMANA Spach. — Étam. extér. stériles ; caps. à 3 loges incomplètes et s'ouvrant par 3 valves ; gr. munies d'un raphé. — Stip. nulles.

F. procumbens Gren. et Godr. — *Helianthemum Fumana* Mill. ; Lorey, 103. — *F. vulgaris* Spach, pro parte ; Royer, 103. — Tiges ligneuses, étalées ou couchées ; f. sessiles, linéaires, très rapprochées, ord^t glabres, à bords enroulés ; fl. jaunes, à cal. rougeâtre, ord^t solitaires à l'extrémité des rameaux. — ♄. — Juin-août. — A. R. — Rochers, coteaux secs, pelouses arides dans le calcaire. — St-Remy, Pothières, Chassagne, Gevrey, Meloisey, Chambolle, combe à la Serpent près Dijon, etc.

VIII. VIOLARIÉES DC.

Fl. irrég. Sép. 5, prolongés à la base. Pét. 5, inégaux, l'infér. éperonné. Étam. 5, très courtes,

à anthères rapprochées de l'ov., celui-ci supère.
Style 1. Stigm. 1. Fr. capsulaire, 1-locul., polysperme, à 3 valves. — Herbes à f. alternes ou
toutes radicales, stipulées. Fl. solitaires, penchées.
— Pl. vomitives et purgatives à haute dose.

VIOLA Tourn. (Violette). — Pét. infér. prolongé à
la base en éperon creux ; anthères toutes appendiculées au sommet, les 2 infér. égal^t à la base. — Fl.
portées sur de longs pédonc. munis de bractées.

1. Pédonc. paraissant tous radicaux ; sép. obtus 2
   Pédonc. naissant sur une tige feuillée : sép. aigus. . . 5
2. Pl. glabre ; stigm. évasé en disque oblique. *V. palustris.*
   Pl. plus ou moins velue ; stigm. aigu, en bec courbé. . 3
3. Souches à rejets nuls ou très courts ; fl. inodores. *V. hirta.*
   Souches émettant des rejets radicants allongés ; fl. odorantes. 4
4. F. adultes suborbiculaires, plus ou moins obtuses. *V. odorata.*
   F. adultes ovales-oblongues, plus ou moins aiguës. *V. alba.*
5. Stigm. globuleux-urcéolé ; stip. pennatipartites. . . . .
   . . . . *V. tricolor.*
   Stigm. en bec courbé ; stip. entières ou dentées . . . 6
6. Tiges et pétioles pourvus d'une seule ligne de poils ; écailles
   rousses à la souche. . . . . *V. mirabilis.*
   Tiges et pétioles non pourvus d'une seule ligne de poils ; pas
   d'écailles rousses à la souche. 7
7. Tiges dressées ; stip. caulinaires plus longues que les pétioles.
   . . . . *V. elatior.*
   Tiges étalées-ascendantes ; stip. caulinaires plus courtes que
   les pétioles 7
8. Pét. infér. égal ou presque égal aux latér. ; éperon violacé . . . . *V. silvatica.*
   Pét. infér. plus court que les latér. ; éperon jaunâtre . .
   . . . . *V. canina.*

1. 2 pétales dirigés en haut et 3 en bas (Violettes).

1. Fleurs et feuilles naissant d'une souche   sépales obtus.

V. palustris L. — Pl. glabre ; 2, 3 f. radicales réni-
formes-arrondies ; fl. petites, d'un bleu pâle ; caps. oblongues, à

3 angles. — ♃. — Mai-juin. — A. R.— Marécages du Morvan.— Saulieu, Laroche-en-Brenil, Menessaire, Rouvray, St-Léger-de-Fourches, Cessey-sur-Tille, etc.

V. hirta L. — Souche épaisse, sans rejets rampants ; f. velues, en cœur allongé ; pétioles hérissés ; fl. violettes ou blanches, inodores ; pét. échancrés, les latér. barbus ; caps. grosses, arrondies, velues. — ♃. — Avril-mai. —T. C. — Taillis, bois, haies.

    Rejets courts, non radicants, en touffes plus amples : var. *permixta* (*V. permixta* Jord.).— C.

V. odorata L. — Souche à longs rejets radicants florifères ; f. obtuses, en cœur arrondi ; fl. d'un violet foncé, rarᵗ blanches, odorantes ; pét. supér. génᵗ entiers ; caps. subglobuleuses, pubescentes. — ♃. — Mars-mai. — A. C. — Haies, bords des chemins. — Pl. off. ; très usitée comme béchique et émolliente.

    Stolons plus allongés, moins robustes ; fl. lilas, à éperon carné : var. *subcarnea* (*V. subcarnea* Jord.).

V. alba Bess. — Souche à rejets grêles, non radicants ; f. oblongues-cordées, aiguës au sommet, pubescentes ; fl. blanches, odorantes ; éperon d'un blanc verdâtre ; caps. globuleuses, hérissées. — ♃.— Mars-mai. — A. R. — Bois de la Côte. — Gevrey, Dijon, Velars.

    F. rougissant à l'automne, persistantes l'hiver ; fl. blanchâtres, à éperon violacé : var. *scotophylla* (*V. scotophylla* Jord.). — A. C. — Bois de la Côte, l'Auxois.

2. Fleurs naissant sur une tige feuillée ; sépales aigus.

V. mirabilis L. — Tiges triangulaires ; f. larges, réniformes, en cœur ; stip. ovales, non frangées-ciliées ; fl. bleues, odorantes, les premières grandes, stériles, à pédonc. radicaux, les autres caulinaires, fertiles, sans pét. — ♃. — Avril-juin. — R. — Bois. — Jouvence, Flavignerot, Nuits, Marey-sur-Tille, etc.

V. silvatica Fries. — *V. canina* Lorey, 109, pro parte. — *V. silvestris* Lam., pro parte ; Royer, 106. — Tiges couchées-ascendantes ; f. cordées, les supér. acuminées, les infér. obtuses ; stip. lancéolées, frangées-ciliées ; fl. inodores, bleues, à éperon violet. — ♃. — Avril-juin. — T. C. — Taillis, bois.
    Fl. plus grandes, à éperon blanchâtre : var. *Riviniana* (*V. Riviniana* Rchb.). — Avec le type mais plus rare.

V. canina L. — *V. canina* Lorey, 109, pro parte. — Tiges couchées-ascendantes ; f. cordées-allongées, non acuminées ;

stip. lancéolées-linéaires, 2, 3 fois plus courtes que le pétiole ;
fl. inodores, d'un bleu cendré, à éperon jaunâtre. — ♃. — Avril-
juin. — R. — Vielverge, Seurre, Montbard, le Morvan, etc.

V. elatior Fries. — *V. montana* DC.; Lorey, 110. —
Tiges dressées, fistuleuses, pubescentes, de 2-4 déc. ; f. lancéolées-acuminées, subcordées ; pétioles ailés ; stip. lancéolées; fl.
grandes, inodores, d'un violet pâle. — ♃. — Avril-juin. — T. R.
— Bois humides. — Voulaines, Lugny, Arcelot, Bèze, etc.

2. *4 pétales dirigés en haut, 1 en bas* (*Pensées*).

V. tricolor L. (Pensée sauvage). — Tiges anguleuses,
étalées-dressées ; f. radicales cordées ou ovales, les supér. lancéolées, crénelées ; stip. grandes, pennatifides, à lobe terminal
semblable à la f. ; fl. de couleur et de grandeur variées, violettes,
jaunes ou blanches, ces trois couleurs souv^t mêlées. — ① ou ②.—
Mai-juin. — T. C. — Moissons, cultures. — Pl. off. ; dépurative.

Variétés nombreuses, entre autres :

F. supér. acuminées, planes, les 2 pét. supér. ne se recouvrant pas : var. *segetalis* (V. *segetalis* Jord.).

F. supér. non acuminées, ord^t pliées en gouttière, les 2 pét.
supér. se recouvrant : var. *agrestis* (V. *agrestis* Jord.).

IX. RÉSÉDACÉES DC.

Fl. irrég. Sép. 4-6. Pét. 4-6, très inégaux. Étam.
nombreuses. Ov. supère. Styles 3-6, très courts ou
nuls. Fr. ord^t capsulaire, 1-locul. et polysperme —
Herbes à f. alternes, sans stip. Fl. en grappes.

Reseda Tourn. (Réséda). — Pét. postér. prof^t laciniés ; caps. s'ouvrant au sommet et se terminant
par 3-4 dents alternant avec autant de petits lobes
infléchis stigmatifères.

Cal. à 6 sép. . . . . *R. lutea.*
Cal. à 4 sép. . . . . *R. Luteola.*

R. lutea L. — Pl. souv^t couverte d'aspérités cristallines, blanchâtres ; tiges ord^t nombreuses, ascendantes ; f. ondulées, les infér. oblongues, entières ou 3-fides, les supér. pennatipartites, à lobes plus ou moins découpés ; fl. jaunâtres, en grappes
denses, peu allongées ; caps. oblongues, à 3 dents. — ♃. — Juin-

août. — C. — Champs, lieux incultes. — Pl. de saveur piquante et antiscorbutique.

R. Luteola L. (Gaude). — Tiges ord^t solitaires, dressées, glabres, anguleuses ; f. oblongues-lancéolées, toutes entières ; fl. petites, d'un jaune pâle, en grappes serrées, très longues ; caps. ovoïdes, à 4 dents conniventes. — ②. — Juin-août. — C. — Bords des chemins, décombres, lieux incultes. — Tinctoriale ; couleur jaune.

X. DROSÉRACÉES Salisb.

Sép. 5, un peu soudés à la base. Pét. 5. Étam. 5. Ov. supère. Styles 3-5, 2-fides ou presque nuls. Stigm. entiers ou émarginés. Fr. capsulaire, 1-locul., polysperme. — Herbes des lieux marécageux ou humides, à f. simples, entières, toutes ou la plupart radicales, en rosette, avec ou sans stip. Fl. blanches, solitaires ou en grappes.

Fl. petites, en grappe unilatér. allongée, pauciflore ; f. toutes radicales, molles, munies d'appendices glanduleux rouges, en forme de poils . . . . *Drosera* (1).

Fl. assez grandes, solitaires au sommet de longs pédonc. axillaires ; f. coriaces, glabres, une seule caulinaire embrassante . . . . *Parnassia* (2).

1. DROSERA L. (Rossolis). — Styles prof^t 2-fides ; caps. à 3-5 valves. — Pl. âcres, vésicantes.

F. arrondies, brusq^t pétiolées ; hampe florale droite, dépassant beaucoup les f. . . . . *D. rotundifolia.*

F. obovales-cunéiformes, insensibl^t atténuées en pétiole ; hampe florale courbée à la base, dépassant peu les f. . . . . *D. intermedia.*

D. rotundifolia L. — F. étalées sur terre ; stigm. en tête ; gr. striées, fusiformes, ailées aux 2 extrémités. — ♃. — Juill.-août. — R. — Tourbes siliceuses. — Semur, Saulieu, Vielverge, Auxonne, Laroche-en-Brenil, St-Andeux.

D. intermedia Hayne. — F. dressées ; stigm. plans, émarginés ; gr. fort^t tuberculeuses, non ailées. — ♃. — Juill.-sept. — T. R. — Tourbes siliceuses. — Auxonne, étang Morin à Saulieu, Vielverge.

2. Parnassia Tourn. (Parnassie). — Etam.
alternes avec 5 écailles nectarifères laciniées-
frangées ; stigm. 4, subsessiles ; caps. à 4 valves.

P. palustris L. — F. radicales cordiformes, long^t
pétiolées ; fl. veinées. — ♃. — Juin-août. — R. — Prairies
humides, marais tourbeux. — Arcelot, Saulieu, Recey, Vielverge,
Rouvray, Val-Courbe, Marey-sur-Tille, Arc-sur-Tille, Ste-Foy,
ruisseau de Sans-Fond, etc. — Pl. amère et astringente.

XI. POLYGALÉES Juss.

Fl. irrég. Sép. 5, 2 latér. pétaloïdes, très grands
(*ailes*). Pét. 3, soudés avec les filets des étam.,
l'antér. grand, canaliculé, renfermant les organes
sexuels et pourvu d'une crête laciniée (*carène*).
Étam. 8, soudées aux pét. par les filets, à anthères
1-locul., disposées en deux faisceaux. Ov. supère.
Style 1, bilabié au sommet. Fr. capsulaire, membraneux, à 2 loges 1-spermes. — Pl. herbacées, à
f. simples, entières, sessiles, sans stip. Fl. disposées
en grappes terminales.

Polygala Tourn. — Caps. très comprimée,
échancrée au sommet, munie d'un bord plus ou
moins large. — Tiges nombreuses, disposées en
touffes ; fl. bleues, plus rar^t roses ou blanches,
pourvues de 3 bractéoles membraneuses, caduques.

1. F. infér. bien différentes des caulinaires, plus grandes, obovées,
    ord^t rapprochées ou groupées en rosette 2
  F. infér. non en rosette, peu différentes des caulinaires et
    plus petites 3
2. Tiges étalées; ailes aussi larges et bien plus longues que la
    caps. . . . . *P. amarella.*
  Tiges dressées; ailes plus étroites et plus courtes que la
    caps. ou à peine plus longues . . . . . . *P. amara.*

3. F. infér. la plupart opposées ; fl. en grappes courtes, d'abord terminales, puis paraissant latér. . . *P. serpyllacea.*

F. infér. alternes ; fl. en grappes ord^t allongées, toujours terminales 4

4. Bractées très proéminentes, formant houppe au sommet des jeunes grappes, celles-ci assez serrées et coniques. . . . . *P. comosa.*

Bractées peu ou pas proéminentes ; grappes lâches, ord^t unilatér. . . . . *P. vulgaris.*

P. vulgaris L., pro parte.— Pl. à souche subligneuse ; tiges nombreuses, allongées, ascendantes ou dressées; f. infér. oblongues-spatulées, jamais en rosette, les caulinaires plus longues, lancéolées ; fl. bleues, roses ou blanches, en grappes lâches unilatér. ; ailes elliptiques, à nervures anastomosées au sommet et sur les côtés. — ♃. — Mai-août. — C. — Pelouses, coteaux incultes, bois.

Tiges plus ou moins étalées, puis redressées ; ailes à peine plus longues que la caps. et plus étroites : var. *oxyptera* (*P. oxyptera* Auct. ; an Rchb. ?). — Avec le type.

Tiges courtes, étalées ; fl. plus petites ; ailes égalant la largeur de la caps., à nervures obscur^t anastomosées : var. *parviflora* Coss. et Germ. — A. R. — Plombières, Velars.

P. comosa Schk. — *P. vulgaris* L., pro parte ; Lorey, 117 ; Royer, 55. — Pl. ayant le port de la précédente, dont elle diffère par ses bractées lancéolées, proéminentes, par ses grappes plus serrées, jamais unilatér., par ses ailes à nervures obscur^t anastomosées. — ♃. — Mai-juin. — A. R. — Dijon, Plombières, Laignes, St-Remy, St-Romain.

P. amarella Crantz. — *P. amara* DC. ; Lorey, 118. — *P. calcarea* Schultz; Royer, 55. — Pl. à saveur herbacée ; tiges filiformes, étalées ; f. infér. grandes, obovales, en rosette, les caulinaires lancéolées-linéaires, plus petites ; fl. d'un beau bleu, rar^t rosées ou blanches ; ailes elliptiques-aiguës, à nervures anastomosées au sommet et réticulées sur les bords. — ♃. — Avriljuin. — T. C. — Coteaux et montagnes calcaires.

P. serpyllacea Weihe. — *P. depressa* Wend.; Royer, 55. — Pl. à saveur herbacée, à tiges filiformes étalées-couchées ; f. infér. opposées, obovales, non rapprochées en rosette, les caulinaires ovales-lancéolées, alternes, plus grandes et plus longues que les infér. ; fl. d'un bleu pâle ; ailes oblongues-aiguës, plus étroites et plus longues que la caps., à nervures anastomosées au sommet et réticulées sur les bords. — ♃. — Juin-août. — R. — Prairies et pelouses humides des terrains siliceux. — Orgeux, Vielverge, Saulieu, St-Andeux.

P. amara L. — *P. austriaca* Crantz ; Lorey, 119 ; Royer, 55. — Pl. à saveur très amère, à tiges grêles, dressées ; f. infér. grandes, obovales, rapprochées en rosette, les caulinaires lancéolées, plus petites ; fl. petites, d'un bleu pâle ou blanches ; ailes oblongues, à nervures palmées, peu ou pas anastomosées ni réticulées. — ♃. — Mai-août. — A. R. — Prés, taillis et pelouses humides.— Jouvence, Val-Courbe, le Pays-Bas, l'Auxois. — Rac. amères et purgatives.

XII. CARYOPHYLLÉES Juss.

Fl. hermaphr., rar^t polygames ou dioïques. Sép. 5, rar^t 4, libres ou soudés en tube. Pét. 5, rar^t 4, onguiculés, souv^t munis au-dessus de l'onglet d'appendices formant par leur ensemble une sorte de couronne ou coronule. Étam. ord^t en nombre égal à celui des pét. ou en nombre double. Ov. supère. Styles 2-5, filiformes. Fr. capsulaire, polysperme, 1-locul., plus rar^t à 2-5 loges incomplètes, très rar^t bacciforme, indéhisc. Gr. nombreuses. — Pl. herbacées, rar^t sous-frutescentes à la base, à tiges gén^t dichotomes, renflées aux articulations. F. entières, simples, opposées, à stip. nulles ou scarieuses. Fl. en cymes gén^t dichotomes, solitaires, en glomérules ou en panicules.

1. Sép. soudés entre eux, au moins dans leur moitié infér.   2
   Sép. libres 10
2. Cal. muni d'un calicule formé de plusieurs bractées ou écailles
     imbriquées 3
   Cal. sans calicule 4
3. Pét. long^t unguiculés, convergents à la gorge. . . . . .
     . . . . *Dianthus* (3).
   Pét. insensibl^t atténués à la base, non convergents à la
     gorge . . . . *Tunica* (2).
4. Styles 2. 5
   Styles 3-5 6
5. Cal. tubuleux-pentagonal ; pét. sans coronule. . . . . .
     . . . . *Gypsophila* (1).

Cal. tubuleux-cylindrique ; pét. à limbe muni d'une coronule
. . . . *Saponaria* (4).

6. Styles 3. 7
Styles 5. 8

7. Cal. tubuleux ou renflé et resserré au sommet ; fr. capsulaire ; tiges ascendantes ou dressées . . . *Silene* (6).
Cal. très évasé ; fr. bacciforme ; tiges grimpantes ou couchées . . . . *Cucubalus* (5).

8. Fl. dioïques ; caps. à 10 dents . . . *Melandrium* (7).
Fl. hermaphr. ; caps. à 5 dents 9

9. Pét. pourvus d'une coronule ; cal. à dents courtes . . . .
. . . . *Lychnis* (8).
Pét. sans coronule ; cal. à dents linéaires très allongées . .
. . . . *Agrostemma* (9).

10. F. pourvues de stip. scarieuses 11
F. sans stip 12

11. Styles 3 ; caps. à 3 valves. . . . . *Spergularia* (10).
Styles 5 ; caps. à 5 valves. . . . . . *Spergula* (11).

12. Styles 4-5 13
Styles 2-3 15

13. Styles opposés aux sép. ; caps. s'ouvrant au sommet par
8 ou 10 dents. . . . . *Cerastium* (19).
Styles opposés aux pét. ; caps. s'ouvrant par 4-5 valves,
celles-ci entières ou 2-dentées 14

14. Pét. entiers, qqfois rudimentaires ; caps. s'ouvrant jusqu'à la
base par 4-5 valves. . . . . *Sagina* (12).
Pét. 2-fides ; caps. s'ouvrant par 5 valves 2-dentées. . .
. . . . *Myosoton* (20).

15. Styles 2 ; caps. s'ouvrant par 2 valves. . *Buffonia* (13).
Styles 3, rar^t 2 ; caps. s'ouvrant par 3 ou 6 valves . . 16

16. Fl. en ombelles au sommet de tiges nues. *Holosteum* (15).
Fl. en cymes lâches terminant des tiges feuillées. . . 17

17. Pét. prof^t 2-fides ou nuls. . . . . . . *Stellaria* (18).
Pét. entiers ou à peine émarginés. 18

18. F. linéaires très étroites ; caps. s'ouvrant par 3 valves. .
. . . . *Alsine* (14).
F. ovales-aiguës ; caps. s'ouvrant par 6 dents ou 6 valves. 19

19. Sép. larg^t scarieux sur les bords, à nervure médiane ciliée-
dentée ; caps. s'ouvrant par 6 valves roulées en dehors. .
. . . . *Mœhringia* (16).
Sép. étroit^t scarieux sur les bords, à nervure médiane non
ciliée-dentée ; caps. s'ouvrant par 6 dents qui se partagent
ensuite en 3 valves 2-dentées. . . . . *Arenaria* (17).

DIANTHÉES.

Sépales 5, soudés en tube au moins dans leur partie inférieure; pétales 5, à onglet ordinairement très allongé; étamines 10, insérées sur un prolongement de l'axe.

1. GYPSOPHILA L. — Cal. tubuleux-pentagonal; styles 2; caps. globuleuse, à 4 dents. — Fl. roses, long^t pédicellées et disposées en cymes très lâches.

Cal. renflé, un peu ailé aux angles; pét. à onglet égalant le cal. . . . . *G. Vaccaria.*

Cal. non renflé; pét. à onglet presque nul. **G.** *muralis.*

G. muralis L. — Tige pubescente, à rameaux grêles, nombreux, étalés; f. linéaires; fl. très petites. — ② ou ①. — Juin-sept. — A. R. — Moissons des sols argileux et siliceux. — Pontailler, Vielverge, St-Jean-de-Losne, Merceuil, etc.

G. Vaccaria Sibth. et Sm. — *Saponaria Vaccaria* L.; Lorey, 128; Royer, 23. — Tige glabre, simple, dressée, à rameaux dichotomes au sommet; f. supér. ovales-acuminées, légèr^t connées à la base; fl. médiocres. — ②. — Juin-août. — A. R. — Moissons argileuses dans la plaine et la montagne. — St-Remy, Is-sur-Tille, Pontailler, Savigny-sous-Beaune, Jouvence, Genlis, l'Auxois, etc.

2. TUNICA Scop. — Cal. campanulé, muni d'un calicule; pét. insensibl^t atténués à la base; styles 2; caps. ovale, à 4 dents.

T. saxifraga Scop. — *Gypsophila saxifraga* L.; Lorey, 121. — Pl. glabre, très rameuse, à tiges grêles, étalées; f. linéaires, ciliées; fl. petites, roses, solitaires au sommet des tiges et des rameaux. — ♃. — Juin-juill. — Lieux arides. — Très douteux pour le département quoique signalé par Lorey à Seurre et à Laroche-en-Breuil.

3. DIANTHUS L. (Œillet). — Cal. tubuleux, muni d'un calicule; pét. long^t onguiculés, à limbe denté ou frangé; styles 2; caps. cylindrique, à 4 dents.

— F. étroites, linéaires, connées ; tiges raides, souv^t rameuses au sommet.

1. Fl. solitaires à l'extrémité des tiges et des rameaux. . 2
   Fl. en fascicules compactes, entourés de bractées involucrales 4
2. Pét. prof^t et fin^t laciniés. . . . . . . D. superbus.
   Pét. brièv^t incisés ou dentés 3
3. Cal. strié sur toute sa longueur ; pét. marqués à la base
   d'une tache purpurine.; fl. petites. . . D. deltoides.
   Cal. strié seul^t au sommet ; point de tache purpurine à la
   base des pét. ; fl. grandes. . . . . . D. silvestris.
4. Bractées beaucoup plus courtes que le cal. D. Carthusianorum.
   Bractées, toutes ou plusieurs, égalant ou dépassant le cal. 5
5. Pl. glabre ou à peu près ; bractées scarieuses . D. prolifer.
   Pl. velue, surtout sur le cal. ; bractées herbacées . . . .
   . . . . D. Armeria.

D. prolifer L. — Bractées scarieuses, obtuses, jaunâtres,
les intér. dépassant le cal. ; fl. très petites, roses, rar^t blanches.
— ②. — Mai-août. — C. — Lieux secs et sablonneux.

D. Armeria L. — Bractées herbacées, velues, lancéolées-
linéaires, très aiguës, égalant ou dépassant les fl., celles-ci rouges,
ponctuées de blanc. — ②. — Juin-août. — C. — Taillis, lieux
herbeux.

D. Carthusianorum L. — Pl. glabre, à souche subligneuse ; bractées scarieuses, brunâtres, aristées, toutes plus
courtes que le cal ; fl. rouges, rar^t roses ou blanches, un peu
velues à l'intér. — ♃. — Juin-août. — A. C. — Prés et coteaux
secs, pelouses arides.

Pl. plus robuste ; fl. agglomérées par 10-20 en capit. très
denses : var. *congestus* (*D. congestus* Bor.).

D. deltoides L. — Pl. pubescente ; bractées aristées,
scarieuses sur les bords, les intér. égalant la moitié du cal. ;
fl. roses ou blanches. — ♃. — Juin-sept. — Clairières sèches
et herbeuses des bois. — Signalé par Lorey à Saulieu.

D. silvestris Wulf. (Œillet sauvage). — Pl. glauque, à
souche brune, ridée ; bractées coriaces, beaucoup moins longues
que le cal. et terminées en pointe, les supér. obtuses, court^t
mucronées ; fl. grandes, roses, légèr^t odorantes. — ♃. — Juill.-
août. — R. — Rochers. — Plombières, Dijon, Mâlain, Velars,
Gevrey, Chambolle.

D. superbus L. — Pl. glabre, à souche rameuse ; bractées herbacées, brièv^t acuminées, plus courtes que le cal. ; fl.

grandes, d'un rose pâle, odorantes. — ♃. — Juin-juill. — T. R. — Bois couverts. — Essarois, forêt de Châtillon près l'étang du Roi à Voulaines.

4. SAPONARIA L. (Saponaire). — Cal. tubuleux-cylindrique, allongé; pét. long[t] onguiculés; styles 2; caps. ovoïde, à 4 dents.

Cal. velu-glanduleux; f. 1-nervées . . . . *S. ocymoides.*
Cal. glabre; f. 3-nervées. . . . . . . *S. officinalis.*

S. ocymoides L. — Pl. diffuse, étalée, plus ou moins velue-glanduleuse; f. elliptiques-oblongues, brièv[t] pétiolées; fl. d'un rose vif, disposées en cymes corymbiformes. — ♃. — Mai-juill. — T. R. — Rochers, coteaux pierreux. — Arcenant, Bouilland.

S. officinalis L. (Saponaire). — Pl. glabre, à tiges dressées, robustes; f. ovales-lancéolées; fl. grandes, d'un rose pâle, rar[t] blanches, disposées en fascicules formant une cyme compacte. — ♃. — Juill.-sept. — C. — Bords des chemins et des rivières, lieux incultes. — Pl. off.; dépurative, fondante, contient de la saponine; employée pour le dégraissage des étoffes.

5. CUCUBALUS Tourn. — Cal. campanulé; pét. 2-fides, munis d'une coronule; styles 3; baie 3-locul.

C. baccifer L. — *C. bacciferus* L.; Lorey, 129; Royer, 24. — Pl. pubescente, à tiges faibles, couchées ou grimpantes; f. ovales-aiguës; fl. d'un blanc verdâtre, en cyme paniculée lâche; baies noires, luisantes. — ♃. — Juin-août. — R. — Haies, buissons. — Labergement-lez-Seurre, Merceuil, Beaune, St-Romain, Santenay, Cîteaux, Auxonne.

6. SILENE L. — Cal. tubuleux, plus ou moins renflé; pét. long[t] onguiculés, avec ou sans coronule; styles 3; caps. à 6 dents. — Fl. hermaphr., plus rar[t] polygames ou dioïques.

1. Cal. renflé en vessie, à 20 nervures anastomosées en réseau.
. . . . *S. Cucubalus.*
Cal. non renflé, à 10 nervures plus ou moins saillantes.   2
2. Pét. 2-fides 3
Pét. entiers, denticulés ou émarginés. 4
3. Cal. à dents courtes, aiguës; fl. en cyme lâche, trichotome
. . . . *S. nutans.*

Cal. à dents très longues, subulées ; fl. en cyme dichotome,
qqfois solitaires et terminales. . . . . . S. *noctiflora*.
4. Cal. velu . . . . *S. gallica*.
Cal. glabre. 5
5. Fl. dioïques ou polygames, très petites, verdâtres. *S. Otites*.
Fl. hermaphr., d'un beau rose . . . . . . *S. Armeria*.

S. nutans L. — Pl. velue-glanduleuse au sommet ; f. lancéolées, les radicales larg^t spatulées ; fl. d'un blanc sale ou d'un
rose strié, disposées en cyme paniculée, trichotome, penchée ;
pét. roulés en dedans pendant le jour. — ♃. — Mai-juill. — C.
— Rochers, bois montagneux.

S. Otites Sm. — Pl. pubescente-glanduleuse au sommet ;
tige grêle, dressée ; f. caulinaires linéaires, rares, les radicales
spatulées, en touffe épaisse ; fl. en cyme paniculée, étroite, interrompue. — ♃. — Mai-juill. — T. R. — Coteaux secs. —
Velars.

S. Cucubalus Wib. — S. *inflata* Sm. ; Lorey, 130 ;
Royer, 25 (Tapotte). — Pl. glauque, ord^t glabre ; f. ovales-
lancéolées ; fl. blanches, penchées, en cyme dichotome lâche,
qqfois unisexuées ; pét. 2-fides, munis à l'onglet de 2 bosses ou
callosités. — ♃. — Mai-sept. — C. — Bords des chemins,
moissons, lieux incultes.

> Varie à grandes f. (*S. oleracea* Bor.) ; à petites f. (var.
> *angustifolia* Lorey), à Maisey et Vanvey, et enfin à f.
> supér. linéaires (*S. glareosa* Jord.), cette dernière forme
> croissant dans les éboulis de la combe de Gevrey et de la
> Coquille d'Etalante.

S. noctiflora L. — Pl. velue-glanduleuse surtout au
sommet ; f. infér. ovales, les caulinaires lancéolées ; fl. rosées,
jaunâtres en dessous, ord^t en cyme dichotome pauciflore. — ② ou
①. — Juill.-sept. — R. — Moissons. — Arcelot, Meursault,
St-Aubin, Longvic, Gevrey, Talmay.

S. gallica L. — Pl. couverte de poils blancs étalés,
mélangés de poils glanduleux ; f. ciliées, les infér. spatulées, les
supér. lancéolées-aiguës ; fl. blanches ou rosées, en grappes spiciformes allongées ; étam. à filets velus. — ② ou ①. — Juill.-sept.
— T. R. — Moissons des terrains argilo-siliceux. — Auxonne,
Labergement-lez-Seurre, Soissons, Vielverge.

S. Armeria L. — Pl. glabre, glauque, un peu glanduleuse
au sommet ; f. infér. obovales-allongées, les supér. ovales-lancéolées ; fl. petites, roses, rar^t blanches, en cyme dichotome
corymbiforme dense. — ②. — Juill.-août. — T. R. — Taillis
des montagnes. — Melin, St-Martin-de-la-Mer.

7. Melandrium Rœhl. — Cal. tubuleux, plus ou moins renflé à la maturité ; pét. long[t] onguiculés, à limbe 2-fide, muni d'une coronule ; styles 5 ; caps. à 10 dents. — Fl. dioïques, en cymes dichotomes lâches.

Fl. blanches, rar[t] roses ; caps. à dents dressées. *M. album.*
Fl. rouges ; caps. à dents roulées en dehors. *M. silvestre.*

M. album Garke. — *Lychnis dioica* L.; Lorey, 135. — *Melandrium dioicum* Coss. et Germ.; Royer, 26 (Compagnon blanc). — Pl. velue-glanduleuse ; f. supér. ovales ou oblongues-lancéolées, acuminées, les infér. atténuées en pétiole ; dents du cal. linéaires-obtuses. — ♃. — Juin-août. — T. C. — Bords des chemins et des champs, prés. — Varie à fl. roses : Semur, Jouvence.

M. silvestre Rœhl. — *Lychnis silvestris* Hoppe ; Lorey, 135 (Ivrogne, Compagnon rouge). — Pl. velue, non glanduleuse ; f. supér. ovales, brusq[t] acuminées, les infér. oblongues-spatulées ; dents du cal. lancéolées-aiguës. — ♃. — Mai-juill. — C. — Taillis, haies.

8. Lychnis Tourn. — Cal. tubuleux, puis ovoïde ; pét. long[t] onguiculés ; styles 5 ; caps. à 5 dents.

L. flos-cuculi L. (Fleur de coucou, Œillet sauvage). — Tiges dressées, un peu glanduleuses au sommet ; f. infér. oblongues, les supér. lancéolées-linéaires ; fl. roses, en panicule dichotome lâche ; cal. ord[t] rouge, glabre ; pét. prof[t] divisés en 4 lanières divergentes. — ♃. — Juin-juill. — T. C. — Prés et bois humides.

9. Agrostemma L. — Cal. tubuleux, plus ou moins renflé à la maturité, à dents linéaires très allongées ; pét. long[t] onguiculés ; styles 5 ; caps. à 5 dents.

A. Githago L. — *Lychnis Githago* Lam. ; Royer, 28. (Nielle des blés). — Pl. velue-soyeuse, à tige dressée, robuste ; f. linéaires-aiguës ; fl. grandes, d'un rouge violacé, rar[t] blanches, solitaires, long[t] pédonculées ; cal. à nervures très saillantes. — ②. — Juin-août. — C. — Moissons. — Gr. vénéneuses.

ALSINÉES.

Sépales 5, rarement 4, libres ou un peu soudés à la base; pétales 5, rarement 4, brièvement onguiculés, rarement nuls; étamines insérées sur un disque qui entoure la base de l'ovaire.

A. Capsule à valves ou à dents en nombre égal à celui des styles.

10. SPERGULARIA Pers. — Sép. 5; pét. 5, entiers; étam. 5-10; styles 3; caps. à 3 valves. — Pl. très rameuses, à f. linéaires, stipulées; fl. en cymes plus ou moins irrég.

Fl. roses ou purpurines, brièv[t] pédicellées. *S. campestris.*
Fl. blanches, long[t] pédicellées. . . . . *S. segetalis.*

S. campestris Asch. — *Arenaria rubra* L., pro parte; Lorey, 148. — *S. rubra* Pers.; Royer, 28. — Pl. pubescente-visqueuse, surtout au sommet; f. ord[t] munies à leur aisselle de petits fascicules de f. stériles; stip. entières ou 2-fides; sép. à marge scarieuse, égalant les pét. — ♃. — Mai-août. — A. C. — Moissons et pelouses siliceuses. — Vielverge, Seurre, Nolay, Semur, etc.

S. segetalis Fenzl. — *Arenaria segetalis* Lam. ; Lorey, 147. — Pl. glabre; stip. laciniées; sép. scarieux, à nervure verte, saillante, plus longs que les pét. — ① — Juin-juill. — Non retrouvé depuis Lorey qui le dit commun dans les moissons.

11. SPERGULA Dill. (Spargoute). — Sép. 5; pét. 5, entiers; étam. 5-10; styles 5; caps. à 5 valves; f. linéaires, verticillées ou fasciculées; fl. blanches, en cymes irrég.

F. canaliculées en dessous; étam. ord[t] 10. . *S. arvensis.*
F. non canaliculées en dessous; étam. ord[t] 5. *S. pentandra.*

S. arvensis L. — Pl. poilue-glanduleuse, à tiges grêles; gr. subglobuleuses, très étroit[t] ailées. — ② ou ①. — Juin-sept. — A. C. — Moissons et cultures des terrains siliceux. — Vielverge, Flammerans, Saulieu, Semur, etc.

S. pentandra L. — Pl. glabre, à f. courtes, serrées; fl. en cymes lâches; gr. discoïdes, très comprimées, lisses, bordées d'une aile membraneuse large, blanche, rayée. — ②. — Mai-juin. — R. — Pelouses sèches des terrains siliceux. — Signalé par Lorey à Saulieu et Rouvray.

> Gr. papilleuses sur leur pourtour et lisses au centre, bordées d'une aile membraneuse rousse : var. *Morisonii* (*S. Morisonii* Bor.) seule récoltée par Royer aux mêmes lieux, à Montberthault et à Semur.

12. SAGINA L. — Sép. 4-5; pét. 4-5, entiers, qqfois nuls; étam. 4-10; styles 4-5; caps. à 4-5 valves. — Pl. très basses, à f. subulées ou linéaires; fl. petites, ord^t verdâtres, latér. ou en cymes terminales.

1. Fl. pentamères ; pét. 1-3 fois plus longs que le cal. . . . . *S. nodosa.*

Fl. tétramères; pét. beaucoup plus courts que le cal. ou nuls 2

2. Tiges gazonnantes, couchées-radicantes; pédic. ord^t glabres, courbés en crochet à la floraison, puis redressés . . . . *S. procumbens.*

Tiges étalées-redressées, jamais radicantes; pédic. ord^t velus-glanduleux, droits ou légèr^t courbés à la floraison . . . . *S. apetala.*

S. procumbens L. — Tiges latér. plus ou moins couchées-radicantes ; f. aristées, ord^t glabres ; sép. étalés après l'anthèse. — ♃. — Mai-août. — A. C. — Champs argileux. — Vielverge, Nuits, Saulieu, Rouvray, etc.

S. apetala L. — Pl. très grêle, à tiges courtes ; f. mucronées, ord^t ciliées à la base ; pét. ord^t nuls ; sép. étalés après l'anthèse. — ① ou ②. — Mai-août. — A. R. — Moissons argileuses. — Talmay, Seurre, Semur, etc.

> Tiges plus robustes et plus longues; sép. appliqués contre la caps. à la maturité : var. *patula* (*S. patula* Jord.). — R. — Sables et chemins humides des terrains siliceux. — Vielverge, Semur, Rouvray.

S. nodosa Fenzl. — *Spergula nodosa* L.; Lorey, 143. — F. supér. fasciculées; fl. blanches sur des pédic. courts, dressés à la floraison ; sép. fructifères appliqués contre la caps. — ♃. — Juin-sept — Lieux sablonneux et humides, prairies tourbeuses. — Non retrouvé depuis Lorey qui l'a indiqué sur les bords d'un étang près de Rouvray.

13. BUFFONIA L. — Sép. 4, scarieux ; pét. 4,

entiers ou 2-dentés, plus courts que le cal. ; étam. 4-8; styles 2 ; caps. à 2 valves et 2 gr.

B. macrosperma Gay. — *B. annua* DC. ; Lorey, 137. — Pl. rameuse dès la base ; f. courtes, linéaires, en alène ; fl. blanches, disposées en petites cymes pauciflores paniculées ; sép. à 5 nervures; gr. grosses, fort^t tuberculeuses. — ②. — Juin-août. — R. — Moissons maigres, pelouses arides, rochers. — Plombières, champs cultivés de la Côte, Ancey, Nuits, Beaune.

14. ALSINE Wahl. — Sép. 5 ; pét. 5, entiers ; étam. 10, rar^t 3-5 ; styles 3 ; caps. à 3 valves ; gr. nombreuses. — F. subulées ; fl. blanches.

1. Sép. blancs-scarieux, avec une strie verte de chaque côté de la nervure médiane ; gr. tuberculeuses. . . . 2
   Sép. concolores, à 3 nervures ; gr. chagrinées. . . . 3
2. Pét. bien plus courts que le cal. . . . . . *A. Jacquini.*
   Pét. presque égaux au cal. . . . . . . *A. mucronata.*
3. Pét. égaux au cal. ou plus longs . . . . . . *A. verna.*
   Pét. plus courts que le cal. . . . . . . *A. tenuifolia.*

A. mucronata L. — *Arenaria setacea* Lorey, 149 ; non Thuill. — Pl. gazonnante, à souche suffruticuleuse ; fl. en cymes corymbiformes ; sép. lancéolés, très aigus, dépassant à peine la caps. — ♃. — Juill.-août. — R. — Rochers. — Auxey, St-Romain, Larochepot, Vauchignon, Savigny-sous-Beaune, Chassagne.

A. Jacquini Koch. — *Arenaria fasciculata* Jacq. ; Lorey, 150. — Tiges solitaires ou nombreuses, dressées ; fl. en cymes fasciculées serrées ; sép. lancéolés-aigus, d'un tiers plus longs que la caps. — ② ou ①. — Juill.-août. — A. R. — Pelouses arides, rochers. — Marsannay et toute la Côte, Mâlain, Dijon, Mont-Afrique, Nolay, etc.

A. verna Bartl. — *Arenaria verna* L. ; Lorey, 149. — Pl. gazonnante, à f. raides, nervées ; pét. brièv^t onguiculés ; sép. plus courts que la caps. — ♃. — Juill.-août. — Signalé par Lorey sur les rochers de Plombières, non retrouvé depuis.

A. tenuifolia Crantz. — *Arenaria tenuifolia* L. ; Lorey, 148. — Pl. glabre, à tiges grêles ; fl. en cymes lâches ; sép. plus courts que la caps. — ②. — Mai-juill. — C. — Vieux murs, lieux secs, bords des chemins.

Pl. pubescente-glanduleuse, surtout au sommet ; fl. plus petites ; sép. égalant la caps. ou plus courts : var. *visci-*

dula Coss. et Germ. (*Arenaria viscidula* Thuill.). — R. — Chaumes d'Auvenay.

B. Capsule à valves ou à dents en nombre double de celui des styles.

15. HOLOSTEUM L. — Sép. 5 ; pét. 5, ord^t denticulés ; étam. 3-5, très rar^t 10 ; styles 3 ; caps. s'ouvrant d'abord par 6 dents, puis par 6 valves.

H. umbellatum L.—Tiges dressées, nues ou peu feuillées ; f. ovales-lancéolées ; fl. en cymes ombelliformes, blanches, à pédic. inégaux, d'abord réfléchis, puis redressés ; bractées scarieuses. — ② ou ①. — Avril-juin. — C. — Moissons, pelouses, bords des chemins.

16. MŒHRINGIA L. — Sép. 4-5 ; pét. 4-5, entiers ou émarginés ; étam. 8-10 ; styles 2-3 ; caps. à 4-6 valves.

M. trinervia Clairv. — *Arenaria trinervia* L.; Lorey, 151. — Tiges couchées, rameuses, pubescentes ; f. 3-nervées, ovales-lancéolées, ciliées ; fl. blanches, à sép. 3-nervés, dépassant la cor. et la caps. — ① ou ②. — C. — Mai-juillet. — Bois humides, rochers et lieux couverts.

17. ARENARIA L. (Sabline). — Sép. 5, rar^t 4; pét. 5, rar^t 4, entiers ou émarginés; étam. 10, rar^t 8; styles 3; caps. s'ouvrant par 3 valves 2-dentées.

A. serpyllifolia L. — Tiges diffuses, très rameuses ; f. petites, ovales-aiguës ; fl. blanches, petites, en cymes lâches ; sép. ovales-aigus ; caps. ventrue à la base, plus longue que le cal. — ① ou ②. — Mai-sept. — T. C. — Bords des chemins, friches, moissons, rochers.

Sép. lancéolés ; caps. moins ventrue, égale au cal. ou le dépassant à peine : var. *leptoclados* (**A.** *leptoclados* Guss.).

18. STELLARIA L. (Stellaire). — Sép. 5 ; pét. 5, 2-fides ou 2-partits ; étam. 10, rar^t 5 ; styles 3 ; caps. à 6 valves profondes.—Tiges ord^t quadrangulaires ; fl. blanches, en cymes lâches.

1. Pét. 1-2 fois aussi longs que le cal 2
   Pét. égalant à peine le cal. ou nuls 4
2. F. infér. long[t] pétiolées. . . . . *S. nemorum.*
   F. toutes sessiles 3
3. Bractées herbacées ; f. vertes . . . . . . *S. Holostea.*
   Bractées étroit[t] scarieuses ; f. glaucescentes. *S. glauca.*
4. Tige marquée d'une ligne de poils alternant d'un entre-nœud à
   l'autre ; f. infér. pétiolées . . . . *S. media.*
   Point de ligne de poils sur la tige ; f. sessiles. . . . 5
5. Bractées scarieuses, ciliées ; fl. en cyme terminale. . .
   . . . . *S. graminea.*
   Bractées scarieuses, non ciliées ; fl. en cymes latér. . .
   . . . . *S. uliginosa.*

S. media Vill. (Mouron des oiseaux). — Tiges étalées-diffuses ; f. molles, ovales-acuminées, subcordiformes ; anthères violacées. — ① ou ②. — Mars-oct. — T. C. — Jardins, cultures, bords des chemins, partout. — Varie à fl. apétales.

S. nemorum L. — Tiges molles, faibles, ascendantes, légèr[t] pubescentes ; f. molles, ciliées, cordiformes-ovales, aiguës, assez grandes. — ♃. — Juin-juill., — T. R. — Bois humides, terrains siliceux. — Val-de-Saône, Saulieu, St-Martin-de-la-Mer, St-Léger-de-Fourches.

S. Holostea L. — Pl. glabre, à tiges ascendantes, raides ; f. coriaces, lancéolées-aiguës, scabres sur les bords ; fl. grandes. — ♃. — Avril-juin. — C. — Taillis, lieux herbeux.

S. graminea L. — Pl. glabre, à tiges grêles, diffuses ; f. linéaires-lancéolées, aiguës, ciliées à la base ; fl. petites, long[t] pédicellées. — ♃. — Mai-août. — A. R. — Moissons humides, bois, lieux herbeux, surtout dans les terrains granitiques et les alluvions siliceuses. — Cîteaux, Collonges, Vielverge, Seurre, St-Andeux, Bard, etc.

S. glauca With. — Pl. glabre, à tiges dressées ; f. fermes, glabres, linéaires-lancéolées ; fl. assez grandes, long[t] pédicellées. — ♃. — Juin-juill. — T. R. — Prés humides, fossés, bords des mares. — Cîteaux, Saulieu, Laroche-en-Brenil, Labergement-lez-Seurre, Limpré, Pontailler, Vielverge.

S. uliginosa Murr. — *Larbrea aquatica* St-Hil. ; Lorey, 143. — Pl. glabre, glaucescente, à tiges diffuses, très fragiles ; f. molles, oblongues-lancéolées, ciliées à la base, — ♃. — Mai-août. — C. — Bords des ruisseaux, prés et lieux humides.

19. CERASTIUM L. (Céraiste). — Sép. 4-5; pét.

4-5, entiers ou prof^t 2-fides ; étam. 4-10 ; styles 4-5,
oppositisép. ; caps. à 8-10 dents. — F. ord^t ovales-
oblongues ou oblongues-lancéolées, les infér. ord^t
atténuées en pétiole ; fl. blanches.

1. Pl. glabre et glauque, à fl. tétramères ; pét. entiers, à peine
   émarginés. . . . . *C. erectum.*
   Pl. velue ou glanduleuse, à fl. pentamères ; pét. 2-lobés ou
   2-fides. 2
2. Pl. à tiges ou à rejets radicants ; sép. obtus. 3
   Pl. à tiges non radicantes ; sép. aigus. 4
3. Bractées, au moins les supér., scarieuses sur les bords et
   glabres ; pét. égalant ou dépassant peu le cal. . . .
   . . . . *C. vulgatum.*
   Bractées toutes scarieuses et ciliées au sommet; pét. 2-3 fois
   plus longs que le cal. . . . . *C. arvense.*
4. Sép. long^t barbus au sommet 5
   Sép. glabres ou non barbus au sommet 6
5. Pédic. plus courts que le cal. ; étam. à filets glabres. . .
   . . . . *C. viscosum.*
   Pédic. plus longs que le cal. ; étam. à filets ciliés. . .
   . . . . *C. brachypetalum.*
6. Bractées scarieuses, au moins en leur tiers supér., à sommet
   érodé-denticulé ; sép. larg^t scarieux aux bords ; pédic.
   réfractés après l'anthèse et restant droits. . . . . .
   . . . . *C. semidecandrum.*
   Bractées herbacées ou les supér. étroit^t scarieuses aux bords,
   ainsi que les sép. ; pédic. étalés après l'anthèse et arqués
   au sommet . . . . *C. pumilum.*

C. semidecandrum L. — Pl. velue-glanduleuse,
visqueuse, d'un vert pâle ; tiges peu nombreuses, étalées-dressées ;
fl. petites ; pét. un peu plus courts que le cal. ; ord^t 5 étam. —
②. — Mars-mai. — A. C. — Pelouses arides, friches.

C. pumilum Curt. — *C. viscosum* Lorey, 152 ; non DC.
— *C. glutinosum* Fries ; Royer, 34. — Pl. très velue-visqueuse,
d'un vert sombre ; tiges étalées-dressées ; fl. petites ; sép. très
aigus, plus courts, aussi longs ou plus longs que le cal. — ②. —
Avril-juin. — T. C. — Bords des chemins, lieux secs, vieux murs,
pelouses arides.

C. brachypetalum Desp. — Pl. long^t velue, à tiges
étalées-dressées ; fl. petites ; bractées et sép. herbacés ; pét.
glabres à l'onglet. — ②. — Mai-juin. — A. C. — Champs,

lieux sablonneux, bords des chemins. — Beaune, Arnay-le-Duc, Saulieu, St-Remy, Nolay, etc.

C. viscosum L.— *C. vulgatum* var. *glomeratum* Lorey, 152. — *C. glomeratum* Thuill. ; Royer, 34. — Pl. à pubescence courte, parfois visqueuse, d'un vert jaunâtre ; tiges dressées ou ascendantes, avec fl. agglomérées à leur sommet ; bractées herbacées ; pét. velus au-dessus de l'onglet. — ②. — Mai-août. — A. C. — Moissons et friches, surtout dans les terrains argileux. — Pontailler, Vielverge, Seurre, etc.

C. vulgatum L. — *C. triviale* Link ; Royer, 35. — Pl. poilue, d'un vert sombre ; tiges couchées-redressées ; sép. à sommet non barbu ; pédic. fructifères dépassant long[t] les bractées. — ♃. — Mai-oct. — C. — Champs, bords des chemins, lieux sablonneux.

C. arvense L. — Pl. gazonnante, plus ou moins velue, à tiges stériles couchées, les florifères dressées ; fl. assez grandes ; sép. non barbus au sommet. — ♃. — Mai-juill. — T. C. — Champs, friches, bords des chemins.

C. erectum Coss. et Germ. — *Sagina erecta* L. ; Lorey, 139.— Pl. glabre et glauque, à tiges raides, pauciflores ; f. linéaires-lancéolées, sessiles ; bractées scarieuses; pédic. fructifères très longs. — ② — Avril-juin. — R. — Pelouses, prés, fossés humides des terrains siliceux. — Cîteaux, Saulieu, Villargoix, Vielverge, Nolay, Laroche-en-Brenil, St-Andeux, Montberthault.

20. Myosoton Mœnch. — *Malachium* Fries. ; Royer. — Sép. 5 ; pét. 5, 2-fides; styles 5, alternisép.; caps. à 5 valves 2-dentées.

M. aquaticum Mœnch. — *Cerastium aquaticum* L. ; Lorey, 154. — *Malachium aquaticum* Fries ; Royer, 35. — Pl. velue-glanduleuse, à tiges fragiles, tombantes ; f. grandes, ovales-lancéolées, un peu cordées à la base, les supér. sessiles ; fl. assez grandes, blanches, à pédic. réfléchis après l'anthèse ; sép. obtus, herbacés ; pét. plus longs que le cal. — ♃. — Juill.-oct. — C. — Lieux humides, bords des ruisseaux et des fossés.

XIII. PARONYCHIÉES St-Hil.

Cal. à 4-5 div. presque libres ou soudées infér[t] en tube. Pét. 4-5, petits, souv[t] rudimentaires, insérés à la base du cal. Étam. 5-10, rar^t 4. Ov. supère. Styles 2-3, ord^t très courts ou nuls. Stigm. 2-3. Fr. 1-locul., 1-sperme, indéhisc. ou se déchirant qqfois en lanières et enveloppé par le cal. persistant. — Herbes à tiges grêles, souv^t étalées, à f. petites, opposées ou éparses, simples, entières, avec ou sans stip. Fl. souv^t très petites, en cymes ou en glomérules.

1. Stigm. 3 ; pét. oblongs, égalant ou dépassant le cal. . . . . *Corrigiola* (1).
Stigm. 2 ; pét. filiformes, plus courts que le cal. ou nuls.   2
2. F. sans stip. ; cal. à tube presque aussi long que ses div. . . . . *Scleranthus* (4).
F. stipulées ; cal. à div. profondes.   3
3. F. toutes opposées ; div. du cal. blanches, spongieuses. . . . . *Illecebrum* (3).
F. supér. alternes ; div. du cal. herbacées. *Herniaria* (2).

1. CORRIGIOLA L. — Cal. à 5 div. ; pét. 5 ; étam. 5 ; stigm. 3, sessiles ; achaine trigone. — F. alternes, à stip. scarieuses.

C. littoralis L. — Pl. glauque, à tiges très rameuses, appliquées sur terre ; f. oblongues-spatulées ; fl. blanches ou rosées, en glomérules terminaux. — ② ou ① — Mai-août. — A. R. — Pelouses, champs sablonneux des terrains granitiques et des alluvions siliceuses. — Seurre, Saulieu, Laroche-en-Brenil, Pontailler, Rouvray, Vielverge, Mercueil, etc.

2. HERNIARIA Tourn. (Herniaire). — Cal. à 5 div. ; pét. 5, filiformes ; étam. 5 ; stigm. 2, subsessiles ; achaine oblong. — Stip. scarieuses.

Pl. glabre ou glabrescente. . . . . *H. glabra.*
Pl. velue-hérissée . . . . *H. hirsuta.*

H. glabra L. (Turquette, Herbe au cancer.). — Pl. à rameaux nombreux, couchés ; f. elliptiques ou oblongues, ord^t glabres ; fl. sessiles, verdâtres, en glomérules axillaires. — ② ou ♃. — Mai-sept. — A. C. — Sables, chemins, pelouses. — Dijon,

Longvic, St-Remy, Val-Suzon, etc — Pl. diurétique, très vantée autrefois pour la guérison des hernies et du cancer.

H. hirsuta L. — Pl. couverte de poils raides qui lui donnent une teinte jaunâtre ; diffère encore de la précédente par ses f. pubescentes, fort^t ciliées, ses fl. 2 fois plus grandes et les div. du cal. qui sont terminées par une longue soie. — ② ou ♃. — Mai-sept. — R. — Moissons et friches des terrains siliceux. — Seurre, Arnay-le-Duc, Saulieu, Labergement-lez-Seurre, Pontailler.

3. ILLECEBRUM L. — Cal. à 5 div. concaves, en cornet, à pointe subulée ; pét. 5, filiformes, ou nuls ; étam. 5 ; stigm. 2, sessiles ; achaine à parois membraneuses, se déchirant en lanières. — Stip. scarieuses.

I. verticillatum L. — Pl. glabre, à tiges très grêles, appliquées sur terre ; f. ovales-arrondies ; fl. blanches, en glomérules axillaires paraissant verticillés et formant des grappes feuillées. — ② ou ♃. — Mai-sept. — R. — Sables humides, cultures des terrains siliceux. — Arnay-le-Duc, Saulieu, Seurre, Eschamps, St-Germain-de-Modéon, Rouvray.

4. SCLERANTHUS L. (Gnavelle). — Cal. à 4-5 div. ; pét. 4-5, filiformes, ou nuls ; étam. 5 ou 10, dont 5 stériles, rar^t 4 ; styles 2, stigmatifères. — F. opposées, linéaires, scarieuses et ciliées à la base ; cymes dichotomes réunies en glomérules feuillés ou terminaux.

Div. du cal. obtuses, larg^t scarieuses sur les bords, fermées à la maturité. . . . . *S. perennis.*
Div. du cal. aiguës, très étroit^t scarieuses sur les bords, ouvertes à la maturité . . . . *S. annuus.*

S. perennis L. — Pl. pubescente et glaucescente, à tiges très rameuses, couchées ou dressées ; fl. blanchâtres. — ♃. — Mai-juin. — A. R. — Pelouses, moissons, rochers des sols siliceux. — Bords de la Saône, Saulieu, Semur, Pontailler, Rouvray, Nolay, etc.

S. annuus L. — Pl. pubescente, à tiges très rameuses, couchées ; fl. verdâtres. — ① ou ②. — Avril-oct. — C. — Champs sablonneux, coteaux, talus.

XIV. PORTULACÉES Juss.

Fl. presque rég. Cal. à 2, plus rar^t 3-5 sép. libres ou brièv^t soudés entre eux à la base. Pét. 5, rar^t 4-6, libres ou soudés à la base. Étam. 3-15. Ov. supère ou semi-infère. Style à 3-5 div. stigmatifères. Fr. capsulaire, 1-locul. — Herbes charnues-succulentes, à f. opposées ou éparses, simples, entières, sans stip. Fl. solitaires, en cymes, ou groupées au sommet des rameaux.

Fl. jaunes, sessiles. . . . . *Portulaca* (1).
Fl. blanches, pédicellées. . . . . *Montia* (2).

1. PORTULACA Tourn. (Pourpier). — Cal. à 2 sép. caducs ; pét. ord^t 5, libres ou soudés ; étam. 6-15, rar^t plus ; ov. semi-infère ; style ord^t 5-fide ; caps. polysperme, s'ouvrant circul^t (*pyxide*).

P. oleracea L. — Tiges couchées, souv^t rougeâtres, dichotomes ; f. obovales-oblongues, atténuées à la base, épaisses, très entières ; fl. solitaires ou en bouquets terminaux. — ①. — Juill.-sept. — C. — Jardins, cultures, décombres. — On en mange les f. en salade.

2. MONTIA L. — Cal. persistant, à 2-3 sép. ; pét. 5, soudés à la base en un tube fendu d'un côté ; étam. ord^t 3, oppositipét. ; ov. supère ; style 3-fide ; caps. 3-sperme, s'ouvrant par 3 valves.

M. fontana L. — Tiges nombreuses, étalées, qqfois flottantes, plus ou moins radicantes, à rameaux dressés ; f. opposées, spatulées ou oblongues, obtuses, un peu charnues ; fl. très petites, en cymes unilatér. pauciflores, ord^t un peu penchées ; gr. fin^t tuberculeuses. — ♃ ou ②. — Avril-sept. — R. — Ruisseaux, fontaines, cultures humides des sols siliceux et granitiques. — Auxonne, Saulieu, Gevrey, Laroche-en-Brenil, Pontailler, etc.

Forme des lieux asséchés, plus grêle, à tiges naines et dressées, d'un vert jaunâtre, et gr. fort^t tuberculeuses : var. *minor* (*M. minor* Gmel.).

XV. ÉLATINÉES Camb.

Cal. à 3-4 sép. soudés infér[t]. Pét. 3-4, caducs. Étam. en nombre égal ou double de celui des pét. Ov. supère. Styles 3-4, courts. Fr. capsulaire, à 3-4 loges polyspermes. — Pl. de marais, radicantes, à f. simples, entières, opposées ou verticillées, à stip. scarieuses, très petites. Fl. petites, axillaires, solitaires, ou en cymes presque sessiles.

Elatine L. — Etam. 3-6 ou 4-8 ; caps. subglobuleuse ; gr. droites.

F. verticillées, sessiles . . . . *E. Alsinastrum.*
F. opposées, pétiolées . . . . *E. hexandra.*

E. Alsinastrum L. — Tiges robustes, fistuleuses ; f. infér. linéaires, les supér. ovales-lancéolées ; fl. blanches, verticillées ; ord[t] 4 pét. et 8 étam. — ④. — Juill.-sept. — R. — Bords des étangs. — St-Seine-en-Bâche, Cîteaux, Longvay, Seurre, St-Jean-de-Losne.

E. hexandra DC. — Tiges grêles, ord[t] couchées ; f. oblongues-spatulées ; fl. rosées, alternes ; ord[t] 3 pét. et 6 étam. — ④. — Juill.-sept. — A. R. — Bords des étangs. — Cîteaux, Labergement-lez-Seurre, Saulieu, Longvay, Thoisy-la-Berchère, St-Didier.

Pét. 4 ; étam. 8 ; fl. blanches : var. *major* Coss. et Germ. (*E. hydropiper* DC. ; Lorey, 140 ; non L.). — Signalée par Lorey qui la dit assez commune au bord des mares, où elle se rencontre avec le type.

XVI. CRASSULACÉES DC.

Cal. à 5, rar[t] 3-20 div. Pét. 5, rar[t] 3-20, libres, rar[t] soudés en tube. Étam. en nombre égal à celui des pét. ou plus, ord[t] en nombre double. Carp. 5, rar[t] 3-20, libres, ord[t] munis chacun à la base d'une écaille nectarifère. Fr. formé d'autant de follicules

libres, 1-locul., ord[t] polyspermes, à gr. très petites.
— Pl. herbacées, à f. simples, ord[t] entières, charnues-succulentes, sans stip. Fl. en cymes subunilatér., ord[t] groupées en corymbe terminal ou en glomérules, rar[t] solitaires.

1. Pl. à tiges de 2 à 6 cent. ; f. connées; étam. 3-4 . . . 2
Tiges plus élevées ; f. jamais connées ; étam. très ord[t] plus de 4 3
2. Fl. blanches, sessiles, axillaires, solitaires. *Tillæa* (1).
Fl. rosées, pédonculées, en cymes irrég. . *Bulliarda* (2).
3. Cor. tubuleuse, à 5 lobes. . . . . . *Umbilicus* (5).
Pét. 4-20, souv[t] 5, libres ou un peu soudés à la base. 4
4. Pét. 5, rar[t] 4-8 ; écailles nectarifères entières ou à peine émarginées ; f. toutes éparses, rar[t] opposées. *Sedum* (3).
Pét. 6-20 ; écailles nectarifères dentées ou laciniées; f. des rejets stériles rapprochées en rosette dense. . . . . *Sempervivum* (4).

1. Tillæa Mich. — Div. du cal. pét., étam. et carp. 3-4 ; écailles très petites ou nulles ; follicules 2-spermes, étranglés au milieu.

T. muscosa L. — Pl. très petite, à tiges grêles, rameuses, étalées, souv[t] rougeâtres ; f. glabres, concaves, ovales-aiguës, mucronées; fl. très petites. — ②. — Juin-juill. — T. R. — Sables, pelouses humides des terrains granitiques. — Etang des Vermoureaux près Saulieu, Dompierre-en-Morvan.

2. Bulliarda DC. — Div. du cal., pét., étam. et carp. 4 ; écailles linéaires ; follicules polyspermes.

B. Vaillantii DC. — Pl. très petite, à tiges grêles, rameuses-dichotomes, rar[t] rougeâtres ; f. oblongues ou linéaires, obtuses ; fl. très petites. — ①. — Mai-juill. — Mares et lieux humides. — Non retrouvé depuis Lorey qui l'a signalé à l'étang de St-Léger près Saulieu.

3. Sedum Tourn. (Orpin). — Div. du cal., pét. et carp. 5, plus rar[t] 4-6-8 ; étam. en nombre égal à celui des pét. ou en nombre double, ord[t] 10 ; écailles ovales; follicules polyspermes.

1. Fl. blanches, rosées, rougeâtres ou purpurines. 2
   Fl. jaunes 6
2. F. planes sur les deux faces . . . . . *S. purpurascens.*
   F. cylindracées ou ovoïdes 3
3. Etam. ord^t 5 ; follicules divergents . . . . *S. rubens.*
   Etam. ord^t 10-12 ; follicules dressés 4
4. Tige solitaire, sans rejets stériles ; f. pubescentes. . . .
   . . . . *S. villosum.*
   Tiges nombreuses, accompagnées de rejets stériles ; f. glabres.
   5
5. F. éparses, linéaires-oblongues ; tiges glabres . *S. album.*
   F. subglobuleuses, gibbeuses, opposées sur les tiges florales,
   celles-ci pubescentes-glanduleuses au sommet. . . . .
   . . . . *S. dasyphyllum.*
6. F. obtuses ; follicules divergents 7
   F. cuspidées ; follicules dressés. 8
7. F. subcylindracées-linéaires, prolongées en éperon à la base.
   . . . . *S. sexangulare.*
   F. ovoïdes, non prolongées en éperon à la base . *S acre.*
8. Cal. à lobes aigus, épaissis au sommet ; f. cylindracées ;
   inflor. feuillée . . . . *S. reflexum.*
   Cal. à lobes obtus, non épaissis au sommet ; f. planes en
   dessus ; inflor. aphylle . . . . *S. pruinatum.*

1. Fl. blanches, rougeâtres ou purpurines.

S. rubens L. — Pl. rougeâtre, à rameaux pubescents-
glanduleux surtout au sommet ; f. glabres, subcylindriques, très
succulentes ; fl. rosées, sessiles, en grappes subunilatér. au sommet
des rameaux ; pét. lancéolés-aristés. — ②. — Mai-juill. — A. R.
— Moissons des sols argilo-siliceux. — Norges, Brazey, Auxonne,
Cîteaux, Châtillon, Liernais, Semur, etc.

S. purpurascens Koch. — *S. Telephium* L., pro parte ;
Lorey, 360 ; Royer, 147 (Reprise, Herbe à la coupure). — Tiges
simples, fortes, dressées ; f. assez grandes, obovales ou oblongues, ord^t dentées, au moins au sommet, les infér. élargies à la
base ; pét. réfléchis ; fl. roses ou purpurines, rar^t blanches ou
rouges, en corymbes compactes. — ♃. — Juin-sept. — A. C. —
Bois, taillis, lieux pierreux. — Mont-Afrique, Gevrey, Val-Suzon,
Arnay-le-Duc, etc. — Avait la réputation de guérir les coupures.

S. album L. (Trique-Madame, Pain d'oiseau, Tétine de
vache). — Tiges nombreuses, redressées ; f. étalées, souv^t rougeâtres ; fl. blanches, rar^t un peu rosées, en corymbes lâches. —
♃. — Mai-juill. — T. C. — Vieux murs, toits, friches.

S. dasyphyllum L. — Pl. glauque, souv[t] d'un bleu d'améthyste, à tiges grêles, filiformes ; fl. blanches, rougeâtres en dehors. — ♃. — Juin-août. — R. — Murs, rochers. — La Côte, Velars.

S. villosum L. — Tige solitaire, dressée, velue-glanduleuse, surtout au sommet ; fl. rosées, pédicellées, en corymbe irrég. ; pét. oblongs, non aristés. — ♃. — Juill.-août. — R. — Marécages tourbeux des sols granitiques. — Saulieu, Laroche-en-Brenil, Vic-sous-Thil, St-Léger-de-Fourches, Rouvray.

2. *Fleurs jaunes.*

S. acre L. (Pain d'oiseau). — Pl. d'une saveur âcre, assez robuste, croissant en gazons serrés ; f. des rejets stériles lâch[t] imbriquées sur 6 rangs ; cymes courtes, subscorpioïdes, groupées au sommet des rameaux ; gr. non tuberculeuses. — ♃. — Mai-juill. — T. C. — Toits, vieux murs, lieux incultes, vignes. — Pl. caustique, vomitive, vénéneuse.

S. sexangulare DC. — *S. boloniense* Lois. ; Royer, 148. — Pl. insipide, grêle, à tiges redressées ; diffère encore de la précédente par ses fl. plus petites, d'un jaune plus pâle, et ses gr. tuberculeuses. — ♃. — Juin-août. — A. C. — Lieux arides, pelouses, bords des chemins. — Lusigny, Bligny, Flavigny, Val-Suzon, glacis d'Auxonne, Blaisy-Bas, Santenay, etc.

S. reflexum L. — Tiges très nombreuses, redressées, peu compressibles ; f. vertes ou glaucescentes (*S. rupestre* L.), souv[t] rougeâtres, prolongées à la base en éperon aigu, court, celles des rejets stériles cylindriques, rapprochées, étalées ou réfléchies ; fl. d'un jaune pâle, en cymes scorpioïdes redressées après l'anthèse. — ♃. — Juin-août. — C. — Friches, bois, rochers.

S. pruinatum Brot. — *S. elegans* Lej. ; Royer, 149. — Tiges grêles, redressées, très compressibles ; f. glauques ou vertes (*S. aureum* Wirtg.), celles des rejets stériles souv[t] ponctuées de rouge et comprimées en cône renversé, toutes prolongées à la base en éperon long, triangulaire ; fl. d'un jaune vif, en cymes serrées. — ♃. — Mai-août. — A. C. — Pelouses et rochers des sols siliceux. — Pontailler, Saulieu, Semur, Gevrey.

4. SEMPERVIVUM L. (Joubarbe). — Div. du cal., pét. et carp. 6-20 ; étam. en nombre double de celui des pét. ; follicules polyspermes.

S. tectorum L. (Artichaut sauvage). — Pl. très

vivace, à tige florifère simple, dressée, épaisse, glanduleuse ;
f. supér. pubescentes, celles des rosettes stériles glabres, oblongues-ovales, brusq^t atténuées en pointe ; fl. roses ou purpurines,
en cymes scorpioïdes nombreuses et denses. — ♃. — Juill.-août.
— A. R. — Vieux murs, toits de chaume où il est souv^t planté
pour les préserver de la foudre ; naturalisé sur les rochers
sous Semur. — Passait pour diurétique et astringent.

5. Umbilicus DC. — Cal. à 5 div. ; cor. tubuleuse, à 5 lobes ; étam. 10 ; carp. 5 ; écailles obtuses
ou 2-fides ; follicules polyspermes.

U. pendulinus DC. — Pl. à f. radicales arrondies,
concaves, ombiliquées, long^t pétiolées, les caulinaires cunéiformes ;
fl. penchées, d'un jaune pâle, verdâtre ou rougeâtre, en longue
grappe terminale. — ♃. — Juin-juill. — T. R. — Rochers,
vieux murs. — Murs de Beaune, Semur, rochers du pont de
Chevigny sur l'Armançon. — Pl. émolliente et résolutive.

XVII. LINÉES DC.

Cal. à 4-5 sép. libres ou soudés à la base. Pét. 4-5.
Étam. 4-5, qqfois 10, dont 5 intér. stériles. Ov. supère. Styles 4-5. Fr. capsulaire, à 4-5 loges, divisées
chacune en 2 loges 1-spermes par une fausse cloison.
— Pl. herbacées, qqfois sous-frutescentes à la base.
F. sessiles, alternes ou rar^t opposées, simples,
entières, sans stip. Fl. en cymes souv^t subdichotomes.

Fl. pentamères ; sép. entiers . . . . *Linum* (1).
Fl. tétramères ; sép. 2-3-fides . . . . . . *Radiola* (2).

1. Linum Tourn. (Lin). — Etam. 10, dont 5 stériles ; caps. à 5 loges, divisées chacune en 2 loges
1-spermes.

1. F. opposées . . . . *L. catharticum.*
    F. alternes ou éparses. 2
2. Fl. jaunes . . . . *L. gallicum.*
    Fl. jamais jaunes 3

3. Fl. d'un rose lilas ou carnées ; sép. ciliés-glanduleux. . .
. . . . *L. tenuifolium.*

Fl. bleues, rar^t blanches ; sép. non ciliés-glanduleux. . .
. . . . *L. Loreyi.*

L. tenuifolium L. — Souche subligneuse ; tiges ascendantes, rameuses dans le haut ; f. linéaires, étroites, rudes au bord, très nombreuses. — ♃. — Juin-août. — C. — Lieux secs, rochers, pélouses arides.

L. Loreyi — *L. montanum* Lorey, 157, et *L. alpinum* Jacq., pro parte ; Royer, 41. — Tiges nombreuses, dressées ; f. petites, linéaires, très serrées à la partie infér. de la tige ; sép. une fois plus courts que la caps. ; inflor. corymbiformes, pauciflores. — ♃. — Juin-août. — R. — Pelouses, coteaux incultes. — Marsannay-la-Côte, Gevrey, Savigny-sous-Beaune, Santenay.

> Tiges décombantes ; inflor. allongées, ord^t pluriflores ; pédic. souv^t déjetés d'un même côté : var. *Leonii* (*L. Leonii* Auct. — *L. læve* Scop.). — R. — Coteaux incultes du Châtillonnais. — Laignes, Pothières, Châtillon, montagne entre Boux et Villy-en-Auxois, etc.

L. gallicum L. — Tiges faibles ; f. linéaires-lancéolées ; fl. brièv^t pédicellées ; sép. ciliés-glanduleux, dépassant un peu la caps. — ①. — Juill.-août. — T. R. — Bois et moissons des sols argileux. — Auxonne, Gerland, Citeaux, le Pays-Bas.

L. catharticum L. — Tiges grêles ; f. oblongues ; fl. petites, blanches, long^t pédicellées ; sép. ciliés-glanduleux, égalant la caps. — ①. — Juill.-sept. — C. — Bois, taillis, pelouses et prés humides. — Pl. purgative.

Le *L. usitatissimum* L. se trouve assez souv^t à l'état subspontané dans les moissons ; il se distingue du *L. Loreyi* par ses stigm. filiformes, son cal. égalant presque la caps., et sa tige solitaire. — Pl. textile et off., à gr. oléagineuses et mucilagineuses, émollientes et adoucissantes.

2. RADIOLA Dill. — Etam. 4 ; caps. incomplèt^t divisée en 8 loges. — F. opposées.

R. linoides Gmel. — Pl. très petite, à tige filiforme, rameuse-dichotome dès la base ; f. ovales-aiguës ; fl. blanches, très petites. — ①. — Juill.-août. — R. — Pelouses et champs humides des sols siliceux. — Laroche-en-Brenil, Rouvray, Saulieu, Vielverge, Chevigny-St-Sauveur.

XVIII. MALVACÉES Juss.

Cal. à 5, rar^t 4 div. et ord^t entouré d'un calicule. Pét. 5, à onglets soudés entre eux et avec le tube staminal, tordus dans le bouton. Étam. en nombre indéfini, libres au sommet, soudées à la base en un tube qui recouvre l'ov., à anthères 1-locul., réniformes. Ov. supère. Styles nombreux, soudés à leur base, libres au sommet. Fr. formé de carp. 1-spermes, rangés en cercle autour d'un axe central. — Pl. herbacées, à suc mucilagineux, à f. alternes, palmatipartites ou palmatilobées, stipulées. Fl. solitaires, fasciculées ou en cymes.

Calicule à 3 fol. libres . . . . *Malva* (1).
Calicule à 6-9 fol. soudées infér^t . . . . . *Althæa* (2).

1. MALVA Tourn. (Mauve). — Calicule à 3 fol. libres ; stigm. obtus.

1. Fl. axillaires solitaires, les terminales seules fasciculées ; cal. fructifère enveloppant ent^t le fr. 2
   Fl. toutes fasciculées ; cal. fructifère ne couvrant pas ent^t le fr. 3
2. Carp. ridés, glabres ou à peine velus au sommet ; calicule à fol. oblongues-ovales . . . . *M. Alcea.*
   Carp. lisses, velus-hérissés ; calicule à fol. linéaires-lancéolées . . . . *M. moschata.*
3. Fl. petites, d'un rose pâle ; carp. lisses, velus. . . . . *M. rotundifolia.*
   Fl. assez grandes, purpurines ; carp. réticulés, glabres. *M. silvestris.*

M. Alcea L. — Tiges dressées, rameuses, à poils étoilés ; f. caulinaires palmatipartites, à segments incisés, les radicales suborbiculaires, à 3-5 lobes crénelés ; fl. roses, grandes. — ♃. — Juin-sept. — A. C. — Haies, taillis. — Norges, forêt de Velours, Gevrey, Magny-sur-Tille, Seurre, etc.

   F. caulinaires palmatilobées : var. *fastigiata* Koch. — Avec le type.

M. moschata L. — Tiges dressées, rameuses, presque glabres, ou à poils simples ; f. radicales et caulinaires infér. réniformes, lobées-crénelées, les autres laciniées-palmatipartites, ou toutes prof[t] et étroit[t] laciniées (var. *laciniata*) ; fl. assez grandes, roses, sentant un peu le musc. — ♃. — Juin-sept. — A. R. — Haies, prés secs, taillis. — Auxonne, Saulieu, Val-Suzon, Sombernon, l'Auxois, etc.

M. silvestris L. (Grande Mauve). — Tiges ascendantes ou dressées, pubescentes ; f. toutes orbiculaires-cordées, à lobes crénelés ; pédic. fructifères dressés. — ♃. — Mai-oct. — C. — Cultures, rues, décombres. — Pl. off. ; émolliente, mucilagineuse, béchique.

M. rotundifolia L. (Petite Mauve, Fromagère, Fromageots). — Tiges couchées, peu velues ; f. orbiculaires-cordées, à lobes superficiels, crénelés ; pédic. fructifères réfléchis. — ♃. — Mai-oct. — C. — Cultures, rues, décombres. — Pl. off. ; jouit des mêmes propriétés que la précédente.

Les *M. nicæensis* All., et *microcarpa* Desf. ont été trouvés à l'état adventif dans les décombres et les sablières de la plaine de Pouilly près Dijon.

2. ALTHÆA L. (Guimauve). — Calicule à 6-9 fol. soudées infér[t] ; stigm. sétacés.

Fl. solitaires à l'aisselle des f. ; carp. glabres, prof[t] ridés . . . . *A. hirsuta.*
Fl. fasciculées à l'aisselle des f. ; carp. velus, peu ridés. . . . . *A. officinalis.*

A. hirsuta L. — Pl. hérissée de poils raides, à tiges couchées ou ascendantes ; f. vertes, les infér. suborbiculaires, les supér. palmatipartites, à lobes incisés ; fl. d'un rose pâle, à pédonc. plus longs que la f. axillante. — ②. — Mai-juill. — A. C. — Coteaux incultes, taillis. — Dijon, la Côte, l'Auxois.

A. officinalis L. — Pl. veloutée-blanchâtre, à tiges élevées, dressées ; f. tomenteuses, ovales-anguleuses, superf[t] lobées, les infér. cordées ; fl. d'un blanc rosé, à pédonc. plus courts que la f. axillante. — ♃. — Juin-avril. — Bords des rivières, haies, lisières des bois. — Subspontané et commun dans le Val-de-Saône : Pontailler, Seurre, St-Jean-de-Losne, etc. — Pl. off. ; très mucilagineuse, émolliente.

L'*A. cannabina* L., signalé par Durande à Chaignay et par Lorey à Cussey-les-Forges, se distingue de l'*A. hirsuta* par ses tiges dressées et la pubescence étoilée de ses f., et de l'*A. officinalis* par ses fl. solitaires ou géminées et ses carp. glabres.

XIX. TILIACÉES Juss.

Sép. 5, caducs. Pét. 5. Étam. nombreuses. Ov. supère. Style 1. Stigm. 5. Fr. presque ligneux, indéhisc., 1-locul. et 1-2-sperme par avortement. — Arbres à f. simples, alternes, stipulées dans leur jeunesse. Fl. en cymes axillaires.

Tilia Tourn. (Tilleul). — F. dentées en scie ; fl. jaunâtres, en cymes corymbiformes, au sommet de pédonc. soudés dans une partie de leur longueur à une longue bractée papyracée. — Pl. off. ; fl. antispasmodiques et sudorifiques ; bois blanc très léger utilisé en ébénisterie ; écorce servant à la fabrication de cordes grossières.

F. grandes, moll^t velues en dessous ; bourgeons velus ; fr. incompressible, à côtes saillantes . *T. platyphyllos.*

F. médiocres, velues en dessous seul^t à l'aisselle des nervures ; bourgeons glabres ; fr. compressible, à côtes peu saillantes. . . . . *T. ulmifolia.*

T. platyphyllos Scop. — F. suborbiculaires, obliq^t cordiformes ; bractée ord^t décurrente jusqu'à la base du pédonc. commun. — ♄. — Juin-juill. —A. C. — Bois, promenades.

T. ulmifolia Scop. — *T. microphylla* Willd. ; Lorey, 167. — *T. silvestris* Desf. ; Royer, 54.—F. suborbiculaires, obliq^t cordées ; pédonc. commun ord^t nu dans son tiers infér. — ♄. — Juin-juill. — A. R. — Bois, promenades. — St-Remy, Val-des-Choux, Is-sur-Tille, Pontailler, Seurre, etc.

XX. HYPÉRICINÉES Juss.

Cal. à 5 sép. libres ou un peu soudés à la base. Pét. 5. Étam. nombreuses, réunies à la base en 3-5 faisceaux oppositipét. Ov. supère. Styles 3-5, filiformes. Stigm. en tête. Fr. ord^t capsulaire, à 1, ou plus souv^t 3-5 loges polyspermes. Gr. très petites. — Pl. herbacées ou sous-frutescentes, à f. simples, opposées, sans stip. Fl. en cymes, en corymbes ou en panicules.

> Étam. 15, en faisceaux alternant avec autant de glandes pétaloïdes 2-fides ; caps. 1-locul., à 3 valves. *Élodes* (2).
> Étam. 15-20, en faisceaux n'alternant pas avec des glandes pétaloïdes ; caps. 3-locul. . . . . . *Hypericum* (1).

1. HYPERICUM Tourn. (Millepertuis). — Sép. libres ou soudés ; point de glandes pétaloïdes ; étam. 15-20 ; caps. 3-5-locul. — F. ord^t munies de points glanduleux translucides ; fl. jaunes, à pét. souv^t bordés de points glanduleux noirs.

1. Sép. bordés de glandes noires plus ou moins pédicellées ; tiges dépourvues de lignes saillantes aux entre-nœuds.   2
Sép. bordés ou non de glandes noires, celles-ci jamais pédicellées ; tiges munies aux entre-nœuds de 2-4 lignes plus ou moins saillantes. 4

2. Pl. velue-pubescente. . . . . *H. hirsutum.*
Pl. glabres ou à peu près 3

3. F. semi-embrassantes, ovales-oblongues, bordées de points noirs glanduleux ; sép. lancéolés-linéaires. . *H. montanum.*
F. ovales, cordées-embrassantes, non bordées de points noirs glanduleux ; sép. larges, arrondis. . . *H. pulchrum.*

4. Pl. couchée ou couchée-redressée ; tiges filiformes ; sép. oblongs-obtus ou mucronulés, très inégaux. *H. humifusum.*
Pl. dressées ; tiges robustes ; sép. lancéolés-acuminés, peu inégaux 5

5. Lignes caulinaires 2, peu saillantes. . . *H. perforatum.*
Lignes caulinaires 4, plus ou moins saillantes. . . . 6

6. Lignes caulinaires peu saillantes ; fl. grandes, d'un beau jaune, en panicule lâche ; pét. beaucoup plus longs que le cal. . . . . *H. Desetangsii.*
Lignes caulinaires ailées-membraneuses ; fl. petites, d'un jaune pâle, en panicule dense ; pét. à peine 1 fois plus longs que le cal. . . . . *H. tetrapterum.*

H. pulchrum L. — Tiges ord^t simples, souv^t rougeâtres ; fl. d'un beau jaune, souv^t lavées de rouge, en panicule lâche. —

♃. — Juin-août. — A. R. — Bois argilo-siliceux. — Le Pays-Bas, le Morvan.

H. montanum L. — Tiges ord[t] simples ; f. supér. seules ponctuées-pellucides ; fl. grandes, d'un jaune pâle, en corymbe dense. — ♃. — Juin-août. — A. R. — Bois. — St-Remy, Recey, etc., la Côte.

H. hirsutum L. — Tiges raides, à souche subligneuse ; f. ovales-oblongues, obtuses, blanchâtres en dessous, toutes ponc-tuées-pellucides ; sép. lancéolés-aigus ; fl. d'un beau jaune, en panicule composée allongée. — ♃. — Juin-sept. — C. — Taillis, haies. — Varie à fl. d'un jaune soufre pâle. — R. — Bois de St-Aubin.

H. humifusum L. — F. petites, elliptiques ou oblon-gues, bordées, de même que les sép., de glandes noires sessiles ; inflor. pauciflores ; 2 lignes caulinaires saillantes. — ♃. — Juin-sept. — A. C. — Moissons, pelouses, champs humides des sols siliceux. — Le Pays-Bas, le Morvan.

H. perforatum L. (Milletrous, Millepertuis). — Souche subligneuse ; f. elliptiques-ovales, qqfois très étroites, bordées de points noirs glanduleux, toutes ponctuées-pellucides ; fl. en pani-cule large. — ♃. — Juin-sept. — T. C. — Bords des chemins, coteaux incultes, bois, taillis. — Pl. off. ; vulnéraire, stimulante, balsamique.

H. Desetangsii Lamotte. — Tiges très rameuses au sommet, à souche subligneuse ; f. ovales-oblongues, sessiles, ord[t] criblées de très fines ponctuations pellucides ; sép. qqfois érodés au sommet. — ♃. — Juill.-sept. — R. — Bois et terrains hu-mides. — St-Remy, Lucenay, Magny-la-Ville.

H. tetrapterum Fries. — *H. quadrangulum* Lorey, 172 ; non L. — Souche subligneuse ; f. ovales-elliptiques, semi-embras-santes, criblées de ponctuations pellucides ; sép. très entiers. — ♃. — Juill.-sept. — C. — Bords des ruisseaux, prairies maré-cageuses.

2. ELODES Spach. — Sép. soudés à la base ; glandes pétaloïdes alternant avec les faisceaux d'étam., celles-ci 15 ; caps. 1-locul., à 3 valves.

E. palustris Spach. — *Hypericum Elodes* L. ; Lorey, 173. — Pl. aquatique, tomenteuse-blanchâtre, à tiges dressées ou ascen-dantes ; f. suborbiculaires, semi-embrassantes ; fl. d'un jaune pâle, grandes, en cymes courtes, pauciflores ; sép. ovales, bordés de glandes purpurines. — ♃. — Juin-août. — T. R. — Ruisseaux tourbeux. — Saulieu, Laroche-en-Brenil, Laignes, Dompierre-en-Morvan, St-Germain-de-Modéon, St-Andeux.

XXI. GÉRANIACÉES Juss.

Sép. 5. Pét. 5, égaux ou un peu dissemblables. Étam. 10, sur 2 rangs, les extér. plus courtes, qqfois stériles. Ov. supère. Styles 5, soudés avec un prolongement de l'axe. Stigm. 5. Fr. formé de 5 achaines, munis chacun d'une longue arête et se détachant de l'axe avec élasticité. — Pl. herbacées, à tiges articulées-noueuses, ord^t velues-glanduleuses, à f. alternes ou opposées, lobées, plus ou moins divisées ou palmatiséquées, stipulées. Fl. géminées, rar^t solitaires ou en cymes ombelliformes.

Pét. égaux ; arêtes des carp. glabres en dedans ; 10 étam. fertiles . . . . *Geranium* (1).
Pét. un peu inégaux ; arêtes barbues en dedans ; 5 étam. fertiles et 5 dépourvues d'anthères . . . *Erodium* (2).

1. GERANIUM Tourn., pro parte. — Pét. égaux ; étam. 10, fertiles ; arête des carp. glabre, se détachant en arc de la base au sommet.

1. Onglet aussi long que le limbe ; sép. dressés-appliqués sous les pét. dressés **2**
Onglet beaucoup plus court que le limbe ; sép. lâches ou étalés **3**
2. Sép. ridés en travers ; pl. glabre, inodore. *G. lucidum.*
Sép. non ridés en travers ; pl. velue, fétide. *G. Robertianum.*
3. Fl. grandes, purpurines ; pédonc. 1-flores. . . . . *G. sanguineum.*
Fl. moyennes ou petites ; pédonc. 2-flores. **4**
4. F. découpées en lobes étroits et très profonds. . . . **5**
F. à lobes élargis, n'atteignant pas la côte de la f. . . **6**

5. Pédonc. bien plus longs que les f. ; pédic. égalant 5-6 fois
la longueur du cal. . . . . G. *columbinum*.
Pédonc. à peine aussi longs que les f. ; pédic. à peine plus
longs que le cal. . . . . G. *dissectum*.

6. Pét. 2 fois plus longs que le cal. ; souche épaisse . . .
. . . . G. *pyrenaicum*.
Pét. plus courts qué le cal. ou le dépassant à peine ; rac. grêle.
. . . . 7

7. Pét. entiers ; f. toutes long^t pétiolées. . G. *rotundifolium*.
Pét. échancrés ou 2-fides ; f. supér. subsessiles . . . 8

8. Pét. violacés, rar^t blancs ; carp. pubescents . . . . .
. . . . G. *pusillum*.
Pét. roses ; carp. glabres . . . . G. *molle*.

1. *Pédoncules 1-flores.*

G. sanguineum L. — Souche épaisse, horizontale;
tiges couvertes de longs poils étalés; f. opposées, orbiculaires-
palmatiséquées ; sép. aristés ; pét. très grands, échancrés ; carp.
lisses et glabres. — ♃. — Mai-juill. — A. C. — Bois de la
montagne, coteaux calcaires.

2. *Pédoncules 2-flores.*

1. Pétales entiers.

G. Robertianum L. (Herbe à Robert). — Pl. fétide,
velue-rougeâtre ; f. palmatiséquées, à segments lancéolés ; pédonc.
plus longs que les f. florales ; sép. glanduleux; pét. roses, veinés
de blanc, 1 fois plus longs que le cal. ; carp. ridés en travers.
— ① ou ②. — Avril-sept. — T. C. — Vieux murs, rochers, friches. — Pl. vantée autrefois comme astringente et vuinéraire.

G. lucidum. L. — Pl. inodore, glabre, luisante ; f. orbiculaires-réniformes, à lobes cunéiformes; pédonc. plus longs que
les f. florales ; sép. glabres; pét. roses, 1 fois plus longs que le
cal. ; carp. ridés en long. — ②. — Mai-juill. — A. R. —
Verrey-sous-Salmaise, Blaisy-Bas, Nolay, Bouilland, Marcelois, etc.

G. rotundifolium L. — Pl. non fétide, velue-glanduleuse, à tiges diffuses ou ascendantes ; f. orbiculaires-réniformes;
pédonc. plus courts que les f. florales ; sép. étalés, brièv^t mucronulés ; pét. roses, dépassant un peu le cal. ; carp. lisses, velus,
barbus à la commissure. — ① ou ②. — Avril-sept. — C. —
Vignes, cultures.

2. Pétales échancrés ou bifides.

G. columbinum L. — Tiges dressées-ascendantes,
pubescentes ; f. palmatiséquées, à lobes linéaires, incisés ; sép.

courbés en dehors, long^t mucronés; pét. roses, dépassant à peine le cal. ; carp. glabres, lisses. — ②. — Mai-sept. — A. C. — Buissons, bords des chemins, lieux cultivés.

G. dissectum L. — Tiges ascendantes ou diffuses, sillonnées, velues-glanduleuses; f. palmatiséquées, à lobes linéaires, incisés; sép. plans, aristés ; pét. roses, dépassant à peine le cal. ; carp. pubescents, lisses. — ②. — Mai-sept. — C. — Champs, lieux cultivés, bords des chemins.

G. pyrenaicum L. — Souche épaisse, fusiforme ; tiges dressées ; f. orbiculaires-réniformes, à lobes élargis ; pét. violets, 1 fois plus longs que le cal.; carp. très pubescents. — ♃. — Mai-sept. — A. C. — Prés, bords des chemins.

G. pusillum L. — Tiges ascendantes ou diffuses, glabrescentes à la base ; f. orbiculaires-réniformes ; stip. lancéolées; sép. mucronés; carp. lisses. — ① ou ②. — Mai-sept. — C. — Chemins, cultures, prairies artificielles.

G. molle L. — Tiges ascendantes, diffuses, velues-glanduleuses ; f. orbiculaires-réniformes; stip. larges, dentées; sép. terminés par 1 poil glanduleux; carp. ridés en travers. — ① ou ②. — Mai-sept. — C. — Friches, vignes.

2. ERODIUM L'Hérit. — Pét. un peu inégaux; étam. 5 fertiles, 5 sans anthères ; arête des carp. barbue à la face interne, se roulant en spirale du sommet à la base.

E. cicutarium L'Hérit. — Tiges étalées-redressées ou diffuses; f. pennatiséquées, à segments étroits, incisés-dentés; pédonc. pluriflores, à pédic. disposés en cymes ombelliformes ; fl. roses ou blanchâtres lilacées. — ① ou ②. — Avril-oct. — T. C. — Moissons, cultures, friches.

F. peu prof^t découpées; pét. supér. assez souv^t maculés : var. *pimpinellæfolium* Gren. et Godr. — Avec le type.

F. prof^t et fin^t découpées; pét. tous immaculés : var. *chærophyllum* DC. — Avec le type.

XXII. OXALIDÉES DC.

Cal. à 5 div. plus ou moins soudées à la base. Pét. 5, libres ou un peu soudés entre eux. Étam. 10, soudées infér*. Ov. supère. Styles 5, libres ou soudés à la base. Fr. capsulaire, à 5 loges ord* polyspermes. — Herbes à suc acide, à f. 3-foliolées, avec ou sans stip. Fl. solitaires ou en petites cymes pédonculées.

Oxalis L. — Caractères de la famille.

Fl. blanches ou rosées . . . . *O. Acetosella.*
Fl. jaunes. . . . . *O. stricta.*

O. Acetosella L. (Pain de coucou, Oseille de coucou, Alleluia). — Souche écailleuse, rampante ; f. toutes radicales, stipulées ; fl. solitaires au sommet de hampes munies de 2 bractées, les estivales petites, à pét. nuls ou presque nuls ; caps. ovoïdes. — ♃. — Avril-mai. — C. — Bois couverts. — Pl. rafraîchissante et antiscorbutique ; contient de l'acide oxalique.

O. stricta L. — Souche fibreuse, à stolons charnus ; tige dressée, à f. éparses, sans stip. ; pédonc. 1-5-flores ; caps. allongées. — ♃. — Juin-sept. — R. — Cultures. — Dijon, Auxonne, Talmay, Pontailler, Cléry, St-Jean-de-Losne.

XXIII. BALSAMINÉES A. Rich.

Fl. irrégul. Sép. 5, membraneux ou pétaloïdes, inégaux, 2 latér. semblables, petits, 2 antér. plus petits ou nuls, le postér. très grand, éperonné à la base. Pét. 5, l'antér. grand, concave, les 4 autres petits, soudés par paires en 2 lames 2-fides. Étam. 5, cohérentes par les anthères. Ov. supère. Stigm. sessile, 5-lobé. Fr. capsulaire, à 5 loges polyspermes s'ouvrant avec élasticité. — Herbes molles, succulentes, à f. ord* alternes, simples, sans stip. Fl. solitaires ou agrégées.

Impatiens L. — Caractères de la famille.

I. noli-tangere L. (Balsamine). — Pl. glabre, à tige renflée aux nœuds ; f. ovales, dentées ; pédonc. grêles, portant 3-4 fl. pendantes dont les latér. sont apétales et fertiles, les autres jaunes, ponctuées de rouge, à éperon recourbé. — ④. — Juill.-août. — T. R. — Bois couverts. — St-Martin-de-la-Mer, Saulieu, Pontailler, Melin près Liernais.

XXIV. RUTACÉES Juss.

Fl. rég. ou irrég. Cal. à 4-5 div. profondes. Pét. 4-5. Étam. 8-10, insérées sur un disque charnu. Ov. supère. Style 1. Stigm. simple. Fr. capsulaire, formé de 4-5 carp. soudés entre eux à la base. — Pl. herbacées ou sous-frutescentes, à f. alternes, plus ou moins divisées, parsemées de points glanduleux-translucides, sans stip. Fl. en grappes ou en corymbes.

Fl. rég., d'un jaune pâle, en corymbe . . . . . *Ruta* (1).
Fl. irrég., purpurines, en grappe allongée.   *Dictamnus* (2).

1. RUTA L. (Rue). — Pét. en cuiller; caps. sessile.

R. graveolens L. — Tige ligneuse à la base, très rameuse au sommet; f. très odorantes, glauques, 2-3-pennatiséquées, à div. ovales-obtuses, un peu charnues. — ♃. — Juin-août. — Acclimaté sur les rochers arides de l'Hermitage près Nuits. — Pl. off. ; vésicante, anthelmintique, emménagogue, toxique.

2. DICTAMNUS L. — Div. du cal. 5; pét. 5, plans; étam. 10, inclinées et redressées au sommet; caps. court^t pédicellée, à 5 lobes profonds, en étoile.

D. albus L. (Fraxinelle). — Pl. herbacée, odorante, à tige simple; f. imparipennées, à fol. ovales ou ovales-lancéolées, dentées, coriaces, ressemblant à celles du Frêne ; inflor. glanduleuse. — ♃. — Juin-juill. — T. R. — Rochers de Val-Suzon. — Pl. off. ; écorce de la rac. odorante, amère, tonique et diaphorétique.

XXV. ACÉRINÉES Juss.

Fl. hermaphr. ou polygames. Cal. à 5, rart 4-9 div. Pét. ordt 5, rart 4-9 ou nuls. Étam. 4-12, ordt 8, insérées sur un disque épais. Ov. supère. Style 1. Stigm. 2. Fr. sec, indéhisc., formé de 2 carp. ailés (*samares*), 1-locul. et 1-2-spermes, soudés à la base. — Arbres à f. opposées, palmatilobées, sans stip. Fl. en grappes ou en cymes corymbiformes.

ACER Tourn. (Érable). — Fl. polygames, d'un vert jaunâtre ; étam. plus longues dans les fl. mâles. — Sève sucrée ; écorce riche en tannin ; bois estimé.

1. Fl. en grappes pendantes ; étam. à filets velus à la base . . . . *A. Pseudo-Platanus*.
   Fl. en cymes ; étam. à filets glabres 2
2. F. vertes en dessous ; arbres à suc laiteux 3
   F. blanchâtres en dessous ; arbres à suc aqueux . . . 4
3. Écorce fendillée-subéreuse ; f. à lobes obtus, séparés par des sinus aigus. . . . . *A. campestre*.
   Écorce lisse ; f. à lobes acuminés, séparés par des sinus arrondis . . . . *A. platanoides*.
4. F. à 3 lobes presque entiers ; samares à ailes rétrécies à la base, parallèles ou même entrecroisées . . . . *A. monspessulanum*.
   F. à 5 lobes crénelés-dentés ; samares à ailes non rétrécies à la base, dressées-étalées . . . . . . *A. opulifolium*.

A. campestre L. (Érable, Auzeraule). — Arbre peu élevé, à f. 3-5-lobées ; fl. en cymes dressées ; samares à ailes non rétrécies à la base, étalées horizontalt. — ♄. — Mai. — C. — Bois, haies, taillis.

A. platanoides L. (Faux Sycomore, Platane, Plane). — Arbre élevé, à f. 5-lobées, luisantes sur les 2 faces ; fl. en cymes dressées ; samares à ailes très divergentes, peu rétrécies à la base. — ♄. — Avril-mai. — R. — Bois. — St-Remy, Val-des-Choux, vallon du Suzon, Antheuil, Marey-sur-Tille.

A. opulifolium Vill. — Arbre élevé, à écorce lisse ; f. à lobes très larges, peu accusés ; fl. en cymes penchées, glabres.

— ♄. — Avril-mai. — A. R. — Bois. — Arcenant, Bouilland, Antheuil, Marey-sur-Tille, la Côte.

A. monspessulanum L. — Arbuste à écorce fissurée; lobes foliaires aigus, séparés par des sinus très ouverts ; fl. en cymes penchées, velues à la base. — ♄. — Avril-mai. — T. R. — Bois Derrière à Santenay, St-Aubin.

A. Pseudo-Platanus L. (Sycomore). — Arbre élevé, à écorce lisse; f. blanchâtres en dessous, ord^t à 5 lobes inégal^t dentés et séparés par des sinus aigus ; samares à ailes rétrécies à la base. — ♄. — Avril-mai. — A. R. — Bois, parcs, promenades. — Aignay, Val-des-Choux, Mâlain, Nuits, etc.

XXVI. HIPPOCASTANÉES DC.

Fl. irrég., hermaphr. ou polygames. Cal. à 5 div. inégales. Pét. 5, rar^t 4, inégaux. Étam. 6-10, sur 2 rangs. Style arqué. Stigm. entier. Ov. supère. Fr. capsulaire, charnu-coriace, à 3 valves. — Arbres élevés, à f. grandes, composées-digitées, sans stip. Fl. en thyrses pyramidaux.

ÆSCULUS L. (Marronnier d'Inde). — Pét. 5, étalés ; étam. arquées-ascendantes ; caps. hérissée de pointes raides.

Æ. Hippocastanum L. — Arbre très touffu, à f. long^t pétiolées ; fl. d'un blanc jaunâtre ou rosées ; gr. 1-3, luisantes, brunes, très grosses. — ♄. — Fl. mai, fr. sept. — Fréq^t planté dans les parcs et les promenades. — Écorce amère, astringente, vénéneuse ; gr. amères, riches en amidon et en saponine.

XXVII. RHAMNÉES R. Br.

Fl. hermaphr. ou unisexuées. Cal. à 4-5 div. Pét. 4-5, très petits, insérés sur le bord d'un disque charnu, rar^t nuls. Étam. 4-5, insérées sur le bord du disque et oppositipét. Ov. libre ou plus ou moins engagé dans le disque. Styles 2-4, plus ou moins soudés. Fr. drupacé, à 2-4 noyaux osseux. — Arbrisseaux à f. alternes ou opposées, simples, stipulées. Fl. petites, en fascicules axillaires.

RHAMNUS L. (Nerprun). — Caractères de la famille.

1. F. entières; fl. pentamères. . . . . . . R. *Frangula.*
   F. fin^t crénelées; fl. tétramères 2
2. Rameaux opposés, épineux à l'extrémité . R. *catharticus.*
   Rameaux alternes, non épineux à l'extrémité . R. *alpinus.*

R. catharticus L. (Nerprun, Punaisot). — F. elliptiques ou ovales, à nervures convergentes ; fl. dioïques ou polygames, d'un jaune verdâtre ; fr. noirs. — ♄. — Mai-juin. — C. — Bois, broussailles. — Pl. off. ; baies très purgatives.

R. alpinus L. — Arbrisseau diffus, tortueux, à f. ovales ou elliptiques, acuminées, un peu plissées par la saillie des nervures, celles-ci parallèles ; fl. dioïques, verdâtres; fr. noirs. — ♄. — Mai-juin.— A. C.— Bois.— Moloy, Val-Suzon, Nolay, Flavignerot, etc.; surtout sur les coteaux et les plateaux de la région jurassique.

R. Frangula L. (Bourdaine, Pouverne). — F. ovales-allongées, à nervures parallèles ; fl. blanchâtres, agglomérées; fr. rougeâtres, puis noirs. — ♄. — Mai-juin. — T. C. — Haies, bois humides du Pays-Bas. — Le bois donne un charbon très estimé pour la fabrication de la poudre.

XXVIII. CÉLASTRINÉES R. Br.

Fl. hermaphr. ou unisexuées par avortement. Cal. à 4-5 div. Pét. 4-5. Étam. 4-5, insérées avec les pét. sur le bord d'un disque charnu. Ov. libre ou plus ou moins engagé dans le disque. Style simple. Stigm. 3-5-lobé ou presque entier. Fr. capsulaire, à 3-5 loges 1-2-spermes. Gr. osseuses, arillées. — Arbrisseaux ou arbustes à f. ord^t opposées, simples; stip. très petites, caduques. Fl. en cymes axillaires.

Evonymus Tourn. (Fusain). — Caps. à 3-5 angles obtus ; arille enveloppant presque complèt^t la gr.

E. europæus L. (Bonnet carré). — Arbuste à rameaux lisses, un peu quadrangulaires dans leur jeunesse ; f. ovales-lancéolées, denticulées, brièv^t pétiolées ; fl. petites, d'un blanc verdâtre, en cymes pauciflores ; fr. d'un rose vif à la maturité, à 3-5 angles obtus ; arille charnu, d'un rouge orangé. — ♄. — Mai-juin. — C. — Haies, bois. — Pl. émétique, purgative, âcre dans toutes ses parties ; son bois carbonisé constitue le fusain des dessinateurs.

Le *Staphylea pinnata* L. (Nez coupé), subspontané à l'ancienne abbaye de Ste-Marguerite, est caractérisé par ses fl. blanchâtres, en grappes pendantes, et ses caps. grandes et vésiculeuses.

XXIX. BUXACÉES Endl.

Fl. monoïques. — Fl. mâles : Cal. à 4 div. profondes. Cor. nulle. Étam. 4. Ov. rudimentaire. — Fl. femelles : Cal. prof^t 4-12-partit. Cor. et étam. nulles. Ov. supère. Styles 3. Fr. capsulaire, à 2-3 loges 1-2-spermes. — Arbrisseaux à f. simples, ord^t opposées, sans stip. Fl. en glomérules.

Buxus Tourn. (Buis). — Cal. à 4 div., muni de 3 bractées à la base dans les fl. femelles, d'une seule dans les fl. mâles ; caps. à loges 2-spermes, s'ouvrant par 3 valves qui sont surmontées chacune de 2 cornes provenant de la div. des styles persistants. — Glomérules axillaires compactes, formés d'une fl. femelle terminale, entourée de plusieurs fl. mâles.

B. sempervirens L. — Tige tortueuse, très rameuse ; f. subsessiles, elliptiques ou ovales, coriaces, luisantes ; fl. d'un blanc verdâtre, sessiles ; caps. jaunâtres, ovoïdes ; gr. trigones, noires, luisantes. — ♄. — Fl. mars-avril, fr. juill.-août. — A. C. — Rochers, bois des montagnes calcaires ; bois de plaine à Arcelot. — Pl. off. ; amère, purgative et émétique ; bois inaltérable et très dense, recherché dans l'industrie.

XXX. ILICINÉES Ad. Brongn.

Fl. hermaphr. ou unisexuées par avortement. Cal. à 4-6 div. Pét. 4-6, ord^t un peu soudés à la base. Étam. 4-6. Ov. supère. Stigm. à 4 lobes subsessiles. Fr. drupacé, à 2-4 noyaux osseux. — Arbrisseaux à f. alternes, persistantes, sans stip. Fl. en cymes axillaires.

ILEX L. (Houx). — Caractères de la famille.

I. Aquifolium L. (Lusso, Orgueilleux, Ponfait). — Arbrisseau toujours vert, à f. coriaces, luisantes, dentées-épineuses sur les jeunes rameaux, inermes sur les vieux ; fl. blanches ; fr. rouges. — ♄. — Fl. mai-juin, fr. hiver. — C. — Bois. — Pl. amère, fébrifuge ; baies émétiques et purgatives ; la seconde écorce fournit de la glu.

XXXI. AMPÉLIDÉES Kunth.

Fl. hermaphr. ou polygames. Cal. petit, obscur^t 4-5-denté. Pét. 4-5, caducs. Étam. ord^t 5, oppositi-pét., insérées à la base d'un disque lobé. Ov. supère. Stigm. subsessile ou sessile. Fr. bacciforme, à 1-6 loges 2-spermes ou 1-spermes par avortement. — Arbrisseaux sarmenteux, à f. alternes, stipulées. Inflor. et vrilles oppositifoliées.

VITIS Tourn. (Vigne). — Sép. 5 ; pét. 5, soudés supér^t en une coiffe qui se détache d'une seule pièce ; étam. 5 ; baie à 1-2 loges 1-2-spermes.

V. vinifera L. — Arbrisseau à f. palmatilobées, à 3-5 lobes plus ou moins profonds ; fl. petites, verdâtres, en panicules multi-flores. — ♄. — Juin. — Culture importante dans une grande partie du département ; nombreuses races ou variétés ; se rencontre qqfois çà et là dans les bois et les buissons à l'état subspontané : Arcelot, Saulon. — Pl. off. ; fruits rafraîchissants et laxatifs.

XXXII. PAPILIONACÉES L.

Fl. irrég. Cal. à 5, rar[t] 4 div., plus ou moins rég. ou bilabiées. Pét. 5, libres, ou plus rar[t] soudés entre eux et avec les étam., le supér., nommé *étendard*, enveloppant plus ou moins les 4 autres, les deux latér. ou *ailes*, symétriques, appliqués sur les pét. infér., ceux-ci ord[t] soudés entre eux en forme de *carène*. Étam. 10, toutes soudées entre elles par leurs filets et formant une gaîne autour de l'ov. (*étam. monadelphes*), ou 9 soudées en un tube fendu en dessus, la 10e libre (*étam. diadelphes*). Ov. supère. Style simple. Stigm. terminal ou latér. Fr. (*gousse* ou *légume*) sec, 1, rar[t] 2-locul., 1-2-poly. ou oligosperme, s'ouvrant en 2 valves ou se divisant en articles transversaux. Gr. 2-sériées. — Arbres, arbrisseaux ou herbes à f. alternes, ord[t] composées et munies de stip. Inflor. variées.

1. F. linéaires-épineuses ; cal. divisé jusqu'à la base en 2 lèvres. . . . . *Ulex* (5).
   F. non linéaires-épineuses ; cal. non divisé jusqu'à la base en 2 lèvres 2
2. F. paripennées (2 folioles ou plus), à rachis terminé ord[t] par une arête ou par une vrille, qqfois réduites à une vrille nue, munie à la base de 2 larges stip. foliacées 3
   F. paraissant simples (1-foliolées ou réduites à un rachis aplati), plus souv[t] 3-foliolées ou imparipennées . . . 7
3. Étam. soudées par leurs filets en un tube tronqué très obliq[t] au sommet 4
   Étam. soudées par leurs filets en un tube tronqué à angle droit 5
4. Rachis terminé par un filet court, droit . . *Faba* (18).
   Rachis terminé par une vrille rameuse, qqfois réduite à un filet roulé. . . . . *Vicia* (17).
5. Cal. à dents presque égales ; style comprimé latér[t] et creusé en gouttière . . . . *Pisum* (19).

Cal. à dents inégales, les 2 supér. plus courtes; style comprimé d'avant en arrière, et non canaliculé 6

6. Rachis terminé par un filet court, sétacé . *Orobus* (21).
Rachis terminé par une vrille ou aplati en forme de f. très aiguë.
. . . . *Lathyrus* (20).

7. F. toutes, ou les supér. seul[t], 1-3-foliolées, rar[t] toutes réduites à un rachis aplati. 8
F. multifoliolées, imparipennées 19

8. F. toutes 1-foliolées ou réduites à un rachis aplati . . 9
F. 1-3-foliolées, ou toutes 3-foliolées, rar[t] les infér. à 5-7 fol. 10

9. Rachis aplati, simulant une f. simple, étroit[t] et long[t] lancéolée; cal. à 5 dents . . . . *Lathyrus* (20).
F. toutes 1-foliolées, petites; cal. à 2 lèvres. *Genista* (4).

10. Étam. monadelphes; f. 1-3-foliolées ou toutes 3-foliolées, les infér. qqfois à 5-7 fol. 11
Étam. diadelphes; f. toutes 3-foliolées 14

11. Cal. campanulé, à 5 div. profondes, linéaires. *Ononis* (6).
Cal. tubuleux, à 2 lèvres. 12

12. F. infér. 3-foliolées, les supér. 1-foliolées; style contourné en spirale pendant la floraison . . . *Sarothamnus* (1).
F. toutes 3-foliolées; style simpl[t] courbé au sommet. . 13

13. Cal. à lèvre supér. prof[t] divisée en 2 lobes aigus; gousse couverte de tubercules glanduleux. . . *Adenocarpus* (3).
Cal. à lèvre supér. courte, tronquée ou 2-dentée; gousse non couverte de tubercules glanduleux. . *Cytisus* (2).

14. Étam. contournées en spirale avec le style et la carène; tige ord[t] volubile . . . . *Phaseolus* (13).
Étam. non contournées en spirale; tige non volubile . . 15

15. Stip. libres, simulant plus ou moins de véritables fol.; gousse droite et allongée 16
Stip. soudées au pétiole; gousse courte, droite ou plus ou moins contournée 17

16. Pédonc. 1-2-flores; gousse bordée de 4 ailes membraneuses.
. . . . *Tetragonolobus* (9).
Pédonc. pluriflores; gousse non bordée d'ailes membraneuses.
. . . . *Lotus* (8).

17. Gousse réniforme, courbée en faux ou contournée en spirale.
. . . . *Medicago* (11).
Gousse courte, droite ou presque droite. 18

18. Gousse très courte, cachée dans le cal.; fl. en capit. ou en épis très compactes. . . . . *Trifolium* (12).
Gousse dépassant un peu le cal.; fl. en grappes spiciformes très allongées . . . . *Melilotus* (10).

19. F. 3-foliolées, munies de stip. foliacées qui les feraient prendre pour des f. 5-foliolées 16
F. à plus de 5 fol. 20
20. Arbres ou arbrisseaux. 21
Pl. à tiges herbacées ou un peu ligneuses à la base . . 23
21. Fl. blanches ou roses. . . . . *Robinia* (15).
Fl. jaunes 22
22. Pét. à onglet dépassant le cal. ; gousse grêle et cylindracée. . . . . *Coronilla* (22).
Pét. à onglet ne dépassant pas le cal. ; gousse renflée-vésiculeuse . . . . *Colutea* (14).
23. Fl. réunies en capit. serrés, involucrés ; gousse incluse dans le cal. persistant. . . . . *Anthyllis* (7).
Fl. non réunies en capit. involucrés ; gousse saillante . 24
24. Fl. roses, veinées de rouge, en épis denses, allongés ; gousse à un seul article 1-sperme. . . . . *Onobrychis* (25).
Fl. jaunes, blanchâtres ou rosées, en grappes courtes ou en fausses ombelles ; gousse allongée, polysperme. . . 25
25. Fl. d'un jaune verdâtre, en grappes courtes, dressées ; gousse 2-locul., polysperme, non articulée . . *Astragalus* (16).
Fl. jaunes, blanchâtres ou rosées, en fausses ombelles ; gousse divisée en articles 1-spermes 26
26. Pédonc. et cal. complét[t] glabres ; gousse cylindracée . . . . *Coronilla* (22).
Pédonc. et cal. velus ou pubescents ; gousse aplatie. . 27
27. Ombelles de 6-12 fl. jaunes, au sommet de pédonc. plus longs que les f. ; carène terminée en bec . *Hippocrepis* (24).
Ombelles de 2-5 fl. très petites, rosées, lavées de blanc et de jaune, au sommet de pédonc. égalant les f. ; carène obtuse. . . . . *Ornithopodium* (23).

A. Étamines monadelphes; gousse continue, uniloculaire.

A. FEUILLES UNI. OU TRIFOLIOLÉES.

1. SAROTHAMNUS Wimm. — Cal. bilabié, scarieux ; style très long ; stigm. capité, terminal ; gousse polysperme, oblongue, très comprimée, bien plus longue que le cal. — F. infér. 3-foliolées, les supér. 1-foliolées.

S. scoparius Koch. — *Cytisus scoparius* Lam. ; Lorey, 209 (Genette, Genêt à balais). — Sous-arbrisseau à rameaux effilés; fol. obovées, pubescentes-soyeuses ; fl. jaunes, grandes, solitaires ou géminées, en grappes feuillées plus ou moins allongées ; style velu, roulé en spirale ; gousses noires, velues. — ♃. — Mai-juin. — Commun dans les alluvions siliceuses de la plaine, et surtout dans les bois et friches du Morvan. — Pl. narcotique et vomitive.

Le *Spartium junceum* L. (Genêt d'Espagne), reconnaissable à ses rameaux supér. junciformes, terminés par de longues grappes de fl. jaunes, grandes, odorantes, est qqfois subspontané près des jardins où il a été cultivé. — Mêmes propriétés que le *Sarothamnus*.

2. CYTISUS L. (Cytise). — Cal. bilabié, à lèvres divariquées; étendard dressé ; style courbé au sommet ; stigm. oblique; gousse polysperme, linéaire-oblongue, comprimée. — F. 3-foliolées ; fl. jaunes.

Fl. en longues grappes axillaires pendantes . *C. Laburnum.*
Fl. en têtes terminales dressées. . . . . *C. supinus.*

C. Laburnum L. (Cytise, Faux Ébénier). — Arbre de 3 à 6 m. ; fol. elliptiques, pâles en dessous ; gousses soyeuses. — ♃.—Mai-juin. — A. R. — Bois de montagne. — Dijon, la Côte, l'Auxois. — Gr. très vénéneuses ; bois très flexible et très dur.

C. supinus L. — Sous-arbrisseau à tiges grêles, couchées, souv^t radicantes, à rameaux couchés-redressés ; f. noircissant ord^t par la dessication, à fol. obovales, velues-ciliées ; fl. en têtes 2-5-flores ; cal. et gousses velus-hérissés. — ♃. — Mai-juin. — T. R. — Bois, buissons. — Larrey-lez-Poinçon, Villedieu, Vielverge.

Pl. plus robuste, à tiges dressées; f. à fol. plus grandes; fl. en têtes multiflores : var. *capitatus* (*C. capitatus* Jacq ; Lorey, 210). — A. C. — Bois de la Côte et du Pays-Bas.

3. ADENOCARPUS DC. — Cal. bilabié, à lèvre supér. prof^t divisée; style arqué ; gousse polysperme, linéaire-oblongue, comprimée. — F. 3-foliolées.

A. parvifolius DC. — *A. complicatus* Gay ; Royer, 112. — Sous-arbrisseau à rameaux diffus, grisâtres ; fol. obovées ou oblongues, souv^t pliées en long, pubescentes en dessous; fl. jaunes, en longues grappes terminales ; bractées caduques, tuberculeuses, de même que le cal. et le fr. — ♃. — Mai-juin. — T. R. — Bois vers Flammerans.

4. GENISTA Tourn. (Genêt). — Cal. bilabié;

étendard étroit, non redressé ; style courbé au sommet ; stigm. oblique ; gousse poly. ou oligosperme, linéaire-oblongue, ord* comprimée. — Sous-arbrisseaux à f. 1-foliolées ; fl. jaunes. — Pl. suspectes ; propriétés analogues à celles du *Sarothamnus*.

1. Tiges et rameaux épineux. 2
   Tiges et rameaux non épineux 3
2. Tiges, fl. et fr. glabres . . . . *G. anglica.*
   Tiges, fl. et fr. velus . . . . *G. germanica.*
3. Rameaux fort* ailés. . . . . *G. sagittalis.*
   Rameaux non ailés 4
4. Cor. pubescente-soyeuse. . . . . *G. pilosa.*
   Cor. glabre 5
5. Cal. et gousse glabres ou à peu près ; pl. à rameaux dressés.
   . . . . *G. tinctoria.*
   Cal. et gousse ord* velus-soyeux ; pl. couchée-étalée . . .
   . . . . *G. prostrata.*

G. prostrata Lam. — *Cytisus decumbens* Walp. ; Royer, 111. — Rameaux velus, couchés-diffus ; fol. oblongues-obovées, velues en dessous ; fl. en grappes lâches, unilatér. ; pédic. 3 fois plus long que le cal. — ♄. — Avril-mai. — C. — Rochers, friches, pelouses arides des coteaux calcaires.
Rameaux et gousses glabres ou à peu près : var. *diffusa* (*G. diffusa* Willd.). — Signalé par Duret à Dijon et Val-Suzon.

G. sagittalis L. — Rameaux nombreux, herbacés, comprimés, en touffes peu feuillées ; fol. ovales-lancéolées, velues ; fl. en grappes terminales denses ; gousses hérissées. — ♄. — Mai-juin. — C. — Bois, friches, collines sèches.

G. tinctoria L. (Genêt des teinturiers). — Rameaux dressés ; fol. lancéolées, nombreuses, glabres ou subpubescentes-ciliées ; fl. en grappes terminales plus ou moins serrées. — ♄. — Juin-août. — C. — Friches, broussailles. — Anciennement employé dans la teinture en jaune.

G. pilosa L. — Rameaux diffus, couchés, noueux, striés ; fol. oblongues-obovées, pliées, pubescentes-soyeuses en dessous ; fl. en grappes unilatér. lâches ; pédic. ord* plus court que le cal. ; gousses velues. — ♄. — Avril-juin. — A. C. — Rochers, bois arides.

G. anglica L. — Rameaux glabres, diffus, munis d'épines étalées ; fol. très petites, obovées ou lancéolées, glabres ; fl. petites, en grappes terminales courtes ; gousses glabres, renflées-cy-

lindriques. — ♄. — Mai-juill. — R. — Pâtures, friches. — Semur, Saulieu, Nolay, Arnay-le-Duc, Seurre.

G. germanica L. — Rameaux velus, dressés, les an-
ciens fort[t] épineux ; fol. lancéolées, luisantes ; fl. en grappes terminales assez lâches ; gousses velues, comprimées. — ♄. — Mai-
juin. — T. R. — Friches et bords des chemins dans les champs
de Vielverge.

5. ULEX L. (Ajonc). — Cal. membraneux, coloré,
divisé presque jusqu'à la base en 2 lèvres ; style
arqué ; gousse oligosperme, courte, renflée. — F.
1-foliolées.

U. europæus L. (Jonc marin). — Arbrisseau toujours
vert, très rameux, très épineux ; f. linéaires-épineuses, coriaces ;
fl. jaunes, solitaires ou géminées, grandes, larg[t] bractéolées ; cal.
et gousses très velus. — ♄. — Mai-juin. — R. — Friches, bords
des chemins des sols granitiques et siliceux. — Arnay-le-Duc, Gerland, Liernais, Vieux-Château, Menessaire, Dompierre, etc.

6. ONONIS Tourn. (Bugrane). — Cal. à 5 div.
profondes, linéaires, presque égales ; étendard grand,
rayé de stries en éventail ; carène prolongée en bec ;
style subulé, genouillé au milieu ; gousse oligosperme, renflée. — Pl. sous-frutescentes, à f. infér.
à 3, rar[t] 5-7 fol., les supér. ord[t] 1-foliolées ; fl. en
grappes feuillées.

1. Fl. roses, rar[t] blanches, veinées de pourpre. 2
   Fl. jaunes, plus ou moins veinées de pourpre 3
2. Tiges couchées-radicantes à la base ; épines peu nombreuses
   ou nulles ; gousse plus courte que le cal. *O. procurrens.*
   Tiges dressées ou ascendantes ; épines nombreuses ; gousse
   aussi longue ou plus longue que le cal. . *O. campestris.*
3. Fl. subsessiles ; cor. égalant à peu près le cal. *O. subocculta.*
   Fl. pédonculées ; cor. dépassant beaucoup le cal. *O. Natrix.*

O. procurrens Wallr. — *O. repens* L., pro parte ; Royer,
114 (Arrête-bœuf, Tendon). — Pl. fétide, à souche stolonifère ; tiges et rameaux plus ou moins pubescents-glanduleux sur toute leur
surface ; fol. ovales-oblongues, fin[t] dentées. — ♄. — Juin-août.
— T. C. — Champs, coteaux incultes, prés secs, bords des chemins.

O. campestris Koch et Ziz. — *O. spinosa* L., pro parte; Royer, 115. — Pl. non fétide, à souche verticale; rameaux couverts d'épines divariquées, et munis, ainsi que les tiges, de 1-2 lignes de poils, alternant d'un entre-nœud à l'autre; fol. oblongues, fin^t dentées. — ♄. — Mai-août. — A. C. — Friches, pâturages, bords des chemins. — Rare à fl. blanches : Cîteaux, Meursault. — Rac. apéritive et diurétique.

O. subocculta Vill. — *O. Columnæ* All. ; Lorey, 213; Royer, 115. — Pl. basse, à tiges légèr^t pubescentes à la base ; f. à fol. oblongues ou obovées, fin^t dentées, les supér. ord^t 3-foliolées; fl. petites, d'un jaune pâle, ord^t veinées de pourpre ; gousses de même longueur que le cal. — ♃. — Juin-juill. — A. C. — Coteaux arides et pelouses de la Côte.

O. Natrix L. (Coqsigrue). — Pl. assez élevée, fort^t velue-visqueuse; f. infér. à 3-5-7 fol. obovales ou oblongues, fin^t dentées; fl. grandes, d'un jaune vif, fort^t veinées de pourpre ; gousses long^t exsertes. — ♃. — Juin-sept. — C. — Coteaux secs des terrains calcaires.

B. FEUILLES IMPARIPENNÉES.

7. ANTHYLLIS L. — Cal. à 5 dents inégales; style arqué ; gousse 1-2-sperme, ovoïde, un peu comprimée, incluse. — Fl. en capit. terminaux involucrés.

Fl. roses . . . . *A. montana.*
Fl. jaunes . . . . *A. Vulneraria.*

A. montana L. — Pl. velue-soyeuse, gazonnante, à tiges ligneuses, couchées, tortueuses, à rameaux fleuris herbacés, ascendants ; fol. oblongues, très petites, toutes égales ; cal. non vésiculeux. — ♄. — Juin-juill. — R. — Rochers calcaires. — Marsannay, Chassagne, Châtillon, Val-Suzon, Velars, Gevrey, Baulme-la-Roche, Nolay, etc.

A. Vulneraria L. (Vulnéraire). — Pl. poilue, à tiges herbacées, couchées-ascendantes ou dressées; f. radicales à fol. oblongues, la terminale très grande; cal. enflé-vésiculeux. — ♃. — Mai-juill. — C. — Pelouses, friches. — Passait jadis pour vulnéraire.

B. Étamines diadelphes ; gousse continue, uniloculaire ou plus ou moins biloculaire.

A. FEUILLES TRIFOLIOLÉES.

8. LOTUS L. (Lotier). — Cal. à 5 dents ; carène

terminée en bec ; style en alène ; gousse polysperme, cylindrique, à valves se roulant en spirale. — Stip. foliacées ; fl. jaunes, souv^t marquées de rouge.

Glomérules de 2-6 fl. ; dents du cal. triangulaires à la base, brusq^t subulées, conniventes avant l'anthèse . . . . *L. corniculatus.*

Glomérules de 6-12 fl. ; dents du cal. lancéolées-linéaires, réfléchies avant l'anthèse . . . . . *L. uliginosus.*

L. corniculatus L., pro parte. — Pl. glabre ou à poils étalés ; tiges couchées ou tombantes ; fol. obovales, sessiles ; étendard orbiculaire, plus foncé ou purpurin ; carène brusq^t atténuée en bec.— ♃. — Mai-oct. — T. C. — Prés, bois, lieux herbeux.

Fol. et stip. plus étroites, ord^t linéaires-aiguës : var. *tenuis* Coss. et Germ. (var. *tenuifolius* Lorey, 234. — *L. tenuis* Kit.). — A. C. — Champs argileux. — St-Remy, Cussy-la-Colonne, vallée d'Epoisses, l'Auxois.

L. uliginosus Schk. — *L. corniculatus* L. var. *major* (*L. major* Sm.) et *villosus* (*L. villosus* Thuill.) ; Lorey, 234. — Tiges dressées, élevées, fistuleuses, plus ou moins velues ; fol. obovales, glauques ; étendard ovale ; carène insensibl^t atténuée en bec. — ♃. — Juin-août. — A. R. — Prairies et taillis humides. — Parc de Dijon, Seurre, St-Andeux, Vielverge, etc.

9. **T**ETRAGONOLOBUS Scop. — Cal. à 5 dents ; carène terminée en bec ; style épaissi au sommet ; gousse polysperme, à 4 ailes, à valves se tordant en spirale.

T. siliquosus Roth. — Pl. velue, à tiges couchées-redressées ; fol. obovales-cunéiformes, glaucescentes ; fl. solitaires, rar^t géminées, grandes, d'un jaune pâle, long^t pédonculées, accompagnées à la base de 1-3 fol. plus étroites. — ♃. — Juin-juill. — R. — Marécages, prés humides, bords des ruisseaux à tuf. — Val-des-Choux, Flavignerot, Marey-sur-Tille, Moloy, Essarois, etc.

10. **M**ELILOTUS Tourn. (Mélilot).—Cal. à 5 dents ; style filiforme ; gousse courte, oblongue, indéhisc., 1-4-sperme. — F. à fol. denticulées, obovales ou oblongues ; fl. en grappes spiciformes allongées.

1. Fl. blanches, inodores. . . . . *M. alba.*
   Fl. jaunes, odorantes. 2
2. Stip. sétacées; gousse pubescente, à bord supér. aigu . . .
   . . . . *M. altissima.*
   Stip. lancéolées-acuminées ; gousse glabre, à bord supér.
   obtus. . . . . *M. officinalis.*

M. alba Desr. — *M. leucantha* Koch ; Lorey, 220. — *M. officinalis* var. *alba* (*M. alba* Lam.) Royer, 117. — Tiges dressées; stip. sétacées; étendard plus long que les ailes ; gousses glabres, à bord supér. obtus. — ②. — Juin-août. — A. R. — Moissons, bords des chemins, talus des voies ferrées. — Saulieu, Darcey, Genlis, Auxonne, Santenay, etc.

M. officinalis Desr. — *M. officinalis* Lorey, 220, pro parte. — *M. officinalis* var. *arvensis* (*M. arvensis* Wallr.) Royer, 117. — Tiges étalées ou ascendantes, diffuses; f. supér. à fol. elliptiques; fl. d'un jaune pâle. — ②. — Juin-août. — C. — Cultures, moissons. — Pl. off. ; réputée pectorale; était autrefois employée dans les affections des yeux.

M. altissima Thuill. — *M. officinalis* Lorey, 220, pro parte. — *M. officinalis* var. *macrorhiza* (*M. macrorhiza* Pers.) Royer, 117. — Pl. plus robuste, à tiges dressées ; f. supér. à fol. oblongues-obtuses; fl. d'un beau jaune. — ②. — Juin-août. — C. — Berges des rivières, taillis humides.

11. MEDICAGO Tourn. (Luzerne). — Cal. à 5 div. presque égales ; carène obtuse ; style filiforme ; gousse poly., oligo. ou très rar[t] 1-sperme, ord[t] beaucoup plus longue que le cal., courbée en faucille ou contournée en spirale. — F. à fol. denticulées, oblongues ou obovées-cunéiformes.

1. Gousse munie d'épines ou de tubercules 2
   Gousse sans épines ni tubercules 5
2. Pl. couvertes de poils blanchâtres, nombreux; gousse plus ou
   moins pubescente 3
   Pl. glabres ou parsemées de poils rares ; gousse glabre. 4
3. Stip. entières ou presque entières ; gousse peu velue, à épines
   nombreuses, subulées, crochues au sommet. *M. minima.*
   Stip. prof[t] découpées ; gousse ord[t] pubescente-glanduleuse, à
   épines coniques, espacées, un peu crochues . . . . .
   . . . . *M. cinerascens.*

4. Stip. dentées; fol. ord[t] maculées de noir; gousse à épines
     arquées. . . . . *M. arabica.*
   Stip. laciniées; fol. non maculées de noir; gousse à épines
     droites ou crochues au sommet. . . . *M. polycarpa.*
5. Gousse formant 2-5 tours de spire. 6
   Gousse formant au plus 1 tour de spire 7
6. Fl. petites, 1-4 au sommet de pédonc. axillaires; gousse glabre,
     comprimée-discoïde, à bord tranchant . . *M. ambigua.*
   Fl. en grappes denses, multiflores ; gousse pubescente, non
     comprimée-discoïde . . . . *M. sativa.*
7. Fl. assez grandes, en grappes courtes, subglobuleuses; gousse
     polysperme, falciforme ou en spirale . . *M. falcata.*
   Fl. petites, en capit. denses; gousse réniforme, ord[t] 1-sperme.
     . . . . *M. lupulina.*

1. Gousses sans épines.

M. falcata L. (Luzerne jaune). — Tiges dures, couchées
à la base, souv[t] radicantes ; fol. mucronées, celles des f. supér.
linéaires ; fl. jaunes ; gousses veinées, glabres ou pubescentes.
— ♃. — Juin-sept. — C. — Coteaux incultes, moissons, bois,
bords des chemins.

> Gousses formant 1 tour complet de spire ; fl. passant du
> jaune au violet bleuâtre et au vert : var. *media* (*M. media*
> Pers.). — A. C.

M. sativa L. (Luzerne). — Tiges dressées dès la base; fol.
échancrées-mucronées ; fl. violacées ou bleuâtres. — ♃. — Mai-
oct. — Culture fourragère; souv[t] subspontané.

M. lupulina L. (Minette, Mignonette). — Tiges grêles,
tombantes ; fl. jaunes, à pédonc. commun allongé; gousses striées-
rugueuses, pubescentes ou glabres. — ② ou ①. — Mai-oct. —
T. C. — Cultures, prés, bords des chemins.

M. ambigua Jord. — *M. orbicularis* All. var. *marginata* (*M. marginata* Gren. et Godr.); Lorey, 217; Royer, 120. —
Tiges dures, étalées-diffuses ; fl. jaunes ; gousses glabres, veinées-réticulées, noires à la maturité. — ② ou ①. — Mai-août. —
T. R. — Moissons. — La Maladière et plaine de Pouilly près Dijon, Santenay.

2. Gousses épineuses.

M. cinerascens Jord. — *M. Gerardi* Willd., pro
parte ; Lorey, 219 ; Royer, 120. — Tiges couchées ou ascendantes ; fl. petites, d'un jaune clair, 1-4 sur un pédonc. court;

gousses ovoïdes, à 5-6 tours de spire. — ② ou ①. — A. R. — Moissons, pelouses, lieux secs. — Auxonne, Laroche-en-Brenil, Semur, Beaune, la Maladière près Dijon.

M. minima Lam. — Pl. pubescente, à tiges dressées ou étalées ; fl. petites, jaunes, 1-6 au sommet de pédonc. égalant les f. ; gousses petites, globuleuses, à 3-5 tours de spire. — ②. — Mai-juin. — C. — Coteaux secs, lieux arides.

M. arabica All. — *M. maculata* Willd. ; Lorey, 219 ; Royer, 120. — Pl. couchée, parsemée de poils rares ; fol. grandes ; fl. jaunes, petites, 1-5 au sommet de pédonc. plus courts que les f. ; gousses glabres, subglobuleuses, légèr^t veinées, à 4-5 tours de spire. — ② ou ①. — T. C. — Prés, cultures.

M. polycarpa Willd. — Pl. glabre, à tiges couchées ou ascendantes ; fl. petites, jaunes, 3-10 au sommet de pédonc. ord^t plus courts que les f. ; gousses à 3-5 tours de spire, discoïdes, glabres, fort^t réticulées-veinées, à épines qqfois réduites à des tubercules (var. *subinermis*. — T. R. — Dijon), ou droites et plus ou moins allongées, sans égaler toutefois la moitié du diamètre de la gousse (var. *apiculata* Willd. — A. R. — St-Sauveur, Dijon, Châteauneuf, Semur, Boncourt, etc.), ou enfin un peu plus longues et crochues (var. *denticulata*. — *M. denticulata* Willd. — R. — Dijon, glacis d'Auxonne). — ② ou ①. — Mai-sept. — Champs, moissons, lieux secs.

12. TRIFOLIUM Tourn. (Trèfle). — Cal. à 5 dents ou à 5 div. inégales ou presque égales ; cor. persistante, à pét. qqfois soudés à la base ; style filiforme ; gousse courte, ord^t incluse, 1-4-sperme. — Fol. denticulées ; fl. en capit. ou en épis denses.

1. Fl. jaunes, brunissant avec l'âge ; gousse stipitée, toujours 1-sperme 2

   Fl. purpurines, rouges, rosées, blanches ou d'un blanc jaunâtre ; gousse plus ou moins sessile au fond du cal., 1-4-sperme 4

2. Stip. lancéolées-linéaires ; style égalant à peu près la gousse. . . . . *T. agrarium.*

   Stip. ovales ou ovales-oblongues ; style 3-5 fois plus court que la gousse 3

3. Capit. multiflores, assez denses ; étendard strié, bien plus long que les ailes et étalé à la maturité. *T. procumbens.*

   Capit. 5-20-flores, assez lâches ; étendard non ou très peu

strié, dépassant à peine les ailes, et appliqué sur la gousse à la maturité . . . . *T. minus.*

4. Cal. à tube et à dents glabres 5
   Cal. à tube et à dents plus ou moins velus. 7

5. Tiges couchées-radicantes ; stip. brusq^t subulées ; gousse sessile . . . . *T. repens.*
   Tiges dressées ou ascendantes ; stip. non brusq^t subulées ; gousse plus ou moins stipitée. 6

6. Tiges pleines ; stip. lancéolées ; cal. à dents une fois plus longues que le tube ; gousse à peine stipitée. *T. elegans.*
   Tiges ord^t fistuleuses ; stip. ovales ; cal. à dents 3 fois plus longues que le tube ; gousse décidément stipitée . . . . *T. Michelianum.*

7. Cal. fructifère vésiculeux-réticulé, tomenteux ; capit. entourés d'un invol. de bractées formant calicule. *T. fragiferum.*
   Cal. fructifère non vésiculeux-réticulé ; capit. sans calicule à la base 8

8. Fl. blanches, munies de bractéoles, réfléchies après l'anthèse. . . . . *T. montanum.*
   Fl. purpurines, rosées ou blanches, dépourvues de bractéoles, non réfléchies après l'anthèse 9

9. Capit. les uns terminaux (placés à l'extrémité de la tige et des rameaux), les autres axillaires. 10
   Capit. tous terminaux, ord^t solitaires, qqfois géminés. 12

10. Capit. assez long^t pédonculés. . . . . . . *T. arvense.*
    Capit. sessiles ou subsessiles 11

11. Fol. à nervures latér. droites ; cal. à dents raides, linéaires, non épineuses, dressées ou étalées à la maturité. . . . . *T. striatum.*
    Fol. à nervures latér. arquées ; cal. à dents divergentes, lancéolées, subépineuses, recourbées à la maturité . . . . *T. scabrum.*

12. Cal. à 20 nervures 13
    Cal. à 10 nervures 14

13. Capit. cylindracés ; cal. à tube glabre à l'extér. *T. rubens.*
    Capit. globuleux ; cal. à tube velu à l'extér. *T. alpestre.*

14. Fl. jaunâtres ; div. infér. du cal. 2 fois plus longue que les autres et réfléchie à la maturité. . . *T. ochroleucum.*
    Fl. purpurines, rosées ou d'un pourpre vif, rar^t blanches ou blanchâtres ; div. du cal. égales ou l'infér. plus longue, mais non réfléchie à la maturité. 15

15. Capit. ovoïdes-cylindracés, plus ou moins long^t pédonculés ; f. toutes alternes 16

Capit. subglobuleux, sessiles ou brièv^t pédonculés; les 2 f.
supér. ord^t opposées 17
16. Fol. larg^t obovales-cunéiformes; cal. à gorge ouverte . .
. . . . *T. incarnatum.*
Fol. linéaires-étroites; cal. à gorge fermée par 2 callosités
latér. . . . . *T. angustifolium.*
17. F. toutes pétiolées; cal. à tube glabrescent; étendard aigu.
. . . . *T. medium.*
F. supér. sessiles; cal. à tube velu; étendard échancré. .
. . . . *T. pratense.*

*1. Fleurs jaunes, brunissant après l'anthèse; calice
glabre; gousse stipitée.*

T. minus Relhan. — *T. filiforme* Auct.; non L.; Lorey,
232; Royer, 123 (Trèfle jaune). — Tiges très grêles, étalées-
diffuses ou ascendantes; fol. obovales-cunéiformes, la moyenne
ord^t pétiolulée; fl. d'un jaune clair, en capit. petits, hémisphériques, à pédonc. raides, plus longs que les f. — ② ou ①. — Mai-
sept. — T. C. — Prés, lieux herbeux, bords des chemins.

T. procumbens L. (Trèfle jaune). — Tiges étalées-diffuses ou ascendantes; fol. obovales ou oblongues, la moyenne
pétiolulée; fl. d'un jaune pâle, en capit. ovoïdes, à pédonc. égalant
ou dépassant les f. — ② ou ①. — Mai-sept. — T. C. — Champs,
prés, lieux herbeux.

T. agrarium L. (Trèfle jaune). — Tiges dressées; fol.
obovales-oblongues, toutes sessiles; fl. d'un jaune d'or, en capit.
ovoïdes-subglobuleux, à pédonc. égalant ou dépassant peu les f.
— ②. — Juin-août. — A. R. — Taillis et moissons des sols argileux. — Prairies des bords de l'Ouche, Saulieu, Flavignerot,
Pouilly-lez-Dijon, Cîteaux, Seurre, l'Auxois, etc.

*2. Fleurs blanches, jaunâtres, rouges, purpurines
ou rosées; calice glabre ou velu; gousse sessile
ou plus ou moins stipitée.*

1. Calice à tube et à dents plus ou moins velus; gousse
sessile au fond du calice.

T. arvense L. (Pied de lièvre). — Pl. velue, à tiges rameuses, diffuses; fol. linéaires-oblongues; fl. petites, blanches ou
rosées, en capit. velus-soyeux, d'abord ovoïdes, puis subcylindriques. — ② ou ①. — Juin-sept. — C. — Champs, pelouses,
lieux sablonneux, surtout dans la silice. — A ce type se rattachent plusieurs formes peu importantes.

T. striatum L. — Pl. moll^t velue, à tiges étalées-redressées; fol. obovales-cunéiformes ; fl. petites, blanches ou rosées, en capit. oblongs ; cal. velu. — ②. — Mai-juill. — A. R. — Friches, pelouses sèches, bords des chemins. — Marsannay, Auxonne, Saulieu; Bouilland, etc.

T. scabrum L. — Pl. pubescente, à tiges grêles, couchées-redressées ; fol. coriaces, obovales ; fl. petites, blanches ou rosées, en capit. ovoïdes ; cal. pubescent. — ②. — Mai-juill. — A. C. — Pelouses sèches. — Flavigny, chaumes d'Auvenay, Semur, Dijon, etc.

Le *T. subterraneum* L., indiqué au parc de Dijon par Lorey, n'y a plus été revu depuis ; cette pl. se reconnaît à ses fl. blanches, recouvertes par des fl. stériles nombreuses, réduites au cal. et s'enfonçant dans le sol après l'anthèse.

T. pratense L. (Trèfle). — Pl. glabrescente ou pubescente, cespiteuse, à tiges dressées ou subétalées ; fol. molles, oblongues; capit. subglobuleux, subsessiles entre les f. florales ; stip. membraneuses, rayées de violet, à partie libre triangulaire, brusq^t aristée ; cal. à dents sétacées, inégales ; fl. rosées. — ♃. — Mai-sept. — C. — Prés; souv^t cultivé.

Le Trèfle de Hollande (*T. sativum* Rchb.), souv^t cultivé, est plus robuste, a les f. plus larges et les capit. plus gros, parfois un peu pédonculés.

T. incarnatum L. (Trèfle incarnat). — Pl. moll^t velue, à tiges dressées; f. long^t pétiolées ; fl. d'un rouge vif, rar^t blanches, en épis ovoïdes-subcylindriques ; cal. à dents aiguës, étalées en étoile à la maturité. — ①. — Mai-juill. — Culture fourragère ; subspontané aux bords des chemins et des champs.

T. angustifolium L. — Pl. parsemée de poils brillants devenant roux avec l'âge ; tiges droites, peu rameuses ; fl. purpurines, en capit. oblongs-coniques; cal. à dents droites, raides. — ①. — Juin-juill. — Lieux secs et sablonneux. — Signalé par Lorey à Auxonne et à Laroche-en-Brenil ; très douteux.

T. montanum L. — Pl. pubescente, à tiges dressées ; fol. oblongues-lancéolées ; cal. à dents subulées; fl. blanches, en capit. denses, subglobuleux, puis ovoïdes. — ♃. — Juin-août. — A. C. — Bois et prés argileux, tourbes. — La Côte, Dijon, Marey-sur-Tille, Selongey, Laroche-en-Brenil, etc.

T. ochroleucum L. — Pl. cespiteuse, moll^t velue, à tiges couchées-redressées ; stip. long^t subulées ; fol. elliptiques-oblongues ; capit. subglobuleux, puis ovoïdes ; cal. à dents sétacées, l'infér. très longue, réfléchie à la maturité ; fl. jaunâtres. — ♃. — Juin-août. — A. R. — St-Remy, Bouilland, Saverange, Morey, Buffon, etc.

T. rubens L. (Trèfle rose). — Tiges raides, dressées, robustes ; fol. coriaces, étroit[t] lancéolées ; fl. assez grandes, pourprées ; cal. à dents sétacées, les supér. très courtes, l'infér. beaucoup plus longue. — ♃. — Juin-août. — C. — Bois des montagnes calcaires.

T. alpestre L. — Pl. pubescente, à tiges dressées ; stip. à partie libre subulée ; fol. coriaces, lancéolées ; capit. sessiles entre les f. florales ; cal. à dents supér. très courtes, l'infér. beaucoup plus longue ; fl. purpurines, rar[t] blanches. — ♃. — Juin-juill. — A. C. — Pelouses des bois de montagne dans le calcaire. — Toute la Côte, Mont-Afrique, Bouilland, Marey-sur-Tille, etc.

T. medium L. — Pl. glabre ou peu velue, à tiges flexueuses ; fol. elliptiques ; capit. brièv[t] pédonculés, rar[t] sessiles, et alors munis de 2 f. à la base ; stip. à partie libre long[t] lancéolée-acuminée ; fl. purpurines. — ♃. — Mai-août. — C. — Bois, friches, coteaux herbeux.

T. fragiferum L. — Pl. glabre ou glabrescente, à tiges rampantes ; fol. obovales ; capit. subglobuleux, très longt[t] pédonculés ; cal. bilabié, membraneux, à dents sétacées ; fl. roses. — ♃. — Mai-sept. — C. — Prés, chemins, pelouses.

2. Calice à tube et à dents glabres ; gousse sessile ou plus ou moins stipitée.

T. Michelianum Savi. — Pl. glabre, à tiges dressées, ord[t] fistuleuses ; fol. obovées-cunéiformes, à dents aiguës et écartées ; fl. d'un blanc verdâtre, mêlé de rose, en capit. lâches ; cal. à dents long[t] sétacées, plus courtes que la cor. — ②. — Juin-juill. — T. R. — Prairies. — Labergement-lez-Seurre.

T. elegans Savi. — Pl. presque glabre, à tiges ascendantes ; fol. obovales ; fl. d'un rose purpurin, en capit. lâches, subglobuleux ; cal. à dents presque égales, subulées. — ♃. — Mai-sept. — A. C. — Taillis, cultures, moissons des sols argileux. — Le Pays-Bas, l'Auxois, le Morvan.

Le *T. hybridum* L., récolté advent[t] près de Dijon, aux abords de la petite gare du canal, est très voisin du *T. elegans* ; il s'en distingue par ses tiges dressées dès la base et fistuleuses au lieu d'être pleines, ses fl. plus grandes, blanchâtres, devenant rosées, et ses fol. à dents moins acérées et moins nombreuses.

T. repens L. — Pl. glabre, à tiges couchées-radicantes ; fol. obovales ; fl. blanches ou rosées, en capit. subglobuleux, lâches, très long[t] pédonculés ; cal. à dents lancéolées, courtes, inégales, souv[t] marbrées de violet. — ♃. — Mai-sept. — C. — Prés, chemins, pelouses.

13. Phaseolus Tourn. (Haricot). — Cal. bilabié; style barbu au sommet, contourné en spirale avec la carène et les étam. ; gousse polysperme, allongée, comprimée ou subcylindrique. — Tige ord^t volubile ; fl. en grappes axillaires.

Fl. blanches, jaunâtres ou lilacées, en grappes pauciflores, plus courtes que la f. axillante . . . . . *P. vulgaris*.

Fl. rouges, rar^t blanches, ou à carène et ailes blanches, en grappes multiflores, plus longues que la f. axillante . . . . *P. multiflorus*.

P. vulgaris L. — Pl. pubescente ; fol. grandes, ovales-acuminées, la terminale rhomboïdale ; bractées étalées, plus courtes que le cal. ; gousses droites, glabres, pendantes. — ①. — Juill.-août. — Culture alimentaire.

Tige non ou à peine volubile ; bractées plus longues que le cal. ; fl. blanches ; gousses ridées : var. *nanus* (*P. nanus* L. — *P. compressus* Lorey, 268). — Haricot nain. — Culture alimentaire.

P. multiflorus Willd. (Haricot d'Espagne). — Pl. glabrescente ; fol. grandes, ovales-acuminées ; bractées appliquées ; gousses grosses, velues, un peu courbées en faux. — ①. — Juill.-sept. — Culture alimentaire et ornementale.

B. FEUILLES IMPARIPENNÉES.

14. Colutea L. (Baguenaudier). — Cal. à 5 dents; carène tronquée ; stigm. inséré au-dessous du sommet du style ; gousse enflée-vésiculeuse, polysperme.

C. arborescens L. — Arbrisseau à rameaux pubescents-grisâtres ; fol. 7-11, obovées, un peu glauques et pubescentes en dessous ; fl. grandes, jaunes, en grappes courtes, pauciflores ; fr. éclatant avec bruit par la pression. — ♄. — Juin-juill. — R. — Bois de montagne. — Notre-Dame-d'Etang, vallon de l'Ouche, Gevrey, Tarsul, Santenay, Bouilland, etc. — F. purgatives.

Le *Galega officinalis* L., à fl. bleuâtres, plus rar^t blanches, disposées en grappes axillaires multiflores, se trouve qqfois à l'état subspontané près des habitations. — Considéré jadis comme sudorifique.

15. Robinia DC. (Robinier). — Cal. subbilabié ; carène aiguë ; style courbé, hérissé au sommet ; gousse allongée-comprimée, polysperme.

R. Pseudo-Acacia L. (Acacia). — Arbre épineux, à f. multifoliolées ; fol. elliptiques dont le pétiole commun est muni à la base de 2 aiguillons ; fl. blanches, très odorantes, en longues grappes pendantes. — ♄. — Mai-juin. — T. C. — Parcs, jardins, promenades, taillis ; bien naturalisé. — Écorce âcre et vomitive ; les fl. se mangent en beignets.

Le *R. viscosa* L. (Acacia visqueux), à fl. roses, en grappes courtes, et rameaux épineux, et le *R. hispida* L. (Acacia rose), à fl. aussi roses et à rameaux couverts de poils glanduleux roux, sont assez répandus dans la culture ornementale.

16. Astragalus Tourn. — Cal. subbilabié ; carène obtuse ; style droit ou légér^t courbé ; gousse subcylindrique, polysperme, plus ou moins divisée en 2 loges par une fausse cloison.

A. glycyphyllos L. (Réglisse sauvage). — Tiges long^t flexueuses, étalées-couchées ; fol. 9-15, ovales, assez grandes ; fl. d'un jaune verdâtre, en grappes courtes, pédonculées ; gousses très allongées, acuminées, arquées, conniventes, presque glabres, munies d'un sillon profond sur le dos. — ♃. — Mai-juill. — C. — Bois, buissons. — Rac. sucrée ; peut remplacer le réglisse.

C. Étamines monadelphes ou diadelphes ; gousse très ordinairement continue, uniloculaire ; feuilles paripennées, à rachis terminé en vrille ou en arête, rarement nu.

17. Vicia Tourn. (Vesce). — Cal. à 5 div. ou à 5 dents ord^t inégales ; étam. diadelphes ; style filiforme, courbé au sommet ; gousse allongée, polysperme, ou courte et oligosperme. — Rachis ord^t terminé en vrille rameuse.

1. Cor. ne dépassant pas ou dépassant à peine les div. du cal. 2
  Cor. dépassant long^t les div. du cal. 4

2. Tiges grimpantes ; gousse velue. . . . . . *V. hirsuta.*
  Tiges dressées ; gousse glabre. 3

3. Pédonc. bien plus court que la f. axillante ; fol. 16-24. . . . . *V. Ervilia.*

Pédonc. à peu près aussi long que la f. axillante ; fol. 10-14. . . . . *V. Lens.*

4. Fl. en grappes multiflores (12 fl. et plus). 5
Fl. axillaires, solitaires ou géminées, rar[t] ternées, ou bien disposées en grappes 1-6-flores. 8

5. Fol. 8, très amples, les 2 infér. placées à la base du pétiole ; fl. d'un jaune verdâtre. . . . . . . *V. pisiformis.*
Fol. 10-20, étroites, les infér. éloignées de la base du pétiole ; fl. violacées. 6

6. Cal. bossu à la base ; étendard à limbe 1 fois plus court que l'onglet ; gousse de 10 mill. de diamètre. . *V. varia.*
Cal. non bossu à la base ; étendard à limbe de même longueur ou environ une fois plus long que l'onglet ; gousse de 6 mill. de diamètre 7

7. Étendard à limbe de même longueur et plus étroit que l'onglet. . . . . *V. Cracca.*
Étendard à limbe environ 1 fois plus long et à peu près de même largeur que l'onglet. . . . . *V. tenuifolia.*

8. Pédonc. axillaires plus ou moins allongés. 9
Fl. axillaires, sessiles, ou à pédonc. commun plus court ou de même longueur que l'une d'elles 11

9. Pédonc. toujours 1-flores ; stip. inégales, l'une sessile, linéaire, entière, l'autre pétiolée et prof[t] découpée. . . . . *V. monanthos.*
Pédonc. 1-4-flores ; stip. égales et semblables. . . 10

10. Pédonc. aristé, beaucoup plus long que la f. axillante ; cal. à dents peu inégales . . . . *V. gracilis.*
Pédonc. non aristé, ord[t] plus court que la f. axillante ; cal. à dents très inégales. . . . . *V. tetrasperma.*

11. Fl. jaunes ou très légèr[t] purpurines ; gousse couverte de poils fort[t] tuberculeux à la base . . . . *V. lutea.*
Fl. jamais jaunes, rar[t] d'un blanc jaunâtre ; gousse glabre ou à poils non tuberculeux à la base. 12

12. Fl. en grappes 3-6-flores, très brièv[t] pédonculées. *V. sepium.*
Fl. solitaires ou géminées. 13

13. F. à rachis terminé par une vrille simple ; fl. très petites, violacées ou blanchâtres . . . . . *V. lathyroides.*
F. à rachis terminé par une vrille rameuse ; fl. plus grandes, purpurines 14

14. Fl. solitaires ou géminées ; gousse ord[t] pubescente ; stip. marquées en dessous d'une tache brune. . . *V. sativa.*

Fl. toujours solitaires ; gousse couverte de poils appliqués ; stip. non marquées d'une tache brune.   .   *V. peregrina.*

1. *Fleurs axillaires, sessiles ou à pédoncule commun plus court que l'une d'elles.*

V. sativa L. (Vesce commune). — Pl. plus ou moins velue, à tiges flexueuses, anguleuses ; fol. 6-14, obovales ou oblongues ; fl. grandes, purpurines ; gousses toruleuses, comprimées, jaunâtres à la maturité. — ① ou ②. — Mai-sept. — T. C. — Moissons, cultures.

> Gousses cylindracées, très peu toruleuses, glabres, noires ou noirâtres à la maturité : var. *angustifolia* (*V. angustifolia* All.). Varie elle-même à fol. des f. supér. lancéolées-oblongues, acuminées, et gousses fendant le cal. à la maturité (var. *segetalis.* — *V. segetalis* Thuill.), ou à fol. des f. supér. étroit[t] linéaires, mucronées au sommet, et gousses ne fendant pas le cal. à la maturité (var. *Bobartii.* — *V. Bobartii* Forst.).

V. lathyroides L. — Pl. glabrescente, à tiges étalées, grêles, rameuses ; fol. 4-8, petites, en cœur renversé, les supér. étroites ; gousses glabres, noires à la maturité. — ②. — Mai-juill. — T. R. — Bois, friches, lieux sablonneux. — Parc de Seurre, Rouvray, sablières à Pontailler, glacis d'Auxonne.

V. lutea L. — Pl. pubescente ou glabrescente, à tiges peu rameuses ; fol. 10-14, oblongues ou lancéolées-linéaires ; fl. solitaires ou géminées ; gousses fort[t] hérissées, noires à la maturité. — ① ou ②. — Mai-sept. — A. R. — Moissons, cultures. — Châtillon, Pontailler, Époisses, etc.

V. peregrina L. — Pl. légèr[t] poilue, à tiges grêles, anguleuses ; fol. 6-14, étroit[t] linéaires ; fl. purpurines. — ①. — Mai-juin. — Moissons, lieux secs. — Non retrouvé depuis Lorey qui l'a signalé dans les cultures de montagne et les champs stériles de la plaine.

V. sepium L. (Vesce sauvage). — Pl. glabrescente ou pubescente, à tiges faibles, flexueuses, grimpantes ; fol. 6-14, ovales-oblongues ; fl. violacées, rar[t] d'un blanc jaunâtre ; gousses glabres, noirâtres à la maturité. — ♃. — Mai-août. — T. C. — Bois, buissons. — Fl. blanches : Montbard, Val-Suzon.

2. *Fleurs en grappes allongées ou 1-5 sur un pédoncule commun plus long que l'une d'elles.*

V. monanthos Desf. — *Ervum monanthos* L. ; Lorey, 255. — Pl. glabre ou glabrescente, à tiges ascendantes, anguleuses ; fol. 10-14, linéaires-élargies ; fl. blanchâtres, rayées de violet, à carène pourpre au sommet ; gousses glabres. — ①. — Mai-juill. — Moissons des champs sablonneux, alluvions. — Non retrouvé depuis Lorey qui le signalait comme commun dans les blés.

V. hirsuta Koch. — *Ervum hirsutum* L. ; Lorey, 253. — Pl. pubescente ou glabre, à tiges grêles ; fol. 16-20, lancéolées ou linéaires ; pédonc. à 3-8 fl. d'un blanc bleuâtre ; gousses 2-spermes, noires à la maturité. — ②. — Juin-sept. — T. C. — Champs, moissons, taillis, coteaux incultes.

V. tetrasperma Mœnch. — *Ervum tetraspermum* L., pro parte ; Lorey, 255. — Pl. glabre, à tiges grêles, diffuses, grimpantes ; fol. 6-10, linéaires-elliptiques ; fl. bleuâtres ; cal. à dents très inégales ; gousses glabres, ord^t 4-spermes. — ②. — Juin-sept. — C. — Moissons, champs, taillis, lieux incultes.

V. gracilis Lois. — *Ervum tetraspermum* L. var. *gracile ;* Lorey, 255. — Pl. à tiges dressées ; se distingue encore de la précédente par ses fl. plus grandes, d'un rose bleuâtre, plus long^t pédonculées, ses gousses plus allongées, 4-6-spermes. — ①. — Juin-sept. — A. C. — Champs, moissons.

V. Ervilia Willd. — *Ervum Ervilia* L. ; Lorey, 254. — Pl. glabrescente, à tiges dressées, très feuillées ; fol. linéaires, très nombreuses ; pédonc. à 1-4 fl. blanchâtres, veinées de violet ; gousses glabres, toruleuses, 3-4-spermes. — ②. — Juin-août. — R. — Moissons. — Le Pays-Bas, Antheuil, Quincerot, Beaune, Marcelois.

V. Lens Coss. et Germ. — *Ervum Lens* L. ; Lorey, 253 (Lentille). — Pl. pubescente, à tiges rameuses ; fol. oblongues, nombreuses ; pédonc. à 1-3 fl. d'un blanc bleuâtre ; gousses glabres, comprimées, 1-2-spermes. — ①. — Juin-août. — Culture alimentaire.

V. varia Host. — Pl. glabrescente, à tiges rameuses, grimpantes ; fol. nombreuses, lancéolées ou sublinéaires ; fl. violettes, panachées de blanc, s'ouvrant toutes ensemble ; gousses glabres, à support plus long que le tube calicinal. — ① ou ②. — Juin-août. — R. — Moissons. — Beaune, Santenay, Saulieu, etc.

V. Cracca L. (Jargerie). — Pl. pubescente ou velue, soyeuse, à tiges très rameuses, grimpantes ; fol. nombreuses-oblongues, lancéolées ou linéaires ; fl. d'un violet bleuâtre, qqfois mêlé de blanc, s'ouvrant success^t de bas en haut et disposées en grappes multiflores denses, égalant ou dépassant peu les f. ; gousses glabres, à support plus court que le tube calicinal ; gr. brunes. — ♃. — Mai-juill. — T. C. — Moissons sablonneuses, haies, buissons.

V. tenuifolia Roth (Jargerie). — Pl. pubescente, à tiges très rameuses, grimpantes; fol. très nombreuses, linéaires-oblongues; fl. d'un violet bleuâtre, mêlé de blanc, s'ouvrant success[t] de bas en haut et disposées en grappes multiflores lâches, dépassant ord[t] beaucoup les f. ; gousses glabres, à support égalant le tube calicinal ; gr. noires. — ♃. — Mai-juill. — C. — Moissons, haies, buissons.

V. pisiformis L. — Pl. glabre, à tiges peu rameuses ; grappes plus courtes que les f. ; gousses glabres ; gr. brunes. — ♃. — Juin-août. — R. — Bois des montagnes de la Côte et du vallon de l'Ouche. — Chassagne, Vantoux, Ste-Foy, Santenay, Perriguy-lez-Dijon, etc.

18. FABA Tourn. (Fève). — Cal. à 5 div., les 2 supér. plus courtes ; étam. monadelphes ; style fili-forme-comprimé, barbu au sommet ; gousse poly-sperme, allongée, présentant des renflements cellu-leux entre les gr. — Rachis terminé en arête.

F. vulgaris Mœnch var. *equina* (Féverolle). — Pl. glabre, à tige robuste, simple, dressée ; fol. 2-6, grandes, oblon-gues ; fl. grandes, blanches ou rosées, tachées de noir, 2-4 en grappes brièv[t] pédonculées; gousses pubescentes, noires à la ma-turité. — ①. — Mai-août. — Culture alimentaire.

19. PISUM Tourn. (Pois). — Cal. à 5 div. ; étam. diadelphes; style arqué, comprimé latér[t]; gousse oblongue-comprimée, polysperme. — Rachis ter-miné en vrille.

Fl. blanches. . . . . *P. sativum.*
Fl. colorées. . . . . *P. arvense.*

P. sativum L. (Pois). — Pl. glauque, à tige grimpante; stip. ovales, semi-sagittées, dentées à la base, bien plus amples que les fol., celles-ci, 4-6, grandes, ovales ; pédonc. aristés, 1-2-flores, plus courts que les f. ; gousses glabres, coriaces. — ①. — Mai-sept. — Culture alimentaire ; souv[t] subspontané.

P. arvense L. (Pisaille, Pois de pigeon). — Diffère du précédent par ses fol. moins nombreuses et ses fl. à carène jau-nâtre, à étendard bleuâtre et à ailes d'un pourpre violet. — ①. — Mai-juill. — Culture fourragère ; souv[t] subspontané.

20. **Lathyrus** Tourn. (Gesse). — Cal. à 5 div. ou à 5 dents, les 2 supér. plus courtes ; étam. monadelphes ou diadelphes ; style comprimé d'avant en arrière au sommet ; gousse oblongue ou linéaire, polysperme. — Pl. gén^t glabres, à tiges anguleuses ou ailées ; rachis terminé en vrille ou aplati en lame.

1. Fl. jaunes 2
   Fl. jamais jaunes 3
2. Rachis muni d'une seule paire de fol. vers les 2 tiers de
     sa longueur . . . . *L. pratensis.*
   Rachis filiforme, sans fol. et muni de stip. ovales-sagittées,
     très amples, simulant 2 f. opposées et sessiles. . . .
     . . . . *L. Aphaca.*
3. Rachis sans fol., aplati en forme de f. de graminée, et muni
     de 2 stip. très petites, qqfois nulles. . *L. Nissolia.*
   F. à 2-6 fol. 4
4. F., au moins les supér., à 4-6 fol. 5
   F. toutes à 2 fol. 6
5. F. infér. à 2 fol., les supér. à 4 ; pétiole larg^t ailé jusqu'à
     la 1re paire de fol. ; fl. roses. . . *L. heterophyllus.*
   F. toutes à 4-6 fol. ; pétiole non ailé ; fl. purpurines ou
     bleuâtres . . . . *L. palustris.*
6. Pédonc. gén^t à plus de 3 fl. 7
   Pédonc. 1-3-flores 9
7. Tiges non ailées. . . . . *L. tuberosus.*
   Tiges larg^t ailées 8
8. Fl. médiocres, d'un rose pâle, mêlé de vert et de pourpre, à
     pédonc. dépassant peu la f. axillante. . *L. silvestris.*
   Fl. grandes, d'un rose vif, à pédonc. dépassant long^t la f.
     axillante. . . . . *L. latifolius.*
9. Tiges anguleuses, non ailées ; pédonc. long^t aristés. . 10
   Tiges ailées ; pédonc. non ou très peu aristés. . . 11
10. Pédonc. plus court que le pétiole de la f. axillante ; gr. glo-
     buleuses. . . . . *L. sphæricus.*
   Pédonc. égalant ou dépassant la f. axillante ; gr. anguleuses.
     . . . . *L. angulatus.*
11. Pédonc. 1-3-flores ; gousse hérissée. . . *L. hirsutus.*
   Pédonc. 1-flores ; gousse glabre. . . . . *L. sativus.*

1. *Pédoncules 1-3-flores.*

L. Aphaca L. (Pois de serpent). — Tiges couchées ou grimpantes ; fl. jaunes, à pédonc. non aristés ; gousses glabres, jaunâtres à la maturité. — ① ou ②. — Mai-sept. — C. — Champs, moissons, bords des chemins.

L. Nissolia L. — Tiges dressées ; fl. purpurines ou violacées, à pédonc. grêles ; gousses linéaires, veinées, pubescentes. — ① ou ②. — Juin-sept. — A. R. — Moissons, taillis, bords des bois et des buissons. — Le Pays-Bas, Saulieu, Ste-Colombe, Vielverge, Semur, etc.

L. sphæricus Retz. — Tiges dressées ; fol. très étroites, allongées-aiguës ; fl. rougeâtres, veinées, solitaires ; gousses linéaires, glabres, striées. — ②. — Mai-juin. — T. R. — Friches des bois de Lantenay.

L. angulatus L. — Tiges dressées ou ascendantes ; fol. linéaires-aiguës ; fl. purpurines, veinées, solitaires ; gousses linéaires, glabres. — ②. — R. — Moissons. — Semur, Liernais, Précy-sous-Thil, Saulieu, Lamarche.

L. hirsutus L. — Tiges grimpantes, glabres ou un peu velues ; fol. oblongues-lancéolées, mucronées ; fl. violacées, passant au bleu, à pédonc. très allongés ; gousses couvertes de poils tuberculeux à la base. — ②. — Juin-août. — A. C. — Champs, moissons, friches des sols argileux.

L. sativus L. (Gesse, Dent de brebis). — Tiges couchées ou grimpantes ; fol. lancéolées ou linéaires ; fl. blanches, rosées ou bleuâtres, à pédonc. ord^t plus longs que le pétiole ; gousses réticulées, munies sur le dos de 2 ailes membraneuses. — ①. — Juin-juill. — Culture fourragère ; subspontané dans les moissons.

2. *Pédoncules multiflores.*

L. silvestris L. (Gesse sauvage). — Tiges rameuses, grimpantes ; fol. lancéolées, très allongées ; fl. d'un rose pâle ; gousses glabres, veinées. — ♃. — Juin-août. — C. — Bois, buissons.

L. latifolius L. (Pois vivace). — Tiges robustes, grimpantes ; fol. grandes, ovales-oblongues ; fl. d'un rose vif ; gousses glabres, plus longues que dans l'espèce précédente. — ♃. — Juin-août. — R. — Bois, buissons. — Bas de Talant, Mont-Afrique, combe Ste-Anne à Dijon, Blagny près Puligny, Santenay, Noiron-lez-Cîteaux, combe de Gevrey.

L. heterophyllus L. — Tiges grimpantes, ailées ; fol.

lancéolées ou linéaires-lancéolées; fl. roses; gousses glabres. — ♃. — Juill.-aoû'. — Signalé par Lorey dans la combe d'Arcey et les prairies de Cussy-la-Colonne.

L. palustris L. — Tiges grimpantes; fol. oblongues; fl. purpurines ou bleuâtres, en grappes lâches, à pédonc. dépassant un peu les f.; gousses glabres, veinées. — ♃. — Juill.-août. — T. R. — Prés marécageux. — Orgeux, Arcelot, Limpré, Chevigny-St-Sauveur.

L. pratensis L. — Pl. légèr¹ pubescente, à tiges rameuses, grimpantes; fol. lancéolées-acuminées; fl. jaunes, à pédonc. beaucoup plus longs que les f.; gousses glabres ou pubescentes, noires à la maturité.— ♃ — Juin-août.— C. — Prés, bois, haies.

L. tuberosus L. (Gland de terre, Anotte). — Souche tuberculeuse; tiges glaucescentes, couchées ou grimpantes; fol. oblongues; fl. d'un rose vif, odorantes, à pédonc. plus longs que les f.; gousses glabres, veinées. — ♃. — Juin-juill. — C. — Champs, moissons, lieux herbeux.

21. Orobus L. — Cal. à 5 div. ou à 5 dents, les 2 supér. plus courtes; étam. monadelphes ou diadelphes; style comprimé d'avant en arrière, barbu au sommet; gousse oblongue-cylindrique, polysperme. — Pl. glabres ou presque glabres; f. à rachis terminé en arête; fl. en grappes pauciflores .sur des pédonc. axillaires.

1. Tige et rachis étroit¹ ailés; souche munie de renflements tubériformes. . . . . *O. tuberosus.*
   Tige et rachis non ailés; souche sans renflements tubériformes. 2
2. Fol. 4-8, grandes, larg¹ ovales, long¹ acuminées; fl. bleuâtres, passant au violet et au vert bleu. . . . *O. vernus.*
   Fol. 8-12, assez petites, elliptiques-oblongues, mucronées; fl. purpurines, passant au bleu verdâtre . . *O. niger.*

O. niger L. — Pl. noircissant par la dessication, à tige dressée, rameuse; pédonc. 4-8-flores, plus longs que les f.; gousses noires à la maturité. — ♃. — Mai-juin. — A. C. — Bois de la Côte.

O. vernus L. — Tige dressée, peu rameuse; pédonc. 3-7-flores, égalant ou dépassant les f.; gousses brunes à la maturité. — ♃. — Avril-mai. — A. C. — Bois de la Côte.

O. tuberosus L. — Tige ord^t simple ; fol. 4-8, oblongues ou lancéolées, mucronées ; fl. rouges, passant au bleu verdâtre, 2-4 sur des pédonc. égalant ou dépassant les f. ; gousses noirâtres à la maturité. — ♃. — Avril-juin. — C. — Bois.

F. à fol lancéolées-linéaires : var. *tenuifolius* DC. (*O. tenuifolius* Roth).

D. Étamines diadelphes ; gousse divisée en loges ou articles transversaux ; feuilles imparipennées.

22. Coronilla Tourn. (Coronille). — Cal. subbilabié, à 5 dents, les 2 supér. presque soudées ensemble ; carène en bec ; gousse linéaire, cylindracée-anguleuse, à articles oblongs-renflés, 1-spermes. — Pl. glabres.

1. Fl. panachées de blanc et de lilas. . . . . . *C. varia.*
   Fl. jaunes 2
2. Arbrisseau plus ou moins élevé ; stip. libres. *C. Emerus.*
 . Pl. herbacées ou frutescentes à la base ; stip., toutes ou les infér. seul^t, soudées en une seule membrane oppositifoliée, 2-fide 3
3. Tiges fistuleuses ; stip. infér. soudées en une seule stip assez grande, caduque ; pédic. 2 fois plus longs que le tube du cal. . . . . *C. coronata.*
   Tiges pleines ; stip. toutes soudées en une seule stip. très petite, persistante ; pédic. à peine plus longs que le tube du cal. . . . . *C. minima.*

C. Emerus L. — Tiges dressées, rameuses ; fol. 5-9, obovales, un peu glauques en dessous ; pédonc. 2-3-flores, assez courts ; gousses très allongées. — ♄. — Mai-juin. — T. R. — Bois de montagne. — St-Aubin, Gamay, Nolay, Santenay, Dijon, Plombières. — F. purgatives.

C. minima L. — Tiges diffuses, couchées et ligneuses à la base ; fol 7-9, obovales-cunéiformes, obtuses, glauques ; fl. 3-12, disposées en fausses ombelles au sommet de pédonc. 2-3 fois plus longs que les f. — ♄. — Mai-juill. — C. — Rochers, pelouses arides dans le calcaire.

C. coronata L. — *C. montana* Scop. ; Lorey, 242 ; Royer, 135. — Tiges dressées, glauques, herbacées à la base ; fol. 7-13, ovales ; fl. fétides, nombreuses, disposées en fausses ombelles au sommet de pédonc. beaucoup plus longs que les f.

— ♃. — Mai-juin. — R. — Bois de montagne. — Notre-Dame d'Etang, Messigny, vallon du Suzon, Marey-sur Tille, Buffon, Mont-Afrique, Dijon, Bouilland, etc.

C. varia L. — Tiges couchées-diffuses, glabres, herbacées ; fol. 15-25, elliptiques ; fl. nombreuses, disposées en fausses ombelles au sommet de pédonc. 1 fois plus longs que les f. — ♃. — Mai-sept. — C. — Champs, moissons, lieux herbeux, bords des chemins.

23. ORNITHOPODIUM Tourn.—*Ornithopus* L.; Lorey et Royer.— Cal. à 5 dents, les 2 supér. en partie soudées ; carène obtuse; gousse articulée, comprimée latér[t].

O. perpusillum L. — *Ornithopus perpusillus* L. ; Lorey, 243 ; Royer, 136 (Pied d'oiseau). — Pl. petite, ord[t] pubescente, à tiges nombreuses, étalées-diffuses ; fol. 7-25, petites, ovales-oblongues ; fl. 2-5, très petites, rosées, lavées de blanc et de jaune, au sommet de pédonc axillaires ; gousses pubescentes, grêles, arquées, terminées par un bec genouillé. -- ② — Mai-août. — A. C. — Bois, champs, friches des sols siliceux et granitiques. — Auxonne, Saulieu, Vielverge, Nolay, Liernais, etc.

24. HIPPOCREPIS L. — Cal. à 5 dents aiguës; carène terminée en bec ; gousse linéaire-comprimée, sinuée, à articles échancrés en forme de fer à cheval.

H. comosa L. — Pl. glabre, à tiges nombreuses, diffuses, couchées-ascendantes ; fol. 9-15, oblongues, plus ou moins allongées ; fl. jaunes, 6-12, pendantes, groupées en capit. ombelliformes au sommet de pédonc. axillaires. — ♃. — Mai-juin. — T. C. — Prés, coteaux, lieux herbeux.

25. ONOBRYCHIS Tourn. (Sainfoin, Esparcette).— Cal. à 5 dents; carène tronquée obliq[t] ; gousse formée d'un seul article discoïde, alvéolé, à bord externe caréné-épineux.

O. sativa Lam. — Pl. pubescente, à tiges dressées ou ascendantes ; fol. 11-25, oblongues ou sublinéaires ; fl. roses, veinées de rouge, très nombreuses, en épis long[t] pédonculés. — ♃. — Avril-août. — C. — Prés, coteaux incultes, pelouses des bois. — Cultivé et subspontané.

XXXIII. ROSACÉES Juss.

Fl. rég., complètes ou incomplètes, hermaphr., rar^t unisexuées. Cal. à 5, rar^t 4 sép. libres ou soudés, souv^t pourvu d'un calicule. Pét. 5-4, rar^t nuls. Étam. ord^t nombreuses, rar^t 1-4, péri. ou épigynes. Ov. infère ou supère, formé de 1 ou plusieurs carp. libres ou soudés. Styles ord^t libres. Fr. formé d'un seul carp. devenant charnu (*drupe*); de carp. nombreux, libres, indéhisc., 1-spermes, secs (*achaines*), ou charnus (*drupes*), disposés en capit. ou inclus dans le tube du cal. qui devient charnu, ou peu nombreux, 1-3, inclus dans le récept. qui devient ligneux; qqfois de 5, rar^t 1-2 carp. verticillés, libres, déhisc., polyspermes (*follicules*); ou de 5 carp., rar^t moins, 1-2-spermes, soudés avec le récept. accru et charnu. — Herbes, arbres ou arbrisseaux à rameaux lisses, épineux ou aiguillonnés, à f. alternes, simples ou composées-pennées, ord^t stipulées. Inflor. variées.

1. Pl. ligneuses ou sous-ligneuses. 2
   Pl. herbacées ou à peine sous-ligneuses à la base. . . 14
2. Ov. supère. 3
   Ov. infère 6
3. Tiges pourvues d'aiguillons; f. composées ; carp. nombreux, drupacés. . . . . *Rubus* (9).
   Tiges dépourvues d'aiguillons; f. simples ; 1 seul carp. drupacé. 4
4. Fl. en corymbes, en cymes ombelliformes ou en grappes ; drupe à noyau subglobuleux. . . . . . *Cerasus* (3).
   Fl. solitaires ou géminées; drupe à noyau ovoïde. . . 5
5. Drupe tomenteuse-verdâtre ; noyau creusé d'anfractuosités ou de sillons irrég.; jeunes f. pliées en long. . . . . *Amygdalus* (1).

Drupe glabre ; noyau lisse ; jeunes f. enroulées. . . . .
. . . . *Prunus* (2).
6. F. composées-imparipennées 7
F. entières, dentées ou lobées, jamais composées. . . 8
7. Tiges munies d'aiguillons ; styles nombreux. *Rosa* (10).
Tiges dépourvues d'aiguillons ; styles 2-5 . *Sorbus* (20).
8. Fl. en faisceaux ombelliformes, en corymbes ou en cymes
pauciflores 9
Fl. grandes, solitaires, subsessiles. 13
9. Pét. allongés-lancéolés, étroits ; fr. petit, d'un noir bleuâtre.
. . . . *Amelanchier* (21).
Pét. obovales-élargis ; fr. jamais d'un noir bleuâtre. . 10
10. Arbres ; fr. à pépins 11
Arbrisseaux ; fr. à noyaux 12
11. Fl. en corymbes rameux . . . . . . *Sorbus* (20).
Fl. en faisceaux ombelliformes . . . . . *Pyrus* (18).
12. Arbrisseau très épineux ; f. glabres ou pubescentes, lobées. .
. . . . *Cratægus* (16).
Arbrisseau non épineux ; f. cotonneuses en dessous, entières.
. . . . *Cotoneaster* (19).
13. Fl. blanches ; sép. entiers ; f. lancéolées ; fr. assez petit, brun,
inodore. . . . . *Mespilus* (15).
Fl. d'un blanc rosé ; sép. dentés ; f. ovales-arrondies ; fr.
très gros, jaune, odorant. . . . . . *Cydonia* (17).
14. Fl. à une seule enveloppe florale 15
Fl. complètes 17
15. Fl. verdâtres, axillaires ou en cymes corymbiformes. . .
. . . . *Alchemilla* (12).
Fl. pourprées ou verdâtres, en capit. compactes, terminaux.
. . . . 16
16. Étam. 4 ; stigm. simple . . . . . . *Sanguisorba* (13).
Étam. 20-30 ; stigm. en pinceau . . . *Poterium* (14).
17. Tiges aiguillonnées ; carp. drupacés. . . . *Rubus* (9).
Tiges sans aiguillons ; carp. secs 18
18. Cal. à 5 div., sans calicule 19
Cal. à 8-10 div. en y comprenant celles du calicule. 20
19. Fl. jaunes, en longues grappes spiciformes. *Agrimonia* (11).
Fl. blanches, en panicules amples . . . . *Spiræa* (4).
20. Fl. d'un pourpre foncé ; pét. acuminés. . *Comarum* (7).
Fl. jaunes ou blanches, rar[t] rougeâtres ; pét. arrondis ou
obovales 21
21. Styles très longs, terminaux, genouillés, accrochants. . .
. . . . *Geum* (5).

Styles courts, latér., droits, non accrochants. . . . 22
22. Styles caducs ; pét. arrondis ; récept. sec ; fl. jaunes, rar^t
blanches . . . . *Potentilla* (6).
Styles marcescents ; pét. obovales ; récept. charnu ; fl. toujours blanches. . . . . *Fragaria* (8).

AMYGDALÉES.

Étamines nombreuses ; ovaire supère, 1-loculaire, 2-ovulé ; style 1 ; fruit charnu (drupe), à noyau osseux. — Arbres à feuilles simples.

1. AMYGDALUS Tourn. (Amandier). — Drupe grosse, subglobuleuse ou oblongue, charnue ou coriace ; noyau oblong, creusé de sillons ou d'anfractuosités. — F. dentées, pliées en long dans leur jeunesse. — Les f., les fl. et surtout les fr. des espèces de ce genre et des 2 suivants contiennent une huile essentielle et de l'acide prussique très vénéneux.

A. communis L. (Amandier). — Arbre à f. elliptiques-lancéolées ; fl. d'un blanc rosé, paraissant avant les f. ; drupes coriaces, charnues, verdâtres, à noyau lisse, creusé de sillons étroits, irrég. — ♄. — Fl. mars, fr. août-sept. — Cultivé dans les jardins et les vignes. — Pl. off. ; gr. comestibles donnant l'huile d'amandes douces émolliente ; la var. *amara* fournit les amandes amères vénéneuses.

A. Persica L. — *Persica vulgaris* Mill. ; Lorey, 273 (Pêcher). — Arbre peu élevé, à f. lancéolées-acuminées ; fl. d'un rose vif, paraissant avant les f. ; drupes subglobuleuses, charnues-succulentes, d'un jaune verdâtre teinté de rouge à la maturité ; noyau creusé d'anfractuosités profondes. — ♄. — Fl. avril, fr. août-sept. — Cultivé dans les jardins et les vignes. — Pl. off. ; fl. laxatives.

2. PRUNUS Tourn. (Prunier).—Drupe globuleuse ou oblongue ; noyau ovoïde ou oblong, lisse, sans sillons ni anfractuosités. — Jeunes f. enroulées longi-

tudinalement ; fl. blanches, paraissant ord^t avant les f.

1. Ov. ou fr. pubescent, à pédonc. très court ou nul . . . . P. *Armeniaca.*
Ov. ou fr. glabre, visiblement pédonculé 2

2. Arbrisseaux de 1-2 m., à rameaux épineux ; pédonc. glabres ; fr. dressé, acerbe 3
Arbres ou arbustes élevés, à rameaux non épineux ; pédonc. pubescents ; fr. pendant, doux 4

3. Arbrisseau très épineux ; fr. subglobuleux, de la grosseur d'une petite noisette . . . . P. *spinosa.*
Arbrisseau presque inerme ; fr. ovoïde-oblong, de la grosseur d'une cerise . . . . P. *silvatica.*

4. Jeunes rameaux glabres ; cal. velu intér^t ; style velu à la base ; fr. oblong . . . . P. *domestica.*
Jeunes rameaux pubescents ; cal. et style glabres ; fr. globuleux . . . . P. *insititia.*

P. domestica L. (Prunier). — Arbre à f. elliptiques, dentées en scie ; fl. solitaires ou géminées ; fr. violets, rougeâtres ou jaunâtres. — ♄. — Fl. avril, fr. juill.-août. — Cultivé. — Pl. off. ; fr. comestible, laxatif ; desséché pruneau.

P. insititia L. (Prunier). — Arbre à f. ovales-elliptiques, dentées en scie ; pét. plus blancs que dans l'espèce précédente. — ♄. — Fl. avril, fr. juill.-août. — Cultivé.

P. spinosa L. (Prunellier, Épine noire).— Arbrisseau peu élevé, très rameux ; f. ovales-oblongues, dentées en scie, ord^t pubescentes à la face infér ; fr. d'un bleu noirâtre. — ♄. — Avril-mai. — T. C. — Bois, broussailles. — Espèce présentant de nombreuses variétés. — Fr. acerbe et astringent.

P. silvatica Desv. — Arbrisseau plus élevé, moins rameux ; f. plus larges, ovales-obtuses, crénelées ; fl. plus grandes, plus tardives. — ♄. — Avril-mai. — T. R. — Bois du Châtelet près Buffon.

P. Armeniaca L. — *Armeniaca vulgaris* Lam. ; Lorey, 274 (Abricotier). — Arbre peu élevé, non épineux ; f. ovales-suborbiculaires, subcordées à la base, doubl^t dentées ; fr. globuleux, pubescents, d'un jaune rougeâtre, à saveur sucrée — ♄. — Fl. avril, fr. juill. — Cultivé dans les jardins et les vignes.

3. CERASUS Tourn. (Cerisier).— Drupe subglobuleuse, glabre ; noyau subglobuleux, lisse. — Fl.

blanches, en cymes ombelliformes, en corymbes ou en grappes ; jeunes f. pliées en long.

1. Fl. grandes, en cymes ombelliformes. 2
Fl. petites, en corymbes ou en grappes. 3

2. Pétiole muni au sommet de 2 glandes ; écailles des bourgeons toutes scarieuses . . . . *C. avium.*
Pétiole dépourvu de glandes ; écailles intér. des bourgeons foliacées. . . . . *C. vulgaris.*

3. Fl. en longues grappes pendantes ; f. à dents non calleuses. . . . . *C. Padus.*
Fl. en corymbes dressés ; f. à dents calleuses. . . . . *C. Mahaleb.*

C. avium Mœnch (Griottier, Guignier, Merisier). — Arbre élevé, à rameaux dressés ; f. ovales-oblongues, doubl^t dentées, acuminées, pubescentes en dessous ; fr. rouges ou noirâtres, doux, à chair adhérente au noyau. — ♄. — Avril-mai. — C. — Bois argileux. — Plusieurs var. cultivées dans les jardins. — Pl. off.; pédonc. diurétiques ; le fr. fournit après fermentation le *Kirsch-Wasser.*

Les *C. Juliana* DC. (Guignier), à fr. plus gros, en cœur, noirs ou rouges, à chair molle et à suc coloré, et *C. duracina* DC. (Bigarreautier), à fr. plus gros, en cœur, d'un rouge pâle ou d'un blanc jaunâtre, à chair ferme, croquante, sont des var. cultivées du *C. avium.*

C. vulgaris Mill. — *C. Caproniana* DC. ; Lorey, 278 (Cerisier aigre). — Se distingue du précédent par sa taille moins élevée, ses rameaux plus grêles et pendants, ses f. toujours glabres, luisantes, coriaces, ses fr. toujours rouges, très acides, à chair non adhérente au noyau. — ♄. — Avril-mai. — Cultivé.

C. Mahaleb Mill. (Bois de Ste-Lucie). — Arbrisseau à rameaux étalés-dressés, à bois d'odeur agréable ; f. coriaces, ovales-subarrondies, à dents arquées ; div. du cal. non ciliées ; fr. de la grosseur d'un pois, noirs, amers. — ♄. — Avril-mai. — C. — Bois et broussailles des coteaux calcaires. — Bois et gr. d'odeur suave, utilisés en parfumerie.

C. Padus DC. — Arbrisseau à rameaux étalés-dressés, à bois d'odeur fétide ; f. molles, obovales-acuminées, à dents étalées ; div. du cal. ciliées-glanduleuses ; fr. de la grosseur d'un pois, noirs, acerbes. —♄.— Avril-mai. — T. R. — Haies. — St-Léger-de-Fourches.

SPIRÉES.

Étamines nombreuses ; ovaire supère ; fruit formé de 5, rar^t 1-2 carpelles polyspermes, déhiscents, disposés en un seul verticille. — Tige herbacée ou sous-frutescente.

4. SPIRÆA L. (Spirée). — Cal. à 5 div.; pét. 5; étam. en nombre indéfini ; styles terminaux, marcescents. — Fl. en panicules; f. pennatiséquées.

F. à 15-20 paires de segments étroits, pennatifides ; étam. plus courtes que les pét. . . . . S. *Filipendula*.

F. à 5-9 paires de segments larges, doubl^t dentés ; étam. plus longues que les pét. . . . . . . S. *Ulmaria*.

S. Ulmaria L. (Reine des prés). — Rac. à fibres non renflées ; tige dressée, rameuse au sommet ; f. vertes ou argentées-tomenteuses en dessous ; fl. blanches ; carp. glabres, contournés en spirale. — ♃. — Juin-août. — C. — Bords des ruisseaux, lieux humides. — Pl. off. ; fl. antirhumatismales et antigoutteuses.

S. Filipendula L. (Filipendule). — Rac. à fibres renflées-ovoïdes ; tige dressée, simple ; f. presque toutes radicales ; fl. blanches ou rosées ; carp. pubescents, non contournés en spirale. — ♃. — Mai-juin. — A. R. — Pelouses des bois. — Gevrey, Lantenay, Bouilland, Marsannay, etc.

Le S. *hypericifolia* L., sous-arbrisseau rameux, à f. obovales, ord^t crénelées au sommet, à fl. en fascicules latér. feuillés, a été indiqué par Royer au bois de Canot près de St-Remy, où il est subspontané.

DRYADÉES.

Étamines nombreuses ; ovaire supère; carpelles nombreux, 1-spermes, indéhiscents, secs ou drupacés, disposés en tête sur un réceptacle sec ou charnu.

5. GEUM L. (Benoite). — Cal. et calicule à 5 div.; pét 5; carp secs, velus; styles terminaux, accrescents en une longue arête genouillée; récept. sec. —

Herbes à f. pennatiséquées ou 3-séquées; fl. solitaires.

> Fl. jaunes, petites; cal. vert. . . . . . *G. urbanum.*
> Fl. rougeâtres, grandes; cal. rouge. . . . *G. rivale.*

G. urbanum L. (Benoite). — Tige dressée, rameuse; f. à segments ovales, incisés-dentés; fl. dressées; cal. à div. à la fin réfléchies; pét. arrondis au sommet; styles glabres à la base. — ♃. — Juin-août. — T. C. — Bois, haies, bords des chemins. — Pl. off.; souche odorante, astringente.

G. rivale L. — Tige dressée, rameuse; f. à segments cunéiformes, rapprochés, incisés-dentés; fl. penchées; cal. à div. à la fin dressées; pét. tronqués ou émarginés au sommet; styles ent^t velus. — ♃. — Mai-juill. — T. R. — Saulieu, Laroche-en-Brenil. — Non revu depuis Lorey.

6. **Potentilla** L. (Potentille). — Cal. et calicule à 5, rar^t 4 div.; pét. 5, rar^t 4; styles latér., caducs; carp. secs sur un récept. sec. — Pl. herbacées, rar^t sous-ligneuses à la base; f. palmati. ou pennatiséquées; fl. jaunes, rar^t blanches, toutes riches en tannin, toniques et astringentes.

1. Fl. blanches 2
 Fl. jaunes 3
2. Calicule plus court et pét. plus longs que le cal.; 1-2 f. caulinaires 3-foliolées . . . . . . *P. Fragariastrum.*
 Calicule de même longueur et pét. plus courts que le cal.; une seule f. caulinaire 1-foliolée. . . *P. micrantha.*
3. F. pennatiséquées. 4
 F. palmatiséquées ou 3-foliolées. 5
4. F. blanches-tomenteuses en dessous; pét. plus longs que le cal. . . . . *P. Anserina.*
 F. vertes sur les 2 faces; pét. égalant à peine le cal. . . . . *P. supina.*
5. F. caulinaires sessiles; fl. ord^t tétramères. *P. Tormentilla.*
 F. caulinaires pétiolées; fl. pentamères. 6
6. Tiges dressées ou ascendantes; f. plus ou moins blanches en dessous . . . . *P. argentea.*
 Tiges couchées; f. vertes sur les 2 faces 7
7. Pl. herbacée; fl. solitaires, long^t pédonculées. *P. reptans.*

Pl. sous-ligneuse à la base; fl. en cymes corymbiformes
brièv^t pédonculées . . . . *P. verna.*

1. *Fleurs blanches.*

P. Fragariastrum Ehrh. — *P. Fragaria* Poir. ;
Lorey, 297 ; Royer, 166. — Souche stolonifère ; tiges grêles,
étalées ; f. 3-foliolées, à fol. dentées au sommet ; pét. échancrés,
laissant voir entre eux le fond du cal. vert ; étam. dressées. —
♃. — Mars-juin. — C. — Bois.

P. micrantha Ram. — Souche non stolonifère ; tiges
courtes, presque réduites à des pédonc. radicaux ; f. radicales
3-foliolées, à fol. plus fin^t dentées que dans l'espèce précédente ;
pét. entiers, laissant voir entre eux le cal. coloré en pourpre ;
étam. infléchies, conniventes. — ♃. — Mars-mai. — A. C. —
Dijon, la Côte, Ancey, etc.

2. *Fleurs jaunes.*

1. Feuilles palmatiséquées ou 3-foliolées.

P. verna L. — Pl. gazonnante, couchée, glabre ou velue-
hispide ; f. à fol. cunéiformes, dentées dans leurs 2 tiers supér. ;
pédonc. pluriflores ; carp. lisses. — ♃. — Avril-mai. — T. C.
— Bois, pelouses, rochers.

P. reptans L. (Quintefeuille, Traînasse). — Tiges très
allongées, simples, couchées-radicantes ; f. inégal^t pétiolées ;
fol. 5, pétiolulées, ovales-cunéiformes, dentées dans leurs 2 tiers
supér. ; pédonc. plus longs que la f. ; fl. ord^t solitaires, très
grandes ; carp. tuberculeux. — ♃. — Mai-août. — C. —
Chemins, prairies, lieux incultes. — Pl. off. ; astringente, fébrifuge.

P. Tormentilla Sibth. (Tormentille). — Tiges grêles,
ascendantes, pubescentes ; f. caulinaires sessiles, 3-foliolées ; fl.
tétramères ; carp. fin^t ridés. — ♃. — Mai-juill. — A. C. —
Bois argileux, prairies tourbeuses. — Pl. off. ; souche astringente.

P. argentea L. — Pl. à tiges étalées-ascendantes; f.
blanches-tomenteuses, à fol. prof^t incisées ou pennatifides ; fl. en
cymes terminales dressées ; carp. fin^t ridés. — ♃. — Juin-août.
— A. R. — Prés, friches et bois des sols siliceux. — Vielverge,
Cîteaux, Laroche-en-Brenil, etc. — Pl off. ; souche astringente.

2. Feuilles pennatiséquées.

P. Anserina L. (Argentine). — Tiges rampantes-radi
cantes ; fol. nombreuses, dentées, argentées-soyeuses ; stip. inci

sées ; fl. d'un beau jaune, grandes ; carp. lisses. — ♃. — Mai-sept. — C. — Lieux humides et ombragés. — Pl. off. ; souche astringente, tonique.

P. supina L. — Tiges couchées, non radicantes ; fol. moins nombreuses, incisées ; stip. entières ; fl. d'un jaune pâle, petites ; carp. ridés. — ♃. — Juin-août. — R. — Taillis humides, bords des étangs. — Boucourt, Cîteaux, Satenay, etc.

7. COMARUM L. — Cal. et calicule à 5 div. ; pét. 5, lancéolés-acuminés, plus courts que le cal. ; styles latér., marcescents ; carp. et récept. secs.

C. palustre L. — *Potentilla Comarum* Scop. ; Lorey, 296. — Tiges rougeâtres, ascendantes ; fol. 5-7, rapprochées, lancéolées, dentées, glauques en dessous ; cal. rougeâtre, à div. ovales acuminées, accrescentes ; pét. d'un rouge foncé ; carp. lisses. — ♃. — Juin-juill. — A. R. — Fossés, mares, prés marécageux. — Pontailler, Auxonne, Saulieu, St-Andeux, Laroche-en-Brenil.

8. FRAGARIA Tourn. (Fraisier). — Cal. et calicule à 5 div. ; pét. 5, obovales-orbiculaires ; styles latér., marcescents ; carp. secs, nombreux, sur un récept. accrescent, charnu-succulent, odorant, savoureux (*fraise*). — Herbes vivaces ; souche à stolons radicants (*coulants*) ; f. à 3 fol. ; stip. soudées aux pétioles ; fl. blanches, en cymes pauciflores.

1. Cal. redressé, appliqué et adhérent au fr., celui-ci subglobuleux . . . . *F. collina.*
Cal. étalé-réfléchi, n'adhérant pas au fr., celui-ci ovoïde 2
2. Pédic. couverts de poils appliqués ; fol. latér. sessiles. . . . . *F. vesca.*
Pédic. couverts de poils étalés ; fol. latér. pétiolulées. . . . . *F. elatior.*

F. vesca L. (Fraisier). — Stolons allongés, radicants, munis d'écailles dans l'intervalle des bouquets de f. ; récept. peu adhérent au cal, muni de carp. jusqu'à la base. — ♃. — Avril-mai. — T. C. — Bois, lieux incultes. — Pl. off. ; rhizome très astringent.

F. elatior Ehrh. (Capron). — Pl. plus élevée, à stolons

rares ou nuls, munis d'écailles dans l'intervalle des bouquets de f. ;
fl. très grandes, souv[t] stériles ; récept. adhérent au cal., sans
carp. à la base. — ♃. — Avril-mai. — T. R. — Forêt du
Grand-Jailly près Montbard.

F. collina Ehrh. (Capiton, Breslinge, Taque-marteau). —
Stolons ord[t] sans écailles ; pédic. à poils appliqués ou un peu étalés ;
fol. toutes pétiolulées ; récept. à base rétrécie et dépourvue de
carp. — ♃. — Mai-juin. — A. C. — Bois, pelouses argileuses.
— Dijon, la Côte, St-Remy, etc.

9. RUBUS Tourn. (Ronce). — Cal. à 5 div. ; pét.
5 ; styles subterminaux, marcescents ; carp. ord[t]
nombreux, 1-spermes, drupacés-succulents, groupés en tête sur un récept. conique, persistant. —
Tiges ord[t] ligneuses, sarmenteuses, aiguillonnées ;
f. palmatiséquées, rar[t] pennatiséquées, à stip.
linéaires ; fl. blanches, carnées ou roses, en panicules
axillaires ou terminales.

1. Tiges grêles, courtes, herbacées ; stip. naissant sur la tige ; carp.
    peu nombreux . . . . R. *saxatilis.*
    Tiges robustes, allongées, frutescentes ; stip. naissant sur le
    pétiole ; carp. ord[t] nombreux 2
2. F. des tiges stériles pennatiséquées ; carp. rouges ou jaunes,
    se détachant du récept. . . . . R. *idæus.*
    F. toutes palmatiséquées ; carp. pourprés, bleuâtres ou noirs,
    adhérents au récept. 3
3. Tiges cylindracées ou obscur[t] anguleuses 4
    Tiges anguleuses, à 5 faces planes ou canaliculées . . 8
4. Fol. latér. sessiles. 5
    Fol. latér. pétiolées 6
5. Tiges glaucescentes ; cal. redressé après la floraison ; fr. d'un
    noir bleuâtre, couverts d'une poussière blanche. . . .
    . . . . R. *cæsius.*
    Tiges rar[t] glaucescentes ; cal. étalé ou réfléchi après la flo-
    raison ; fr. noirs. . . . . R. *nemorosus.*
6. Tiges velues, peu ou point glanduleuses ; aiguillons cauli-
    naires tous semblables, robustes ; f. blanches-tomenteuses
    à la face infér . . . . R. *vestitus.*
    Tiges très glanduleuses ; aiguillons caulinaires dimorphes,
    les uns sétacés, les autres robustes ; f. vertes sur les
    2 faces. 7

7. Pétiole arrondi ; pét. écartés ; cal. d'abord dressé, puis
étalé-réfléchi à la maturité . . . . . *R. glandulosus.*
Pétiole canaliculé ; pét. rapprochés ; cal. toujours redressé
sur le fr. . . . . *R. hirtus.*
8. F. vertes sur les 2 faces ; cal. vert, bordé de blanc. . 9
F. blanches-tomenteuses sur la face infér. ; cal. blanc-tomen-
teux 10
9. Filets des étam. n'égalant que la moitié des carp. : tiges
arquées-décombantes. . . . . *R. nitidus.*
Filets des étam. égalant les carp. ; tiges dressées, non décombantes . . . . *R. suberectus.*
10. Fol. ovales ; pét. rosés, ovales, contigus entre eux. . . .
. . . . *R. discolor.*
Fol. oblongues ; pét. blancs, oblongs-étroits, non contigus
entre eux. . . . . *R. tomentosus.*

1. Feuilles des tiges stériles pennatiséquées.

R. idæus L. (Framboisier). — Tiges dressées, cylindriques, munies d'aiguillons faibles, sétacés ; f. tomenteuses en
dessous, à fol. ovales, celles des rameaux fertiles à 3 fol. ; cal.
étalé, puis réfléchi ; fl. blanches, fasciculées ; carp. nombreux,
veloutés, parfumés. — ♄. — Mai-juin. — A. C. — Bois. — La
Côte, le Pays-Bas, le Morvan. — Fréq^t cultivé. — Pl. off. ; fr.
(*framboise*) très parfumé, rafraîchissant.

2. Feuilles toutes palmatiséquées.

1. Tiges herbacées ; stipules naissant de la tige.

R. saxatilis L. — Tiges fertiles dressées, les stériles
couchées ; f. à 3 fol. ovales ; fl. blanches ou carnées, 3-6 en
cymes ombelliformes ; carp. 2-6, rouges, se détachant facil^t du
récept. — ♃. — Juin-juill. — R. — Bois des coteaux calcaires.
— Val-des-Choux, Panges, Val-Suzon, Marey-sur-Tille, Tarsul,
Vernois.

2. Tiges ligneuses ; stipules naissant du pétiole.
** Tiges cylindriques ou obscurément anguleuses.*

R. cæsius L. (Mûres, Mûrons). — Tiges grêles, peu
élevées, couvertes d'aiguillons sétacés, les stériles couchées ; f. à
3, rar^t 5 fol., les la-ér. sessiles ; fl. blanches, en corymbes peu
fournis ; cal. glanduleux, redressé-appliqué ; carp. gros, peu nombreux, adhérents au récept. — ♄. — Juin-sept. — T. C. —
Champs, berges des rivières.
Tiges plus robustes ; fr. à peine glaucescents ; cal. subétalé :
var. *agrestis* W. et N. — A. R. — Haies. — Moutier-
St-Jean, St-Remy, etc.

R. nemorosus Hayne. — *R. corylifolius* DC. ; Lorey, 289. — Tiges stériles grêles, couchées, allongées, munies d'aiguillons rares, vulnérauts ; f. à 3-5 fol. la terminale ovale-acuminée ; fl. blanches ou rosées, en grappes allongées ; cal. d'un vert cendré, réfléchi à la maturité. — ♄. — Juin-sept. — C. — Bois, broussailles.

R. glandulosus Bell. — Tiges robustes, pubescentes-glanduleuses, à aiguillons sétacés, les stériles couchées ; f. à 3 fol. grandes, ovales, velues, les latér. pétiolées ; cal. tomenteux, vert, avec une bordure blanche ; pét. elliptiques, distants ; fl. blanches ou rosées, en panicules lâches, irrég. ; carp. 10-20, d'un noir luisant. — ♄. — Juin-sept. — A. C. — Bois argileux.

R. hirtus W. et N. — Diffère du précédent par ses pétioles canaliculés en dessus, sa panicule plus serrée, à rameaux dressés, son cal. toujours appliqué sur le fr. — ♄. — Juin-juill. — C. — Bois argileux.

R. vestitus W. et N — Tiges robustes, velues mais non glanduleuses, à aiguillons droits, robustes ; f. caulinaires à 5 fol. veloutées en dessous, les latér. pétiolées ; cal. glanduleux ; pét. orbiculaires, rapprochés ; fl. blanches ou rosées, en panicules grandes, velues. — ♄. — Juin-juill. — A. C. — Bois.

·· Tiges anguleuses, à 5 faces planes ou canaliculées.

R. suberectus Anders. — Tiges robustes, à 5 faces presque planes, munies d'aiguillons rares, élargis à la base ; f. à 3-5 fol. ovales-oblongues, vertes sur les 2 faces, les latér. subsessiles ; fl. grandes, blanches ou carnées, en panicules lâches, étroites, fastigiées ; fr. assez gros, noirs, à carp. nombreux. — ♄. — Juin-juill. — C. — Bois granitiques. — Saulieu, Semur, St-Andeux, etc.

 Tiges peu robustes ; aiguillons plus grêles ; f. à 5-7 fol. ; carp. peu nombreux : var. *pseudo-idæus* (*R. pseudo-idæus* Mill.). — R. — Bois granitiques. — Ste-Isabelle, Grandvau.

R. nitidus W. et N. — Tiges très longues, radicantes au sommet, à faces planes, munies d'aiguillons droits ; fol. 5-3, vertes sur les 2 faces, les latér. subsessiles ; fl. blanches ou d'un blanc rosé, en panicules peu fournies. — ♄. — Juin-juill. — C. — Bois siliceux et granitiques. — Le Morvan, le Val-de-Saône.

R. discolor W. et N. — *R. fruticosus* Lorey, 290, pro parte ; non L. — Tiges stériles arquées-décombantes, régᵗ anguleuses de la base au sommet, les florifères arrondies à la base, anguleuses au sommet, à faces un peu canaliculées ; aiguillons droits ou crochus ; fol. 3-5, blanchâtres en dessous, toutes pétio-

lées ; fl. en grappes denses, larges. — ♄. — Juin-juill. — T. C.
— Bois, haies

> Tiges bleuâtres, fort[t] anguleuses ; fol. à face supér. convexe ;
> inflor. pubescentes. à pédonc. dressés ; carp. nombreux,
> petits : var. *rusticanus* (*R. rusticanus* Mercier).
> Tiges verdâtres, peu anguleuses ; fol. à face supér. plane ou
> concave ; inflor. très velues, à pédonc. plus ou moins
> étalés : carp. gros, peu nombreux : var. *collinus* Royer.

R. tomentosus Borkh. — *R. fruticosus* Lorey, 290,
pro parte ; non L. (Mûres, Mûrons). — Tiges stériles à 5 faces
canaliculées, les florifères grêles, arquées, non arrondies à la base ;
aiguillons courts, robustes, droits ou crochus ; fol. 3-5, petites,
rhomboïdales-oblongues. tomenteuses en dessous ; fl. petites, en
grappes étroites, allongées. — ♄. — Juin-juill. — A. R. — Haies,
bords des chemins. — Dijon, Val-Suzon, la Côte.

Nous ne donnons ici que les espèces les mieux caractérisées de
ce genre à formes si nombreuses. - Pl. off. ; leurs f. astringentes
sont employées dans le traitement des angines légères.

ROSÉES.

*Étamines nombreuses, épigynes ; ovaire infère ;
carpelles nombreux, secs, 1-spermes, indéhiscents, renfermés dans le réceptacle accrescent
et charnu à la maturité.*

10. Rosa Tourn. (Rosier). — Cal. à 5 div. foliacées, ord[t] pennatiséquées ; pét. 5, larges ; styles
latér., libres ou soudés en colonne ; récept. globuleux ou ovoïde, renfermant les carp. entremêlés de
poils. — Arbustes munis d'aiguillons, à f. imparipennées, pourvues de stip. soudées au pétiole ; fl.
grandes, solitaires ou en corymbes.

> 1. Aiguillons ord[t] grêles, arrondis, sétacés ou subulés, droits
>   ou à peine arqués 2
>   Aiguillons robustes, comprimés, élargis à la base, fort[t] re-
>   courbés et crochus 3
> 2. Aiguillons sétacés ; f. glabres ; fr. globuleux-déprimé, cou-
>   ronné par les sép. persistants . . . . *R. spinosissima.*

Aiguillons subulés ; f. tomenteuses ; fr. ovoïde, atténué au
   sommet, non couronné par les sép. . . . *R. tomentosa.*

3. Fol. très glanduleuses en dessous, plus ou moins odorantes
   quand on les froisse 4
   Fol. glabres, pubescentes ou tomenteuses, mais non glanduleuses, et inodores 6

4. Fol. très odorantes ; fl. d'un rose vif ; styles velus. . . .
   . . . . *R. rubiginosa.*
   Fol. peu odorantes ; fl. blanches ou d'un rose pâle ; styles
   presque glabres. 5

5. Pétioles glabres ; fol. atténuées à la base, glabres en dessous.
   . . . . *R. sepium.*
   Pétioles pubescents ; fol. arrondies à la base, pubescentes en
   dessous . . . . *R. micrantha.*

6. Styles pubescents ou velus, distincts et non rapprochés en
   colonne. . . . . *R. canina.*
   Styles glabres, réunis ou rapprochés en colonne plus ou
   moins saillante 7

7. Rameaux dressés ; sép. pennatiséqués . . . *R. stylosa.*
   Rameaux allongés, décombants ; sép. presque entiers. . .
   . . . . *R. arvensis.*

1. Aiguillons sétacés ou subulés.

R. spinosissima L. — *R. pimpinellifolia* Auct. ; Lorey,
307 ; Royer, 170 ; non L. — Tiges peu élevées. grêles ; aiguillons
nombreux, inégaux ; f. à 5-9 fol. petites, ovales, glabres, simpl^t
dentées, semblables aux f. de Pimprenelle : stip. g abres ; fl.
blanches, rar^t rosées, solitaires, odorantes, à pédonc. glabres ou
hispides ; sép. entiers ; fr. glabres, bruns à la maturité. — ♃. —
Mai-juin. — C. — Coteaux et bois de la Côte. — Dijon, Santenay,
Essarois, etc.
   F. odorantes, pubescentes-glanduleuses ; fl. la plupart stériles ;
   fr. comme dans l'espèce précédente : *R. biturigensis* Bor.
   — T. R. — Un seul pied à Santenay, friches du coteau derrière le village (probablement hybride des *R. spinosissima*
   et *rubiginosa*).

R. tomentosa Sm. — *R. villosa* Lorey, 309. — Tiges
assez élevées, robustes ; aiguillons égaux, peu nombreux ; f. à
pétioles velus-tomenteux, à 5-7 fol. assez grandes, ovales-aiguës,
doubl^t dentées ; stip. pubescentes-glanduleuses ; fl. d'un rose clair,
solitaires ou en corymbes ; sép. pennatiséqués ; fr. d'un rouge
orangé. — ♃. — Mai-juin. — A. C. — Haies, bois. — Antheuil,
St-Romain, Saulieu, vallon du Suzon, Moloy, Val-des-Choux, etc.
   Fr. plus gros, hispides, subglobuleux : var. *subglobosa* (*R.
   subglobosa* Sm.). — Forêt de Velours.

Fr. très gros, globuleux, très hérissés, violacés, rougeâtres, pulpeux dès le mois d'août ; cal. persistant sur le fr. : *R. pomifera* Herm. — Indiqué par Lombard à Eschamps et Montabon ; n'a pas été revu.

2. *Aiguillons vigoureux, larges à la base, crochus.*

1. Feuilles non glanduleuses en dessous, non odorantes par froissement.

R. arvensis Huds. — Arbrisseau à rameaux faibles, rampants ; aiguillons presque tous égaux ; fol. ovales ou subelliptiques, glaucescentes en dessous, simpl^t dentées ; stip. pubescentes en dessous ; fl. blanches ; styles glabres, réunis en colonne égalant ou dépassant les étam. ; fr. ovoïdes ou subglobuleux. — ♄. — Mai-juin. — C. — Bois, bords des chemins, haies.

Fl. entourées de 2-3 grandes bractées ; jeunes rameaux et pédonc. ord^t d'un violet glauque : var. *bibracteata* (*R. bibracteata* Bast.). — Villenotte, Velars.

R. stylosa Desv. — *R. arvensis* var. *stylosa* Royer, 170. — Arbrisseau à rameaux dressés, vigoureux ; aiguillons fort^t arqués ; fol. ovales-aiguës, ord^t pubescentes en dessous. simpl^t dentées ; stip. pubescentes ; fl. blanches ou rosées ; styles glabres, réunis en colonne plus courte que les étam. ; fr. ovoïdes. — ♄. — Mai-juill. — A. R. — Haies, bords des chemins. — L'Auxois, Buffon, Villenotte.

R. canina L. (Églantier). — Tiges robustes, à rameaux allongés, étalés ; aiguillons très robustes, fort^t arqués ; fol. ord^t grandes, glabres ou subpubescentes, simpl^t ou doubl^t dentées ; pédonc. glabres ou velus ; sép. pennatiséqués, caducs ; styles distincts, velus ou pubescents ; fl. odorantes, blanches ou roses, solitaires ou en corymbes ; fr. ovoïdes ou subglobuleux. — ♄. — Mai-juin. — T. C. — Haies, bois, bords des chemins. — Pl. off.; le fr. (*cynorrhodon*) sert à préparer une conserve astringente.

Formes ou variétés très nombreuses, élevées par beaucoup d'auteurs au rang d'espèces. Nous n'en citerons que quelques-unes :

Pl. ent^t glabre ; fol. simpl^t dentées ; cette forme se rapporte au type linnéen : *R. canina* L. et ses var.

Pétioles glanduleux ; fol. doubl^t dentées, sans villosités ; pédonc. et récept. lisses : *R. dumalis* Bechst. et ses var.

Pétioles glanduleux ; fol. glabres, simpl^t ou doubl^t dentées pédonc. et récept. plus ou moins hispides-glanduleux : *R. andegavensis* Bast.

Pétioles velus ou tomenteux ; fol. ord^t simpl^t dentées, plus ou

moins velues sur les 2 faces ; pédonc. lisses : *R. dumetorum* Thuill. et ses var.

Pétioles velus ou tomenteux ; fol. simpl^t ou doubl^t dentées,
plus ou moins pubescentes ; pédonc. hispides-glanduleux :
R. collina Jacq.

2. Feuilles glanduleuses en dessous, odorantes par le
froissement.

R. rubiginosa L., pro parte. — Tiges dressées, robustes, à rameaux courts ; aiguillons nombreux, les uns droits,
les autres arqués ; f. à pétioles pubescents-glanduleux ; fol. 5-7,
ovales-arrondies ou aiguës, glabres ou velues en dessous, chargées
de glandes nombreuses à odeur de pomme reinette ; fl. d'un rose
ord^t vif. ; pédonc. hérissés-glanduleux ; styles hérissés, laineux ou
velus ; fr. ovoïdes ou subglobuleux, lisses ou hérissés de glandes
stipitées. — ♄. — Mai-juin. — C. — Haies, bois, coteaux arides.
— Var. nombreuses :

Aiguillons dégénérant en soies au sommet :

Fl. en corymbes ; styles velus ou glabres : R. *umbellata*
Leers.

Fl. solitaires ; styles hérissés ; cal. persistant sur le fr. :
R. comosa Rip.

Aiguillons ne dégénérant pas en soies au sommet :

Styles glabres ; fol. ovales : *R. permixta* Deség.

Styles hérissés ; fol. assez grandes, arrondies ; fr. assez gros :
R. rotundifolia Rau.

Styles velus ; fl. et f. très petites ; fr. de la grosseur d'un
pois : *R. minuscula* Ozanon et Gillot.

Toutes ces formes sur les coteaux calcaires : Dijon, Velars,
Meursault, etc.

R. sepium Thuill. — *R. rubiginosa* var. *sepium* Royer,
169. — Tiges dressées, à rameaux allongés ; aiguillons tous arqués ; f. à pétiole glabre et glanduleux ; fol. ovales-lancéolées,
atténuées aux deux extrémités, glabres en dessous et chargées de
nombreuses glandes peu odorantes ; fl. blanches ou rosées ; pédonc. glabres ; styles glabres ; fr. ord^t ovoïdes, glabres. — ♄. —
Mai-juin. — A. C. — Coteaux.

R. micrantha Sm. — *R. rubiginosa* var. *micrantha* Royer,
169. — Tiges dressées ou flexueuses, à rameaux un peu grêles,
allongés ; aiguillons robustes, arqués ; f. à pétioles pubescents-
glanduleux ; fol. petites, ovales-arrondies, pubescentes en dessous,
à glandes peu odorantes ; fl. d'un rose pâle ; pédonc. hérissés de
glandes ; styles glabres ou à peu près ; fr. ovoïdes, nus ou hérissés. — ♄. — Mai-juin. — A. C. — Coteaux arides, haies.

Plusieurs espèces du genre *Rosa* cultivées dans les jardins se trouvent qqfois à l'état subspontané : le *R. Eglanteria* L., si facil^t reconnaissable à ses fl. grandes, d'un jaune vif, répandant une odeur de punaise ; le *R. gallica* L. var. *parvifolia* DC., cultivé dans les vignes, sous-arbrisseau de quelques déc. de haut, à f. et fl. très petites ; on le connaît sous le nom vulgaire de Rosier de Mai ; le *R. cinnamomea* L., arbrisseau à rameaux d'un brun cannelle, à fol. ovales, pubescentes sur les 2 faces, à fl. court^t pédonculées, roses ou rouges.

Les *R. centifolia* L. et *damascena* Mill. (culture off.) fournissent une eau distillée aromatique et astringente ; le bouton du *R. gallica*, Rose de Provins (culture off.), est très astringent.

AGRIMONIÉES.

Fleurs quelquefois unisexuées ; étamines nombreuses ou 1-4 ; calice à 5 divisions ; pétales nuls, rarement 5 ; ovaire ordinairement infère ; carpelles 1-2, rarement 3, secs, 1-spermes, renfermés dans le réceptacle devenu ligneux.

11. AGRIMONIA Tourn. (Aigremoine). — Cal. à 5 div. persistantes ; pét. 5 ; étam. 12-15 ; styles terminaux ; carp. 1-2, renfermés dans le récept. devenu ligneux, hérissé au sommet de soies subulées-crochues. — Pl. herbacées, à f. pennatiséquées ; fl. jaunes, en longues grappes spiciformes. — Toniques et astrigentes, comme toutes les Agrimoniées.

Fol. parsemées de glandes résineuses, brillantes, odorantes. . . . . *A. odorata.*
Fol. non munies de glandes. . . . . . *A. Eupatoria.*

A. Eupatoria L. (Aigremoine). — Tige dressée, ord^t simple ; f. à segments ovales-aigus, velus-tomenteux en dessous, à dents profondes, et entremêlés de segments plus petits ; récept. fructifère en cône renversé, pourvu de sillons profonds et surmonté de soies, les extér. ascendantes. — ♃. — Juin-oct. — T. C. — Haies, buissons, bords des routes, bois. — Pl. off. ; tonique, astringente.

A. odorata Mill. — *A. Eupatoria* var. *odorata* Royer, 172. — Même port que l'espèce précédente ; f. à segments plus larges, non velus-tomenteux en dessous ; récept. fructifère plus gros, campanulé-sphérique, à sillons moins profonds, à soies extér. réfléchies. — ♃. — Juin-oct. — R. — Cîteaux, St-Sauveur, Seurre, Vellerot, Semur, etc.

12. ALCHEMILLA Tourn. (Alchemille). — Cal. à 8, rar¹ 10 div. disposées sur 2 rangs, les extér. plus petites ; pét. nuls ; étam. 4-1 ; styles latér. ; achaines 1, rar¹ 2, renfermés dans le récept. fructifère induré. — Pl. herbacées, à fl. verdâtres.

Pl. grêle ; fl. en fascicules sessiles, opposés aux f. . . . . .
. . . . *A. arvensis.*
Pl. robuste ; fl. pédonculées, en cymes corymbiformes termi-
nales ou axillaires . . . . *A. vulgaris.*

A. vulgaris L. (Pied de lion). — Rac. robuste ; tiges dressées ou ascendantes ; f. amples, pubescentes, palmatilobées, à contour réniforme, plissées, dentées, à 5-9 lobes arrondis peu profonds ; div. du cal. presque égales. — ♃. — Mai-juill. — A. R. — Prés humides, bois argileux. — Val-Courbe, Baulme-la-Roche, Blaisy-Bas, Lugny, etc.
A. arvensis Scop. — Rac. grêle ; tiges couchées ou ascen-dantes ; f. petites, en coin à la base, 3-partites, à segments 3-5-fides ; div. du cal. très inégales, les extér. réduites à de petites dents. — ② ou ①. — Mai-juill. — C. — Champs secs et sablon-neux.

13. SANGUISORBA L. — Cal. à 4 div. caduques ; pét. nuls ; étam. 4 ; style terminal ; carp. (*achaine*) 1, renfermé dans le récept. induré. — Pl. à f. im-paripennées ; fl. hermaphr., sessiles, en épis termi-naux ovoïdes ou subglobuleux.

S. officinalis L. (Grande Pimprenelle). — Tiges élevées, presque nues ; f à fol. nombreuses, ovales-cordées, dentées ; fl. d'un pourpre foncé, munies de bractées lancéolées ; récept. fruc-tifère à 4 angles ailés. — ♃. — Juill.-août. — A. C. — Prés tourbeux. — Châtillon, Val-Suzon, Val-des-Choux, le Pays-Bas, etc. — Pl. très vantée autrefois comme vulnéraire.

14. POTERIUM L. (Pimprenelle). — Fl. monoïques

et polygames ; cal. à 4 div. caduques ; pét. nuls ;
étam. 20-30, long^t pendantes ; style terminal ;
carp. 2, rar^t 3 (*achaines*), enfermés dans le récept.
induré. — Herbes à f. imparipennées ; fl. verdâtres,
tachées de pourpre, en capit. globuleux terminaux,
les femelles au sommet, les mâles et les hermaphr.
à la base.

Achaines à 4 angles saillants, à faces plus ou moins réticulées.
. . . . *P. dictyocarpum.*
Achaines à 4 angles ailés, à faces munies de fossettes ou de
rugosités profondes, à bords dentés. . . *P. polygamum.*

P. dictyocarpum Spach. — *P. Sanguisorba* L., pro
parte ; Lorey, 301 ; Royer, 414. — Souche subligneuse ; tiges
dressées, anguleuses ; f. à 9-25 fol. ovales ou arrondies, cordées,
dentées, petiolulées ; fl. munies de bractées écailleuses. — ♃. —
Mai-août. — T. C. — Prés, lieux herbeux.
Fol. vertes et glabres ; achaines à faces obscur^t réticulées :
var. *virescens* Spach.
Fol. glaucescentes, munies de quelques poils apprimés ;
achaines à faces fort^t réticulées : var. *glaucum* Spach.

P. polygamum W. et K. — *P. Sanguisorba* L., pro
parte ; Lorey, 301. — *P. muricatum* Spach ; Royer, 414. — Ne
diffère de l'espèce précédente que par ses achaines à angles ailés,
à faces munies de fossettes ou de rugosités. — Mêmes stations.

PYRÉES.

*Calice à 5 divisions ; pétales 5 ; étamines nom-
breuses ; ovaire infère ; styles 1-5 ; fruit charnu,
couronné par les dents du calice (œil), à 5 loges
ou moins, renfermant chacune 1-2 graines,
rarement plus, à endocarpe coriace (fruit à
pépins) ou osseux (fruit à noyaux). — Arbres ou
arbrisseaux à feuilles alternes ou fasciculées,
à stipules libres, caduques ; fleurs blanches ou
roses.*

15. MESPILUS Tourn. (Néflier). — Cal. tomenteux, à div. foliacées couronnant le fr., celui-ci

ombiliqué, à 5 noyaux osseux, 1-spermes ; styles 2-5 ; fl. solitaires, subsessiles.

M. germanica L. — Arbrisseau à rameaux épineux ; f. oblongues, brièv^t pétiolées, velues en dessous ; fl. grandes, blanches ou rosées ; fr. bruns à la maturité, larg^t ouverts au sommet en 5 lobes. — ♄. — Fl. mai, fr. oct. — R. — Haies, bois. — Vauchignon, Beaune près la source de la Bouzaise, Villy-le-Mou-tier. — Cultivé.

16. CRATÆGUS L. (Aubépine). — Cal. à 5 dents courtes, persistantes ; styles 1-3 ; fr. subglobuleux, rouge à la maturité, à 1-3 noyaux osseux, 1-sper-mes. — Arbrisseaux épineux, à f. lobées ou inci-sées ; fl. blanches ou rosées, en corymbes.

Style 1 ; f. à lobes profonds, aigus, en coin à la base . . . . *C. monogyna.*
Styles 2-3 ; f. à lobes peu profonds, arrondis à la base. . . . . *C. Oxyacantha.*

C. Oxyacantha L., pro parte. — Var. *obtusata* DC. ; Lorey, 312. — Var. *oxyacanthoides* (*C. oxyacanthoides* Thuill.) ; Royer, 175 (Épine blanche, Aubépine, Ébaupin, Senelles). — Jeunes rameaux glabres ; f. d'un vert foncé sur les 2 faces, à nervures convergentes ; récept. et cal. glabres ; fr. à 2-3 noyaux. — ♄. — Fl. mai, fr. août-sept. — C. — Haies, buissons.

C. monogyna Jacq. — *C. Oxyacantha* L. var. *laciniata* Wallr. ; Lorey, 312. — Var. *monogyna* Royer, 175. — Jeunes rameaux velus ; f. d'un vert clair, glauques en dessous, à nervures divergentes ; récept. et cal. pubescents ; fr. à un seul noyau, rar^t deux.— ♄. — Fl. fin mai, fr. août-sept.— C.— Haies, buissons.

17. CYDONIA Tourn. (Cognassier). — Cal. à 5 div. foliacées, persistantes, dentées, un peu accrescentes ; styles 5 ; fr. très gros, pyriforme, couvert d'une laine floconneuse, à œil très étroit, à 10-15 pépins entourés de mucilage.

C vulgaris Tourn.— Arbre à jeunes rameaux tomenteux ; f. coriaces, ovales, entières, obtuses au sommet, arrondies ou tron-quées à la base, cotonneuses en dessous, brièv^t pétiolées ; fl. grandes, d'un blanc rosé, solitaires, subsessiles ; fr. jaunes, odorants. — ♄.

— Fl. mai, fr. sept. — Cultivé. — Pl. off.; fr. astringent.; gr. mucilagineuses, émollientes.

18. Pyrus Tourn. (Poirier). — Cal. à 5 div. courtes, non accrescentes; styles 5; fr. globuleux ou pyriforme, à œil étroit, à endocarpe coriace-parcheminé, ord^t à 10 pépins. — Arbres à rameaux spinescents à l'état sauvage; fl. en fascicules ombelliformes.

Fl. blanches; styles libres; fr. non ombiliqué à la base. . . . . *P. communis.*
Fl. rosées; styles réunis à la base; fr. ombiliqué à la base . . . . *P. Malus.*

P. communis L. (Poirier, Écot, Sauvageon). — Bourgeons glabres; f. long^t pétiolées, ovales-oblongues, brièv^t acuminées, fin^t dentées ou crénelées, d'abord velues, puis glabres; anthères purpurines; fr. long^t pédonculés, acerbes, sucrés chez les individus cultivés. — ♄. — Fl. avril, fr. juill.-sept. — C. — Bois. — Nombreuses var. cultivées. — L'écorce de la var. amère est fébrifuge.

Fr. globuleux : var. *Pyraster* . . (*P. Pyraster* Wallr.).
Fr. pyriforme ou turbiné : var. *Achras.* (*P. Achras* Spach).
Fr. très petit; f. cordiformes-orbiculaires, obtuses : var. *cordata* (*P. cordata* Desv.). — R. — Bois-Derrière à Santenay.

P. Malus L. — *Malus communis* Lam.; Royer, 177 (Pommier, Écot, Sauvageon). — Arbre élevé, non spinescent, à bourgeons tomenteux; f. court^t pétiolées, ovales-oblongues, brièv^t acuminées, fin^t dentées ou crénelées, plus ou moins velues-grisâtres en dessous à l'âge adulte; anthères d'un blanc jaunâtre; fr. globuleux ou déprimés, court^t pédonculés, sucrés à la maturité. — ♄. — Fl. avril-mai, fr. sept. — Cultivé.

Arbre moins élevé, spinescent; bourgeons velus mais non tomenteux; f. complèt^t glabres en dessous à l'âge adulte; fr. petits, à saveur acerbe : var. *austera* Wallr. (*P. acerba* DC.). — C. — Haies, bois.

19. Cotoneaster Medik. — Cal. à 5 dents courtes, persistantes; styles ord^t 3; fr. globuleux, à 2-5 noyaux osseux, faisant saillie au-dessus de l'œil.

C. vulgaris Lindl. — Sous-arbrisseau à f. ovales, très entières, blanches-cotonneuses en dessous; fl. d'un blanc rosé; fr. de la grosseur d'un pois, glabres, rouges. — ♄. — Fl. mai, fr. août. — R. — Marsannay-la-Côte, Antheuil, Gouville, Gevrey, Mont-Afrique, Val-Suzon, coteau des Carrières-Blanches à Dijon.

20. SORBUS Tourn. (Sorbier). — Cal. à 5 dents courtes, persistantes ; styles 2-5, ord^t 3 ; fr. assez petit, à œil très étroit, à endocarpe membraneux, mou, à 2-5 pépins. — Arbres non épineux, à fl. blanches, en corymbes rameux et multiflores.

1. F. imparipennées 2
F. palmatilobées, lobulées ou dentées 3
2. Cal. à dents recourbées en dehors ; fr. pyriforme, devenant brun et sucré à la maturité . . . . . . *S. domestica.*
Cal. à dents dressées, puis infléchies ; fruit globuleux, écarlate, acerbe . . . . *S. aucuparia.*
3. F. glabres sur les deux faces ; 2-5 styles glabres ; fr. brun, ovale . . . . *S. torminalis.*
F. tomenteuses en dessous ; 2-3 styles velus à la base ; fr. d'un rouge orangé 4
4. F. ovales-arrondies, doubl^t dentées, à tomentum d'un beau blanc . . . . *S. Aria.*
F. ovales-oblongues, lobulées, à tomentum d'un blanc jaunâtre. . . . . *S. latifolia.*

S. domestica L. — *Pyrus Sorbus* Gærtn. ; Lorey, 319 (Sorbier, Cormier). — Arbre à écorce noirâtre, à bourgeons glabres et visqueux ; fol. 11-19, oblongues, dentées, velues-grisâtres dans leur jeunesse, puis glabres ; fr. assez gros. — ♄. — Fl. mai, fr. sept. — C. — Bois. — Cultivé. — Fr. d'abord acerbe, puis comestible.

S. aucuparia L. — *Pyrus aucuparia* Gærtn. ; Lorey, 319 (Sorbier des oiseleurs). — Arbre à écorce grisâtre, à bourgeons tomenteux ; fol. 11-17, oblongues, dentées, velues-grisâtres en dessous dans leur jeunesse, puis glabres ; fr. petits. — ♄. — Fl. mai, fr. sept. — R. — Haies, bois. — Semur, Laroche-en-Brenil, Rouvray, Saulieu, Melin près Liernais.

S. Aria Crantz. — *Pyrus Aria* Ehrh. ; Lorey, 317 (Alisier, Allier). — Arbre à écorce brune, lisse ; f. à dents et à lobes décroissant du sommet de la f. à sa base, celle-ci presque entière ou à peine dentée ; fr. subglobuleux, pulpeux, acidules. — ♄. — Fl. mai, fr. sept. — C. — Bois, rochers des coteaux calcaires.

S. latifolia Pers. (Allier jaune). — Arbre à écorce brune, lisse ; f. à lobes décroissant de la base au sommet de la f., les infér. assez grands, étalés ; fr. subglobuleux, à saveur sucrée. — ♄. — Fl. mai, fr. sept. — T. R. — Bois. — St-Remy.

S. torminalis Crantz.— *Pyrus torminalis* Ehrh.; Lorey,
318 (Alouchier). — Arbre élevé, à écorce grisâtre; f. à 5-7 lobes
lancéolés-triangulaires, dentés, les infér. plus larges que les supér.;
fr. ovoïdes, bruns, ponctués de jaune, acidules. — ♄. — Fl. mai,
fr. sept. — C. — Bois.

Royer a de plus signalé deux *Sorbus* nouveaux pour la Côte-
d'Or : *S. scandica* Fries et *S. fallacina* Royer. Le premier se distingue du *S. Aria* par ses f. à face supér. lisse, faibl^t ridée, à face
infér. grisâtre-subtomenteuse. à limbe assez prof^t lobé dans sa
partie moyenne, à lobes inégal^t dentés. — Bois. — Quincy. — Le
second se différencie du *S. latifolia* par ses boutons glabres, la
grande profondeur de ses lobes foliaires, la faible vestiture de la
face infér. de ses f., et du *S. torminalis* par la pubescence de la
face infér. de ses f., par ses fr. plus gros, d'une teinte gris roux
mêlée de jaune, et d'une saveur fade après la blétissure. — Bois
de Quincy.

21. AMELANCHIER Medik. — Cal. à div. linéaires-
lancéolées, persistantes ; pét. linéaires-oblongs,
cunéiformes ; styles 5, soudés à la base ; fr. petit,
subglobuleux, à œil très étroit, à endocarpe membraneux, à 10 pépins.

A. vulgaris Mœnch. — Arbrisseau à écorce rougeâtre ;
f. ovates-obtuses, dentées, d'abord tomenteuses en dessous, puis
glabrescentes ; fl. blanches, en cymes pauciflores latér. et terminales ; fr. d'un noir bleuâtre, de la grosseur d'un pois. — ♄. —
Fl. avril-mai, fr. juill.-août. — A. R. — Roches et coteaux calcaires — Plombières, la Côte, Flavigny, St-Remy, Dijon, etc.

XXXIV. LYTHRARIÉES Juss.

Fl. rég. ou presque rég. Cal. à 8-12 div. insérées
en 2 rangs sur le récept. creusé en coupe. Pét. 4-6,
rar^t nuls. Étam. 4-12, rar^t moins par avortement. Ov. supère. Style filiforme ou presque nul.
Stigm. ord^t capité. Fr. capsulaire, à 2, rar^t 4-5 loges
polyspermes. — Pl. à tiges herbacées ou sous-fru-
tescentes à la base, à f. opposées ou alternes, simples,

entières, munies de stip. axillaires très petites. Fl. axillaires, solitaires ou géminées, ou en glomérules.

Récept. allongé, tubuleux ; pét. grands ou assez grands. . . . . *Lythrum* (1).
Récept. court, campanulé ; pét. petits ou nuls. *Peplis* (2).

1. LYTHRUM L. (Salicaire). — Cal. à div. extér. plus longues ; pét. 4-6 ; étam. 4-12 ; style filiforme ; caps. oblongue, renfermée dans le récept. persistant.

Fl. en glomérules disposés dans leur ensemble en une longue grappe spiciforme feuillée ; récept. et cal. pubescents . . . . *L. Salicaria.*
Fl. solitaires ou géminées, axillaires ; récept. et cal. glabres. . . . . *L. Hyssopifolia.*

L. Salicaria L. (Salicaire). — Tiges élevées, dressées, ord^t rameuses, anguleuses, pubescentes au sommet ; f. gén^t opposées ou ternées, lancéolées, cordées à la base ; étam. 12 ; fl. rouges, à pét. dépassant long^t le cal. — ♃. — Juill.-août. — C. — Bords des eaux, fossés, lieux humides. — Pl. astringente, tonique.

L. Hyssopifolia L. — Pl. glabre, à tiges grêles, simples ou rameuses, arrondies ; f. souv^t alternes, linéaires-oblongues ; étam. 5-6 ; fl. petites, purpurines. — ②. — Juill.-août. — A. R. — Bords des étangs, champs des sols argileux de la plaine et de la montagne. — Lisières des bois du Pays-Bas, Vielverge, Seurre, Rouvray, Semur, etc.

2. PEPLIS L. — Cal. à 12 div., les extér. plus courtes ; pét. 6, très petits ou nuls ; étam. 6 ; style très court ; caps. subglobuleuse, entourée dans sa moitié infér. par le récept. persistant.

P. Portula L. — Pl. souv^t rougeâtre, à tiges grêles, glabres, ord^t couchées-radicantes ; f. ord^t toutes opposées, très glabres, obovales ou spatulées ; fl. petites, axillaires et solitaires. d'un rose verdâtre. — ①. — Juill.-sept — A. C. — Lieux marécageux ou inondés, fossés, bords des étangs dans les alluvions siliceuses et les terrains granitiques du Pays-Bas et du Morvan.

XXXV. ONAGRARIÉES Juss.

Fl. ord^t rég. Cal. à 4 div. Pét. 4 ou nuls. Étam. 8, rar^t 4. Ov. infère. Style filiforme. Stigm. 4, étalés ou en massue. Fr. capsulaire, à 4 loges polyspermes. — Pl. herbacées ou sous-frutescentes à la base, à f. simples, opposées, éparses ou alternes ; stip. nulles ou rudimentaires. Fl. solitaires, axillaires ou en grappes terminales.

1. Pl. aquatique ; pét. nuls ; étam. 4. . . . . *Isnardia* (3).
   Pl. terrestres ; pét. 4 ; étam. 8. 2
2. Fl. jaunes . . . . *OEnothera* (2).
   Fl. rouges, roses ou blanchâtres. . . . *Epilobium* (1).

1. EPILOBIUM L. (Épilobe). — Récept. tubuleux, dépassant brièv^t l'ov. ; cal. caduc ; pét. 4 ; étam. 8 ; caps. linéaire-tétragone ; gr. à aigrette soyeuse. — F. ord^t lancéolées, dentées ; fl. en grappes terminales.

1. Pét. un peu irrég., entiers ou presque entiers ; style et étam.
   penchés 2
   Pét. rég., échancrés ; style et étam. dressés. 3
2. F. étroit^t linéaires, non veinées ; fl. en grappes courtes,
   feuillées jusqu'au sommet. . . . . *E. rosmarinifolium.*
   F. elliptiques-lancéolées, veinées ; fl. en longues grappes non
   feuillées au sommet . . . . *E. spicatum.*
3. Stigm. en croix 4
   Stigm. en massue 7
4. Tiges velues ; f. toutes, ou les supér. seul^t, sessiles . . 5
   Tiges glabres ou munies de petits poils crépus ; f. toutes pétiolées 6
5. F. toutes embrassantes, légèr^t décurrentes ; fl. grandes, purpurines. . . . . *E. hirsutum.*
   F. non embrassantes, les supér. sessiles ; fl. petites, d'un rose
   pâle . . . . *E. parviflorum.*
6. F. assez amples, ovales-aiguës, pétiolulées, presque toutes
   opposées ou verticillées. . . . . . *E. montanum.*

F. oblongues-lancéolées, long^t^ pétiolées, les infér. opposées, les supér. alternes. . . . . *E. lanceolatum.*

7. Tiges cylindriques, munies de 2-4 lignes de poils non saillantes . . . . *E. palustre.*

Tiges munies de 2-4 lignes saillantes. 8

8. F. sessiles ou subsessiles ; fl. dressées avant l'anthèse . . . . *E. adnatum.*

F. pétiolées ; fl. penchées avant l'anthèse. . *E. roseum.*

1. Pétales entiers ou à peine émarginés; étamines penchées ; stigmates en croix.

E. spicatum Lam. (Laurier de St-Antoine, Osier fleuri). . — Pl. glabre, à tiges élevées, droites, rougeâtres ; fl. grandes, d'un rouge violacé ; bractées égalant à peine les pédic. ; stigm. roulés en dehors. — ♃. — Juin-août.— A. R. — Broussailles, clairières des bois. — Saulieu, Auxonne, Pont-de-Pany, Bourberain, l'Auxois, bords du canal entre Velars et Fleurey, etc. — Anciennement usité comme vulnéraire et détersif.

E. rosmarinifolium Hænck. — Pl. glabrescente, à tiges dressées ; f. nombreuses, portant ord^t^ à leur aisselle de petits rameaux feuillés ; fl. purpurines ou blanchâtres, assez grandes ; bractées plus longues que les pédic. ; stigm. étalés ou dressés. — ♃. — Juin-août. — Lieux pierreux et humides. — R. — Chassagne, Rouvray, Époisses, talus du chemin de fer entre Plombières et Dijon.

2. Pétales échancrés ; étamines droites.

1. Stigmates étalés en croix.

E. montanum L.— Tige ord^t^ solitaire, simple ou rameuse dès la base (var. *ramosum* Lorey), souv^t^ rougeâtre ; fl. petites, d'un rose pâle, penchées avant l'anthèse. — ♃ ou ②. — Juin-août. — C. — Bois, haies, lieux ombragés.

E. lanceolatum S. et M.— Tige simple ou peu rameuse, dressée, souv^t^ rougeâtre, et garnie, aux aisselles des f. supér., de petits rameaux feuillés ; fl. d'abord penchées, blanches, puis d'un rose vif. — ♃ ou ②. — Juin-août. — T. R. — Lieux ombragés, rochers humides, surtout dans les sols granitiques. — Semur, Montberthault.

E. parviflorum Schreb.— *E. molle* Lam. ; Lorey, 334.— Tiges dressées, simples ou rameuses ; f. moll^t^ pubescentes-blanchâtres ; cal. à div. mutiques, aiguës. — ♃ ou ②. — Juin-oct.— T. C. — Lieux frais, bords des eaux.

E. hirsutum L. — Souche stolonifère : tiges élevées, simples ou rameuses ; f. molles : cal. à div. mucronées. — ♃. — Juill.-sept. — C. — Lieux humides, bords des ruisseaux.

2. Stigmates rapprochés en massue.

E. roseum Schreb. — Tige dressée ou ascendante, glabrescente ou à rameaux légèr[t] pubescents ; f. oblongues-lancéolées, inégal[t] dentées ; fl. petites, d'un rose pâle, striées. — ♃ ou ②. — Juin-août. — A. R. — Bords des chemins, lieux humides et sablonneux des terrains siliceux. — Arnay-le-Duc, Rouvray, Saulieu, Semur, etc.

E. adnatum Griseb.— *E. tetragonum* Auct. ; Lorey, 334 ; Royer, 181 ; an L. ?. — Tiges dressées ou ascendantes, ord[t] rameuses, plus ou moins glabrescentes ; f. lancéolées-linéaires, glabres, luisantes, fort[t] dentées, décurrentes sur la tige par 2-4 lignes saillantes ; fl. purpurines, très petites. — ♃ ou ②. — Juin-sept. — C. — Champs humides, bords des fossés.

> Pl. pubescente, à tiges grêles ; f. très brièv[t] pétiolées, presque entières ; lignes de décurrence moins saillantes que dans le type : var. *puberulum* (*E. Lamyi* Schultz). — A. R. — Taillis argileux. — St-Remy, Semur, etc.

> Stolons filiformes, allongés, feuillés dans toute leur longueur ; tige compressible ; lignes de décurrence très peu saillantes ; f. oblongues-lancéolées, sinuées ou denticulées : var. *obscurum* (*E. obscurum* Schreb.). — A. R. — Saulieu, Rouvray, Semur, etc.

E. palustre L. — Souche à stolons filiformes ; tiges rampantes, puis dressées ; f. sessiles ou subsessiles, ord[t] entières ; fl. petites, d'un rose blanchâtre ou blanches. — ♃. — Juin-août. — A. R. — Marécages, queues des étangs. — Auxonne, Saulieu, Rouvray, etc.

2. **ŒNOTHERA** L. (Onagre). — Récept. tubuleux, dépassant long[t] l'ov. ; cal. caduc. ; pét. 4, échancrés ; étam. 8 ; stigm. en croix ; caps. oblongue-subtétragone ; gr. sans aigrette. — F. éparses, entières ou denticulées.

Œ. biennis L. (Herbe aux ânes). — Tige robuste, dressée, rude, poilue ; f. ovales-lancéolées, obtuses, atténuées en pétiole, un peu velues ; fl. jaunes, grandes, légèr[t] odorantes, en longue grappe feuillée. — ② — Juin-sept. — A R. — Bords des chemins, lieux sablonneux dans la plaine. — Talus du chemin de fer de Langres, Seurre, Lamarche, Arcelot, bois de Pontailler, St-Jean-de-Losne, etc. — Rac. comestible.

3. **Isnardia** L. — Récept. tubuleux, ne dépassant pas l'ov. ; cal. persistant ; pét. nuls ; étam. 4 ; stigm. capité ; caps. courte, subtétragone ; gr. sans aigrette. — F. opposées, entières ; fl. axillaires.

I. palustris L. — Pl. aquatique, à tiges grêles, glabres, radicantes ou nageantes ; f. luisantes, oblongues-aiguës, atténuées en pétiole ; fl. verdâtres, peu visibles, sessiles à l'aisselle des f. — ♃. — Juin-juill. — R. — Mares, fossés du Val-de-Saône et du Morvan, Auxonne, St-Jean-de-Losne, Saulieu, Talmay, Vielverge, etc.

XXXVI. CIRCÉACÉES Lindl.

Récept. contracté au-dessus de l'ov. Cal. à 2 div. Pét. 2. Étam. 2. Ov. infère. Style simple. Stigm. subbilobé. Fr. sec, indéhisc., à 2 loges 1-spermes. — Herbes à f. opposées, simples, sans stip. Fl. en grappes terminales.

Circæa Tourn. (Circée). — Cal. caduc ; pét. 2-fides ; fr. couvert de poils crochus. — Pl. à tige simple ou peu rameuse ; fl. petites, blanches ou rosées.

Pédic. munis de fines bractées sétacées.   .   *C. intermedia.*
Pédic. sans bractées. . . . .   *C. lutetiana.*

C. lutetiana L. (Herbe à la sorcière). — Tige légèr[t] pubescente ; f. glabres, fermes, ovales-lancéolées, sinuées-dentelées, long[t] pétiolées ; pét. arrondis à la base ; grappes grêles, effilées. — ♃. — Juin-août. — A. C. — Bois ombragés, lieux frais. — Messigny, St-Remy, Pontailler, Seurre, Rouvray, Cîteaux, etc. — Pl. vantée autrefois comme résolutive.

C. intermedia Ehrh. — Pl. presque glabre, à f. molles, ovales-aiguës, cordées à la base, assez prof[t] dentées ; pét. cunéiformes, rétrécis à la base ; grappes peu fournies. — ♃. — Juill.-août. — T. R. — Bois humides du Morvan. — Saulieu.

XXXVII. HALORAGÉES Juss.

Fl. hermaphr. ou monoïques. Cal. à 4 div. Pét. 4, très petits ou nuls. Étam. 8, rar^t 4. Ov. infère. Style filiforme, ou 4 stigm. très gros, subsessiles. Fr. sec, indéhisc., qqfois presque ligneux. — Herbes aquatiques; submergées ou nageantes, à f. opposées ou verticillées; stip. soudées au pétiole ou nulles. Fl. axillaires, peu apparentes, souv^t disposées en verticilles à l'extrémité de la tige et des rameaux.

F. toutes pennatiséquées, à segments capillaires; stigm. 4, subsessiles . . . . *Myriophyllum* (1).
F. infér. pennatiséquées, les supér. rhomboïdales, dentées, en rosette; style filiforme . . . . *Trapa* (2).

1. MYRIOPHYLLUM Vaill. (Volant d'eau). — Fl. monoïques, les supér. mâles, les infér. femelles; cal. caduc; pét. très petits, ord^t nuls dans les fl. femelles; étam. 8; stigm. gros, papilleux, persistants; fr. à 4 coques 1-spermes. — Tiges très grêles; f. ord^t verticillées, pectinées; fl. rosées ou verdâtres.

1. F. supér. et fl., au moins les mâles, alternes; fr. lisse. *M. alterniflorum.*
F. et fl. toutes verticillées. . . . . 2.
2. F. ord^t verticillées par 5; bractées pectinées, dépassant plus ou moins long^t les fl. . . . . . *M. verticillatum.*
F. ord^t verticillées par 4; bractées entières ou dentées, égalant au plus les fl. . . . . *M. spicatum.*

M. verticillatum L. — Tiges d'un jaune verdâtre, presque simples; fl. en épis denses, à bractées presque aussi longues que les f. (var. *pinnatifidum* Wallr.), ou beaucoup plus courtes (var. *intermedium* Koch), ou dépassant à peine les fl. (var. *pectinatum* DC.). — ♃. — Juin-août. — A.C. — Fossés, rivières.

M. spicatum L. — Tiges rosées, rameuses; fl. en épis

grêles, interrompus au sommet et à la base, dressés avant l'anthèse. — ♃. — Juin-août. — C. — Mares, fossés, rivières.

M. alterniflorum DC. — Tiges très rameuses; f. ord^t verticillées par 4; bractées supér. plus courtes que les fl., celles-ci disposées en épis très grêles, pauciflores, penchés avant l'anthèse. — ♃. — Juin-août. — A. R. — Ruisseaux des terrains granitiques. — Saulieu, Rouvray, Laroche-en-Brenil.

2. Trapa L. (Macre). — Fl. hermaphr. ; étam. 4 ; style filiforme ; fr. 1-locul. et 1-sperme par avortement, ligneux, subglobuleux, muni de 4 épines robustes, provenant des div. accrescentes du cal.

T. natans L. (Cornuelle, Châtaigne d'eau). — F. supér. rhomboïdales, dentées, disposées en rosette nageante, à pétioles dilatés en un renflement creux, les infér. submergées, opposées, pectinées; fl. blanches, petites, à pédic. renflés-spongieux, placés à l'aisselle des f. supér. — ①. — Juill.-sept. — A. R. — Étangs, rivières. — Seurre, Arnay-le-Duc, Saulieu, vieille Saône à Pontailler, étangs du Val-Croissant et de Vic-sous-Thil, etc. — Fr. farineux et sucré, comestib'e.

XXXVIII. HIPPURIDÉES Link.

Périanthe herbacé, très petit, formant un rebord peu distinct au-dessus de l'ov. Étam. 1. Ov. infère. Style subulé, stigmatifère à la face interne. Fr. un peu charnu, 1-locul., 1-sperme, à noyau osseux, couronné par le rebord persistant du périanthe. — Herbes aquatiques, à f. verticillées, sessiles, linéaires, entières, sans stip. Fl. axillaires, solitaires.

Hippuris L. (Pesse). — Caractères de la famille.

H. vulgaris L. (Pesse d'eau). — Tiges ord^t submergées, dressées, simples, comme articulées; f. disposées en verticilles rapprochés; fl. très petites, verdâtres, sessiles; fr. ovoïdes, lisses, verdâtres. — ♃. — Juin-août. — C. — Eaux tranquilles, marais, fossés.

XXXIX. GROSSULARIÉES DC.

Fl. hermaphr. ou dioïques. Cal. à 5, rar^t 4 div. marcescentes, plus ou moins soudées à la base. Pét. 5, rar^t 4, très petits. Étam. 5, rar^t 4. Ov. infère. Styles ord^t 2, plus ou moins soudés. Fr. bacciforme, 1-locul., polysperme, succulent, couronné par les div. du cal. — Arbrisseaux à f. alternes, simples, sans stip. Fl. solitaires, géminées ou en grappes.

RIBES L. (Groseillier). — Caractères de la famille. — F. 3-5-lobées, souv^t cordées à la base.

1. Arbrisseau épineux ; pédonc. axillaires, 1-3 flores . . . . R. uva-crispa.
Arbrisseaux non épineux ; fl. en grappes . . . . . 2.

2. Cal. pubescent-glanduleux ; fr. noirs . . . R. nigrum.
Cal. glabre ; fr. rouges ou blancs . . . . 3.

3. Fl. hermaphr. ; grappes pendantes à la floraison ; bractées beaucoup plus courtes que les fl. . . R. rubrum.
Fl. ord^t dioïques ; grappes dressées à la floraison ; bractées égalant ou dépassant les fl. . . . . . R. alpinum.

R. uva-crispa L. (Groseillier épineux). — Arbrisseau très rameux ; f. petites, suborbiculaires, à lobes crénelés, velues en dessous ; fl. rougeâtres ; cal. à div. réfléchies ; baies jaunâtres, glabres. — ♄. — Avril-mai. — T. C. — Bois, buissons, rochers. — Fr. comestible, très acide avant maturité.

F. glabres ; baies plus grosses, souv^t pubescentes ou hérissées, blanches, jaunes ou rouges : var. *sativum* (*R. Grossularia* L.). — Cultivé sous le nom de Groseillier à maquereau.

R. nigrum L. (Cassis). — Pl. très odorante dans toutes ses parties ; f. grandes, à lobes dentés, parsemées en dessous de points glanduleux jaunâtres ; fl. verdâtres, rouges en dedans ; cal. à div. réfléchies ; grappes pendantes à la floraison. — ♄. — Avril-mai. — Culture industrielle et alimentaire. — Pl. off. ; f. toniques et fébrifuges ; fr. aromatique servant à la préparation d'un ratafia stomachique.

R. rubrum L. (Groseillier, Castillier). — F. assez grandes, à lobes prof^t dentés, pubescentes en dessous ; fl. verdâtres, tachées de brun en dedans ; baies rouges, acides. — ♄. — Avril-mai. — Naturalisé et commun dans les bois, les taillis, les haies.

— Variétés cultivées à baies rouges et blanches.—Pl. off. ; fr. acidule, rafraîchissant.

R. alpinum L. — F. petites, prof^t lobées ; fl. d'un jaune verdâtre, à pét. très petits ; cal. à div. planes ; baies rouges, insipides. — ♄. — Avril-mai. — A. C. — Bois montagneux de la région calcaire. — St-Remy, Val-des-Choux, Gevrey, Santenay, etc.

———

XL. SAXIFRAGÉES Juss.

Cal. à 4-5 div. persistantes, libres ou un peu soudées à la base. Pét. 4-5 ou nuls. Étam. 8-10. Ov. semi-infère ou infère. Styles 2, courts, persistants. Fr. capsulaire, à 1-2 loges polyspermes. — Herbes à f. simples, alternes ou opposées, sans stip., les radicales souv^t en rosette. Fl. en cymes ou en corymbes terminaux.

Fl. blanches. . . . . *Saxifraga* (1).
Fl. jaunes. . . . . *Chrysosplenium* (2).

1. Saxifraga L. (Saxifrage). — Cal. à 5 div. ; pét. 5 ; étam. 10 ; caps. 2-locul., terminée par 2 becs. — F. alternes.

Rac. grêle, pivotante ; f. radicales court^t pétiolées, spatulées, entières ou 3-lobées. . . . . . . *S. tridactilytes.*
Souche munie de bulbilles ; f. radicales long^t pétiolées, réniformes, crénelées . . . . *S. granulata.*

S. tridactylites L. (Perce-pierre). — Pl. visqueuse, à tige de 5 à 10 cent. ; f. caulinaires infér. palmatilobées, à lobes digités, les supér. lancéolées-linéaires ; fl. très petites, en cyme dichotome. — ②. — Mars-mai. — T. C. — Vieux murs, pelouses sèches. — Autrefois usité contre les affections du foie.

S. granulata L. — Tige de 2 à 5 déc. ; f. caulinaires subsessiles, 3-lobées ou sublinéaires ; fl. assez grandes, en corymbe pauciflore. — ♃. — Avril-mai. — A. R. — Pelouses et prairies montagneuses. — Gouville, Marsannay-la-Côte, Gevrey, Semur, Missery, etc. — Les bulbilles radicaux étaient autrefois usités contre la pierre.

2. **Chrysosplenium** Tourn. (Dorine). — Cal. coloré, à 4, rar^t 5 div. ; pét. nuls ; étam. 8-10 ; caps. 1-locul. — Fl. en cymes dichotomes.

F. caulinaires alternes . . . . *C. alternifolium.*
F. toutes opposées. . . . . *C. oppositifolium.*

C. alternifolium L. — Pl. d'un vert pâle, à tiges trigones, dressées ; f. suborbiculaires-cordiformes, fort^t crénelées, les radicales long^t pétiolées. — ♃. — Avril-mai. — T. R. — Lieux humides et ombragés. — Saulieu, bois de Fontaine-Merle à Panges, Rouvray.

C. oppositifolium L. — Pl. gazonnante, d'un vert pâle, à tiges tétragones ; f. semi-orbiculaires, obscur^t crénelées et briè v^t pétiolées. — ♃. — Avril-mai. — R. — Mêmes stations. — Saulieu, Laroche-en-Brenil, Semur, Frémoy, Rouvray, Blaisy-Bas, sources de la Seine, Savigny-sous-Mâlain, bois de Bligny-le-Sec, etc. — Passait pour tonique.

XLI. OMBELLIFÈRES Juss.

Fl. hermaphr., rar^t polygames ou unisexuées. Cal. à 5 dents petites ou nulles. Pét. 5, entiers, émarginés ou 2-fides, avec un lobule souv^t replié en dedans, souv^t inégaux. Étam. 5. Ov. infère. Styles 2, soudés à la base avec un disque épigyne (*stylopode*). Fr. composé de 2 achaines d'abord réunis par leur face interne (*commissure*), puis se séparant de bas en haut et restant suspendus à un axe central filiforme souv^t 2-partit (*columelle*), chacun des achaines muni sur le dos de 5 ou de 9 côtes, 5 primaires, dont une dorsale et médiane, 2 commissurales, placées près de la commissure, 2 intermédiaires. Les 5 côtes primaires sont ou simpl^t saillantes, ou ailées, ou découpées en épines, ou non saillantes (*filiformes*), rar^t indistinctes. Dans les espaces (*vallécules*) existant entre les côtes primaires, se développent qqfois 4 côtes secondaires de formes diverses. Chaque vallécule est ord^t occupée par un ou plusieurs canaux résinifères (*vittæ*). — Pl. herbacées, aromatiques, à tige ord^t striée, can-nelée, fistuleuse. F. ord^t divisées, rar^t entières, à pétiole engaînant. Fl. en ombelles composées, souv^t munies d'invol. et d'involucelles, rar^t en capit., en verticilles ou en ombelles simples.

La détermination exacte des genres de cette famille n'est possible que par l'examen du fr. mûr. Une coupe transversale montre : 1° si la gr. est plane, concave ou enroulée sur sa face commissurale ; 2° si le fr. est ou n'est pas comprimé. Quand il est comprimé, il peut l'être par le dos des achaines (parallèlement à la commissure qui forme alors le grand diamètre de la coupe), ou par le côté des achaines (perpendi-culairement à la commissure qui forme dans ce cas le petit diamètre de la coupe). Quand enfin le **fr.** n'est pas comprimé, la coupe est orbiculaire au lieu d'être oblongue et le diamètre de la commissure sensibl^t égal aux autres ; cette coupe permet de plus de mieux constater la position et le nombre des côtes et des canaux résinifères.

Cette grande famille est une des plus intéres-santes du règne végétal. Elle fournit à la thérapeu-tique de nombreux et précieux médicaments ; plu-sieurs espèces sont vénéneuses, un grand nombre alimentaires ou condimentaires ; toutes sont plus ou moins aromatiques.

1. F. épineuses ; fl. en capit. entourés d'un invol. épineux . . . . *Eryngium* (3).

F. non épineuses ; fl. non disposées en capit. entourés d'un
    invol. épineux 2

2. F. toutes entières ou seul^t crénelées. 3
   F. 1-2-3-4-pennatiséquées ou palmatilobées. 4

3. F. peltées-orbiculaires, crénelées ; fl. blanches ; pl. aquatique.
   . . . . *Hydrocotyle* (1).
   F. non peltées, très entières ; fl. jaunes ; pl. des lieux secs .
   . . . . *Bupleurum* (22).

4. F. palmatilobées ; fl. en capit. formant une ombelle irrég. .
   . . . . *Sanicula* (2).
   F., au moins les infér., 1-2-3-4-pennatiséquées ; fl. en om-
   belle rég.. 5

5. Fr. velu ou hérissé, ou garni de pointes raides, épaissies à la
   base 6
   Fr. complèt^t glabre 17

6. Fr. pourvu de 8 ailes membraneuses . *Laserpitium* (9).
   Fr. sans ailes membraneuses. 7

7. Fr. prolongé en bec. 8
   Fr. non prolongé en bec. 9

8. Bec plus court que les achaines dont les côtes ne sont apparentes qu'au sommet ; fr. couvert de pointes raides. . .
   . . . . *Anthriscus* (36).
   Bec bien plus long que les achaines dont les côtes sont apparentes du sommet à la base ; fr. seul^t velu. *Scandix* (35).

9. Fr. aplati-lenticulaire, entouré d'une bordure plane ou tuberculeuse 10
   Fr. non aplati-lenticulaire, non entouré d'une bordure . 11

10. Fr. hérissé de poils raides, tuberculeux à la base, et entouré
   d'un bourrelet tuberculeux ; ombelles à 5-10 rayons. . .
   . . . . *Tordylium* (15).
   Fr. seul^t pubescent, entouré d'un bourrelet non tuberculeux ;
   ombelles à 15-30 rayons. . . . . . *Heracleum* (14).

11. Fr. hérissé de pointes raides, épaissies à la base. . . 12
   Fr. velu ou pubescent, mais non hérissé de pointes raides
   épaissies à la base. 16

12 Fol. de l'invol. pennatifides. . . . . . . *Daucus* (7).
   Fol. de l'invol. entières ou nulles. 13

13. Poils ou pointes couvrant toute la surface du fr. *Torilis* (6).
   Poils ou pointes disposés rég^t sur les côtes du fr. . . 14

14. F. pennatiséquées ; rayons de l'ombelle hérissés de poils
   raides . . . . *Turgenia* (4).
   F. 2-3-pennatiséquées ; rayons de l'ombelle sans poils raides.
   15

15. Ombelle terminale à 5 rayons au moins ; invol. à plusieurs
fol. . . . . *Orlaya* (8).
Ombelle terminale à 2-4 rayons ; invol. presque nul . . .
. . . . *Caucalis* (5).
16. Styles dressés ; pét. velus extér[t] ; pl. velue-grisâtre . . .
. . . . *Athamantha* (17).
Styles réfléchis ; pét. glabres extér[t] ; pl. non velue-grisâtre.
. . . . *Seseli* (18).
17. Fl. jaunes, jaunâtres ou verdâtres. 18
Fl. blanches ou rosées 22
18. Fl. d'un beau jaune 19
Fl. jaunâtres ou verdâtres 20
19. F. à segments capillaires ; pl. glabre, très aromatique ; fr.
ovoïde. . . . . *Fœniculum* (20).
F. à segments élargis ; pl. pubescente, peu aromatique ; fr.
aplati-lenticulaire . . . . *Pastinaca* (13).
20. Pl. très aromatique ; fr. subglobuleux, plus large que long. .
. . . . *Petroselinum* (24).
Pl. peu aromatiques ; fr. non subglobuleux, plus long que
large 21
21. Fl. verdâtres ; invol. nul ; fr. aplati-lenticulaire, à côtes filiformes. . . . . *Peucedanum* (12).
Fl. jaunâtres ; invol. ord[t] à 1 ou plusieurs fol. ; fr. presque cylindrique, à côtes tranchantes . . . . . *Silaus* (16).
22. Fr. pourvu d'un bec 23
Fr. sans bec 24
23. Bec 4 fois plus long que le reste du fr. ; involucelles à fol.
2-3-fides. . . . . *Scandix* (35).
Bec plus court que le reste du fr. ; involucelles à fol. entières. . . . . *Anthriscus* (36).
24. Cal. à dents allongées, persistantes et dressées sur le fr. .
. . . . *Œnanthe* (21).
Cal. à dents courtes ou nulles, non dressées sur le fr. . 25
25. Fr. au moins 3 fois plus long que large. 26
Fr. n'étant pas 3 fois plus long que large. 27
26. Tige hérissée à la base et renflée aux nœuds ; involucelles à
fol. membraneuses et ciliées sur les bords. . . . . .
. . . . *Chærophyllum* (37).
Tige glabre, non renflée aux nœuds ; involucelles à fol. sétacées, ni membraneuses ni ciliées sur les bords . . . .
. . . . *Ptychotis* (30).
27. Fr. à côtes ailées-membraneuses, ou aplati-lenticulaire, à
bordure plus ou moins saillante. 28
Fr. sans côtes ailées, ni aplati-lenticulaire, à bordure plus ou
moins saillante 33

28. Fr. à côtes ailées-membraneuses. 29
    Fr. aplati-lenticulaire, à bordure plus ou moins saillante. 31
29. Invol. à 5-6 fol. ; fr. à 8 ailes membraneuses très déve-
    loppées. . . . . *Laserpitium* (9).
    Invol. nul ou à 1-2 fol. ; fr. non à 8 ailes membraneuses. 30
30. Tige fistuleuse, lisse ; gaîne des f. renflée ; fr. à 4 ailes
    égales, larg^t membraneuses. . . . . *Angelica* (10).
    Tige pleine, à lignes saillantes, membraneuses ; gaîne des f.
    non renflée ; fr. à 10 ailes inégales, les commissurales plus
    développées. . . . . *Selinum* (11).
31. F. glabres ; pét. des fl. extér. presque entiers et égaux. . .
    . . . . *Peucedanum* (12).
    F. velues ; pét. des fl. extér. 2-fides et rayonnants . . 32
32. Invol. nul ou à 1-2 fol. ; fr. à bordure plane. . . . . .
    . . . . *Heracleum* (14).
    Invol. à plus de 2 fol. ; fr. à bordure tuberculeuse. . . .
    . . . . *Tordylium* (15).
33. Invol. et involucelles nuls ou presque nuls. 34
    Un invol. ou des involucelles ou les deux à la fois. . . 37
34. F. à segments étroits, capillaires 35
    F. à segments élargis. 36
35. Fl. dioïques ; pl. très rameuse dès la base ; ombelles à rayons
    presque égaux. . . . . *Trinia* (23).
    Fl. hermaphr. ; pl. peu rameuse à la base ; ombelles à rayons
    très inégaux . . . . *Carum* (27).
36. F. de la base pennatiséquées, les supér. alternes . . . .
    . . . . *Pimpinella* (28).
    F. de la base 2-3-pennatiséquées, à segments 3-séqués, les
    supér. opposées. . . . . *Ægopodium* (26).
37. F. de la base pennatiséquées, triséquées ou entières . . 38
    F. de la base 2-3-pennatiséquées 44
38. F. à segments 6-10 fois plus longs que larges, ou divisées en
    lanières capillaires 39
    F. à segments 1-4 fois plus longs que larges 40
39. F. molles, toutes à segments nombreux, courts, découpés en
    lanières capillaires, étalés et simulant des verticilles. . .
    . . . . *Carum* (27).
    F. coriaces, à segments lancéolés, souv^t courbés en faux, à
    bord cartilagineux, les radicales entières ou 3-séquées. .
    . . . . *Falcaria* (32).
40. Pl. aquatiques ; ombelles opposées aux f. 41
    Pl. terrestres ; ombelles non opposées aux f. 42
41. Invol. nul ou à 1-4 fol. ; pét. entiers ; tige ord^t couchée. .
    . . . . *Helosciadium* (25).

Invol. à plus de 4 fol.; pét. échancrés; tige dressée. . .
. . . . *Sium* (34).
42. Ombelles à rayons nombreux, tous égaux.   *Ammi* (31).
Ombelles à rayons peu nombreux, 2-6, inégaux . . . 43
43. Ombelles toutes pédonculées; pét. ovales, prof^t échancrés;
styles courts, étalés. . . . . *Sison* (29).
Ombelles latér. réduites à des ombellules; pét. suborbiculaires,
à peine émarginés; styles longs, dressés . . . . . .
. . . . *Petroselinum* (24).
44. Pl. couchée, submergée ou nageante; ombelles opposées aux
f., à 2-3 rayons. . . . . *Helosciadium* (25).
Pl. dressées; ombelles non opposées aux f., à plus de 3
rayons. 45
45. Dents du cal. larges, foliacées, bien distinctes. . . . .
. . . . *Cicuta* (33).
Dents du cal. non distinctes. 46
46. Invol. à fol. 3-fides ou pennatifides . . . *Ammi* (31).
Invol. ou involucelles à fol. entières. 47
47. Fr. à côtes saillantes, bien visibles 48
Fr. à côtes non saillantes, peu visibles 49
48. Invol. nul ou à 1 fol.; involucelles à 3 fol. réfléchies et déjetées du même côté; fr. à côtes carénées. *Æthusa* (19).
Invol. à 3-5 fol.; involucelles à 3-5 fol. réfléchies et déjetées
du même côté; fr. à côtes crénelées, ondulées. . . . .
. . . . *Conium* (38).
49. Invol. à peu près nul; fl. dioïques; pl. très rameuse dès la
base . . . . *Trinia* (23).
Invol. à plusieurs fol.; fl. hermaphr.; pl. non très rameuse
dès la base. . . . . *Carum* (27).

OMBELLIFÈRES IMPARFAITES.

*Fleurs ou fruits en capitules ou en verticilles
solitaires ou superposés.*

1. **Hydrocotyle** Tourn. — Cal. à dents nulles;
pét. ovales, entiers; fr. comprimé par le côté, sub-
lenticulaire, didyme, à côtes inégales; inflor. ver-
ticillée; invol. oligophylle.

H. vulgaris L. (Écuelle d'eau). — Tige grêle, rampante-
radicante; f. orbiculaires-peltées, crénelées, long^t pétiolées; fl. très
petites, blanches ou rosées, en 1-3 verticilles de 2-3 fl. au sommet

de pédonc. grêles, plus courts que les f.— ♃.— Juin-sept. — A. R. — Prés marécageux.— Magny, Genlis, Orgeux, Saulieu, Laroche-en-Brenil, Laignes, etc. — Réputé âcre et détersif.

2. SANICULA Tourn. (Sanicle, Sanis). — Cal. à dents foliacées ; pét. émarginés ; fr. subglobuleux, sans côtes, hérissé d'épines crochues; fl. polygames, en petits capit. globuleux, formant une ombelle irrég. ; invol. polyphylle.

S. europæa L. — Tige ord^t simple, grêle, dressée ; f. luisantes, presque toutes radicales, pétiolées, palmatipartites, à 3-5 segments cunéiformes, incisés-dentés ; fl. blanches ou rosées.— ♃. — Avril-mai.—A. C. — Bois ombragés. — Dijon, Beaune, Châtillon, l'Auxois, etc. — Jouissait d'une grande réputation comme vulnéraire.

3. ERYNGIUM Tourn. (Panicaut). — Cal. à dents aristées ; pét. échancrés ; fr. ellipsoïde, sans côtes, couvert d'écailles acuminées ; fl. solitaires à l'aisselle de bractées épineuses formant un capit. compacte, globuleux, muni d'un invol. de fol. épineuses plus longues que lui.

E. campestre L. (Chardon-Roland, Chardon roulant, Picquot). — Tige dressée, striée, à rameaux raides, étalés; f. glauques, coriaces, épineuses, les radicales pétiolées, ovales, entières ou pennatipartites, à segments pennatifides, les caulinaires auriculées-amplexicaules ; fl. blanches. — ♃. — Juill.-sept. — C. — Friches, bords des chemins. — Pl. off. ; rac. diurétique.

OMBELLIFÈRES PARFAITES.

Fleurs ou fruits en ombelles composées et régulières, rarement réduites à des ombellules latérales.

A. Achaines munis de côtes primaires et secondaires.

A. FRUITS POURVUS DE SOIES ET D'AIGUILLONS.

4. TURGENIA Hoffm. — Cal. à dents sétacées ;

pét. émarginés, les extér. rayonnants, 2-fides ; fr. ovoïde, subdidyme ; achaines à côtes marginales tuberculeuses-aculéolées, sur un seul rang, les côtes dorsales primaires et secondaires semblables, munies de 2-3 rangs d'épines. denticulées ; invol. à 3-5 fol. entières, scarieuses.

T. latifolia Hoffm. — Tige rameuse, hérissée ; f. pennatiséquées, à segments oblongs, entiers ou dentés ; ombelles à 2-4 rayons anguleux; fl. blanches, rougeâtres en dehors ; fr. à aiguillons rougeâtres. — ②. — Juin-août. — A. C. — Moissons, champs cultivés. — Dijon, Beaune, Montbard, etc.

5. Caucalis Tourn. — Cal. à dents lancéolées ; fr. oblong, un peu comprimé par le côté ; achaines à côtes primaires filiformes, hérissées de soies, à côtes secondaires saillantes, portant un seul rang d'épines robustes; invol. nul ou presque nul. — Le reste comme dans le genre *Turgenia*.

C. daucoides L. — Tige rameuse, à rameaux étalés ; f. 2-3-pennatiséquées, à div. courtes, sublinéaires, entières ou incisées ; ombelles à 2-4 rayons robustes ; involucelles à fol. lancéolées, ciliées ; fl. blanches ou rougeâtres. — ②. — Juin-août. — C. — Moissons, champs cultivés.

Le *C. leptophylla* L., indiqué par Lorey à Semur et Rouvray, est une espèce méridionale, qui ne peut être qu'adventive dans notre département ; il se distingue de notre espèce par sa tige grêle, couverte de poils appliqués, et par son fr. dont les côtes secondaires portent 2 ou 3 rangs d'épines droites.

6. Torilis Adans. — Cal. à dents lancéolées ; pét. émarginés, les extér. souv' plus grands, 2-fides ; fr. ovoïde; achaines à côtes primaires filiformes, hérissées de soies denticulées, à côtes secondaires non saillantes, munies de plusieurs rangs d'épines disposées sans ordre apparent ; invol. nul ou à 1-5 fol.

1. Tige décombante, à rameaux diffus ; ombelles petites, presque
   sessiles, subglobuleuses. . . . . *T. nodosa.*
   Tige dressée ; ombelles assez grandes, long^t pédonculées,
   jamais subglobuleuses. 2
2. Fl. presque rég. ; invol. ord^t à 4-5 fol. linéaires-subulées. .
   . . . . *T. Anthriscus.*
   Fl. extér. rayonnantes; invol. nul ou à 1-3 fol. courtes, membraneuses. . . . . *T. arvensis.*

T. Anthriscus Gmel. — Tige rameuse, hérissée-scabre ;
f. 2-pennatiséquées, à segments lancéolés, dentés ou pennatifides,
le terminal allongé ; fl. blanches ou rosées ; ombelles à 5-10 rayons ;
fr. à épines arquées, aiguës. — ②. — Juill.-sept. — C. — Moissons,
taillis.

T. arvensis Gren. — *T. infesta* Duby ; Lorey, 382 ;
Royer, 209. — Tige rameuse, hérissée-scabre, à rameaux divariqués ; f. 2-pennatiséquées, à segments ovales-lancéolés, pennatifides
ou incisés, le terminal allongé ; fl. blanches ou rosées ; ombelles
à 3-8 rayons ; fr. à épines droites, uncinées au sommet. — ②. —
Juill.-sept. — C. — Friches, taillis.

T. nodosa Gærtn. — Pl. à rameaux diffus, décombants,
allongés ; f. 2-pennatiséquées, à segments linéaires-aigus ; ombelles
oppositifoliées, à 2-3 rayons ; invol. nul. ; fl. blanches ou rosées ;
fr. intér. tuberculeux, les extér. à épines droites, glochidiées au
sommet. — ②. — Juin-août. — A. R. — Friches arides des terrains calcaires. — Dijon, Gevrey, Santenay, Buffon, etc.

7. **Daucus** Tourn. (Carotte). — Cal. à dents très
courtes ; pét. émarginés, les extér. rayonnants ; fr.
ovoïde, comprimé par le dos ; achaines à côtes primaires linéaires, hérissées de 1-3 rangs de soies
courtes, à côtes secondaires très saillantes, découpées en une seule rangée d'aiguillons robustes ;
invol. à fol. pennatifides.

D. Carota L. — Tige dressée, ord^t rude-hérissée ; f. 2-3-
pennatiséquées, à segments oblongs ou linéaires, mucronés ; ombelles à 10-40 rayons ; invol. à 9-12 fol. égalant ou dépassant les
ombellules ; fl. blanches ou jaunâtres, la centrale stérile, d'un
pourpre foncé. — ②. — Juin-sept. — T. C. — Cultures, friches.
— Pl. off. ; rac. diurétique.

8. **Orlaya** Hoffm. — Cal. à dents courtes ; pét.
émarginés, les extér. grands, rayonnants, 2-fides ;

fr. ovoïde, comprimé par le dos ; achaines à côtes primaires linéaires, hérissées de 1-3 rangs de soies courtes, à côtes secondaires saillantes, découpées presque jusqu'à la base en épines subulées sur 2-3 rangs ; invol. à fol. entières.

O. grandiflora Hoffm. — Tige dressée, rameuse, glabrescente ; f. 2-3-pennatiséquées, à segments linéaires, mucronulés, incisés ou entiers ; ombelles à 5-8 rayons ; invol. à 3-5 fol. lancéolées, scarieuses aux bords ; fl. blanches. — ②. — Juin-août. — A. C. — Moissons des terrains calcaires. — Dijon, Beaune, Bouilland, Diénay, St-Remy, etc.

B. FRUITS A CÔTES SECONDAIRES AILÉES-MEMBRANEUSES.

9. LASERPITIUM Tourn. — Cal. à dents triangulaires-subulées ; pét. émarginés ; fr. ovoïde, comprimé par le dos, à côtes primaires filiformes, à côtes secondaires larg[t] ailées ; invol. et involucelles polyphylles.

1. F. à pétiole arrondi, à segments linéaires-cunéiformes, entiers ou 3-lobés, non pétiolulés. . . . . . . *L. gallicum.*
F. à pétiole comprimé latér[t], à segments larges, dentés, ovales-cordés, pétiolulés. . . . . *L. latifolium.*

L. latifolium L. var. *asperum* S. W. — *L. asperum* Crantz ; Lorey, 375. — Tige robuste, de 6-12 déc.; f. glauques, 2-3-pennatiséquées, hérissées en dessous de poils raides ; ombelles très grandes, à 20-50 rayons ; invol. à fol. linéaires-acuminées, non ciliées ; fl. blanches. — ♃. — Juill.-sept. — A. R. — Bois montagneux. — Dijon, toute la Côte, Val-Suzon, Vauchiguon, Buffon, etc. — Rac. aromatique et purgative.

L. gallicum L. — Tige robuste, de 3-6 déc.; f. luisantes en dessus, glabres en dessous, 2-3-pennatiséquées ; ombelles très grandes, à 30-50 rayons; invol. à fol. linéaires-lancéolées, ciliées ; fl. blanches. — ♃. — Juill.-août. — T. R. — Dijon, Velars à la Combe-au-Loup, Vougeot, Gevrey, Chambolle, Beaune.

Le *Coriandrum sativum* L. (Coriandre), probabl[t] originaire de l'Europe orientale, est souv[t] cultivé dans les jardins d'où il s'échappe ; on le reconnaît à son fr. globuleux, à 9 côtes, les 5 primaires peu saillantes, flexueuses, les 4 secondaires plus saillantes, droites, à ses fl. blanches, à pét. extér. grands, rayonnants, 2-fides, à ses

f. 1-2-3-pennatiséquées, à forte odeur de punaise. — Pl. off. ; fr. stimulants et carminatifs.

B. Achaines munis de côtes primaires et dépourvus de côtes secondaires.

A. ACHAINES A FACE COMMISSURALE PLANE.

ᴀ. Fruit comprimé par le dos (parallèlement à la commissure), souvent lenticulaire.

10. ANGELICA Tourn. (Angélique). — Cal. à dents presque nulles ; pét. entiers, acuminés ; fr. ovoïde ; achaines à côtes dorsales filiformes, les commissurales développées en larges ailes membraneuses ; invol. nul ou à 1-2 fol.

A. silvestris L. (Angélique sauvage). — Tige élevée, robuste, fistuleuse, souv^t teintée de pourpre au sommet ; f. très grandes, 2-3-pennatiséquées, à segments ovales-lancéolés, dentés en scie ; pétiole des f. supér. dilaté en large gaîne ventrue ; ombelles très grandes ; fl. blanches ou rosées. — ♃. — Mai-sept. — T. C. — Lieux humides, bords des eaux.

11. SELINUM Hoffm. — Cal. à dents presque nulles ; pét. émarginés ; fr. ovoïde ; achaines à bords écartés, à 5 côtes ailées, les commissurales plus développées ; invol. nul ou à 1-2 fol.

S. Carvifolia L. — Tige grêle, dressée, à angles minces, presque ailés, translucides ; f. 2-3-pennatiséquées, à segments divisés en lobes linéaires, mucronés ; ombelles à 10-20 rayons ; involucelles polyphylles ; fl. blanches. — ♃. — Juill.-août. — A. R. — Prairies aquatiques et tourbeuses. — Orgeux, Agencourt, moulin des Étangs, Saulieu, Châtillon, etc.

12. PEUCEDANUM Tourn. (Peucédan). — Cal. à dents courtes ou nulles ; pét. entiers ou émarginés ; fr. lenticulaire, ovoïde ou oblong ; achaines à côtes commissurales peu visibles, confondues avec le bord dilaté et épaissi qui entoure l'achaine ; invol. nul ou polyphylle.

1. Fl. d'un blanc verdâtre ou jaunâtre ; f. à div. du 1ᵉʳ ordre
ordᵗ sessiles ; involucelles nuls ou à 1-4 fol . . . . . .
. . . . *P. carvifolium.*

Fl. blanches ; f. à div. du 1ᵉʳ ordre pétiolulées ; involucelles
polyphylles 2

2. F. à segments coriaces, glauques en dessous, ovales, lobés-
dentés, à dents cuspidées-mucronées, presque épineuses. .
. . . . *P. Cervaria.*

F. à segments non coriaces, verts sur les 2 faces, cunéiformes,
3-lobés ou lancéolés-linéaires, mucronulés 3

3. Pétioles brisés-inclinés à chacune de leurs div. ; invol. à fol.
non bordées-membraneuses . . . . *P. Oreoselinum.*
Pétioles droits, non brisés ; invol. à fol. largᵗ bordées-membraneuses. . . . . *P. palustre.*

P. carvifolium Vill.— *P. Chabræi* Gaud. ; Royer, 205. —
Tige sillonnée ou striée ; f. 2-pennatiséquées, à segments divisés
en lanières linéaires, les infér. disposés en croix autour du rachis ;
ombelles à 6-15 rayons inégaux ; invol. nul. — ♃. — Juin-août. —
A. R. — Prés, bords des bois. — Bouilland, chaumes d'Auvenay,
Savigny, Saulieu, Laroche-en-Brenil, Nolay, Montbard, etc.

P. palustre Mœnch. — *P. montanum* et *palustre* Lorey,
390, 388. — Tige cannelée, de 9-12 déc. ; f. 3-4-pennatiséquées,
à segments linéaires-lancéolés, mucronés ; ombelles à 20-30 rayons
inégaux ; invol. et involucelles à 5-8 fol. à bords membraneux. —
♃. — Juill.-sept. — R. — Fossés, marécages. — Arcelot, Saulon,
Pontailler, Vielverge, Val-des-Choux, Villedieu, etc. — Pl. vénéneuse ; suc caustique.

P. Cervaria Lap. — Tige robuste, striée, de 5-12 déc. ;
f. 2-3-pennatiséquées ; ombelles à 10-30 rayons presque égaux ;
invol. et involucelles à 5-8 fol. — ♃. — Juill.-oct. — A. C. —
Bois montagneux, coteaux calcaires. — Toute la Côte, Montbard,
vallée du Suzon, etc. — Fr. aromatiques, excitants.

P. Oreoselinum Mœnch. — Tige striée, de 4-10 déc. ;
f. 2-3-pennatiséquées, à segments cunéiformes, 3-lobés, divariqués,
incisés ou dentés ; ombelles à 10-20 rayons ; invol. et involucelles
à 8-10 fol. — ♃. — Juill.-sept. — R. — Vielverge, Pontailler,
Villars-Fontaine, Arnay-le-Duc, Liernais, etc.

L'*Anethum graveolens* L. (Fenouil bâtard) est cultivé dans les
jardins d'où il s'échappe qqfois ; on le reconnaît à sa tige solitaire,
glabre, glaucescente, à ses f. découpées en segments linéaires
très étroits, à ses fl. jaunes. — Pl. très aromatique, off. ; fr. stimulants, carminatifs.

13. PASTINACA Tourn. (Panais). — Cal. à dents

presque nulles ; pét. entiers, enroulés en dedans ; fr. orbiculaire-ovale ; achaines à côtes commissurales développées en aile aplanie ; invol. nul ou à 1-2 fol.

P. silvestris Mill.— *P. sativa* L. ; Lorey, 386 ; Royer, 206. — Tige sillonnée-anguleuse; f. pennatiséquées, à segments sessiles, ovales-oblongs, crénelés ou dentés, pubescents en dessous; ombelles à 10-20 rayons ; fl. jaunes. — ② ou ♃. — Juill.-août. — C. — Moissons, friches.
Rac. pivotante, charnue; f. glabres, à face supér. luisante : var. *sativa*. — Culture maraîchère.

14. HERACLEUM L. (Berce). — Cal. à dents linéaires-subulées ; pét. émarginés-obcordés, les extér. rayonnants, prof^t 2-fides ; fr. entouré d'un large rebord ; invol. nul ou oligophylle ; involucelles à fol. nombreuses.

H. Sphondylium L. (Branc-Ursine). — Tige robuste, de 5-15 déc., sillonnée-anguleuse, hérissée de poils raides; f. très grandes, pennatiséquées, à 3-5 segments amples, 2-3-lobés, les infér. pétiolulés; ombelles à 15-30 rayons; fl. blanches. — ♃. — Juin-sept. — T. C.— Prés, bois humides. — Rac. rubéfiante.
Segments des f. plus ou moins allongés-lancéolés, qqfois linéaires: var. *stenophyllum* Gren. — Avec le type.

15. TORDYLIUM Tourn. — Cal. à dents linéaires-subulées; pét. émarginés, les extér. rayonnants, 2-fides ; fr. velu, orbiculaire-biconvexe et entouré d'un large rebord tuberculeux; invol. polyphylle.

T. maximum L. — Tige sillonnée, rude-hérissée ; f. d'un vert cendré, pennatiséquées, à segments oblongs-lancéolés, incisés-crénelés ; ombelles courtes, à 5-10 rayons inégaux ; fl. blanches. — ②. — Juin-août. — A. C. — Buissons, coteaux incultes, bords des chemins des terrains calcaires. — Dijon et toute la Côte, Velars, Ancey, Cussy-la-Colonne, Thoisy-la-Berchère, etc.

B. **Fruit non comprimé, à coupe horizontale orbiculaire ou suborbiculaire.**

16. SILAUS Bess. — Cal. à dents nulles ; pét.

tronqués à la base, entiers ou subémarginés ; fr. oblong ou ovoïde ; achaines à côtes toutes égales, subailées, presque membraneuses.

> Invol. à 1-2 fol. ou nul ; rayons intér. de l'ombelle un peu plus courts que les extér. ; fr. oblong.   *S. pratensis.*
> Invol. à 5-7 fol. ; rayons intér. de l'ombelle 2-3 fois plus courts que les extér. ; fr. ovoïde. .   *S. virescens.*

S. pratensis Bess. — *Ligusticum Silaus* Duby ; Lorey, 402. — Pl. d'un vert foncé ; tige striée, presque nue au sommet ; f. 2-3-pennatiséquées, à segments lancéolés-linéaires ; fl. jaunâtres ; styles plus longs que le stylopode. — ♃. — Juin-juill. — C. — Prés humides.

S. virescens Boiss. — *Bunium virescens* DC. ; Lorey, 405. — Pl. d'un vert clair, à tige anguleuse, feuillée au sommet ; f. 2-pennatiséquées, à segments linéaires, mucronulés ; fl. verdâtres ; styles plus courts que le stylopode. — ♃. — Juin-juill. — R. — Rochers calcaires, bois. — Gevrey, Couchey, Bouilland, Beaune, Mont-Afrique, chaumes d'Auvenay, Mâlain, Lantenay, de Messigny à Val-Suzon (combe de Chainaut et sur le plateau à gauche de la vallée), etc.

17. ATHAMANTA Koch. — Cal. à dents courtes ; pét. obovés, onguiculés, entiers ou émarginés ; fr. oblong-cylindracé, atténué au sommet, couvert de poils étalés, à côtes égales, filiformes ; invol. oligophylle.

A. cretensis L. (Daucus de Crète). — Tige striée, ascendante ou dressée, de 1-3 déc., à rameaux étalés ; f. 3-pennatiséquées, à segments divisés en lanières courtes, linéaires-acuminées ; ombelles à 6-12 rayons velus, striés ; involucelles à 4-8 fol. lancéolées-acuminées, presque ent[t] membraneuses ; fl. blanches, à pét. velus extér[t]. — ♃. — Juin-juill. — R. — Rochers calcaires. — Gevrey, Couchey, Bouilland, Beaune, Val-Suzon. — Pl. off. ; fr. excitants, emménagogues.

18. SESELI L. — Cal. à dents courtes ; pét. presque entiers ou émarginés ; fr. ovoïde-oblong ; achaines à côtes épaisses, obtuses, presque égales, ou les commissurales un peu plus saillantes ;

styles réfléchis sur le fr.; invol. nul ou poly-phylle.

1. Ombelles très larges, à 30-40 rayons; f. à segments ovales ou oblongs; invol. à 7-9 fol. . . . .*S. Libanotis.*
Ombelles serrées, à 6-30 rayons; f. à segments linéaires; in-vol. nul 2

2. Ombelles à 6-12 rayons; involucelles à fol. étroit[t] bordées-scarieuses. . . . . *S. montanum.*
Ombelles à 20-30 rayons; involucelles à fol. larg[t] bordées-scarieuses. . . . . *S. annuum.*

S. montanum L. — Pl. glabre; tiges nombreuses, sim-ples ou rameuses, à peine striées, peu feuillées; f. infér. 3-pen-natiséquées, à segments linéaires, mucronulés, les supér. souv[t] ré-duites au rachis ou pennatiséquées; fl. blanches; fr. pubescents. — ♃. — Juill.-oct. — C. — Rochers, pelouses des bois.

S. annuum L. — *S. coloratum* Ehrh. ; Royer, 622. — Pl. un peu pubescente, à tige.souv[t] tachée de pourpre; f. 2-3-penna-tiséquées; ombelles souv[t] pourprées ainsi que les fl. ; fr. glabres ou à peine pubescents. — ♃ ou ②. — Juill.-sept. — T. R.— Bois de Perrigny près Dijon.

S. Libanotis Koch. — *Libanotis montana* All.; Royer, 201. — Pl. presque glabre, à tige robuste, cannelée-anguleuse, rameuse; f. 2-pennatiséquées, à segments sessiles, ovales ou oblongs, incisés ou pennatifides; fr. hérissés de poils raides; fl. blanches. — ♃. — Juill.-sept. — C. — Bois, coteaux incultes.
Segments des f. pennatipartits : var. *daucifolia* (*Athamantha pyrenaica* Jacq.). — A. C. — Avec le type.

19. ÆTHUSA L. — Cal. à dents presque nulles ; pét. émarginés; fr. ovoïde-subglobuleux; achaines à côtes saillantes, subcarénées, les commissurales un peu plus larges que les dorsales ; invol. nul ou 1-foliolé.

Æ. Cynapium L. (Petite Ciguë). — Pl. de 2-13 déc., d'un vert sombre ; tige striée, souv[t] marquée de lignes rougeâ-tres ; f. 2-3-pennatiséquées, à segments ovales-lancéolés, décou-pés en lanières linéaires; involucelles à 3 fol. unilatér. réfléchies; fl. blanches. — ② ou ①. — Juill.-sept. — T. C.—Cultures, dé-combres, bois frais.—Pl. vénéneuse, souv[t] confondue avec le Persil.

20. FŒNICULUM Tourn. (Fenouil). — Cal. à dents nulles; pét. entiers et enroulés en dedans; fr.

ovoïde-cylindracé ; achaines à 5 côtes un peu saillantes, obtuses, subcarénées ; invol. et involucelles nuls.

F. capillaceum Gilib. — *F. officinale* All.; Lorey, 418 ; Royer, 202. — Pl. très odorante, aromatique ; tige élevée, glaucescente, striée, rameuse ; f. 3-4-pennatiséquées, à lanières capillaires, nombreuses ; ombelles à 12-20 rayons ; fl. jaunes. — ② ou ♃. — Juill.-sept. — T. R. — Coteaux boisés, rochers, sables. — Talus du chemin de fer de Langres près Dijon, Flavignerot, Semur.— Pl. off. ; fr. excitants, carminatifs ; rac. diurétique.

21. ŒNANTHE Tourn. — Cal. à dents subulées, accrescentes après l'anthèse ; pét. obovés, émarginés ; fr. cylindracé ou tétragone ; achaines à côtes obtuses, égales ; styles dressés sur lé fr. ; invol. ord[t] nul. — Toutes les espèces sont vénéneuses.

1. F. découpées en lobes oblongs, très petits ; ombelles la plupart latér. et opposées aux f., toutes brièv[t] pédonculées. . .
. . . . Œ. *Phellandrium*.
F. caulinaires à lobes linéaires-allongés ; ombelles toutes terminales, long[t] pédonculées 2
2. Ombelles à 2-4 rayons courts et épais ; tige larg[t] fistuleuse, très compressible ; ombellules globuleuses . Œ. *fistulosa*.
Ombelles à 5-20 rayons allongés ; tige pleine ou à peine fistuleuse, peu compressible ; ombellules hémisphériques-convexes ou planes. 3
3. Ombellules planes ; souche à fibres grêles, très longues, renflées brusq[t] à l'extrémité en tubercule ovale ou arrondi . . . . Œ. *pimpinelloides*.
Ombellules hémisphériques-convexes ; souche à fibres arrondies, insensibl[t] renflées en fuseau vers leur sommet, ou renflées dès leur base en tubercules sessiles, napiformes . . 4
4. Fr. non atténués à la base et comme tronqués, munis d'un anneau calleux à leur insertion ; rayons très épaissis à la maturité. . . . . Œ. *silaifolia*.
Fr. atténués à la base, non munis d'un anneau calleux à leur insertion ; rayons grêles à la maturité.. 5
5. F. toutes semblables, à segments linéaires-étroits ; ombelles à 5-10 rayons ; fl. de la circonf. des ombellules à pét. inégaux, les extér. beaucoup plus grands . Œ. *peucedanifolia*.
F. radicales à segments obovales-cunéiformes, les caulinaires à

segments linéaires ; ombelles à 8-20 rayons ; fl. à pét. tous presque égaux. . . . . Œ. *Lachenalii*.

Œ. fistulosa L. — Souche munie de fibres renflées-fusiformes et de stolons ; tige peu rameuse, striée ; f. à pétioles fistuleux, les radicales 2-3-pennatiséquées, à segments ovales ; fl. blanches, celles de la circonf. pédicellées, rayonnantes, stériles. — ♃. — Juill.-août. — C. — Fossés, prairies marécageuses.

Œ peucedanifolia Poll. — Souche dépourvue de stolons, à fibres renflées-napiformes ; f. toutes 2-3-pennatiséquées, à segments linéaires, à pétioles non fistuleux, les supér. courtes ; fl. blanches, celles de la circonf. stériles et pédicellées ; styles aussi longs que le fr. — ♃. — Mai-juin. — A. R. — Prairies humides. — Saulieu, Laroche-en-Brenil, Quincy, St-Remy, etc.

Œ. Lachenalii Gmel. — *Œ. pimpinelloides* DC., pro parte ; Lorey, 419 ; non L., et *Œ. approximata* Mérat ; Lorey, 420. — Souche dépourvue de stolons, à fibres renflées-subfusiformes ; f. 1-2-pennatiséquées, les supér. allongées ; fl. blanches, les extér. stériles et pédicellées ; styles plus courts que le fr. — ♃. — Juill.-sept. — R. — Prairies marécageuses, queues des étangs. — Moulin des Étangs, Saulon, Satenay, Villedieu, Laignes, etc.

Œ. silaifolia Bieb. — Se distingue de l'Œ. *Lachenalii* par ses ombellules plus grandes, à rameaux courts, épaissis, ses fr. plus gros, ses f. toutes conformes, de l'Œ. *peucedanifolia* par ses fl. extér. moins rayonnantes, ses f. glauques, ses fr. non contractés sous le limbe du cal. — ♃. — Juill.-sept. — T. R. — Prairies humides. — Seurre, St-Jean-de-Losne.

Œ. pimpinelloides L. — Tige fistuleuse, fort^t cannelée; f. infér. 2-pennatiséquées, à segments ovales-cunéiformes, incisés-dentés, les supér. à segments linéaires très allongés ; ombelles à 6-12 rayons ; fl. d'un blanc jaunâtre ; fr. munis d'un anneau calleux à la base. — ♃. — Juin-juill. — T. R. — Prairies humides. — Auxonne.

Œ. Phellandrium Lam. (Phellandrie aquatique). — Souche à fibres filiformes ; tige fistuleuse, souv^t couchée-radicante à la base ; f. 2-3-pennatiséquées ; ombelles à 7-10 rayons grêles ; fl. blanches, toutes pédicellées, fertiles, les extér. à peine rayonnantes. — ♃. — Juill.-sept. — C. — Étangs, ruisseaux. — Pl. off. ; fr. narcotiques, employés dans les affections du poumon.

c. Fruit comprimé par le côté (perpendiculairement à la commissure), à coupe transversale allongée.

22. BUPLEURUM Tourn. (Buplèvre). — Cal. à dents presque nulles ; pét. entiers ; fr. ovoïde ou

oblong ; achaines à côtes égales, saillantes ou filiformes ; invol. nul ou à 1-4 fol. — F. entières ; fl.
jaunes.

1. F. ovales-suborbiculaires, perfoliées, les infér. amplexicaules ;
   invol. nul . . . . *B. rotundifolium.*
   F. oblongues ou linéaires-lancéolées, non perfoliées ni embrassantes ; invol. à 1-4 fol. 2
2. Ombellules à 3-5 fl. ; fr. tuberculeux, à côtes plissées-créne-
   lées. . . . . *B. tenuissimum.*
   Ombellules à plus de 6 fl. ; fr. non tuberculeux, à côtes lisses.
   3
3. Ombelles à 2-4 rayons plus courts que les fol. de l'invol.
   . . . . *B. aristatum.*
   Ombelles à 5-10 rayons plus longs que les fol. de l'invol.
   . . . . *B. falcatum.*

B. falcatum L. (Oreille de lièvre). — Tige de 4-9 déc.,
grêle, flexueuse, rameuse au sommet ; f. infér. ovales ou oblongues, long[t] rétrécies en pétiole, les supér. linéaires-lancéolées,
souv[t] falciformes ; invol. à 1-3 fol. courtes, inégales ; involucelles
à fol. oblongues-cuspidées, égalant environ les pédic. — ♃ ou ②.
— Juill.-oct. — C. — Coteaux incultes, bois.

B. tenuissimum L. — Tige très grêle, de 1-4 déc.,
rameuse dès la base, à rameaux très grêles, flexueux ; f. linéaires-
lancéolées, acuminées-cuspidées, sessiles ; invol. à 2-3 fol. ; involucelles à fol. linéaires-cuspidées, dépassant les fl. — ①. —
T. R. — Juill.-août. — Moissons autour de Labergement-lez-
Seurre.

B. aristatum Bartl. — *B. Odontites* DC. ; Lorey, 395.
— Tige de 1-2 déc., rameuse-dichotome dès la base ; f. linéaires-
lancéolées, acuminées, sessiles ; invol. à 3-4 fol. foliacées, elliptiques-lancéolées, acuminées ; involucelles à fol. elliptiques-lancéolées, aristées, beaucoup plus longues que les ombellules. — ②.
— Juin-août. — R. — Pelouses arides des terrains calcaires. —
Gouville, Marsannay-la-Côte, Dijon, Gevrey, Velars, Fleurey, Nolay.

B. rotundifolium L. (Perce-feuille). — Tige de 2-5
déc., dressée, raide, rameuse au sommet ; ombelles à 3-8 rayons
courts ; involucelles à fol. ovales-cuspidées, beaucoup plus longues
que les ombellules. — ② ou ①. — Juin-août. — A. C. —
Moissons des terrains calcaires. — Pl. jadis employée comme
vulnéraire.

23. **Trinia** Hoffm. — Fl. dioïques, rar[t] mo-

noïques ; cal. à dents presque nulles ; pét. des fl. mâles lancéolés, avec un lobule enroulé en dedans, ceux des fl. femelles ovales, brièv* apiculés, à pointe infléchie ; fr. ovoïde, à côtes égales, filiformes ; invol. nul ou oligophylle.

T. vulgaris DC. — *T. glaberrima* Duby ; Lorey, 411. — Pl. de 1-4 déc., à rac. fusiforme, entourée au sommet de fibrilles roussâtres ; tige anguleuse, rameuse-dichotome dès la base, à rameaux divergents ; f. 2-3-pennatiséquées, à segments linéaires ; ombelles petites, à 3-9 rayons grêles, ceux des individus femelles plus longs ; fl. blanches. — ②. — Avril-juin. — A. C. — Pelouses sèches des coteaux calcaires. — Dijon, Plombières, Diénay, Lantenay, toute la Côte.

24. **PETROSELINUM** Hoffm. (Persil). — Cal. à dents presque nulles ; pét. suborbiculaires, brièv* émarginés ; fr. ovoïde, subdidyme ; achaines à côtes égales, filiformes ; invol. oligophylle.

Fl. d'un vert jaunâtre ; ombelles à 10-20 rayons égaux . . . . *P. sativum.*

Fl. blanches ou rougeâtres ; ombelles à 2-6 rayons inégaux . . . . *P. segetum.*

P. sativum Hoffm. (Persil). — Pl. très aromatique ; tige dressée, striée, fistuleuse, rameuse ; f. radicales 2-pennatiséquées, à segments ovales-cunéiformes, incisés-dentés, les supér. 3-séquées, à segments lancéolés-linéaires ; styles réfléchis. — ②. — Juin-août. — Cultivé, souv* subspontané ; naturalisé à St-Romain sur les rochers à pic bordant le village. — Pl. off. ; fr. fébrifuges et emménagogues.

P. segetum Koch. — Pl. non aromatique ; tige dressée, striée, fistuleuse, à rameaux grêles, allongés ; f. pennatiséquées, à segments ovales-lancéolés, incisés-dentés ; styles dressés. — ① ou ②. — Juill.-sept. — R. — Moissons, bords des chemins. — Dijon, le long des murs du parc et dans les champs de la Colombière, Pommard, Rouvray, Précy-sous-Thil, etc.

25. **HELOSCIADIUM** Koch. — Cal. à dents très courtes ; pét. ovales, entiers ; fr. ovoïde-oblong, presque didyme ; achaines à 5 côtes égales, filiformes ; invol. nul ou variable. — Pl. aquatiques,

plus ou moins couchées et radicantes ; fl. blanches;
ombelles oppositifoliées.

1. Invol. à 3-4 fol. persistantes. . . . . . . *H. repens.*
   Invol. nul ou à 1-2 fol. caduques . · 2
2. Ombelles sessiles ou brièv^t pédonculées, à 5-12 rayons . .
   . . . . *H. nodiflorum.*
   Ombelles assez long^t pédonculées, à 2-3 rayons. . . . .
   . . . . *H. inundatum.*

H. nodiflorum Koch. — Tige robuste, fistuleuse, ord^t
ascendante ; f. pétiolées, pennatiséquées, à segments sessiles, ovales-lancéolés, dentés, les infér. souv^t submergées, à segments capillaires ; involucelles à fol. larg^t bordées de blanc. — ♃. —
Juill.-sept. — T. C. — Ruisseaux, fossés.

H. repens Koch. — Pl. basse, à tige grêle, couchée-radicante dans toute sa longueur ; f. pétiolées, pennatiséquées, à segments petits, ovales ou suborbiculaires, dentés, le terminal ord^t
3-fide. — ♃. — Juill.-sept. — T. R. — Prairies tourbeuses. —
Lugny, Essarois, Censerey, Laignes, le Maupas.

H. inundatum Koch. — Tige grêle, souv^t submergée,
flottante ou couchée-radicante ; f. aériennes pétiolées, pennatiséquées, à segments petits, cunéiformes, entiers ou 3-4-fides, les
submergées 2-3-pennatiséquées, à segments capillaires; ombelles
pédonculées ; fol. des involucelles non bordées de blanc. — ♃. —
Juill.-sept. — T. R. — Mares, ruisseaux. — Vielverge, Seurre,
forêt de St-Nicolas, Censerey, le Maupas.

26. ÆGOPODIUM L. — Cal. à dents presque
nulles ; pét. obcordés, émarginés ; fr. ovoïde ;
achaines à 5 côtes filiformes ; invol. et involucelles
nuls.

Æ. Podagraria L. (Herbe aux goutteux). — Tige robuste, de 6-9 déc., cannelée; f. ternatiséquées ou 3-séquées, à
segments assez grands, ovales-lancéolés, dentés, le terminal souv^t
lobé ; ombelles à 12-20 rayons; fl. blanches ou rougeâtres. — ♃.
— Juin-juill. — A. R. — Parc de Dijon, Marey-sur-Tille, Vernois, Flavigny, Voulaines, Saulieu, etc. — Pl. vantée jadis contre
la goutte.

27. CARUM Koch. — Cal. à dents presque nulles;
pét. obcordés, émarginés ; fr. ovoïde ou oblong ;

achaines à 5 côtes filiformes ; invol. et involucelles à plusieurs fol., rarᵗ nuls. — Fl. blanches.

1. Ombelles à rayons très inégaux, peu nombreux; invol. et involucelles nuls ou presque nuls ; fr. aromatiques. . . . . C. Carvi.
   Ombelles à rayons presque égaux, nombreux; invol. et involucelles à plusieurs fol. ; fr. non aromatiques . . . 2
2. F. 2-3-pennatiséquées, à segments de 1ᵉʳ ordre longᵗ pétiolulés. . . . . C. Bulbocastanum.
   F. pennatiséquées, à segments sessiles, finᵗ découpés en lanières capillaires et disposés en faux verticilles . . . . C. verticillatum.

C. Carvi L. — Rac. pivotante, fusiforme, odorante ; pl. d'un vert gai ; tige de 3-4 déc., rameuse, à rameaux étalés; f. oblongues dans leur pourtour, 2-pennatiséquées, à segments divisés en lanières linéaires-aiguës, les infér. croisées en sautoir sur le pétiole. — ②. — Mai-juin. — C. — Prés, coteaux des terrains calcaires. — Dijon, le Châtillonnais et l'Auxois.

C. Bulbocastanum Koch (Terre-noix, Mezegut, Sivots, Teurelle, Anottes). — Souche bulbiforme, globuleuse ; tige grêle, de 1-5 déc., rameuse au sommet, à rameaux étalés ; f. triangulaires dans leur pourtour, à segments courts, linéaires; ombelles à 12-20 rayons rudes au côté interne. — ♃. — Juin-juill. — C. — Moissons des terrains calcaires. — Tubercules farineux, comestibles.

C. verticillatum Koch. — Souche à fibres radicales allongées-fusiformes ; tige grêle, peu rameuse ; f. peu nombreuses, presque toutes radicales, à segments très courts ; ombelles à 8-12 rayons lisses. — ♃. — Juill.-août. — A. R. — Prés humides des terrains granitiques. — Saulieu, Laroche-en-Brenil, Rouvray.

28. PIMPINELLA L. (Boucage). — Cal. à dents presque nulles ; pét. obovales, émarginés ; styles réfléchis ; fr. ovoïde ; achaines à 5 côtes égales, filiformes ; invol. et involucelles nuls.

Tige anguleuse-sillonnée ; f. supér. peu développées mais non réduites à la gaîne pétiolaire. . . . P. magna.
Tige cylindrique, finᵗ striée ; f. supér. ordᵗ réduites au pétiole . . . . P. saxifraga.

P. magna L. — Tige de 5-15 déc., fistuleuse; f. assez nombreuses, pennatiséquées, à segments ovales-aigus, incisés-dentés;

ombelles à 8-15 rayons ; fl. blanches ou rosées ; styles plus longs
que l'ov. — ♃. — Juin-sept. — C. — Bois, lieux ombragés.
 F. pennatifides, à segments linéaires-lancéolés : var. *dissecta*
 Wallr. (*P. dissecta* Retz ; non Lorey).

 P. Saxifraga L. — Tige de 2-5 déc., pleine ; f. peu
nombreuses, pennatiséquées, à segments ovales-obtus, dentés ; ombelles à 8-16 rayons ; fl. blanches ; styles plus courts que l'ov. —
♃. — Juin-sept. — C. — Prairies des coteaux.
 F. 2-pennatiséquées, à segments linéaires-lancéolés : var.
 dissectifolia Wallr. (*P. pratensis* Thuill.—*P. dissecta* Lorey,
 399).

 29. Sison L. — Cal. à dents presque nulles ; pét.
obovales, 2-fides ; fr. ovoïde ; achaines à côtes égales,
filiformes ; invol. à 1-3 fol.

 S. **Amomum** L. — Tige de 6-10 déc., striée, très rameuse ; f. d'un vert sombre, pennatiséquées, à segments ovales-
oblongs, lobés-dentés, ceux des f. supér. linéaires ; ombelles à 3-4
rayons inégaux ; fl. blanches. — ②. — Juill.-sept. — T. R. —
Buissons, bords des chemins. — Meursault, Rouvray, Laroche-
en-Brenil, Aloxe, Chassagne. — Fr. excitants, carminatifs.

 30. Ptychotis Koch. — Cal. à 5 dents ; pét. obovales, 2-fides ; fr. ovoïde-allongé ; achaines à côtes
égales, filiformes ; invol. nul ou 1-2-foliolé ; involucelles à 2-5 fol.

 P. **heterophylla** Koch. — Tige de 1-4 déc., grêle,
striée, à rameaux divariqués ; f. radicales pennatiséquées, à segments
ovales-arrondis, ord^t pétiolulés, les caulinaires supér. multifides, à
lanières linéaires ; ombelles long^t pédonculées, à 5-10 rayons ;
fl. blanches. — ②. — Juin-août. — A. C. — Coteaux calcaires.
— Dijon et toute la Côte, Is-sur-Tille, Selongey, Santenay,
Montbard, l'Auxois, etc. — Fr. aromatiques.

 31. Ammi Tourn. (Ammi). — Cal. à dents presque nulles ; pét. obovales, émarginés, à 2 lobes
inégaux ; fr. ovoïde-oblong ; achaines à côtes égales,
filiformes ; invol. polyphylle, à fol. 3-fides ou pennatifides. — Fl. blanches.

 Ombelles fructifères à rayons convergents à la maturité, partant d'un disque épais et large. . . . *A. Visnaga.*

Ombelles fructifères à rayons non convergents à la maturité, ne partant pas d'un disque épais et large . *A. majus.*

A. majus L. — Tige dressée, striée, rameuse ; f. glauques ou vertes, 1-2-pennatiséquées, à segments ovales-lancéolés, dentés ; ombelles à rayons grêles et nombreux. — ① ou ②. — Juin-sept. — R. — Moissons. — Dijon, St-Apollinaire, Seurre, Villebichot, Savouges, Labergement-lez-Seurre. — Fr. aromatiques, condimentaires.

A. Visnaga Lam. — Tige dressée, striée , rameuse ; f. d'un vert sombre, 2-3-pennatiséquées, à segments linéaires, entiers ; ombelles à rayons nombreux, un peu épaissis à la maturité. — ②. — Juill.-août. — T. R. — Moissons entre Beaune et Savigny.

32. Falcaria Riv. — Cal. à dents aiguës ; pét. obcordés, émarginés ; fr. ovoïde-oblong ; achaines à côtes égales, · filiformes ; invol. polyphylle, à fol. sétacées.

F. Rivini Host. — Rac. fusiforme, très longue ; tige de 6-8 déc., striée, à rameaux étalés ; f. fermes, glauques, les radicales entières ou 3-séquées, les caulinaires palmatiséquées, toutes à segments linéaires-lancéolés, dentés, souv[t] falciformes ; ombelles à 12-15 rayons ; fl. blanches. — ② ou ⚇. — Juill.-sept. — T.R.— Moissons. — Varois, Arcelot, Villebichot.

33. Cicuta L. (Cicutaire). — Cal. à dents larges, foliacées ; pét. obcordés, émarginés ; fr. subglobuleux, didyme ; achaines à côtes égales, aplanies, obtuses ; invol. nul.

C. virosa L. (Ciguë vireuse, Ciguë aquatique). — Pl. à odeur vireuse désagréable ; rac. blanche, grosse, caverneuse ; tige robuste, de 6-12 déc.; f. 2-3-pennatiséquées, à segments lancéolés-linéaires, dentés, les infér. très grandes ; ombelles grandes, à 10-16 rayons ; fl. blanches. — ⚇. — Juill.-sept. — T. R. — Marais. — Auxonne, Seurre. — N'a pas été signalé depuis Lorey. — Pl. vénéneuse dans toutes ses parties.

34. Sium Tourn. (Berle). — Cal. à dents aiguës ; pét. obcordés, émarginés ; fr. ovoïde, subdidyme ; achaines à côtes égales, filiformes ; invol. polyphylle. — Fl. blanches.

Tige sillonnée ; ombelles à 8-12 rayons ; fol. de l'invol. et de l'involucelle ord[t] divisées en lobes linéaires, entiers ou incisés . . . . *S. angustifolium.*
Tige cannelée, anguleuse ; ombelles à 20-30 rayons ; fol. de l'invol. et de l'involucelle entières, linéaires . . . . *S. latifolium.*

S. latifolium L. (Grande Berle). — Tige robuste, très fistuleuse ; f. pennatiséquées, luisantes, à 9-11 segments oblongs-lancéolés, dentés, les infér. très grandes ; achaines à bords contigus. — ♃. — Juill.-sept. — A. R. — Mares, fossés. — Lim-pré, Saulon, Chivres, Pontailler, Vielverge, St-Jean-de-Losne, etc.

S. angustifolium L. — Tige moins robuste, fistuleuse ; f. pennatiséquées, à 9-15 segments oblongs, incisés-lobés ou prof[t] dentés, les infér. plus grandes ; achaines à bords écartés, non contigus. — ♃. — Juill.-sept. — T. C. — Ruisseaux, étangs.

B. ACHAINES A FACE COMMISSURALE CREUSÉE D'UN SILLON OU ENROULÉE SUR LES BORDS.

A. Achaines atténués au sommet ou prolongés en bec.

35. SCANDIX Tourn. — Cal. à dents presque nulles ; pét. obovés, émarginés ou tronqués ; fr. oblong-linéaire, prolongé en bec plus long que les achaines, ceux-ci à côtes égales, obtuses ; invol. nul ou à une fol.

S. Pecten-Veneris L. (Aiguillon, Peigne de Vénus). — Tige de 1-3 déc., pubescente, souv[t] rameuse dès la base ; f. ovales dans leur pourtour, 2-3-pennatiséquées, à segments divisés en lanières linéaires ; ombelles à 1-3 rayons ; fr. rudes sur les bords, à bec cilié-scabre, 4-6 fois plus long que les achaines ; fl. blanches. — ② ou ④. — Mai-sept. — T. C. — Champs, moissons.

36. ANTHRISCUS Hoffm. — Cal. à dents nulles ; pét. obovés, émarginés ou tronqués ; fr. ovoïde-conique ou sublinéaire, prolongé en bec plus court que les achaines, ceux-ci à côtes nulles ou seul[t] visibles à la base du bec ; invol. nul. — Fl. blanches.

1. Ombelles assez long[t] pédonculées, à 8-16 rayons . . . . *A. silvestris.*

Ombelles sessiles ou bri̊èv^t pédonculées, à 3-7 rayons . 2
2. F. à gaînes velues ; fr. munis d'épines crochues. . . . .
. . . . *A. vulgaris.*
F. à gaînes glabres ; fr. lisses. . . . . *A. Cerefolium.*

A. silvestris Hoffm. — Tige de 6-12 déc., striée, fistuleuse ; f. ciliées, luisantes, 3-pennatiséquées, à segments divisés en lanières courtes, linéaires-lancéolées, les f. infér. grandes, munies d'un long pétiole engaînant-auriculé à la base ; involucelles à fol. réfléchies ; fr. lisses. — ♃. — Mai-juill. — C. — Prés, bois, berges des rivières.

A. Cerefolium Hoffm. (Cerfeuil).— Pl. très aromatique ; tige de 4-8 déc., striée, pubescente sous les nœuds ; f. 2-pennatiséquées, à segments ovales, divisés en lanières obtuses, les infér. à gaîne ciliée ; involucelles à fol. réfléchies. — ②. — Mai-juin. — Cultivé, subspontané, naturalisé à St-Romain. — Condiment aromatique.

A. vulgaris Pers. — Tige de 2-8 déc., striée, glabre ou presque glabre ; f. 2-3-pennatiséquées, à segments nombreux, divisés en lanières courtes ; involucelles à fol. étalées. — ②. — Mai-juin. — A. R. — Haies, friches, décombres. — Auxonne, Montbard, Vieux-Château, Laroche-en-Brenil, etc.

37. CHÆROPHYLLUM Tourn. (Cerfeuil). — Cal. à dents presque nulles ; pét. obcordés, émarginés ou tronqués ; fr. oblong-linéaire, atténué au sommet ; achaines à côtes égales, obtuses ; invol. nul ou à 1-3 fol.

C. temulum L. (Cerfeuil bâtard). — Tige pleine, striée, renflée sous les nœuds, souv^t tachée de pourpre ; f. velues, 2-pennatiséquées, à segments ovales-oblongs, obtus, divisés en lanières obtuses, incisées-dentées ; ombelles à 6-12 rayons ; involucelles à 5-8 fol. ciliées ; fl. blanches. — ②. — Juin-août. — T. C. — Haies, buissons, bois.

B. Achaines globuleux.

38. CONIUM L. (Ciguë). — Cal. à dents presque nulles ; pét. obovales, brièv^t émarginés ; fr. subglobuleux, subdidyme ; achaines à côtes égales, saillantes, ondulées ; invol. à 3-5 fol.

C. maculatum L. (Grande Ciguë). — Pl. fétide ; tige de

8-12 déc., robuste, fistuleuse, souv^t maculée de pourpre à la base ;
f. grandes, 3-4-pennatiséquées, à segments ovales-oblongs, incisés-
dentés ou pennatifides ; ombelles à 10-20 rayons ; invol. et involucelles à fol. réfléchies ; fl. blanches. — ②. — Juill.-sept. —
C. — Lieux incultes, décombres, bords des chemins. — Pl. off.;
résolutive et fondante ; très vénéneuse.

XLII. ARALIACÉES Juss.

Cal. à 5 dents courtes. Pét. 5. Étam. 5. Ov. infère.
Style simple, entouré à sa base par un disque charnu.
Stigm. simple. Fr. bacciforme, ord^t à 5 loges 1-sper-
mes. — Arbrisseaux à f. alternes, simples, persistantes, sans stip. Fl. en ombelles.

HEDERA Tourn. (Lierre). — Caractères de la
famille.

H. Helix L. (Lierre). — Tiges très rameuses, grimpantes,
se fixant à l'aide de crampons simulant des radicelles ; f. coriaces,
luisantes, pétiolées, 3-5-lobées, celles des rameaux florifères
ovales-acuminées, entières ; fl. d'un jaune verdâtre ; baies noires,
coriaces. — ♄. — Fl. sept.-oct., fr. fév.-avril. — T. C. — Vieux
murs, troncs d'arbres, rochers, haies. — Fr. purgatif ; f. regar-
dées comme résolutives et vulnéraires.

XLIII. CORNÉES DC.

Cal. à 4 dents courtes. Pét. 4. Étam. 4. Ov.
infère. Style simple, entouré à sa base par un disque charnu. Stigm. capité. Fr. drupacé, contenant
un noyau à 2, rar^t 3 loges 1-spermes. — Arbres ou
arbrisseaux à f. opposées, entières, fort^t nervées,
sans stip. Fl. en ombelles ou en cymes.

CORNUS Tourn. (Cornouiller). — Caractères de
la famille.

Fl. jaunes . . . . *C. mas.*
Fl. blanches. . . . . *C. sanguinea.*

C. mas L. (Cornouiller, Canneuler, Courgelier). — Arbre peu élevé, à rameaux grisâtres ; f. elliptiques-acuminées, pâles en dessous ; fl. paraissant avant les f. et disposées en ombelles simples, involucrées ; fr. ovoïdes, rouges, comestibles. — ♄. — Fl. fév.-avril, fr. sept.— C. — Bois de montagne. — Fr. comestibles très astringents. Bois estimé pour sa dureté.

C. sanguinea L. (Cornouiller femelle, Bois punais, Sanvin, Sanguinot). — Arbrisseau à rameaux rougeâtres ; f. elliptiques-acuminées, d'un vert pâle et pubescentes en dessous ; fl. en cymes ramifiées, sans invol., se développant après les f.; fr. globuleux, noirs, non comestibles. — ♄. — Fl. mai-juin, fr. sept. — T. C. — Haies, bois. — Gr. oléagineuses.

XLIV. CAPRIFOLIACÉES A. Rich.

Fl. rég. ou irrég. Cal. à 2-5 div. souv^t très courtes. Cor. à 4-5 lobes, qqfois tubuleuse-labiée. Étam. 4-5. Ov. infère ou semi-infère. Styles 4-5, libres ou soudés en un style indivis, à stigm. obscur^t 3-lobé, ou 3-5 stigm. sessiles. Fr. bacciforme ou drupacé, à 3-5 loges 1-oligospermes, qqfois 1-locul. par destruction des cloisons. — Arbrisseaux ou herbes à f. opposées, avec ou sans stip. Inflor. variées.

1. Cor. irrég., tubuleuse ou subcampanulée, à limbe bilabié . . . . *Lonicera* (4).
   Cor. rég., rotacée ou subcampanulée . . . . 2.
2. Pl. herbacée, très petite, portant 4-6 fl. d'un vert jaunâtre, disposées en capit. terminal . . . . . *Adoxa* (1).
   Arbrisseaux ou pl. herbacées très robustes, à fl. nombreuses, en corymbes plans ou en panicules ovoïdes . . . . 3.
3. F. entières ou palmatilobées . . . . . *Viburnum* (3).
   F. pennatiséquées . . . . *Sambucus* (2).

1. ADOXA L. — Cal. 2-3-denté ; cor. à 4-5 lobes étalés ; étam. 4-5, à filets bifurqués, portant une loge d'anthère au sommet de chaque div. ; styles

4-5 ; baie à 4-5 loges 1-spermes, couronnée par le cal. accrescent.

A. Moschatellina L. — Souche rampante, écailleuse ; tige grêle, glabre, succulente ; f. luisantes, 3-partites ou 3-séquées, les radicales, 1-3, long^t pétiolées, les caulinaires 2, opposées, brièv^t pétiolées ; baies verdâtres. — ♃. — Avril-mai. — A. C. — Haies, buissons, bois humides. — Dijon, Gevrey et toute la Côte, Seurre, Nolay, Semur, etc. — Fl. et f. à odeur musquée, employées comme antispasmodiques.

2. SAMBUCUS Tourn. (Sureau). — Cal. à 5 dents courtes ; cor. à 5 div. étalées, puis réfléchies ; étam. 5 ; stigm. 3-5, sessiles ; baie 1-3-5-locul., à 3-5 gr. — F. pennatiséquées, à segments dentés.

1. Tige herbacée ; stip. foliacées, inégales, assez grandes. . . . . *S. Ebulus.*
Tige ligneuse ; stip. nulles ou très petites . . . . . 2.
2. Fl. en panicules ovoïdes, dressées, même à la maturité ; baies rouges . . . . *S. racemosa.*
Fl. en corymbes plans, penchés à la maturité ; baies noires. . . . . *S. nigra.*

S. nigra L. (Sureau). — Arbrisseau assez élevé, à rameaux verruqueux ; moelle abondante, toujours blanche ; f. à 3-7 segments ovales-lancéolés ; fl. blanchâtres, odorantes. — ♄. — Juin-juill. — C. — Bois, haies. — Pl. off.; écorce et fr. purgatifs ; fl. sudorifiques et résolutives.

S. racemosa L. — Arbrisseau à rameaux verruqueux, fragiles ; moelle jaune, brunissant avec l'âge ; f. à 3-7 segments long^t acuminés ; fl. blanchâtres. — ♄. — Mai. — A. R. — Bois montagneux. — Notre-Dame-d'Étang, Flavignerot, Val-Suzon, Blaisy-Bas, Sombernon, etc. ; plus commun dans le Morvan. — Pl. off. ; mêmes propriétés que le Sureau.

S. Ebulus L. (Yèble, Hiolle). — Pl. fétide, très rameuse ; f. à 5-11 segments lancéolés ; fl. odorantes, blanches, qqfois rosées extér^t, en larges corymbes plans ; baies noires. — ♃. — Juin-sept. — T. C. — Bords des fossés et des chemins, lieux incultes, moissons, friches.

3. VIBURNUM L. (Viorne). — Cal. à 5 dents courtes ; cor. rotacée ou subcampanulée, à 5 lobes ; étam. 5 ; stigm. 3, sessiles ; baie 1-locul., 1-sperme,

à gr. osseuse. — Arbrisseaux à fl. blanches, en corymbes plans.

F. non lobées . . . . *V. Lantana.*
F. à 3-5 lobes profonds . . . . *V. Opulus.*

V. Lantana L. (Mancienne, Margot). — F. ovales, den-tées, épaisses, fort¹ ridées, cotonneuses en dessous, sans stip.; fl. odorantes, toutes fertiles ; baies comprimées, d'abord rouges, puis noires à la maturité. — ♄. — Mai. — T. C. — Haies, bois, broussailles, surtout dans la région montagneuse. — Fr. comestibles ; rejets utilisés pour leur tenacité et leur souplesse.

V. Opulus L. (Obier). — F. stipulées, à lobes dentés, minces, non ridées, à pétiole muni de glandes cupuliformes ; fl. peu odorantes, celles de la circonf. plus grandes, rayonnantes, stériles ; baies globuleuses, rouges. — ♄. — Mai. — C. — Bois, taillis un peu humides.

4. LONICERA L. (Chèvrefeuille). — Cal. à 5 dents courtes ; cor. à 2 lèvres, l'infér. entière, la supér. 4-fide ; étam. 5 ; style indivis, filiforme, à stigm. obscur¹ 3-lobé ; baie rouge, à 1-3 loges oligospermes, à gr. presque osseuses. —Arbrisseaux à f. simples.

Fl. en têtes terminales long¹ pédonculées ; tige sarmenteuse volubile. . . . . *L. Periclymenum.*
Fl. géminées, au sommet de pédonc. axillaires ; tige dressée.
. . . . *L. Xylosteum.*

L. Xylosteum L. (Bois blanc). — F. toutes pétiolées, ovales, velues-blanchâtres en dessous ; fl. très velues ; cor. petite, d'un rose jaunâtre, à tube court, gibbeux ; baies globuleuses, ombiliquées, soudées 2 à 2 à la base. — ♄. — Juin. — T. C. — Taillis, bois, haies, buissons. — Baies purgatives.

L. Periclymenum L. (Chèvrefeuille sauvage, Broutebique). — F. ovales-lancéolées, les supér. sessiles ; fl. odorantes, à cor. pubescente, d'un jaune rougeâtre, long¹ tubuleuse, arquée ; baies ovoïdes, terminées par le cal. persistant. — ♄. — Juin. — C. — Bois argileux.

Le Chèvrefeuille des jardins (*L. Caprifolium L.*) est reconnaissable à ses fl. purpurines ou d'un blanc jaunâtre, à tube allongé, arqué, très odorantes, disposées en capit. sessiles au sommet d'un plateau formé par les f. florales connées. — Pl. off.; fl. sudorifiques et astringentes.

XLV. RUBIACÉES Juss.

Cal. à 4-6 div. souv[t] peu apparentes. Cor. à 4-5, rar[t] 3 lobes. Étam. 4-5. Ov. infère. Styles 2, libres ou connés. Stigm. 2. Fr. sec., rar[t] charnu, indéhisc., formé de 2 carp. 1-spermes, rar[t] 1 seul carp. par avortement. — Herbes à tiges ord[t] quadrangulaires, à f. sessiles, souv[t] denticulées, ord[t] verticillées ; stip. nulles ou simulant des f. Fl. ord[t] disposées en grappes axillaires ou terminales, rar[t] en glomérules.

1. Cal. à div. profondes, ciliées, couvrant le fr. après la floraison. . . . . *Sherardia* (1).
Cal. à div. nulles ou très courtes, ne couvrant pas le fr. après la floraison . . . . 2.
2. Cor. infundibuliforme ou campanulée, à tube plus ou moins allongé. . . . . *Asperula* (2).
Cor. plane-rotacée, à tube presque nul. . . . . . . 3.
3. Cor. à 4 div.; fr. sec ; f. non membraneuses-coriaces . . . . *Galium* (3).
Cor. à 4-5 div.; fr. charnu ; f. membraneuses-coriaces dans notre espèce. . . . . *Rubia* (4).

1. SHERARDIA L. — Cal. à 6, rar[t] 4 div. profondes, accrescentes et persistantes ; cor. infundibuliforme, à 4 lobes ; étam. 4 ; fr. sec, couronné par les dents du cal.

S. arvensis L. — Tiges grêles, couchées, velues-scabres ; f. ovales-lancéolées, verticillées par 4-8 ; fl. d'un rose lilas, entourées d'un invol. de fol. soudées à la base ; fr. hérissés. — ② ou ①. — Mai-oct. — C. — Moissons.

2. ASPERULA L. (Aspérule). — Cal. à 4 dents courtes, caduques ; cor. infundibuliforme ou campanulée, à limbe 4-fide, rar[t] 3-5-fide ; étam. 4 ; fr. sec.

1. Fl. bleues, involucrées. . . . . *A. arvensis.*
Fl. blanches ou rosées, non involucrées . . . . . . 2.

2. Fl. rosées ; tiges étalées-diffuses . . . . *A. cynanchica.*
   Fl. blanches ; tiges dressées. . . . . 3.
3. F. toutes oblongues-lancéolées ; fr. hérissés d'aiguillons crochus . . . . *A. odorata.*
   F. linéaires ; fr. glabres, lisses . . . . . *A. galioides.*

A. arvensis L.— Pl. dressée, à tige simple ou rameuse ; f. oblongues ou linéaires, verticillées par 6-8 ; fl. en têtes terminales, entourées d'un invol. à bractées ciliées, dépassant les fl.; fr. lisses. — ② ou ①. — Mai-juill. — C. — Moissons des terrains calcaires.

A. cynanchica L. (Herbe à l'esquinancie). — Tiges nombreuses, couchées; f. linéaires, ordt verticillées par 4, les supér. opposées ; fl. en cymes terminales, à cor. rugueuse au dehors ; fr. tuberculeux. — ♃. — Juin-sept. — C. —Lieux secs, rochers calcaires.

A. odorata L. (Reine des bois, Petit Muguet). — Tige simple, dressée, lisse ; f. verticillées par 6-8, les infér. obovales, les supér. lancéolées ; fl. d'un blanc pur, en corymbe terminal. — ♃. — Mai-juill. — A. C. — Bois couverts. — Pl. excitante et vulnéraire ; devient très odorante par la dessiccation.

A. galioides Bieb. — *Galium glaucum* L.; Lorey, 445 ; Royer, 332 (corrigé, 629). — Tiges dressées, rameuses, un peu anguleuses ; f. glauques, ordt verticillées par 6-8, un peu enroulées sur les bords; fl. d'un blanc sale, en panicules corymbiformes. — ♃. — Juin-juill. — A. R. — Pelouses, coteaux calcaires.— Plombières, Dijon, toute la Côte.

3. GALIUM L. (Gaillet). — Cal. à 4 div. courtes ou presque nulles ; cor. plane-rotacée, à limbe 4-fide, étalé ; fr. sec, formé de 2 carp. séparés à la maturité.

1. Fl. jaunes 2
   Fl. blanches, blanchâtres ou rougeâtres 3
2. F. oblongues, verticillées par 4 . . . . *G. Cruciata.*
   F. linéaires, verticillées par 6-12 . . . . . *G. verum.*
3. F. 3-nervées. . . . . *G. boreale.*
   F. 1-nervées 4
4. F. obtuses, non mucronées . . . . . . *G. palustre.*
   F. aiguës ou obtuses, mucronées 5
5. Tiges lisses ou un peu rudes mais dépourvues d'aiguillons réfléchis sur les angles. 6

Tiges plus ou moins munies d'aiguillons réfléchis sur les angles. 9
6. Tiges couchées-gazonnantes, de 4-8 cent. au plus . . . . G. *saxatile.*
Tiges dressées ou décombantes, de 2-3 déc. au moins. . 7
7. Tiges arrondies ; f. glaucescentes ; bractées toutes lancéolées. . . . . G. *silvaticum.*
Tiges tétragones ; f. vertes ; bractées supér. linéaires. . 8
8. Cor. à lobes cuspidés. . . . . G. *Mollugo.*
Cor. à lobes aigus, non cuspidés . . . . G. *silvestre.*
9. Fl. en grappes axillaires pauciflores 10
Fl. en panicules multiflores 11
10. Pédonc. fructifères recourbés, plus courts que les f.; fr. glabres, fort¹ verruqueux. . . . . G. *tricorne.*
Pédonc. fructifères dressés, plus longs que les f.; fr. couverts de poils crochus, plus rar¹ chagrinés ou tuberculeux, sans poils . . . . G. *Aparine.*
11. Panicules étroites, peu fournies ; f. à la fin dressées ; fl. blanches. . . . . G. *uliginosum.*
Panicules amples, fournies ; f. à la fin renversées ; fl. d'un blanc rougeâtre. . . . . G. *anglicum.*

1. *Fleurs jaunes.*

G. Cruciata Scop. (Croisette). — Pl. d'un vert jaunâtre ; tiges simples, hispides ; f. ovales-oblongues, 3-nervées ; fl. polygames, en cymes axillaires pauciflores ; pédonc. fructifères se recourbant et cachant sous les f. les fr. lisses. — ♃. — Avril-juin. — C. — Prés, taillis, bords des chemins. — Pl. off.; vantée comme antiépileptique et antispasmodique.

G. verum L. (Caille-lait jaune). — Tiges grêles, ascendantes ou dressées, pubescentes ; f. 1-nervées, mucronées, à bords roulés en dessous ; fl. petites, à odeur de Mélilot, disposées en panicules terminales ; fr. lisses. — ♃. — Juin-sept. — C. — Prés, bords des chemins, pelouses.

2. *Fleurs blanches, blanchâtres ou rougeâtres.*

1. Tiges lisses ou un peu rudes, mais sans aiguillons réfléchis sur les angles.

G. boreale L. — Tiges de 4-6 déc., raides, dressées, tétragones, ord¹ glabres ; f. nombreuses, lancéolées-obtuses, scabres sur les bords, verticillées par 4 ; fl. d'un beau blanc, en panicules serrées ; fr. glabres ou hérissés. — ♃. — Juill.-août. — A. R. — Prés humides. — Jouvence, Limpré, Aignay, Val-des-Choux, Noiron-lez-Cîteaux, etc.

G. Mollugo L. — *G. Mollugo* Lorey, et *G. erectum* Huds.; Lorey, 446 (Caille-lait blanc). — Tiges de 6-15 déc., glabres ou pubescentes, faibles, tombantes ou s'élevant dans les haies ; f. assez courtes, obovales-obtuses, un peu transparentes, veinées-réticulées, verticillées par 6-8 ; fl. nombreuses, petites, d'un blanc sale, en panicules très amples ; pédonc. fructifères divariqués; fr. chagrinés. — ♃. — Juin-août. — T. C. — Haies, bois. — Pl. off.; antispasmodique et antiépileptique; les autres *Galium* jouissent des mêmes propriétés.

> Tiges radicantes ; f. allongées, étroites, oblongues-lancéolées ; fl. plus blanches, en panicules plus serrées ; pédic. fructifères étalés-dressés : var. *dumetorum* (*G. dumetorum* Jord.).

> Tiges moins élevées ; f. non transparentes, non veinées-réticulées, oblongues ou sublinéaires, aiguës ; fl. grandes, d'un beau blanc ; panicules étroites ; pédic. fructifères dressés : var. *erectum*.

G. silvaticum L. — Tiges de 4-10 déc., arrondies, non tétragones comme celles des autres *Galium*, lisses, glabres ou pubescentes ; f. oblongues-obtuses, élargies au sommet, atténuées à la base, glauques en dessous, les supér. verticillées par 4-6, les infér. par 8 ; fl. blanches, très petites, à lobes aigus, non acuminés, en panicules très lâches ; pédic. capillaires. — ♃. — Juin-juill. — R. — Bords des bois. — Flavignerot, Velars, Gevrey, Savigny-sous-Beaune, Laroche-en-Brenil.

G. saxatile L. — *G. hercynicum* Weig.; Lorey, 447. — Pl. glabre, à tiges lisses, diffuses, grêles ; f. infér. obovales, les supér. plus longues, lancéolées ; fl. blanches, en panicules corymbiformes ; fr. petits, glabres, tuberculeux. — ♃. — Juill.-août. — A. C. — Prairies et pelouses des terrains granitiques. — Saulieu, Rouvray, le Morvan.

G. silvestre Poll. — Pl. de 2-3 déc., d'un vert grisâtre, glabre et lisse (var. *læve.* — *G. læve* Thuill.; Lorey, 443), ou pubescente-rude dans sa moitié infér., rar^t au-dessus (var. *Bocconi.* — *G. Bocconi* All.; Lorey, 444) ; tiges couchées-ascendantes ; f. lancéolées-linéaires ou linéaires, plus ou moins épaisses, à bords plus ou moins roulés en dessous, ciliées-scabres dans la var. *Bocconi*, verticillées par 6-8 ; fl. blanches, en corymbes inégaux, formant une panicule lâche ; fr. fin^t chagrinés, très petits. — ♃. — Juin-juill. — C. — Rochers, pierrailles.

> Pl. grêle, à tiges nombreuses, croissant en touffes ; f. linéaires, courtes, pubescentes, un peu scabres ; inflor. compactes, corymbiformes : var. *Fleuroti* (*G. Fleuroti* Jord. — *G. supinum* Lorey, 444 ; non Lam. nec Bor.). — R. — Éboulis de la Coquille à Étalante, Saulieu, Rougemont.

2. Tiges plus ou moins munies d'aiguillons réfléchis sur les angles.

G. palustre L. — Tiges grêles, diffuses, nombreuses, scabres ou rar^t presque lisses ; f. 4-6 par verticille, elliptiques-oblongues, munies sur les bords de denticules dirigés de haut en bas ; fl. blanches, rar^t rosées, en panicules lâches, allongées ; pédic. fructifères divariqués ; fr. petits, fin^t chagrinés ; pl. noircissant par la dessiccation.— ♃.— Mai-juill.— C. — Lieux humides et marécageux.

> Pl. plus robuste dans toutes ses parties, à tiges peu nombreuses ; f. bordées de 2 rangs de denticules dirigés en sens inverse l'un de l'autre ; fr. gros, fort^t chagrinés : var. *elongatum* (G. *elongatum* Presl.).— A. C. — Avec le type.
> F. verticillées par 6 sur la tige et les principaux rameaux, par 4 sur les autres ; tiges assez nombreuses ; f. munies sur les bords de denticules dirigés vers le sommet de la f.; fr. tuberculeux : var. *debile* (G. *constrictum* Chaub.). — A. R. — Cîteaux, Pontailler.

G. uliginosum L.; an Lorey, 447? — Tiges grêles, tombantes, diffuses, très scabres ; f. oblongues ou linéaires-lancéolées, 6-7 par verticille, munies sur les bords de 2 rangs de denticules dirigés en sens inverse l'un de l'autre ; fl. blanches, en panicules étroites et allongées ; pédic. fructifères très divariqués ; fr. fin^t tuberculeux ; pl. ne noircissant pas par la dessiccation. — ♃. — Juill.-sept. — R. — Marécages. — Saulieu, Saulon, Orgeux, etc.

G. anglicum Huds. — Tiges grêles, très rameuses, diffuses, très scabres ; f. courtes, rudes aux bords, linéaires ou linéaires-oblongues, d'abord étalées, puis réfléchies, verticillées par 6 ; fl. petites, d'un jaune verdâtre en dedans, rougeâtres en dehors, en panicules corymbiformes à rameaux courts, étalés ; fr. tuberculeux, ord^t glabres. — ① ou ②. — Juin-sept. — A. C. — Friches, moissons des terrains sablonneux.

> Tige ord^t solitaire, peu rameuse, presque lisse dans sa moitié supér.; pédonc. et pédic. capillaires ; fr. plus petits : var. *divaricatum* Coss. et Germ. (G. *divaricatum* Lam.; Lorey, 443). — R. — Meursault, Laroche-en-Brenil.

G. tricorne With. — Tiges solitaires ou peu nombreuses, ord^t simples, dressées, très scabres, accrochantes, peu élevées ; f. linéaires-lancéolées, munies d'aiguillons crochus sur les bords et sur la nervure, verticillées par 6-8 ; pédonc. 2-3-flores, recourbés en crochet après la floraison ; fl. petites, blanches. — ① ou ②. — Juin-août. — C. — Moissons, cultures.

Le *G. saccharatum* All., à tiges rameuses, étalées, à pédonc. portant une seule fl. fertile et deux stériles, est une espèce méridionale signalée à Auxonne par Lorey. Elle ne peut être qu'adventive dans notre département.

G. Aparine Coss. et Germ.. — *G. Aparine* et *spurium* L.; Lorey, 449, 448 (Grateron, Asprèle, Hérisson). — Pl. élevée, scabre, accrochante, à tiges grimpantes, très rameuses, renflées et hispides aux articulations; f. lancéolées, élargies au sommet, fort[t] denticulées-scabres, verticillées par 6-8 ; fl. d'un blanc verdâtre ; pédonc. axillaires, dressés ; fr. gros, hérissés de poils crochus au sommet et tuberculeux à la base. — ① ou ②. — Juin-sept. — T. C. — Haies, champs cultivés. — Fr. diurétiques ; torréfiés ils ont été employés comme succédané du café.

Fr. seul[t] tuberculeux, non hérissés : var. *intermedium* (G. *intermedium* Mérat).

Tiges ni renflées ni hispides aux nœuds; fr. plus petits, glabres, chagrinés et non tuberculeux : var. *spurium* Coss. et Germ. (G. *spurium* L.). — A. C.

Fr. hérissés de soies courtes, non tuberculeuses à la base : var. *Vaillantii* Koch. — R. — Dijon.

4. RUBIA Tourn. (Garance). — Cal. à limbe presque nul ; cor. plane-rotacée, à limbe 4-5-fide, étalé ; fr. charnu-bacciforme, formé de 1, rar[t] 2 carp. réunis, non séparables.

R. peregrina L. — Tiges accrochantes, rameuses, diffuses ; f. persistantes, coriaces, sans nervures saillantes en dessous, lancéolées ou obovées, denticulées-scabres, verticillées par 4-6 ; fl. jaunâtres, en grappes axillaires ou terminales ; cor. à lobes aristés; baies noires, de la grosseur d'un pois. — ♃. — Juin-juill. — A. C. — Coteaux, rochers, bois de montagne des plateaux jurassiques.

Le *R. tinctorum* L. (Garance des teinturiers) diffère de l'espèce précédente par ses f. caduques, à nervures saillantes en dessous, non coriaces, les lobes de la cor. non aristés. Indiqué par erreur à Cirey et Nolay ; est qqfois cultivé dans les jardins. — Pl. off.; la rac., employée contre le rachitisme, contient un principe colorant rouge, qui se retrouve dans la plupart de nos Rubiacées indigènes.

XLVI. VALÉRIANÉES DC.

Fl. hermaphr., rar[t] polygames ou dioïques, irrég. ou presque rég. Cal. nul ou presque nul, ou à 1-6 dents persistantes, ou enfin plus souv[t] roulé en dedans en forme de bourrelet et composé de lanières étroites qui se déroulent en arêtes plumeuses après la floraison. Cor. tubuleuse-infundibuliforme, souv[t] gibbeuse ou éperonnée à la base, à limbe ord[t] 5-lobé. Étam. 1-3. Ov. infère, à 3 loges dont 2 toujours stériles ou avortées. Style simple. Stigm. entier ou 3-lobé. Fr. sec, indéhisc., 1-3-locul., toujours 1-sperme. — Herbes à f. opposées, sans stip., les radicales souv[t] en rosette. Fl. solitaires ou en cymes.

1. Fl. rouges, rar[t] blanches, assez long[t] éperonnées ; une seule étam. . . . . *Centranthus* (1).
   Fl. blanches, rosées ou bleuâtres, sans éperon ; 3 étam. . 2
2. F., au moins les caulinaires, pennatiséquées ; fr. aigretté . . . . *Valeriana* (2).
   F. toutes ou la plupart dentées ou entières ; fr. non aigretté. . . . . *Valerianella* (3).

1. CENTRANTHUS DC. — Fl. hermaphr. ; cal. se déroulant en aigrette après l'anthèse ; cor. tubuleuse, long[t] éperonnée, à 5 lobes ; étam. 1 ; fr. 1-locul.

C. angustifolius DC. — Pl. glabre et glauque, à tiges dressées, rameuses ; f. étroit[t] linéaires, très allongées, entières ; fl. rouges, en cymes corymbiformes denses. — ♃. — Juin-août. — A. R. — Carrières, pierrailles, sables, éboulis de la Côte.
   Le *C. ruber* DC. (*C. latifolius* Dufr. ; Lorey, 456 ; Royer, 622), souv[t] subspontané près des jardins où on le cultive, se distingue de l'espèce précédente par ses f. ovales ou lancéolées, acuminées, l'éperon de sa cor. plus allongé, et ses fl. disposées en corymbes paniculés. Ces deux pl. se relient d'ailleurs par de nombreux intermédiaires provenant sans doute d'hybridations. — Nuits, chemin de fer entre Is-sur-Tille et Langres, etc.

2. VALERIANA Tourn. (Valériane). — Fl. hermaphr. ou unisexuées. Cal. se déroulant en aigrette après l'anthèse ; cor. long[t] tubuleuse, un peu gibbeuse à la base, à limbe 5-fide ; étam. 3 ; fr.

1-locul. — Fl. blanches ou rosées, en cymes corymbiformes.

1. F. toutes pennatiséquées ; tige de 5-15 déc. . . . . *V. officinalis.*

F. radicales la plupart entières ; tige ayant moins de 5 déc. 2

2. Rac. fibreuse, long^t rampante ; fl. dioïques ; fr. ent^t glabres. . . . . *V. dioica.*

Rac. renflée en tubercule ; fl. polygames ; fr. portant de chaque côté 2 lignes de poils soyeux. . *V. tuberosa.*

V. officinalis L. (Valériane, Herbe aux chats). — Tige dressée, sillonnée, velue à la base ; f. à 15-21 segments étroit^t lancéolés, non ou très lâch^t dentés, d'un vert gai ; fl. hermaphr., en cymes ord^t peu serrées. — ♃. — Juin-août. — C. — Bois frais, taillis, lieux couverts et sablonneux. — Pl. off.; rac. antispasmodique, vermifuge, très employée.

F. à 7-11 segments ovales-lancéolés, prof^t dentés, d'un vert sombre ; fl. en cymes ord^t très denses : var. *sambucifolia* (*V. sambucifolia* Mikan).— Avec le type.

V. dioica L. — Tige dressée, striée ; f. infér. ovales, long^t pétiolées, les supér. pennatiséquées, à segment terminal plus large et plus grand ; fl. mâles plus grandes que les femelles et disposées en cymes plus lâches. — ♃. — Avril-juin. — C. — Bois, prés humides et marécageux.

V. tuberosa L. — Tige dressée, striée ; f. infér. oblongues-elliptiques, pétiolées, les supér. pennatiséquées, à segment terminal plus allongé ; fl. en cymes serrées. — ♃. — Mai-juin. — T. R. — Pelouses argileuses. — Plateau de Château-Renard à Gevrey, chaumes d'Auvenay, Vergy, Curley, combe Ragot entre Messigny et Étaules.

3. **VALERIANELLA** Tourn. (Valérianelle). — Cal. souv^t irrég., non enroulé avant l'anthèse, qqfois presque nul ; cor. infundibuliforme, sans gibbosité à la base ; étam. 3 ; fr. non aigretté, à 3 loges dont une seule fertile.— Tige rameuse, toujours dichotome supér^t; f. ord^t entières ou sinuées-dentées, les infér. oblongues-spatulées, qqfois en rosette, les supér. plus étroites ; fl. petites, d'un blanc bleu ou rosé, solitaires

aux bifurcations et rapprochées, au sommet des rameaux, en cymes ou en glomérules compactes, bractéolés.

1. Cal. presque rég., en coupe, à 6 dents égales, crochues au sommet ; fr. velus . . . . *V. coronata.*
    Cal. presque nul ou tronqué obliq^t en dent plus ou moins aiguë, ord^t denticulée à la base. 2
2. Cal. presque nul ou indistinct ; fr. arrondi ou allongé . 3
    Cal. tronqué obliq^t en forme de dent; fr. pyriforme . . 4
3. Fr. comprimé-lenticulaire ; dos de la loge fertile muni d'un épaississement spongieux. . . . . . *V. olitoria.*
    Fr. oblong, creusé en nacelle sur la face ventrale ; dos de la loge fertile dépourvu d'épaississement spongieux . . . . *V. carinata.*
4. Loges stériles oblitérées, filiformes ; cal. tronqué obliq^t en forme de dent très aiguë . . . . . *V. Morisonii.*
    Loges stériles beaucoup plus grandes que la fertile ; cal. tronqué obliq^t en forme d'oreille de chat . . *V. rimosa.*

V. olitoria Poll. (Mâche, Doucette). — Pl. très rameuse; fl. en cymes compactes. — ②. — Avril-juin. — T. C. — Cultures, vignes, prairies artificielles. — Les f. se mangent en salade.

V. carinata Lois. — Fl. en cymes compactes, subglobuleuses. — ②. — Avril-juin. — C. — Moissons, lieux cultivés, vieux murs.

V. rimosa Bast. — *V. dentata* Dufr.; Lorey, 454. — *V. Auricula* DC. ; Royer, 339. — Fl. en cymes lâches ; fr. creusés d'un sillon sur la face ventrale et marqués sur l'autre de 3 côtes fines. — ② ou ①. — Mai-août. — C. — Moissons.

V. Morisonii DC. — Fl. en cymes lâches ; fr. très allongés, creusés d'une fossette un peu allongée sur la face ventrale, et marqués sur l'autre d'une très fine côte. — ② ou ①. — Mai-août. — A. R. — Moissons, lieux cultivés. — St-Remy, Vernois, Marey-sur-Tille, etc.

V. coronata DC. — F. supér. souv^t pennatifides à la base; fl. en cymes subglobuleuses, compactes ; fr. ovoïdes, prof^t excavés sur la face ventrale. — ①. — Juin-août. — Champs et lieux cultivés. — Signalé par Lorey à Saulieu.

Le *V. eriocarpa* Desv., qqfois cultivé sous le nom de Doucette ou Mâche parisienne, se reconnaît à son cal. fructifère tronqué obliq^t et denticulé, et à son fr. ovoïde, ord^t velu-hérissé, creusé d'une fossette oblongue sur la face ventrale.

XLVII. DIPSACÉES DC.

Fl. plus ou moins irrég., nombreuses, sessiles sur un récept. commun plus ou moins convexe, entouré d'un invol. polyphylle. Chaque fl. est munie d'un calicule 1-phylle, à limbe scarieux, persistant. Cal. en forme de coupe, à limbe accrescent, entier, lobé ou aristé. Cor. tubuleuse-subbilabiée, à 4-5 lobes. Étam. 4. Ov. infère. Style filiforme. Stigm. entier ou 2-lobé. Fr. sec, indéhisc., 1-locul., 1-sperme (*achaine*), couronné par le cal. et entouré par le calicule tous deux persistants. — Herbes à f. opposées, sans stip. Capit. floraux solitaires à l'extrémité de la tige et des rameaux.

1. Tige munie d'aiguillons, au moins dans sa partie supér. . . . . *Dipsacus* (3).
Tige ent^t dépourvue d'aiguillons 2
2. Récept. commun garni de paillettes épineuses ; cal. à limbe terminé par 5 arêtes étalées . . . . . *Scabiosa* (1).
Récept. commun hérissé de soies, mais sans paillettes ; cal. à limbe prof^t divisé en 6-10 arêtes dressées. *Trichera* (2).

1. SCABIOSA L. (Scabieuse). — Récept. pailleté ; calicule sessile, cylindrique, muni de 8 côtes saillantes, à limbe entier ou 4-lobé ; cal. à 5 arêtes étalées ; cor. 4-5-lobée.

F. caulinaires pennatiséquées ; cor. 5-lobée . . . . *S. Columbaria.*
F. toutes entières ou seul^t dentées ; cor. 4-lobée . . . . *S. Succisa.*

S. Columbaria L. — Tige simple ou rameuse ; f. radicales oblongues-obtuses, crénelées ; calicule à limbe étalé, érodé ; fl. bleuâtres, rar^t blanches, les extér. rayonnantes. Pl. à formes nombreuses. — ♃. — Juin-sept. — C. — Bois, coteaux, rochers, lieux herbeux.

S. Succisa L. — Tige dressée, peu rameuse ; f. oblongues ou lancéolées ; calicule à limbe obscur[t] 4-denté ; fl. bleues, rar[t] blanches, toutes à peu près égales. — ♃. — Août-oct. — C. — Prés, bois, lieux herbeux et humides. — Pl. off. ; rhizome autrefois vanté contre la gale.

2. **Trichera** Schrad.— *Knautia* Coult. ; Lorey et Royer. — Récept. hérissé ; calicule brièv[t] pédicellé, anguleux, non sillonné, à limbe obscur[t] 4-denté ; cal. à 6-10 arêtes dressées ; cor. 4-5-lobée.

T. arvensis Schrad. — *Knautia arvensis* Coult. ; Lorey, 462 ; Royer, 340 (Scabieuse des champs, Langue de bœuf). — Pl. pubescente-hérissée, d'un vert pâle, à tige ord[t] rameuse ; f. toutes pennatifides ou les infér. ovales-lancéolées ; fl. d'un rose lilacé, celles de la circonf. très rayonnantes. — ♃. — Mai-juill. — T. C. — Prés, bois.

3. **Dipsacus** Tourn. (Cardère). — Récept. pailleté ; calicule tétragone, à 8 côtes, à limbe obscur[t] 4-denté ou presque nul ; cal. à limbe concave, cilié ; cor. 4-lobée.

1. Capit. globuleux, médiocres ; f. toutes pétiolées . . . .
. . . . *D. pilosus.*
Capit. ovoïdes, très gros ; f. infér. atténuées en pétiole, les autres connées. 2
2. F. glabres, aiguillonnées sur les bords et en dessus . . .
. . . . *D. silvestris.*
F. poilues-ciliées, sans aiguillons. . . *D. laciniatus.*

D. pilosus L. (Verge à pasteur). — Pl. élevée, à tige rameuse, cannelée, hispide, aiguillonnée au sommet ; f. ovales-acuminées, crénelées, munies de 2 oreillettes à la base du limbe ; fol. involucrales hérissées de longs poils sétiformes ; paillettes subulées ; fl. blanches. — ②. — Juin-août. — A. C. — Haies, chemins, bords des bois, berges des cours d'eau. — Talant, Dijon, Blaisy-Bas, Semur, Gevrey, Lusigny, etc.

D. silvestris Mill. (Chardon, Herbe au chardonneret). — Tige robuste, sillonnée, fort[t] aiguillonnée ; f. dentées ou sinuées, les radicales oblongues, les caulinaires moyennes oblongues-lancéolées, rar[t] pennatifides ; fol. involucrales épineuses ; paillettes terminées en longue pointe sétacée ; fl. lilacées. — ②. — Juill.-sept. — T. C. — Bords des chemins, champs argileux incultes.

D. laciniatus L. — Tige peu aiguillonnée ; f. allongées, les infér. entières ou crénelées, atténuées à la base, les caulinaires moyennes toujours pennatifides ; fol. involucrales épineuses ; fl. blanches ou d'un blanc rosé. — ② — Juill -août. — A. C. — Bords des chemins et des haies, friches, broussailles des sols argileux. — Varois, Plombières, Cîteaux, etc.; commun dans le Val-de-Saône.

XLVIII. COMPOSÉES Adans.

Fl. hermaphr., unisexuées ou neutres par avortement, rég. ou irrég., réunies en tête globuleuse ou capit. (*anthode*, *calathide* de certains auteurs), et sessiles sur un récept. commun entouré d'un ensemble de bractées (*écailles* ou *folioles*), formant invol. (aussi appelé *péricline*), avec ou sans bractéoles accessoires ou *calicule*. Récept. nu ou chargé de paillettes scarieuses ou membraneuses, ord^t persistantes, souv^t divisées jusqu'à la base en soies plus ou moins longues et à l'aisselle desquelles naissent les fl. Cal. jamais herbacé, tantôt réduit à un rebord circulaire en forme de couronne, tantôt formé de dents, écailles, arêtes ou paillettes plus ou moins allongées, tantôt enfin épanoui en une aigrette de poils sessile ou plus ou moins pédicellée, rar^t nul. Cor. tantôt tubuleuse, à limbe rég. ou irrég., rar^t 3, ord^t 4-5-denté ou 4-5-fide (*fleurons*) ; tantôt fendue du côté interne et prolongée en une languette (*ligule*) plane, unilatér., 4-5-dentée à l'extrémité (*demi-fleurons*). Étam. 4-5, insérées sur le tube de la cor., à anthères soudées en tube autour du style. Ov. infère. Style filiforme. Stigm. 2-fide, à branches planes ou cylindriques, poilues à la face externe. Fr. (*achaine*) sec, 1-sperme. indéhisc.,

nu ou couronné par les div. persistantes du cal. —
Pl. ord[t] herbacées, qqfois à suc laiteux. F. très ord[t]
alternes, sans stip. Capit. multi. ou pauciflores, très
rar[t] 1-flores, terminaux ou disposés en cymes, en
panicules, en corymbes ou en grappes.

très étroites, rosées ou rougeâtres, ou d'un blanc sale . .
. . . . *Erigeron* (32).
Fl. ligulées peu nombreuses, disposées sur un seul rang ; li-
gules assez larges, ord^t bleues . . . . . *Aster* (39).
15. F. toutes radicales, en rosette ; fol. de l'invol. sur 2 rangs.
. . . . *Bellis* (30).
Tiges feuillées ; fol. de l'invol. sur plus de 2 rangs . . 16
16. F. à div. larges ; récept. plan ou presque plan . . . . .
. . . . *Leucanthemum* (28).
F. à div. étroites, linéaires ; récept. conique à la maturité. 17
17. Récept. nu . . . . *Matricaria* (27).
Récept. couvert de paillettes 18
18. Achaines munis de 3 côtes à la face interne ; fl. du disque à
tube cylindrique, élargi à la base en une coiffe qui couvre le
sommet de l'ov. . . . . *Chamomilla* (24).
Achaines munis de côtes tout autour ; fl. du disque à tube
comprimé, non élargi à la base. . . *Anthemis* (25).
19. Pl. blanchâtres-cotonneuses, à f. très entières, linéaires ou
spatulées ; capit. à fl. peu apparentes et réunis en groupes
compactes 20
Pl. ne présentant pas cet ensemble de caractères. . . 25
20. Achaines sans aigrette . . . . *Micropus* (16).
Achaines surmontés d'une aigrette. 21
21. Pl. dioïque ; fl. roses ou blanchâtres . *Antennaria* (21).
Pl. non dioïques ; fl. jaunes ou jaunâtres. 22
22. Invol. hémisphérique-campanulé ; récept. complèt^t nu. 23
Invol. ovoïde-anguleux ; récept. portant quelques paillettes à
la circonf. 24
23. Capit. axillaires, en longue grappe spiciforme, feuillée. . .
. . . . *Gamochæta* (20).
Capit. en glomérules compactes, terminant la tige et les
rameaux . . . . *Gnaphalium* (19).
24. Achaines tous libres . . . . *Filago* (17).
Achaines de la circonf. renfermés dans les fol. de l'invol . .
. . . . *Logfia* (18).
25. Fol. de l'invol. sur 1-2, rar^t 3 rangs, presque égales dans le
rang principal 26
Fol. de l'invol. sur plusieurs rangs, très inégales. . . 33
26. Tige fleurie paraissant avant les f. 27
Tige fleurie paraissant après les f. 28
27. Capit. solitaires ; fl. jaunes . . . . . *Tussilago* (33).
Capit. en grappe ; fl. roses . . . . . *Petasites* (22).
28. Achaines courbés, épineux, sans aigrette ; fl. d'un jaune
orangé . . . . *Calendula* (31).

Achaines droits, non épineux, pourvus tous ou en partie d'une aigrette ou d'une couronne membraneuse ; fl. jaunes.   29

29. Capit. en longue grappe simple, spiciforme. . . . . *Ligularia* (42).

Capit. solitaires ou en corymbe 30

30. Capit. ord[t] solitaires, rar[t] en corymbe ; fol. de l'invol. sur 2-3 rangs ; achaines extér. sans aigrette ou tous surmontés d'une couronne membraneuse. 31

Capit. en corymbe ; fol. de l'invol. sur un rang, souv[t] accompagnées de fol. très courtes formant calicule ; achaines tous pourvus d'une aigrette. 32

31. Achaines extér. sans aigrette ; f. caulinaires auriculées-embrassantes . . . . *Doronicum* (41).

Achaines tous surmontés d'une couronne membraneuse lacérée ; f. caulinaires linéaires-lancéolées. *Buphthalmum* (26).

32. Invol. accompagné d'un calicule . . . . . *Senecio* (44).
Invol. sans calicule . . . . *Cineraria* (43).

33. Achaines sans aigrette 34

Achaines, au moins ceux du centre, pourvus d'une aigrette qqfois très courte, ou d'arêtes denticulées, prolongées en soies 38

34. Fl. de la circonf. ligulées, celles du centre tubuleuses . 35
Fl. toutes tubuleuses 36

35. Fl. blanches ou rosées ; capit. en corymbes. *Achillæa* (23).
Fl. jaunes ; capit. solitaires. . . *Chrysanthemum* (29).

36. Capit. solitaires ; fl. purpurines ou blanches. *Centaurea* (8).
Capit. rapprochés en groupes ; fl. jaunes ou jaunâtres . 37

37. Capit. très petits, en grappes ; fl. peu apparentes . . . . *Artemisia* (14).

Capit. assez gros, en corymbes ; fl. d'un jaune vif . . . . *Tanacetum* (15).

38. Récept. chargé de paillettes 39
Récept. nu. 42

39. Fol. de l'invol. recourbées en crochet ; f. larges de plus de 1 déc. . . . . *Lappa* (6).

Pl. ne présentant pas ces caractères 40

40. Fol. intér. de l'invol. rayonnantes, colorées, dépassant les fl. ; écailles du récept. 3-fides ; f. tomenteuses . . . . *Xeranthemum* (10).

Fol. intér. de l'invol. non rayonnantes, ne dépassant pas les fl. ; écailles du récept. non 3-fides ; f. non tomenteuses. 41

41. Fol. de l'invol. épineuses ou dentées ou ciliées. *Centaurea* (8).
Fol. de l'invol. aiguës, mucronées, mais non épineuses ni dentées. . . . . *Serratula* (7).

42. Fl. de la circonf. blanchâtres ou d'un rose violet . . . . *Erigeron* (32).
Fl. toutes jaunes 43

43. Fl. toutes tubuleuses ; f. toutes linéaires. *Linosyris* (12).
Fl. de la circonf. ligulées, rar^t subligulées ; f. jamais toutes linéaires 44

44. Fl. ligulées 5-10 au plus. . . . . . . *Solidago* (38).
Fl. ligulées nombreuses 45

45. F. infér. ayant plus de 2 déc. de largeur ; fol. extér. de l'invol. très larges, 1 cent. et plus. . *Corvisartia* (36).
F. infér. ayant moins de 2 déc. de largeur ; fol. extér. de l'invol. ayant moins de 1 cent. de largeur. 46

46. Achaines surmontés d'une aigrette simple . *Inula* (37).
Achaines surmontés d'une aigrette double, l'extér. courte et coroniforme. 47

47. Aigrette extér. dentée ou fendue jusqu'à la base ; fl. extér. d'un beau jaune ; pl. non visqueuse. . *Pulicaria* (34).
Aigrette extér. membraneuse, en forme de coupe crénelée ; fl. extér. d'un jaune très pâle ; pl. visqueuse . . . . *Cupularia* (35).

48. Achaines nus au sommet, ou munis d'un rebord membraneux ou d'une couronne d'écailles en forme de paillettes. . 49
Achaines tous, ou au moins ceux du centre, surmontés d'une aigrette de poils 51

49. Achaines surmontés d'une couronne d'écailles ; fl. bleues, rar^t blanches ou roses. . . . . *Cichorium* (47).
Achaines nus au sommet ou surmontés d'un rebord membraneux ; fl. jaunes 50

50. Achaines nus au sommet ; tige feuillée . *Lapsana* (45).
Achaines surmontés d'un rebord membraneux ; f. toutes radicales . . . . *Arnoseris* (46).

51. Aigrette à poils lisses ou fin^t dentés. 52
Aigrette, au moins celle des achaines du centre, à poils plumeux. 59

52. Achaines tronqués ou légèr^t atténués au sommet ; aigrette sessile 53
Achaines tous, ou au moins ceux du centre, terminés par un bec grêle qui fait paraître l'aigrette pédicellée. . . 55

53. Invol. à fol. intér. presque égales, les extér. très petites, formant ord^t calicule . . . . *Crepis* (62).

Invol. à fol. très inégales, imbriquées sur 2 ou plusieurs
   rangs, sans calicule 54
54. Aigrette à poils mous, d'un blanc d'argent ; pl. à suc laiteux
   blanc, très abondant. . . . . *Sonchus* (60).
   Aigrette à poils raides, très fragiles, roussâtres ou d'un blanc
   sale à la maturité ; pl. non laiteuses . *Hieracium* (63).
55. Hampe nue et monocéphale. . . . *Taraxacum* (56).
   Tige feuillée et polycéphale 56
56. Invol. à 5-10 fol. sensibl[t] égales, ord[t] disposées sur 1 rang
   et accompagnées d'un calicule à la base. 57
   Invol. à fol. nombreuses, imbriquées sur 2 ou plusieurs
   rangs. 58
57. Fl. 4-6 sur 1 rang dans chaque capit. ; aigrette brièv[t] pédicellée. . . . . *Mycelis* (58).
   Fl. 7-12 sur 2 rangs dans chaque capit.; aigrette long[t] pédicellée. . . . . *Chondrilla* (57).
58. Achaines comprimés-lenticulaires ; aigrette à poils disposés
   sur 1 seul rang . . . . *Lactuca* (59).
   Achaines fusiformes-cylindracés ; aigrette à poils disposés sur
   plusieurs rangs . . . . *Barkhausia* (61).
59. F. toutes ou presque toutes radicales 60
   Tige feuillée 62
60. Récept. chargé de longues paillettes caduques ; pédonc. un
   peu renflés au sommet . . . . . . *Hypochœris* (48).
   Récept. nu ; pédonc. non renflés au sommet 61
61. Achaines de la circonf. surmontés d'une coronule scarieuse,
   ceux de l'intér. terminés par une aigrette plumeuse . . .
   . . . . *Thrincia* (49).
   Achaines tous surmontés d'une aigrette. *Leontodon* (50).
62. Invol. à 6-12 fol. égales, disposées sur 1 rang et plus ou
   moins soudées à la base . . . . *Tragopogon* (53).
   Invol. à fol. inégales, imbriquées sur 2 ou plusieurs rangs .
   63
63. Invol. à fol. disposées sur 2 rangs, les extér., 3-5, foliacées,
   ovales-cordées, simulant un large calicule . . . . . .
   . . . . *Helminthia* (52).
   Invol. à fol. disposées sur plusieurs rangs, les extér. non foliacées et ne simulant pas un calicule 64
64. F. ord[t] pennatiséquées ; achaines prolongés à la base en un
   pied creux et renflé, égalant presque leur longueur . . .
   . . . . *Podospermum* (55).
   F. entières ou seul[t] dentées ou sinuées ; achaines sans prolongement basilaire 65

65. Aigrette caduque, à poils soudés en anneau à la base . . . .
. . . . *Picris* (51).
Aigrette persistante, à poils libres à la base . . . . . .
. . . . *Scorzonera* (54).

TUBULIFLORES.

Fleurs toutes tubuleuses, semblables ou dissem-
blables.

**A. Fleurs toutes tubuleuses, hermaphrodi-
tes, rarement unisexuées par avortement,
plus rarement celles de la circonférence
neutres, à corolle plus grande et rayonnante; style renflé au-dessous du stigmate
et ordinairement poilu au niveau du renflement; réceptacle muni de paillettes sétacées, très rarement nu et alors profondément alvéolé.**

A. AIGRETTE CADUQUE SE DÉTACHANT D'UNE SEULE PIÈCE,
COMPOSÉE DE LONGS POILS LISSES, SCABRES OU PLUMEUX,
SOUDÉS EN ANNEAU A LA BASE.

A. Réceptacle nu, alvéolé.

1. ONOPORDON Vaill. — Invol. à fol. imbriquées,
terminées par une épine; achaines courts, subtétragones, striés en travers; aigrette à poils scabres.

O. Acanthium L. (Chardon aux ânes). — Pl. aranéeuse-
blanchâtre, à tige élevée, robuste, larg^t ailée-épineuse; f. très
amples, sinuées-anguleuses, épineuses, les caulinaires décurrentes;
capit. volumineux, solitaires ou géminés; fl. purpurines, rar^t
blanches. — ②. — Juill.-sept. — C. — Lieux incultes, décombres, bords des routes.

B. Réceptacle pailleté.

2. CARLINA Tourn. (Carline). — Invol. à fol.
imbriquées, les extér. foliacées-épineuses, les intér.
scarieuses-colorées, rayonnantes; achaines cylin-

driques-oblongs, un peu comprimés, pubescents ; aigrette à poils plumeux.

Fl. jaunâtres ; capit. de 2-3 cent. de diamètre . . . . *C. vulgaris.*

Fl. purpurines ; capit. de 5-8 cent. de diamètre . . . . *C. acaulis.*

G. vulgaris L. — Tige rameuse au sommet ; f. coriaces, aranéeuses, blanches-tomenteuses en dessous, lancéolées, sinuées-épineuses, les caulinaires embrassantes ; capit. assez gros, en corymbe ; invol. aranéeux, à fol. intér. d'un jaune très pâle. — ②. — Juill.-sept. — T. C. — Lieux secs et incultes, bords des chemins et des champs. — Rac. considérée comme purgative.

G. acaulis L. — *C. Chamæleon* Vill. ; Lorey, 534 (Pigneuleu). — Tige simple, qqfois nulle ; f. vertes, pétiolées, pennatifides, à segments dentés-épineux ; capit. très gros, solitaires ; invol. un peu aranéeux, à fol. intér. purpurines ou brunes à la face externe. — ♃. — Juill.-sept. — R. — Pelouses, friches des sols calcaires. — Le Châtillonnais, Is-sur-Tille, Gemeaux, etc. — Le capit. sert d'hygromètre à la campagne par suite de la propriété qu'ont les écailles de l'invol. de s'ouvrir à l'humidité et de se refermer par la sécheresse.

Les *Cynara Scolymus* L. (Artichaut) et *Cardunculus* L. (Cardon), cultivés dans les jardins maraîchers, sont caractérisés par leurs tiges cannelées et leurs capit. très volumineux à fl. bleues.

3. CIRSIUM Tourn. (Cirse). — Invol. à fol. imbriquées, ord^t terminées en épine ; achaines oblongs, un peu comprimés, lisses ; aigrette à poils plumeux. — F. plus ou moins épineuses ; fl. ord^t purpurines, rar^t blanches, blanchâtres ou jaunâtres.

1. F. à face supér. hérissée de petites épines subulées. . . 2
   F. à face supér. lisse. 3
2. F. décurrentes sur la tige ; capit. assez gros, ovoïdes, à invol. peu ou pas aranéeux . . . . *C. lanceolatum.*
   F. non décurrentes ; capit. très gros, globuleux, à invol. fort^t aranéeux. . . . . *C. eriophorum.*
3. F. caulinaires long^t décurrentes . . . . . *C. palustre.*
   F. non ou très rar^t un peu décurrentes, ou tige nulle. . 4
4. Capit. munis ord^t de larges bractées décolorées ; fl. jaunâtres. *C. oleraceum.*
   Capit. sans bractées ou à bractées linéaires ; fl. purpurines ou rougeâtres, rar^t blanches 5

5. Tige nulle ou très courte, 15 cent. au plus . *C. acaule.*
   Tige plus ou moins élevée 6

6. Capit. sessiles ou court^t pédonculés, formant par leur réunion
   une panicule corymbiforme . . . . . *C. arvense.*
   Capit. solitaires au sommet de la tige ou des rameaux très
   long^t nus. 7

7. Fibres radicales épaissies-charnues, napiformes ; f. prof^t peu-
   natipartites . . . . *C. tuberosum.*
   Fibres qqfois épaissies, mais non napiformes ; f. simpl^t dentées
   ou sinuées-pennatifides . . . . . . *C. anglicum.*

C. lanceolatum Scop. (Chardon). — Tige robuste,
ailée-épineuse par la décurrence des f., celles-ci pennatifides ou
pennatipartites, à segments inégaux, très épineux ; invol. à fol.
lancéolées, insensibl^t atténuées en épine ; fl. ord^t purpurines. —
②. — Juin-sept. — C. — Lieux incultes, taillis, bords des che-
mins.

C. eriophorum Scop. (Chardon). — Tige très robuste ; f.
pennatipartites, à segments étroits, allongés, très épineux, les caulinaires embrassantes ; invol. à fol. spatulées, brusq^t terminées en
épine ; fl. ord^t purpurines. — ②. — Juill.-sept. — C. — Bords
des chemins, friches des sols argileux et calcaires.

C. palustre Scop. (Bâton du diable). — Tige très élevée,
flexible, fort^t sillonnée, ailée-épineuse, très velue, ainsi que les f.,
celles-ci pennatipartites, à segments épineux ; capit. assez petits,
agglomérés au sommet de la tige et des rameaux ; invol. à fol.
ovales-lancéolées, mucronées ; fl. ord^t purpurines. — ②. — Juill.-
août. — C. — Prés, taillis, bois humides.

C. acaule All. (Chardon-Aneret). — F. pennatipartites,
plus ou moins poilues sur la face infér., à segments larges, ciliés-
spinuleux ; capit. ord^t solitaires, à invol. glabre, peu épineux.
— ♃. — Juill.-sept. — C. — Pelouses, coteaux incultes, bords
des chemins.

C. oleraceum Scop. — Tige robuste, élevée ; f. molles,
pennatipartites ou pennatifides, à segments larges, ciliés-spinuleux,
les caulinaires embrassantes ; capit. assez gros, groupés en petit
nombre au sommet de la tige et des rameaux, et entourés de
larges bractées ovales, jaunâtres, plus longues qu'eux. — ♃. —
Juill.-août. — A. C. — Bois et prairies humides. — La plaine :
Limpré, Varois, etc. ; le Châtillonnais : Val-des-Choux, Recey,
etc. ; Val-Suzon, etc.

a. F. superf^t dentées, les florales ou bractées verdâtres, égalant les capit., ceux-ci gros, solitaires : var. trouvée à Moloy.

   F. plus ou moins prof^t découpées, les florales vertes . . b.

b. F. caulinaires un peu décurrentes, les florales lancéolées-
ovales, un peu plus courtes que les capit., ceux-ci assez
petits, nombreux, agglomérés : var. voisine du × *C.
hybridum* Koch (*C. palustri* × *oleraceum* Naeg.). — Voulaines.

F. caulinaires non décurrentes, les florales égalant les capit.,
ceux-ci assez gros, solitaires ou subsolitaires . . . . c.

c. Tige rameuse, peu feuillée au sommet ; f. caulinaires sessiles, non embrassantes, les florales étroit[t] lancéolées-pen-
natilobées : × *C. rigens* Wallr. (*C. oleraceo* × *acaule*
Naeg.). — T. R. — Bois de Vernois.

Tige simple ; f. caulinaires embrassantes, les florales linéaires-
lancéolées, dentées ; fibres radicales qqfois un peu épaissies dans leur partie moyenne : × *C. pallens* DC. (*C.
oleraceo* × *bulbosum* Naeg.). — T. R. — Bois de Vernois.

C. tuberosum All. — *C. bulbosum* DC.; Lorey, 525 ;
Royer, 351. — Tige plus ou moins pubescente-aranéeuse, surtout
au sommet, à 2-3 rameaux grêles, allongés ; f. ciliées-spinuleuses,
à face infér. plus pâle, qqfois blanchâtre-aranéeuse, les radicales
atténuées en pétiole ; capit. solitaires, ovoïdes-subglobuleux. —
♃. — Juin-août. — A.R. — Prés humides, marécages tourbeux.
— Jouvence, Ste-Foy, Orgeux, Ruffey, le Châtillonnais, etc.

Le × *C. medium* All., hybride des *C. acaule* et *tuberosum*,
diffère de ce dernier par ses fibres radicales gén[t] cylindracées et
moins épaisses, ses f. caulinaires jamais demi-embrassantes, ses
capit. plus gros et ses achaines striés de violet, la plupart avortés.
— T. R. — Bois de Vernois et de Larrey-lez-Poinçon, Jouvence.

C. anglicum Lob. — Tige toujours simple, blanchâtre-
aranéeuse ; f. lancéolées-oblongues, faibl[t] ciliées-spinuleuses, à face
infér. toujours aranéeuse-blanchâtre, toutes atténuées en pétiole
ailé ; capit. ovoïles, aranéeux-blanchâtres. — ♃. — Juin-août. —
A. R. — Prés marécageux. — Le Châtillonnais, le Morvan, Saulieu, Menessaire, Ste-Foy, Val-Courbe, etc.

C. arvense Scop. (Chardon hémorrhoïdal). — Tige très
rameuse supér[t] ; f. vertes et glabrescentes sur les 2 faces, sinuées-
pennatifides, ciliées-spinuleuses, les caulinaires embrassantes ; capit. ovoïdes ; fl. rougeâtres, rar[t] blanches. — ♃. — Juin-sept. —
T. C. — Moissons, cultures, bords des chemins, lieux incultes.

F. blanchâtres-aranéeuses en dessous, à lobes larges ; épines
grêles ; capit. médiocres : var. *vestitum* Koch.

F. pennatifi[les], à lobes étroits ; épines fortes et nombreuses ;
capit. petits : var. *horridum* Koch.

4. CARDUUS L. (Chardon).— Ne diffère du genre

Cirsium que par l'aigrette dont les poils sont fin[t] denticulés, non plumeux. — F. très épineuses, les caulinaires décurrentes ; fl. ord[t] purpurines, rar[t] blanches.

1. F. glabres, glaucescentes en dessous ; invol. à fol. extér. brusq[t] terminées par une courte épine.   *C. defloratus.*

 F. vertes sur les 2 faces, glabres ou plus ord[t] tomenteuses ou aranéeuses en dessous ; invol. à fol. extér. acuminées en une épine molle ou vulnérante 2

2. Pédonc. nus au sommet ou à ailes foliacées-épineuses interrompues ; capit. plus ou moins gros, ord[t] solitaires ou géminés . . . . *C. nutans.*

 Rameaux ord[t] ailés jusqu'au sommet ; capit. petits, nombreux, agglomérés . . . . *C. crispus.*

C. crispus L. — Tige rameuse, ailée-crépue ; f. ondulées, sinuées-pennatifides, pubescentes - aranéeuses en dessous ; pédonc. courts, pubescents, à ailes épineuses ; invol. à fol. étalées-dressées, terminées en pointe molle. — ②. — Juin-sept. — C. — Taillis, friches, bords des chemins.

C. nutans Coss. et Germ. — *C. nutans* et *acanthoides* L. ; Lorey, 519, 520. — Tige robuste, ailée-épineuse, non crépue ; f. sinuées-pennatifides, légèr[t] pubescentes en dessous ; capit. gros, penchés, à pédonc. nus et tomenteux au sommet ; invol. aranéeux, à fol. extér. ord[t] contractées et réfléchies à leur partie moyenne et terminées par une forte épine. — ②. — Juin-sept. — C. — Taillis, friches, bords des chemins.

 Pl. d'un vert foncé, à f. glabres ou un peu pubescentes en dessous ; capit. moins gros ; pédonc. à ailes foliacées plus ou moins interrompues ; invol. à fol. extér. droites, dressées-subétalées, faibl[t] épineuses : var. *acanthoides* (*C. acanthoides* L. ; Lorey, 520). — Hybride probable des *C. nutans* et *crispus.*

C. defloratus L. — Pl. ayant l'aspect des *Cirsium tuberosum* et *anglicum* ; tige robuste, ailée-épineuse, ord[t] simple ; f. pennatifides, à segments étalés, dentés ; capit. à la fin penchés, à pédonc. nus, très allongés ; fl. rouges. — ♃. — Juin-juill. — T. R. — Coteaux boisés, rochers. — Bois des Roches à Val-Suzon, combe de Francheville près du trou de Saussy.

5. SILYBUM Vaill. — Invol. à fol. imbriquées,

coriaces, les extér. et les moyennes brusq[t] élargies
en un appendice lobé-épineux ; étam. à filets soudés dans toute leur longueur ; achaines obovés-
comprimés, lisses ; aigrette à poils denticulés.

S. Marianum Gærtn. (Chardon-Marie). — Tige élevée,
robuste ; f. grandes, sinuées-lobées ou pennatifides, à segments ciliés-
épineux, ord[t] marbrées de blanc, les caulinaires embrassantes ;
capit. gros, solitaires ; fl. purpurines, rar[t] blanches. — ① ou ②
— Juill.-août.— T. R.— Lieux incultes, décombres, voisinage des
vieux châteaux (introduit). — Dijon, Thoisy-la-Berchère. — Rac.
fébrifuge et tonique, employée dans la teinture en jaune.

B. AIGRETTE PERSISTANTE OU A POILS SE DÉTACHANT
ISOLÉMENT, RAREMENT NULLE ; POILS LISSES OU SCA-
BRES, JAMAIS PLUMEUX, RAREMENT PALÉIFORMES,
ORDINAIREMENT LIBRES A LA BASE ; RÉCEPTACLE
PAILLETÉ.

6. LAPPA Tourn. (Bardane). — Invol. à fol. imbriquées, les extér. terminées par une pointe courbée
en hameçon ; achaines oblongs-comprimés, munis
de côtes ; aigrette à poils scabres, plurisériés. —
F. ord[t] très amples, ovales, entières ou sinuées,
non épineuses, tomenteuses-blanchâtres en dessous,
les infér. cordées ; fl. purpurines, rar[t] blanchâtres.

> Pétiole adulte fistuleux, superf[t] cannelé aux faces latér., élargi
> et plan-concave à la face supér. ; capit. disposés en grappes
> paniculées. . . . . *L. minor.*
>
> Pétiole adulte plein, prof[t] cannelé aux faces latér. et présentant
> un profond sillon à la face supér. ; capit. disposés en
> grappes corymbiformes assez lâches. . . *L. major.*

L. minor DC. — *L. glabra* Lam. var. *minor ;* Lorey, 517
(Placards, Voleurs, Coppeau, Lapperon). — Tige dressée, rameuse ;
capit. petits, resserrés au sommet à la maturité ; invol. ord[t] glabre,
à fol. intér. plus courtes que les fl., la plupart colorées en violet
purpurin au sommet ; achaines un peu rugueux en travers à la base.
— ②. — Juin-sept. — C. — Décombres, rues, lieux incultes. —
Pl. off. ; rac. âcre, amère, dépurative, sudorifique.

Capit. plus gros, ouverts à la maturité, plus long^t pédonculés ; fol. de l'invol. couvertes de poils aranéeux : var. *pubens* (*L. pubens* Bor.). — Val-Suzon.

L. major Royer ; non DC. (Mêmes noms vulgaires). — Tige rameuse, plus robuste que dans l'espèce précédente ; capit. plus gros, glabres ou tomenteux-aranéeux ; achaines plus ou moins rugueux, surtout au sommet. — ②. — Juill.-sept. — Comprend deux variétés principales :

Capit. du double plus gros que ceux du *L. minor* ; invol. à fol. toutes vertes, plus longues que les fl. ; achaines fort^t rugueux : var. *major* (*L. major* DC. — *L. glabra* Lam. var. *major* ; Lorey, 517).— A C.— Bords des chemins, lieux incultes, haies. — Val-Suzon, Blaisy-Bas, Auxonne, etc. — Pl. off. ; mêmes propriétés que le *L. minor*.

Capit. un peu moins gros ; invol. tomenteux-aranéeux, à fol. moins longues que les fl., les intér. ord^t colorées au sommet en violet purpurin ; achaines peu rugueux : var. *tomentosa* (*L. tomentosa* Lam. ; Lorey, 516). — R. — Routes de St-Jean-de-Losne et d'Auxonne, Beaune, Cîteaux, Velars, Val-Suzon, etc. — Mêmes propriétés.

7. Serratula L. (Sarrette). — Invol. à fol. imbriquées, les extér. rayonnantes, aiguës ; fl. toutes égales ; achaines oblongs-comprimés ; aigrette à poils scabres, plurisériés.

S. tinctoria L. — Tige anguleuse, simple ou rameuse au sommet ; f. fin^t dentées, les infér. ovales, indivises ou lyrées-pennatifides, à lobe terminal très grand, les supér. sessiles, ord^t pennatifides ; capit. nombreux, petits, en corymbe lâche ; invol. à fol. mucronées, violacées ; fl. purpurines, rar^t blanches. — ♃. — Juill.-sept. — A. C. — Prés et bois un peu humides, talus des fossés. — St-Apollinaire, Limpré, Recey, Val-Suzon, Magny-sur-Tille, etc.

8. Centaurea L. (Centaurée). — Invol. à fol. imbriquées, entourées d'une bordure ciliée-découpée, ou terminées par un appendice scarieux plus ou moins lacinié ou allongé en épine ; fl. de la circonf. ord^t stériles, plus grandes et rayonnantes ; achaines oblongs-comprimés, lisses ; aigrette nulle ou courte, à paléoles scabres, inégales, ord^t plurisériées.

1. Fol. de l'invol. terminées par une longue épine vulnérante.   2
   Fol. de l'invol. non terminées par une épine vulnérante.   3
2. Tige dépourvue d'ailes foliacées ; fl. purpurines, rar^t blanches.
   . . . . *C. calcitrapa.*
   Tige pourvue de longues ailes foliacées ; fl. jaunes. . . .
   . . . . *C. solstitialis.*
3. F. long^t décurrentes . . . . *C. montana.*
   F. non décurrentes 4
4. F. caulinaires entières ou dentées, quelques-unes à peine pennatifides 5
   F. toutes ou presque toutes pennatipartites ou 2-pennatipar-
   tites 6
5. Fl. bleues, rar^t blanches ou rosées ; aigrette aussi longue que
   l'achaine. . . . . *C. Cyanus.*
   Fl. purpurines, rar^t blanches ; aigrette nulle ou plus courte que
   l'achaine. . . . . *C. Jacea.*
6. F. à segments plans ; aigrette rousse, aussi longue que
   l'achaine . . . . *C. Scabiosa.*
   F. à segments enroulés sur les bords ; aigrette blanche, égalant
   à peine le tiers de la longueur de l'achaine. *C. paniculata.*

C. calcitrapa L. (Chausse-trape, Chardon étoilé). — Tige très rameuse, diffuse, anguleuse, poilue ; f. pubescentes, poilues en dessous, les infér. pennatiséquées, en rosette, les supér. souv^t entières, linéaires ; capit. nombreux ; fl. égales ; achaines nus. — ②. — Juill.-sept. — C. — Lieux incultes, bords des chemins, friches des sols argileux. — Rac. tonique, amère, fébrifuge.

C. solstitialis L.— Tige tomenteuse-blanchâtre, rameuse ; f. blanchâtres aranéeuses, les infér. pennatipartites, les supér. linéaires, décurrentes ; capit. long^t pédonculés, terminaux ; invol. à fol. un peu laineuses ; fl. égales ; achaines du centre aigrettés, les autres nus. — ① ou ②. — Juill.-sept. — R.—Prairies artificielles où cette pl. est qqfois importée avec les graines du midi.

Le *C. melitensis* L.. du midi de la France, a été trouvé adventivement à Dijon, dans les cuvettes du parc. Pl. à fl. jaunes, glanduleuses, toutes égales, à f. d'un vert foncé, ponctuées, les infér. pennatifides ; invol. plus ou moins aranéeux, à fol. épineuses.

C. Cyanus L. (Bluet, Barbeau, Casse-lunettes). — Tige striée, à rameaux grêles, allongés ; f. d'un vert pâle, ord^t blanchâtres-aranéeuses en dessous, les infér. pennatipartites, les supér. linéaires ;

capit. nombreux, médiocres, solitaires, long^t pédonculés ; fol. de l'invol. à appendice fauve, brun ou noirâtre, cilié ; fl. extér. rayonnantes ; achaines aigrettés. — ② ou ①. — Juin-août. — C. — Moissons. — Pl. off. ; vantée jadis contre les maladies des yeux.

C. Scabiosa L. — Tiges scabres, rameuses au sommet ; f. pennatipartites, d'un vert foncé ; capit. gros, ord^t solitaires ; fol. de l'invol. à appendice noirâtre, cilié ; fl. extér. rayonnantes.— ♃. — Juin-août. — C. — Lieux incultes ou herbeux, bois, bords des champs. — Employé contre la gale.

C. paniculata L. — Tiges sillonnées, à rameaux grêles ; f. 1-2-pennatipartites, vertes ou blanchâtres, souv^t un peu laineuses, les infér. en rosette ; capit. petits, en panicule lâche ; fol. de l'invol. à appendice fauve, très peu cilié ; fl. extér. rayonnantes. — ②. — Juin-juill. — T. R. — Bords des chemins, lieux arides (introduit). — Lieu dit la Champagne près Beaune.

C. montana L. — Pl. d'un vert blanchâtre, à tige ord^t simple ; f. lancéolées, décurrentes. molles, blanchâtres-aranéeuses, puis glabrescentes ; capit. 1-2, très gros ; fol. de l'invol. à appendice noir, incisé-cilié ; fl. extér. bleues, rayonnantes, celles du disque purpurines ; aigrette très courte. — ♃. — Juin-juill. — A. R. — Bois de montagne. — Gevrey, Aignay, Val-Suzon, Jouvence, la Cude, etc.

C. Jacea Coss. et Germ. — *C. Jacea, amara* et *nigra* L. (Jacée, Malon, Chaigneau, Tête d'alouette).— Tiges gén^t rameuses ; f. rudes sur les bords, indivises ou plus ou moins incisées, les infér. pétiolées, les supér. sessiles ; capit. solitaires ou géminés ; invol. à fol. terminées par un appendice scarieux ; fl. égales ou inégales ; aigrette nulle ou très courte. — ♃. — Mai-sept.— Rac. amère et tonique. — Comprend quatre variétés principales :

Appendices involucraux orbiculaires, ord^t bruns, entiers, incisés, ou la plupart ciliés-pectinés (*C. pratensis* Thuill.), à cils égalant ou dépassant la largeur de l'appendice ; fl. extér. ord^t rayonnantes ; achaines à aigrette nulle ou rudimentaire : var. *Jacea* (*C. Jacea* L. ; Lorey, 529). — T. C. — Prés, bois, coteaux.

Appendices involucraux noirs, très long^t ciliés, à cils apprimés ; fl. ord^t toutes égales ; aigrette courte : var. *nigra* (*C. nigra* L. ; Lorey, 529). — A. C. — Pelouses et bois des sols siliceux ou granitiques. — Mont-Afrique, Marsannay, Cîteaux, Saulieu, etc.

Appendices involucraux bruns ou noirâtres, lancéolés, long^t acuminés, réfléchis au sommmet, à cils 2-3 fois plus longs que la largeur de l'appendice ; fl. ord^t toutes égales ; ord^t une aigrette courte : var. *microptilon* (*C. microptilon* Gren.

et Godr.). — R. — Pelouses des bois. — Larrey-lez-Poinçon, Beauregard.

Appendices involucraux ord^t blancs, presque tous entiers ou la plupart pectinés (*C. serotina* Bor.), à cils égalant ou dépassant la largeur de l'appendice ; fl. extér. ord^t un peu rayonnantes ; tiges grêles ; f. très variables de forme, vertes ou blanches-tomenteuses ; point d'aigrette ; fleurit en août-oct. : var. *amara* (*C. amara* L. ; Lorey, 528). — T. C. — Coteaux incultes, pelouses, bois.

9. **Centrophyllum** Neck. — Invol. à fol. imbriquées, les intér. scarieuses au sommet, les extér. foliacées, très épineuses ; achaines gros, subtétragones, les extér. nus, les intér. munis d'une aigrette de poils paléiformes, ciliés, plurisériés.

C. lanatum DC. — Tige raide, pubescente ou laineuse, très feuillée ; f. pennatifides ou pennatipartites, coriaces, très épineuses, glanduleuses, pubescentes-aranéeuses et fort^t nervées en dessous ; capit. gros, terminaux, subsolitaires ou en corymbe irrég.; fl. jaunes. — ②. — Juill.-sept. — A. R. — Lieux incultes, décombres. — Bords des champs du Pays-Bas et des vignes de la Côte, Dijon, Buffon, Ruffey, Beaune, Pont-de-Pany, etc.

10. **Xeranthemum** Tourn. (Immortelle). — Invol. à fol. imbriquées, les extér. rayonnantes, colorées, dépassant les fl. ; fl. de la circonf. stériles, subbilabiées, peu nombreuses ; achaines allongés-comprimés, soyeux, surmontés de 5-8 arêtes denticulées, élargies à la base.

X. cylindraceum Sibth. et Sm. — Pl. tomenteuse-blanchâtre, à tige grêle, anguleuse, souv^t très rameuse ; f. linéaires ou lancéolées-linéaires, aiguës ; capit. petits, solitaires, long^t pédonculés ; fl. rougeâtres. — ②. — Juin-juill. — T. R. — Moissons, friches, bords des chemins. — Levée du canal entre Longvic et la Colombière près Dijon, Aloxe, Ladouée, Beaune. — Non retrouvé dans la Côte-d'Or depuis une trentaine d'années.

L'*Echinops sphærocephalus* L. (Boulette), est qqfois subspontané près des jardins et des habitations (Fort-Yon au-dessus de Larrey, près Dijon). Cette plante est caractérisée par ses capit. 1-flores, disposés sur un récept. commun en tête globuleuse ressemblant à un hérisson, ses f. aranéeuses en dessous, sinuées-pennatifides, épineuses, ses fl. d'un bleu pâle et ses achaines velus.

B. Fleurs toutes tubuleuses, ordinairement dissemblables, les femelles plus ou moins filiformes, disposées à la circonférence, celles du centre hermaphrodites ou mâles; rarement toutes égales, hermaphrodites, ou celles de la circonférence ligulées et neutres; capitules très rarement dioïques; style non articulé ni renflé au-dessous du stigmate.

A. FLEURS HERMAPHRODITES, TOUTES TUBULEUSES, TRÈS RAREMENT CELLES DE LA CIRCONFÉRENCE LIGULÉES, NEUTRES; ANTHÈRES DÉPOURVUES D'APPENDICES A LA BASE.

A. Réceptacle pailleté; achaines surmontés de 2-5 arêtes épineuses.

11. BIDENS Tourn. — Invol. à fol. sur 2-3 rangs, les extér. inégales, foliacées, les intér. scarieuses; récept. un peu convexe; fl. ord^t toutes hermaphr., tubuleuses, rar^t celles de la circonf. stériles, ligulées; achaines oblongs-comprimés, munis de 2 côtes et surmontés de 2-5 arêtes subulées-épineuses, à denticules courbés en bas. — F. opposées; fl. jaunes.

> F. la plupart ord^t 3-5-partites ou 3-5-séquées, toutes à pétiole court, ailé; achaines surmontés de 2-3 arêtes. . . . . .
> . . . . *B. tripartita.*
> F. long^t lancéolées, dentées, les supér. sessiles, un peu connées à la base; achaines surmontés de 4-5 arêtes. . . .
> . . . . *B. cernua.*

B. tripartita L. (Chanvre d'eau, Lapperon).— Tige rougeâtre, à rameaux étalés; capit. moyens, en corymbe; achaines à base large. — ⓛ. — Juill.-oct. — T. C. — Lieux couverts et humides, décombres, étangs desséchés.

> Invol. à fol. extér. très longues; fl. de la circonf. qqfois ligulées, rayonnantes : var. *radiata* Lorey; non Thuill.

B. cernua L. — Tige d'un vert pâle, à rameaux dressés; capit. grands, en corymbe très lâche; achaines atténués à la base.

— ①. — Juill.-oct. — A. C. — Étangs desséchés, bords des eaux, lieux humides. — Limpré, Lucenay, Laroche-en-Brenil, Rouvray, etc.

Fl. de la circonf. ligulées, rayonnantes : var. *Coreopsis* (*Coreopsis Bidens* L.). — Avec le type.

B. Réceptacle nu (sans paillettes); achaines aigrettés.

12. LINOSYRIS Lob. — *Chrysocoma* L.; Lorey.

— Invol. à fol. imbriquées, peu nombreuses; récept. creusé d'alvéoles à bords dentés; achaines oblongs-comprimés, pubescents-soyeux; aigrette à poils 2-sériés.

L. vulgaris DC. — *Chrysocoma Linosyris* L.; Lorey, 478. — Pl. glabre, à tiges grêles, simples, dressées; f. coriaces, étroit[t] linéaires, très nombreuses, dressées; capit. ord[t] en corymbes terminaux; fl. jaunes. — ♃. — Août-sept. — A. R. — Pelouses arides des montagnes de la Côte et de la vallée de l'Ouche. — Gevrey, Aloxe, Velars, Beaune, Bligny-sur-Ouche, Chassagne, roches St-Martin entre Bouze et Mavilly, etc.

13. EUPATORIUM Tourn. (Eupatoire). — Invol. à fol. imbriquées, peu nombreuses; récept. plan; style très saillant; achaines subcylindriques, à 4-5 côtes; aigrette à poils 1-sériés. — F. opposées.

E. cannabinum L. (Chanvre aquatique). — Pl. pubescente, à tiges assez élevées, rougeâtres, simples ou rameuses; f. palmatiséquées, à 3-5 segments lancéolés, rar[t] entières; capit. très nombreux, en corymbes compactes; fl. rougeâtres, rar[t] blanches, peu nombreuses dans chaque capit. — ♃. — Juill.-oct. — T. C. — Bords des eaux, lieux marécageux. — Pl. autrefois employée comme tonique et purgative.

B. FLEURS TOUTES TUBULEUSES, DISSEMBLABLES, LES FE-MELLES PLUS OU MOINS FILIFORMES, ORDINAIREMENT DISPOSÉES A LA CIRCONFÉRENCE OU TRÈS RAREMENT EN CAPITULES SÉPARÉS, CELLES DU CENTRE HERMA-PHRODITES, RAREMENT MALES.

A. Réceptacle nu; achaines sans aigrette.

a. Anthères dépourvues d'appendices à la base; fl. femelles subfiliformes.

14. ARTEMISIA Tourn. (Armoise). — Invol. à fol. imbriquées; récept. convexe ou presque plan,

glabre ou velu ; fl. jaunâtres ou brunâtres, celles de la circonf. très courtes, 3-dentées, celles du disque 5-dentées; achaines obovés-comprimés, sans côtes ni rebord. — Capit. très petits, très nombreux.

> Récept. velu ; f. à face supér. soyeuse-blanchâtre, tout à fait blanches en dessous . . . . *A. Absinthium.*
> Récept. glabre ; f. à face supér. glabre ou glabrescente et verte. . . . . *A. vulgaris.*

A. Absinthium L. (Absinthe). — Pl. très aromatique, pubescente-blanchâtre, à tiges dressées, très rameuses ; f. 2-3-pennatiséquées, à pétiole non auriculé ; capit. penchés, brièv[t] pédonculés, formant, par leur réunion, une grande panicule feuillée. — ♃. — Juill.-sept. — T. R. — Coteaux incultes, bords des routes. — Til-Châtel, Barjon, Tarsul, Is-sur-Tille, Ancey, Bar-le-Régulier. — Pl. off. ; excitante, vermifuge, emménagogue.

A. vulgaris L. — Pl. odorante, très polymorphe, à tiges dressées, rameuses, souv[t] rougeâtres, striées ; f. pennatifides ou pennatipartites, à segments ord[t] incisés, blanchâtres-tomenteuses en dessous, les caulinaires auriculées ; capit. à la fin dressés, en longues grappes pyramidales feuillées. — ♃. — Juill.-oct.— C.— Lieux incultes, bords des chemins.— Pl. off. ; tonique, stimulante, emménagogue.

L'*A. Dracunculus* L., cultivé dans les jardins sous le nom d'Estragon, a les f. toutes entières, lancéolées, et le récept. glabre. — Condiment aromatique.

15. Tanacetum Tourn. (Tanaisie).— Invol. à fol. imbriquées ; récept. plan ou un peu convexe, glabre ; fl. de la circonf. 3-dentées, celles du disque 5-dentées ; achaines obconiques, à côtes saillantes et rebord membraneux au sommet.

T. vulgare L. — Pl. aromatique, à tiges assez élevées, rameuses dans le haut ; f. pennatiséquées, à segments pennatifides et rachis ord[t] ailé-lobé ; capit. nombreux, en corymbes compactes ; fl. jaunes. — ♃. — Juill.-sept. — R. — Lieux incultes, haies, bords des chemins. — Crimolois, Talmay, Villy, Longvay, Ste-Colombe, Pontailler, Vielverge, etc.— Pl. off.; vermifuge et fébrifuge.

> *b. Anthères pourvues d'appendices à la base ; fl. femelles filiformes.*

16. Micropus L. — Invol. à fol. disposées sur

2 rangs, celles du rang infér. repliées en forme de capuchon autour des fl. de la circonf. et caduques avec leurs achaines; récept. filiforme, court; achaines obovés-comprimés. — Capit. entourés d'un duvet laineux.

M. erectus L. — Pl. fort^t laineuse-blanchâtre ; tiges nombreuses, étalées-ascendantes; f. sessiles, oblongues ; capit. réunis en glomérules nombreux, long^t feuillés et disposés en grappes lâches; fl. peu apparentes, d'un blanc sale, celles du centre mâles. — ②. — Juin-juill. — A. C. — Friches, lieux secs, pelouses arides des sols calcaires. — Premeaux, Buffon, Aignay, Plombières, Beaune, etc.

B. Réceptacle nu ou muni de paillettes seulement à la circonférence ; achaines tous ou la plupart surmontés d'une aigrette de poils capillaires ; fleurs femelles filiformes.

a. Anthères pourvues d'appendices à la base.

17. Filago Vaill. (Cotonnière). — Invol. anguleux, à fol. cotonneuses, au moins à la base, sur 3-5 rangs, les intér. transformées en paillettes ; récept. subfiliforme, nu au centre ; achaines obovés-comprimés, tous libres ; aigrette caduque, presque nulle dans les achaines de la circonf. — Pl. cotonneuses, à f. sessiles, entières ; capit. en glomérules, à fl. peu apparentes, d'un blanc jaunâtre.

1. Capit. réunis 8-30 en glomérules globuleux, terminaux ou situés aux bifurcations; invol. à fol. cuspidées, non étalées en étoile à la maturité. 2
Capit. réunis 3-7 en glomérules assez petits, axillaires et terminaux ; invol. à fol. non cuspidées, étalées en étoile à la maturité 3
2. Glomérules munis de 3-4 f. florales bien plus longues qu'eux ; capit. à 5 angles très prononcés . . . *F. spathulata.*
Glomérules à f. florales nulles ou très courtes; capit. à 5 angles peu prononcés. . . . . *F. germanica.*
3. F. florales égalant les glomérules; invol. à 8 angles peu prononcés. . . . . *F. arvensis.*
F. florales plus courtes que les glomérules ; invol. à 5 angles saillants. . . . . *F. minima.*

F. spathulata Presl. — Pl. à tomentum blanchâtre ou plus rar[t] jaunâtre (var. *lutescens*); tige irrég[t] di-trichotome, à rameaux divariqués; f. oblongues spatulées. — ① ou ②. — Juin-oct. — C. — Moissons, bords des routes, dans le calcaire.

F. germanica L. — *Gnaphalium germanicum* Willd. ; Lorey, 490. — Tige ord[t] simple à la base, irrég[t] rameuse-dicho-tome au sommet, à rameaux dressés; f. oblongues-lancéolées, aiguës, souv[t] ondulées. — ① ou ②. — Juill.-oct.

Tomentum blanc; fol. de l'invol. terminées par une pointe pâle ou jaunâtre : var. *canescens* (*F. canescens* Jord.).— C. — Champs, friches, routes, lieux sablonneux.

Tomentum jaunâtre; fol. de l'invol. rougeâtres au sommet : var. *lutescens* (*F. lutescens* Jord.). — A. R. — Moissons. — Fontaine-Française, Voudenay, Liernais.

F. arvensis L. — *Gnaphalium arvense* Willd.; Lorey, 491. — Pl. laineuse-blanchâtre, à tige irrég[t] rameuse; f. lancéolées-linéaires ou linéaires-aiguës, appliquées contre la tige; glomérules disposés en grappes spiciformes interrompues; invol. à fol. lai-neuses-tomenteuses presque jusqu'au sommet. — ② ou ①. — Juill.-sept. — A. C. — Moissons, chemins.

F. minima Fries.— *Gnaphalium montanum* Huds.; Lorey, 492.— *F. montana* Coss. et Germ.; non L.; Royer, 364.— Pl. brièv[t] tomenteuse-blanchâtre, à tige rameuse-dichotome au sommet; f. linéaires-lancéolées, appliquées contre la tige ; glomérules en pani-cule dichotome; invol. à fol. tomenteuses-soyeuses, glabres et scarieuses au sommet. — ① ou ②. — Juin-sept. — C. — Friches, moissons, taillis.

18. LOGFIA Cass. — Invol. anguleux, à fol. sur 3 rangs ; récept. épaissi au sommet, nu au centre ; achaines subcylindriques, ceux de la circonf. sans aigrette et enveloppés par les fol. du rang moyen de l'invol.

L. gallica Coss. et Germ.— *Gnaphalium gallicum* Huds.; Lorey, 491.— Pl. tomenteuse-blanchâtre; tige simple ou rameuse, à rameaux dressés-étalés ; f. linéaires-subulées; invol. à fol. étalées en étoile à la maturité ; capit. réunis 3-7 en glomérules long[t] dépassés par les f. florales ; fl. petites, d'un blanc jaunâtre. — ② ou ①. — Juill.-oct. — A. C.— Friches, taillis, champs sablon-neux. — Montbard, Selongey, St-Léger-lez-Pontailler, etc.

19. GNAPHALIUM. — Invol. campanulé, à fol. glabres, colorées, étalées en étoile à la maturité ;

récept. nu, plan ou un peu convexe ; achaines cylindriques-oblongs, surmontés d'une aigrette à poils 1-sériés, non soudés en anneau à la base. — Pl. plus ou moins cotonneuses, à f. entières, blanchâtres sur les 2 faces ; fl. jaunes.

Capit. sessiles, en glomérules dépassés par les f. florales . . . . G. *uliginosum.*

Capit. subsessiles, en grappes corymbiformes, non feuillées . . . . G. *luteo-album.*

G. uliginosum L. — Tige très rameuse dès la base, à rameaux diffus ; f. lancéolées-linéaires, toutes long^t atténuées à la base. — ①. — Juill.-oct. — C. — Atterrissements, champs argileux et humides.

G luteo-album L.— Tige simple ou rameuse ; f. oblongues-spatulées, les caulinaires semi-embrassantes. — ②. — Juill.-sept. — A. R. — Taillis argileux, bords des chemins. — Gerland, Saulon-la-Chapelle, St-Léger-lez-Pontailler, Longvay, Merceuil, Cîteaux, etc.

20. GAMOCHÆTA Wedd.— Aigrette à poils 1-sériés, soudés en anneau à la base. — Le reste comme dans le genre *Gnaphalium.*

G silvatica Wedd. — *Gnaphalium silvaticum* L. ; Lorey, 489 ; Royer, 366. — Pl. cotonneuse blanchâtre, à tige raide, dressée, ord^t simple ; f. lancéolées-linéaires, atténuées à la base, glabrescentes en dessus ; capit. sessiles, en grappe allongée, feuillée ; invol. à fol. tachées de fauve ou de brun au sommet ; fl. d'un blanc jaunâtre. — ♃. — Juill.-sept. — C. — Taillis humides, champs et moissons des sols argileux.

21. ANTENNARIA R. Br. — Pl. dioïque ; invol. campanulé, à fol. imbriquées, scarieuses, colorées ; récept. convexe, nu, alvéolé ; achaines cylindriques-oblongs ; aigrette à poils 1-sériés, soudés en anneau à la base, un peu épaissis au sommet.

A. dioica Gærtn. — *Gnaphalium dioicum* L. ; Lorey, 492 (Pied de chat). — Pl. cotonneuse-blanchâtre, à tige basse, simple, dressée ; f. vertes en dessus, les radicales spatulées, en rosette, les caulinaires sublinéaires ; capit. en corymbe compacte, les mâles ord^t blanchâtres, les femelles d'un beau rose. — ♃. — Juin-juill. —

T. R. — Pelouses des sols granitiques et siliceux. — Broindon, La-roche-en-Brenil, Rouvray, Saulieu, Conforgien, St-Didier. — Pl. off.; fl. pectorales.

b. Anthères dépourvues d'appendices à la base.

22. PETASITES Tourn. — Invol. à fol. sur 1-2 rangs, souv[t] accompagnées d'un calicule ; récept. presque plan ; fl. femelles tronquées obliq[t] au sommet ; achaines cylindriques, munis de côtes ; aigrette à poils scabres, plurisériés. — Capit. formés de fl. presque toutes mâles, placées au centre du disque, avec quelques f. femelles à la circonf., ou presque toutes femelles avec quelques fl. mâles au centre.

P. officinalis Mœnch. — *Tussilago Petasites* L.; Lorey, 468. — P. *vulgaris* Desf ; Royer, 377 (Herbe aux teigneux). — F. toutes radicales, réniformes-cordées, long[t] pétiolées, paraissant après les fl. et prenant avec l'âge de très grandes dimensions ; capit. en grappe oblongue ou cylindracée, portée par une longue hampe pubescente-cotonneuse, à écailles violacées ; fl. purpurines. — ♃. — Mars-avril. — R. — Bords des eaux, lieux ombragés et humides. — Bords de l'Ouche, Saulieu, Nolay, Moloy, St-Marc, Liernais, St-Andeux, Toutry, Brazey, etc. — Pl. vantée jadis comme tonique et résolutive.

RADIÉES.

Fleurs du centre tubuleuses, ordinairement hermaphrodites, celles de la circonférence ligulées, femelles ou neutres, très rarement à ligule très courte ou nulle; style non renflé au-dessous du stigmate.

A. Réceptacle pailleté sur toute sa surface; achaines nus ou surmontés d'une couronne membraneuse ou de 2-5 arêtes caduques; fleurs ligulées unisériées.

A. ANTHÈRES DÉPOURVUES D'APPENDICES A LA BASE.

23. ACHILLEA Vaill. (Achillée). — Invol. à fol. imbriquées, scarieuses ; récept. presque plan ;

rebord membraneux. — Fl. tubuleuses jaunes, les ligulées blanches ; capit. solitaires au sommet des rameaux.

Pl. très aromatique ; récept. conique, fistuleux . . . . . .
. . . . *M. Chamomilla.*
Pl. peu odorante ; récept. subhémisphérique, plein . . . .
. . . . *M. inodora.*

M. Chamomilla L. (Camomille commune). — Tige dressée, rameuse ou diffuse ; f. 2-3-pennatiséquées, à segments linéaires, plans sur le dos ; achaines jaunâtres, dépourvus de glandes près du sommet. — ② ou ①. — Mai-juill. — A. C. — Moissons. — Collonges, Auxonne, Semur, Rouvray, etc. — Pl. off. ; capit. amères, antispasmodiques.

M. inodora L. — *Chrysanthemum inodorum* L. ; Lorey, 498. — Tige dressée, rameuse ; f. 2-3-pennatiséquées, à segments linéaires, canaliculés sur le dos ; achaines noirâtres, munis de 2 glandes jaunes près du sommet. — ②. — Juill.-oct. — C. — Moissons, cultures.

28. Leucanthemum Tourn. — *Pyrethrum* Gærtn. ; Royer. — Invol. à fol. imbriquées, scarieuses sur les bords ; récept. hémisphérique ou plus ou moins convexe ; fl. du disque à cor. comprimée-ailée ; achaines cylindro-coniques, munis de deux côtes tout autour, nus ou surmontés d'un rebord scarieux. — Fl. tubuleuses jaunes, les ligulées blanches.

1. F. infér. spatulées, les supér. oblongues-ovales, semi-embrassantes, crénelées, dentées ou incisées ; capit. grands, solitaires au sommet de la tige et des rameaux. *L. vulgare.*
F. toutes pennatiséquées, à segments incisés ou pennatipartits ; capit. médiocres, en corymbe 2
2. F. toutes pétiolées, à 3-7 paires de segments obtus ; achaines à rebord court au sommet. . . . . *L. Parthenium.*
F. supér. sessiles, toutes à 8-15 paires de segments aigus, mucronés ; achaines sans rebord. . *L. corymbosum.*

L. corymbosum Gren. et Godr. — *Chrysanthemum corymbosum* L ; Lorey, 498. — *Pyrethrum corymbosum* Willd. ; Royer, 362. — Pl. glabre ou velue, à tige dressée, peu rameuse ; capit. peu odorants, en corymbe nu ou presque nu ; achaines surmontés d'un rebord. — ♃. — Juin-juill. — A. C. — Coteaux boisés dans le calcaire. — Messigny, Mont-Afrique, Recey, Blaisy-Bas, Vauchignon, Chambolle, Dijon, etc.

L. Parthenium Gren. et Godr.— *Chrysanthemum Parthenium* Pers.; Lorey, 497.— *Pyrethrum Parthenium* Sm.; Royer, 362 (Grande Camomille, Matricaire). — Tige dressée, très rameuse ; capit. très odorants, en corymbe très lâche. — ♃.— Juin-août.— A. R. — Subspontané près des jardins et des habitations. — Châtillon, Semur, Corberon, Saulieu, etc. — Pl. off.; tonique, stimulante.

L. vulgare Lam.— *Chrysanthemum Leucanthemum* L.; Lorey, 496. — *Pyrethrum Leucanthemum* Coss. et Germ.; Royer, 362 (Grande Marguerite). — Tige dressée, simple ou peu rameuse ; capit. inodores. — ♃. — Mai-juill. — T. C. — Prairies, moissons, bois, friches.

29. CHRYSANTHEMUM Tourn. (Chrysanthème). —

Invol. à fol. imbriquées ; récept. plan-convexe ; fl. du disque à cor. comprimée-ailée ; achaines de la circonf. triquêtres, à angles ailés, ceux du disque subcylindriques, à 10 côtes.

C. segetum L. — Tige dressée, simple ou rameuse ; f. un peu glauques, oblongues, ord[t] élargies et 3-fides au sommet, les supér. embrassantes ; capit. très grands, solitaires au sommet des rameaux ; fl. jaunes. — ④. — Juin-août. — T. R. — Moissons (prob[t] adventif).— Rouvray, Lignerolles.

30. BELLIS Tourn. (Pâquerette). — Invol. à fol.

disposées sur 2 rangs ; récept. conique ; achaines obovales-comprimés, marginés, sans côtes ni rebord.

B. perennis L. (Petite Marguerite). — F. obovales-spatulées, toutes en rosette ; capit. solitaires au sommet de pédonc. radicaux dépassant long[t] les f.; fl. tubuleuses jaunes, les ligulées blanches ou rosées. — ♃. — Mars-nov. — T. C. — Prés, lieux herbeux, bords des chemins.

B. FLEURS LIGULÉES DISPOSÉES SUR DEUX RANGS OU PLUS ; ANTHÈRES POURVUES D'APPENDICES A LA BASE.

31. CALENDULA L. (Souci). — Invol. à fol. sur

2 rangs ; récept. plan, tubuleux ; fl. du disque

mâles ; achaines nus au sommet, les intér. roulés en cercle, les extér. plus grands, falciformes, terminés en bec et à dos épineux.

C. arvensis L. — Pl. odorante, pubescente ; tige dressée, à rameaux étalés, qqfois diffuse dès la base ; f. oblongues-lancéolées, les supér. semi-embrassantes ; fl. jaunes. — ② ou ①. — Mars-oct. — C. — Vignes, cultures. — Pl. autrefois employée comme antiscorbutique.

Le *C. officinalis* L. se rencontre souv^t à l'état subspontané près des jardins et des habitations ; il se distingue du *C. arvensis* par ses capit. plus amples et ses fl. ligulées ord^t disposées sur un grand nombre de rangs.

C. Réceptacle nu ; achaines tous ou la plupart surmontés d'une aigrette de poils capillaires ; fleurs de la circonférence très rarement tubuleuses.

A. FLEURS LIGULÉES DISPOSÉES SUR PLUSIEURS RANGS ;
   ANTHÈRES DÉPOURVUES D'APPENDICES A LA BASE.

32. ERIGERON L. (Vergerette). — Invol. à fol. linéaires, imbriquées ; récept. subalvéolé ; achaines linéaires-oblongs, comprimés, sans côtes ; aigrette à poils 1-sériés. — Fl. tubuleuses jaunâtres.

Invol. à fol. très poilues ; fl. de la circonf. d'un rose violacé.
. . . . *E. acre.*
Invol. à fol. presque sans poils ; fl. de la circonférence d'un blanc jaunâtre. . . . . *E. canadense.*

E. acre L.— Pl. pubescente-hispide, à tige rougeâtre, peu élevée, rameuse au sommet ; f. infér. oblongues-obtuses, les caulinaires lancéolées ou linéaires, sessiles ; capit. médiocres, solitaires ou 2-3 au sommet des rameaux et disposés en corymbe ; aigrette blanche, rar^t rousse (*E. serotinum* Weihe). — ② ou ♃. — Juin-sept. — C. — Pelouses, rochers, bords des chemins, moissons sablonneuses.

E. canadense L. — Pl. pubescente, à tige rude, dressée, élevée ; f. nombreuses, lancéolées-linéaires, bordées de cils raides, les infér. qqfois dentées ; capit. petits, nombreux, en panicule pyramidale. — ② ou ①. — Juin-sept. — T. C. — Lieux incultes, taillis, bords des chemins, décombres (importé de l'Amérique du Nord).

33. Tussilago Tourn. (Tussilage). — Invol. à fol.
sur 1-2 rangs, souv^t accompagnées d'un calicule ;
récept. presque plan ; achaines cylindriques, munis
de côtes ; aigrette à poils plurisériés, très longs et
très fins.

T. Farfara L. (Pas d'âne, Pas de poulain). — F. toutes
radicales, orbiculaires-cordées, pétiolées, tomenteuses-blanchâtres
en dessous ; capit. solitaires au sommet de hampes écailleuses ; fl.
jaunes. — ♃ — Mars-avril. — T. C. — Bords des chemins, champs
argileux, lieux humides. — Pl. off. ; capit. employés en infusions
béchiques.

B. FLEURS LIGULÉES DISPOSÉES SUR UN RANG.

A. Anthères pourvues d'appendices à la base.

34. Pulicaria Gærtn. (Pulicaire). — Invol. à fol.
imbriquées ; récept subalvéolé ; achaines cylindriques, munis de côtes tout autour ; aigrette double,
l'extér. coroniforme, dentée ou laciniée, l'intér. à
poils un peu scabres. — Pl. à f. entières ou denticulées, molles ; capit. en corymbes lâches.

Fl. ligulées dépassant à peine celles du centre . . . . .
. . . . *P. vulgaris.*
Fl. ligulées long^t rayonnantes. . . . *P. dysenterica.*

P. vulgaris Gærtn. — *Inula Pulicaria* L. ; Lorey, 488. —
Pl. velue-grisâtre, à tige très rameuse ; f. oblongues-lancéolées,
ondulées, les supér. semi-embrassantes ; capit. à pédonc. courts,
un peu feuillés ; aigrette interne à 5-6 poils un peu plus courts
que l'achaine. — ① — Juill.-sept. — C. — Lieux humides, bords
des eaux, marécages.

P. dysenterica Gærtn. — *Inula dysenterica* L. ; Lorey,
488 (Arnica). — Pl. velue-blanchâtre, à tige rameuse ; f. oblongues-lancéolées, ondulées, les supér. auriculées-embrassantes ; capit.
à pédonc. grêles, nus ou munis d'une bractéole ; aigrette à 15-20
poils une fois plus longs que l'achaine. — ♃ — Juill.-sept. — C.
— Fossés, lieux humides, bords des eaux. — Autrefois employé
contre la dysenterie.

35. Cupularia Gren. et Godr. — Récept. creusé

d'alvéoles à bords dentés ; fl. de la circonf. très brièv^t ligulées ; achaines cylindriques, sans côtes. — Le reste comme dans le genre précédent.

C. graveolens Gren. et Godr. — *Solidago graveolens* Lam. ; Lorey, 482. — *Inula graveolens* Desf. ; Royer, 369. — Pl. glanduleuse visqueuse, fétide, à tige très rameuse dès la base ; f. linéaires-oblongues, les supér. linéaires, sessiles ; capit petits, nombreux, formant une panicule pyramidale très allongée ; fl. jaunes ou violacées.— ①. — Sept.-oct. — T. R. — Lieux sablonneux et humides. — Boncourt-la-Ronce, Corgoloin.

36. CORVISARTIA Mérat.—Invol. à fol. imbriquées, les intér. oblongues-obtuses ; récept. plan ; achaines tétragones, à côtes peu saillantes ; aigrette à poils subciliés, 1-sériés.

C. Helenium Mérat. — *Inula Helenium* L. ; Lorey 485 ; Royer, 369 (Aunée). — Souche charnue, aromatique ; tige robuste, élevée, rameuse ; f. grandes, ovales-oblongues, tomenteuses-blanchâtres en dessous, les caulinaires embrassantes ; capit. très grands, peu nombreux, en corymbe terminal irrég. ; fl. jaunes. — ♃. — Juill.-sept. — A. R. — Haies, taillis, bords des ruisseaux, pâturages des sols argileux. — Arcelot, Quincey, Marey-sur-Tille, Semur, Talmay, etc.— Pl. off. ; rac. tonique, excitante, stomachique.

37. INULA L. — Invol. à fol. intér. lancéolées-linéaires, aiguës ; achaines cylindriques. — Le reste comme dans le genre *Corvisartia*.

1. Fl. toutes à peu près égales ; pl. fétide. . . *I. Conyza.*
   Fl. extér. long^t rayonnantes ; pl. non fétides. 2
2. Pl. plus ou moins velues ; f. molles ; achaines velus . . 3
   Pl. glabres ou à peu près ; f. fermes ; achaines glabres . 4
3. F. caulinaires embrassantes ; plusieurs capit. par tige ; pl. non aromatique. . . . . *I. britannica.*
   F. caulinaires sessiles, non embrassantes ; capit. très ord^t solitaires ; pl. aromatique. . . . . . . *I. montana.*
4. F. supér. semi-embrassantes ; capit. peu nombreux, en grappe corymbiforme lâche . . . . *I. salicina.*
   F. supér. sessiles, non embrassantes ; capit. assez nombreux, en corymbe dense. . . . . *I. squarrosa.*

I. Conyza DC. — *Conyza squarrosa* L. ; Lorey, 484. — Pl. pubescente, d'un vert pâle, à tige très rameuse au sommet ; f. molles, oblongues-lancéolées ou elliptiques, les supér. sessiles ; invol. à fol. rougeâtres au sommet ; capit. nombreux, en corymbe compacte ; fl. d'un jaune pâle ; achaines velus. — ② ou ⚇. — Juill.-sept. — C. — Lieux incultes, rochers.

I. montana L. (Arnica). — Pl. parsemée, surtout dans sa jeunesse, de poils blancs-soyeux ; tige ord^t simple, peu élevée ; f. presque laineuses en dessous, les infér. spatulées, les supér. étroites, peu nombreuses ; capit. assez grands ; invol. à fol. tomenteuses, inégales. — ⚇. — Juin-août. — A. C. — Bois, pelouses arides de la Côte. — Plombières, Beaune, Santenay, Mâlain, St-Romain, Larrey, Messigny, etc.

I. squarrosa L. — Pl. à tige rude, anguleuse, écailleuse à la base, simple, presque cachée par les f., celles-ci d'un vert clair, les caulinaires oblongues ; ligules courtes et étroites. — ⚇. — Juin-juill. — R. — Rochers et pelouses arides de la Côte. — St-Aubin, la Cude, Gevrey, Nuits, Chambolle, Blagny, Dijon, etc.

I. salicina L. — Tige dressée, glabre, striée, rameuse au sommet ; f. oblongues-lancéolées, d'un vert luisant, glabres ou glabrescentes ; invol. à fol. ciliées ; fl. de la circonf. long^t ligulées. — ⚇. — Juin-août. — A. C. — Bois, prairies, coteaux incultes. — Arcelot, Sombernon, vallée de l'Ouche, Recey, Orgeux, Jouvence, etc.

I. britannica L. — Tige simple ou rameuse, hérissée de poils blancs, mous, tuberculeux à la base ; f. molles, velues-soyeuses, les infér. lancéolées, long^t atténuées en pétiole ; invol. à fol. linéaires, molles, à peu près égales ; fl. de la circonf. long^t ligulées. — ⚇. — Juin-août. — A. R. — Buissons et prairies humides du Val-de-Saône. — Talmay, Saulon-la-Rue, Cîteaux, Magny-sur-Tille, Auxonne, etc.

B. Anthères dépourvues d'appendices à la base.

38. Solidago L. — Invol. à fol. imbriquées ; récept. alvéolé ; achaines cylindriques, striés ; aigrette à poils 1-sériés, brièv^t ciliés.

S. Virga-aurea L. (Verge d'or). — Tige dressée, simple ou rameuse au sommet ; f. radicales ovales-oblongues, dentées, les supér. lancéolées aiguës ; capit. nombreux, en grappes dressées, formant une panicule feuillée assez compacte ; fl. jaunes. — ⚇. — Juill.-sept. — T. C. — Friches, bois, taillis.

39. Aster Tourn. — Invol. à fol. imbriquées ;

récept. creusé d'alvéoles à bords dentés ; achaines oblongs-comprimés, sans côtes ; aigrette à poils plurisériés.

A. Amellus L. — Pl. pubescente, à tige dressée, rougeâtre ; f. oblongues ou oblongues-lancéolées, rudes, un peu coriaces ; capit. en corymbe lâche, peu feuillé, plus rar^t solitaires ; fl. du disque jaunes, les ligulées bleues. — ♃. — Juill.-août. — R. — Bois des montagnes calcaires. — Is-sur-Tille, Messigny, Larrey-lez-Dijon, Asnières-en-Montagne, Diénay, Chambolle, vallon de Ste-Foy, etc.

Plusieurs *Aster* exotiques ont été rencontrés à l'état adventif dans certaines parties du département : *A. Novi-Belgii* L., à Brazey, Quincey, Lamarche, Pontailler ; — *A. brumalis* Nees, aux environs de Dijon ; — *A. salignus* Willd., à Montbard et à Dijon.

40. ARNICA L. — Invol. à fol. presque égales, sur 2 rangs ; achaines cylindriques, à côtes peu distinctes ; aigrette à poils 1-sériés.

A. montana L. (Arnica). — Tige simple ; f. infér. ovales-oblongues, en rosette, les caulinaires opposées, rares, oblongues-lancéolées ; capit. gros, ord^t solitaires, ou 2-4, à pédonc. et invol. velus-glanduleux ; fl. d'un jaune orangé, les ligulées très grandes. — ♃. — Juin-juill. — R. — Prés et pelouses des montagnes granitiques. — Saulieu, St-Léger-de-Fourches, Eschamps, St-Germain-de-Modéon, etc. — Pl. off. ; les fl., les f. et les rhizomes sont usités comme vulnéraires et résolutifs contre les chutes ; ils sont stimulants et vomitifs.

41. DORONICUM Tourn. (Doronic). — Invol. à fol. presque égales, sur 2-3 rangs ; achaines oblongs-cylindriques, munis de côtes, ceux de la circonf. nus, ceux du disque surmontés d'une aigrette de poils plurisériés. — Fl. jaunes, les ligulées très grandes.

F. radicales flétries à la floraison, les caulinaires moyennes lancéolées, atténuées à la base en pétiole assez long^t ailé-embrassant ; fl. d'un jaune orangé . . *D. austriacum.*
F. radicales non flétries à la floraison, les caulinaires moyennes élargies, brusq^t terminées en pétiole embrassant à la base ; fl. d'un jaune clair. . . . . . . *D. Pardalianches.*

D. Pardalianches L. — Pl. d'un vert pâle, brièv^t velue ; tige droite, simple ou rameuse au sommet ; f. radicales ovales, prof^t cordées, long^t pétiolées ; capit. grands, 3-8, rar^t 1, solitaires au sommet de la tige et des rameaux ; invol. à fol. pubescentes-glanduleuses. — ♃. — Mai-juin. — T. R. — Bois près Gevrey.

D. austriacum Jacq.— Pl. pubescente ou presque glabre, à tige droite, anguleuse, rameuse ; f. radicales pétiolées, en cœur ; capit. ord^t en corymbe terminal ; invol. à fol. velues-ciliées. — ♃. — Juin-juill. — T. R. — Bois, broussailles dans les terrains granitiques.— Saulieu, Laroche-en-Brenil, St-Didier, St-Léger-de-Fourches, Rouvray.

42. LIGULARIA Cass. — Invol. à fol. égales, bordées de blanc, sur 1 rang, accompagnées à la base de 2 bractéoles opposées ; achaines cylindriques, à côtes saillantes ; aigrette à poils plurisériés.

L. sibirica Cass. — *Cineraria sibirica* L ; Lorey, 469. — Pl. très élevée, à tige simple, sillonnée, pubescente au sommet ; f. infér. grandes, subréniformes, à pétiole long, embrassant, les supér. ord^t réduites à des bractées ; capit. nombreux, en longue grappe spiciforme ; fl. jaunes. — ♃. — Juill.-août. — T. R. — Vallées tourbeuses. — Combe-Noire au Val-des-Choux, prairie du Beuvron à Aignay-le-Duc.

43. CINERARIA L. (Cinéraire). — Invol. à fol. sur 1 rang, sans calicule ; récept. creusé d'alvéoles à bords dentés ; achaines cylindriques, munis de côtes ; aigrette à poils plurisériés, très fins.

C. lanceolata Lam. — Pl. blanchâtre-aranéeuse, à tige dressée, simple ; f. infér. ovales-spatulées, long^t pétiolées, les caulinaires lancéolées ou oblongues-lancéolées, sessiles ou atténuées en pétiole ailé ; capit. en corymbe terminal ; fol. involucrales tachées de brun au sommet ; achaines hérissés ; fl. jaunes. — ♃. — Mai-juin. — T. R. — Prairies humides, lieux tourbeux. — Pothières, Riel-les-Eaux, Val-des-Choux.

44. SENECIO Tourn. (Seneçon). — Invol. à fol. sur 1 rang, accompagnées d'un calicule. — Le reste comme dans le genre *Cineraria*. — Capit. ord^t en corymbe terminal ; fl. jaunes.

1. Fl. toutes tubuleuses, ou celles de la circonf. à ligule très courte et roulée en dehors. 2

Fl. de la circonf. à ligule très apparente, rayonnante, étalée ou légèr[t] réfléchie 4

2 F. pubescentes-glanduleuses ; calicule dépassant ord[t] le tiers de la longueur de l'invol. ; achaines glabres . . . . *S. viscosus.*

F. glabres ou pubescentes-aranéeuses, non glanduleuses ; calicule égalant à peine le quart de la longueur de l'invol. ; achaines pubescents 3

3. F. à div. presque égales ; écailles du calicule 8-10, tachées de noir au sommet ; fl. ord[t] toutes tubuleuses . . . . *S. vulgaris.*

F. à div. très inégales ; écailles du calicule 4-5, non tachées de noir au sommet ; fl. de la circonf. court[t] ligulées. . . . . *S. silvaticus.*

4. F. indivises, dentées. 5
F. plus ou moins prof[t] découpées 6

5. Invol. hémisphérique ; 6-12 écailles au calicule ; fl. ligulées 10-15 par capit. . . . . *S. paludosus.*
Invol. cylindracé ; 3-5 écailles au calicule ; fl. ligulées 3-6, rar[t] 8 par capit. . . . . *S. nemorensis.*

6. F. 2-3-pennatiséquées, à segments linéaires-filiformes ; achaines glabres . . . . *S. adonidifolius.*
F. pennatipartites ou pennatilobées, à div. plus ou moins élargies 7

7. Calicule à écailles assez nombreuses, égalant le tiers ou la moitié de l'invol. ; f. blanchâtres-aranéeuses en dessous. . . . . *S. erucifolius.*
Calicule à 2-5 écailles très courtes ; f. glabres ou très peu pubescentes 8

8. F. caulinaires pennatipartites, à div. oblongues ou linéaires, incisées-dentées, toutes à peu près égales ; invol. à fol. oblongues-lancéolées . . . . *S. Jacobœa.*
F. la plupart lyrées-pennatipartites, à segment terminal très ample, les later. presque entiers ou sinués-dentés ; invol. à fol. acuminées. . . . . *S. aquaticus.*

S. vulgaris L.— Pl. molle, à tige rameuse ; f. sinuées-pennatilobées, les supér. embrassantes ; invol. glabre ou à peu près ; capit. en corymbes compactes.— ① ou ②. — Mars-oct. — T. C. — Champs, vignes, jardins, friches, lieux cultivés.

S. viscosus L.— Pl. molle, très visqueuse, à tige rameuse ; f. pennatilobées, d'un vert pâle, les supér. embrassantes ; fl. ligulées à ligule très courte, roulée en dehors.— ① ou ②.—Juin-sept. — C. — Décombres, lieux incultes, rues des villages.

S. silvaticus L. — Pl. ferme, à tige rameuse et faibl[t] pubescente-visqueuse au sommet ; f. pennatifides ou pennatilobées, les supér. embrassantes ; fl. ligulées à ligule très courte, roulée en dehors. — ②. — Juill.-août. — A. C. — Taillis. — Montbard, Cîteaux, Semur, Dijon, etc.

S. adonidifolius Lois. — *S. artemisiæfolius* Pers. ; Lorey, 470. — Pl. glabre, à tige élevée, raide, simple ou peu rameuse ; f. d'un beau vert, les supér. embrassantes ; calicule égalant le tiers de la longueur de l'invol. ; capit. en corymbe dense. — ♃. — Juill.-août. — A. C. — Friches des sols granitiques. — Arnay-le-Duc, Saulieu, Laroche-en-Brenil, Voudenay, Eschamps, etc.

S. erucifolius L. — Pl. plus ou moins pubescente-aranéeuse, à tige élevée, simple ; f. pennatilobées, les supér. embrassantes ; invol. pubescent ; achaines tous pubescents-scabres.— ♃. — Juill.-sept. — C. — Broussailles, bords des fossés, terrains argileux, lieux couverts.

S. Jacobæa L. (Jacobée, Herbe de St-Jacques, Herbe à la chenille). — Tige assez élevée, rameuse au sommet, glabre ou légèr[t] pubescente-aranéeuse ; f. radicales oblongues, dentées ou lyrées, pétiolées, souv[t] en rosette ; achaines du centre pubescents, les autres glabres. — ② ou ♃. — Juin-août. — C. — Friches, prés, buissons, bords des chemins.

S. aquaticus Huds. — Tige compressible, souv[t] rougeâtre, glabre ou légèr[t] pubescente-aranéeuse, ord[t] peu rameuse ; f. d'un vert gai, les radicales souv[t] simples ou presque simples, qqfois disposées en rosette lâche ; capit. disposés en corymbe à rameaux dressés-étalés ; achaines tous glabres ou ceux du centre fin[t] pubescents. — ② ou ♃. — Mai-juin. — A. C. — Prairies marécageuses, champs humides.

Tige incompressible, ord[t] très rameuse ; f. d'un vert sombre, les radicales souv[t] lyrées-pennatifides, toujours rapprochées en rosette; capit. plus petits que dans le type, disposés en corymbe à rameaux allongés-divariqués : var. *erraticus* Coss. et Germ. (*S. erraticus* Bert.). — A. R. — Lieux argileux, bords des fossés. — Vielverge, Seurre, Jeux, etc.

S. paludosus L. — Tige simple, fistuleuse, pubescente-aranéeuse ; f. sessiles, long[t] lancéolées, d'abord cotonneuses en dessous, puis glabrescentes ; invol. à fol. munies sur le dos d'une côte étroite et convexe ; achaines glabres ou pubérulents. — ♃. — Juin-juill. — A. R. — Bords des eaux, bois marécageux. — Limpré, Saulon-la-Rue, Magny-sur-Tille, Pothières, Lamarche, St-Jean-de-Losne, etc.

S. nemorensis L. — Tige ord[t] purpurine, à peine fistuleuse, rameuse au sommet ; f. souv[t] pubérulentes en dessous, ovales-lancéolées, plus ou moins étroites, sessiles, embrassantes ou pétiolées, le pétiole étant ailé ou non (var. *Fuchsii*. — *S. Fuchsii* Gmel.) ; invol. à fol. munies sur le dos d'une côte large et plane ;

achaines glabres. — ♃. — Juill.-août. — Bois couverts. — R. — Arcelot, Saulieu, Flavigny, Menessaire, St-Andeux, Rouvray, bois de Saffres, etc.

LIGULIFLORES.

Fleurs toutes hermaphrodites et ligulées, les extérieures ordinairement rayonnantes; style non articulé ni renflé au-dessous du stigmate. — Plantes à suc souvent laiteux.

A. Achaines sans aigrette, nus au sommet ou surmontés d'un rebord membraneux ou d'une couronne de courtes écailles; réceptacle nu.

45. Lapsana Tourn. — Invol. à 8-10 fol. sur 1 rang, avec courtes écailles formant calicule à la base ; achaines fusiformes, un peu comprimés, fin[t] striés, sans aigrette ni rebord.

L. communis L. — Tige rameuse ; f. infér. lyrées, à lobe terminal très grand, les supér. ovales ou ovales-lancéolées, dentées ; capit. petits, à longs pédonc. filiformes, en panicule lâche, corymbiforme ; fl. jaunes. — ① ou ②. — Juin-sept. — T. C. — Lieux cultivés, taillis, bords des chemins.

46. Arnoseris Gærtn. — Invol. subglobuleux à la maturité, à fol. nombreuses, sur 1 rang, avec courtes écailles formant calicule à la base; achaines à 5 côtes, surmontés d'un rebord membraneux.

A. minima Koch. — *Lapsana minima* Lam.; Lorey, 545. — Tiges peu élevées, nombreuses, nues, se terminant par 1-2-3 pédonc. striés, renflés et fistuleux au sommet ; f. oblongues, sinuées-dentées, atténuées à la base, toutes radicales ; capit. petits ; fl. jaunes. — ②. — Juin-août. — A. C. — Champs et friches des terrains granitiques et siliceux; manque dans le calcaire. — Auxonne, Seurre, Vielverge, Saulieu, Laroche-en-Brenil, Liernais, Semur, etc.

47. Cichorium Tourn. (Chicorée). — Invol. à fol.

nombreuses, inégales, sur 2 rangs, les intér. soudées à la base, réfléchies à la maturité, les extér. dressées ; achaines comprimés-tétragones, munis d'une couronne de courtes écailles sur 2 rangs.

C. Intybus L. (Chicorée sauvage). — Tige anguleuse, à rameaux raides, étalés ; f. velues, les infér. roncinées, à lobe terminal grand, les supér. lancéolées, sessiles ou un peu embrassantes ; capit. assez grands, solitaires, géminés ou ternés, sessiles et axillaires, ou solitaires au sommet de longs pédonc. nus ; fl. bleues, rar^t roses ou blanches. — ② ou ♃. — Juill.-sept. — T. C. — Lieux incultes, bords des chemins. — Pl. off. ; la rac. est amère, tonique, dépurative ; torréfiée, elle est regardée comme un succédané du café ; les f. étiolées se mangent en salade (Barbe de capucin).

Le *C. Endivia* L. (Chicorée, Scarole), à f. glabres, frisées, et à capit. solitaires, tous pédonculés, est fréq^t cultivé comme pl. alimentaire.

B. Achaines, au moins ceux du centre, surmontés d'une aigrette de poils capillaires, tous plumeux, ou les poils extérieurs seuls sans barbes.

48. Hypochœris L. (Porcelle). — Invol. à fol. nombreuses, inégales, imbriquées sur plusieurs rangs ; récept. muni de longues paillettes caduques ; achaines fusiformes, striés, avec ou sans bec ; aigrette ord^t pédicellée, à poils tous plumeux ou les extér. scabres. — F. toutes radicales, en rosette ; capit. à longs pédonc. nus un peu renflés au sommet ; fl. jaunes.

F. glabres ou un peu ciliées ; invol. à fol. intér. presque égales aux fl. . . . . *H. glabra.*
F. velues-hérissées ; invol. à fol. intér. plus courtes que les fl. . . . . *H. radicata.*

H. glabra L. — Tiges grêles, rameuses, glabres ; f. oblongues, roncinées ou sinuées ; achaines du centre ord^t munis d'un long bec, ceux de la circonf. sans bec, plus rar^t tous munis ou tous dépourvus de bec. — ①. — Juill.-sept. — A. R. — Bois, champs, clairières des sols sablonneux. — St-Remy, St-Romain, Arnay-le-Duc, etc. ; assez commun dans la plaine de Saône.

H. radicata L. — Tiges rameuses, glabres ou un peu hérissées à la base ; f. oblongues, roncinées ou sinuées ; achaines tous long^t atténués en bec. — ♃. — Mai-sept. — C. — Prés humides, lieux herbeux, bords des chemins, cultures argileuses.

C'est prob^t par erreur que Lorey a fait entrer dans notre flore l'*H. maculata* L., qu'il dit commun sur les pelouses et dans les taillis de montagne.

49. THRINCIA Roth. — Invol. à fol. inégales, imbriquées sur plusieurs rangs ; récept. nu ; achaines un peu arqués, striés-scabres, plus ou moins atténués en bec, ceux du centre munis d'une aigrette de poils plumeux, ceux de la circonf. surmontés d'une couronne membraneuse dentée.

T. hirta Roth. — Pédonc. radicaux, grêles, hispides, surtout à la base ; f. toutes radicales, en rosette, roncinées ou sinuées-pennatifides, plus rar^t entières, plus ou moins hispides ; capit. terminaux ; fl. jaunes, les extér. livides en dessous. — ♃. — Juill.-août. — A. C. — Pelouses, lieux incultes, taillis, bords des chemins. — St-Remy, Vielverge, Cîteaux, Saulieu, etc.

50. LEONTODON L. (Liondent). — Invol. à fol. inégales, imbriquées sur plusieurs rangs ; récept. nu, alvéolé ; achaines fusiformes, striés-scabres, atténués en bec, munis d'une aigrette de poils tous plumeux ou les extér. scabres. — F. toutes ou la plupart radicales, en rosette ; fl. jaunes.

Pédonc. radicaux monocéphales, bractéolés ou non ; aigrette à poils 2-sériés, les intér. plumeux, les extér. denticulés.   .
. . . . *L. proteiforme.*
Tige ord^t rameuse, polycéphale, nue ou peu feuillée ; aigrette à poils 1-sériés, tous plumeux . . . *L. autumnale.*

L. proteiforme Vill. — *L. hispidum* Lorey, 566 ; non L. ; Royer, 380. — Pl. très polymorphe, plus ou moins hérissée (*L. hispidum* L.) ou tout à fait glabre (*L. hastile* L.), à f. oblongues-lancéolées, roncinées ou pennatifides ; capit. penchés avant la floraison. — ♃. — Juin-sept. — C. — Friches, lieux herbeux, bords des chemins.

L. autumnale L.— F. lancéolées, sinuées ou pennatifides, glabres ou ciliées ; capit. dressés avant la floraison.— ♃.— Juill.-

oct. — A. R. — Champs, lieux herbeux, bords des chemins, friches argileuses et granitiques. — Tarsul, Genlis, etc.

51. **Picris** Juss. — Invol. à fol. inégales, imbriquées sur plusieurs rangs ; récept. nu ; achaines fusiformes, striés transvers^t, légèr^t atténués au sommet ; aigrette caduque, à poils soudés en anneau à la base, les uns plumeux, les autres denticulés.

P. hieracioides L. — Tige dressée, assez élevée, rameuse, rude-hérissée ; f. rudes, oblongues-lancéolées, plus ou moins sinuées-dentées, les supér. sessiles ou embrassantes ; capit. assez nombreux, en corymbe lâche ; fl. jaunes, les extér. rougeâtres ou violacées en dessous. — ♃ ou ②. — Juill.-sept. — C. — Bois, friches, coteaux calcaires, lieux herbeux.

52. **Helminthia** Juss. — Invol. à fol. inégales, sur 2 rangs, les extér. grandes, foliacées, simulant un grand calicule ; récept. nu ; achaines oblongs, un peu comprimés, ridés transvers^t, atténués en un long bec grêle ; aigrette à poils tous plumeux.

H. echioides Gærtn. — Pl. toute couverte de poils piquants ; tige rameuse, subdichotome ; f. oblongues, sinuées-dentées, les supér. larg^t embrassantes ; capit. en grappe terminale corymbiforme ; fl. jaunes. — ②. — Juill.-oct.— T. R. — Champs, lieux incultes, prairies artificielles. — Dijon, Varois, St-Apollinaire.

53. **Tragopogon** Tourn. (Salsifis). — Invol. à 6-12 fol. égales, connées à la base, sur 1 rang, réfléchies à la maturité ; récept. nu, alvéolé ; achaines fusiformes, scabres ou striés-épineux, atténués en un long bec grêle et munis d'une aigrette de poils plumeux, à barbes entre-croisées. — Capit. grands, solitaires, terminaux ; fl. jaunes.

Pédonc. à peine renflé sous le capit. . . . *T. pratense.*
Pédonc. fort^t renflé sous le capit. . . . *T. dubium.*

T. pratense Royer. — *T. pratense et orientale* L. (Barbe de bouc, Salsifis sauvage, Talibot). — Tige dressée, simple ou rameuse ; f. lancéolées-linéaires, très allongées, canaliculées, ondulées au sommet ; invol. à fol. égalant ou dépassant un peu les fl. ; achaines scabres, égalant le bec qui les surmonte. — ②. — Mai-juill. — T. C.— Prés, bois.

Fl. plus longues que l'invol. ; achaines écailleux, plus longs que leur bec ; capit. très grands : var. *orientale* (*T. orientale* L.).

T. dubium Scop. — *T. majus* Jacq. ; Lorey, 564 ; Royer, 382. — Tige dressée, simple ou rameuse ; f. lancéolées-acuminées ou lancéolées-linéaires, planes ; invol. à fol. ord^t plus longues que les fl. ; achaines ord^t d'un tiers plus courts que leur bec.— ②.— Juin-juill. — A. C. — Prés, lieux herbeux, bois et bords des chemins de la Côte. — Baulme-la-Roche, environs de Dijon, etc.

Le *T. porrifolium* L. (Salsifis), à fl. violettes, dépassées par l'invol. est communément cultivé pour sa rac. alimentaire et se rencontre qqfois à l'état subspontané au voisinage des habitations.

54. Scorzonera Tourn. (Scorsonère). — Invol. à fol. inégales, imbriquées sur plusieurs rangs ; récept. nu, alvéolé ; achaines cylindracés, munis de côtes lisses ou tuberculeuses, un peu atténués au sommet mais sans bec, et surmontés d'une aigrette de poils à barbes entre-croisées, quelques-uns nus au sommet. — Capit. ord^t solitaires ; fl. jaunes.

Invol. glabre, à fol. extér. ovales ; f. caulinaires petites, squammiformes. . . . . *S. austriaca.*
Invol. cotonneux à la base, à fol. extér. lancéolées-acuminées ; f. caulinaires linéaires, non squammiformes. *S. humilis.*

S. austriaca Willd.— *S. humilis* DC. ; non L. ; Lorey, 569. — Souche entourée au collet d'un abondant chevelu brunâtre ; tige simple ; f. radicales lancéolées, plus ou moins larges, ou lancéolées-linéaires. — ♃. — Avril-juin. — T. R. — Rochers, pelouses arides de la Côte. — Gevrey, Couchey.

S. humilis L.— *S. plantaginea* Gaud. ; Lorey, 568 ; Royer, 383. — Souche nue supér^t ou surmontée d'écailles entières, noirâtres ; tige dressée, fistuleuse, souv^t floconneuse, ord^t simple ; f. radicales oblongues-lancéolées, long^t atténuées à la base. — ♃. — Mai-juill. — A. R. — Prairies marécageuses et tourbeuses. — Limpré, Orgeux, Saulieu, Leuglay, Val-Suzon, etc.

Le *S. hispanica* L., à tige feuillée et ord^t rameuse au sommet, est employé sous le nom de Scorsonère dans la culture alimentaire.

55. Podospermum DC. — Invol. à fol. inégales, imbriquées sur plusieurs rangs ; récept. nu, alvéolé ; achaines cylindriques, à côtes lisses, sans bec, prolongés à la base en un pédicule creux et munis d'une aigrette de poils plumeux, à barbes entre-croisées.

P. laciniatum DC. — Pl. lisse ou scabre (var. *murica-tum.*— *P. muricatum* DC.), à tige glabre ou pubescente, rameuse ; f. pennatiséquées, à segments linéaires, ou toutes ou la plupart linéaires et entières (var. *subulatum*. — *P. subulatum* DC.); invol. à fol. souv^t cotonneuses, ord^t prolongées latér^t en corne au-dessous du sommet ; fl. d'un jaune pâle. — ②. — Juin-août. — A. R. — Friches, bords des chemins. — Dijon, Poinçon, Gevrey, Beaune, Vauchignon, etc.

C. Achaines tous surmontés d'une aigrette de poils capillaires non plumeux, lisses ou plus ou moins scabres.

56. Taraxacum Hall. (Pissenlit). — Invol. à fol. nombreuses, imbriquées sur plusieurs rangs, les extér. souv^t réfléchies ; récept. nu ; achaines cylindracés, à côtes rugueuses, épineuses ou écailleuses au sommet, et surmontés d'un long bec grêle ; aigrette à poïls plurisériés.

T. dens-leonis Desf. — Pl. à souche charnue, épaisse ; f. plus ou moins roncinées ou presque entières, toutes radicales, en rosette ; capit. solitaires sur de longs pédonc. radicaux nus, fistuleux ; fl. jaunes. — ♃. — Comprend trois variétés :

F. roncinées, à segments ovales-triangulaires, entiers ou dentés ; invol. à fol. étroites, entières, peu ou point calleuses au sommet, les extér. étalées ou réfléchies ; achaines ord^t olivâtres : var. *officinale* (*T. officinale* Wigg. — *T. dens-leonis* Lorey, 550). — Avril-juill. — T. C. — Prairies, cultures, lieux herbeux. — Pl. off. ; tonique, amère, laxative ; ses f. se mangent en salade.

F. roncinées-pennatipartites, à lobes étroits, entiers ou incisés ; invol. à fol. 2-dentées, ord^t calleuses au sommet, les extér. étalées ou réfléchies ; achaines ord^t rougeâtres : var. *lævigatum* (*T. lævigatum* DC. et *T. obovatum* Lorey, 551, 552).— Avril-juill.— T. C. — Bois, chemins, rochers, pelouses arides.

F. sublinéaires ou oblongues, entières ou sinuées-dentées ;

invol. à fol. entières, non calleuses au sommet, les extér. ord[t] appliquées ou très peu étalées; achaines ord[t] olivâtres: var. *palustre* (*T. palustre* DC. ; Lorey, 551). — Mai-juin.— C. — Prés humides.

57. CHONDRILLA Tourn. — Invol. à 7-10 fol. presque égales, sur 1-2 rangs, avec courtes écailles formant calicule à la base ; récept. nu ; achaines à côtes scabres, épineux au sommet et terminés par un bec allongé, entouré à la base de 5 dents squammiformes ; aigrette à poils plurisériés.

C. juncea L. — Tige à rameaux nombreux, étalés, effilés, junciformes, presque nus ; f. radicales roncinées, les caulinaires linéaires ou linéaires-lancéolées ; capit. petits, ord[t] géminés ou ternés à l'aisselle des rameaux ; fl. jaunes, 7-12 sur 2 rangs dans chaque capit. — ♃.— Juin-août.— A. R.— Champs secs et pierreux, pelouses, bords des chemins. — Velars, Pontailler, Beaune, Précy-sous-Thil, Gevrey, etc.

58. MYCELIS Cass. — *Phœnopus* DC. ; Royer. — Invol. ord[t] à 5 fol. égales, avec écailles simulant un calicule ; récept. nu ; achaines comprimés, munis de côtes et terminés par un bec court ; aigrette à poils plurisériés.

M. muralis Rchb.— *Chondrilla muralis* Lam. ; Lorey, 542. — *Phœnopus muralis* Coss. et Germ ; Royer, 385. — Tige rameuse, fistuleuse, souv[t] rougeâtre ; f. molles, glauques en dessous, lyrées-pennatipartites, à lobes anguleux-dentés, le terminal très ample ; f. caulinaires rétrécies en pétiole ailé-embrassant ; capit. en panicule lâche ; fl. jaunes, 4-6 sur 1 rang dans chaque capit. — ♃.— Juin-sept. — C. — Vieux murs, rochers, bois de montagne.

59. LACTUCA Tourn. (Laitue). — Invol. à fol. nombreuses, imbriquées sur plusieurs rangs, les extér. très petites ; récept. nu ; achaines munis de côtes et brusq[t] atténués en un long bec ; aigrette à poils 1-sériés.

1. Fl. grandes, bleues ou violacées. . . . . . *L. perennis.*
   Fl. assez petites, jaunes 2
2. F. décurrentes sur la tige . . . . . *L. chondrillæflora.*

> F. non décurrentes 3
>
> 3. F. caulinaires la plupart linéaires-acuminées, très entières, à bords lisses, embrassantes, les moyennes à oreillettes aiguës. . . . . *L. saligna.*
>
> F. caulinaires oblongues ou ovales-oblongues, roncinées ou sinuées, à lobes ciliés-spinulescents, rar^t entières, embrassantes, les moyennes à oreillettes arrondies. *L. Scariola.*

L. perennis L. (Gresillotte). — Tige pleine, rameuse au sommet ; f. molles, glauques, inermes, les caulinaires lancéolées, ord^t lobées, embrassantes ; capit. long^t pédonculés, en corymbe lâche. — ♃. — Juin-juill. — C. — Champs, vignes, coteaux secs, rochers des terrains calcaires.

L. Scariola Coss. et Germ. — *L. Scariola* et *virosa* L. ; Lorey, 540, 541 ; Royer, 386. — Tige fistuleuse, simple ou rameuse, blanchâtre ; f. glauques, à insertion oblique, spinuleuses sur la nervure dorsale ; capit. nombreux, en panicule lâche, à jeunes rameaux penchés ; achaines grisâtres, ord^t velus-hérissés au sommet. — ②. — Juill.-août.— C. — Taillis, lieux incultes, bords des chemins. — Pl. off.; sédative ; on en retire le *lactucarium*; f. alimentaires.

> Tige souv^t violacée ; f. à insertion horizontale, ord^t entières ou sinuées, les infér. ord^t inermes sur la nervure dorsale ; capit. à rameaux dressés ; achaines brunâtres, glabres ou presque glabres au sommet : var. *virosa* (*L. virosa* L.).

L. saligna L. — Tige grêle, fistuleuse, simple ou peu rameuse ; capit. disposés le long des rameaux en grappes lâches et effilées. — ②. — Juill.-sept. — A. C. — Taillis, décombres, bords des chemins.

L. chondrillæflora Bor. — *Prenanthes viminea* L.; Lorey, 544. — *L. viminea* Lam. var. *chondrillæflora* ; Royer, 387. — Tige pleine, à rameaux effilés, divariqués ; f. glauques, les supér. lancéolées-linéaires, aiguës, appliquées contre la tige ; capit. axillaires et terminaux ; fl. jaunes sur les deux faces ; achaines brunâtres, à bec plus ou moins long ou presque nul. — ②. — Juill.-août. — A. R. — Taillis, éboulis et rochers de la Côte. — Plombières, Beaune, Velars, Vauchignon, Nuits, Dijon, etc.

Le *L. sativa* L., employé dans la culture maraîchère, a la tige et les f. glabres, celles-ci molles, ord^t inermes sur la nervure dorsale, tantôt entières, oblongues ou suborbiculaires, tantôt plus ou moins roncinées, les supér. embrassantes ; fl. jaunes. — Pl. off.; mêmes propriétés que le L. *virosa.*

60. SONCHUS Tourn. (Laiteron). — Invol. à fol. nombreuses, inégales, imbriquées sur plusieurs

rangs ; récept. nu ; achaines comprimés, munis de côtes, tronqués au sommet ; aigrette sessile, blanchâtre, à poils plurisériés. — Pl. très polymorphes, à tige fistuleuse ; capit. en corymbes irréguliers ; fl. jaunes.

1. Invol. couvert de poils glanduleux ; souche rampante . . . . *S. arvensis.*
   Invol. glabre ou cotonneux à la base, non ou très peu glanduleux ; rac. fusiforme. 2
2. F. molles, d'un vert mat, les caulinaires à oreillettes aiguës, étalées ; achaines à côtes ridées transvers^t. *S. oleraceus.*
   F. fermes, luisantes, les caulinaires à oreillettes arrondies, ccntournées en hélice ; achaines à côtes lisses. *S. asper.*

S. oleraceus L., pro parte (Liarge, Liargette).— Pl. glabre, à tige rameuse ; f. infér. oblongues, roncinées ou pennatifides, à segment terminai plus grand. — ④. — Juin-oct. — T. C. — Lieux cultivés. — Regardé comme apéritif.

S. asper All. — *S. oleraceus* L. var. *asper* ; Lorey, 539 (Liarge, Liargette). — Tige rameuse, souv^t rougeâtre, glabre ou un peu glanduleuse au sommet ; f. oblongues, entières, dentées ou pennatifides, très piquantes, à segment terminal ord^t plus ample.— ④. — Juin-oct. — T. C. — Lieux cultivés.

S. arvensis L. — Tige simple ou peu rameuse, poilueglanduleuse dans le haut ; f. glaucescentes, roncinées ou pennatifides, les caulinaires embrassantes, à oreillettes courtes, arrondies. — ♃. — Juill.-sept. — T. C. — Moissons et cultures des sols argileux.

Le *S. palustris* n'a pas été retrouvé depuis Lorey.

61. Barkhausia Mœnch. — Invol. à fol. nombreuses, disposées sur 2 ou plusieurs rangs, les extér. inégales, formant ord^t calicule ; récept. nu ; achaines cylindracés, munis de côtes, et atténués, au moins ceux du centre, en un bec plus ou moins allongé ; aigrette à poils blancs, plurisériés. — F. radicales roncinées ou pennatipartites, ord^t en rosette ; capit. en corymbes irrég.

1. Invol. hérissé de poils sétiformes jaunâtres, non glanduleux ; fl. jaunes sur les 2 faces ; récept. glabre . . *B. setosa.*

Invol. pubescent ou tomenteux-glanduleux, non hérissé de poils sétiformes jaunâtres ; fl. jaunes, ord^t teintées de pourpre au dehors ; récept. velu 2

2. Achaines tous munis d'un long bec ; capit. dressés avant l'anthèse. . . . . *B. taraxacifolia.*
Achaines de la circonf. à peine atténués en bec ; capit. penchés avant l'anthèse. . . . . *B. fœtida.*

B. fœtida DC. — Pl. à odeur fétide ; tige pleine, rameuse; f. velues-hérissées, les caulinaires lancéolées, embrassantes ; invol. pubescent-blanchâtre. — ② ou ①. — Juin-août. — C. — Lieux incultes, bords des chemins.

B. taraxacifolia DC. (Laiteron). — Tige fistuleuse, rameuse, sillonnée ; f. velues-hérissées, les caulinaires incisées à la base, embrassantes ; invol. à fol. extér. un peu scarieuses, les intér. hérissées de poils glanduleux noirâtres, et sensibl^t plus courtes que l'aigrette. — ②. — Mai-juin. — C. — Prés, lieux herbeux, bords des chemins.

B. setosa DC. — Tige fistuleuse, très rameuse, striée ; f. pubescentes ou hérissées, les caulinaires embrassantes, entières ou incisées ; achaines tous à bec court et à aigrette dépassant à peine l'invol. — ② ou ① — Juin-août. — T. R. — Moissons, prairies artificielles (introduit). — St-Andeux, Dijon, Genlis.

62. CREPIS L. — Achaines légèr^t atténués au sommet, mais sans bec. — Le reste comme dans le genre *Barkhausia.* — Pl. à tiges fistuleuses ; capit. en panicule ou en corymbe ; fl. jaunes.

1. Tige aphylle. . . . . *C. præmorsa.*
Tige feuillée 2

2. Invol. glabre ; f. radicales hérissées-glanduleuses. . . . . .
. . . . *C. pulchra.*
Invol. velu ou pubescent au moins à la base ; f. radicales glabres ou hérissées, mais non glanduleuses 3

3. Invol. à fol. glabres à la face interne, les extér. appliquées sur le capit. ; f. presque sans poils . . . *C. virens.*
Invol. à fol. velues à la face interne, les extér. réfléchies ; f. poilues. 4

4. F. supér. étroit^t linéaires, à bords roulés en dessous, et munies de 2 lobes aigus à la base ; f. peu poilues . . . .
. . . . *C. tectorum.*

5. F. supér. la plupart roncinées ou pennatifides, planes; f. velues-hérissées . . . . *C. biennis.*

C. pulchra L. — *Prenanthes pulchra* DC.; Lorey, 544. — Tige poilue-glanduleuse à la base, glabre, nue au sommet ; f. velues-glanduleuses, les radicales oblongues, dentées ou roncinées, les caulinaires lancéolées, sessiles ; invol. à fol. extér. appliquées ; achaines extér. spinuleux, ceux du centre lisses. — ②. — Juin-juill. — A. C. — Lieux cultivés, moissons, bords des chemins.— La Côte, Messigny, Velars, etc.

C. tectorum L. — Pl. pubescente-grisâtre, à tige rameuse ; f. radicales oblongues, sinuées-dentées ou roncinées-pennatifides, en rosette, les caulinaires sessiles ; achaines bruns, munis de côtes fort^t rugueuses. — ②. — Juin-juill. — R. — Moissons, friches, vieux murs. — Lamarche, Vielverge, Tarsul.

C. virens L. — *C. stricta* et *diffusa* DC.; Lorey, 548, 549. — Pl. d'un vert gai, à tige dressée, simple infér^t, assez grêle, ou robuste et cannelée (*C. agrestis* W. et K.), glabre ou plus ou moins hérissée ; f. glabres ou légèr^t pubescentes, les radicales oblongues, dentées ou roncinées-pennatifides, en rosette, les caulinaires pennatifides ou sinuées, sagittées, rar^t entières ; invol. blanchâtre ; fl. jaunes, teintées de pourpre ; achaines olivâtres, à côtes faibl^t rugueuses. — ② ou ①. — Juin-oct. — T. C. — Prés, lieux herbeux, cultures, friches, bords des chemins.

> Tige très rameuse, diffuse dès la base, à rameaux grêles ; f. caulinaires ord^t entières et très étroites ; capit. petits : var. *diffusa* (*C. diffusa* DC.).

C. biennis L. (Laiteron). — Tige sillonnée-anguleuse, plus ou moins velue à la base, rameuse ; f. rudes, les radicales roncinées-pennatifides, les caulinaires un peu embrassantes ; achaines jaunâtres, à côtes faibl^t rugueuses. — ②. — Mai-juin. — C. — Prairies, moissons, lieux herbeux.

> Pl. moins robuste dans toutes ses parties : var. *scabra* (*C. scabra* Lorey, 549).

C. præmorsa Tausch. — *Hieracium præmorsum* L. ; Lorey, 555. — Pl. d'un vert pâle, ord^t pubescente ; f. toutes radicales, obovales-spatulées, ord^t entières ou un peu denticulées ; invol. glabre, à fol. extér. appliquées ; capit. en grappe lâche ; fl. d'un jaune pâle ; achaines à côtes lisses. — ♃. — Mai-juin. — T. R. — Taillis. — Leuglay, Lugny, Tarsul, Essarois.

63. HIERACIUM Tourn. (Épervière). — Invol. à fol. nombreuses, imbriquées sur 2 ou plusieurs rangs ; récept. nu ; achaines cylindracés, munis de côtes, tronqués au sommet ; aigrette fragile, à poils

d'un blanc sale ou roussâtre, lisses ou scabres, 1-sé-
riés ou plurisériés. — Fl. jaunes.

1. Pl. ord^t pourvues de stolons radicants ; tige scapiforme,
    aphylle ou ne portant qu'une seule petite f. à la base.   2
    Pl. dépourvues de stolons radicants ; tige feuillée. . .   3
2. F. plus ou moins tomenteuses-blanchâtres en dessous ; capit.
    unique . . . .   *H Pilosella.*
    F. vertes sur les 2 faces ; capit. ord^t 2-4 . *H. Auricula.*
3. F. toutes entières ou simpl^t denticulées ; capit. petits, en
    corymbe court et dense ; achaines surmontés d'une bordure
    dentée . . . . *H. præaltum.*
    F. la plupart sinuées, dentées ou pennatifides, très rar^t entières ;
    capit. assez gros, en panicule ou en corymbe lâche ; achaines
    surmontés d'une bordure entière.   4
4. Tige grêle, de 10-20 cent. de hauteur ; f. glanduleuses sur le
    vif, les infér. prof^t incisées-pennatifides . *H Jacquini.*
    Tige assez robuste, de 30-80 cent. de hauteur ; f. jamais glan-
    duleuses, dentées ou presque entières, rar^t entières. .   5
5. F. caulinaires peu nombreuses, 1-10, les radicales très déve-
    loppées, persistant à la floraison ; fol. involucrales extér. ne
    débordant jamais le capit. en bouton . . *H. murorum.*
    F. caulinaires 10 et plus, les radicales peu développées,
    desséchées ou détruites à la floraison ; fol. involucrales
    extér. débordant ord^t le capit. en bouton   6
6. F. ovales-oblongues ou oblongues-lancéolées ; invol. à fol.
    toutes dressées ; style brunâtre. . . *H. lævigatum.*
    F. lancéolées ou linéaires ; invol. à fol. extér. ord^t réfléchies
    au sommet ; style jaunâtre. . . . . . *H. umbellatum.*

*1. Souche ordinairement stolonifère ; tige nue ou
peu feuillée ; achaines très petits, surmontés d'un
rebord denticulé ; aigrette à poils d'un blanc sale,
1-sériés, presque égaux.*

H. Pilosella L. (Piloselle, Oreille de souris).). — Stolons
radicants, feuillés ; f. toutes radicales, en rosette appliquée, obovales ou oblongues, plus ou moins blanches-tomenteuses en dessous,
et munies sur les 2 faces de longs poils soyeux ; invol. pubescent-
tomenteux ; fl. de la circonf. purpurines extér^t. — ♃. — Mai-
sept. — T. C. — Pelouses, friches, prés secs, bords des chemins.

    Pl. plus robuste, couverte plus abond^t de longs poils roux ; f.
    très blanchâtres en dessous ; stolons courts ou nuls : var.

Peleterianum (*H. Peleterianum* Mérat). — R. — Pelouses sèches près la gare de Velars.

H. Auricula L. (Grande Oreille de souris). — Stolons feuillés, radicants ; tige nue ou 1-phylle ; f. radicales en rosette dressée ou subétalée, oblongues ou ovales, glauques, glabres, ciliées à la base ; capit. ord^t 2-4, en corymbe lâche. — ♃. — — Mai-sept. — C. — Prairies et pelouses argileuses et humides.

H. præaltum Vill. — Stolons nuls ou non radicants ; tige grêle, élancée ; f. glauques, les radicales lancéolées-oblongues, les caulinaires 1-2, plus étroites ; capit. à pédonc. hérissés de poils courts, glanduleux.— ♃. — Juill.-août.— T. R.— Coteaux incultes. — Savigny, Saulieu, Semur, Meursault, coteaux entre Dijon et Plombières, St-Romain, St-Emiland, Auxey, Nantoux, etc.

Pl. plus robuste, à tige et f. couvertes de poils roux, tuberculeux à la base ; f. caulinaires 2-4 ; capit. nombreux, en cyme corymbiforme : var. *hirsutissimum* Gillot (*H. cymosum* Lorey, 558 ; non L.). — Mêlé au type.

2. Souche non stolonifère; tige plus ou moins feuillée ; achaines assez gros, surmontés d'un rebord entier ; aigrette à poils roussâtres, subbisériés, inégaux.

H. murorum L. — Pl. très polymorphe, à tige simple ou rameuse ; f. plus ou moins hérissées sur les 2 faces, souv^t marquées de taches brunes en dessus, violettes en dessous, les radicales long^t pétiolées, ovales-élargies ou cordées, ou plus ou moins lancéolées-oblongues, sinuées-incisées, surtout à la base, rar^t entières, les caulinaires 1-3, lancéolées, rar^t bractéiformes ; pédonc. et invol. ord^t garnis de poils noirs, glanduleux ; capit. en corymbe.— ♃.— Mai-sept. — T. C. — Vieux murs, rochers, coteaux incultes, bois. — Nombreuses variétés, entre autres :

F. glabres ou à peu près à la face supér., les radicales oblongues, atténuées aux 2 extrémités, les caulinaires 3-10, brièv^t pétiolées ; capit. formant ord^t une ample panicule corymbiforme feuillée; style fauve : var. *silvaticum* (*H. silvaticum* Lam.; Lorey, 560).

F. cendrées-velues sur les 2 faces, denticulées à la base, une seule caulinaire ; invol. glanduleux ; style jaune : var. *cinerascens* (*H. cinerascens* Jord.). — A. C. — Rochers de la Côte.

H. Jacquini Vill. — Tige couchée-ascendante, hérissée, glanduleuse au sommet ; f. oblongues ou lancéolées, ciliées-glanduleuses, les radicales pétiolées, peu nombreuses ou nulles, les supér. sessiles ; invol. et pédonc. poilus-glanduleux; inflor. pauciflore. — ♃. —Juin-juill. — R. — Rochers de la Côte. — Gevrey, Couchey, Beaune, Chambolle, Fixin, Bouilland.

H. lævigatum Willd.— Pl. polymorphe, à tige dressée ; f. plus ou moins hérissées, les caulinaires nombreuses; capit. en panicule corymbiforme. — ♃. — A. C. — Bois et friches, surtout dans les terrains argileux. — Deux variétés principales :

Tige molle, lisse, fistuleuse, rameuse ; f. glabres à la face supér., les caulinaires lancéolées-oblongues, munies à la base de 3-5 dents allongées, les supér. sessiles, atténuées à la base ; invol. à fol. tomenteuses, aiguës, pâles aux bords : var. *tridentatum* (*H. tridentatum* Fries). — Juill.-sept. — Montbard, Dijon, Saulon-la-Rue, etc.

Tige dure, rude, pleine, rameuse au sommet; f. caulinaires ovales-oblongues ou ovales, lâch^t dentées à la base, les supér. sessiles, obscur^t embrassantes ; invol. à fol. obtuses, glabres ou pubérulentes, ord^t d'un vert foncé : var. *boreale* (*H. boreale* Fries. — *H. Sabaudum* L. *Suec.*; Lorey, 559; non L. *Sp.* — Août-sept. — Blaisy-Bas, Gevrey, Cîteaux, etc.

H. umbellatum L. — Tige dure, pleine, rameuse au sommet; f. un peu coriaces, glabres sur les 2 faces, ou un peu hérissées en dessous, les caulinaires sessiles, lancéolées, lâch^t dentées, les supér. sublinéaires ; capit. en panicule ombelliforme ; invol. à fol. extér. réfléchies au sommet. — ♃.— Juill.-oct.— T. C.— Bois, coteaux incultes.

F. linéaires ou linéaires-lancéolées, entières ou à peine dentées; invol. à fol. toutes dressées : var. *umbelliforme* (*H. umbelliforme* Jord.). — R. — Longvay.

XLIX. AMBROSIACÉES Link.

Fl. monoïques. — Fl. mâles nombreuses dans un invol. commun formant capit. Cal. nul. Cor. tubuleuse, à 5 dents. Étam. 5, à filets libres ou soudés entre eux à la base, à anthères libres. — Fl. femelles solitaires ou géminées dans un invol. commun à fol. toutes soudées en une caps. épineuse. Cal. membraneux, ord^t prolongé en un tube qui embrasse la base du style. Cor. nulle. Ov. infère. Style filiforme,

2-fide. Fr. sec, indéhisc. (*achaine*), renfermé dans l'invol. lignifié. — Herbes à f. alternes, sans stip.

XANTHIUM Tourn. (Lampourde). — Fl. mâles : invol. à fol. libres ; récept. pailleté. — Fl. femelles géminées dans un invol. couvert d'épines crochues, terminé par 2 becs donnant passage aux styles, et formant à la maturité une caps. à 2 loges 1-spermes.

X. strumarium L. (Glouteron, Herbe aux écrouelles). — Tige robuste, rameuse, anguleuse ; f. irrég^t lobées-dentées, anguleuses, cordées à la base, rudes-hérissées, long^t pétiolées ; capit. disposés en grappes, les supér. mâles, caducs, les infér. femelles ; fl. verdâtres ; fr. à becs droits. — ①. — Juill.-sept. — A. R. — Bords des chemins, berges des rivières, voisinage des habitations, surtout dans le Val-de-Saône. — Dijon, Vonges, Seurre, Cîteaux, etc. — Vanté jadis contre les affections cutanées et scrofuleuses.

L. CAMPANULACÉES Juss.

Cal. ord^t à 5 div. Cor. à 5 div., souv^t peu profondes. Étam. 5. Ov. infère. Style filiforme. Stigm. 2-3, rar^t 5. Fr. capsulaire, ord^t couronné par les div. persistantes du cal. et de la cor., à 2-3, rar^t 5 loges polyspermes, s'ouvrant par des pores ou des valvules, rar^t par la séparation complète des valves. — Herbes à suc souv^t laiteux, à f. simples, alternes ou éparses, sans stip. Inflor. variées.

1. Cor. partagée jusqu'à la base en 5 div. linéaires, d'abord cohérentes au sommet, puis étalées 2
   Cor. campanulée ou rotacée, à 5 lobes 3
2. Anthères soudées à la base ; fl. pédicellées, en capit. involucrés ; stigm. courts, plus ou moins soudés, dressés. . . .
   . . . . *Jasione* (4).
   Anthères libres ; fl. sessiles, en épis ou en capit. non involucrés ; stigm. linéaires, enroulés en dehors . . . . .
   . . . . *Phyteuma* (3).

3. Cor. rotacée; caps. linéaire-oblongue, prismatique . . . .
. . . . *Specularia* (2).
Cor. campanulée; caps. turbinée ou globuleuse 4
4. Étam. à filets ord^t très dilatés à la base; caps. s'ouvrant par des trous; tiges non diffuses, les florifères toujours dressées . . . . *Campanula* (1).
Étam. à filets à peine élargis à la base; caps. s'ouvrant par 3 valves; tiges diffuses, filiformes, couchées ou couchées-ascendantes . . . . *Wahlenbergia* (5).

1. CAMPANULA Tourn. (Campanule).— Cor. campanulée, à lobes plus ou moins profonds ; étam. libres, à filets dilatés à la base ; stigm. 3-5 ; caps. globuleuse ou turbinée, à 3-5 loges s'ouvrant chacune par un pore dorsal. — F. entières, plus ou moins dentées ou crénelées, les infér. pétiolées ou atténuées en pétiole, les supér. sessiles ou subsessiles ; fl. bleues, qqfois blanches.

1. Fl. sessiles, agglomérées, au moins les terminales . . 2
Fl. pédonculées, plus ou moins espacées sur la tige . . . 3
2. Pl. pubescente ou glabre; f. infér. ovales, long^t pétiolées. . . . . *C. glomerata.*
Pl. hispide ; f. infér. ovales-lancéolées, à limbe long^t décurrent sur le pétiole . . . . *C. Cervicaria.*
3. F. rudes au toucher 4
F. presque lisses 5
4. Tige anguleuse ; fl. en grappe feuillée; div. du cal. lancéolées, dressées après l'anthèse . . . *C. Trachelium.*
Tige cylindrique ; fl. en grappe souv^t unilatér., non feuillée; div. du cal. lancéolées-linéaires, réfractées après l'anthèse . . . . *C. rapunculoides.*
5. F. radicales arrondies-cordées, long^t pétiolées; pédonc. fructifères réfléchis . . . . *C. rotundifolia.*
F. radicales oblongues ou lancéolées, atténuées à la base ; pédonc. fructifères dressés. 6
6. Cor. plus large que longue, à lobes arrondis; grappe spiciforme, 1-8-flore; div. du cal. séparées par des sinus aigus. . . . . *C. persicifolia.*
Cor. plus longue que large, à lobes lancéolés; grappe paniculée, multiflore; div du cal. séparées par des sinus obtus 7
7. Grappe serrée, allongée ; cal. à div. linéaires-sétacées, non denticulées à la base . . . . . . *C. rapunculus.*

Grappe très étalée ; cal. à div. lancéolées-subulées, denticulées à la base . . . . *C. patula.*

*1. Fleurs sessiles, réunies en glomérules termi-
naux ou latéraux; capsules dressées, s'ouvrant
vers la base.*

C. glomerata L. — Tige mince ; f. supér. lancéolées,
embrassantes ; cal. à div. linéaires-aiguës ; style inclus. — ♃.
— Juin-sept. — C. — Bois, pelouses, bords des chemins.

C. Cervicaria L. — Tige épaisse ; f. supér. lancéolées-
linéaires, un peu embrassantes ; cal. à div. ovales-obtuses ; style
saillant. — ② ou ♃. — Juin-août. — T. R. — Clairières et
taillis récents. — Route forestière des bois de Cîteaux, taillis près
la gare de Gevrey. — Passait autrefois pour vulnéraire.

*2. Fleurs pédonculées, disposées en panicules ou en
grappes.*

1. Capsules penchées, s'ouvrant vers la base.

C. rapunculoides L. (Clochette). — Tige poilue ou
glabrescente ; f. dentées-crénelées, ovales-lancéolées, les infér.
cordées à la base ; fl. penchées; cor. velue-ciliée. — ♃. — Juin-
août. — C. — Cultures, vignes, prairies artificielles.

C. Trachelium L. (Gant de Notre-Dame, Clochette). —
Pl. hispide, à f. prof¹ dentées, les infér. ovales ou subtriangu-
laires-cordées ; fl. grandes, dressées ou un peu penchées, 1-3 sur
des pédonc. bractéolés ; cor. velue-ciliée. — ♃. — Juin-août. —
C. — Bois, taillis, haies. — Usité anciennement contre les maux
de gorge.

C. rotundifolia L. — Pl. glabre ou glabrescente, à tiges
ascendantes, rameuses, grêles ; f. caulinaires lancéolées-linéaires ;
fl. petites, penchées, en panicules multiflores ; cal. à div. linéaires-
sétacées; cor. glabre. — ♃. — Juin-sept. — T. C. — Chemins, friches, rochers.

2. Capsules dressées, s'ouvrant vers le milieu ou près du
sommet.

C. Rapunculus L. (Raiponce). — Rac. fusiforme, charnue ; tige arrondie, sillonnée, rameuse au sommet, glabre ou velue, surtout à la base ; f. ondulées, les infér. oblongues, les supér.
lancéolées-linéaires ; cor. glabre. — ②. — Juin-août. — A. C.
— Taillis, haies, bords des routes, surtout dans les sols argilo-
siliceux ou granitiques. — Rac. alimentaire.

C. patula L. — Rac. grêle, allongée ; tige anguleuse, pubescente ou hérissée aux angles, à rameaux allongés, étalés ; f. planes, les radicales lancéolées-oblongues, les supér. lancéolées-linéaires ; fl. très ouvertes. — ②. — Juill.-août. — A. R. — Friches et taillis des sols granitiques. — Saulieu, Arnay-le-Duc, Voudenay, Melin près Liernais, Laroche-en-Brenil.

C. persicifolia L. — Tige glabre, arrondie, simple, dressée, grêle, pauciflore ; f. infér. oblongues-allongées, les supér. lancéolées-linéaires ; cal. à div. lancéolées-linéaires ; cor. glabre, très grande. — ♃. — Juin-août. — A. C. — Bois découverts dans le calcaire et la silice.

2. SPECULARIA Heist. — Cal. à 5 div. rétrécies à la base ; cor. rotacée ; étam. libres, à filets dilatés à la base ; stigm. 3 ; caps. prismatique-linéaire, allongée, à 3 loges s'ouvrant chacune par un pore dorsal. — F. ondulées, crénelées, les infér. obovales, les supér. oblongues, sessiles.

Cor. très ouverte, égalant les div. du cal.   *S. speculum.*
Cor. petite, peu ouverte, long^t dépassée par les div. du cal.
. . . . *S. hybrida.*

S. speculum A. DC. — *Legouzia arvensis* Durande ; Lorey, 576 (Miroir de Vénus). — Tige glabre ou pubescente, anguleuse, flexueuse, à rameaux étalés ; cal. à div. linéaires ; cor. violacée, à gorge blanche. — ②. — Mai-août. — C. — Moissons, cultures.

S. hybrida A. DC. — *Legouzia hybrida* Lorey, 577. — Tige hérissée, dressée ; cal. à div. oblongues ou lancéolées ; cor. d'un violet rougeâtre, à gorge verdâtre. — ②. — Juin-août. — A. C. — Moissons, friches.

3. PHYTEUMA L. (Raiponce). — Cor. à lobes linéaires, très allongés, se séparant de la base au sommet ; étam. libres, à filets dilatés à la base ; stigm. 2-3 ; caps. subglobuleuse, à 2 loges s'ouvrant chacune par un pore dorsal. — Fl. en capit. ou en épi.

Fl. en épi, ord^t d'un blanc jaunâtre ; bractées linéaires-subulées . . . . *P. spicatum.*

Fl. en capit., ord^t bleues ; bractées ovales-aiguës . . . .
. . . . *P. orbiculare.*

P. spicatum L. — Tige simple, dressée ; f. radicales ovales, cordées à la base, long^t pétiolées, les supér. lancéolées-linéaires, subsessiles ; épi cylindrique ou conique à la maturité. — ♃. — Mai-juin. — C. — Bois, lieux ombragés, surtout dans le calcaire. — Rare à fl. bleues (*P. nigrum* Schm.) : Rouvray, bois de Cléry, de Pontailler et de Flammerans, Collonges, Marey-sur-Tille. — Rac. alimentaire.

P. orbiculare L. — Tiges simples, dressées ; f. radicales oblongues-lancéolées, atténuées, tronquées ou cordées à la base, long^t pétiolées, les supér. lancéolées-linéaires, subsessiles ; capit. globuleux, puis ovoïde. — ♃. — Juin-août. — A. C. — Prés, bois secs, surtout dans le calcaire. — Rare à fl. blanches : Nuits, Flavignerot.

4. Jasione L. — Cor. à lobes linéaires, se séparant de bas en haut ; étam. à anthères soudées à la base ; stigm. 2, très courts, subglobuleux ; caps. à 2 loges s'ouvrant chacune au sommet par une courte valve. — Fl. en capit. globuleux, denses, entourés d'un invol. polyphylle.

Fol. de l'invol. entières ou obscur^t crénelées ; rac. non stolonifère. . . . . *J. montana.*
Fol. de l'invol. prof^t dentées ; rac. stolonifère . . . . .
. . . . *J. perennis.*

J. montana L. — Pl. ord^t hispide ou poilue, à tiges simples ou rameuses, diffuses ; f. lancéolées, ondulées, ord^t velues-hérissées ; fl. bleues, rar^t blanches, en capit. long^t pédonculés. — ②. — Juin-août. — A. R. — Lieux secs et sablonneux. — Broindon, Seurre, Vielverge, Pontailler, Auxonne, etc. — Commun dans la région granitique.

J. perennis Lam. — Pl. glabre ou hérissée, à tiges ord^t simples ; f. oblongues-lancéolées, planes, ord^t glabrescentes ; fl. bleues. — ♃. — Juin-août. — R. — Friches et rochers granitiques. — Arnay-le-Duc, le Maupas, Laroche-en-Brenil, Semur, Montberthault.

5. Wahlenbergia Schrad. — Cal. à div. linéaires ; cor. allongée, à lobes peu profonds ; étam. à filets

un peu élargis à la base ; stigm. 2-5 ; caps. ovoïde, s'ouvrant au sommet par des valves.

W. hederacea Rchb. — *Campanula hederacea* L. ; Lorey, 582. — Pl. cespiteuse, très grêle, à tiges filiformes, diffuses ; f. infér. arrondies, celles du sommet anguleuses, cordées à la base, à 5-7 lobes triangulaires ord[t] peu profonds ; fl. solitaires, petites, d'un violet pâle, sur de longs pédonc. filiformes. — ♃. — Juill.-août. — T. R. — Prairies marécageuses des terrains granitiques. — Saulieu, Laroche-en-Brenil, St-Léger-de-Fourches, St-Andeux, Eschamps.

LI. CUCURBITACÉES Juss.

Fl. monoïques ou dioïques. Cal. à 5 div. plus ou moins profondes. Cor. campanulée ou rotacée, à 5 div. Étam. 5, ord[t] triadelphes, à lobes recourbés en S. Ov. infère, ord[t] réduit à une petite glande dans les fl. mâles. Style très court. Stigm. 3-5, 2-lobés. Fr. charnu, souv[t] bacciforme, à 3-5 loges polyspermes ou 2-spermes. — Herbes à tiges souv[t] grimpantes ou rampantes. F. alternes, simples, sans stip., ord[t] accompagnées de vrilles. Fl. solitaires ou en cymes.

BRYONIA Tourn. (Bryone). — Fl. dioïques ; cal. campanulé, contracté à la base dans les fl. femelles ; cor. rotacée ou subcampanulée ; baie à 3 loges ord[t] 2-spermes.

B. dioica Jacq. (Couleuvrée, Vigne blanche, Navet du diable). — Pl. rude-hérissée, à rac. grosse, charnue, farineuse ; tige très longue, grimpante ; f. 3-5-lobées, cordées, anguleuses, très rudes ; fl. d'un blanc jaunâtre, en cymes axillaires ; baies rouges. — ♃. — Juin-août. — C. — Haies, taillis. — Pl. off. ; rac. purgative, drastique, vénéneuse à l'état frais.

Les Concombres (*Cucumis sativus* L.), Melons (*C. Melo* L.), et Potirons ou Courges (*Cucurbita maxima* Duch., *C. Pepo* DC.), dont la culture a prodigieusement multiplié les variétés alimentaires, appartiennent à deux genres de la même famille, caractérisés, le premier (*Cucumis*), par une cor. très prof^t divisée et des vrilles simples ; le second (*Cucurbita*), par une cor. 5-fide et des vrilles rameuses. Dans les deux genres les fl. sont monoïques, jaunes, assez grandes, les fruits (*péponides*), gros, charnus, pulpeux. — Les semences du *Cucurbita maxima* (off.) sont tœniafuges.

LII. VACCINIÉES DC.

Cal. à 4-5 dents courtes, membraneuses, rar^t entier. Cor. à 4-5 lobes. Étam. 8-10. Ov. infère. Style filiforme. Stigm. capité. Fr. bacciforme, à 4-5 loges polyspermes.—Sous-arbrisseaux à f. coriaces, alternes ou éparses, subsessiles, sans stip. Fl. solitaires ou en grappes.

> Cor. urcéolée, à 4-5 lobes peu profonds, ord^t rejetés en dehors . . . . *Vaccinium* (1).
> Cor. rotacée, à 4 div. lancéolées, très profondes, réfléchies sur le cal. . . . . *Oxycoccos* (2).

1. Vaccinium L. (Airelle). Cal. 4-5-denté, rar^t entier ; cor. urcéolée ; baie globuleuse, larg^t ombiliquée au sommet.

V. Myrtillus L. (Myrtille, Airelle, Pouriot). — Tiges anguleuses, dressées ou ascendantes ; f. d'un vert pâle, ovales-aiguës, denticulées, caduques ; fl. solitaires, d'un blanc rosé ; baies noires, pruineuses. — ♄. — Avril-mai. — T. R. — Bois, bruyères tourbeuses, dans les sols siliceux. — Aux Carons près Saulieu, bois de Renève. — Pl. off. ; fr. comestible, acidule et astringent.

2. Oxycoccos Tourn. (Canneberge). — Cal. 4-denté ; cor. rotacée, à 4 div. profondes ; étam. conniventes ; baie globuleuse, étroit^t ombiliquée au sommet.

O. palustris Pers. — *Vaccinium Oxycoccos* L. ; Lorey, 584. — Tiges filiformes, très rameuses, couchées-radicantes ;

f. petites, ovales, à bords enroulés, glauques-blanchâtres en dessous, persistantes ; fl. roses, long^t pédonculées, penchées ; baies rouges. — ♄. — Mai-juin. — T. R. — Bois et prairies près l'étang Morin à St-Léger-de-Fourches, étang Larmier à Saulieu. — Fr. comestible, acidule.

LIII. ÉRICINÉES Juss.

Cal. à 4-5 div. libres ou soudées, persistantes. Cor. marcescente, à 4-5 div. Étam. 8-10, indépendantes de la cor. et insérées avec elle sur un disque hypogyne. Anthères à loges s'ouvrant par un pore terminal. Ov. supère. Style 1. Stigm. entier. Fr. capsulaire ou bacciforme. — Arbustes ou sous-arbrisseaux à f. entières, coriaces, souv^t persistantes, imbriquées ou alternes, sans stip. Fl. en grappes terminales.

Cal. et cor. à 4 div. profondes ; f. linéaires, imbriquées . . . . *Calluna* (1).
Cal. et cor. à 5 div.; f. obovales, alternes. *Arctostaphylos* (2).

1. CALLUNA Salisb. — Cal. à 4 div. colorées, plus longues que la cor. et entourées de bractéoles formant calicule ; cor. campanulée ; étam. 8 ; caps. à 4 loges polyspermes.

C. vulgaris Salisb. — *C. Erica* DC. ; Lorey, 587 (Bruyère). — Tiges tortueuses, diffuses ; f. linéaires, courtes, sessiles, très serrées, imbriquées sur 4 rangs ; fl. rosées, rar^t blanches, en longues grappes multiflores ; caps. velues. — ♄. — Juill.-sept. — Abonde dans les friches et bois des terrains granitiques et siliceux aussi bien de la plaine que de la montagne.

2. ARCTOSTAPHYLOS Adans.— *Arbutus* L. ; Lorey. — Cal. à 5 div. persistantes; cor. urcéolée, à 5 dents, à bords enroulés ; étam. 10 ; baie à 5 loges 1-spermes.

A. officinalis Wimm. et Grab. — *Arbutus uva-ursi* L. ; Lorey 586 (Raisin d'ours). — Tiges grêles, étalées-rampantes, écailleuses, glabres ; f. obovales-obtuses, luisantes, semblables à celles du Buis ; fl. rosées, penchées, en grappes courtes, pauciflores ; baies globuleuses, rouges, acerbes. — ♄. — Mai. — T. R. — Bois de la Genevrière ou Sèche-Bouteille près Recey-sur-Ource. — Pl. off.; f. astringentes, diurétiques (affections des voies urinaires).

LIV. PYROLACÉES Lindl.

Cal. à 5 sép. un peu soudés à la base. Pét. 5. Étam. 10, à anthères s'ouvrant par des pores terminaux. Ov. supère. Style simple. Stigm. entier ou 5-lobé. Fr. capsulaire, à 5 loges polyspermes. — Pl. herbacées ou un peu sous-frutescentes à la base, à f. simples, persistantes, sans stip. Fl. en grappe terminale.

Pyrola Tourn. (Pyrole). — Stigm. 5-lobé ; caps. subglobuleuse, à 5 loges.

P. rotundifolia L. — F. la plupart orbiculaires, luisantes, coriaces, pétiolées, obscur^t crénelées, disposées en rosette radicale, les caulinaires réduites à des écailles ; fl. blanches ou rosées, en grappe lâche, pauciflore, terminant la tige ; pét. très étalés ; étam. courbes ; style arqué-ascendant, plus long que la cor. et terminé par un anneau qui entoure le stigm. — ♃. — Juin-juill. — A. R. — Bois couverts dans la région du calcaire. — Baulme-la-Roche, Couchey, Val-des-Choux, Flavignerot, Marey-sur-Tille, Perrigny-lez-Dijon, Tarsul, St-Remy, Aignay, Bligny-le-Sec, bois de Montigny-sur-Aube, etc. — Pl. amère, astringente, vulnéraire.

LV. MONOTROPÉES Nutt.

Fl. presque rég. Cal. à 4-5 sép. inégaux, libres ou un peu soudés. Pét. 4-5, court^t éperonnés à la base. Étam. 8-10. Ov. supère. Style simple. Stigm.

discoïde, crénelé. Fr. capsulaire, à 4-5 loges polyspermes. — Pl. charnues, décolorées-blanchâtres,
vivant sur les détritus végétaux. F. réduites à des
écailles; stip. nulles. Fl. en grappe terminale courbée en crosse avant l'anthèse.

HYPOPITYS Dill. — *Monotropa* L. ; Lorey et
Royer. — Caractères de la famille.

H. multiflora Scop. — *Monotropa Hypopitys* L. ; Lorey
589 ; Royer, 59 (Suce-Pin). — Pl. pubescente-glanduleuse, noircissant par la dessiccation, à tige dressée, simple, couverte d'écailles
ovales-oblongues, apprimées; fl. d'un blanc sale, en grappe terminale unilatér.; fl. supér. centrale pentamère, les autres tétramères.
— ⚘ ou ②. — Juin-juill. — A. R. — Bois ombragés, plantations
de Conifères. — Gouville, Nuits, Boncourt, St-Remy, Gevrey,
Montbard, Corcelotte, Voulaines, etc. — Répand une agréable odeur
d'Œillet; a été employé contre la toux des moutons.
    Pl. glabre; tige plus grêle ; grappe plus lâche : var. *glabra*
    Roth (*H. glabra* DC.).

LVI. LENTIBULARIÉES Rich.

Fl. irrég. Cal. subbilabié. Cor. à 2 lèvres,
l'infér. prolongée en éperon à la base. Étam. 2, à
anthères 1-locul. Ov. supère. Style court, épais.
Stigm. bilabié. Fr. capsulaire, 1-locul., polysperme. — Herbes aquatiques ou des lieux humides, à
f. entières ou multiséquées, sans stip. Fl. solitaires
ou en grappes.

UTRICULARIA L. (Utriculaire). — Cor. bilabiée, en
gueule, à tube court et à gorge fermée par un palais saillant. — Pl. flottantes, à f. submergées,
multiséquées, munies pour la plupart de petites vésicules remplies d'air ; grappes terminales, pauci-

flores. — Les Utriculaires sont employées comme topiques pour les plaies et les blessures.

F. pennatiséquées, à segments nombreux, multiséqués, capillaires . . . . *U. vulgaris.*
F. palmatiséquées, à 2-3 segments courts, multiséqués . . . . *U. minor.*

U. vulgaris L. — F. à lanières fin[t] denticulées-spinuleuses ; hampe d'un brun rouge luisant, à 4-12 fl. assez grandes, d'un beau jaune; éperon conique, 3-4 fois plus long que large ; pédic. dressés à la maturité. — ♃. — Juin-août. — A. C. — Fossés, mares. — Arcelot, Premeaux, Saulon, Saulieu, St-Remy, Vielverge, etc.

U. minor L. — F. à vésicules plus petites que dans l'espèce précédente ; hampe 2-5-flore ; fl. petites, d'un jaune pâle, à éperon aussi long que large ; pédic. réfléchis à la maturité. — ♃. — Juin-août. — T. R. — Fossés, mares. — Laroche-en-Brenil, étang Larmier près Saulieu, St-Léger-de-Fourches.

LVII. PRIMULACÉES Vent.

Cal. à 4, plus souv[t] 5 div. Cor. à 4, plus souv[t] 5 lobes. Étam. 5, rar[t] 4, opposées aux lobes de la cor. et alternant qqfois avec des écailles. Ov. supère, très rar[t] semi-infère. Style 1. Stigm. entier. Fr. capsulaire, 1-locul., polysperme, à placenta central. — Herbes à f. opposées, rar[t] alternes, qqfois toutes en rosette radicale, sans stip. Inflor. variées.

1. Fl. jaunes 2
   Fl. jamais jaunes 3
2. Tiges feuillées . . . . *Lysimachia* (4).
   F. toutes radicales. . . . . *Primula* (1).
3 Cor. à 4 div. ; pl. très petite . . . . *Centunculus* (6).
   Cor. à 5 div. ; pl. plus élevées 4
4. Pl. à f. submergées, pectinées, très fin[t] découpées . . . .
   . . . . *Hottonia* (3).
   Pl. non submergées, à f. entières ou simp[t] dentées. . . 5
5. F. toutes en rosette radicale. . . . . *Androsace* (2).
   Tiges feuillées. 6

6. Fl. blanches ; f. caulinaires alternes . . . *Samolus* (5).
Fl. bleues, rouges ou roses ; f. toutes opposées . . . . .
. . . . *Anagallis* (7).

1. PRIMULA Tourn. (Primevère). — Cal. tubuleux, à 5 angles ; cor. hypocratériforme, à 5 lobes, à tube très long, dilaté à l'insertion des étam. ; caps. ovoïde, à 5 valves. — Fl. jaunes, en ombelle au sommet d'une hampe nue dans nos espèces.

Cal. enflé, ouvert, unifor[t] blanchâtre, à dents courtes, triangulaires, obtuses . . . . *P. officinalis*.
Cal. étroit[t] appliqué sur le tube de la cor., vert sur les angles, à dents lancéolées-acuminées. . . . . . . *P. elatior*.

P. officinalis Jacq. (Coucou, Cancoin, Boulichet, Paquette, etc). — F. ovales-obtuses, ridées-ondulées, pubescentes-tomenteuses en dessous ; fl. d'un jaune vif, odorantes ; cor. plissée à la gorge, à limbe concave, très ord[t] taché de jaune orangé à la base. — ♃. — Mars-mai. — T. C. — Prés, bois. — Fl. autrefois usitées comme stimulantes et toniques.

P. elatior Jacq. — F. ovales ou oblongues, poilues en dessous ; fl. d'un jaune pâle, inodores ; cor. non plissée à la gorge, à limbe plan, ord[t] sans tache orangée à la base. — ♃. — Mai-août. — A. C. — Prés, bois argileux et humides.

2. ANDROSACE Tourn. — Cal. à 5 div. ; cor. hypocratériforme, à 5 lobes, à tube plus court que le cal. ; style court ; caps. à 5 valves. — Fl. en ombelles involucrées.

A. maxima L. — F. toutes radicales, ovales ou elliptiques-lancéolées, épaisses, denticulées dans leur moitié supér. ; fl. d'un blanc rosé, à gorge jaune ; cal. velu et accrescent, plus long que la cor. ; caps. globuleuse. — ②. — Avril-mai. — R. — Moissons. — Messigny, Pouilly près Dijon, Chenôve, Marsannay-la-Côte, Norges, barraques de Gevrey.

3. HOTTONIA L. — Cal. à 5 div.; cor. hypocratériforme, à 5 lobes profonds et tube court ; caps. globuleuse, à 5 valves cohérentes au sommet et à

la base. — Fl. en verticilles espacés sur une longue tige dressée hors de l'eau.

H. palustris L. (Plateau). — Tiges obliques, submergées ; f. en verticilles rapprochés, à segments linéaires-aigus ; fl. d'un rose pâle, 3-7 à chaque verticille ; cor. tachée de jaune à la gorge. — ♃. — Mai-juill. — R. — Mares, fossés. — Cîteaux, Argilly, Broin, Chivres, Longchamp, Collonges, Vielverge, St-François, St-Jean-de-Losne, Mirebeau.

4. LYSIMACHIA Tourn. (Lysimaque). — Cal. à 5 div. ; cor. rotacée, à 5 lobes, à tube presque nul ; étam. 5, libres ou à filets soudés à la base, qqfois accompagnées de 5 filets stériles ; caps. à 2-5-10 valves. — Fl. jaunes.

1. Fl. en panicule terminale ; tige dressée . . . *L. vulgaris.*
Fl. axillaires, solitaires ou géminées ; tiges couchées. . 1
2. F. orbiculaires ; cal. à div. lancéolées, cordées à la base . .
. . . . *L. Nummularia.*
F. ovales-aiguës ; cal. à div. linéaires, non cordées à la base.
. . . . *L. nemorum.*

L. vulgaris L. (Chasse-bosse). — Pl. robuste, élevée, pubescente, rameuse, à f. ovales-lancéolées, aiguës, subsessiles, opposées ou verticillées par 3-4 ; filets des étam. soudés dans leur tiers infér. — ♃. — Juin-août. — C. — Lieux humides, berges des rivières. — Pl. vantée autrefois comme vulnéraire.

L. Nummularia L. (Herbe aux écus, Monnoyère). — Pl. glabre, à tiges couchées-rampantes ; f. opposées, brièv^t pétiolées ; fl. grandes, à pédonc. plus courts que les f. ; filets des étam. soudés à la base. — ♃. — Mai-juin. — C. — Lieux humides et ombragés.

L. nemorum L. — Pl. glabre, à tiges redressées au sommet ; f. opposées, brièv^t pétiolées ; fl. assez petites, à pédonc. filiformes, plus longs que les f. ; étam. à filets libres. — ♃. — Juin-août. — R. — Bords des eaux, bois humides. — Saulieu, Villars, Laroche-en-Brenil, Pontailler, Eschamps, St-Léger-de-Fourches, St-Germain-de-Modéon, Renève.

5. SAMOLUS Tourn. — Cal. à 5 div. ; cor. subcampanulée, à 5 lobes, à tube court ; étam. 5, alternant

avec 5 écailles stériles ; ov. semi-infère ; caps. à 5 valves.

S. Valerandi L. (Mouron d'eau). — Pl. glabre, à tige dressée ; f. glauques, obovales, entières, les radicales en rosette, les caulinaires alternes ; fl. petites, blanches, en grappe terminale lâche. — ♃. — Juin-août. — A. C. — Lieux très humides, vases desséchées des fossés et des étangs. — Cîteaux, Magny-sur-Tille, Larrey-lez-Poinçon, Arcelot, Arc-sur-Tille, etc.

Le *Cyclamen europæum* L., signalé par Grognot près Mont-St-Jean, n'a pas été revu depuis. Fl. roses, à pét. réfléchis ; souche tuberculeuse. — Rhizome âcre, émétique ; s'emploie, dit-on, pour enivrer le poisson.

6. CENTUNCULUS L. (Centenille). — Cal. et cor. à 4 div., celle-ci suburcéolée, à limbe dépassé par le cal. ; étam. 4, à filets soudés à la base ; caps. globuleuse, s'ouvrant circul[t] par un opercule (*pyxide*).

C. minimus L. — Pl. glabre, naine, à rameaux étalés ; f. ovales-aiguës, les infér. opposées, les supér. alternes ; fl. très petites, axillaires, solitaires, subsessiles, blanches ou rosées. — ②. — Juin-août. — A. R. — Lieux humides, pelouses argileuses. — Nuits, St-Nicolas, Longvay, Saulieu, Laroche-en-Brenil, Rouvray, Vielverge, Perrigny, etc.

7. ANAGALLIS Tourn. (Mouron). — Cal. 5-partit ; cor. à 5 div., à tube presque nul ; caps. globuleuse, s'ouvrant transvers[t] par un opercule (*pyxide*). — Pl. âcres, nauséeuses, toxiques ; ne pas les confondre avec le Mouron des oiseaux (*Alsine media*).

Fl. bleues ou rouges, à cor. rotacée, à peine plus longue que le cal. ; f. sessiles . . . . *A. arvensis.*
Fl. roses, à cor. infundibuliforme, 2 fois plus longue que le cal. ; f. pétiolées . . . . *A. tenella.*

A. arvensis L. — Pl. à tiges anguleuses, couchées-diffuses ; f. ovales-lancéolées ; cal. à div. lancéolées-acuminées, membraneuses sur les bords. — ①. — Juin-oct. — T. C. — Jardins, cultures. — Deux variétés :

F. obscur[t] nervées, plus courtes que les pédonc. ; cor. rouge,

rar^t carnée, à lobes ord^t ciliés-glanduleux : caps. sphériques : var. *phænicea* (*A. phænicea* Lam. ; Lorey, 725).
F. fort^t nervées, égalant presque les pédonc. ; cor. bleue, à
bords denticulés, non ciliés ; caps. ovoïdes : var. *cærulea*
(*A. cærulea* Schreb. ; Lorey, 725).

A. tenella L. — Tiges filiformes, rampantes ; f. suborbiculaires ; pédonc. filiformes, beaucoup plus longs que les f.; cor.
rose, non ciliée. — ♃. — Juill.-août. — R. — Marécages des
prairies granitiques. — Laroche-en-Brenil, Eschamps, St-Andeux.

LVIII. OLÉACÉES Lindl.

Fl. hermaphr. ou polygames. Cal. à 4 div. ou nul.
Cor. à 4 lobes ou nulle. Étam. 2. Ov. supère. Style
très court. Stigm. 2-fide. Fr. bacciforme ou sec,
indéhisc., ailé. — Arbres ou arbrisseaux à f. opposées, simples ou imparipennées, sans stip. Fl. en
panicules.

Arbrisseau à f. simples, entières. . . . . *Ligustrum* (1).
Arbre à f. imparipennées . . . . *Fraxinus* (2).

1. L_{IGUSTRUM} Tourn. (Troëne).— Fl. hermaphr. ;
cal. petit, caduc, à 4 dents ; cor. infundibuliforme,
à 4 lobes, à tube plus long que le cal. ; baie globuleuse, à 2 loges 1-2-spermes.

L. vulgare L. (Sauvillot). — Arbrisseau rameux, à f.
oblongues-lancéolées, brièv^t pétiolées, un peu coriaces ; fl. blanches, odorantes, en panicules pyramidales serrées ; baies noires.
— ♄. — Fl. juin-juill., fr. sept.-nov. — T. C. — Haies, bois.
— F. âcres et amères ; baies riches en matière colorante.

Le Lilas (*Syringa vulgaris* L.), plus ou moins spontané dans le
voisinage des habitations, se distingue du Troëne par son fr. presque
ligneux ; fl. violettes ou blanches, très odorantes. — Fr. amers,
vantés comme fébrifuges.

2. F_{RAXINUS} Tourn. (Frêne). — Fl. polygames,
sans cal. ni cor. ; fr. sec, membraneux, comprimé-

ailé dans sa partie supér., 1-locul., 1-sperme (*samare*).

F. excelsior L. — Arbre à écorce grisâtre, ridée; f. à 7-15 fol. ovales-lancéolées, acuminées; fl. verdâtres, en panicules courtes, opposées, paraissant avant les f. — ♄. — Fl. avril-mai, fr. juin-juill. — C. — Bords des eaux, bois. — Pl. off.; f. employées contre la goutte et le rhumatisme.

    F. à fol. étroit[t] lancéolées, bordées supér[t] de dents saillantes, aiguës; fr. linéaires, atténués aux 2 extrémités : var. *oxyphylla* (*F. oxyphylla* Bieb.). — Signalé par Boreau (*Flore du Centre*), dans les rochers de Cirey près Nolay.

Le *F. Ornus* L., souv[t] planté sur le bord des routes, a les fl. blanches. — Pl. off.; la manne, suc laxatif, s'écoule du tronc.

LIX. APOCYNÉES Juss.

Cal. à 5. div. persistantes. Cor. à 5 lobes contournés dans le bouton. Étam. 5, appendiculées au sommet et conniventes au-dessus du stigm. Ov. supère. Style 1. Stigm. entier ou 2-lobé. Fr. capsulaire, formé de 1-2 follicules polyspermes. — Pl. à tiges herbacées ou sous-frutescentes (dans nos espèces), à f. opposées, simples, entières, sans stip. Fl. solitaires, axillaires.

PERVINCA Tourn. — *Vinca* L.; Lorey et Royer. (Pervenche). — Cal. à div. acuminées; cor. hypocratériforme, à tube allongé, gorge pentagonale et lobes contournés et obliq[t] tronqués au sommet; étam. incluses; stigm. en anneau, surmonté d'une houpe de poils; follicules subcylindriques; gr. nues. — Tiges couchées-rampantes, les florales seules redressées.

P. minor Mœnch. — *Vinca minor* L.; Lorey, 598; Royer, 233. — F. coriaces, glabres, ovales-elliptiques, court[t] pétiolées;

fl. solitaires, bleues, rar^t violettes ou blanches; cal. à lobes glabres, beaucoup plus courts que le tube de la cor. — ♃. — Mars-
avril. — C. — Bois couverts et haies. — Pl. off ; amère ; f. diaphorétiques; remède populaire pour tarir le lait.

Le *P. major* Mœnch (*Vinca major* L.), que l'on peut rencon-
trer à l'état subspontané près des jardins où on le cultive, se distingue du *P. minor* par ses fl. et ses f. plus grandes, celles-ci
molles, subcordiformes, à bords ciliés, de même que les div.
du cal.

LX. ASCLÉPIADÉES R. Br.

Cal. et cor. à 5 div. Étam. 5, à filets courts, soudés autour du pistil en une colonne tubuleuse
surmontée d'une couronne d'appendices pétaloïdes
(*couronne staminale*); anthères contenant dans
chacune de leurs loges une masse de pollen agglutiné, et ord^t munies au sommet d'un prolongement
membraneux appliqué contre le stigm. Ov. supère.
Styles 2, très courts, soudés entre eux et recouverts
par un stigm. épais, spongieux, pentagonal. Fr.
capsulaire, formé de 1-2 follicules polyspermes. —
Herbes à f. opposées, entières, un peu coriaces,
sans stip. Fl. en ombelles ou en cymes.

Vincetoxicum Medic — *Cynanchum* R. Br.;
Lorey (Dompte-venin). — Cor. rotacée, prof^t lobée;
couronne staminale charnue, jaunâtre, à lobes obtus ; follicules lisses ; gr. aigrettées.

V. officinale Mœnch. — *Cynanchum Vincetoxicum* R.
Br. ; Lorey, 597. — Tiges pubescentes sur 2 lignes, dressées,
qqfois un peu volubiles; f. ovales-cordées ou ovales-lancéolées,
acuminées; fl. d'un blanc jaunâtre, en petites cymes axillaires. —
♃. — Juin-juill. — C. — Bois montagneux. — Pl. off. ; rac.
âcre, diurétique.

LXI. GENTIANÉES Juss.

Cal. persistant, qqfois un peu irrég., à 4-10, ord^t 5 div. Cor. à 4-12, ord^t 5 div. Étam. 4-8, ord^t 5. Ov. supère. Style filiforme, nul ou très court. Stigm. 2-lobé, 2-fide ou presque entier. Fr. capsulaire, polysperme, 1-locul., à 2 valves, ou subbilocul. — Pl. herbacées, glabres, à suc amer. F. ord^t opposées, rar^t alternes ou verticillées, entières, rar^t 3-foliolées, sans stip. Inflor. variées. — Toutes les Gentianées sont amères, toniques et fébrifuges.

1. F. 3-foliolées, alternes. . . . . . . *Menyanthes* (1).
   F. simples, alternes, opposées ou verticillées 2
2. F. nageantes, orbiculaires et en cœur . . . .
   . . . . *Limnanthemum* (2).
   F. ne présentant pas ces caractères 3
3. Style filiforme, saillant 4
   Style nul ou très court 6
4. Fl. roses, rar^t blanches . . . . *Erythræa* (7).
   Fl. jaunes 5
5. Tige verte, de 5-10 cent.; étam. 4. . . *Cicendia* (6).
   Tige glauque, de 2-6 déc.; étam. 6-8 . . *Chlora* (3).
6. Cor. rotacée, à 5 div. profondes, munies à la base de 2 glandes nectarifères à bord cilié ; stigm. obscur^t 2-lobé . . . . .
   . . . . *Swertia* (4).
   Cor. tubuleuse-campanulée, ou prof^t divisée, à 4-12 lobes ou segments, sans glandes nectarifères ; stigm. 2-fide . . .
   . . . . *Gentiana* (5).

1. MENYANTHES Tourn. — Cal. à 5 div.; cor. infundibuliforme, à 5 lobes barbus en dedans ; étam. 5 ; style filiforme ; stigm. 2-lobé.

M. trifoliata L. (Trèfle d'eau). — Pl. aquatique, glabre, à rhizome épais, rampant ; f. 3-foliolées, long^t pétiolées, à pétiole dilaté-engaînant à la base ; fl. rosées, en grappes axillaires long^t pédonculées. — ♃. — Juin-juill. — A. C. — Marécages, fossés, surtout dans les alluvions siliceuses. — Le Pays-Bas, le Morvan, Limpré, Laignes, Orgeux, Pontailler, Saulieu, Marey-sur-Tille, Genlis, etc. — Pl. off. ; amère, tonique, antiscorbutique.

2. LIMNANTHEMUM Gmel. — *Villarsia* Vent.; Lorey.— Cal. à 5 div. ; cor. rotacée, membraneuse, très fugace, à 5 lobes ciliés ; étam. 5, alternant avec 5 glandes ; style conique ; stigm. 2-lobé ; gr. très comprimées, ciliées.

L. peltatum Gmel. — *Villarsia nymphoides* Vent.; Lorey, 601. — *L. nymphoides* Hoffms. et Link ; Royer, 235 (Faux Nénuphar). — Pl. aquatique, à tiges long^t radicantes; f. nageantes, orbiculaires-cordées, pétiolées, coriaces, les infér. alternes, les supér. opposées ou verticillées, toutes à pétiole dilaté-engaînant à la base ; fl. jaunes, assez grandes, long^t pédonculées, en fascicules axillaires pauciflores. — ♃. — Juill.-sept. — A. C. — Fossés, mares et ruisseaux du Val-de-Saône. — Mêmes propriétés que le *Menyanthes*.

3. CHLORA Reneaulme. — Cal. à 6-8 div. linéaires très profondes ; cor. hypocratériforme, à 6-8 lobes ; étam. 6-8 ; stigm. 2-fide.

C. perfoliata L. — Pl. glauque, à tige raide ; f. radicales obovales, les caulinaires ovales-triangulaires, connées ; fl. d'un beau jaune, en cymes dichotomes.— ② ou ④. — Juill.-sept. — T. R. — Pelouses sèches, friches des terrains calcaires et argileux. — Notre-Dame-d'Étang, bois du Mantouan, sapinière de Montculot, Buffon, Poinçon-lez-Grancey, Jumeau de la Chassagne près Massingy, bois de Gevrolles.

4. SWERTIA L. — Cal. et cor. à 5 div. profondes, celles de la cor. munies chacune à la base de 2 glandes nectarifères ciliées ; étam. 5 ; stigm. sessile, obscur^t 2-lobé.

S. perennis L. — Tige dressée, striée, glabre ; f. infér. ovales-oblongues, long^t pétiolées, les caulinaires ovales-lancéolées, sessiles ; fl. d'un bleu foncé, en panicule terminale spiciforme ; gr. ailées. — ♃. — Juill.-août. — T. R. — Marécages. — Essarois, Val-des-Choux, Recey.

5. GENTIANA Tourn. (Gentiane). — Cal. à 4-10 div. plus ou moins profondes, qqfois irrég^t fendu d'un côté en forme de spathe ; cor. à 4-6 lobes alternant qqfois avec autant de lobes secondaires qui correspondent aux plis du limbe ; étam. 4-5 ; style presque nul ; stigm. 2-fide.

1. Gorge de la cor. munie de 5 écailles ciliées . . . . G. *germanica* .
Gorge de la cor. nue. **2**
2. Fl. jaunes . . . . *G. lutea.*
Fl. bleues, rar^t blanches. **3**
3. Lobes de la cor. denticulés au sommet, frangés ciliés à la base, non séparés par de petites dents. . *G. ciliata.*
Lobes de la cor. entiers, ord^t séparés par autant de petites dents aiguës **4**
4. Cor. ord^t à 4 lobes ; fl. fasciculées, sessiles à l'aisselle des f. supér. . . . . *G. cruciata.*
Cor. ord^t à 5 lobes ; fl. pédonculées, solitaires, rar^t géminées au sommet des rameaux . . . . *G. pneumonanthe.*

G. germanica Willd. — Tige dressée, d'un vert sombre, souv^t violacée, de même que le dessus des f., celles-ci obovales, pétiolées à la base de la pl., les caulinaires ovales-lancéolées, sessiles ; fl. d'un violet purpurin ; cal. à 5 div. lancéolées-acuminées ; cor. tubuleuse-campanulée, à 5 lobes. — ①. — Août-oct. — A. R. — Pelouses, fossés, clairières des bois. — Jouvence, Flavigny, Beaune, Velars, etc. — Commun dans les terrains argilo-calcaires de l'Auxois.

G. lutea L. (Grande Gentiane). — Tige robuste, droite, atteignant souv^t 1 m. et plus ; f. très amples, ovales-elliptiques, fort^t nervées, celles de la base atténuées en pétiole ; fl. nombreuses, en verticilles superposés à la partie supér. de la tige ; cal. membraneux, irrég^t denté, fendu d'un côté en forme de spathe ; cor. prof^t divisée en 5-9 lobes étroits, étalés. — ♃. — Juill.-sept. — C. — Bois, friches des montagnes de la région calcaire. — Pl. off. ; rac. amère, tonique, stomachique et fébrifuge.

G. cruciata L. (Croisette). — Tiges ascendantes ; f. lancéolées-obtuses, 3-nervées, les caulinaires engaînantes ; cal. membraneux, à 4 dents aiguës, ou fendu d'un côté en forme de spathe, avec 2-3 dents inégales ; cor. subcampanulée, à tube anguleux, d'un bleu grisâtre en dehors. — ♃. — Juin-août. — A. C. — Bois montagneux de la région calcaire. — Environs de Dijon, Grancey-le-Château, Nolay, Montbard, Velars, Val-Suzon, etc.

G. pneumonanthe L. — Tiges dressées, simples ou peu rameuses ; f. 1-nervées, lancéolées ou lancéolées-linéaires, obtuses, connées à la base ; cal. à 5 div. linéaires-aiguës ; cor.

subcampanulée, assez grande, d'un beau bleu. — ♃.— Juill.-sept.
— A. R. — Prés tourbeux de la plaine et des vallées calcaires. —
Limpré, Lucenay, Val-des-Choux, Is-sur-Tille, Orgeux, etc.

G. ciliata L. — Tige flexueuse, anguleuse, ord^t simple; f.
lancéolées-linéaires, aiguës, 1-nervées; fl. assez grandes, solitaires
au sommet des rameaux ; cal. à 4 div. long^t acuminées ; cor. subcampanulée, ord^t à 4 lobes. — ♃. — Août-oct. — R. — Pelouses, bois des montagnes calcaires. — Châtillon, Val-des-Choux,
Soucey, St-Remy, Quincy, Tarsul, Plombières.

6. Cicendia Adans. — *Exacum* Willd. ; Lorey.
— Cal. à 4 div. ; cor. infundibuliforme, à tube
ventru, à 4 lobes se contournant sur la caps. à la
maturité ; étam. 4 ; style filiforme.

C. filiformis Delarb.— *Exacum filiforme* Willd.; Lorey, 607.
— Tige très grêle, simple ou rameuse au sommet ; f. radicales oblongues, rapprochées par 4, les caulinaires linéaires-aiguës, opposées ;
fl. jaunes, très petites, solitaires, long^t pédonculées. — ①. —
Juill.-oct. — T. R. — Bords des étangs dans les terrains granitiques et les alluvions siliceuses. — Thoisy, Saulieu, Laroche-en-
Brenil, Pontailler, Labergement-lez-Seurre, St-Didier.

7. Erythræa Reneaulme. — *Chironia* Sm. ;
Lorey. — Cal. tubuleux-anguleux, à 5 div. linéaires;
cor. infundibuliforme, à 5 lobes se contournant sur
la caps. à la maturité ; étam. 5, à anthères se tordant en spirale après l'anthèse ; stigm. 2-lobé. —
Fl. roses, rar^t blanches, en cymes dichotomes ou
en corymbes.

Tige rameuse au sommet; fl. sessiles, en cymes réunies en
   corymbes compactes. . . . . *E. Centaurium.*
Tige ord^t rameuse dès la base; fl. pédicellées, en cyme lâche.
. . . . *E. ramosissima.*

E. Centaurium Pers. — *Chironia Centaurium* Sm., pro
parte; Lorey, 606 (Petite Centaurée).— F. radicales obovées, en rosette, les supér. linéaires-aiguës; fl. pourvues de bractées; caps. plus
longue que le cal. — ② ou ①. — Juin-oct. — C. — Taillis, pelouses ombragées. — Pl. off.; le meilleur fébrifuge indigène.

E. ramosissima Pers. — *Chironia Centaurium* Sm. var.
pulchella ; Lorey, 606. — *E. pulchella* Fries ; Royer, 239. — F.

ovales ou oblongues, les infér. plus courtes, les radicales opposées, non en rosette ; fl. latér. ord^t dépourvues de bractées ; caps. de même longueur que le cal. — ①. — Juill.-août. — A. C. — Pelouses humides, lieux inondés pendant l'hiver. — Mêmes propriétés que l'espèce précédente.

Pl. naine et subuniflore : var. *pusilla*.

LXII. CONVOLVULACÉES Juss.

Cal. à 5 div. Cor. à 5 lobes ou à 5 plis. Étam. 5. Ov. supère. Styles 2, ord^t soudés en un style filiforme. Stigm. 2. Fr. capsulaire, plus ou moins complèt^t divisé en 2 loges 1-2-spermes. — Pl. herbacées, à tiges ord^t volubiles ou rampantes, à f. alternes, simples, ord^t pétiolées, sans stip. Fl. solitaires ou réunies en petit nombre au sommet de pédonc. axillaires ou terminaux. — Toutes les Convolvulacées contiennent dans leur rac. un suc blanc laiteux, âcre et purgatif.

CONVOLVULUS Tourn. (Liseron). — Cor. infundibuliforme-campanulée, à 5 plis ; style filiforme : caps. indéhisc.

1. F. linéaires ou lancéolées-aiguës ; cal. velu ; tige non volubile. . . . . *C. cantabrica.*
   F. triangulaires, hastées ou sagittées ; cal. glabre ; tige volubile ou rampante 2
2. Bractées foliacées, assez grandes, 2-4, recouvrant le cal.. . . . . *C. sepium.*
   Bractées 2-3, petites, éloignées de la fl. . *C. arvensis.*

C. cantabrica L. — Tige cylindrique, hérissée, très rameuse dès la base, à rameaux dressés ; fl. roses, en glomérules 1-4-flores long^t pédonculés et formant une panicule lâche ; bractées étroites, à la naissance des glomérules. — ⚄. — Juin-juill. — T. R. — Coteaux incultes. — La Côte, de St-Romain à Chassagne, Beaune, Santenay, Meursault, Nolay.

C. arvensis L. (Petit Liseron, Vrillie, Liset, Ligneux). — Tiges anguleuses, glabres ou hérissées, volubiles, faibles et ord^t couchées; f. hastées, à oreillettes aiguës, très divergentes; fl. rosées ou roses, rar^t blanches, 1-2-3 sur des pédonc. axillaires solitaires. — ♃. — Juin-sept. — T. C. — Champs, lieux incultes.

C. sepium L. — *Calystegia sepium* R. Br. ; Royer, 241 (Grand Liseron, Grande Vrillie, Ligneux blanc, Vandrille). — Tiges glabres, anguleuses, grêles, volubiles, très allongées ; f. sagittées-triangulaires, à oreillettes tronquées ; fl. grandes, solitaires, d'un beau blanc. — ♃. — Juin-sept. — T. C. — Haies, buissons, fossés des lieux frais et ombragés.

LXIII. CUSCUTACÉES Presl.

Cal. à 4-5 div. Cor. ord^t un peu charnue, campanulée ou urcéolée, à 4-5 lobes nus ou plus ord^t munis, sous les étam., d'une couronne de petites écailles pétaloïdes laciniées. Étam. 4-5. Ov. supère. Styles 2, qqfois soudés. Stigm. 2, linéaires, oblongs ou capités. Fr. capsulaire, à 2 loges 1-2-spermes, à déhiscence circulaire (*pyxide*) ou irrég. — Pl. parasites, dépourvues de f., à tiges volubiles, souv^t filiformes, se fixant par des suçoirs aux végétaux qui les nourrissent. Fl. roses ou rosées, en glomérules ou en corymbes espacés sur la tige. — Pl. autrefois vantées cohtre la phtisie.

CUSCUTA Tourn. (Cuscute). — Caractères de la famille.

1. Fl. pédicellées, en corymbes; cor. dépourvue d'écailles florales . . . . *C. Bidentis.*
   Fl. sessiles ou subsessiles, en glomérules globuleux; cor. munie d'écailles florales 2

2. Écailles florales plus ou moins conniventes ; styles plus longs que l'ov.; étam. saillantes . . . . *C. Epitymum.*
   Écailles florales non conniventes, appliquées sur le tube de la cor. ; styles plus courts que l'ov.; étam. incluses . . . . *C. major.*

C. Epithymum Murr. — *C. minor* DC. ; Lorey, 611

(Teigne, Barbe de moine, Herbe au tonnerre, Poil de chèvre). — Tiges rameuses, jaunes ou rougeâtres ; cal. à div. acuminées ; tube de la cor. complèt^t fermé par les écailles ; stigm. linéaires, ord^t rouges ; caps. à déhiscence circulaire. — ①. — Juill.-sept. — C. — Parasite sur les pl. les plus diverses des pelouses et des prairies artificielles.

    Fl. plus grandes, en glomérules plus gros ; écailles florales incomplèt^t conniventes : var. *Trifolii* Choisy (*C. Trifolii* Babgt. — *C. major* Lorey, 611 ; non DC.) — Commun dans les champs de Trèfle et de Luzerne où il se répand en cercles assez réguliers.

C. major C. B. ; non Lorey. — Tiges rameuses, d'un jaune verdâtre ; cal. charnu à la base, à div. arrondies au sommet ; stigm. linéaires-oblongs, jaunâtres ; caps. à déhiscence circulaire. — ①. — Juill.-sept. — A. R. — Parasite sur *Urtica dioica*, *Humulus Lupulus* et plusieurs autres pl. — Dijon, Seurre, Quincey, Arnay-le-Duc, etc.

C. Bidentis Berthiot. — *Grammica Bidentis* Royer, 244. — Se distingue des espèces précédentes par ses fl. pédicellées, en corymbes, à cor. dépourvue d'écailles, ses stigm. capités, et la caps. qui s'ouvre irrég^t. — ①. — Août-sept. — T. R. — Croît surtout sur *Bidens tripartita*, mais se trouve aussi sur diverses autres pl. — Étang desséché de Tâ et cultures de Labergement-lez-Seurre.

Le *C. suaveolens* Ser., du même groupe que le *C. bidentis*, mais à cor. munie d'écailles florales, a été signalé dans la Côte-d'Or.

LXIV. BORAGINÉES Juss.

Cal. à 5 div. Cor. 5-lobée, ord^t rég., à gorge nue ou munie d'écailles. Étam. 5. Ov. supère, formé de 2 carpelles divisés chacun en 2 lobes et simulant 4 carp. 1-spermes, du milieu desquels s'élève le style. Fr. formé de 4, rar^t 2 nucules osseuses, indéhisc., logées au fond du cal.— Pl. herbacées, souv^t hispides, à f. alternes, simples, ord^t entières, sans stip. Fl. gén^t disposées en grappes scorpioïdes.

1. Cor. à gorge glabre, velue ou munie de faisceaux de poils, mais dépourvue d'écailles 2

Cor. à gorge munie d'écailles qui ferment ord[t] le tube. . 5
2. Cor. irrég., subbilabiée ; étam. ord[t] saillantes. *Echium* (11).
Cor. rég. ; étam. incluses. . . . . 3.
3. F. obtuses ; fl. sans bractées . . . . *Heliotropium* (12).
F. aiguës ; fl. munies de bractées. . . . . 4.
4. Cal. tubuleux-campanulé, à 5 div. peu profondes . . . .
. . . . *Pulmonaria* (10).
Cal. à div. linéaires très profondes . . *Lithospermum* (9).
5. Fl. toutes axillaires, sessiles ou presque sessiles. . . . 6.
Fl. pédonculées, terminales ou en grappes . . . . . 7.
6. Cal. fructifère très développé, comprimé en 2 valves foliacées, dentées. . . . . *Asperugo* (8).
Cal. fructifère à 5 div. entières et égales. *Lithospermum* (9).
7. Cor. à tube coudé . . . . *Lycopsis* (3).
Cor. à tube droit ou nul . . . . 8.
8. Cor. en roue, sans tube distinct, à lobes ovales-acuminés ;
étam. saillantes, conniventes en cône . . . *Borago* (1)
Cor. pourvue d'un tube plus ou moins allongé, à lobes obtus
ou émarginés ; étam. très ord[t] incluses . . . . . 9.
9. Cor. jaunâtre, qqfois un peu violacée, à tube renflé ; gorge à
écailles lancéolées-subulées. . . . . . *Symphytum* (4).
Cor. ni jaunâtre ni à tube renflé ; gorge à écailles obtuses. .
. . . . 10
10. Fr. hérissés d'aiguillons très apparents 11
Fr. lisses ou simpl[t] tuberculeux 12
11. Cor. hypocratériforme ; style très court ; nucules chargées
d'aiguillons sur la face dorsale seul[t] . . . *Lappula* (6).
Cor. infundibuliforme ; style allongé et persistant ; nucules
chargées d'aiguillons sur les 2 faces . . *Cynoglossum* (7).
12. Pl. hérissée de poils raides et piquants ; fl. munies de bractées ; écailles poilues au sommet . . . *Anchusa* (2).
Pl. parsemée de poils mous, non piquants ; fl. sans bractées ;
écailles glabres ou presque glabres. . . . *Myosotis* (5).

A. Gorge de la corolle munie d'écailles.

1. Borago Tourn. (Bourrache). — Cal. à div.
profondes ; cor. rotacée, à div. ovales-acuminées,
étalées ; écailles échancrées ; étam. conniventes, à
filets appendiculés ; nucules tuberculeuses.

B. officinalis L. — Pl. rameuse, très hispide, à f. ridées, les infér. pétiolées, elliptiques, les supér. oblongues, em-

brassantes ; fl. bleues, rar^t blanches ou rosées, en grappes feuillées à la base ; anthères noirâtres. — ②. — Juill.-oct. — A. C. — Terres cultivées autour des habitations, rues, décombres (naturalisé). — Pl. off. ; mucilagineuse, sudorifique et pectorale.

2. **Anchusa** L. (Buglosse). — Cal. à div. plus ou moins profondes ; cor. hypocratériforme ou infundibuliforme, à div. obtuses ; écailles obtuses, ord^t laciniées, poilues au sommet ; nucules tuberculeuses, creuses à la base.

A. italica Retz. (Langue de bœuf). — Pl. rameuse, couverte de poils blancs, raides ; f. lancéolées ou oblongues, sinuées-dentées, les supér. sessiles ; cal. à div. linéaires-allongées ; fl. bleues ou rosées, assez grandes, rar^t blanches, en grappes formant panicule. — ♃. — Mai-août. — A. R. — Moissons, coteaux calcaires. — Semur, Montbard, etc. — Pl. off. ; mêmes propriétés que la Bourrache.

3. **Lycopsis** L. — Cal. à div. profondes ; cor. infundibuliforme, à tube coudé ; écailles poilues ; étam. à filets très courts ; nucules rugueuses.

L. arvensis L. (Petit Buglosse). — Pl. rameuse, hérissée de poils blancs ; f. oblongues-lancéolées, sinuées-dentées, les caulinaires semi-embrassantes ; fl. d'un bleu clair, à gorge blanche, rar^t rosées ou blanches, en grappes. — ② ou ①. — Juin-sept. — A. C. — Cultures, moissons, décombres, surtout dans les régions siliceuses. — Dijon, Auxonne, Liernais, etc. — Mêmes propriétés que la Bourrache.

4. **Symphytum** Tourn. (Consoude). — Cal. à div. profondes ; cor. tubuleuse-campanulée, à 5 dents ; écailles lancéolées-subulées, glanduleuses ; nucules lisses ou rugueuses.

S. officinale L. — Pl. ord^t rameuse, hispide, à f. rudes, les infér. grandes, ovales-oblongues, long^t pétiolées, les supér. lancéolées, décurrentes ; fl. jaunâtres ou blanchâtres, qqfois un peu violacées, en grappes terminales courtes, nues, penchées ; nucules lisses. — ♃. — Mai-août. — C. — Bords des eaux, prés humides. — Pl. off. ; rac. mucilagineuse, astringente.

5. **Myosotis** Dill. — Cal. à div. plus ou moins

profondes ; cor. hypocratériforme ou subrotacée ; écailles glabres ou presque glabres ; nucules lisses. — F. oblongues ou lancéolées, sessiles, les radicales ord^t en rosette et atténuées en pétiole ; fl. petites, gén^t bleues, à gorge jaune, en grappes unilatér. roulées en crosse avant la floraison.

1. Cal. ent^t couvert de poils apprimés, non crochus . . . 2
   Cal. muni infér^t de poils crochus, étalés ou réfléchis. . 3

2. Fl. assez grandes, d'un beau bleu ; tiges robustes. . . .
   . . . . *M. palustris.*
   Fl. petites, d'un bleu pâle ; tiges grêles. . . *M. strigulosa.*

3. Pédic. fructifères infér. sensibl^t plus longs que le cal. . 4
   Pédic. fructifères tous plus courts que le cal. ou l'égalant à peine. 5

4. Cor. grande, à limbe plan et tube égalant le cal. . . .
   . . . . *M. silvatica.*
   Cor. petite, à limbe concave et tube plus court que le cal.
   . . . . *M. intermedia.*

5. Cor. passant, dans la plupart des fl., du jaune au bleu et au violet, à tube dépassant le plus souv^t très sensibl^t les lobes du cal. . . . . *M. versicolor.*
   Cor. toujours bleue, à tube ne dépassant pas les lobes du cal.
   6

6. F. caulinaires garnies en dessous, vers leur base, de poils crochus ; pédic. dressés ; cal. fructifère fermé. *M. stricta.*
   F. caulinaires pourvues de poils droits ; pédic. étalés ; cal. fructifère ouvert. . . . . *M. hispida.*

M. palustris With. — *M. perennis* DC., pro parte ; Lorey, 621 (Ne m'oubliez pas). — Souche long^t rampante ; tiges couchées-ascendantes, radicantes, anguleuses, garnies de longs poils appliqués à la partie supér., souv^t étalés vers le bas ; f. rudes, ciliées à la base ; cal. 5-denté ; cor. bleue, rose ou blanche ; fl. en grappes raides, assez fournies ; style presque aussi long que le cal. Pl. très polymorphe. — ♃. — Mai-juill. — C. — Bords des eaux, fossés, marais.

Souche courte, verticale ; tiges cylindriques, dressées, moins robustes ; cal. fructifère 5-fide, ample à la base ; cor. d'un bleu pâle ; style très court : var. *lingulata* (*M. lingulata* Lehm.).

M. strigulosa Rchb. — *M. perennis* DC., pro parte ; Lorey, 621. — Tiges dressées, peu radicantes, anguleuses, grêles, glabres ou couvertes de poils appliqués, souv^t violacées ou rougeâtres à la base ; fl. très brièv^t pédicellées, plus petites et plus pâles que dans l'espèce précédente. — ♃. — Mai-juill. — Lieux fangeux, prés humides.

M. hispida Schlecht. — *M. annua* DC., pro parte ; Lorey, 620. — Pl. velue, rameuse, à tiges rapprochées en touffe, long^t florifères ; fl. petites. — ②. — Avril-juin. — A. C. — Pelouses, lieux secs ou sablonneux, champs en friche.

M. intermedia Link. — *M. annua* DC., pro parte ; Lorey, 620. — Pl. velue, à tiges rameuses ; cal. fructifère fermé ; fl. petites. — ② ou ①. — Mai-sept. — T. C. — Clairières des bois, moissons, champs en friche.

M. stricta Link. — Pl. basse, très velue, à tiges rapprochées en touffe ; fl. très petites, en grappes effilées, feuillées àla base. — ②. — Avril-juin. — R. — Pelouses, chemins, lieux pierreux. — Flavigny, Vielverge, glacis d'Auxonne, Villy-le-Moutier.

M. versicolor Pers. — Pl. basse, à tiges ord^t dressées, peu nombreuses, hispides ; f. velues-ciliées ; cal. fructifère fermé ou peu ouvert ; fl. petites, en grappes lâches. — ②. — Juin-juill. — A. C. — Moissons, friches des terrains granitiques et des alluvions siliceuses. — Magny-sur-Tille, Pontailler, Cîteaux, Semur, etc.

M. silvatica Hoffm. — *M. perennis* DC., pro parte ; Lorey, 621. — Tiges élevées, dressées ou ascendantes, peu rameuses, moll^t hérissées de poils étalés ; f. radicales subspatulées ; cal. fermé à la maturité ; fl. d'un beau bleu, qqfois blanches ou rosées. — ②. — Avril-juin. — A. C. — Bois humides, lieux ombragés. — Blaisy-Bas, Montbard, Nolay, Semur, Pontailler, etc.

6. **L**APPULA Mœnch. — *Echinospermum* Sw. ; Royer (Bardanette). — Cal. à div. profondes ; cor. hypocratériforme, à tube court ; style grêle, marcescent ou caduc ; nucules triquètres, munies d'aiguillons crochus à la face dorsale.

L. Myosotis Mœnch.— *Myosotis Lappula* L. ; Lorey, 620. — *Echinospermum Lappula* Lehm. ; Royer, 251. — Pl. hérissée de poils rudes, à tiges dressées ; f. linéaires-lancéolées, sessiles ; fl. petites, d'un bleu clair, en grappes lâches, feuillées. — ②. — Juill.-août. — A. R. — Vignes, moissons sablonneuses de la région calcaire. — Plombières, Dijon, Longvic, Premeaux, Comblanchien, Beaune, Santenay.

7. CYNOGLOSSUM Tourn. (Cynoglosse). — Cal. à div. profondes; cor. infundibuliforme, à lobes obtus; style robuste, persistant; nucules grosses, déprimées, munies sur les 2 faces d'aiguillons accrochants.

1. F. molles, pubescentes-tomenteuses, grisâtres; face supér. des nucules entourée d'un rebord saillant très chargé d'aiguillons . . . . *C. officinale.*
   F. vertes, non tomenteuses; point de rebord saillant à la face supér. des nucules 2

2. F. minces, luisantes, à peu près glabres en dessus, parsemées en dessous de poils raides, presque tous tuberculeux à la base. . . . . *C. montanum.*
   F. d'un vert clair, couvertes de poils fins, étalés. . . . . *C. Dioscoridis.*

C. montanum Lam. — Pl. élevée, à tige hérissée; f. infér. ovales ou oblongues, atténuées en pétiole, les supér. oblongues-lancéolées, semi-embrassantes; fl. petites, rougeâtres ou violacées, en longues grappes grêles; nucules à aiguillons non confluents à la base. — ② ou ♃. — Juin-juill. — R. — Bois couverts, rochers. — Lugny, Trouhaut, Flavignerot, Vauchignon, Aignay, Darcey, Turcey, Velars, Saussy.

C. Dioscoridis Vill. — Tige grêle, dressée, soyeuse; f. caulinaires lancéolées-acuminées, élargies à la base, les radicales oblongues-lancéolées, étroites, atténuées en pétiole; fl. rougeâtres, puis bleues, en grappes lâches; nucules à aiguillons la plupart confluents à la base. — ②. — Juin-août. — T. R. — Coteaux incultes, bords des bois. — Gouville, la Serrée, Chambolle, Savigny-sous-Beaune, Vougeot, Tarsul, Blagny.

C. officinale L. — Pl. très rameuse, pubescente-blanchâtre; f. infér. ovales-oblongues, atténuées en pétiole, les supér. lancéolées, semi-embrassantes; fl. d'un rouge vineux, en grappes. — ② — Mai-juill. — T. C. — Chemins, lieux incultes. — Pl. rac. d'odeur vireuse, réputée narcotique.

8. ASPERUGO Tourn. (Râpette). — Cal. à inégales, dentées, se comprimant en 2 valves accrues à la maturité ; cor. infundibuliforme ; nucules chagrinées, comprimées.

A. procumbens L. — Tige à rameaux couchés-diffus, hérissés sur les angles de petits aiguillons réfléchis ; f. très rudes, oblongues-elliptiques, les caulinaires sessiles ; fl. bleues, rar[t] blanches, axillaires, solitaires ou groupées en fascicules opposés aux f. — ②. — Juin-juill. — T. R. — Cultures, décombres. — Dijon, St-Romain.

B. Gorge de la corolle dépourvue d'écailles.

9. LITHOSPERMUM Tourn. (Grémil). — Cal. à div. linéaires ; cor. infundibuliforme, à gorge nue ou un peu resserrée par 5 lignes pubescentes ; nucules lisses ou rugueuses. — Fl. en grappes feuillées.

1. Cor. d'abord violette, puis d'un beau bleu, beaucoup plus longue que le cal . . . . *L. purpureo-cæruleum.*
   Cor. ord[t] blanche ou blanchâtre, à peine plus grande que le cal. 2

2. Nucules lisses, luisantes, d'un beau blanc de lait ; f à nervures toutes saillantes à la face infér. . . *L. officinale.*
   Nucules tuberculeuses, d'un gris ou brun mat ; f. à nervure médiane seule saillante . . . . *L. arvense.*

L. arvense L. — Pl. couverte de poils raides, appliqués ; tige dressée, peu rameuse ; f. rudes, les supér. lancéolées, les infér. oblongues, rétrécies en pétiole ; fl. petites, blanchâtres, rar[t] rosées. — ② ou ①. — Mai-juill. — C. — Moissons.

L. officinale L. (Thé, Herbe aux perles). — Pl. couverte de poils raides, appliqués ; tige très rameuse ; f. lancéolées, rudes ; fl. petites, blanchâtres. — ♃. — Juin-août. — C. — Bords des haies, taillis, lieux incultes. — Nucules autrefois usitées pour dissoudre les calculs de la vessie.

L. purpureo-cæruleum L. — Tiges fertiles grêles, dressées, les stériles rampantes ; f. oblongues-lancéolées, assez rudes, à nervure médiane saillante ; fl. assez grandes. — ♃. — Juin-août. — A. R. — Bois montagneux dans la région calcaire. — Flavigny, Voulaines, Val-Suzon, Nuits, Jouvence, Flavignerot, etc.

10. PULMONARIA Tourn. (Pulmonaire). — Cal. tubuleux-campanulé, à div. peu profondes ; cor.

infundibuliforme, munie de 5 faisceaux de poils à la gorge ; nucules lisses.

P. angustifolia Coss. et Germ. — *P. vulgaris* Lorey, 615 (Coucou, Pulmonaire). — Tiges dressées ou ascendantes, souv^t flexueuses, velues, rudes, plus ou moins glanduleuses au sommet ; f. molles, velues, souv^t marbrées de blanc, les radicales en fascicule ou en rosette, les caulinaires sessiles ou semi-embrassantes, lancéolées ou oblongues-aiguës ; fl. passant du rouge au violet et au bleu, à cor. beaucoup plus longue que le cal. — ♃. — Avril-juin. — C. — Bois. — Pl. off. ; mucilagineuse, adoucissante ; passait pour un spécifique des maladies du poumon. — Comprend 3 variétés :

a. F. rar^t marbrées, les radicales étroit^t lancéolées, long^t atténuées en pétiole ; cal. fructifère campanulé-cylindrique, à lobes lancéolés ; cor. ord^t d'un bleu d'azur, à gorge glabre en dedans, au-dessous des faisceaux de poils : var. *azurea* (P. *azurea* Bess. — P. *angustifolia* L.).

F. radicales plus ou moins long^t rétrécies en pétiole, souv^t fort^t marbrées ; cal. fructifère élargi à la base, à lobes ovales ; fl. ord^t d'un bleu mêlé de rose . . . . . . b

b. F. radicales lancéolées-oblongues, rétrécies en pétiole ailé ; gorge de la cor. parsemée de poils au-dessous des faisceaux : var. *tuberosa* (P. *tuberosa* Schrank. — P. *vulgaris* Mérat).

F. radicales ovales, brusq^t rétrécies en pétiole ; cor. à gorge nue ou un peu poilue au-dessous des faisceaux : var. *saccharata* (P. *saccharata* Auct. ; non Mill.).

11. Echium Tourn. (Vipérine). — Cal. à div. profondes ; cor. oblique, subbilabiée, à gorge nue ; étam. ord^t saillantes, inégales ; nucules rugueuses.

E. vulgare L. — Pl. couverte de poils raides, tuberculeux et noirâtres à la base ; tige raide, dressée ; f. radicales oblongues-lancéolées, en rosette, les caulinaires lancéolées-linéaires, sessiles ; fl. bleues ou rosées, rar^t blanches, en grappes courtes, feuillées, formant thyrse ; cor. dépassant long^t le cal. — ②. — Juin-sept. — T. C. — Bords des chemins, lieux pierreux et incultes.

Cor. dépassant peu le cal. ; étam. incluses : var. *Wierzbickii* Lamotte (E. *Wierzbickii* Hab.).

12. Heliotropium Tourn. (Héliotrope). — Cal. à div. profondes ; cor. hypocratériforme, à gorge

plissée, à lobes séparés par de petites dents; nucules
fin^t chagrinées.

H. europæum L.(Herbe aux verrues).— Pl. très rameuse,
d'un vert grisâtre, à tige couverte de poils courts, apprimés ; f.
elliptiques-obtuses, ridées, long^t pétiolées ; fl. petites, blanches ou
d'un lilas pâle, en grappes nues, fort^t roulées en crosse avant
l'anthèse. — ①. — Juill.-sept. — T. C. — Friches, décombres,
bords des murs, moissons sablonneuses. — Remède populaire pour
la guérison des verrues.

LXV. SOLANÉES Juss.

Cal. ord^t à 5 div., persistant en tout ou en partie,
souv^t accrescent. Cor. ord^t rég., à 5 lobes, rar^t plus,
souv^t plissée. Étam. ord^t 5. Ov. supère. Style simple.
Stigm. simple ou 2-lobé. Fr. polysperme, bacciforme-
pulpeux, à 2-loges, rar^t plus, ou capsulaire, 2-locul.
ou 4-locul. par formation de fausses cloisons, et
s'ouvrant par des valves ou par un opercule. — Pl.
ord^t herbacées, à tiges anguleuses, à f. alternes, les
supér. souv^t géminées, sans stip. Inflor. variées, à
pédonc. souv^t extra-axillaires. — Toutes les Solanées sont vénéneuses ou au moins suspectes dans
quelques-unes de leurs parties.

1. Arbrisseau à rameaux épineux . . . . . *Lycium* (4).
 Pl. à tiges non épineuses. 2
2. Cor. irrég., obliq^t tronquée ; caps. s'ouvrant par un opercule.
 . . . . *Hyoscyamus* (6).
 Cor. rég. ; fr. bacciforme, ou caps. s'ouvrant par des valves.
 3
3. Cor. rotacée ; étam. à anthères rapprochées, conniventes. 4
 Cor. campanulée ou en cornet ; étam. à anthères écartées. 5
4. Fl. axillaires, solitaires ; baie entièr^t cachée dans le cal. renflé en vessie à la maturité . . . . . *Physalis* (2).
 Fl. en cymes ou en grappes extra-axillaires ou terminales ;
 baie non cachée dans le cal. . . . . . *Solanum* (1).

5. Fl. très grandes, en cornet, blanches ou violacées ; fr. capsu-
laire, épineux . . . . *Datura* (5).
Fl. médiocres, d'un brun livide ; fr. bacciforme, non épineux.
. . . . *Belladona* (3).

A. Fruit bacciforme.

1. SOLANUM Tourn. (Morelle). — Cal. à 5, rar^t 4,
6 ou 10 div. ; cor. rotacée, à limbe plissé, 5, rar^t 4-6-
10-fide ; étam. 5, rar^t 4-6, saillantes, conniventes
en cône.

1. F. pennatifides . . . . *S. tuberosum.*
F. entières, sinuées ou anguleuses, ou divisées en 3 segments.
. . . . 2
2. Tiges ligneuses, sarmenteuses, grimpantes ; fl. violettes. .
. . . . *S. Dulcamara.*
Tige herbacée, non grimpante ; fl. blanches. *S. nigrum.*

S. Dulcamara L. (Vigne de Judée, Douce-amère). —
F. ovales-cordiformes, les supér. souv^t 3-séquées, à lobes latér.
petits ; fl. petites, pédicellées, en cymes latér. pédonculées et
penchées ; baies rouges. — ♄. — Juin-sept. — C. — Bois, haies
humides, bords des rivières. — Pl. off. ; tiges dépuratives, diaphorétiques, anticatarrhales.

S. nigrum L. (Morelle noire). — Pl. glabre ou glabrescente, très rameuse ; f. ovales, entières ou sinuées-dentées ; fl.
petites, en fausses ombelles brièv^t pédonculées, à pédic. réfléchis
à la maturité ; baies noires. — ①. — Juill.-oct. — C. — Bords
des chemins, décombres, cultures. — Pl. off. ; narcotique. — A
ce type se rattachent 2 variétés :
Tige nettement anguleuse, parsemée, ainsi que les f., de poils
raides ; baies d'un jaune verdâtre, passant au jaune citron à
la maturité : var. *ochroleucum* (*S. ochroleucum* Bast.). —
R. — Seurre, Jeux.
Pl. moll^t tomenteuse-grisâtre, à tige obscur^t anguleuse ; f.
ovales-rhomboïdales ; fl. assez grandes ; baies d'un jaune
brunâtre : var. *villosum* (*S. villosum* Lam.; Lorey, 628.
— Non retrouvé depuis Lorey.

S. tuberosum L. (Pomme de terre). — Souche à rhizomes
renflés par endroits en tubercules volumineux ; tiges très anguleuses ; fl. grandes, violettes ou blanches, en cymes latér. ombelliformes ; baies d'un vert jaunâtre ou violacées. — ♃. — Juin-sept.
— Grande culture alimentaire. — Pl. off. ; fécule alimentaire, émolliente.

Le *S. Lycopersicum* L. (*Lycopersicum esculentum* Dun. ; **Lorey,** 681, — Tomate), cultivé dans les jardins, est reconnaissable à ses baies rouges, volumineuses, résultant de la soudure de plusieurs fl., celles-ci jaunes. — Fr. alimentaire, acidule.

2. **Physalis** L. (Coqueret). — Cal. fructifère enflé-vésiculeux, enfermant complèt[t] le fr. ; cor. rotacée, plissée ; anthères d'abord conniventes.

P. Alkekengi L. (Herbe aux lanternes). — Tige pubescente ; f. ovales-acuminées, sinuées ; fl. blanchâtres, solitaires, penchées après floraison ; cal. d'un rouge orangé, veiné, renflé à la maturité ; baies rouges, assez grosses. — ♃. — Juin-sept. — A. R. — Vignes, broussailles de la Côte. — Dijon, Plombières, Beaune, Vosne, Santenay, etc. — Pl. off.; fr. diurétique et laxatif.

3. **Belladona** Tourn. — *Atropa* L.; Lorey et Royer (Belladone). — Cal. un peu accrescent, étalé à la maturité ; cor. campanulée, à lobes courts ; anthères réfléchies.

B. baccifera Lam. — *Atropa Belladona* L. ; Lorey, 632 ; Royer, 255. — Tige robuste, fin[t] pubescente-glanduleuse ; f. ovales-acuminées, entières, atténuées en un court pétiole ; fl. assez grandes, d'un brun livide, penchées, solitaires ou géminées ; baies noires, luisantes, assez grosses. — ♃. — Juin-sept. — A. R. — Bois. — Jouvence, Arcelot, Antheuil, St-Remy, Val-Suzon, Orgeux, Bourberain, Nuits, Marey-sur-Tille, etc. — Pl. off.; calmante, anesthésique ; dilate la pupille ; très vénéneuse dans toutes ses parties.

4. **Lycium** L. (Lyciet). — Cal. non accrescent ; cor. infundibuliforme, très ouverte, à tube étroit ; étam. saillantes, non conniventes.

L. barbarum L. — Arbrisseau très rameux, touffu, à rameaux arqués, pendants ; f. oblongues ou oblongues-lancéolées, atténuées à la base ; fl. solitaires ou fasciculées, violacées, à cal. ord[t] subbilabié ; baies rouges, pendantes. — ♄. — Juin oct. — Naturalisé dans les haies et buissons près des habitations.

B. Fruit capsulaire.

5. **Datura** L. — Cal. à 5 angles, à base persis-

tante ; cor. en cornet, très grande, anguleuse, plissée, court[t] dentée ; caps. épineuse, à 4 valves.

D. Stramonium L. (Pomme épineuse). — Pl. fétide, à tige très glabre, rameuse-dichotome ; f. amples, ovales-acuminées, sinuées, long[t] pétiolées ; fl. blanches ou violacées, très grandes, anguleuses, solitaires ; caps. très grosses, coriaces, dressées. — ①. — Juill.-sept. — A. C. — Décombres, chemins, rues des villages. — Pl. off.; mêmes propriétés que la Belladone.

On a trouvé à St-Jean-de-Losne, dans des décombres au bord de la Saône, le *D. Tatula* L. caractérisé par sa tige purpurine, tachée de points verdâtres, ses f. plus fort[t] sinuées et ses fl. d'un violet bleuâtre.

6. HYOSCYAMUS Tourn. (Jusquiame). — Cal. urcéolé, accrescent ; cor. infundibuliforme, oblique, à lobes inégaux, obtus ; caps. s'ouvrant circul[t] par un opercule.

H. niger L. — Pl. fétide, visqueuse, à tige poilue ; f. molles, sinuées-anguleuses ou subpennatifides, les caulinaires semi-embrassantes ; fl. jaunâtres, veinées de pourpre foncé, en grappes unilatér. très compactes ; cal. tomenteux, à 5 dents devenant spinescentes. — ① ou ②. — Mai-juill. — A. C. — Décombres, chemins (naturalisé).— Varie à fl. violettes, veinées. — Pl. off.; calmante, antinévralgique ; vénéneuse.

LXVI. VERBASCÉES Bartl.

Cal. à 5 div. Cor. rotacée, à 5 div. un peu inégales, très caduque. Étam. 5, inégales, à anthères 1-locul. et filets souv[t] barbus. Ov. supère. Style simple. Stigm. entier ou 2-lobé. Fr. capsulaire, à 2 loges polyspermes. — Herbes à f. alternes, sans stip. Fl. fasciculées ou solitaires à l'aisselle des bractées, et formant par leur réunion une grappe terminale spiciforme ou paniculée. Cor. jaune, rar[t] blanche, souv[t] tachée ou striée de violet à la gorge.

Verbascum Tourn. (Molène). — Caractères de la famille.

1. Étam. à poils violets; cor. jaune, à gorge violette . .   2
   Étam. sans poils ou à poils tous ou presque tous blancs ou jaunâtres; cor. jaune, blanchâtre ou blanche, quelquefois striée de violet à la gorge   4
2. F. infér. longᵗ pétiolées, cordées; pl. tomenteuse, non glanduleuse . . . . *V. nigrum.*
   F. infér. brièvᵗ pétiolées; pl. plus ou moins pubescentes-glanduleuses   3
3. F. vertes sur les 2 faces, glabres, ou brièvᵗ pubescentes en dessous; pédic. étalés, 1-2 fois plus longs que le cal. . .
   . . . . *V. Blattaria.*
   F. pubescentes; pédic. dressés, plus courts que le cal. . .
   . . . . *V. blattarioides.*
4. F. à limbe plus ou moins décurrent sur la tige; filets des étam. les uns barbus, les autres ordᵗ nus ou seulᵗ barbus à la base, rarᵗ tous barbus.   5
   F. à limbe non ou très brièvᵗ décurrent; étam. à filets tous barbus.   6
5. Stigm. en forme de V renversé, longᵗ décurrent sur le style; cor. à limbe plan. . . . . *V. phlomoides.*
   Stigm. globuleux, non décurrent; cor. à limbe concave . .
   . . . . *V. Thapsus.*
6. Tige arrondie; f. tomenteuses sur les 2 faces, les florales embrassantes. . . . . *V. floccosum.*
   Tige anguleuse au sommet; f. vertes et presque glabres en dessus, tomenteuses en dessous; f. florales non embrassantes. . . . . *V. Lychnitis.*

1. Feuilles décurrentes ou semi-décurrentes; 2 étamines à filets ordinairement nus ou presque nus.

V. Thapsus L. (Bouillon blanc). — Pl. couverte d'un tomentum épais, verdâtre, non glanduleux, persistant; tige ordᵗ simple; f. crénelées ou presque entières, les infér. amples, oblongues, rétrécies à la base, les caulinaires décurrentes, au moins d'un côté, sur toute la longueur de l'entre-nœud; fl. en grappe dense. — ②. — Juill.-sept. — C. — Friches, bords des chemins, taillis, lieux incultes. — Pl. off.; fl. aromatiques, béchiques et diaphorétiques.

F. à décurrence courte ou ne parcourant que la moitié de l'entre-nœud; filets des étam. tous velus au moins à la base : var. *montanum* (*V. montanum* Schrad.). — R. — Montbard, Corcelles-sous-Grignon, Voudenay.

V. phlomoides L. — *V. thapsiforme* et *phlomoides* L. ; Lorey, 636, 637. — *V. thapsiforme* Royer, 262 (Bouillon blanc). — Pl. couverte d'un tomentum épais, blanchâtre, non glanduleux ; f. très amples, oblongues ou ovales-lancéolées, crénelées ou presque entières, les caulinaires à décurrence courte ou atteignant environ la moitié de l'entre-nœud (*V. australe* Schrad.) ; fl. en longue grappe serrée. — ②. — Juill.-sept.— C. — Décombres, carrières, bords des chemins.

> F. à ailes de décurrence s'étendant, au moins d'un côté, sur toute la longueur de l'entre-nœud : var. *thapsiforme* (*V. thapsiforme* et *cuspidatum* Schrad.).

2. *Feuilles non décurrentes.*

1. Étamines à poils blancs ou jaunâtres.

V. Lychnitis L. — Tige fort[t] sillonnée-anguleuse dans le haut ; f. tomenteuses seul[t] en dessous, les infér. oblongues, prof[t] dentées, pétiolées, les supér. lancéolées-aiguës ; fl. petites, blanchâtres ou d'un jaune pâle, en grappe paniculée assez serrée. — ②. — Juill.-sept. — A. C. — Lieux incultes, carrières, chemins. — Rare à fl. blanches : Menessaire, Pont-d'Ouche.

V. floccosum W. et K. — *V. pulverulentum* et *floccosum* Lorey, 639, 640. — *V. pulverulentum* Coss. et Germ.; Royer, 261 ; non Vill. — Pl. couverte d'un duvet blanc-floconneux, s'enlevant facil[t] par le frottement ; f. infér. oblongues, très amples, atténuées en pétiole, les supér. ovales-acuminées, sessiles ; fl. petites, noyées dans le tomentum, en grappe paniculée assez lâche. — ②. — Juill.-sept. — A. C. — Friches granitiques.

> Pl. à duvet moins long[t] floconneux ; f. aiguës, non acuminées ; var. *floccosum* Royer.

2. Étamines à poils violets.

V. nigrum L. — Tige anguleuse dans le haut ; tomentum grisâtre, peu abondant sur la tige et la face supér. des f., celles-ci d'un vert sombre, crénelées, les infér. ovales-lancéolées, long[t] pétiolées ; fl. en grappe lâche, simple ou rameuse. — ♃. — Juill.-août. — A. C. — Bords des chemins, friches. — Saulieu, St-Remy, Val-Suzon, Velars, Pontailler, etc.

V. Blattaria L. (Herbe aux blattes). — Pl. d'un vert jaunâtre, à tige pubescente-glanduleuse au sommet ; f. infér. oblongues, sinuées-dentées ou crénelées, les supér. semi-embrassantes ; fl. assez grandes, en grappe lâche, effilée. — ②. — Juill.-sept. —

C. — Chemins, lieux herbeux, berges des rivières. — Rare dans le calcaire.

V. blattarioides Lam. — *V. virgatum* Royer, 262 ; an With.?. — Pl. couverte de poils simples, entremêlés de quelques poils glanduleux, à f. d'un vert pâle, oblongues-lancéolées, incisées-crénelées, les caulinaires sessiles ou brièv^t décurrentes ; fl. assez grandes, en longue grappe terminale. — ②. — T. R. — Taillis. — Beaune, Saulieu, Laroche-en-Brenil.

Les diverses espèces du genre *Verbascum* ont une assez grande tendance à l'hybridation ; on a signalé à Rouvray le × *V. nothum* Koch, hybride présumé des *V. floccosum* et *thapsiforme*, et à St-Léger-lez-Pontailler, le × *V. Bastardi* R. et S., qui provient vraisemblablement du croisement des *V. Blattaria* et *thapsiforme*.

LXVII. SCROPHULARINÉES R. Br.

Fl. irrég., rar^t presque rég. Cal. persistant, à 4-5 div. Cor. à 4-5 lobes, ord^t bilabiée ou en gueule, à tube plus ou moins long, qqfois éperonné. Étam. 4, didynames, plus rar^t 2. Ov. supère. Style simple. Stigm. entier ou 2-lobé. Fr. capsulaire, 2-locul., rar^t subuniloc., à loges ord^t polyspermes et s'ouvrant par 2 valves ou par 1-3 trous au sommet. — Pl. herbacées, rar^t sous-frutescentes, qqfois parasites, à f. ord^t opposées, plus rar^t alternes ou verticillées, sans stip. Fl. solitaires, axillaires, en grappes spiciformes ou en cymes paniculées.

1. F. toutes radicales. . . . . *Limosella* (2).
   Tige feuillée 2
2. Cor. rotacée, subrég., à limbe 4-partit et tube presque nul ; étam. 2. . . . . *Veronica* (1).
   Cor. irrég., campanulée, 2-labiée ou en gueule ; étam. 2-4. 3
3. Étam. fertiles 2, les 2 autres stériles ou rudimentaires ; cal. accompagné de 2 bractées à la base . . *Gratiola* (4).
   Étam. fertiles 4 ; cal. ne présentant pas 2 bractées à la base. 4

4. Tube de la cor. muni d'une bosse ou d'un éperon à la base.
. . . . 5
Tube de la cor. sans bosse ni éperon à la base. 7

5. Cor. à tube bossu à la base . . . . *Antirrhinum* (7).
Cor. à éperon. 6

6. Cor. à gorge très ouverte ; f. caulinaires divisées en lanières
linéaires . . . . *Anarrhinum* (8).
Cor. à gorge fermée ou très peu ouverte ; f. caulinaires entières ou seul[t] dentées . . . . *Linaria* (9).

7. Cal. renflé-vésiculeux 8
Cal. non renflé-vésiculeux 9

8. Cal. comprimé latér[t] ; fl. jaunes . . . *Rhinanthus* (11)
Cal. non comprimé latér[t] ; fl. roses ou blanches . . . . .
. . . . *Pedicularis* (10).

9. Cal. à 4 div 10
Cal. à 5 div 12

10. F. florales pennatifides à la base ; cor. à lèvre supér. comprimée latér[t] . . . . *Melampyrum* (12).
F. florales entières ou seul[t] dentées ; cor. à lèvre supér. non
comprimée. 11

11. Lèvre infér. de la cor. à 3 lobes échancrés ; cor. blanche,
rayée de violet, à gorge jaune . . . *Euphrasia* (13).
Lèvre infér. de la cor. à 3 lobes entiers ; cor. rose, rouge
ou jaune . . . . *Odontites* (14).

12. Cor. campanulée, oblique, en doigt de gant ; fl. en longues
grappes terminales . . . . *Digitalis* (6).
Cor. bilabiée ou subbilabiée ; fl. solitaires, axillaires ou en
cymes 13

13. Fl. solitaires ; cor. subbilabiée, plus courte que le cal. ou l'é-
galant à peine . . . . *Lindernia* (5).
Fl. en cymes paniculées ; cor. bilabiée, subglobuleuse, plus
longue que le cal. . . . . *Scrophularia* (3).

1. VERONICA Tourn. (Véronique). — Cal. à 4-5
div.; cor. rotacée, à tube presque nul, à 4 lobes, le
supér. plus grand ; étam. 2. — F. souv[t] opposées
et alternes sur le même individu ; fl. ord[t] bleues ou
bleuâtres.

1. Fl. en grappes, sur des pédonc. axillaires.
Fl. solitaires à l'aisselle des f. ou disposées en grappes terminant la tige et les rameaux.

2. Cal. à 5 div. inégales dont la supér. plus courte. . . . .
. . . . *V. Teucrium.*

    Cal. à 4 div. presque égales. 3

3. Tiges et f. ord^t glabres; pl. des lieux humides . . . 4
    Tiges et f. poilues; pl. des terrains secs. 6

4. F. lancéolées-linéaires; caps. très échancrée; grappes alternes . . . . *V. scutellata.*
    F. ovales ou lancéolées; caps. très peu échancrée; grappes
    opposées. 5

5. F. elliptiques-obtuses, brièv^t pétiolées; tiges couchées-radicantes, pleines, cylindriques . . . *V. Beccabunga.*
    F. ovales-aiguës ou lancéolées, sessiles; tiges dressées, long^t
    fistuleuses, presque quadrangulaires. . *V. Anagallis.*

6. F. long^t pétiolées . . . . *V. montana.*
    F. sessiles ou très brièv^t pétiolées 7

7. Tiges couvertes de poils épars; f. crénelées ou fin^t dentées;
    fl. très pâles. . . . . *V. officinalis.*
    Tiges munies de 2 lignes de poils opposées; f. inégal^t dentées; fl. d'un bleu clair. . . . . *V. Chamædrys.*

8. Fl. solitaires et axillaires; pédic. fructifères courbés ou réfléchis; tiges couchées 9
    Fl. en grappes terminales; pédic. fructifères droits; tiges
    dressées, ascendantes ou redressées 11

9. Caps. glabre, 4-lobée, à loges 2-spermes; f. à 3-5 lobes obtus
    . . . . *V. hederæfolia.*
    Caps. velue ou pubescente, 2-lobée, à loges 4-12-spermes; f.
    dentées 10

10. Pédic. fructifère 2-4 fois plus long que la f. axillante; cor.
    plus longue que le cal. . . . . *V. persica.*
    Pédic. fructifère égalant la f. axillante; cor. plus courte que
    le cal. ou l'égalant à peine . . . . . *V. agrestis.*

11. Cor. à div. infér. oblongues-lancéolées, aiguës; fl. en grappes spiciformes multiflores très compactes . *V. spicata.*
    Cor. à div. toutes arrondies; fl. en grappes plus ou moins
    lâches 12

12. F. caulinaires moyennes prof^t découpées en 3-7 segments digitiformes 13
    F. toutes entières, dentées, ou plus ou moins prof^t crénelées
    14

13. Pédic. fructifère plus court que le cal.; fl. d'un bleu pâle. .
    . . . . *V. verna.*
    Pédic. fructifère plus long que le cal.; fl. d'un bleu foncé. .
    . . . . *V. triphyllos.*

14. Pédic. fructifère plus court que le cal., celui-ci à div. très
    inégales. . . . . *V. arvensis.*

Pédic. fructifère plus long que le cal., celui-ci à div. égales
   ou peu inégales 15
15. Cor. petite, d'un bleu pâle, veinée ; f. glabres. . . . .
  . . . . *V. serpyllifolia.*
   Cor. d'un beau bleu ; f. plus ou moins pubescentes. . 16
16. Caps. suborbiculaire, à lobes renflés ; f. infér. prof^t et irrég^t
   crénelées, les supér. alternes . . . . . . *V. præcox.*
   Caps. comprimée, prof^t échancrée ; f. infér. superf^t crénelées, toutes opposées. . . . . *V. acinifolia.*

1. *Fleurs toutes disposées en grappes axillaires.*

V. scutellata L. — Pl. glabre, à tiges grêles, couchées-
redressées; f. aiguës, sessiles; fl. en grappes très lâches; cor.
blanchâtre ou d'un bleu pâle, veinée de rose ; pédic. étalés, beaucoup plus longs que le cal. — ♃. — Juin-sept. — A. C.—
Bords des étangs, fossés, surtout dans la plaine.
   Pl. pubescente-glanduleuse : var. *parmularia* (V. *parmularia*
     Poit. et Turp.). — A. R. — Moux, Ste-Isabelle près Sau-
     lieu, Collonges.

V. Anagallis L. — Pl. à tiges robustes; f. lâche^t dentées en scie ; fl. en grappes multiflores assez denses; cor. d'un
bleu pâle, veinée de rouge ou de bleu plus foncé; caps. ovales-
arrondies. — ♃. — Mai-sept. — C. — Fossés, marécages.
   Pl. plus grêle, plus diffuse, à inflor. pubescentes-glanduleu-
     ses : var. *anagalloides* (*V. anagalloides* Guss.). — Avec le
     type.

V. Beccabunga L. (Bal, Cresson de cheval). — Pl. à
tiges robustes, charnues ; f. dentées ou sinuées ; fl. d'un bleu pâle,
en grappes lâches, multiflores; caps. renflées. — ♃. — Mai-sept.
— C. — Fossés, ruisseaux, marécages. — Pl. off. ; antiscorbutique
et dépurative.

V. Chamædrys L. (Véronique petit Chêne). — Tiges
couchées-radicantes, puis redressées ; f. subsessiles, larg^t ovales-
cordiformes ; fl. en grappes lâches ; cor. d'un bleu d'azur, à lobe
infér. plus pâle ; caps. comprimées, en cœur, ciliées. — ♃. —
Avril-juin. — C. — Bois, prés, chemins.

V. montana L. — Tiges grêles, rampantes et radicantes
à la base ; f. ovales-cordiformes, incisées-dentées ; fl. en grappes
pauciflores ; cor. d'un bleu pâle, veinée de pourpre; caps. très
larges, émarginées à la base et au sommet, ciliées-dentées. — ♃.
— Juin-juill. — A. C. — Terrains granitiques, bois argilo-siliceux du Val-de-Saône.

V. officinalis L. (Véronique mâle, Thé d'Europe). —

Pl. rampante et radicante à la base, à f. oblongues ou ovales-elliptiques, très pubescentes ; fl. d'un bleu pâle ou d'un blanc rosé, en grappes spiciformes multiflores assez serrées ; caps. velues-glanduleuses, triangulaires, atténuées à la base. — ♃. — Mai-juill. — C. — Chemins, prés, taillis. — On s'en est servi autrefois pour le traitement de l'ictère et du catarrhe chronique.

V. Teucrium L. (Véronique femelle, Germandrée). — Pl. ordᵗ pubescente, à tiges subligneuses, couchées-redressées ; f. subsessiles, oblongues ou lancéolées-linéaires, dentées ; fl. d'un beau bleu, en grappes assez denses d'abord, puis allongées ; cal. à bords ciliés ; caps. pubescentes, échancrées au sommet. — ♃. — Avril-juill. — C. — Pelouses, lieux secs.

> Tiges plus grêles, à pubescence crêpue ; f. ovales-oblongues ou linéaires ; cal. et caps. glabres : var. *prostrata* Coss. et Germ. (*V. prostrata* L.; Lorey, 674). — Mêmes stations.

2. *Fleurs en grappes terminant la tige ou les rameaux.*

1. Fleurs en grappes non feuillées.

V. spicata L. — Tiges dressées, pubescentes-glanduleuses, subligneuses à la base ; f. crénelées, les infér. oblongues, atténuées en pétiole, les supér. plus étroites ; fl. grandes, d'un bleu foncé ; caps. velues, renflées ; style très long. — ♃. — Juill.-sept. — R. — Bois, sols tourbeux. — Auxonne, Broindon, Athée, Laroche-en-Brenil, Satenay, Saulon, Gevrey, Tarsul, Courtivron.

V. serpyllifolia L. — Tiges glabres ou finᵗ pubescentes, basses, radicantes ; f. luisantes, ovales-oblongues, les infér. sinuées-denticulées ou entières, subsessiles ; caps. ciliées-glanduleuses, échancrées, subréniformes, à lobes renflés. — ♃. — Avril-sept. — C. — Cultures, taillis, prés humides.

V. acinifolia L. — Tiges dressées ou ascendantes, couvertes de poils articulés, glanduleux ; f. ovales-obtuses, qqfois rougeâtres, les infér. superfᵗ crénelées ; cor. d'un beau bleu, à lobe infér. plus pâle ; caps. ciliées-glanduleuses. — ②. — Avril-mai. — A. R. — Moissons des sols granitiques et des alluvions argilo-siliceuses. — Cîteaux, Seurre, Semur, Rouvray, etc.

V. arvensis L. — Tiges dressées, pubescentes, glanduleuses surtout au sommet, à poils disposés sur 2 lignes à la base ; f. ovales-dentées, les supér. sessiles, cordiformes ; fl. d'un bleu pâle ; caps. ciliées, comprimées, fortᵗ échancrées en cœur. — ② ou ①. — Mars-oct. — T. C. — Lieux cultivés, friches.

V. verna L. — Pl. pubescente-glanduleuse, à tiges courtes, dressées ; f. caulinaires moyennes pennatipartites, à 5-7 seg-

ments digitiformes, les infér. oblongues; inflor. velues-glanduleuses; caps. fort[t] ciliées-glanduleuses, échancrées, à lobes comprimés. — ②. — Avril-mai. — R. — Lieux arides. — Rouvray,
Montberthault, Frémois, Vieux-Château, Orgeux, Nuits.

2. Fleurs en grappes feuillées.

V. triphyllos L. — Pl. pubescente-glanduleuse, à tiges
ascendantes ; f. d'un vert sombre, les caulinaires moyennes palmatipartites, à 3-5 segments digitiformes, les infér. ovales ; fl. en
grappes allongées ; caps. pubescentes-glanduleuses, échancrées, à
lobes renflés à la base. — ②. — Avril-mai. — A. R. — Moissons, champs, murs. — Dijon, Vielverge, Seurre, Pontailler.

V. præcox All. — Tiges dressées, pubescentes, un peu
glanduleuses; f. infér. ovales, crénelées, les supér. rar[t] entières. —
②. — Avril-mai. — R. — Moissons, prairies artificielles. —
Dijon, St-Apollinaire, Laignes.

3. *Fleurs solitaires et axillaires.*

V. agrestis L. — Pl. d'un vert clair, à tiges rameuses,
étalées, pubescentes ; f. ovales-oblongues, pétiolées, dentées, cordées à la base, planes ; cor. d'un bleu clair, veinée, à lobe infér.
souv[t] blanc ; caps. faibl[t] poilues-glanduleuses, à lobes non divergents, carénés, peu renflés, à loges 4-5-spermes. — ② ou ①. —
Mars-oct. — T. C. — Cultures, moissons, vignes.

> F. d'un vert foncé, ondulées, fort[t] nervées ; fl. d'un bleu vif ;
> caps. très poilues, à lobes ord[t] très renflés, subglobuleux,
> et loges 8-12-spermes : var. *didyma* Coss. et Germ. (*V.
> didyma* Ten.).

V. persica Poir. — Tiges couchées-radicantes, couvertes
de longs poils articulés ; f. ovales-arrondies, cordées, très fort[t]
dentées; fl. grandes; cor. bleuâtre, veinée ; caps. poilues-glanduleuses, à lobes divergents, et loges 5-8-spermes. — ② ou ①. —
Mars-oct. — A. R. — Vignes, prairies artificielles (introduit et
naturalisé). — Dijon, Longvic, Lucenay.

V. hederæfolia L. — Pl. couchée, velue, à f. épaisses,
ovales-arrondies ou oblongues, pétiolées, à 3-5 lobes obtus ; cor.
d'un bleu pâle, plus courte que le cal.; caps. 4-lobées, subglobuleuses. — ② ou ①. — Mars-oct. — T. C. — Moissons, jardins,
lieux cultivés.

2. LIMOSELLA L. (Limoselle). — Cal. à 5 div.;

cor. subcampanulée-rotacée, à div. presque égales ;
étam. 4, très rar[t] 2; caps. 1-locul. ou 2-locul. à la base.

L. aquatica L. — Pl. très petite, à pédonc. courts, grêles, 1-flores, placés au centre d'une rosette de f. d'un vert clair, oblongues, épaisses, entières, long^t pétiolées ; cor. très petite, rosée. — ①. — Juill.-sept. — A. R. — Bords des eaux, vases, queues des étangs. — Cîteaux, St-Jean-de-Losne, Seurre, Lamarche, Rouvray, etc.

3. SCROPHULARIA Tourn. (Scrofulaire). — Cal. à 5 div.; cor. bilabiée, subglobuleuse, à lèvre supér. 2-lobée, l'infér. plus courte, 3-lobée ; étam. 4, ord^t accompagnées d'un staminode à la base de la lèvre supér. — Fl. en cymes paniculées très allongées, ord^t non feuillées et glanduleuses.

1. F. 1-2-pennatiséquées. . . . . *S. canina.*
   F. seul^t dentées, crénelées ou entières 2
2. Tiges velues-laineuses; fl. d'un jaune verdâtre, sans staminode; cal. à bords non scarieux . . . . *S. vernalis.*
   Tiges non laineuses ; fl. brunes ou d'un brun rouge en dehors, munies d'un staminode ; cal. à bords scarieux . . . 3
3. Tiges à 4 angles saillants, non ailés; cal. étroit^t scarieux sur les bords . . . . *S. nodosa.*
   Tiges à 4 angles ailés ; cal. très larg^t scarieux sur les bords. 4
4. Tiges étroit^t ailées ; staminode arrondi, à peine échancré . . . . *S. aquatica.*
   Tiges larg^t ailées ; staminode 2-fide . . . . *S. alata.*

S. canina L. — Tiges glabres, rameuses, redressées ; f. à segments inégal^t incisés-dentés ; cal. à bords larg^t scarieux ; lèvre supér. de la cor. plus courte que la moitié du tube; étam. saillantes ; staminode souv^t nul ; fl. d'un pourpre foncé mêlé de blanc. — ♃. — Juin-juill. — A. R. — Pelouses, éboulis des terrains calcaires. — Dijon, Val-Suzon, Gevrey, Santenay, toute la Côte.

Tiges plus courtes, ord^t simples; f. plus découpées, à segments plus étroits ; pédic. plus longs; lèvre supér. de la cor. plus longue que la moitié du tube : var. *Hoppii* (*S. Hoppii* Koch). — Mêmes localités.

S. vernalis L. — Tiges couvertes de poils courts, grisâtres ; f. ovales-aiguës, incisées-dentées, cordées à la base ; fl. en panicule feuillée ; cal. non scarieux sur les bords. — ②. — Mai-juill. — T. R. — Naturalisé à Nuits et le long des murs du parc d'Agey.

S. nodosa L. (Grande Scrofulaire). — Rac. noueuse, renflée au sommet; tiges glabres ; f. ovales-aiguës, subcordées ou tronquées à la base, doubl^t dentées ; staminode tronqué ou à peine émarginé. — ♃. — Juin-août. — C. — Lieux frais, ombragés ou humides. — Pl. off. ; tonique, résolutive et sudorifique.

S. aquatica L. (Scrofulaire, Herbe aux hémorrhoïdes). — Tiges peu rameuses; f. ovales-oblongues, crénelées, subcordées à la base, qqfois munies de 2 oreillettes. — ♃. — Juin-août. — C. — Buissons, fossés. — Pl. off.; regardée comme vulnéraire.

S. alata Gilib. — Tiges rameuses ; f. ovales-oblongues, fin^t dentées, peu ou point cordées à la base, décurrentes sur le pétiole. — ♃. — Juill.-août. — R. — Bords des ruisseaux. — Brémur, Essarois, ruisseau de Fontaine-Merle, à Panges, etc.

Le *Mimulus luteus* L., pl. de l'Amérique septentrionale très répandue dans quelques parties de l'Alsace, a été trouvé en 1886 sur les bords de la Tille, près Salives. Pl. à tiges et à f. charnues; lèvre infér. de la cor. munie vers la gorge de 2 saillies convexes ; fl. assez grandes, jaunes, tachées de brun pourpre.

4. GRATIOLA L. (Gratiole). — Cal. à 5 div. profondes, muni de 2 bractées ; cor. tubuleuse-subbilabiée, à lèvre supér. échancrée, l'infér. 3-lobée ; étam. 4, dont 2 stériles ou rudimentaires.

G. officinalis L. (Herbe à pauvre homme). —Pl. glabre, à tiges dressées; f. sessiles, semi-embrassantes, lancéolées, denticulées au sommet, 3-nervées ; fl. solitaires, axillaires, à pédonc. filiformes ; cor. blanche ou rosée, à tube jaunâtre. — ♃. — Juill.-sept. — A. C. — Bords des ruisseaux, marais, lieux humides du Val-de-Saône. — Dijon, Auxonne, Lamarche, Merceuil, etc. — Pl. off. ; purgative, drastique; poison irritant.

5. LINDERNIA All.— Cal. à 5 div. profondes ; cor. subbilabiée, resserrée à la gorge, à lèvre supér. échancrée, l'infér. 3-lobée ; étam. 4 ; caps. subunilocul.

L. pixidaria All. — Pl. glabre, à tiges basses, tétragones, souv^t très rameuses, étalées ou dressées; f. sessiles, ovales-oblongues, 3-nervées, d'un vert sombre; fl. axillaires, solitaires ; cor. d'un rose purpurin, à lèvre infér. jaunâtre. — ① . — Juill.-sept. — T. R. — Vases et sables du bord des eaux, étangs du

Val-de-Saône. — St-Seine-en-Bâche, Cîteaux, Boncourt, St-Jean-de-Losne, Seurre, Pouilly-sur-Saône, étangs de la Grand'Borne à Longvay, Vic-sous-Thil.

6. DIGITALIS Tourn. (Digitale). — Cal. à 5 div. inégales ; cor. tubuleuse-ventrue, à limbe court, oblique, subbilabié, à 4-5 lobes ; étam. 4. — F. alternes ; fl. en grappes unilatér.

> Cor. d'un rose pourpre, ou blanche et maculée de pourpre à l'intér. . . . . *D. purpurea.*
> Cor. d'un jaune pâle, non maculée . . . . *D. lutea.*

D. purpurea L. (Grande Digitale, Gants de Notre-Dame, Doigts). — Tige ord^t simple, très pubescente ; f. ovales-lancéolées, crénelées-dentées, blanches-tomenteuses en dessous, les infér. long^t pétiolées ; fl. pendantes ; cal. à div. ovales-obtuses ; cor. très grande, à lobes barbus. — ②. — Juin-août. — A. C. — Friches, coteaux, haies, bois de la région granitique ; manque dans le calcaire. — Pl. off. ; vénéneuse ; médicament précieux par son action sédative sur le cœur.

D. lutea L. — *D. parviflora* Lam. ; Lorey, 642. — Tige glabre, ord^t simple, dressée ; f. oblongues-lancéolées, denticulées, glabres sur les 2 faces ; fl. étalées horizont^t ; cal. à div. lancéo-lées-linéaires ; cor. velue, de médiocre grandeur. — ♃. — Juin-juill. — C. — Coteaux, bois secs des terrains calcaires ; très rare sur le granit : Saulieu, Semur. — Mêmes propriétés que l'espèce précédente, mais moins énergiques.

> Fl. d'un jaune foncé mélangé de pourpre : var. *purpurascens.*
> (*D. purpurascens* Roth ; Lorey, 643. — × *D. purpurascens.*
> — *D. lutea* × *purpurea* Royer, 272). — R. — Bois et co-teaux incultes des environs de Semur.

7. ANTIRRHINUM Tourn. (Muflier). — Cal. à 5 div. profondes ; cor. en gueule, bossue à la base, à lèvre supér. 2-fide, l'infér. 3-lobée, munie d'un palais saillant, poilu, qui ferme la gorge ; étam. 4 ; caps. à base oblique, s'ouvrant au sommet par 3 trous. — F. alternes ou opposées.

> Cal. à div. linéaires très inégales, plus longues que la cor. . . . . *A. Oruntium.*
> Cal. à div. ovales, peu inégales, plus courtes que la cor. . . . . *A. majus.*

A. Oruntium L. — Tige simple ou peu rameuse, poilue-glanduleuse au sommet ; f. lancéolées ou lancéolées-linéaires, glabres ; fl. axillaires, en grappe feuillée très lâche ; cor. petite, purpurine, souv^t striée, rar^t blanche. — ①. — Juin-sept. — C. — Moissons, chemins, cultures de la plaine.

A. majus L. (Mufle de veau, Gueule de loup). — Tige simple ou rameuse, plus ou moins pubescente-glanduleuse ; f. lancéolées-sublinéaires, glabres ou glabrescentes ; fl. en grappes terminales bractéolées ; cor. grande, ord^t d'un rouge clair, ou blanche à palais jaune. — ② ou ♃. — A. C. — Vieux murs à proximité des jardins (naturalisé). — Était regardé comme vulnéraire.

8. ANARRHINUM Desf. — Cal. à 5 div. profondes ; cor. éperonnée, à gorge ouverte et à 2 lèvres, la supér. 2-fide, l'infér. 3-lobée ; étam. 4 ; caps. s'ouvrant au sommet par 2 trous.

A. bellidifolium Desf. — Tige grêle, simple ou rameuse ; f. radicales lancéolées-oblongues ou spatulées, en rosette, les caulinaires divisées en lanières linéaires ; fl. petites, en grappes effilées ; cor. violette, tachée de blanc, rar^t blanche, munie d'un éperon grêle, courbé. — ② ou ♃. — R. — Juin-août. — Friches et rochers granitiques. — Saulieu, Villargoix, Liernais, Menessaire, rochers du pont de Montberthault.

9. LINARIA Tourn. (Linaire). — Cal. à 5 div. ; cor. en gueule, éperonnée à la base, à lèvre supér. 2-fide, l'infér. 3-lobée et munie d'un palais saillant fermant plus ou moins la gorge ; étam. 4. — F. opposées, alternes ou verticillées sur le même individu.

1. F. pétiolées, à limbe élargi ; fl. axillaires, solitaires . . 2
   F. linéaires ou lancéolées-linéaires, sessiles, qqfois atténuées en pétiole ; fl. en grappes terminales, feuillées ou non 4
2. Fl. violettes ; pl. glabre. . . . . . . *L. Cymbalaria.*
   Fl. jaunes ; pl. velues 3
3. Pédonc. glabres ; f. moyennes hastées . . *L. Elatine.*
   Pédonc. velus ; f. toutes ovales-suborbiculaires. . . .
                            L. spuria.
4. Fl. jaunes, au moins sur toute la lèvre supér 5
   Fl. bleuâtres, violettes ou blanchâtres, striées ou non . 7
5. Fl. d'un jaune pâle sur la lèvre supér., striées de violet sur la lèvre infér. . . . . . *L. striata* var. *ochroleuca.*

Fl. ent^t jaunes. 6
6. Tiges couchées-diffuses ; f. infér. subverticillées . . . .
. . . . *L. filiformis.*
  Tiges dressées, raides ; f. toutes éparses. . *L. vulgaris.*
7. Pédonc. et cal. velus-glanduleux ; cor. à éperon fort^t recourbé. . . . . *L. carnosa.*
  Pédonc. et cal. glabres ; cor. à éperon droit ou peu recourbé 8
8. Fl. en grappes allongées ; éperon obtus, beaucoup plus court
  que la cor. 9
  Fl. en grappes courtes ; éperon aigu, égalant au moins la cor.
  10
9. F. infér. opposées, les supér. alternes ; pédonc. plus longs
  que les f. . . . . *L. viscida.*
  F. infér. verticillées, les supér. éparses ; pédonc. plus courts
  que les f. . . . . *L. striata.*
10. Caps. de moitié plus courte que le cal. ; gr. entourées d'un
  rebord cilié. . . . . *L. Pelisseriana.*
  Caps. plus longue que le cal.; gr. entourées d'un rebord
  non cilié . . . . *L. alpina.*

1. Fleurs solitaires, axillaires, espacées ; feuilles pétiolées.

L. Cymbalaria Mill. — Pl. glabre, à tiges diffuses, filiformes, couchées ou pendantes ; f. réniformes, lobées ; cor. d'un
violet pâle, à palais jaune ; éperon court. — ♃. — Mai-oct. —
A. C. — Vieux murs près des jardins et des habitations (naturalisé).

L. spuria Mill. (Velvote fausse). — Pl. poilue, à tiges
filiformes, couchées-diffuses ; cor. d'un jaune foncé, à lèvre supér.
violette ; gr. fin^t alvéolées. — ② ou ①. — Juin-oct. — C. —
Cultures, moissons

L. Elatine Desf. (Velvote vraie). — Pl. poilue, à tiges
filiformes, couchées-diffuses ; f. infér. ovales, les supér. sagittées ; cor. d'un jaune pâle, à lèvre supér. d'un pourpre violacé ;
gr. couvertes de crêtes saillantes. — ② ou ①. — Juin-oct. —
A. C. — Champs et moissons des sols argileux ; rare dans le calcaire.

2. Fleurs en grappes ; feuilles généralement étroites et sessiles ou atténuées en pétiole.

1. Grappes feuillées.

L. viscida Mœnch. — *L. minor* Desf.; Lorey, 646 ;
Royer, 274. — Pl. pubescente-glanduleuse, à tige très rameuse ;

fl. petites ; cor. violacée, à palais jaunâtre et gorge un peu ouverte. — ④. — Juill.-sept. — C. — Champs, lieux incultes.
Tige et f. ord^t glabres ; gorge de la cor. fermée : var.
prætermissa Coss. et Germ. (*L. prætermissa* Delastre). —
Avec le type.

2. Grappes nues.

L. carnosa Mœnch. — *L. arvensis* Desf. ; Lorey, 649;
Royer, 275. — Pl. glabrescente, à tiges grêles, simples ou rameu-
ses ; f. glauques, les infér. verticillées ; cor. d'un bleu lilas strié,
à palais blanchâtre ; gr. à bord ailé. — ④. — Juin-sept. — T. R.
—Champs cultivés.— Baulme-la-Roche, Seurre, Auxonne, Longvic,
Dijon.

L. alpina DC. var. *petræa* (*L. petræa* Jord.). — Pl. glabre
et glauque, à tiges basses, disposées en touffes ; f. presque toutes
verticillées par 4 ; cor. violette ou d'un pourpre bleuâtre, à palais
ord^t safrané ; grappes fructifères assez lâches. — ♃. — Juill.-
août. — T. R. — Éboulis de la Coquille à Étalante.

L. Pelisseriana Mill. — Pl. glabre, à tiges dressées ; f.
infér. lancéolées, verticillées, les supér. linéaires ; cor. d'un pourpre violet, à palais rayé de blanc ; gr. à bordure fort^t ciliée. —
④. — Juin-juill. — Coteaux secs. — T. R. — Marsannay-la-
Côte, Auxonne, Seurre, Saulieu.

L. striata DC. — Pl. glabre, glaucescente, à tiges ord^t
rameuses ; cor. blanchâtre ou violacée, striée de violet, à palais
jaune ; éperon court, obtus. — ♃. — Juin-sept. — C. — Lieux
secs et incultes, bords des chemins.
Pl. plus robuste ; fl. plus grandes ; cor. jaunâtre, striée de
violet ; éperon aigu, plus long que la cor. : var. *ochroleuca*
Coss. et Germ. (× *L. ochroleuca* Bréb. — *L. striato* × *vulgaris* Timb.).

L. vulgaris Mœnch. — Pl. glabre ; fl. grandes, en grappes compactes ; cor. d'un jaune soufré, à palais orangé ; éperon
un peu courbé. — ♃. — Juill.-sept. — C. — Bords des chemins, champs, lieux incultes.

L. filiformis Mœnch. — *L. supina* Desf. ; Lorey, 649 ;
Royer, 274. — Pl. glabre, à tiges ascendantes, pubescentes-
glanduleuses au sommet ; f. glauques ; fl. grandes ; cor. d'un jaune
pâle, à palais orangé ; éperon droit, égalant la cor. — ♃. —
Juin-août. — R. — Pelouses et rochers de la Côte. — Nuits,
Meursault, Savigny-sous-Beaune, St-Romain, Nolay.

10. PEDICULARIS Tourn. (Pédiculaire). — Cal.
.renflé, subbilabié ou à 4-5 dents inégales ; cor. à

2 lèvres, la supér. comprimée, en casque, l'infér. étalée, à 3 lobes ;. étam. 4 ; caps. comprimée. — F. pennatipartites, à lobes nombreux ; fl. axillaires, roses, rar[t] blanches, en grappes terminales feuillées.

Casque de la cor. muni de 2 dents vers le milieu de sa hauteur ; cal. subbilabié, plus court que la caps. . . . . P. *palustris.*

Casque de la cor. sans dents vers le milieu de sa hauteur ; cal. à 5 lobes, plus long que la caps. . . *P. silvatica.*

P. palustris L. (Herbe aux poux). — Tige solitaire, souv[t] rameuse dans sa moitié infér., à rameaux étalés-dressés ; f. à segments incisés-denticulés, à dents blanches-calleuses ; cal. velu, subbilabié, à lobes incisés-crispés, glabres sur les bords. — ②. — Juin-août. — A. R. — Prés tourbeux. —, Saulon, Grancey-le-Château, Menessaire, Rouvray, Vielverge, Genlis. — Pl. âcre, suspecte, anciennement employée comme vulnéraire.

P. silvatica L. — Tiges nombreuses, à rameaux étalés en cercle ; f. à lobes incisés-dentés, sans dents calleuses ; cal. glabre, à 5 dents velues sur les bords, la supér. entière, les autres incisées-dentées. — ②. — Juin-août. — A. R. — Prés tourbeux, pelouses humides des terrains siliceux. — Fontaine-Merle à Panges, Vielverge, Saulieu, Semur, etc. — Mêmes propriétés que l'espèce précédente.

11. RHINANTHUS L. (Cocriste, Crête de coq, Tadevelle, Tavelle). — Cal. renflé-vésiculeux, à 4 dents ; cor. à 2 lèvres, la supér. comprimée, en casque, l'infér. plane, à 3 lobes ; étam. 4 ; caps. comprimée. — F. et bractées sessiles, dentées ; fl. jaunes.

Bractées membraneuses-blanchâtres ; cor. d'un jaune pâle, à tube courbé, dépassant long[t] le cal., et à lèvres égales . . . . R. *major.*

Bractées foliacées, vertes ; cor. d'un jaune foncé, à tube droit, inclus ou dépassant peu le cal., à lèvre supér. plus longue . . . . R. *minor.*

R. major Ehrh. — *R. hirsuta* Lam. ; Lorey, 665. — Tige ord[t] pubescente ; f. oblongues-lancéolées, subcordées à la base ; cal. pâle, non taché de brun, pubescent ou glabre (var. *glabra*), de même que les bractées ; lèvre supér. de la cor. munie de 2 dents violettes, plus longues que larges ; style saillant ; gr. étroit^t bordées. — ①. — Mai-juin. — C. — Prés.

R minor Ehrh. — *R. glabra* Lam.; Lorey, 665. — Tige ord^t glabre ou un peu pubescente dans le haut; f. oblongues-lancéolées, arrondies à la base ; cal. taché ord^t de brun ; dents de la lèvre supér. de la cor. ord^t jaunâtres ou violacées, plus larges que longues ; style inclus ; gr. larg^t bordées. — ①. — Mai-juin. — C. — Prés humides.

12. **MELAMPYRUM** Tourn. — Cal. tubuleux-campanulé, à 4 div. ; cor. à 2 lèvres, la supér. carénée, comprimée, l'infér. plane, 3-lobée, munie de 2 bosses à la gorge ; étam. 4 ; caps. à loges 1-2-spermes. — F. caulinaires entières, les florales ou bractées plus ou moins déchiquetées à la base ; fl. en grappes spiciformes terminales.

1. Cor. et bractées rouges . . . . *M. arvense.*
   Cor. jaune ou jaunâtre ; bractées verdâtres ou vertes. . 2
2. Fl. en grappes unilatér. très lâches. . . *M. pratense.*
   Fl. en grappes spiciformes quadrangulaires très serrées . .
   . . . . *M. cristatum.*

M. cristatum L. (Crête de coq). — Pl. pubescente, à rameaux étalés ; f. sessiles, linéaires-lancéolées, très scabres; bractées verdâtres, étroit^t imbriquées sur 4 rangs, élargies-cordées à la base, pliées en long, à bords dentés-ciliés et relevés en forme de crêtes ; cal. glabre, muni de 2 rangs de poils opposés ; cor. d'un jaune pâle mélangé de rose en vieillissant ; gorge jaune, presque fermée ; caps. plus longue que le cal. — ①. — Juin-août. — C. — Bois secs, coteaux incultes.

M. pratense L. — Pl. pubescente, à rameaux étalés ; f. brièv^t pétiolées, ovales-lancéolées ou lancéolées-linéaires ; bractées vertes, entières ou incisées-dentées à la base ; cor. jaunâtre, passant au lilas, à gorge fermée ; caps. plus longue que le cal. — ①. — Juin-août. — T. C. — Bois de montagne.

M. arvense L. (Rougeotte, Blé de vache, Crête de coq, Chien-queue). — Pl. pubescente, à rameaux dressés ; f. lancéolées-ovales ou lancéolées-linéaires, sessiles ; bractées découpées à la base en lanières linéaires-sétacées ; grappe florale cylindrique, dense à la base ; cor. rouge, à gorge jaune, ouverte ; caps. plus courte que le cal. — ①. — Juin-août. — T. C. — Moissons, prés. — La gr. de cette plante colore le pain en rouge.

13. EUPHRASIA L. (Euphraise). — Cal. tubuleux ou campanulé, à 4 div. ; cor. à 2 lèvres, la supér. échancrée, en casque, l'infér. plane, à 3 lobes ord[t] émarginés ou 2-lobés ; étam. 4 ; anthères à lobes inégal[t] mucronés à la base. — F. infér. opposées, les supér. éparses ; fl. axillaires, en grappes spiciformes feuillées.

E. officinalis L. (Casse-lunettes). — Tige brune, ord[t] rameuse dès la base, très pubescente, glanduleuse au sommet ; f. sessiles, poilues-glanduleuses, ovales-oblongues, à dents obtuses ou briè[vt] acuminées dans les f. supér. ; cor. blanche ou violacée, striée de violet plus foncé, à gorge jaune et tube saillant hors du cal. ; caps. oblongue-obovale, tronquée au sommet, plus courte que la f. axillante. — ①. — Juill.-oct. — T. C. — Pelouses arides. — Pl. off. ; jadis vantée contre les affections des yeux.
> Pl. moins glanduleuse, à pubescence plus courte ; caps. plus longue que la f. axillante : var. *campestris* (*E. campestris* Jord.).
> Pl. d'un vert plus sombre, faibl[t] pubescente, non glanduleuse: f. supér. à dents ord[t] plus aiguës ; cor. plus petite, à tube inclus dans le cal. ; caps. linéaire-oblongue, un peu échancrée ou arrondie au sommet : var. *nemorosa* (*E. nemorosa* Pers. — *E. rigidula* et *ericetorum* Jord.).

14. ODONTITES Dill. — Cal. tubuleux ou campanulé, à 4 div. ; cor. à 2 lèvres, la supér. en casque, entière ou échancrée, l'infér. plane, à 3 lobes entiers ; étam. 4 ; anthères à lobes tous égal[t] mucronés. — F. sessiles ; fl. en grappes spiciformes feuillées.

Cor. jaune ou d'un jaune rougeâtre ; anthères jaunâtres, glabres, libres. . . . . *O. lutea.*
Cor. rouge ou rose ; anthères brunâtres, velues-glanduleuses, agglutinées au sommet . . . . *O. rubra.*

O. lutea Rchb. — *Euphrasia lutea* L. ; Lorey, 667. — Tige rude, à rameaux étalés ; f. lancéolées-linéaires, lâch[t] dentées ; bractées plus courtes que les fl. ; cor. larg[t] ouverte, à lobes barbus-ciliés ; étam. et style saillants. — ①. — Juill.-sept. — A. C. — Pelouses arides de la Côte. — Mont-Afrique, Nuits, Chaume, Gevrey, Santenay, Lusigny, etc.

O. rubra Pers. — *Euphrasia Odontites* L.; Lorey, 667. — Tige rude, à rameaux ascendants ou dressés; f. lancéolées-linéaires, fort^t dentées, élargies à la base; bractées plus longues que les fl.; cor. très pubescente, à lèvres écartées. — ①. — Juill.-oct. — C. — Moissons, pâturages, lieux herbeux.

Rameaux ord^t étalés; f. moins fort^t dentées; bractées sublinéaires, plus courtes que les fl. : var. *serotina* (*O. serotina* Rchb.).

LXVIII. OROBANCHÉES Juss.

Fl. irrég. Cal. à 4-5 div., ou divisé jusqu'à la base en 2 pièces latér. entières ou 2-fides. Cor. bilabiée, à tube plus ou moins arqué, à lèvre supér. en casque, l'infér. 3-fide. Étam. 4, didynames. Ov. supère. Style simple. Stigm. entier ou 2-lobé. Fr. capsulaire, 1-locul., polysperme, à 2 valves. — Pl. parasites sur les rac. d'autres végétaux, jamais vertes, à tige épaisse, succulente. F. réduites à des écailles. Fl. axillaires, en épis terminaux.

1. Fl. munies de 3 bractées . . . . *Phelipæa* (1).
   Fl. munies d'une seule bractée. 2
2. Cal. à 2 div. profondes, ord^t 2-fides . . . *Orobanche* (2).
   Cal. campanulé, à 4 div. . . . . . . *Lathræa* (3).

1. PHELIPÆA Tourn. — Fl. sessiles ou subsessiles, munies de 3 bractées; cal. tubuleux-campanulé, à 4-5 div.; caps. s'écartant au sommet en 2 valves.

Tige simple; fl. grandes, bleues, veinées . . *P. cærulea.*
Tige rameuse; fl. petites, jaunâtres, ord^t lavées de violet. . . . . *P. ramosa.*

P. cærulea C. A. Mey. — *Orobanche cærulea* Vill.; Lorey, 660. — Tige pubérulente, bleuâtre; cor. à lobes aigus; stigm. blanchâtre. — ♃. — Juin-juill. — T. R. — Sur *Achillea Millefolium.* — Bèze, Beaune, Meursault, Villeneuve près Saulieu, Bligny-sur-Ouche, Marcelois.

P. ramosa C. A. Mey. — *Orobanche ramosa* L.; Lorey, 660. — Tige jaunâtre, pubescente-glanduleuse ; cor. à lobes obtus ; stigm. blanchâtre ou bleuâtre. — ①. — Juill.-sept. — C. — Sur *Cannabis sativa*. — Pl. introduite.

2. OROBANCHE Tourn. (Orobanche). — Fl. sessiles, munies d'une seule bractée ; cal. à 2 div. profondes ; caps. s'ouvrant en 2 valves écartées en leur milieu et adhérentes aux 2 extrémités. — Pl. ord^t couvertes de poils glanduleux.

1. Étam. insérées au-dessous du quart infér. du tube de la cor.   2
   Étam. insérées au-dessus du quart infér. du tube de la cor.   4
2. Étam. à filets glabres, au moins à la base ; stigm. jaune . . . . *O. Rapum.*
   Étam. à filets plus ou moins velus ; stigm. d'un pourpre foncé 3
3. Cor. à tube très ample dans sa partie supér.; étam. à filets très velus, au moins à la base . . . . . *O. Galii.*
   Cor. à tube peu dilaté dans sa partie supér.; étam. à filets munis seul^t de quelques poils épars. . *O. Epithymum.*
4. Stigm. jaune 5
   Stigm. pourpre ou violet. 7
5. Cor. petite, d'un jaune pâle teinté de violet ; étam. à filets glabres ou ne présentant que quelques poils épars . . . . *O. Hederæ.*
   Cor. grande, jaunâtre, brunâtre ou violacée; étam. à filets laineux ou pubescents, au moins à la base 6
6. Bractées égalant ou dépassant les fl. ; étam. à filets laineux dans presque toute leur longueur . . . . *O. major.*
   Bractées plus courtes que les fl. ; étam. à filets pubescents seul^t à la base . . . . *O. Cervariæ.*
7. Étam. à filets glanduleux au sommet, velus à la base. . 8
   Étam. à filets glabres ou glabrescents, qqfois un peu velus à la base. 9
8. Div. du cal. 1-2-nervées, plus longues que le tube de la cor., celle-ci d'un blanc jaunâtre, veinée de bleu violet. . . . . *O. Picridis.*
   Div. du cal. plurinervées, ne dépassant pas la moitié du tube de la cor., celle-ci d'un rouge brun . . . *O. Teucrii.*
9. Bractées plus courtes que les fl. ou les dépassant à peine ; cor. rég^t arquée sur le dos . . . . . . *O. minor.*
   Bractées beaucoup plus longues que les fl. ; cor. à tube brusq^t courbé vers son tiers infér. . . . . . *O. amethystea.*

O. Rapum Thuill.— *O. major* DC.; Lorey, 657, pro parte; non Duby, et *O. fœtida* Lorey, 658. — Tige jaunâtre, élevée, robuste, fort^t renflée en tubercule et écailleuse à la base ; fl. en épi dense, allongé, plus courtes que les bractées ; cor. d'un rose jaunâtre, le lobe médian de la lèvre infér. du double plus grand que les latér. — ♃. — Mai-juin. — A. C. — Sur *Sarothamnus scoparius* dans les terrains granitiques et les alluvions siliceuses du Val-de-Saône.

O. Galii Vauch. — *O. major* var. *affinis* Lorey, 657. — *O. vulgaris* DC. — Tige jaunâtre ou rougeâtre, à peine épaissie à la base ; fl. à odeur de Girofle, en épi lâche, allongé, plus longues que les bractées ; cor. ampl^t campanulée, d'un rouge briqueté pâle, souv^t violacée sur le dos ; lèvre infér. à lobes tous égaux. — ♃.— Juin-juill. — A. C. — Sur les *Galium Mollugo, glaucum* et *silvestre*.

O. Epithymum DC.— Tige d'un jaune rougeâtre, grêle, renflée à la base ; fl. à odeur d'Œillet, en épi court, pauciflore ; bractées plus longues que la lèvre infér. de la cor.. celle-ci campanulée, d'un jaune pâle, ou rougeâtre, veinée de pourpre ; lobe médian de la lèvre infér. plus grand que les latér.— ♃. — Juin-juill. — C. — Sur *Thymus Serpyllum*.

O. Teucrii Schultz. — Tige d'un jaune rougeâtre, épaissie à la base ; fl. à odeur de Girofle, en épi lâche, pauciflore ; bractées égalant la cor., celle-ci campanulée, à lèvre infér. assez également lobée. — ♃. — Juin-juill. — A. C. — Sur *Teucrium Chamædrys*.

O. major L. — *O. elatior* Sutt.; Royer, 286. — Tige rougeâtre, élancée, un peu renflée à la base ; fl. très nombreuses, en épi compacte, aussi longues ou plus courtes que les bractées ; cor. jaunâtre ou d'un violet ferrugineux, à tube rég^t arqué ; lobes de la lèvre infér. presque égaux. — ♃. — Juin-juill. — T. R. — Sur *Centaurea Scabiosa*. — Montagne St-Marcel à Pothières, Voulaines, Gevrey.

O. Cervariæ Suard. — Tige jaunâtre, un peu renflée à la base ; fl. en épi assez serré, ord^t plus longues que les bractées ; cor. d'un jaunâtre fauve, légèr^t teintée de violet, à tube fort^t arqué dans sa moitié supér.; lobe médian de la lèvre infér. un peu plus grand que les latér. — ♃. — Juin-juill. — T. R. — Sur *Peucedanum Cervariæ*. — Flavigny, coteaux de Poinçon-lez-Larrey.

O. Hederæ Vauch. — Tige violette ou jaunâtre, ord^t renflée à la base ; fl. en épi lâche, égalant les bractées ; cor. presque glabre, d'un jaune pâle, veinée de violet ; lobe médian de la lèvre infér. plus grand que les latér. — ♃.— Juin-juill. — R.— Sur *Hedera Helix*. — Darcey, cascade de Vauchignon, Quincy.

O. Picridis Vauch.— Tige jaunâtre et ord^t un peu violacée, grêle, à peine épaissie à la base ; fl. en épi un peu lâche à la base, assez serré au sommet ; bractées égalant presque la cor., celle-ci à lèvre supér. entière, l'infér. à lobe médian plus grand que les latér. — ♃. — Juin-juill. — T. R. — Sur *Picris hieracioides* dans les friches de Quincy.

O. minor Sutt. — Tige rougeâtre ou violacée, très grêle, ord^t courte, un peu épaissie à la base ; fl. petites, égalant les bractées ou plus courtes, en épi dense ; cor. blanchâtre ou teintée de violet, veinée, à lèvre supér. émarginée ou subbilobée, l'infér. à lobes presque égaux. — ♃. — Juin-juill. — A. C. — Sur les *Trifolium pratense, sativum* et *repens*.

O. amethystea Thuill. — Tige violacée, grêle, plus ou moins élevée, un peu épaissie à la base ; fl. médiocres, plus courtes que les bractées, en épi dense, allongé ; cor. blanchâtre ou lilacée, avec veines plus foncées ; lobe médian de la cor. plus grand du double que les latér. — ♃. — Juin-juill. — T. R. — Sur *Eryngium campestre*. — Beaune, Santenay.

3. LATHRÆA L. (Clandestine). — Fl. pédonculées, munies d'une seule bractée ; cal. campanulé-allongé, à 4 div. ; stigm. entier ; caps. s'ouvrant au sommet.

L. Squamaria L. — Pl. à souche souterraine rameuse, couverte d'écailles charnues, blanches, arrondies ; fl. blanchâtres ou rosées, penchées, en épi unilatér. serré ; cal. velu-glanduleux. — ♃. — Avril-mai. — A. R. — Sur les racines de différents arbres dans les bois montagneux. — Flavignerot, Chambolle, Savigny-sous-Beaune, Ste-Foy, Arnay-le-Duc, Gevrey, Roche-Percée près Bouilland, etc.

LXIX. LABIÉES Juss.

Fl. irrég., rar^t presque rég. Cal. persistant, à 5, rar^t 4 dents le plus souv^t inégales, formant 2 lèvres, très rar^t à 10-12 dents. Cor. à 5, rar^t 4 div., ord^t bilabiée, la lèvre supér. entière ou à 2 div., l'infér. 3-lobée, plus rar^t paraissant unilabiée, ou enfin presque rég. Étam. 4, didynames, rar^t 2 par avortement. Ov. supère, à 2 loges subdivisées chacune par une cloison en 2 loges 1-ovulées. Style gynobasique. Fr. formé de 4 nucules. — Pl. ord[t] herbacées, aromatiques, à tiges tétragones, à rameaux et à f. opposés, sans stip. Fl. rar[t] solitaires, le plus souv[t] en glomérules axillaires opposés, disposés ord[t] en grappes, en épis ou en capit. — La plupart des Labiées sont riches en huiles essentielles ; aussi sont-elles stimulantes, toniques, condimentaires ; plusieurs sont simpl[t] amères et toniques.

1. Cor. presque rég., à lobes presque égaux 2
   Cor. très irrég. 3
2. Étam. fertiles 2, les 2 autres filiformes ; f. infér. pennatifides ; fl. blanches . . . . *Lycopus* (2).
   Étam. fertiles 4 ; f. infér. dentées ou crénelées ; fl. rosées. . . . . *Mentha* (1).
3. Cor. paraissant unilabiée (la lèvre supér. réduite à 2 dents ou rejetée sur l'infér. qui devient ainsi 5-lobée. . . 4
   Cor. bilabiée, à 2 lèvres bien développées 5
4. Lèvre à 3 lobes ; tube de la cor. pourvu d'un anneau de poils. . . . . *Ajuga* (24).
   Lèvre à 5 lobes ; tube de la cor. dépourvu d'un anneau de poils . . . . *Teucrium* (25).
5. Étam. 2, à filet divisé en 2 branches, l'une portant la loge développée de l'anthère . . . . *Salvia* (3).
   Étam. 4 6
6. Cal. bilabié 7
   Cal. tubuleux ou campanulé, non bilabié. 13
7. Cal. à lèvre supér. portant sur le dos une écaille comprimée, arrondie et saillante . . . . *Scutellaria* (23).
   Cal. à lèvre supér. sans écaille. 8
8. Fl. en épi compacte, pourvues de larges bractées embrassantes. . . . . *Brunella* (22).
   Fl. dépourvues de bractées, ou bractées non embrassantes. 9
9. Cal. large, enflé ; cor. très grande, rose ou blanche, tachée de pourpre ; étam. droites et parallèles. *Melittis* (13).
   Pl. ne présentant pas tous ces caractères. 10
10. Étam. droites, divergentes au sommet ; pl. couchée, gazonnante. . . . . *Thymus* (5).

Étam. courbées, convergentes au sommet ; pl. dressées . **11**

11. Fl. en glomérules accompagnés de nombreuses bractées linéaires, velues, formant invol. . . *Clinopodium* (8).
Fl. en glomérules non accompagnés d'un invol. de bractées linéaires **12**

12. Fl. blanches ou rosées ; tube de la cor. courbé ; loges de l'anthère réunies au sommet. . . . . . *Melissa* (9).
Fl. purpurines, bleuâtres ou lilacées, rar^t blanches ; tube de la cor. droit ; loges de l'anthère distinctes au sommet . . .
. . . . *Calamintha* (7).

13. Fl. d'un beau jaune . . . . *Galeobdolon* (15).
Fl. jamais d'un beau jaune **14**

14. Fl. en épis serrés, anguleux ; cal. caché par de larges bractées ord^t membraneuses et colorées . . *Origanum* (4).
Fl. ne présentant pas ces caractères. **15**

15. Cal. à 10-12 dents crochues ; étam. incluses dans le tube de la cor. . . . . *Marrubium* (19).
Cal. à dents non crochues ; étam. saillantes en dehors du tube de la cor. **16**

16. Cor. bleue ou violacée, rar^t blanche et alors tige ligneuse à la base **17**
Cor. rosée, rouge, purpurine, blanche, blanchâtre ou jaunâtre **18**

17. Pl. herbacée, couchée ; f. réniformes, crénelées. . . . .
. . . . *Glechoma* (12).
Pl. ligneuse à la base, dressée ; f. linéaires-lancéolées . . .
. . . . *Hyssopus* (6).

18. Étam. courbées, conniventes au sommet ; f. linéaires-lancéolées, entières . . . . *Satureia* (10).
Étam. droites et parallèles ; f. élargies, dentées . . . **19**

19. Cal. à dents molles, non piquantes **20**
Cal. à dents raides et piquantes **22**

20. Étam. infér. plus courtes que les supér. ; pl. blanchâtre, presque tomenteuse . . . . *Nepeta* (11).
Étam. infér. plus longues que les supér. ; pl. non blanchâtres-tomenteuses **21**

21. Nucules tronquées au sommet ; lèvre infér. de la cor. à lobes latér. presque nuls ou dentiformes . . *Lamium* (14).
Nucules arrondies au sommet ; lèvre infér. de la cor. à lobes latér. distincts et obtus . . . . . . *Ballota* (20).

22. Cor. à lèvre infér. portant 2 renflements coniques . . . .
. . . . *Galeopsis* (16).
Cor. à lèvre infér. sans renflements coniques **23**

23. Nucules aplaties et velues au sommet ; lobe de la lèvre infér. de la cor. s'enroulant en long après l'anthèse. *Leonurus* (21).

Nucules ovoïdes et glabres ; lobe moyen de la cor. ne s'enroulant pas en long. 24
24. Étam. infér. déjetées après l'anthèse en dehors de la cor.,
celle-ci à tube droit, très ouvert . . . *Stachys* (17).
Étam. infér. non déjetées après l'anthèse en dehors de la cor.,
celle-ci à tube courbé et peu ouvert . *Betonica* (18).

A. Corole presque régulière, en cloche ou en entonnoir.

1. MENTHA Tourn. (Menthe). — Cal. à 5 dents
presque égales ; cor. en entonnoir, à limbe à 4 lobes presque égaux ; étam. 4, égales, droites, divergentes ; nucules arrondies au sommet. — Pl. très
aromatiques, à souche traçante ; fl. petites, roses,
rar^t blanches. — Toutes sont stimulantes et ont été
employées en médecine.

1 Cal. subbilabié, velu à la gorge ; cor. bossue d'un côté à la
base. . . . . *M. Pulegium.*
Cal. rég., nu à la gorge ; cor. non bossue à la base . . 2
2. Fl. en épis terminaux, non surmontés d'un faisceau de f. 3
Fl. en glomérules axillaires, éloignés ou rapprochés ; axe terminé par un faisceau de f. 5
3. F. long^t pétiolées ; cor. velue intér^t . . . *M. aquatica.*
F. sessiles ou subsessiles ; cor. glabre intér^t 4
4. F. ovales-suborbiculaires, obtuses ; dents du cal. lancéolées.
. . . . *M. rotundifolia.*
F. ovales-oblongues, aiguës ; dents du cal. linéaires. . . .
. . . . *M. silvestris.*
5. F. diminuant de grandeur de la base au sommet de la tige ;
cal. à dents lancéolées-acuminées. . . . *M. sativa.*
F. supér. presque aussi grandes que les infér.; cal. à dents
courtes, triangulaires. . . . . . . *M. arvensis.*

1. Tige florifère terminée par des fleurs.

M. rotundifolia L. (Baume, Menthe sauvage). — Pl.
laineuse-tomenteuse, à stolons épigés et feuillés ; f. épaisses, velues en dessus, tomenteuses en dessous, fort^t ridées-bosselées, à
dents larges et courtes ; fl. en glomérules naissant à l'aisselle de
bractées ovales-lancéolées, très petites et disposées en épis cylindriques ; cal. non contracté à la gorge à la maturité. — ♃. —

Juill.-sept. — C. — Bords des chemins, haies, lieux couverts et humides.

M. silvestris L. (Baume). — Pl. pubescente-laineuse, à stolons hypogés ; f. ridées, velues-laineuses sur les 2 faces ou en dessous seul[t], à dents en scie peu saillantes; fl. en glomérules naissant à l'aisselle de bractées linéaires-subulées, et disposés en longs épis cylindriques; cal. contracté à la gorge à la maturité. — ♃. — Juill.-sept. — T. C. — Bords des eaux, lieux humides.

   F. étroites, oblongues-acuminées, à tomentum court et argenté sur la face infér. : var. *candicans* (*M. candicans* Crantz).— C. — Avec le type.

Le *M. viridis* L. (Sentibon) indiqué par Lorey à Arnay-le-Duc et à Rouvray, est cultivé dans les jardins et qqfois subspontané ; il diffère de l'espèce précédente par ses f. glabres ou légèr[t] hérissées sur les nervures, plus étroites, d'un vert foncé, et son odeur suave. Il en est de même du *M. piperita* L. (M. poivrée) à tige et f. glabres, celles-ci étroites, long[t] pétiolées, à longs épis interrompus à la base. — Pl. off.; c'est de cette espèce cultivée qu'est retirée l'essence de Menthe anglaise.

M. aquatiqua L. — *M. hirsuta* Lorey, 705. — Pl. plus ou moins velue-hérissée (var. *hirsuta* Auct. — *M. hirsuta* L.) ou presque glabre (var. *glabrescens* Auct.), à rameaux étalés ; f. ovales ou ovales-lancéolées, plus ou moins dentées en scie, non ridées-bosselées ; fl. en glomérules disposés au sommet en têtes globuleuses ou en épis ovoïdes; cal. à dents triangulaires-acuminées. — ♃. — Juin-juill. — C. — Bords des eaux.

2. Tige florifère terminée par un bouquet de feuilles.

M. sativa L.; non Lorey (Sentibon). — Pl. plus ou moins velue ; f. pétiolées, ovales-aiguës, dentées en scie; glomérules de fl. tous espacés, formant un épi feuillé ; cal. rég., tubuleux-campanulé à la maturité. — ♃. — Juill.-sept. — C. — Bords des eaux, champs argileux.

Le *M. rubra* Sm. (*M. sativa* Lorey, 705) se distingue de l'espèce précédente par ses f. glabres, d'un vert foncé luisant, et les dents du cal. ciliées. — Cultivé dans les jardins.

M. arvensis L. — Pl. plus ou moins velue-hérissée (var. *hirsuta* Auct.), qqfois glabrescente (var. *glabrescens* Auct.); f. pétiolées, ovales-lancéolées, aiguës, dentées en scie; glomérules de fl. tous espacés, formant un épi feuillé; cal. campanulé à la maturité. — ♃. — Juill.-sept. — C. — Champs argileux ou humides.

M. Pulegium L. (Pouliot, Pouillerot, Herbe aux punaises). — Tiges couchées-ascendantes, à rameaux radicants; f. petites, ovales-obtuses, court[t] pétiolées, obscur[t] dentées; glomérules de fl. nombreux à l'aisselle des f. qui sont ord[t] réfléchies; cal. à gorge contractée à la maturité. — ♃. — Juill.-oct. — A. C. — Bords des étangs, prairies et champs inondés. — Le Pays-Bas, Longvay, Brazey, Noiron, Semur, Montbard, etc. — Pl. off.; stimulante et fébrifuge.

2. **Lycopus** Tourn. — Cal. campanulé, à 5 dents presque égales; cor. à 4 lobes presque égaux, le supér. échancré; étam. fertiles 2; nucules tronquées au sommet.

L. europæus L. (Marrube aquatique). — Tige dressée, rameuse; f. ovales-lancéolées, sinuées-dentées, les infér. pennatifides, pétiolées, les supér. subsessiles; glomérules de fl. compactes, espacés; cor. à peine saillante, blanche, ponctuée de rouge.— ♃. — Juill.-sept. — C. — Bords des eaux, lieux marécageux. — Passe pour fébrifuge et astringent.

B. Fleurs irrégulières, nettement bilabiées.

A. DEUX ÉTAMINES FERTILES.

3. **Salvia** Tourn. (Sauge). — Cal. à 2 lèvres, la supér. entière ou 3-dentée, l'infér. 2-fide; cor. à 2 lèvres, la supér. arquée-comprimée, l'infér. 3-lobée; étam. 2, à filet divisé en 2 branches dont l'une porte une loge fertile d'anthère. — Fl. ord[t] bleues, en glomérules ord[t] pauciflores, espacés ou rapprochés en épis terminaux.

1. Bractées d'un blanc rosé, grandes, dépassant le cal. . . . . *S. Sclarea.*
  Bractées vertes, petites, ne dépassant pas le cal. . . 2
2. Cor. grande, bien plus longue que le cal.; style dépassant long[t] la lèvre supér. de la cor. . . . . . *S. pratensis.*
  Cor. petite, dépassant peu le cal.; style ne dépassant pas la lèvre supér. de la cor. . . . . . . *S. Verbenaca.*

S. pratensis L. — Pl. odorante, à tige velue-glanduleuse, surtout au sommet; f. doubl[t] crénelées, ovales-lancéolées, les radicales pétiolées, en rosette, les caulinaires sessiles; bractées ovales-acuminées, embrassantes; cor. ord[t] d'un beau bleu, rar[t] rose ou blanche. — ♃. — Mai-juill. — C. — Bords des chemins, pelouses.

S. Verbenaca L. — Pl. à tige velue-glanduleuse, d'odeur peu agréable ; f. oblongues ou ovales-obtuses, prof^t crénelées, les radicales long^t pétiolées, en rosette, les caulinaires supér. sessiles ; bractées en cœur à la base, apiculées ; cor. d'un bleu pâle. — ♃. — Juin-août. — R. — Bords des chemins, lieux herbeux. — Dijon, Trouhaut, Laroche-en-Brenil.

S. Sclarea L. (Sclarée, Toute-bonne, Orvale). — Pl. velue-glutineuse, très odorante, à tiges très rameuses ; f. grandes, ovales-oblongues, un peu cordées à la base, crénelées ou dentées la plupart pétiolées ; cor. grande, dépassant long^t le cal., d'un bleu pâle lilacé ; style dépassant très long^t la lèvre supér. de la cor. — ♃. — Juill.-août. — R. — Dijon, Bèze, Beaune, Vic-sous-Thil, etc. — Pl. résolutive, stimulante et antispasmodique.

Le *S. officinalis* L., indiqué par Lorey à Dijon et ailleurs, s'échappe des jardins où il est souv^t cultivé ; on le reconnaît à sa tige sous-frutescente à la base, à ses f. très aromatiques, obtuses-lancéolées, tomenteuses-grisâtres, à ses fl. petites, d'un rose lilas ou blanches. — Pl. off. ; stimulante, tonique et stomachique.

Le *S. verticillata* L., de l'Europe orientale, est naturalisé depuis plus de 50 ans à Dijon sur les berges du Suzon près de l'ancien jardin botanique ; on le reconnaît aux caractères suivants : f. ovales-triangulaires, cordées à la base, toutes pétiolées ; fl. petites, en glomérules multiflores ; cor. d'un bleu violet, pourvue d'un anneau de poils à la gorge.

Le *Rosmarinus officinalis* L. (Romarin), de la région méditerranéenne, est souv^t cultivé comme pl. aromatique ; il se distingue aux caractères suivants : sous-arbrisseau à f. persistantes, linéaires, entières, tomenteuses en dessous ; cor. d'un bleu pâle ou blanche ; étam. 2, à loges de l'anthère confluentes. — Pl. off.; stimulante, tonique ; employée en parfumerie et comme condiment.

B. QUATRE ÉTAMINES FERTILES.

A. Étamines écartées, droites et divergentes au sommet.

4. ORIGANUM Tourn. (Origan). — Cal. à 5 dents presque égales et à gorge barbue ; cor. à lèvre supér. plane, l'infér. à 3 lobes égaux, une bractée colorée dépassant le cal. à la base de chaque fl. ; anthères à loges distinctes et divergentes.

O. vulgare L. — Tige rameuse, dressée, rougeâtre ; f. ovales-lancéolées, velues, pétiolées ; fl. roses, rar^t blanches, presque sessiles, réunies en épis compactes, tétragones, formant une panicule corymbiforme. — ♃. — Juill.-sept. — C. — Bois, bords des chemins.— Pl. off.; stimulante, condimentaire.

> Bractées d'un vert pâle; cor. blanche : var. *virescens* Bor. (*O. virens* Gren. et Godr.).— R. — Dijon, sur les bords du canal.
>
> Bractées violacées ; fl. en épis allongés, tétragones-prismatiques : var. *prismaticum* Gaud. (*O. creticum* DC.).— R.— Avec le type.

5. Thymus Tourn. (Thym). — Cal. bilabié, barbu à la gorge, à lèvre supér. 3-dentée, l'infér. à 2 div. linéaires-subulées ; cor. à lèvre supér. presque plane, l'infér. à 3 lobes ; anthères à loges divergentes et distinctes.

T. Serpyllum L. (Serpolet, Pouillerot). — Tiges en gazon épais, couchées-radicantes, rougeâtres, pubescentes sur toute leur surface; f. obovales, ord^t glabres, munies en dessous de nervures saillantes, atténuées en court pétiole; fl. rougeâtres, en glomérules rapprochés.— ♃.— Juin-sept.— T. C.— Pelouses, bords des chemins. — Pl. stimulante, condimentaire.

> F. hérissées à la face infér. de longs poils mous (var. *hirsutus* Rchb.). — A. R. — Santenay, Velars, Lantenay, etc.
>
> Rameaux munis de 2-4 lignes de poils opposées; f. plus grandes que dans le type, brusq^t contractées en pétiole, à nervures non saillantes en dessous : var. *Chamædrys* Coss. et Germ.).— A. R.— Dijon, aux bords du canal, Pontailler, Saulieu, etc.

Le *T. vulgaris* L., du Midi, cultivé dans les jardins, se distingue du précédent par ses tiges dressées, presque ligneuses, et ses f. linéaires-lancéolées, à bords enroulés en dessous. — Pl. off.; mêmes propriétés, mais plus développées que dans l'espèce précédente.

6. Hyssopus Tourn. (Hysope). — Cal. non bilabié, fin^t strié, non barbu à la gorge ; cor. à lèvre supér. presque plane, dressée, l'infér. 3-lobée, le lobe moyen bien plus grand que les latér. ; anthères à loges divergentes, réunies au sommet.

H. officinalis L.— Tige ligneuse à la base, très rameuse; f. linéaires-lancéolées, 1-nervées, subsessiles; fl. d'un beau bleu, rar^t blanches, en fascicules subsessiles, formant un épi -terminal

unilatér. feuillé. — ♄. — Juill.-sept. — Cultivé dans les jardins ;
naturalisé sur les vieux murs du coteau qui domine Santenay. —
Pl. off. ; stomachique et tonique.

B. Étamines écartées, plus ou moins arquées, conniventes au
sommet.

7. CALAMINTHA Tourn. (Calament). — Cal. étroit^t
cylindrique, strié, bilabié, ord^t barbu à la gorge ;
cor. à lèvre supér. presque plane, dressée, l'infér.
à 3 lobes presque égaux ; anthères à loges divergentes et distinctes.

1. Fl. 2-3, en fascicules corymbiformes sessiles ; cal. à tube
   courbé, plus ou moins gibbeux à la base.　.　*C. Acinos.*
  Fl. 3-15, en fascicules corymbiformes pédonculés ; cal. à tube
   droit, non courbé à la base 2
2. Glomérules denses ; cal. à dents presque égales ou les
   infér. une fois plus longues que les supér.　*C. Nepeta.*
  Glomérules lâches ; cal. à dents infér. environ deux fois
   plus longues que les supér. 3
3. F. à dents saillantes, aiguës ; cor. purpurine, à lobe moyen de
   la lèvre infér. entier. . . . . *C. officinalis.*
  F. à dents peu prononcées, obtuses ; cor. blanchâtre ou lilacée,
   à lobe moyen de la lèvre infér. émarginé . . . . . .
  . . . . *C. menthæfolia.*

C. officinalis Mœnch. — *Thymus Calamintha* DC. ;
Lorey, 709. — Pl. à odeur agréable ; souche stolonifère ; tiges
dressées, peu rameuses ; f. supér. ovales, les infér. presque orbiculaires, toutes pétiolées ; cor. grande, 2-3 fois plus longue que
le cal., celui-ci à dents long^t ciliées et muni intér^t d'un anneau
de poils inclus. — ♃. — Juill.-oct. — C. — Taillis, broussailles.
— Pl. off. ; stimulante et tonique.

C. menthæfolia Host. — *C. officinalis* var. *menthæfolia*
Royer, 296. — Pl. à odeur fétide ; souche non stolonifère ; tiges
dressées, très rameuses ; f. de moitié plus petites que dans l'espèce
précédente ; cor. environ une fois et demie plus longue que le cal.,
à tube inclus. — ♃. — Juill.-oct. — A. R. — Dijon, Plombières,
St-Remy.

C. Nepeta Savi.— Pl. à odeur forte, un peu fétide ; souche
courte, rampante ; tiges ascendantes, très rameuses ; f. petites,
grisâtres, ovales-rhomboïdales, à dents peu saillantes ; cor. obtuse,
petite, lilacée, une fois plus longue que le cal., celui-ci à dents

brièv^t ciliées et muni d'un anneau de poils saillants. — ♃. — Juill.-sept. — T. R. — Chemin de Mirande à Quetigny (prob^t subspontané).

C. Acinos Clairv. — *Thymus Acinos* L.; Lorey, 709. — Tiges de 1-3 déc., étalées-diffuses ou ascendantes; f. petites, ovales-rhomboïdales, à dents peu prononcées; fl. petites, d'un bleu rougeâtre, rar^t blanches. — ②. — Juin-août. — T. C. — Moissons sablonneuses, pelouses, rochers.

8. CLINOPODIUM L. — Ne diffère du genre *Calamintha* que par ses bractées sétacées plus nombreuses que les fl. et formant un invol. à la base des glomérules.

C. vulgare L. — Tiges dressées; f. assez grandes, ovales-lancéolées, brièv^t pétiolées, superf^t dentées; fl. en glomérules multiflores, sessiles, denses, espacés; cor. purpurine, 2 fois plus longue que le cal. — ♃. — Juill.-sept. — T. C. — Bois, buissons, bords des chemins.

9. MELISSA Tourn. (Mélisse). — Cal. campanulé, bilabié, plan en dessus, barbu à la gorge; cor. à lèvre supér. concave ; anthères à loges divergentes, réunies au sommet. — Le reste comme dans le genre *Calamintha*.

M. officinalis L. (Citronelle).— Pl. à odeur agréable; tiges de 6-8 déc., dressées; f. toutes pétiolées, ovales, ridées, crénelées; bractées ovales, élargies, pétiolées; fl. blanches ou rosées, en glomérules subsessiles, espacés.— ♃.— Juill.-août.— Souv^t cultivé; subspontané près des habitations. — Pl. off.; stimulante, antispasmodique.

10. SATUREIA Tourn. (Sarriette). — Cal. campanulé, strié, glabre à la gorge, non bilabié; cor. à lèvre supér. plane, dressée, l'infér. à 3 lobes presque égaux ; anthères à loges divergentes et distinctes.

S. hortensis L. — Pl. à odeur forte, agréable ; tige à rameaux nombreux et étalés; f. subsessiles, linéaires-lancéolées, molles, ponctuées-glanduleuses; fl. médiocres, blanchâtres ou rosées,

en glomérules 2-5-flores brièv^t pédonculés. — ④. — Juill.-août.
— Cultivé dans les jardins et subspontané.— Pl. off.; stomachique,
vermifuge, condimentaire.

c. Étamines rapprochées, droites et parallèles sous la lèvre
supérieure de la corolle.

a. Calice tubuleux; étamines inférieures plus courtes que les supérieures.

11. NEPETA L. — Cal. à 5 dents presque égales ;
cor. à tube arqué, à lèvre supér. dressée, presque
plane, l'infér. 3-lobée, à lobe moyen orbiculaire-
concave, plus grand que les latér. ; anthères à loges
divergentes, réunies au sommet.

N. Cataria L. (Cataire, Herbe aux chats).— Pl. à odeur
forte, à tiges dressées, couvertes d'une pubescence grisâtre; f.
ovales, crénelées-dentées, tomenteuses en dessous, cordées à la
base, pétiolées ; fl. blanches, ponctuées de rouge, en glomérules
denses, pédonculés, disposés en grappe spiciforme. — ♃. —
Juill.-sept. — A. R. — Haies, bords des chemins. — Dijon, la
Côte, Flavigny, Monthard, Châtillon, Saulieu, etc. — Tonique
et antispasmodique.

12. GLECHOMA L. — Cal. à 5 dents inégales, les
3 supér. plus longues ; cor. à tube droit, à lèvre
supér. presque plane, dressée, l'infér. 3-lobée, à
lobe moyen obcordé, plan, plus grand que les latér.;
anthères à loges rapprochées par paire en croix.

G. hederacea L. (Lierre terrestre). — Tiges stériles
couchées, les fertiles dressées; f. pétiolées, réniformes-suborbiculaires, crénelées ; fl. violacées ou lilacées, assez grandes, réunies
par 2-4 en glomérules unilatér. — ♃. — Avril-mai. — T. C. —
Haies, bois, lieux frais. — Pl. off.; excitante, béchique.

b. Calice ordinairement tubuleux; étamines inférieures plus longues que
les supérieures.

13. MELITTIS L. — Cal. campanulé, bilabié,
membraneux, très large et écarté de la cor., celle-
ci à lèvre supér. dressée, un peu concave-orbicu-
laire, l'infér. 3-lobée, à lobe moyen plus grand ;

anthères à loges divergentes, rapprochées par paire
en forme de croix.

M. Melissophyllum L. (Mélisse des bois). — Tige
dressée, ord^t simple ; f. grandes, ovales-oblongues, subcordées à la
base, crénelées ; fl. grandes, blanches ou rosées, panachées de
pourpre, unilatér., 1-3 à l'aisselle des f.; tube de la cor. 1 fois
plus long que le cal. — ♃. — Mai-juin. — C. — Bois de montagne. — Jouit des mêmes propriétés que la Mélisse.

> F. non subcordées, oblongues-lancéolées ; cor. moins ample
> mais à tube 2 fois plus long que le cal. : var. *grandiflora*
> (*M. grandiflora* Sm.). — A. R. — Avec le type. — Ancey,
> St-Aubin, Nolay.

14. LAMIUM Tourn. (Lamier). — Cal. tubuleux-
campanulé, à 5 dents presque égales, non épineuses ;
cor. à lèvre supér. voûtée en casque, l'infér. 3-lo-
bée, à lobes très inégaux, les latér. dentiformes ou
presque nuls ; anthères à loges opposées, réunies
au sommet. — Pl. d'odeur désagréable ; fl. en glomérules pluriflores axillaires.

1. F. supér. sessiles et amplexicaules. . *L. amplexicaule.*
   F. toutes pétiolées. 2
2. Cor. à tube droit 3
   Cor. à tube courbé 4
3. F. supér. prof^t incisées-crénelées ; tube de la cor. plus court
   que le cal. . . . . *L. hybridum.*
   F. supér. crénelées-dentées ; tube de la cor. plus long que le
   cal. . . . . *L. purpureum.*
4. Cor. purpurine, rar^t blanche, à lèvre infér. munie de 1 dent
   de chaque côté de sa base. . . . . . *L. maculatum.*
   Cor. blanche, à lèvre infér. munie de 2 dents de chaque
   côté de sa base. . . . . *L. album.*

L. amplexicaule L. — Tiges dressées ; f. infér. pétiolées, orbiculaires, crénelées, cordées, les supér. plus grandes,
réniformes ; cal. velu, à dents conniventes ; cor. d'un rouge vif,
à tube droit, dépassant le cal. — ② ou ④. — Mars-oct. — T.
C. — Friches, cultures, vignes.

L. hybridum Vill. — Tiges couchées-ascendantes ; f.
infér. suborbiculaires, les supér. subtriangulaires, prof^t incisées-

crénelées, décurrentes sur le pétiole ; cal. à dents divariquées ; cor. rose ; lobe médian de la lèvre infér. canaliculé. — ②. — Avril-juin. — T. R. — Cultures, bords des chemins. — Rouvray, Seurre, Dijon.

L. purpureum L. (Ortie rouge). — Tiges ascendantes ; f. cordées à la base ; cal. à dents divariquées ; cor. purpurine, munie d'un anneau de poils à la gorge ; lèvre infér. à lobe médian presque plan. —② ou ①. — Avril-oct. — C. — Cultures, vignes.

L. maculatum L.— Tiges ascendantes ; f. souv[t] tachées de blanc à la base, ovales-subtriangulaires, prof[t] dentées, cordées à la base ; cal. à dents étalées ; fl. grandes, à lèvre infér. ponctuée. — ♃. — Avril-oct.— C. — Haies, bords des chemins.

L. album L. (Ortie blanche). — Tiges velues ; f. ovales-acuminées, cordées à la base, fort[t] dentées ; cal. à dents long[t] subulées, étalées ; fl. grandes. — ♃. — Avril.-oct. — T. C. — Haies, bords des chemins. — Pl. off. ; stimulante, emménagogue.

15. GALEOBDOLON Huds. — Ne diffère du genre *Lamium* que par la lèvre infér. de la cor. à 3 lobes lancéolés-aigus.

G. luteum Huds. (Ortie jaune). — Tiges florifères dressées, les stériles couchées-radicantes ; f. pétiolées, ovales-acuminées, cordées ou atténuées à la base, fort[t] dentées ; cal. à dents épineuses ; cor. grande, d'un beau jaune, à tube courbé. — ♃. — Mai-juin. — C. — Bois, buissons.

16. GALEOPSIS Tourn. — Cal. à 5 dents épineuses, presque égales ; cor. à lèvre supér. voûtée en casque, l'infér. à 3 lobes, le moyen plus grand ; gorge munie de 2 renflements coniques ; anthères à loges opposées bout à bout.

1. Tige hispide, gonflée aux nœuds. . . . *G. Tetrahit.*
   Tige pubescente, non gonflée aux nœuds 2
2. Fl. petites, ord[t] rougeâtres, rar[t] blanches ; f. seul[t] pubescentes. . . . . *G. angustifolia.*
   Fl. assez grandes, ord[t] jaunâtres, rar[t] panachées de pourpre ; f. subtomenteuses. . . . . *G. dubia.*

G. Tetrahit L. — Tige dressée, rameuse ; f. pétiolées, ovales-lancéolées, fort[t] crénelées-dentées, arrondies ou atténuées à la base ; fl. en glomérules denses ; cor. purpurine, rar[t] blanche, à lèvre infér. tachée de jaune et de rouge. — ④. — Juill.-sept. — C. — Cultures, chemins, taillis.

Pl. à fl. jaunâtres et f. arrondies : var. *sulphurea* (G. *sulphurea* Jord.) ou au contraire atténuées à la base (G. *versicolor* Curt.). — R. — Auxonne, Benoisey, Perrigny-sur-l'Ognon.

G. angustifolia Ehrh. — *G. Ladanum* Auct. ; an L.? et *G. parviflora* Lorey ; Lorey, 693, 694 ; Royer, 300. — Tige dressée, à rameaux ascendants ; f. lancéolées-linéaires ou linéaires, long^t cunéiformes, et munies de quelques dents écartées à la base ; bractées plus longues que le cal.; fl. en glomérules confluents au sommet. — ④. — Juill.-oct. — C. — Moissons, friches.

G. dubia Leers. — *G. ochroleuca* Lam. ; Lorey, 692. — Tige dressée, à rameaux étalés ; f. ovales-lancéolées, dentées dans toute leur longueur ; bractées plus courtes que le cal.; fl. en glomérules distincts. — ④. — Juill.-sept. — Commun, mais seul^t dans les moissons siliceuses et granitiques.

17. STACHYS L. (Épiaire). — Cal. à 5 dents épineuses, presque égales ; cor. ord^t munie à la gorge d'un anneau de poils, à lèvre supér. dressée, concave, l'infér. à 3 lobes obtus, le moyen plus grand ; les 2 étam. infér. déjetées en dehors de la cor. après l'anthèse ; anthères à loges placées bout à bout. — Fl. en glomérules pauci. ou multiflores, ord^t disposés en long épi interrompu.

1. Fl. purpurines, rouges ou rosées 2
   Fl. blanches ou jaunâtres 7
2. Bractéoles égalant la longueur ou au moins la moitié de la longueur du cal. 3
   Bractéoles très petites ou nulles 4
3. Pl. laineuse, blanchâtre-argentée ; cal. long^t soyeux, à dents triangulaires. . . . . *S. germanica.*
   Pl. pubescente-laineuse, jamais blanchâtre-argentée ; cal. velu-glanduleux, à dents ovales . . . . . . *S. alpina.*
4. F. sessiles ou subsessiles. . . . . *S. palustris.*
   F. plus ou moins long^t pétiolées 5
5. Cor. rosée, dépassant à peine le cal. . . . . *S. arvensis.*
   Cor. purpurine, dépassant long^t le cal. 6
6. Tige velue-glanduleuse dans le haut ; cor. d'un pourpre foncé, à gorge tachée de blanc . . . . *S. silvatica.*

Tige non glanduleuse ; cor. d'un rouge presque uniforme . . . . *S. ambigua.*

7. Cor. blanche, à lèvre infér. jaune ; dents du cal. terminées par une épine ciliée. . . . . *S. annua.*
Cor. d'un blanc jaunâtre, à lèvre infér. tachée de brun ; dents du cal. terminées par une épine glabre . . *S. recta.*

S. germanica L.— Tige ord^t simple ; f. épaisses, ridées, soyeuses, lancéolées, crénelées, cordées à la base, les infér. pétiolées, les supér. sessiles ; cor. purpurine, laineuse à l'extér. — ②. — Juill.-août. — Friches, bords des chemins. — Assez rare dans le calcaire : Dijon, Talant, Fleurey, Laignes, Is-sur-Tille, etc. — Commun dans les terrains siliceux et granitiques.

S. alpina L. — Tige ord^t simple ; f. minces, vertes, fort^t crénelées, les infér. pétiolées, grandes, ovales-cordées, les supér. sessiles, plus petites, lancéolées: cor. d'un pourpre obscur, tachée de blanc, velue à l'extér. — ♃. — Juill.-août. — C. — Bois couverts, buissons, bords des routes.

S. silvatica L. — Pl. fétide, à tige ord^t simple ; f. grandes, ovales-lancéolées, acuminées, dentées, prof^t cordées, long^t pétiolées. — ♃. — Juin-juill. — C. — Taillis, haies, lieux ombragés. — Antispasmodique, emménagogue.

× **S. ambigua** Sm. — *S. palustri* × *silvatica* Schiede. — Tige ord^t simple ; f. assez brièv^t pétiolées, oblongues-lancéolées, fort^t dentées, un peu cordées à la base. — ♃. — Juill.-sept. — T. R. — Broussailles du coteau en aval de la source de la Dhuys à Châtillon.

S. palustris L. — Tige ord^t simple, non glanduleuse au sommet ; f. oblongues-lancéolées, superf^t dentées, un peu cordées, les supér. amplexicaules ; cor. d'un pourpre pâle, tachée de blanc, 1 fois plus longue que le cal. — ♃. — Juill.-sept. — C. — Bords des eaux, lieux humides.

S. arvensis L. — Tiges faibles, rameuses, ascendantes-dressées, non glanduleuses ; f. ovales-obtuses, presque aussi larges que longues, crénelées, cordées, les supér. sessiles. — ①. — Août-oct. — C. — Cultures.

S. annua L.— Souche herbacée ; tige souv^t rameuse dès la base ; f. glabrescentes, oblongues-lancéolées, crénelées ou dentées, atténuées en pétiole, les supér. lancéolées, sessiles ; fl. en glomérules rapprochés. — ②. — Juin-août. — C. — Friches, sables.

S. recta L. — *S. Sideritis* Vill.; Lorey, 698 (Crapaudine). — Souche subligneuse ; tiges ascendantes ; f. velues, oblongues-lancéolées, crénelées, atténuées en un court pétiole, les supér.

sessiles ; fl. en glomérules espacés. — ♃. — Juill.-sept. — C. — Coteaux incultes, pelouses.

18. BETONICA Tourn. (Bétoine). — Cor. à tube dépourvu d'un anneau de poils ; étam. non déjetées après l'anthèse ; anthères à loges parallèles. — Le reste comme dans le genre *Stachys*.

B. officinalis L. — Tige ord[t] simple, dressée, munie seul[t] de 1-2 paires de f., celles-ci ovales-oblongues, obtuses, larg[t] crénelées, cordées, subsessiles, les radicales nombreuses, plus larges, long[t] pétiolées ; fl. purpurines, en épi terminal dense, souv[t] interrompu à la base. — ♃. — Juin-sept. — T. C. — Prairies, bords des bois, clairières. — Pl. off.; âcre, sternutatoire.

19. MARRUBIUM Tourn. (Marrube). — Cal. cylindrique, à 10-12 dents recourbées en crochet ; cor. à lèvre supér. plane, dressée, ord[t] 2-fide, l'infér. étalée, à 3 lobes, le médian plus grand ; étam. incluses ; anthères à loges opposées, réunies bout à bout.

M. vulgare L. — Pl. blanchâtre-tomenteuse, à odeur forte ; tiges rameuses dès la base ; f. pétiolées, ovales-arrondies, inégal[t] crénelées, fort[t] ridées ; fl. blanches, très petites, en glomérules denses, formant un épi interrompu. — ♃. — Juin-sept. — C. — Friches, bords des chemins, rues. — Pl. off.; amère, tonique, fébrifuge, antispasmodique.

20. BALLOTA Tourn. — Cal. campanulé, à 5 dents élargies et pliées longitud[t] ; cor. munie intér[t] d'un anneau de poils, à lèvre supér. dressée, concave, entière ou crénelée, l'infér. à 3 lobes, le médian plus grand ; étam. non déjetées après l'anthèse ; anthères à loges distinctes et divergentes.

B. fœtida Lam. — *B. nigra* Sm. et Auct. gall.; Royer, 305; non L. (Marrube noir). — Pl. à odeur désagréable ; tige robuste, dressée ; f. pétiolées, ovales, crénelées ; fl. purpurines, rar[t] blanches, en petits glomérules axillaires. — ♃. — Juin-août. — T. C. — Haies, décombres, bords des chemins. — Mêmes propriétés que le Marrube.

21. LEONURUS L. (Agripaume). — Cal. campanulé, à 5 dents épineuses ; cor. à lèvre supér. un peu concave, dressée, entière, l'infér. à 3 lobes, le médian plus grand, s'enroulant après l'épanouissement ; étam. infér. déjetées latér[t] après l'anthèse ; anthères à loges opposées bout à bout au sommet.

Tube de la cor. saillant, muni à l'intér. d'un anneau de poils ; cal. à dents infér. réfléchies . . . . *L. Cardiaca.*
Tube de la cor. inclus, dépourvu à l'intér. d'un anneau de poils ; cal. à dents toutes dressées-étalées . . . . . .
. . . . *L. Marrubiastrum.*

L. Cardiaca L. (Agripaume). — Tige très rameuse, élevée ; f. pétiolées, les infér. cordées, palmatipartites, à 5-7 lobes aigus, incisés-dentés, les supér. cunéiformes à la base, 2-3-fides au sommet ; fl. assez grandes, rosées, très velues extér[t], en glomérules nombreux formant un long épi feuillé. — ♃. — Juill.-sept. — A. C. — Décombres, haies, rues. — Dijon, Talant, Neuvon, Liernais, l'Auxois, etc. — Pl. tonique et stimulante.

L. Marrubiastrum L. — Tige rameuse, élevée ; f. pétiolées, les infér. ovales-arrondies, inégal[t] crénelées, les supér. atténuées aux 2 extrémités ; fl. très petites, blanchâtres, pubescentes extér[t], en glomérules formant un long épi feuillé. — ♃. — Juill.-août. — T. R. — Seurre, Labergement-lez-Seurre, Domois.

c. Calice bilabié, fermé à la maturité par le rapprochement des deux lèvres ; étamines inférieures plus longues que les supérieures.

22. BRUNELLA Tourn. — Cal. à lèvre supér. plane, brièv[t] 3-dentée, l'infér. 2-fide ; cor. à lèvre supér. en casque, l'infér. 3-lobée ; étam. à filets 2-fides au sommet ; anthères à loges distinctes, divariquées. — Fl. entourées de bractées très larges, embrassantes, formant des épis compactes ; tiges couchées-ascendantes.

1. Épis ord[t] dépourvus d'une paire de f. à la base ; dent médiane de la lèvre supér. du cal. plus courte que les latér. ; cor. à tube courbé. . . . . . . *B. grandiflora.*

Épis ord^t pourvus d'une paire de f. à la base ; dent médiane
de la lèvre supér. du cal. dépassant ou égalant les latér. :
   cor. à tube droit 2
2. Fl. violettes. . . . . *B. vulgaris.*
Fl. d'un blanc jaunâtre. . . . . *B. alba.*

B. vulgaris L., pro parte (Brunelle). — F. ovales-oblongues, pétiolées, ord^t entières ou sinuées-dentées, les 2 supér. ovales ; étam. longues à filets munis sous le sommet d'une pointe
subulée droite. — ♃. — Juill.-sept. — T. C. — Prés, pelouses,
bois. — Pl. astringente, vulnéraire.
F. pennatifides ou pennatipartites : var. *pennatifida* Rchb.
(*B. laciniata* Lorey, 716).— Avec le type.

B. alba Pall.. — *B. vulgaris* L., pro parte ; Lorey, 715.
— Var. *alba ;* Royer, 306. — F. ovales-oblongues, ord^t pennatifides, rar^t entières, les 2 supér. allongées ; étam. longues
munies sous le sommet d'une pointe subulée-arquée. — ♃. —
Juill.-sept. — A. C. — Pelouses. — Dijon, Gevrey, Montbard, etc.

B. grandiflora Jacq. — F. ovales-oblongues, entières ou
sinuées-dentées, rar^t pennatifides, pétiolées ; fl. grandes, violettes
ou purpurines ; étam. longues à filets munis sous le sommet d'un
petit tubercule. — ♃. — Juill.-sept. — A. C. — Bois, pelouses,
chemins, surtout dans le calcaire.

23. Scutellaria L. (Toque). — Cal. à lèvres en-
tières, la supér. munie à la base d'une écaille saillante en forme de bosse ; cor. à tube dépassant
long^t le cal., à lèvre supér. en casque, l'infér. presque entière ; étam. infér. à anthères 1-locul., les
supér. à anthères 2-locul., à loges opposées et réunies bout à bout.

1. Fl. en épi terminal, feuillé ou non 2
   Fl. unilatér., solitaires ou géminées à l'aisselle des f.
    moyennes et supér. de la tige 3
2. Épi tétragone, muni de bractées membraneuses et ord^t colo-
    rées ; f. crénelées. . . . . *S. alpina.*
   Épi unilatér., muni de bractées foliacées ; f. entières . . .
   . . . . *S. hastifolia.*
3. Cal. glabre ou presque glabre ; cor. à tube arqué . . . .
   . . . . *S. galericulata.*
   Cal. hérissé ; cor. à tube droit. . . . . . . *S. minor.*

S. alpina L. — Tiges couchées-ascendantes ; f. infér.
pétiolées, ovales-obtuses, arrondies ou en cœur à la base, les

supér. sessiles ; fl. grandes, à tube courbé, à lèvre supér. bleue, l'infér. blanchâtre. — ♃. — Juill.-oct. — R. — Uniquem¹ les coteaux calcaires. — Dijon, Larrey, Talant, Meursault, Pommard, Beaune, Asnières-en-Montagne, etc.

S. hastifolia L. — Tiges grêles, dressées ou ascendantes ; f. infér. courtes, ovales-hastées, les moyennes lancéolées-hastées, à oreillettes étalées horizont¹ ; cor. à tube courbé, d'un bleu violacé. — ♃. — Juill.-août. — T. R. — Bords des fossés, haies humides. — Labergement-lez-Seurre.

S. galericulata L. (Toque). — Tiges dressées ou ascendantes ; f. longues de 3-4 cent., lancéolées-oblongues, cordées à la base, crénelées presque jusqu'au sommet ; cor. d'un bleu clair, assez grande. — ♃. — Juill.-sept. — C. — Bords des eaux. — Fébrifuge et stomachique.

S. minor L. — Pl. ord¹ plus petite ; f. longues de 2-3 cent., entières ou munies seul¹ de 1-2 paires de dents à la base, les supér. et les moyennes peu ou point cordées ; cor. rose, petite. — ♃. — Juill.-sept.— A. R.— Bords des eaux, étangs du Pays-Bas, prairies tourbeuses. — St-Nicolas, Argilly, Gerland, Saulieu, Laroche-en-Brenil, etc.

C. Corolle paraissant unilabiée.

24. AJUGA L. (Bugle). — Cal. à 5 dents presque égales ; cor. à tube muni d'un anneau de poils ; lèvre supér. presque nulle et remplacée par 2 dents, l'infér. à 3 lobes, le médian plus grand ; anthères à loges opposées et réunies bout à bout.

1. Fl. jaunes, solitaires ou géminées ; f. supér. 3-partites, à div. linéaires. . . . . A. *Chamæpitys*.
  Fl. bleues, roses ou blanches, en glomérules formant par leur réunion une grappe spiciforme feuillée ; f. la plupart oblongues ou obovées, plus ou moins sinuées ou crénelées. . . 2
2. Tiges velues sur les 4 faces ; f. radicales détruites au moment de l'anthèse. . . . . A. *genevensis*.
  Tiges velues sur 2 faces opposées ; f. radicales persistantes. . . . . A. *replans*.

A. Chamæpitys Schreb. (Ivette). — Pl. velue-visqueuse, odorante ; tiges rameuses dès la base, couchées-diffuses, puis dressées ; f. infér. linéaires-oblongues, entières. — ① ou ②. — Mai-août. — C. — Friches, moissons, surtout dans le calcaire.— Pl. off. ; excitante, amère et tonique.

A. reptans L. — Souche émettant de nombreux stolons épigés et feuillés; tige florifère solitaire, dressée, simple; f. radicales grandes, long^t pétiolées, les caulinaires subsessiles; grappe interrompue à la base seul^t. — ♃. — Avril-juin. — T. C. — Prés, taillis. — Pl. off.; astringente; était regardée comme un puissant vulnéraire.

A. genevensis L. — *A. pyramidalis* Lorey, 683; non L. — Souche dépourvue de stolons; tiges florifères dressées, simples; f. radicales non persistantes, grandes, long^t pétiolées, les caulinaires sessiles; grappes interrompues presque dans toute leur longueur. — ♃. — Mai-juin. — A. C. — Coteaux incultes, bords des chemins, prairies artificielles. — Dijon, la Côte, le Châtillonnais, le Morvan, l'Auxois.

25. TEUCRIUM L. (Germandrée). — Cal. tubuleux, à 5 dents égales ou inégales, la supér. plus large; cor. à tube dépourvu d'un anneau de poils, à lèvre supér. paraissant nulle, mais en réalité composée de 2 lobes rejetés sur la lèvre infér., celle-ci à 3 lobes, le médian plus grand; anthères à 2 loges opposées et réunies bout à bout.

1. Fl. en longues grappes spiciformes unilatér., non feuillées; cal. à dent postér. plus large que les 4 autres . . . . *T. Scorodonia.*
Fl. en glomérules axillaires, en capit. terminaux ou en grappes courtes, feuillées; cal. à dents égales. . . . 2

2. Fl. d'un blanc jaunâtre, en capit. serrés et déprimés. . . . . *T. montanum.*
Fl. purpurines ou violacées, en glomérules axillaires ou en grappes courtes, unilatér. 3

3. Tiges subligneuses à la base; fl. en grappes courtes, denses, unilatér.; pédic. 2 fois plus courts que le cal. . . . . *T. Chamædrys.*
Tiges herbacées; fl. en glomérules axillaires pauciflores; pédic. égalant le cal. 4

4. F. toutes pétiolées, 2-pennatifides, à segments linéaires. . . . . *T. Botrys.*
F. toutes sessiles, seul^t crénelées. . . . *T. Scordium.*

T. Scorodonia L. (Germandrée sauvage). — Tiges de 4-8 déc., herbacées, dressées; f. pétiolées, ridées en réseau, ovales ou ovales-oblongues, crénelées-dentées, cordées à la base; fl. d'un jaune verdâtre, à l'aisselle de bractées membraneuses. — ♃. — Juill.-sept. — C. — Carrières, pierrailles, buissons, bois.

T. Botrys L. — Rac. grêle, non stolonifère ; pl. visqueuse, à tiges nombreuses, basses, ascendantes ; fl. purpurines, axillaires, géminées ou ternées, unilatér.; cal. enflé-gibbeux. — ① ou ②. — Juin-sept. — C. — Friches, moissons maigres.

T. Scordium L. (Germandrée aquatique).— Souche rampante, stolonifère ; tiges souv^t assez élevées, ascendantes; f. oblongues ; fl. petites, purpurines ou violacées, axillaires, unilatér., solitaires ou géminées; cal. non enflé-gibbeux. — ♃. — Juill.-sept. — C. — Bords des eaux, prairies marécageuses. — Pl. off.; amère, fébrifuge, d'odeur alliacée.

T. Chamædrys L. (Petit Chêne). — Souche rampante, stolonifère ; tiges basses, nombreuses, couchées-ascendantes; f. brièv^t pétiolées, coriaces, luisantes en dessus, ovales-lancéolées, crénelées; fl. purpurines. — ♄. — Juill.-sept. — C. — Pierrailles, rochers, coteaux incultes.— Pl. off.; amère, excitante, fébrifuge.

T. montanum L. — Souche ligneuse, non stolonifère ; tiges subligneuses, basses, très rameuses, étalées en cercle, redressées au sommet ; f. lancéolées ou sublinéaires, entières, à bords roulés en dessous. — ♄. — Juin-août. — C. — Pelouses, bois de montagne des terrains calcaires.

La Lavande (*Lavandula vera* DC.), originaire du midi de l'Europe est cultivée dans les jardins ; on la reconnaît à ses tiges ligneuses à la base, à ses f. étroites, oblongues, à bords enroulés en dessous, blanchâtres-tomenteuses à l'état jeune, à ses fl. petites, bleues, en glomérules 3-5-flores formant de longs épis grêles terminaux. — Pl. off.; stimulante ; usitée en parfumerie.

LXX. VERBÉNACÉES Juss.

Fl. plus ou moins irrég. Cal. tubuleux, à 4-5 div. Cor. subbilabiée, à 5 lobes. Étam. 4, didynames. Ov. supère. Style simple. Stigm. entier ou 2-fide. Fr. formé de 4 carpelles (*achaines* ou *nucules*) 1-spermes. — Herbes à f. ord^t opposées, sans stip.

VERBENA Tourn. (Verveine). — Cal. à 4-5 dents; cor. à 5 lobes presque égaux ; fr. sec.

V. officinalis L. — Tiges tétragones, à rameaux dressés, effilés ; f. prof[t] incisées ou pennatifides, à lobes dentés ou crénelés ; fl. petites, lilacées, en épis grêles, très allongés. — ♃. — Juill.-sept. — C. — Rues, décombres, friches. — Pl. off.; elle jouissait autrefois d'une immense réputation contre une foule de maladies ; elle est à peine astringente.

LXXI. GLOBULARIÉES DC.

Fl. irrég. Cal. tubuleux, à 5 div. ord[t] inégales. Cor. tubuleuse, bilabiée, à lèvre supér. 2-partite, l'infér. plus grande, à 3 div. linéaires. Étam. 4, long[t] saillantes. Ov. supère. Style filiforme. Stigm. 2-fide. Fr. sec, 1-locul., 1-sperme, indéhisc. (*achaine*), renfermé dans le cal. persistant. — Herbes à f. entières, alternes, sans stip., les infér. souv[t] en rosette. Fl. en capit. solitaires, globuleux, compactes, à récept. pailleté, et munis à leur base d'un invol. polyphylle.

GLOBULARIA Tourn. (Globulaire). — Caractères de la famille.

G. Willkommii Nym. — *G. vulgaris* Auct.; Lorey, 732; Royer, 314 ; non L. — Souche subligneuse ; tiges dressées ; f. coriaces, les radicales obovales-spatulées, atténuées en pétiole, les caulinaires plus petites, lancéolées, sessiles ; invol. à fol. ciliées; fl. bleues, rar[t] blanches. — ♃. — Mai-juin. — C. — Pelouses, coteaux, bois secs des terrains calcaires. — Purgatif doux.

LXXII. PLANTAGINÉES Juss.

Fl. hermaphr., rar[t] monoïques. Cal. persistant, à 4, rar[t] 3 div. Cor. scarieuse, persistante, à limbe 4, rar[t] 3-fide. Étam. 4, très saillantes. Ov. supère. Style filiforme. Fr. capsulaire ou osseux. — Pl. ord[t] herbacées, à f. simples, sans stip., opposées ou fasciculées, ou toutes radicales. Fl. petites, en épis denses, plus rar* solitaires ou en petites grappes axillaires.

Pl. aquatique ; fl. monoïques, les mâles solitaires à l'extrémité de pédonc. radicaux. . . . . *Littorella* (1).
Pl. terrestres ; fl. hermaphr., disposées en épis . . . . *Plantago* (2).

1. LITTORELLA L. — Fl. mâles : cal. à 4 div. ; cor. tubuleuse, à limbe 4-partit. — Fl. femelles : cal. à 3-4 div. ; cor. urcéolée, à limbe 4-denté ; fr. osseux, 1-locul., 1-sperme, indéhisc. — Fl. mâles solitaires au sommet de longs pédonc. accompagnés à leur base de 2 ou 3 fl. femelles.

L. lacustris L. — Pl. petite, acaule, souv* submergée, mais ne fleurissant que sur les rivages asséchés ; f. toutes radicales, linéaires, un peu charnues ; fl. blanchâtres. — ♃. — Juill.-sept. — Très abondant aux bords des étangs granitiques du Morvan. — Vic-sous-Thil, Saulieu, Arnay-le-Duc, Laroche-en-Brenil, etc.

2. PLANTAGO Tourn. (Plantain). — Cal. à 4 div. ; cor. tubuleuse, à 4 lobes à la fin réfléchis ; caps. membraneuse, à 2, rar* 4 loges 1-4-spermes, s'ouvrant transvers* par un opercule. — Fl. ord* blanches, blanchâtres ou brunâtres.

1. Tige rameuse et feuillée ; cor. à tube ridé en travers . . 2
   F. toutes radicales ; cor. à tube lisse 3
2. Tige ligneuse à la base . . . . *P. Cynops.*
   Tige ent* herbacée . . . . *P. arenaria.*
3. F. lancéolées ou linéaires-lancéolées ; pédonc. fort* sillonnés-anguleux . . . . *P. lanceolata.*
   F. ovales ou ovales-lancéolées ; pédonc. non sillonnés-anguleux 4
4. F. atténuées en un pétiole ord* court ; pédonc. coudés à la base, beaucoup plus longs que les f. ; cor. blanche, luisante. . . . . *P. media.*
   F. brusq* contractées en un pétiole assez long ; pédonc. dressés ou ascendants, dépassant peu les f. ; cor. roussâtre. *P. major.*

7. Périanthe à div. carénées ; f. plus ou moins cordées à la base,
    présentant 3-4 dents larges, aiguës, terminées par une
    longue pointe aiguë. . . . .   *C. hybridum.*
    Périanthe à div. non carénées ; f. atténuées à la base. .   8

8. F. blanchâtres ou vertes en dessous, triangulaires-aiguës, les
    moyennes et les infér. à dents nombreuses et profondes. .
    . . . .   *C. urbicum.*
    F. très blanches-farineuses en dessous, oblongues-obtuses,
    à dents peu nombreuses, courtes. . . . *C. glaucum.*

C. polyspermum L. — Tiges ord^t très rameuses, couchées-diffuses ou ascendantes ; f. assez long^t pétiolées, souv^t rougeâtres ; glomérules en grappes lâches, feuillées presque jusqu'au
sommet. — ①. — Juill.-sept. — C. — Lieux ombragés, bords
des étangs, bois humides.

C. Vulvaria L. (Vulvaire). — Pl. très fétide, blanchâ-
tre-farineuse, à tiges très rameuses, couchées-diffuses; glomérules
en petites grappes compactes, nues. — ①. — Juill.-oct. — C. —
Décombres, bords des chemins, pied des vieux murs. — Pl. off. ;
antispasmodique et antihystérique.

C. album L. — *C. leiospermum* DC. ; Lorey, 745.
— Pl. farineuse, à tige anguleuse, rameuse, dressée, striée de
vert, de blanc et de rouge ; f. plus ou moins pulvérulentes-blan-
châtres en dessous, ou verdâtres sur les 2 faces (*C. viride*
Auct. ; non L.) ; glomérules en grappes nues ou feuillées à la
base, dressées, compactes, ou lâches avec les f. vertes et toutes
entières (var. *concatenatum.* — *C. concatenatum* Thuill.). —
①. — Juill.-oct. — T. C. — Cultures, moissons, rues, décombres.

C ficifolium Sm. — Tige dressée, rameuse, à stries
blanches et vertes ; f. vertes, pulvérulentes en dessous ; glomérules en grappes courtes, nues ou un peu feuillées à la base. —
①. — Juill.-sept. — T. R. — Vase des bords des étangs. —
Cîteaux.

C. murale L. — Tige anguleuse, souv^t rameuse dès la
base ; f. vertes, luisantes, farineuses dans leur jeunesse ; glomérules en grappes rameuses, étalées, non feuillées. — ①. — Juill.-
sept. — A. C. — Cultures, fossés à sec. — Dijon, St-Remy,
Buffon, St-Jean-de-Losne, etc.

C. urbicum L. — Tige striée de blanc et de vert, quelquefois rouge, anguleuse, dressée, souv^t rameuse dès la base ; glomérules en grappes effilées, serrées contre la tige, nues ou feuillées à la base. — ①. — Juill.-sept. — A. R. — Cultures, rues,
décombres. — Dijon, Jeux, Toutry, etc.

C. hybridum L. — Pl. à odeur de Datura ; tige anguleuse, dressée, cannelée ; glomérules en grappes rameuses, nues, étalées. — ①. — Juill.-sept. — A. C. — Cultures, décombres. — Dijon, Auxonne, Beaune, etc.

C. glaucum L. — Pl. peu élevée, à rameaux étalés-diffus ; glomérules en grappes simples, compactes, dressées, ord^t plus courtes que les f. ; gr. en partie verticales. — ①. — Juill.-oct. — R. — Décombres, rues. — St-Jean-de-Losne, port du canal et sablières de la porte Neuve à Dijon, Lamarche, Auxonne.

Le *C. ambrosioides* L., à odeur aromatique agréable, et grappes munies de f. 6-10 fois plus longues que les glomérules, a été trouvé à l'état adventif dans les promenades et les décombres des environs de Dijon. — Pl. off. ; stomachique, aromatique.

2. BLITUM Tourn. (Blète).

— Périanthe à **3-5** div. libres ou soudées à la base ; étam. 5 ou moins ; styles 2 ; fr. comprimé, renfermé dans le périanthe herbacé ou devenu charnu ; gr. presque toutes verticales.

Glomérules disposés en grappes axillaires, interrompues et
    feuillées ; f. luisantes. . . . . . . *B. rubrum.*
Glomérules disposés en panicule terminale, non feuillée au
    sommet ; f. pulvérulentes. . . . *B. Bonus-Henricus.*

B. rubrum Rchb. — *Chenopodium rubrum* L.; Lorey, 745. — Tige dressée ou couchée, rougeâtre ou striée de blanc et de rouge ; f. grandes, charnues, rhomboïdales ou hastées, ord^t sinuées ou dentées, vertes ou rougeâtres; périanthe herbacé. — ①. — Juill.-sept. — R. — Atterrissements, étangs desséchés. — Larrey-lez-Poinçon.

B. Bonus-Henricus Rchb. — *Chenopodium Bonus-Henricus* L. ; Lorey, 747 (Épinard sauvage, Toute-bonne, Herbe du bon Henri).—Tiges dressées, anguleuses, presque simples, striées de vert et de rouge ; f. long^t pétiolées, triangulaires-hastées, grandes, pulvérulentes, ondulées sur les bords, les supér. lancéolées; périanthe herbacé. — ♃.— Juill.-sept. — C. — Rues, décombres. — Alimentaire.

Les *B. virgatum* L. (Épinard-Fraise) et *B. capitatum* L. (Arroche-Fraise), à périanthe gonflé, charnu-induré à la maturité, ont été signalés par Lorey comme espèces échappées des jardins où on les cultive.

3. ATRIPLEX Tourn. (Arroche). — Fl. mâles ou

hermaphr. : périanthe à 3-5 div. soudées à la base; étam. 3-5 ; fr. nul ou déprimé, à gr. horizontale. — Fl. femelles : périanthe ord[t] nul et remplacé par 2 bractées opposées, accrescentes, enfermant le fr., celui-ci comprimé, à gr. verticale ; styles 2. — Tiges ord[t] étalées-ascendantes ; glomérules disposés en grappes ou en panicules.

> F. larges, triangulaires-hastées, tronquées à la base, assez long[t] pétiolées. . . . . *A. hastata.*
> F. oblongues-lancéolées, atténuées en coin à la base, court[t] pétiolées, les supér. linéaires, ou toutes linéaires. . . .
> . . . . *A. patula.*

A. hastata L. — *A. hastata* Royer, 404, pro parte. — Pl. plus ou moins couverte de poussière farineuse, à tige ord[t] très rameuse, striée de blanc et de vert ; bractées des fl. femelles triangulaires, un peu tronquées à la base, souv[t] denticulées et tuberculeuses. — ①. — Juill.-oct. — T. C. — Rues, décombres, cultures.

A. patula L. — *A. hastata* var. *patula* Royer, 404. — Pl. moins farineuse ; bractées des fl. femelles hastées-rhomboïdales, cunéiformes à la base, entières. — ①. — Juill.-oct. — T. C. — Rues, décombres, cultures.

> F. linéaires ; tige étalée sur terre (*A. angustifolia* Sm. ; Lorey, 750), ou au contraire dressée (*A. littoralis* Lorey, 750 ; non L.).

L'*A. rosea* L. a été trouvé advent[t] près de Dijon, sur des décombres entre la gare et les Chartreux. Cette espèce a les f. rhomboïdales-triangulaires, jamais hastées, les fl. en grappes très lâches, interrompues et feuillées, au moins dans le bas ; les bractées fructifères sont blanchâtres-argentées, coriaces.

4. Beta Tourn. (Bette). — Périanthe à 5 div. soudées à la base ; étam. 5 ; styles ord[t] 2, rar[t] 3-4 ; fr. soudé infér[t] avec le périanthe urcéolé qui devient ligneux à la maturité.

B. vulgaris L. var. *rapacea* (Betterave). — Rac. grosse, fusiforme, charnue, blanche, jaune, rose ou rouge ; f. luisantes, à nervures charnues, souv[t] colorées, les radicales très amples, ovales-obtuses, ondulées, les caulinaires plus petites. — ① ou ②.

— Juill.-sept. — Cultivé en grand dans quelques parties du département pour la fabrication du sucre et de l'alcool, et la nourriture du bétail.

Le *B. vulgaris* L. var. *Cicla* (Carde Poirée), à rac. cylindrique, dure, est assez fréq[t] employé dans la culture maraîchère, de même que deux plantes d'un genre voisin, le *Spinacia oleracea* L. (Épinard d'hiver), à f. triangulaires-hastées, aiguës, et à fr. épineux, et le *S. glabra* Mill. (Épinard de Hollande), à f. oblongues-ovales dans leur pourtour, souv[t] un peu hastées ou dentées à la base, obtuses ; fr. sans épines.

LXXV. POLYGONÉES Juss.

Fl. hermaphr., dioïques ou polygames. Périanthe herbacé ou pétaloïde, à 5-6, rar[t] 3-4 div. libres ou soudées à la base, sur 1 ou 2 rangs. Étam. 4-10, insérées à la base du périanthe ou sur un disque glanduleux, à filets libres ou soudés à la base. Ov. supère. Styles 2-3, rar[t] 4. Stigm. capités ou en pinceau. Fr. sec, 1-locul., 1-sperme, indéhisc. (*achaine*), ord[t] enveloppé par les div. accrescentes du périanthe. — Herbes à f. ord[t] alternes, munies de stip. intrapétiolaires soudées entre elles et avec le pétiole de manière à former une gaîne (*ochrea*) complète ou fendue, à la base de chaque entre-nœud. Fl. petites, divers[t] disposées.

1. Périanthe à 6 div., ord[t] herbacées, disposées sur deux rangs. . . . . *Rumex* (1).
Périanthe à 5, rar[t] 3-4 div. colorées, disposées sur un rang. . . . . 2.

2. Fr. enveloppé par le périanthe persistant. *Polygonum* (2).
Fr. beaucoup plus long que le périanthe. *Fagopyrum* (3).

1. RUMEX L. (Patience, Oseille). — Fl. hermaphr., rar[t] dioïques ou polygames ; périanthe à 6 div. herbacées sur 2 rangs, les intér. ou *valves* grandes,

accrescentes, souv^t munies d'une petite glande (*granule*) sur le dos, les extér. soudées à la base ; étam.
6 ; styles ord^t 3 ; stigm. en pinceau ; fr. trigone. —
Fl. rougeâtres ou verdâtres, disposées en faux verticilles et formant par leur réunion des grappes plus
ou moins compactes.

1. F. hastées ou sagittées, à saveur acide . . . . 2.
   F. ni hastées ni sagittées, à saveur herbacée ou très faibl^t
      acide. 4.
2. F. glauques, ovales-triangulaires, aussi larges que longues ;
      fl. polygames. . . . . *R. scutatus.*
   F. vertes, ovales-oblongues ou lancéolées, 2-3 fois aussi
      longues que larges ; fl. dioïques . . . . 3.
3. Périanthe à div. extér. réfractées ; pédic. capillaires et
      articulés. . . . . *R. Acetosa.*
   Périanthe à div. extér. dréssées-apprimées; pédic. non articulés
      et brusq^t renflés au sommet . . . . *R. Acetosella.*
4. Valves fort^t dentées à la base . . . . 5.
   Valves entières ou seul^t denticulées à la base. . . . 7.
5. Valves munies de chaque côté de 2 dents très fines ; f. toutes
      étroit^t lancéolées, atténuées en pétiole . *R. maritimus.*
   Valves munies de chaque côté de plusieurs dents subulées ou
      triangulaires ; f. infér. ovales, oblongues ou suborbiculaires,
      arrondies ou cordées à la base, rar^t aiguës, long^t pétiolées.
      . . . . 6.
6. Verticilles floraux presque tous munis d'une f. bractéale; valves
      portant chacune un granule . . . . . . *R. pulcher.*
   Verticilles floraux dépourvus de f. bractéale ; deux valves
      ord^t sans granule ou à granule rudimentaire . . . . .
      . . . . *R. obtusifolius.*
7. F. infér. longues de 5 à 10 déc. . . *R. Hydrolapathum.*
   F. infér. ne présentant pas ce caractère . . . . . 8.
8. F. fort^t ondulées-crispées ; valves suborbiculaires, cordées ou
      arrondies à la base. . . . . *R. crispus.*
   F. plates ou faibl^t ondulées ; valves plus ou moins allongées,
      non suborbiculaires, ni cordées à la base. . . . . 9.
9. Deux valves sans granule ou à granule rudimentaire . . . .
      . . . . *R. nemorosus.*
   Valves toutes munies d'un gros granule ovoïde ou oblong. .
      . . . . *R. conglomeratus.*

1. Fleurs hermaphrodites ou polygames; feuilles à saveur non acide.

1. Verticilles floraux, au moins les inférieurs et les moyens, munis d'une feuille bractéale.

R. maritimus L. — Pl. jaune à la maturité, à tige dressée, sillonnée; verticilles assez denses, rapprochés ou confluents; valves à dents sétacées, aussi longues ou plus longues que la valve elle-même. — ♃. — Juill.-sept. — R. — Fossés, bords des étangs et des rivières. — Saulon, Cîteaux, Boncourt, Saulieu, Labergement-lez-Seurre, Larrey-lez-Poinçon, Lamarche.

> Pl. moins jaune ; verticilles en grappes lâches ; valves à dents subulées, plus courtes que la valve elle-même : var. *palustris* (*R. palustris* Sm.). — T. R. — Labergement-lez-Seurre, Lacanche, Arnay-le-Duc, Collonges.

R. pulcher L. — Tige flexueuse, sillonnée, à rameaux divariqués ; f. radicales ord[t] en rosette, échancrées en forme de violon, les caulinaires lancéolées-linéaires ; verticilles très distants; valves à dents raides, presque épineuses. — ♃. — Juin-août. — A. C. — Prés secs, lieux pierreux, friches, bords des chemins. — Dijon et toute la Côte, Beaune, St-Remy, Santenay, Semur, etc.

R. conglomeratus Murr. — *R. Nemolapathum* Ehrh.; Lorey, 759. — Tige robuste, sillonnée, à rameaux effilés, étalés ; f. radicales ovales-oblongues ou oblongues-lancéolées, cordées, les caulinaires lancéolées, un peu ondulées sur les bords; verticilles denses, en grappes effilées. — ♃. — Juill.-sept. — C. — Bois et prés humides, berges des rivières.

> F. à nervures rouges : var. *rubrinerve*. — T. R. — Buffon, Rouvray.

2. Verticilles floraux la plupart dépourvus de feuille bractéale.

R. obtusifolius L. (Chou gras, Oseille de serpent, Rouandre). — Tige robuste, sillonnée, à rameaux dressés ; f. infér. larges, ovales ou oblongues, obtuses, les supér. étroit[t] lancéolées ; verticilles assez fournis, en grappes allongées, rameuses ; valves triangulaires-oblongues, à dents subulées. — ♃. — Juin-août. — C. — Prés, bords des chemins. — Pl. off.; la rac., connue sous le nom de Patience, est dépurative ; on lui subtitue les rac. des *R. crispus, conglomeratus* et *nemorosus*, qui jouissent des mêmes propriétés.

> F. toutes aiguës; valves triangulaires-ovales : var. *acutifolius* (*R. acutus* L. ; Lorey, 758).

R. crispus L. (Chou gras, Rouandre). — Tige sillonnée, à rameaux dressés, serrés et courts ; f. radicales lancéoléesallongées, les supér. plus étroites; verticilles en grappes compactes, formant une panicule allongée ; deux valves souv^t sans granule ou à granule rudimentaire. — ♃. — Juin-août. — C. — Prés, bords des chemins.

R. Hydrolapathum Huds. — *R. aquaticus* Auct. mult.; Lorey, 760 ; non L. — Tige très élevée, robuste, fort^t sillonnée ; f. coriaces, les radicales très grandes, larg^t lancéolées, décurrentes sur le pétiole, les caulinaires étroit^t lancéolées ; verticilles en grappes fournies, formant une ample panicule. — ♃. — Juill.-août. — A. R. — Bords des eaux. — Pouillenay, Vielverge, St-Jean-de-Losne, etc.

R. nemorosus Schrad. — Tige dressée, sillonnée, à rameaux grêles, dressés; f. légèr^t ondulées, les radicales oblongues-lancéolées, arrondies ou cordées à la base ; verticilles en grappes effilées. — ♃. — Juill.-sept. — C. — Prés, bois, rues.

Tige rougeâtre ; f. à nervures et pétiole d'un rouge foncé : var. *sanguineus* (*R. sanguineus* L.). — Pl. cultivée et qqfois subspontanée près des habitations.

2. *Fleurs dioïques ou polygames ; feuilles à saveur acide ; verticilles floraux dépourvus de feuille bractéale.*

R. scutatus L. (Oseille ronde). — Pl. très glauque, à tiges rameuses, diffuses, couchées-redressées; f. larg^t ovales-triangulaires, hastées ; verticilles espacés, pauciflores, en grappes grêles; valves largement ailées, membraneuses, sans granules. — ♃. — Mai-août. — C. — Murs, carrières, lieux pierreux dans le calcaire.

R. Acetosa L. (Oseille de brebis, Parelle, Surette). — Tige dressée, sillonnée, verdâtre ou rougeâtre; f. un peu charnues, ovales-oblongues, prof^t sagittées, à oreillettes long^t acuminées et presque parallèles au pétiole, les radicales obtuses, long^t pétiolées, les caulinaires plus étroites, subsessiles ; verticilles pauciflores, en grappes formant une panicule lâche ; valves plus longues que le fr. et toutes munies d'un petit granule. — ♃. — Mai-juin. — T. C. — Friches, prairies, bois humides. — Pl. off.; acide et rafraîchissante ; alimentaire.

R. Acetosella L. — Tiges grêles, dressées ou diffuses; f. toutes pétiolées, oblongues ou linéaires-lancéolées, hastées, à oreillettes horizontales ou recourbées en haut ; fl. très petites, en verticilles pauciflores et grappes grêles formant panicule ; valves plus courtes que le fr., sans granules. — ♃. — Mai-juill. — T. C. — Moissons et cultures des sols granitiques et siliceux ; se retrouve aussi dans les affleurements siliceux des sols calcaires, tels que : bois de Montbard et de Bouilland, chaumes d'Auvenay, Baulme-la-Roche, Mâlain, le Val-de-Saône.

2. POLYGONUM Tourn. (Renouée). — Fl. hermaphr., rar[t] polygames ; périanthe ord[t] à 5 div. colorées, égales, un peu soudées à la base, peu ou pas accrescentes, sur 1 rang ; étam. 4-10, ord[t] 8, sur 2 rangs ; styles 3, rar[t] 2 ; stigm. capités ; fr. comprimé-lenticulaire ou trigone. — Fl. en épis ou en grappes, rar[t] solitaires ou fasciculées à l'aisselle des f.

1. F. ovales-acuminées, cordées-sagittées à la base ; tige volubile. 2
F. gén[t] oblongues ou lancéolées, non cordées-sagittées à la base ; tige non volubile 3

2. Tiges cylindriques ; div. extér. du périanthe à carène larg[t] ailée-membraneuse. . . . . *P. dumetorum.*
Tiges anguleuses ; div. extér. du périanthe à carène non ailée-membraneuse . . . . *P. Convolvulus.*

3. Fl. solitaires ou fasciculées par 3-4 à l'aisselle des f. ; styles courts ou presque nuls . . . . . . *P. aviculare.*
Fl. en grappes ou en épis ; styles allongés 4

4. Étam. long[t] saillantes 5
Étam. incluses. 6

5. Styles 3 ; f. infér. à limbe décurrent sur le pétiole. . . .
. . . . *P. Bistorta.*
Styles 2 ; f. à limbe non décurrent sur le pétiole. . . . .
. . . . *P. amphibium.*

6. Épis gros, compactes, rar[t] interrompus à la base . . . 7
Épis grêles, subfiliformes, ord[t] interrompus à la base. . 8

7. Gaînes stipulaires nues ou brièv[t] ciliées ; périanthe à div. munies de 3 nervures saillantes ; styles libres. . . . .
. . . . *P. lapathifolium.*
Gaînes stipulaires pubescentes, long[t] ciliées ; périanthe à div. sans nervures saillantes ; styles soudés à la base . . . .
. . . . *P. Persicaria.*

8. Périanthe parsemé de points glanduleux ; pl. à saveur piquante-poivrée . . . . *P. Hydropiper.*
Périanthe non parsemé de points glanduleux ; pl. à saveur herbacée . . . . *P. mite.*

1. Styles plus ou moins longs.

1. Étamines incluses.

P. lapathifolium L. — Tige robuste, dressée ; f. ovales-elliptiques ou lancéolées, souv[t] glanduleuses en dessous et tachées de noir brun au milieu du limbe ; fl. d'un blanc verdâtre ou rosées, en épis denses, cylindriques. — ①. — Juill.-oct. — A. C. — Champs et lieux humides, décombres, cultures.

> Tige ponctuée de rouge, à nœuds renflés ; f. larges, acuminées ; épis allongés, un peu penchés ; fl. souv[t] rouges : var. *nodosum* (P. *nodosum* Pers.).

> F. plus étroites que dans le type, blanches-tomenteuses en dessous ; fr. petits : var. *incanum* (P. *incanum* DC.).

P. Persicaria L. (Persicaire). — Tige dressée ou couchée, renflée aux nœuds ; f. ovales ou lancéolées, brièv[t] pétiolées, marquées ou non d'une tache brune ; fl. d'un blanc verdâtre ou rosées, en épis courts, oblongs. — ①. — Juill.-oct. — T. C. — Champs et lieux humides, décombres, bords des eaux. — Pl. âcre, même vésicante.

> Épis allongés, plus grêles ; fr. petits : var. *biforme* (P. *biforme* Wahl.).

> F. plus étroites, blanches-tomenteuses en dessous : var. *incanum* Gren. et Godr.

P. mite Schrank. — P. *pusillum* Lorey, 769. — Tige dressée, ord[t] rameuse ; f. lancéolées ou lancéolées-linéaires ; fl. roses, rar[t] d'un blanc verdâtre, en épis grêles, filiformes, plus ou moins penchés. — ①. — Juill.-oct. — C. — Fossés, bords des eaux.

> Fl. très petites, en épis dressés ; pl. grêle, de très petite taille ; fl. d'un rouge vineux : var. *minus* (P. *minus* Huds. — P. *pusillum* Lam.).

P. Hydropiper L. (Poivre d'eau, Curage). — Tige dressée, rameuse ; f. oblongues-lancéolées ; fl. rosées ou d'un blanc verdâtre, en épis filiformes, penchés. — ①. — Juill.-oct. — C. — Bords des eaux, lieux humides. — Très âcre.

2. Étamines longuement saillantes.

P. Bistorta L. (Bistorte, Feuillotte). — Souche charnue, épaisse, contournée sur elle-même ; tiges dressées, toujours simples ; f. ovales-oblongues, pubérulentes en dessous, les supér. presque embrassantes, plus étroites ; fl. roses, en épi cylindracé, toujours solitaire. — ♃. — Mai-juill. — A. R. — Prés et bois humides des terrains granitiques. — St-Léger-de-Fourches, Eschamps, Laroche-en-Brenil, Rouvray, etc. — Pl. off. ; rac. très astringente, tonique.

P. amphibium L. — Souche long^t rampante; tiges submergées-nageantes, souv^t radicantes à la base ; f. fermes, elliptiques-oblongues ou ovales-lancéolées, glabres, nageantes ; fl. roses, en épis cylindriques, dressés hors de l'eau. — ♃. — Juill.-sept. — T. C. — Étangs, rivières. — La rac. a été vantée comme antisyphilitique.

    Pl. non submergée, à f. plus étroites, pubescentes-rudes, parfois ondulées; gaînes ciliées : var. *terrestre* Mœnch. — T. C. — Lieux asséchés ou humides.

2. *Styles courts ou nuls.*

P. aviculare L. (Traînasse, Achée, Herbe au cochon). — Pl. très polymorphe, à tiges très nombreuses, diffuses, étalées ou redressées, rar^t solitaires ; f. subsessiles, ovales, oblongues, lancéolées ou linéaires, scabres sur les bords ; fl. roses ou blanches; fr. fin^t striés en long. — ①. — Juin-oct. — T. C. — Cultures, bords des chemins, décombres. — Pl. astringente, employée contre la dyssenterie.

P. Convolvulus L. — Tiges grêles, grimpantes ou couchées, striées-sillonnées ; fl. blanchâtres, en fascicules axillaires pauciflores, formant une grappe interrompue à la base ; fr. mats, fin^t striés. — ①. — Juill.-sept. — C. — Cultures, moissons.

P. dumetorum L. — Tiges grêles, très allongées, rameuses, volubiles ; fl. blanchâtres, en grappes lâches, allongées; fr. lisses, luisants. — ①. — Juill.-sept. — R. — Bois, buissons, broussailles. — Savigny-sous-Beaune, Courcelles-Frémoy, Toutry.

3. FAGOPYRUM Tourn. (Sarrasin, Blé noir). — Fl. hermaphr.; périanthe à 5 div. pétaloïdes presque égales, soudées à la base, non accrescentes ; étam. 8, sur 2 rangs; styles 3, assez longs ; stigm. capités ; fr. trigone. — F. ovales-triangulaires, cordées-sagittées à la base, long^t pétiolées.

    Fl. blanches ou rosées, en grappes courtes, formant corymbe. . . . . *F. esculentum.*
    Fl. d'un blanc verdâtre, en grappes allongées, interrompues. . . . . *F. tataricum.*

F. esculentum Mœnch. — *Polygonum Fagopyrum* L. ; Lorey, 764. — Tige dressée, rameuse; fr. lisses, à angles aigus, entiers. — ①. — Juin-août. — Subspontané près des lieux où il est cultivé.

F. tataricum Gærtn. — Tige dressée, rameuse ; fr. rugueux, dentés-striés sur les angles. — ①. — Juin-août. — Dans les mêmes conditions que le précédent, mais moins fréquent.

LXXVI. LORANTHACÉES Juss.

Fl. monoïques. — Fl. mâles : Périanthe tubuleux, 4-fide. Anthères 4, sessiles, soudées aux div. du périanthe. — Fl. femelles : Périanthe à 8 div., les extér. très courtes, les 4 intér. squamiformes, charnues. Ov. infère. Stigm. sessile. Fr. bacciforme, 1-locul., 1-sperme, très visqueux. — Arbrisseaux parasites, à tige di-trichotome, noueuse, articulée. F. opposées, simples, entières, sessiles, sans stip. Fl. en cymes pauciflores.

Viscum Tourn. (Gui). — Caractères de la famille.

V. album L. (Gui, Viouchet). — F. charnues, coriaces, oblongues-obtuses, atténuées à la base, persistantes ; fl. jaunâtres ; baies globuleuses, blanches, translucides. — ♄. — Mars-avril. — T. C. — Parasite, notamment sur *Malus communis, Pyrus communis, Robinia Pseudo-Acacia, Populus Tremula, P. virginiana, Ulmus campestris*, etc., etc.—Rare sur le Chêne : Essarois, Flammerans, Jouvence, Marcelois. — Les Gaulois avaient un respect religieux pour le Gui du Chêne. Pendant longtemps le Gui fut regardé comme un merveilleux remède, efficace surtout contre l'épilepsie, les convulsions, etc. ; aujourd'hui il n'est plus employé que pour faire de la glu.

LXXVII. SANTALACÉES R. Br.

Fl. hermaphr., rar[t] polygames ou dioïques. Périanthe tubuleux, herbacé, ord[t] persistant, à 5, rar[t] 4 lobes égaux. Étam. 5, rar[t] 4, opposées aux div. du périanthe. Ov. infère. Style court, filiforme. Stigm. entier ou 2-3-lobé. Fr. indéhisc., 1-locul., 1-sperme par avortement, surmonté par les div. persistantes du périanthe. — Pl. herbacées ou sous-frutescentes, parasites sur les rac. d'autres végétaux. F. alternes, entières, subsessiles, sans stip. Fl. petites, jaunâtres ou verdâtres, munies pour la plupart de 3 bractées plus ou moins inégales, et disposées en grappes ou en panicules, rar^t solitaires.

THESIUM L. — Fl. hermaphr.; étam. entourées chacune d'un faisceau de poils à la base; fr. à surface herbacée, surmonté des div. enroulées du périanthe. — F. linéaires-aiguës; fl. en cymes 1-2-flores formant par leur réunion des grappes ou des panicules.

1. Lobes persistants et enroulés du périanthe beaucoup plus courts que le fr. qu'ils surmontent. 2
Lobes persistants et enroulés du périanthe aussi longs ou plus longs que le fr. 3
2 Bractée médiane égalant ou dépassant le fr. *T. humifusum.*
Bractées toutes plus courtes que le fr. . *T. divaricatum.*
3. Cymes disposées en grappes étroites, à la fin unilatér., à rachis toujours droit ; périanthe ord^t 4-lobé. *T. alpinum.*
Cymes disposées en grappes larges, étalées, jamais unilatér., à rachis ondulé au sommet ; périanthe ord^t 5-lobé . . . . *T. pratense.*

T. humifusum DC. — *T. linophyllum* var. *humifusum* Lorey, 775 ; non L. — Tiges nombreuses, grêles, étalées ou ascendantes ; cymes ord^t 1-flores, en grappes ou en panicules peu rameuses, à ramules divariqués ; fr. subglobuleux, subsessiles, 1-2 fois plus longs que le périanthe. — ♃. — Juin-sept. — A. C. — Pelouses arides des bois de montagne.

T. divaricatum Jan. — *T. linophyllum* Lorey, 775, pro parte. — *T. humifusum* var. *divaricatum* Royer, 417. — Tiges nombreuses, raides, dressées ou ascendantes ; cymes 1-2-flores, en panicules pyramidales assez fournies, à ramuscules divariqués, anguleux ; fr. ellipsoïdes, pédicellés, 2-3 fois plus longs que le périanthe. — ♃. — Juin-août. — A. C. — Recey, Velars, Mâlain, Beaune, Santenay, etc.

T. alpinum L. — Tiges nombreuses, couchées-étalées, ord^t simples ; f. épaisses, un peu glauques ; cymes 1-flores, à pédonc. étalés-dressés ; bractée médiane beaucoup plus longue que le fr., celui-ci subglobuleux, fort^t nervé. — ♃. — Juin-juill. — R. — Pelouses des bois de montagne. — Messigny, Notre-Dame-d'Étang, Essarois, Recey, Voulaines.

T. pratense Ehrh. — Tiges nombreuses, dressées, puis décombantes, rameuses ; cymes 1-flores, à pédonc. à la fin étalés ; bractée médiane à peu près de la longueur du fr., celui-ci subglobuleux, assez fort^t nervé. — ♃. — Juin-juill. — T. R. — Pelouses, lieux herbeux. — Fontaine-Merle à Panges, Val-Courbe.

LXXVIII. DAPHNOÏDÉES Vent.

Fl. hermaphr., rar^t dioïques par avortement. Périanthe herbacé ou pétaloïde, tubuleux, à limbe étalé, 4-5-lobé. Étam. 8-10, sur 2 rangs. Ov. supère. Style filiforme. Stigm. capité. Fr. 1-locul., 1-sperme, indéhisc., sec ou drupacé. — Herbes ou sous-arbrisseaux à f. ord^t alternes ou éparses, entières, sans stip. Fl. fasciculées ou réunies en grappes ou en épis, rar^t solitaires.

Pl. herbacée. . . . . *Thymelæa* (1).
Pl. ligneuses. . . . . *Daphne* (2).

1. Thymelæa Tourn. — *Stellera* L. ; Lorey. — Fl. qqfois dioïques ; périanthe herbacé, à 4 lobes ; étam. 8 ; style plus ou moins latér., très court ; fr. sec, renfermé dans le périanthe persistant.

T. Passerina Coss. et Germ. — *Stellera Passerina* L. ; Lorey, 771 (Passerine, Langue de moineau). — Tige grêle, raide, ord^t dressée, souv^t simple ; f. petites, éparses, lancéolées-linéaires ; fl. verdâtres, petites, solitaires, géminées ou ternées, et formant par leur réunion de longs épis feuillés ; périanthe pubérulent, à tube plus long que le limbe, urcéolé à la maturité. — ①. — Juill.-oct. — C. — Moissons des terrains secs et montagneux.

2. Daphne L. — Fl. toujours hermaphr. ; périan-

the pétaloïde, 4-fide, caduc ; étam. 8 ; style terminal, très court ; fr. drupacé. — Fl. ord^t odorantes.

1. Fl. d'un vert jaunâtre, glabres . . . . . *D. Laureola.*
   Fl. roses ou blanches, velues en dehors 2
2. Fl. blanches . . . . *D. alpina.*
   Fl. roses 3
3. Tige dressée ; f. caduques, paraissant après les fl. . . . .
   . . . . *D. Mezereum.*
   Tiges couchées-ascendantes ; f. persistantes, paraissant avant
   les fl. . . . . *D. Cneorum.*

D. Laureola L. — Tige dressée, rameuse, à écorce jaunâtre ; f. obovales-lancéolées, coriaces, glabres, luisantes, persistantes, alternes à la base, en rosette au sommet des rameaux ; fl. en grappes axillaires pauciflores ; fr. noirs. — ♄. — Mars-avril. — C. — Bois.

D. Mezereum L. (Bois-gentil, Garou, Joli-Bois, Bois de St-Phal).—Tige rameuse, à écorce grise, tachée de brun ; f. lancéolées ou oblongues-aiguës, molles, glabres ou ciliées sur les bords dans la jeunesse, caduques ; fl. en fascicules disposés le long des rameaux ; fr. rouges. — ♄. — Mars-avril. — C. — Bois.

D. Cneorum L. (Thymélée). — Tiges tortueuses, très rameuses ; f. petites, plus ou moins oblongues, glabres ; fl. en fascicules terminaux ; fr. jaunâtres, puis bruns. — ♄. — Juin. — R. — Essarois, Voulaines, Leuglay, Recey.

D. alpina L. — Tige dure, tortueuse, très rameuse, à écorce grisâtre ; f. lancéolées ou oblongues-obovales, d'abord pubescentes, puis glabres, caduques ; fl. fasciculées au sommet des rameaux ; fr. rouges. — ♄. — Juin. — T. R. — Rochers de la Côte. — Gevrey, Couchey, Chambolle, Morey, Blagny, Vauchignon, Bouilland. — Les écorces de nos Daphnés sont âcres et vésicantes ; elles peuvent remplacer celle du Garou off. (*D. Gnidium* L.).

LXXIX. ARISTOLOCHIÉES Juss.

Périanthe pétaloïde, rég., à 3 div., ou irrég. en languette. Étam. 6-12, à filet très court, insérées sur un disque épigyne, libres ou soudées au style. Ov. infère. Style court, épais. Stigm. 6, en étoile. Fr. capsulaire, à 6 loges polyspermes, s'ouvrant

irrég^t ou par 6 valves. — Herbes à f. alternes ou opposées, sans stip. Fl. solitaires ou fasciculées, ord^t
axillaires.

> Tiges très courtes, n'ayant qu'une ou deux paires de f. op-
> posées, paraissant radicales . . . . . *Asarum* (1).
> Tiges dressées, à f. alternes. . . . . *Aristolochia* (2).

1. ASARUM Tourn. (Cabaret). — Périanthe cam-
panulé-urcéolé, à limbe 3-lobé ; étam. 12, libres ;
caps. s'ouvrant irrég^t et couronnée par le périanthe
persistant.

A. europæum L. (Cabaret, Rondelle). — Pl. à odeur
forte, poivrée ; rhizome long^t traçant, à tiges très courtes, ascendantes ; f. réniformes-cordées, luisantes, long^t pétiolées ; fl. solitaires, très brièv^t pédonculées, à périanthe velu, d'un brun pour-
pré en dedans ; caps. ovoïdes-globuleuses. — ♃. — Avril-mai.
— A. R. — Bois couverts. — Gouville, Marsannay, Tarsul, Val-
Suzon, Velars, Nuits, parc de Dijon, Gevrey, Marey-sur-Tille,
Gemeaux, Lachaume, Boudreville, etc.—Pl. off. ; âcre, émétique,
sternutatoire.

2. ARISTOLOCHIA Tourn. (Aristoloche). — Périanthe tubuleux, renflé à la base et obliq^t dilaté en languette au sommet ; étam. 6, à anthères soudées
avec le style ; caps. volumineuse, ombiliquée, s'ouvrant par 6 valves.

A. Clematitis L. — Pl. à odeur nauséabonde ; rhizome
pivotant ; tiges simples ; f. ovales ou ovales-triangulaires, prof^t
cordées, pétiolées ; fl. jaunâtres, en fascicules axillaires ; caps.
pyriformes, grosses, pendantes. — ♃. — Juin-août. — R. —
Haies, buissons, bords des champs et des vignes. — Dijon, Beaune,
Merceuil, Santenay, Courcelles-sous-Grignon. — Rac. aromatique,
âcre et amère ; passait pour emménagogue.

LXXX. EUPHORBIACÉES Juss.

Fl. monoïques ou dioïques, souv^t réduites à une
seule étam. ou à un seul pistil sans périanthe, et

alors groupées, plusieurs fl. mâles autour d'une seule
fl. femelle dans un invol. commun, de manière à
simuler une fl. hermaphr. Périanthe nul ou à 3-5
div. quelquefois un peu soudées à la base. Étam.
solitaires, ou 8 et plus. Ov. supère. Styles ord^t 3,
rar^t 2, entiers ou 2-fides. Fr. capsulaire, ord^t à 3,
rar^t 2 loges (*coques*) 1-2-spermes, se détachant ord^t
de leur axe à la maturité et s'ouvrant avec élasticité
selon la nervure dorsale. Gr. arillées. — Herbes
souv^t à suc laiteux âcre, à f. simples, alternes,
éparses ou opposées, ord^t sans stip. Fl. solitaires, fasciculées, en épis, en glomérules, **ou réunies dans
un invol. commun.**

Pl. à suc laiteux, blanc. . . . . *Euphorbia* (1).
Pl. à suc non laiteux. . . . . *Mercurialis* (2).

1. Euphorbia L. (Euphorbe). — Fl. monoïques,
sans périanthe, les mâles réduites à une seule
étam., et réunies, 10-20 ou plus, dans un invol.
commun autour d'une seule fl. femelle centrale
réduite elle-même à un ov., de manière à simuler
une fl. hermaphr. périanthée ; invol. commun 1-
phylle, divisé en 8-10 lobes disposés sur 2 rangs,
les externes membraneux, les internes ou *glandes*,
alternant avec les précédents, épais-glanduleux,
arrondis, ovales ou échancrés en croissant, étalés
en dehors ; étam. à filets articulés, et munies à la
base de petites écailles ; ov. assez long^t pédicellé,
saillant et penché hors de l'invol. ; styles 3, 2-fides
ou émarginés ; caps. à 3 coques 1-spermes. — Herbes
à souche souv^t subligneuse, à suc laiteux très âcre ;
invol. floraux caliciformes (*fleurs* des anciens au-

teurs) disposés ord^t en cymes pédonculées, munies sous les fl. de bractées opposées ou verticillées (*involucelles*), et rayonnant en ombelle au centre d'un verticille de f. (*feuilles ombellaires*). — Le suc des Euphorbes est drastique, émétique et rubéfiant ; gr. purgatives.

1. Glandes de l'invol. échancrées en forme de croissant. . 2
Glandes de l'invol. non échancrées en forme de croissant. 8
2. F. opposées, alternant en croix. . . . . . *E. Lathyris.*
F. éparses. 3
3. Bractées connées à la base en forme de plateau suborbiculaire. . . . . *E. amygdaloides.*
Bractées libres. 4
4. Ombelle à plus de 5 rayons 5
Ombelle à 5 rayons au plus 6
5. F. linéaires ; tiges munies au-dessous de l'ombelle de rameaux la plupart stériles . . . . . *E. Cyparissias.*
F. oblongues-lancéolées ; tiges munies au-dessous de l'ombelle de rameaux la plupart florifères . . *E. Esula.*
6. F. pétiolées ; coques munies sur le dos de 2 ailes saillantes. . . . . *E. Peplus.*
F. sessiles ou subsessiles ; coques sans ailes 7
7. F. étroit^t linéaires, assez rapprochées ; glandes à cornes allongées. . . . . *E. exigua.*
F. lancéolées, plus ou moins espacées ; glandes à cornes courtes. . . . . *E. falcata.*
8. F. opposées. . . . . *E. Chamæsyce.*
F. éparses. 9
9. Ombelle à plus de 5 rayons; f. entières ou presque entières . 10
Ombelle à 5 rayons ou moins; f. ord^t dentées . . . 11
10. F. oblongues-lancéolées ; caps. tuberculeuses. *E. palustris.*
F. linéaires ou étroit^t lancéolées-linéaires ; caps. fin^t chagrinées. . . . . *E. Gerardiana.*
11. Glandes involucrales d'un rouge foncé ; pl. à rhizome traçant. . . . . *E. dulcis.*
Glandes involucrales jaunes ou jaunâtres ; pl. sans rhizome. 12
12. Caps. lisses . . . . *E. helioscopia.*
Caps. tuberculeuses. 13
13. F. atténuées à la base, au moins les infér.; bractées glabres. . . . . *E. verrucosa.*

F. moyennes sessiles, un peu échancrées à la base ; bractées poilues en dessous sur les nervures 14

14. Caps. assez petites, à sillons profonds, chargées de tubercules cylindriques très saillants ; gr. d'un brun rougeâtre . . . . *E. stricta.*

Caps. assez grosses, à sillons peu profonds, chargées de tubercules hémisphériques peu saillants ; gr. d'un noir verdâtre. . . . . *E. platyphyllos.*

1. Glandes arrondies ou ovales.

1. Capsules lisses.

E. helioscopia L. (Réveil-matin). — Tige dressée, ord^t simple ; f. spatulées, arrondies au sommet ; ombelle ord^t à 5 grands rayons trifurqués, à div. bifurquées ; gr. alvéolées. — ① ou ②. — Mai-oct. — T. C. — Cultures.

E. Gerardiana Jacq. — Tiges nombreuses, dressées, ord^t simples ; f. nombreuses, coriaces, d'un vert glauque ; ombelles d'un beau jaune, à rayons nombreux, 1-3 fois bi-trifurqués, rar^t simples ; gr. lisses.— ♃.—Juin-août.—A. R.—Lieux incultes, bords des chemins, coteaux pierreux. — Bords du Suzon à Dijon, Is-sur-Tille, Brognon, St-Romain, Arc-sur-Tille, etc.

E. Chamæsyce L. — Tiges grêles, très rameuses, étalées ou ascendantes ; f. suborbiculaires, brièv^t pétiolées, à stip. sétacées ; fl. axillaires, solitaires ; gr. ridées. — ①. — Juin-août. — Lieux arides et sablonneux. — Signalé par Lorey à Laroche-en-Brenil et par Boreau à Semur. — Douteux.

2. Capsules tuberculeuses.

E. stricta L. — Tiges solitaires ou plus ou moins nombreuses, dressées, rameuses au sommet, assez grêles ; f. minces, les infér. obovales, atténuées en pétiole, les super. oblongues-lancéolées ; ombelles à 3, rar^t 4-5 rayons 1-4 fois bi-trifurqués ; caps. à sillons profonds ; gr. lisses. — ①. — Juill.-sept. — C. — Champs, taillis, bords des chemins, berges des rivières.

E. platyphyllos L. — Pl. plus robuste que la précédente ; s'en distingue encore par ses f. plus épaisses, ses ombelles ord^t à 5 rayons, et ses caps. à sillons peu profonds. — ①. — Juill.-sept. — C. — Cultures argileuses, bords des chemins et des fossés.

E. verrucosa L. (Émeron). — Tiges nombreuses, couchées-ascendantes ; f. oblongues ou ovales, sessiles, les infér. plus petites, obovées ; ombelles rég., jaunes, puis vertes, ord^t à 4-5 rayons simples ou 1-2 fois bi-trifurqués ; gr. lisses. — ♃. — Mai-juill. — T. C. — Prés, bois, bords des chemins.

E. palustris L. — Tiges robustes, épaisses, dressées, rameuses, émettant au-dessous de l'ombelle principale un grand nombre de rameaux la plupart stériles ; f. oblongues-lancéolées, sessiles ; ombelles irrég., d'un beau jaune, à rayons ord^t nombreux, 1-2 fois bitrifurqués ; gr. lisses. — ♃. — Mai-juill. — A. R. — Lieux humides.— Bords des eaux du Val-de-Saône, Arcelot, Magny-sur-Tille, Cîteaux, Lamarche, Meursault, etc.

E. dulcis L. — Tige dressée, souv^t munie sous l'ombelle de petits rameaux florifères ; f. oblongues-obovées, pâles en dessous, les infér. brièv^t pétiolées ; ombelle à 5 rayons grêles, 1-3 fois bifurqués ; gr. lisses. — ♃. — Mai-juill. — A. C. — Bois, broussailles. — Haies de la Côte, Norges, Flavigny, Lantenay, Laroche-en-Brenil, etc.

2. Glandes à deux cornes ou échancrées en croissant.

1. Graines ridées ou réticulées.

E. exigua L. — Tige grêle, ord^t basse, à rameaux disposés en touffe ; ombelle à 3, rar^t 2-5 rayons 2-4 fois bifurqués ; caps. lisses. — ①. — Juin-sept. — T. C. — Champs cultivés.

E. falcata L. — Tige simple ou rameuse, dressée ou ascendante ; ombelle à 3-5 rayons 2-3 fois bifurqués ; caps. lisses. — ①. — Juill.-sept. — A. C. — Champs cultivés dans le calcaire. — Dijon, St-Remy, Nuits, Beaune, etc.

E. Lathyris L. (Épurge). — Tige glauque, assez élevée, raide, dressée ; f. sessiles, oblongues-lancéolées, épaisses, glauques en dessous ; ombelle très ample, à 4, rar^t 2-5 rayons inégal^t bifurqués ; caps. lisses. — ②. — Juin-juill. — A. R. — Rues, décombres, taillis, lieux cultivés. — St-Remy, Fresnes, Arceau, etc. — Pl. off.; gr. très purgatives.

E. Peplus L. — Tige grêle, dressée ou ascendante, rameuse ; f. minces, très entières, ovales ou obovales ; ombelle à 3, rar^t 4-5 rayons 2-4 fois bifurqués ; glandes à cornes allongées ; caps. lisses. — ①. — Juin-oct. — T. C. — Lieux cultivés.

2. Graines lisses.

E. amygdaloides L. — *E. silvatica* Jacq. et Auct. mult.; Lorey, 787 ; Royer, 422; non L.—Tiges dressées ou ascendantes, rougeâtres, sous-ligneuses à la base, émettant sous l'ombelle principale de nombreux rameaux florifères ; f. infér. coriaces, persistantes, obovales-oblongues, atténuées en pétiole, rapprochées en rosette à la base des tiges stériles, celles des jeunes pousses molles, caduques, d'un vert jaunâtre ; ombelles ord^t à 5-8 rayons 1-2 fois bifurqués, rar^t simples ; glandes jaunes ou purpurines ; caps. lisses ou fin^t papilleuses. — ♃. — Mai-juill. — T. C. — Bois, broussailles.

E. Esula L. — *E. salicifolia* DC. ; Lorey, 783. — Tiges dressées, robustes ; f. oblongues-lancéolées ; ombelles à rayons ord^t nombreux, 1-2 fois bifurqués, rar^t simples ; caps. papilleuses sur le dos. — ♃. — Mai-sept. — Commun dans le Val-de-Saône. — Prés, buissons, talus des fossés et des rivières.

Pl. plus grêle, à f. linéaires-oblongues : var. *collina* (*E. pinifolia* Lorey, 785. — *E. Loreyi* Jord.). — A. R. — Mai-juin. — Bois de montagne, coteaux arides. — La Côte, Essarois, Velars.

Pl. à tiges robustes ; f. plus larges que dans le type, d'un vert jaunâtre : var. *salicetorum* (*E. salicetorum* Jord.) — T. R. — Meursault.

E. Cyparissias L. (Tithymale). — Tiges nombreuses, dressées ; f. très nombreuses, rapprochées, sessiles, les supér. très étroites; ombelles à rayons grêles, nombreux, 1-2 fois bifurqués ou simples ; f. ombellaires linéaires ; caps. chagrinées. — ♃. — Avril-juin. — T. C. — Friches, lieux secs, bords des chemins.

Pl. plus grande ; ombelles à rayons plus courts et plus nombreux ; f. ombellaires lancéolées-acuminées: var. *Pseudo-Cyparissias* (*E. Pseudo-Cyparissias* Jord.; Royer, 629). — T. R. — Haies de Seurre.

2. MERCURIALIS Tourn. (Mercuriale). — Fl. ord^t dioïques ; périanthe à 3 div. sur 1 rang, soudées à la base. — Fl. mâles : étam. 8-12. — Fl. femelles : filets staminaux sans anthères ; styles 2, rar^t 3 ; caps. à 2, rar^t 3 coques 1-spermes. — F. opposées, pétiolées, crénelées ; fl. mâles en glomérules espacés ou confluents, disposés en épis grêles, axillaires, long^t pédonculés ; fl. femelles solitaires ou fasciculées, axillaires.

Tige rameuse, à nœuds renflés . . . . . . *M. annua.*
Tige simple, à nœuds non renflés . . . *M. perennis.*

M. annua L. (Foirolle, Luzette, Mercuriale). — F. ovales-lancéolées, glabres, à bords ciliés, d'un vert pâle ; fl. femelles subsessiles ; caps. hispides. — ①. — Juill.-oct. — T. C. — Lieux cultivés. — Pl. off. ; purgative.

M. perennis L. — F. lancéolées-aiguës, glabres ou velues, d'un vert foncé; fl. femelles assez long^t pédonculées; caps. très velues. — ♃. — Avril-mai. — C. — Bois, taillis, haies, lieux ombragés. — Mêmes propriétés que l'espèce précédente, mais plus actives; passe pour vénéneuse.

LXXXI. CALLITRICHINÉES Reich.

Fl. hermaphr. ou polygames, sans périanthe. Invol. formé de 2 bractées opposées, membraneuses, transparentes. Étam. 1, rar^t 2, à anthères 1-locul., ord^t portées sur un long filet. Ov. supère. Styles 2, filiformes. Fr. capsulaire, à 4 coques 1-spermes, indéhisc., carénées sur le dos. — Pl. ord^t submergées ou nageantes, à f. opposées, ord^t entières, sans stip., les supér. ord^t en rosette. — Fl. très petites, axillaires, solitaires, ord^t sessiles.

CALLITRICHE L. — Caractères de la famille.

C. aquatica Huds. — *C. verna* et *autumnalis* Lorey, 342, 343. — Tiges grêles, filiformes, rameuses, de longueur très variable ; f. obovales, oblongues ou linéaires, les f. linéaires souv^t émarginées ou 2-fides. — ♃. — Juin-sept. — T. C. — Fossés, ruisseaux, mares. — Plusieurs variétés :

    a. Styles courts, jamais réfléchis; bractées à peine courbées, non conniventes; f. infér. linéaires, les supér. obovales ou oblongues, en rosette nageante : var. *verna* (*C. verna* L.).

    Styles dressés ou étalés, puis réfléchis, assez longs . b.

    b. Bractées recourbées en crochet au sommet ; f. la plupart plus ou moins linéaires et submergées, rar^t les supér. en rosette lâche, nageante ; styles d'abord étalés : var. *homoiophylla* (*C. hamulata* Kütz.).

    Bractées falciformes, conniventes ; f. supér. toujours en rosette; styles d'abord dressés . . . . c.

c. F. toutes obovales-oblongues, les infér. atténuées : var. *stagnalis* (*C. stagnalis* Scop.).
F. infér. linéaires, les supér. obovales : var. *platycarpa* (*C. platycarpa* Kütz.).

LXXXII. CÉRATOPHYLLÉES Gray.

Fl. monoïques, sans périanthe. Invol. à 10-12 div. linéaires, incisées ou entières. — Fl. mâles : Étam. 10-25, à anthères sessiles, ord^t tricuspidées. — Fl. femelles : Ov. supère. Style subulé, stigmatifère au sommet. Fr. coriace, indéhisc., 1-locul., 1-sperme, surmonté du style accrescent. — Pl. submergées ou nageantes, à f. verticillées, sessiles, sans stip., découpées en segments sétacés ou linéaires, plus ou moins denticulés, très cassants, di-trichotomes. Fl. verdâtres, solitaires, sessiles à l'aisselle des f.

CERATOPHYLLUM L. (Cornifle). — Caractères de la famille.

F. à segments linéaires, denticulés-spinescents . . . . *C. demersum.*
F. à segments sétacés, à peine denticulés.   *C. submersum.*

C. demersum L. — F. ord^t 2 fois dichotomes, d'un vert sombre; fr. elliptiques, munis de 3 épines dont une terminale droite, fournie par le style induré, égalant ou dépassant le fr., les 2 autres à la base, réfléchies. — ♃. — Juill.-août. — T. C. — Marais, eaux stagnantes.

C. submersum L. — F. ord^t 3 fois dichotomes, d'un vert clair; fr. ovoïdes, sans épines à la base, la terminale très courte. — ♃. — Juill.-août. — Signalé par Lorey dans quelques flaques d'eau sur les bords de la Saône à Auxonne et Pontailler. — Douteux.

LXXXIII. URTICÉES Juss.

Fl. monoïques, dioïques ou polygames. — Fl. hermaphr. ou mâles : Périanthe herbacé, à 4 div. presque égales, plus ou moins soudées à la base. Étam. 4, à filets d'abord repliés, puis se dressant avec élasticité au moment de l'émission du pollen. Ov. nul ou rudimentaire. — Fl. femelles : Périanthe persistant, à 4 div. plus ou moins inégales, libres ou soudées infér^t, dont 2 qqfois nulles. Ov. supère. Style court ou nul. Stigm. ord^t en pinceau. Fr. sec, indéhisc., 1-locul., 1-sperme (*achaine*), renfermé dans le périanthe. — Herbes à f. ord^t stipulées. Fl. petites, en glomérules axillaires ou en grappes.

Pl. hérissées de poils raides, urticants ; f. opposées, dentées. *Urtica* (1).

Pl. pubescentes, à poils non urticants ; f. alternes, entières ou sinuées . . . . *Parietaria* (2).

1. URTICA Tourn. (Ortie). — Fl. monoïques ou dioïques. — Fl. mâles : périanthe à div. presque égales, étalées après la floraison. — Fl. femelles : périanthe à div. extér. très petites ou nulles, les intér. accrescentes et renfermant le fr. ; stigm. sessile. — Fl. verdâtres, en grappes axillaires. — Les Orties ont été employées à l'extér. comme agent révulsif ; on a vanté leur suc contre les hémorrhagies.

Fl. monoïques, en grappes simples ord^t plus courtes que le pétiole . . . . *U. urens.*

Fl. dioïques, en grappes rameuses plus longues que le pétiole. . . . . *U. dioica.*

U. urens L. (Petite Ortie). — Tige rameuse ; f. ovales-oblongues, d'un vert gai, à pétiole de la longueur du limbe. — ①. — Juin-oct. — T. C. — Lieux cultivés, décombres, bords des chemins, voisinage des habitations.

U. dioica L. (Grande Ortie). — Tiges ord[t] simples ; f. ovales-lancéolées, cordées à la base, d'un vert sombre, à pétiole plus court que le limbe. — ♃. — Juin-août. — T. C. — Haies, décombres, bords des chemins et des murs.

2. PARIETARIA Tourn. (Pariétaire). — Fl. polygames. — Fl. hermaphr. : périanthe accrescent, à div. presque égales, connées à la base ; style court. — Fl. femelles : périanthe tubuleux-renflé, à div. conniventes. — Fl. verdâtres ou rougeâtres, en petits glomérules involucrés. — Pl. off. ; diurétiques.

Bractées involucrales soudées à la base, décurrentes sur le rameau . . . . *P. diffusa.*
Bractées involucrales libres, non décurrentes sur le rameau. . . . . *P. erecta.*

P. diffusa M. et K. — *P. judaica* DC.; Lorey, 793 ; non L. — *P. officinalis* L. var. *diffusa;* Royer, 413. — Tiges rougeâtres, très rameuses, couchées-ascendantes ; f. ovales ou ovales-oblongues, atténuées aux deux extrémités, d'un vert foncé en dessus ; périanthe fructifère tubuleux, allongé. — ♃. — Juin-oct. — A. C. — Vieux murs. — Beaune, Seurre, Vielverge, Auxonne, Semur, Dijon, etc.

P. erecta M. et K. — *P. officinalis* DC.; Lorey, 792. — *P. officinalis* L. var. *erecta;* Royer, 413. — Tiges verdâtres, dressées, souv[t] simples ; f. lancéolées ou oblongues-lancéolées, long[t] atténuées aux deux extrémités, d'un vert plus clair en dessus que dans l'espèce précédente ; périanthe fructifère campanulé. — ♃. — Juin.-oct. — A. R. — Rues, décombres. — Essarois, Dijon, Rougemont, Uncey, Gilly-lez-Cîteaux. — Relié au *P. diffusa* par de nombreux intermédiaires.

LXXXIV. CANNABINÉES Endl.

Fl. dioïques. — Fl. mâles : Périanthe herbacé, à 5 div. libres. Étam. 5. — Fl. femelles : Périanthe persistant ou accrescent, réduit à une seule fol. qui embrasse l'ov., celui-ci supère. Style court ou nul. Stigm. 2, filiformes. Fr. sec, 1-locul., 1-sperme, indéhisc. (*achaine*). — Herbes à f. opposées ou alternes, stipulées. Fl. petites, verdâtres, les mâles en grappes, les femelles en glomérules ou en cônes.

> Tige droite, non grimpante ; f. palmatiséquées, non cordées, odorantes . . . . *Cannabis* (1).
> Tiges grimpantes, volubiles ; f. palmatilobées, cordées à la base, inodores. . . . . *Humulus* (2).

1. CANNABIS Tourn. (Chanvre). — Fl. mâles : étam. à anthères pendantes. — Fl. femelles munies chacune d'une petite bractée ; périanthe en cornet, renflé à la base ; achaines subglobuleux, se séparant en 2 valves par pression.

C. sativa L. — Pl. d'une odeur forte, à tige élevée, ord[t] simple ; f. pubescentes-rudes, les caulinaires à 5-7 segments étroits, aigus, fort[t] dentés; fl. mâles en grappes axillaires pendantes, formant panicule au sommet de la tige, les femelles sessiles, en glomérules axillaires feuillés. — ①. — Juin-sept. — Culture économique ; subspontané près des habitations. — Pl. off. et textile ; les gr. donnent une huile émolliente. Le Haschisch, dont les propriétés enivrantes sont bien connues, se prépare avec le *C. sativa* var. *indica*.

2. HUMULUS L. (Houblon). — Fl. mâles : étam. à anthères dressées. — Fl. femelles disposées par paires à l'aisselle de bractées membraneuses accrescentes formant un cône par leur réunion ; périanthe squamiforme, très accrescent ; achaines ovoïdes-comprimés, ne s'ouvrant pas par pression.

H. Lupulus L. — Tiges très longues, rudes, poilues ; f. scabres, ord[t] à 3-5 lobes dentés ; fl. mâles en grappes axillaires ou terminales, les femelles en cônes pédonculés, à écailles très amples à la maturité et chargées de glandes jaunes, odorantes, à saveur amère. — ♃. — Juill.-août. — C. — Haies, bois, bords des rivières — Pl. off.; amère, tonique et sédative; doit ses propriétés au *Lupulin*. Cultivée en grand pour la fabrication de la bière dans quelques parties du département.

LXXXV. ULMACÉES Mirb.

Périanthe membraneux, campanulé ou turbiné, persistant, à 4-8, ord^t 5 div. Étam. en nombre égal aux div. du périanthe. Ov. supère, 2-locul. Styles 2, divergents. Fr. (*samare*) sec, indéhisc , comprimé, ovale, échancré et larg^t ailé-membraneux dans tout son pourtour, 1-sperme par avortement. — Arbres ord^t élevés, à rameaux distiques et f. alternes, pétiolées, doubl^t dentées, munies de stip. caduques. Fl. assez petites, rougeâtres, ord^t subsessiles, en fascicules latér. paraissant avant les f.

ULMUS Tourn. (Orme). — Caractères de la famille.

Gr. située au-dessus du centre du fr. et très près de l'échancrure ; étam. 4-5. . . . . *U. campestris.*
Gr. située au-dessous du centre du fr. et éloignée de l'échancrure ; étam. 5-8. . . . . *U. montana.*

U. campestris L. — Rameaux glabres ou presque glabres ; f. ovales-aiguës ou ovales, le plus souv^t brièv^t acuminées, longues de 5-8 cent. — ♄. — Mars-avril. — C. — Bois, haies, parcs et promenades. — Pl. off. ; la seconde écorce est usitée contre l'hydropisie et les maladies de la peau.

F. plus amples que dans le type, prof^t incisées-dentées : var. *major* (*U. corylifolia* Host).

Arbre peu élevé, à écorce plus ou moins subéreuse, boursouflée en forme d'ailes longitudinales sinueuses : var. *suberosa* Koch.

U. montana Sm. — Jeunes rameaux un peu velus ; f. larg^t ovales, brusq^t et le plus souv^t long^t acuminées, longues de 8-15 cent. — ♄. — Mars-avril. — R. — Bois montueux, parcs, bords des routes. — Sombernon, Tarsul, Pontailler, Liernais.

L'*U. pedunculata* Foug. est qqfois planté, de même que les deux espèces précédentes, dans les parcs, les promenades, ou sur les bords des routes. Ses fruits sont ovales, long^t pédicellés, à bords ciliés ; 5-8 étam.

LXXXVI. PLATANÉES Lestib.

Fl. monoïques, sans périanthe, les mâles et les femelles entremêlées d'écailles et disposées sur des rameaux différents en chatons globuleux, espacés sur de longs pédoncules pendants. Étam. en nombre indéfini, à filets très courts. Ov. très nombreux, serrés, en partie stériles. Style simple, subulé-allongé. Fr. petit, coriace, 1-locul., 1-sperme, indéhisc., poilu à la base. — Arbres élevés, à écorce se détachant par plaques. F. alternes, grandes, palmatilobées, long^t pétiolées, à stip. caduques.

PLATANUS Tourn. (Platane). — Caractères de la famille. — Fl. très petites, verdâtres.

F. prof^t lobées, ord^t cunéiformes à la base.   *P. orientalis.*
F. peu prof^t lobées, ord^t tronquées ou cordées à la base.   .
. . . . *P. occidentalis.*

P. orientalis L. — Écorce cendrée-verdâtre ; f. à 3-5, rar^t 7 lobes dentés, à nervures principales plus ou moins tomenteuses, à tomentum caduc. — ♄. — Fl. avril-mai, fr. août. — Parcs, promenades.

P. occidentalis L. — Écorce plus claire que dans l'espèce précédente ; f. à 3, plus rar^t 5 lobes dentés, à nervures couvertes d'un tomentum plus épais, persistant ; chatons plus petits. — ♄. — Fl. avril-mai, fr. août. — Parcs, promenades. — Les poils raides qui couvrent les parties jeunes des Platanes peuvent causer des accidents graves en pénétrant dans les organes respiratoires.

LXXXVII. JUGLANDÉES DC.

Fl. monoïques, les mâles en chatons cylindriques pendants, munies d'un périanthe membraneux, à 5-6 div., et accompagnées chacune d'une bractée écailleuse. Étam. 3-36, à filets courts. — Fl. femelles solitaires ou groupées 2-5 à l'extrémité des jeunes rameaux, chacune d'elles entourée d'un invol. 4-fide et munie d'un périanthe à 4 div. Ov. infère. Styles 2, papilleux. Fr. (*noix*) 1-sperme, à 2 valves ligneuses contenues dans une enveloppe charnue-fibreuse, s'ouvrant irrég^t. — Arbres assez élevés, à f. alternes, imparipennées, sans stip., exhalant par le frottement une odeur aromatique.

JUGLANS L. (Noyer). — Caractères de la famille.

J. regia L. — Arbre à écorce blanchâtre ; f. à fol. ovales-aiguës, sinuées-dentées, glabres, coriaces, luisantes ; fl. verdâtres ; fr. verts, puis noirs à la maturité. — ♄. — Fl. avril-mai, fr. sept-oct. — Très fréq^t planté dans les champs, aux bords des chemins, dans les villages, etc. — Pl. off. ; f. toniques, vermifuges, antiscrofuleuses ; fr. comestible : donne une huile agréable. Le *brou* est employé en teinture et sert à préparer un ratafia stomachique. Bois estimé en ébénisterie.

LXXXVIII. CUPULIFÈRES Rich.

Fl. monoïques, les mâles disposées en chatons cylindriques ou subglobuleux, et munies d'un périanthe à 4-6 div. ou réduit à une écaille ou nul. Étam. 4-20. — Fl. femelles à périanthe très court, sessiles, placées 1-5 dans un invol. commun. Ov. infère. Styles ord^t 2-3, ou un seul style court, à 3-8 stigm. Fr. indéhisc., 1-locul. par avortement, ord^t 1-sperme, recouvert en tout ou en partie par une *cupule* (invol. fructifère) de forme et de consistance variables. — Arbres ou arbrisseaux à f. alternes, simples, pétiolées, munies de stip. caduques. Chatons axillaires ou terminaux. Fl. ord^t jaunâtres.

1. Fl. mâles en chatons dressés ; invol. fructifère coriace, couvert d'épines raides, vulnérantes. . .   *Castanea* (2).
  Fl. mâles en chatons pendants ; invol. fructifère foliacé ou ligneux, avec ou sans épines molles. 2
2. Chatons subglobuleux ; invol. fructifère ligneux, couvert d'é-
  pines molles. . . . .   *Fagus* (1).
  Chatons cylindriques ou filiformes ; invol. fructifère herbacé
  ou ligneux, sans épines. 3
3. Chatons filiformes, interrompus ; fr. entourés à leur base d'une
  cupule ligneuse, écailleuse . . . . .   *Quercus* (3).
  Chatons cylindriques, non interrompus ; fr. à invol. herbacé. 4
4. Fl. mâles à écailles 3-lobées, les femelles fasciculées, renfermées dans un bourgeon écailleux . .   *Corylus* (4).
  Fl. mâles à écailles entières, les femelles disposées en grappes lâches. . . . .   *Carpinus* (5).

**A. Fleurs mâles munies d'un périanthe ;
involucre fructifère ligneux ou coriace,
renfermant complètement le fruit ou formant une cupule qui l'entoure seulement
à sa partie inférieure.**

1. Fagus Tourn. (Hêtre). — Fl. mâles : chatons
subglobuleux, pédonculés, pendants, à écailles bractéales très petites, caduques ; périanthe campanulé,
à 5-6 dents ; étam. 8-12, saillantes. — Fl. femelles
renfermées 1-3 dans un invol. urcéolé à 4 lobes, accompagné de nombreuses bractées linéaires ; styles
3, filiformes ; invol. fructifère ligneux, à épines
molles, s'ouvrant par 4 valves, et renfermant 1-3
fr. (*faines*) secs, trigones, à angles tranchants, à
péricarpe coriace.

F. silvatica L. (Foyard). — Arbre élevé, à écorce lisse et
grisâtre ; f. ovales oblongues ou oblongues, lâch.^t ondulées-dente-
lées, ciliées, pubescentes dans leur jeunesse. — ♄. — Fl. fév.-
mars, fr. août-sept. — T. C. — Bois, taillis, buissons. — On
retire des fr. une huile comestible. Bois estimé pour le charronnage.

2. CASTANEA Tourn. (Châtaignier). — Fl. mâles en chatons filiformes, interrompus, dressés, munis d'écailles bractéales sous les glomérules ; périanthe à 5-6 div. ; étam. 8-15, long[t] saillantes.—Fl. femelles 1-5 dans un invol. urcéolé, sessile à l'aisselle des chatons mâles et soudé en dehors à de nombreuses bractées linéaires ; périanthe accrescent, tubuleux, à limbe 5-8-lobé ; stigm. 3-8 ; invol. fructifère coriace, couvert d'épines raides, s'ouvrant par 4 valves et renfermant 1-3, rar[t] 5 fr. (*châtaignes*) à péricarpe coriace, plans sur une face, convexes sur l'autre, ou irrég[t] anguleux.

C. sativa Mill. — *C. vulgaris* Lam.; Lorey, 819 ; Royer, 429. — Arbre élevé, à écorce grisâtre ; f. très grandes, oblongues-lancéolées, fort[t] dentées-cuspidées ; fr. bruns, à base large, blanchâtre. — ♄. — Fl. mai-juin, fr. oct. — T. R. — Bois siliceux et granitiques. — Bois de la Châtenaie à Bèze, bois de Perrigny près Dijon, Menessaire, Montille près Semur, Beaune, Blanot. — Fr. (*marrons, châtaignes*) comestibles après cuisson. Bois estimé pour la construction.

3. QUERCUS Tourn. (Chêne). — Fl. mâles en chatons filiformes, interrompus, pendants, sans écailles bractéales ; périanthe à 6-8 div. inégales, ciliées ; étam. 6-10, saillantes. — Fl. femelles solitaires dans un invol. accrescent, formé de bractées soudées en une cupule hémisphérique ; périanthe à 6 dents, surmontant l'ov. ; stigm. 3-4 ; fr. (*gland*) ovoïde ou oblong, à péricarpe coriace entouré à la base par la cupule indurée. — F. prof[t] sinuées ou pennatilobées.

F. sensibl[t] pétiolées ; pédonc. fructifère plus court que le pétiole ; style inclus . . . . *Q. sessiliflora.*
F. brièv[t] pétiolées ou subsessiles ; pédonc. fructifère très long ; style saillant . . . . *Q. pedunculata.*

Q. sessiliflora Sm. (Chêne-Rouvre). — Arbre élevé, à écorce d'un gris brun ; f. glabres ou pubescentes dans leur jeunesse, ovales-oblongues, d'un vert pâle en dessous; fr. ord^t ovoïdes. — ♄. — Fl. avril-mai, fr. sept. — T. C. — Bois des sols maigres.— Pl. off.; écorce astringente et tonique, riche en tannin, employée sous le nom de *tan* pour rendre le cuir imputrescible. Bois de construction précieux.

> Rameaux velus; f. plus ou moins pubescentes en dessous : var. *pubescens* (*Q. pubescens* Willd.; Lorey, 821). — A. C. — Sommet des montagnes calcaires.

Q. pedunculata Ehrh. — *Q. racemosa* DC.; Lorey, 821 (Chêne blanc). — Arbre à écorce blanchâtre, ord^t plus élevé que le précédent; f. glabres, à lobes inégaux; fr. ord^t oblongs. — ♄. — Fl. avril-mai, fr. sept. — T. C. — Bois des terres fortes.

B. Périanthe des fleurs mâles réduit à une écaille ou nul ; involucre fructifère foliacé, ouvert.

4. CORYLUS Tourn. (Coudrier). — Fl. mâles en chatons cylindriques, non interrompus, pendants, à écailles bractéales imbriquées ; étam. 6-8, insérées à la partie moyenne d'une écaille 2-lobée, soudée elle-même à l'écaille bractéale correspondante. — Fl. femelles solitaires ou géminées dans un invol. tubuleux, lacinié, velu, accrescent, et groupées plusieurs dans un bourgeon écailleux ; périanthe très court, denticulé, couronnant l'ov. ; styles 2, rouges, filiformes ; fr. (*noisette*) ovoïde, à péricarpe ligneux, entouré à la base par les fol. irrég^t déchiquetées de l'invol.

C. Avellana L. (Noisetier). — Arbuste à rameaux flexibles, pubescents au sommet ; f. ovales-orbiculaires, cordées à la base, doubl^t dentées, pubescentes ; fl. paraissant avant les f. — ♄. — Fl. fév.-mars, fr. août-sept. — T. C. — Bois, taillis, buissons. — Pl. off.; les *noisettes* donnent une huile usitée en pharmacie. Jeunes rameaux utilisés dans la vannerie.

5. CARPINUS Tourn. (Charme). — Fl. mâles en

chatons cylindriques, non interrompus, pendants ;
étam. 6-20, insérées à la base des écailles bractéales
correspondantes, celles-ci entières, ciliées, à sommet rougeâtre. — Fl. femelles solitaires dans un
invol. foliacé, accrescent, pédicellé, et réunies en
grappes lâches à l'aisselle de petites bractées caduques portant chacune 2 invol. ; périanthe court,
denticulé, couronnant l'ov. ; styles 2, filiformes ; invol. fructifère foliacé, 3-lobé, à lobe moyen plus
grand que les latér. et cachant ent^t le fr., celui-ci
ovoïde-comprimé, à péricarpe ligneux.

C. Betulus L.— Arbre plus ou moins élevé, à écorce lisse;
f. ovales-oblongues, aiguës, doubl^t dentées, pubescentes sur les
nervures, celles-ci très saillantes, les secondaires parallèles ; invol.
fructifère dépassant long^t le fr.; fl. verdâtres ou rougeâtres. — ♄.
— Fl. avril-mai, fr. août. — T. C. — Bois, taillis. — Bois très
dur, estimé pour le charronnage.

LXXXIX. SALICINÉES A. Rich.

Fl. dioïques, sans périanthe, disposées en chatons cylindriques ou oblongs, chacune d'elles placée
à l'aisselle d'une bractée squamiforme (*écaille*), et
insérée sur un disque en forme de cupule, qqfois
réduit à 1-2 glandes basilaires. — Fl. mâles : Étam.
2-24, à filets ord^t libres, qqfois plus ou moins soudés entre eux.— Fl. femelles : Ov. supère. Style 1.
Stigm. 2, ord^t émarginés, 2-fides ou 2-partits. Fr.
capsulaire, polysperme, s'ouvrant du sommet à la
base par deux valves enroulées en dehors. Gr. petites, à poils soyeux. — Arbres, arbustes ou arbris-

seaux à f. simples, ord^t alternes, pétiolées et denticulées ; stip. persistantes, caduques ou nulles.

> Chatons à écailles entières ; disque réduit à 1 ou 2 glandes ;
> f. brièv^t pétiolées. . . . . *Salix* (1).
> Chatons à écailles ord^t incisées ou laciniées ; disque en forme
> de cupule ; f. long^t pétiolées. . . . . *Populus* (2).

1. Salix Tourn. (Saule). — Chatons à écailles
entières ; disque réduit à 1-2 glandes basilaires. —
Fl. mâles : étam. 2, à filets libres ou plus ou moins
soudés entre eux, très rar^t 3 ou 4-10. — Fl. femelles : ov. sessile ou pédicellé ; style allongé ou
très court. — Fl. jaunes ou verdâtres.

1. Chatons à écailles concolores, d'un jaune verdâtre, ou rosées
    dans toute leur étendue 2
   Chatons à écailles discolores, brunes ou noirâtres au sommet.
   10
2. Chatons mâles 3
   Chatons femelles 6
3. Étam. 3 ou 5, rar^t 4-10 dans chaque fl. 4
   Étam. 2 dans chaque fl., les filets qqfois soudés de manière à
    simuler une seule étam. 5
4. Étam. 5, rar^t 4-10 ; écailles velues. . . *S. pentandra.*
   Étam. 3 ; écailles glabres au sommet . . *S. triandra.*
5. Étam. glabres . . . . *S. fragilis.*
   Étam. très velues à la base . . . . *S. alba.*
6. Arbre à rameaux très longs, pendants. . *S. babylonica.*
   Arbres ou arbrisseaux à rameaux dressés. 7
7. Écailles persistantes, glabres au sommet. . *S. triandra.*
   Écailles velues au sommet, caduques avant la maturité des
    caps. 8
8. F. toujours très glabres ; jeunes rameaux glutineux-luisants.
   . . . . *S. pentandra.*
   F. cotonneuses ou velues au moins dans leur jeunesse ; jeunes
    rameaux non glutineux-luisants 9
9. Caps. à pédic. à peine aussi long que la glande ; stip. petites,
    lancéolées. . . . . *S. alba.*
   Caps. à pédic. 1-2 fois plus long que la glande ; stip. larges,
    falciformes . . . . *S. fragilis.*

10. Chatons mâles 11
Chatons femelles. 13
11. Étam. 2, à filets plus ou moins soudés entre eux, rar[t] libres
jusqu'à la base ; anthères rouges ou pourprées, devenant
noirâtres après l'anthèse. 12
Étam. 2, à filets ord[t] libres ; anthères jaunes, même après
l'anthèse 16
12. Étam. à filets ord[t] soudés jusqu'au sommet de manière à simuler une étam. unique à anthère 4-locul., qqfois libres
dans leur tiers supér.; f. la plupart opposées . . . . . .
. . . . S. purpurea.
Étam. à filets ord[t] soudés jusqu'au milieu de manière à simuler une étam. à filet bifurqué, qqfois libres jusque ou
presque jusqu'à la base; f. ord[t] alternes. . . S. rubra.
13. Caps. sessile ou à pédic. égalant à peine la glande . . 14
Caps. à pédic. 2-6 fois plus long que la glande 16
14. F. soyeuses-argentées en dessous ; stip. lancéolées-linéaires.
. . . . S. viminalis.
F. glabres ou glabrescentes en dessous, au moins à l'âge adulte ;
stip. ord[t] nulles 15
15. Style presque nul ; stigm. oblongs, pourprés ; f. lancéolées,
élargies dans leur moitié supér. . . . S. purpurea.
Style très visible ; stigm. linéaires-allongés, brunâtres ; f.
lancéolées, non élargies au sommet . . . S. rubra.
16. Sous-arbrisseau ord[t] drageonnant, de 20 à 50 cent., qqfois 1 m.
de hauteur; tiges étalées-ascendantes, qqfois dressées . .
. . . . S. repens.
Arbres, arbustes ou arbrisseaux élevés, non drageonnants ;
tiges dressées, non radicantes. 17
17. Arbrisseau à rameaux effilés, flexibles ; f. étroit[t] lancéolées, très
allongées, soyeuses-argentées en dessous. S. viminalis.
Arbres ou arbrisseaux à rameaux plus ou moins noueux, non
flexibles; f. assez larges, oblongues, lancéolées ou obovales,
blanches-tomenteuses en dessous 18
18. Bois des rameaux présentant sous l'écorce des lignes saillantes, amincies aux deux extrémités 19
Bois des rameaux parfait[t] lisse (au moins celui de l'année). 20
19. F. obovales-acuminées, à pointe recourbée ; bourgeons glabres.
. . . . S. aurita.
F. lancéolées-oblongues, obtuses ou brièv[t] acuminées ; bourgeons très velus. . . . . S. cinerea.
20. F. lancéolées-oblongues ou lancéolées, lisses; bourgeons pubescents ; bois de 2 ans marqué de lignes saillantes . . .
. . . . S. Smithiana.

F. larges, ovales ou ovales-lancéolées, à pointe recourbée, rugueuses ; bourgeons glabres . . . . . . *S. caprea.*

1. *Écailles concolores; anthères jaunes; capsules glabres.*

S. pentandra L. — Arbre ou arbrisseau à rameaux lisses,
luisants ; f. ord^t un peu glutineuses, luisantes, pâles en dessous,
très glabres, ovales-elliptiques ou ovales-lancéolées, à pétiole glanduleux ; chatons cylindriques, les femelles très lâches ; style court ;
stigm. 2-lobés. — ♄. — Mai-juin. — T. R. — Haies, lieux humides. — Saulieu, St-Léger-de-Fourches.

S. fragilis L. (Osier rouge). — Arbre à rameaux dressés, d'un vert clair ou rougeâtres, très flexibles, fragiles à leur
point d'insertion ; f. lancéolées-acuminées ou linéaires-lancéolées,
velues-soyeuses en dessous dans leur jeunesse, puis tout à fait
glabres ; chatons mâles allongés, assez denses, les femelles grêles,
très lâches ; style un peu plus long que les stigm., ceux-ci 2-
fides, en croix. — ♄. — Avril-mai. — C. — Bords des eaux. —
Souv^t planté.

S. alba L. (Saule blanc). — Arbre à rameaux verdâtres,
assez flexibles ; f. lancéolées-acuminées, fin^t dentées-glanduleuses,
blanchâtres-soyeuses, surtout en dessous, même à l'état adulte ;
chatons mâles grêles, arqués, les femelles minces, un peu compactes ; style très court ; stigm. échancrés ou 2-lobés. — ♄. —
Avril-mai. — T. C. — Bords des eaux. — Pl. off. ; écorce astringente et fébrifuge. Les rameaux des S. *alba, rubra, purpurea,
viminalis,* sont utilisés par les vanniers et les tonneliers.

    Rameaux jaunes, très flexibles : var. *vitellina (S. vitellina*
      L.; Lorey, 811). — Osier jaune.

    F. adultes glabres sur les 2 faces : var. *cœrulea (S. cœru-*
      lea Sm.).

    F. adultes pubescentes-soyeuses sur les 2 faces : var. *argen-*
      tea Wimm.

S. babylonica L. (Saule pleureur). — Arbre à rameaux
très longs, pendants ; f. linéaires-lancéolées, long^t acuminées,
glabres ; chatons femelles petits, grêles, arqués ; style court ;
stigm. émarginés. — ♄. — Avril-mai. — A. C. — Planté aux
bords des eaux, dans les parcs et les jardins. Le mâle inobservé
jusqu'ici.

S. triandra L. (Osier brun, Grainjon, Preceint). — Arbuste élevé, à rameaux lisses, flexibles, olivâtres ou rougeâtres ;
f. ovales-lancéolées ou elliptiques, fin^t denticulées-glanduleuses, très
glabres ; chatons mâles grêles et lâches, les femelles plus den-

ses ; style très court ; stigm. émarginés. — ♄. — Avril-juin. — T. C. — Bords des eaux.

2. Écailles discolores ; anthères rouges ou pourprées, noirâtres après l'anthèse ; capsules tomenteuses.

S. purpurea L. — *S. monandra* Hoffm. ; Lorey, 808 (Osier rouge, Preceint). — Arbuste à rameaux grêles, luisants, à écorce olivâtre ou purpurine ; f. oblongues-lancéolées, glaucescentes, qqfois soyeuses en dessous, les adultes glabres ; chatons mâles grêles, ord^t arqués, les femelles épais ; étam. à filets soudés jusqu'au sommet ; style très court. — ♄. — Avril-juin. — C. — Bords des eaux.

> Étam. à filets libres dans leur tiers supér. : var. *furcata* (*S. furcata* Wimm.).
> Chatons plus gros que dans le type ; f. grandes et larges : var. *Lambertiana* (*S. Lambertiana* Sm.).

S. rubra Huds. (Osier rouge, Preceint). — Arbuste à rameaux allongés, à écorce grisâtre ou olivâtre ; f. étroit^t lancéolées, acuminées, d'abord soyeuses-pubescentes en dessous, puis glabres ; chatons mâles ovales-oblongs, les femelles épais, cylindriques ; étam. à filets soudés jusqu'au milieu, ou seul^t à la base ; style filiforme. — ♄. — Mars-mai. — C. — Bords des eaux. — Varie à f. oblongues ou ovales-oblongues, brièv^t acuminées, et étam. à filets soudés dans leurs deux tiers (*S. Forbyana* Sm.), ou à f. au contraire très étroites, très allongées, fin^t pubérulentes (var. *viminaloides* Gren. et Godr. — Pontailler, Lamarche), ou tomenteuses à la face infér. (var. *sericea*. — Prairies de Quincy, Laignes).

3. Écailles discolores ; anthères jaunes même après l'anthèse ; capsules tomenteuses.

S. viminalis L. (Osier blanc, Osier vert, Preceint). — Arbuste élevé, à rameaux très effilés, jaunes ou d'un gris verdâtre ; chatons mâles oblongs ou ovoïdes, denses, les femelles compactes, cylindriques ; style allongé ; stigm. linéaires. — ♄. — Mars-mai. — C. — Bords des eaux.

× **S. Smithiana** Willd. (*S. cinerea* × *viminalis*). — Arbuste à rameaux touffus, subtomenteux-grisâtres ; f. d'un vert foncé en dessus, blanches-tomenteuses en dessous ; chatons mâles ovoïdes, les femelles un peu lâches ; style médiocre ; stigm. entiers ou 2-fides. — ♄. — Avril-mai. — T. R. — Bords des eaux, lieux marécageux. — St-Remy, Laignes, Lamarche, Jeux.

S. cinerea L. (Saule gris, Gévrine). — Arbuste ou arbre peu élevé, à jeunes rameaux tomenteux-grisâtres ; f. cendréestomenteuses en dessous ; chatons mâles ovoïdes, denses, les femelles allongés ; style très court ; stigm. 2-fides. — ♄. — Mars-avril. — C. — Bords des eaux, bois marécageux.

S. caprea L. (Marsault, Marsaule). — Arbre peu élevé, à rameaux pubescents-cendrés dans leur jeunesse ; f. blanches-tomenteuses en dessous ; style très court ; stigm. 2-fides. — ♄. — Mars-avril. — T. C. — Bords des eaux, sables et bois humides.

Royer a signalé comme très rares deux hybrides provenant du croisement du *S. caprea*, l'un avec le *S. cinerea* (*S. caprea* × *cinerea* Wimm. — × *S. aquatica* Sm.), à chatons beaucoup moins gros et f. assez grandes, ovales (Longvay, Villy-le-Moutier), et l'autre avec le *S. viminalis* (× *S. affinis* Gren. et Godr.), à f. lancéolées, pubescentes-verdâtres en dessous (Laignes).

S. aurita L. (Petit Marsault). — Arbrisseau ord[t] bas et très rameux, à rameaux divariqués ; f. tomenteuses en dessous ; chatons mâles ovoïdes, très barbus, les femelles oblongs, un peu lâches ; style très court ; stigm. émarginés. — ♄. — Mars-mai. — A. R. — Bois marécageux. — Flammerans, Longvay, Saulieu, Rouvray, etc.

S. repens L. — Arbrisseau à rameaux pubérulents ; f. variant de la forme lancéolée-linéaire à la forme ovale-suborbiculaire, brillantes-soyeuses, surtout en dessous ; chatons ovoïdes ou subglobuleux, petits, très poilus ; style court ; stigm. 2-fides. — ♄. — Avril-mai. — A. R. — Prés et bois tourbeux. — Laignes, Pothières, Magny-sur-Tille, etc. — La plante de Magny est plus élevée que le type et a les tiges dressées.

2. POPULUS Tourn. (Peuplier). — Chatons à écailles incisées ou laciniées ; disque en forme de cupule. — Fl. mâles : étam. 8-24, à filets libres, insérées sur le disque. — Fl. femelles : ov. sessile ou pédicellé, entouré à la base par le disque ; style très court ou nul ; stigm. allongés, 2-fides. — Arbres à f. long[t] pétiolées, sinueuses, anguleuses ou dentées. Fl. jaunâtres ou verdâtres.

1. Chatons à écailles velues ; jeunes pousses pubescentes ou tomenteuses ; étam. 8 2

Chatons à écailles glabres, ainsi que les jeunes pousses ; étam. 12 ou plus 3

2. Écailles faibl[t] dentées ou crénelées, ou presque entières, bar-

bues ou ciliées au sommet ; f. à lobes très anguleux, ord[t] très blanches-tomenteuses en dessous. . . *P. alba.*

Écailles digitées ou pectinées, long[t] barbues ; f. suborbiculaires, sinuées-dentées, ord[t] glabres ou glabrescentes à l'âge adulte. . . . . *P. tremula.*

3. Branches dressées, formant une longue et étroite pyramide. . . . . *P. pyramidalis.*

Branches plus ou moins étalées. 4

4. F. plus longues que larges, toujours glabres. . *P. nigra.*

F. plus larges que longues, à dents recourbées, pubescentes au bord, au moins dans leur jeunesse. . *P. monilifera.*

P. tremula L. (Tremble). — Arbre à écorce lisse, d'un gris cendré ; f. très mobiles, à pétiole purpurin ; stigm. purpurins, en croix. — ♄. — Avril-mai. — C. — Bois argileux, bois humides.

P. alba L. (Blanc de Hollande). — Arbre élevé, à écorce crevassée, d'un gris verdâtre ; stigm. jaunes, en croix. — ♄. — Mars-avril. — Souv[t] planté ; bien naturalisé.

P. nigra L. (Peuplier suisse). — Arbre à rameaux formant une cime arrondie ; f. ovales-triangulaires, acuminées, crénelées-dentées ; écailles fimbriées-ciliées. — ♄. — Avril-mai. — A. R. — Bords des rivières, bois marécageux ; fréq[t] planté. — Pl. off. ; bourgeons balsamiques entrant dans la composition de l'onguent *Populeum ;* écorce astringente ; bois léger mais de mauvaise conservation.

P. pyramidalis Rozier. — *P. fastigiata* Poir. ; Lorey, 817 (Peuplier d'Italie). — Arbre souv[t] très élevé, à écorce crevassée ; f. ovales-triangulaires, dentées, glabres ; écailles fimbriées-ciliées. — ♄. — Mars-avril. — Fréq[t] planté dans les parcs, aux bords des routes et des canaux. — Le mâle seul observé.

P. monilifera Ait. (Peuplier de Virginie). — Arbre très élevé, à écorce plus ou moins crevassée ; f. ovales-triangulaires, glabres, à pétiole rougeâtre ; écailles fimbriées-ciliées ; chatons femelles en chapelets très lâches à la maturité. — ♄. — Mars-avril. — Fréq[t] planté. — Le mâle seul observé.

XC. BÉTULACÉES Endl.

Fl. monoïques, en chatons paraissant (au moins les mâles) dès l'automne et se développant au printemps avant les f., les mâles toujours allongés, pendants, les femelles en cônes. — Fl. mâles sessiles, groupées 2-3 à l'aisselle d'une écaille bractéale peltée, accompagnée de deux bractéoles latér. Périanthe à 4 div., ou réduit à une bractée. Étam. 2-4. — Fl. femelles groupées 2-3 à l'aisselle d'une écaille bractéale accompagnée ou non de bractéoles latér. Périanthe nul. Ov. supère. Stigm. 2, sessiles. Fr. sec, indéhisc., 1-locul., 1-sperme par avortement, rar[t] 2-locul. et 2-sperme. — Arbres à f. simples, alternes, pétiolées, munies de stip. caduques.

> Chatons à pédonc. simple, les femelles ord[t] cylindriques, pendants ou dressés, à écailles et bractéoles membraneuses caduques ; f. aiguës . . . . *Betula* (1).
> Chatons à pédonc. rameux, les femelles ovoïdes, toujours dressés, à écailles et bractéoles ligneuses et persistantes ; f. obtuses. . . . . *Alnus* (2).

1. **Betula** Tourn. (Bouleau). — Chatons mâles à écailles munies chacune de 2 bractéoles suborbiculaires ; périanthe squamiforme, concave ; étam. 2, à filets 2-fides, simulant 4 étam. — Fl. femelles ternées, sessiles à l'aisselle d'une écaille bractéale 3-lobée, sans bractéoles latér. ; fr. à aile membraneuse.

> **B. alba** L. — Arbre à écorce d'un blanc d'argent, se détachant par bandes circulaires ; jeunes rameaux grêles, flexibles, pendants ; f. très glabres, triangulaires, long[t] acuminées, doubl[t] dentées ; fl. jaunâtres. — ♃. — Fl. avril, fr. août-sept. — T. C. — Abonde surtout dans les bois granitiques et siliceux du Morvan et du Val-de-Saône. — Bois d'une grande ténacité ; écorce servant au tannage ; la sève était vantée comme antiscorbutique.
>
> Jeunes rameaux dressés, velus ; f. irrég[t] dentées, pubescentes, au moins à la jonction des nervures : var. *pubescens* (*B. pubescens* Ehrh.). — Mêlé au type.

2. **Alnus** Tourn. (Aune). — Chatons mâles à

écailles munies chacune de 2 bractéoles 2-fides ; périanthe caliciforme, 4-fide ; étam. 4, à filets simples. — Fl. femelles géminées, sessiles à l'aisselle d'une écaille bractéale accompagnée de 2 bractéoles latér.; fr. non ailé.

A. glutinosa Gærtn. (Verne). — Arbre de moyenne taille, à écorce grisâtre ; jeunes rameaux glabres, glutineux ; f. suborbiculaires-obtuses, crénelées, incisées ou dentées, visqueuses, d'un vert sombre en dessus, ord^t poilues en dessous à l'angle des nervures ; fl. rougeâtres ou vertes. — ♃. — Fl. mars-avril, fr. août-sept. — C. — Bois marécageux, bords des eaux. — Bois presque incorruptible ; son charbon est utilisé pour la fabrication de la poudre à canon.

MONOCOTYLÉDONÉES.

XCI. ALISMACÉES R. Br.

Fl. hermaphr. ou monoïques. Périanthe à 6 div. sur 2 rangs, ord^t libres, les extér. herbacées, persistantes, les intér. pétaloïdes. Étam. 6 ou en nombre indéfini. Ov. supère. Styles très courts. Stigm. indivis. Fr. formé de carp. en nombre indéfini, plus rar^t 6-12, secs, 1-2-spermes, libres ou soudés entre eux infér^t. — Herbes aquatiques ou croissant dans les lieux marécageux, glabres, à f. engaînantes, ord^t toutes radicales. Fl. ord^t verticillées, à pédonc. munis de bractées membraneuses.

1. Fl. monoïques ; étam. en nombre indéfini ; f. aériennes sagittées. . . . . *Sagittaria* (3).
    Fl. hermaphr. ; étam. 6 ; f. jamais sagittées. 2
2. Carp. 2-spermes, soudés à la base et divergents en étoile. . . . . *Damasonium* (2)
    Carp. 1-spermes, libres, verticillés ou disposés en tête. . . . . *Alisma* (1).

1. ALISMA L. (Fluteau). — Fl. hermaphr. ; étam.
6 ; carp. libres, ord^t nombreux, 1-spermes. — F.
ord^t long^t pétiolées.

1. Tige feuillée ; fl. axillaires ; carp. 6-15 . .   *A. natans.*
    F. toutes radicales ; verticilles floraux en panicule ou en om-
      belle ; plus de 15 carp.   2
2. Verticilles floraux formant une panicule rameuse et pyramidale ;
      carp. ord^t arrondis au sommet et disposés en cercle sur un
      seul rang . . . .   *A. Plantago.*
    Verticille floral ord^t terminal, en ombelle, ou 2 verticilles su-
      perposés ; carp. pointus, disposés sur plusieurs rangs en capit.
      globuleux. . . . .   *A. ranunculoides.*

A. Plantago L. (Plantain d'eau). — Souche bulbeuse ;
hampes fistuleuses, dressées ; f. toutes radicales, à 5-7 nervures ;
fl. blanches ou rosées ; style 1-2 fois aussi long que l'ov. ; carp.
libres, trigones, arrondis au sommet. — ♃. — Juin-sept. — C —
Fossés, bords des eaux. — Rhizome féculent et comestible ; a été
vanté contre la rage ; f. âcres, rubéfiantes.

    F. ovales, arrondies, tronquées ou cordées à la base : var.
      latifolium Gren. et Godr.
    F. lancéolées, atténuées aux 2 extrémités : var. *lanceolatum*
      Koch (*A. lanceolatum* Rchb.).
    F. linéaires-allongées, flottantes : var. *graminifolium* Wahl.
      (*A. graminifolium* Ehrh.).
    Hampe et rameaux arqués-recourbés ; style plus court que
      l'ov. : var. *arcuatum* (*A. arcuatum* Michalet). — Étangs
      d'Arnay-le-Duc.

A. natans L. — Souche fibreuse ; tiges filiformes, submergées ; f. radicales submergées, très étroites, sessiles, les caulinaires elliptiques, 3-nervées, pétiolées, flottantes ; fl. grandes, blanches, à pédonc. longs, courbés à la maturité ; carp. striés, brusq^t
mucronés, disposés en cercle sur un rang. — ♃. — Juill.-sept.
— T. R. — Mares, fossés. — Saulieu, Laroche-en-Brenil.

A. ranunculoides L. — Souche fibreuse ; hampes grêles,
dressées ou rar^t étalées ; f. linéaires-lancéolées, 3-nervées, toutes
radicales ; fl. d'un blanc rosé ; carp. anguleux, terminés en bec.
— ♃. — Juin-août. — R. — Fossés, bords des eaux. — Larrey-
lez-Poinçon, Laignes, Villedieu, Pothières, Saulieu.

2. DAMASONIUM Tourn. — Fl. hermaphr. ; étam.
6 ; carp. 6-8, 2-spermes, soudés à la base, disposés
en étoile et prolongés en épine à l'extrémité.

D. stellatum Rich. — *Alisma Damasonium* L.; Lorey, 841. — Tiges ord^t nombreuses, diffuses ; f. oblongues, toutes radicales, long^t pétiolées ; fl. blanches ou rosées, en ombelle terminale ou en 2 ou plusieurs verticilles superposés. — ♃. — Juin-sept. — A. R. — Mares et fossés du Val-de-Saône. — St-Seine-en-Bâche, Bagnot, Seurre, St-Jean-de-Losne, Lamarche-sur-Saône.

3. SAGITTARIA L. (Sagittaire. Fléchière) — Fl. monoïques ; étam. en nombre indéfini ; carp. 1-spermes, nombreux, libres, disposés en tête globuleuse.

S. sagittifolia L. — F. toutes radicales, les aériennes sagittées, très long^t pétiolées, linéaires et plus ou moins en lanières quand elles se développent sous l'eau ; fl. d'un blanc rosé, ternées ou opposées, disposées en grappe interrompue sur une hampe triquètre ; carp. comprimés, à aile membraneuse. — ♃. — Juill.-août. — A. C. — Bords des eaux, étangs, fossés. — Le Val-de-Saône, vallon de l'Arroux, canal de Bourgogne à Dijon, Collonges, Samerey, Broin, Cîteaux, etc. — Rhizome féculent et comestible.

Pl. submergée ; f. toutes rubannées-flottantes : var. *vallisnerifolia.*

XCII. BUTOMÉES Rich.

Périanthe à 6 div. sur 2 rangs, les extér. un peu colorées, persistantes, les intér. pétaloïdes. Étam. 9. Ov. supère. Styles courts. Fr. formé de 6 carp. polyspermes, verticillés, soudés à la base. — Pl. aquatiques, à f. toutes radicales.

BUTOMUS Tourn. — Caractères de la famille.

B. umbellatus L. (Jonc fleuri). — Tiges cylindriques, dressées, élevées ; f. linéaires-triquètres, très longues ; fl. rosées, long^t pédonculées, en ombelle simple, munie à la base d'un invol. brun, membraneux, 3-foliolé. — ♃. — Juill.-août. — A. C. — Étangs, bords des eaux. — Canal de Bourgogne à Dijon, Laignes, Cîteaux, vieille Saône à Pontailler, St-Jean-de-Losne, etc. — Rhizome comestible après cuisson.

XCIII. HYDROCHARIDÉES Juss.

Fl. dioïques, renfermées dans une spathe avant la floraison. Périanthe à 6 div., rar[t] moins, sur 2 rangs, plus ou moins herbacées ou pétaloïdes. — Fl. mâles ord[t] réunies plusieurs dans une même spathe, rar[t] solitaires. Périanthe à div. libres presque jusqu'à la base. Étam. 3-12, dont une ou plusieurs ord[t] stériles. Ov. rudimentaire. — Fl. femelles solitaires chacune dans une spathe. Périanthe à div. soudées en tube à la base. Ov. infère. Style court. Stigm. 3-6. Fr. pulpeux, bacciforme, indéhisc., à 1-6 loges polyspermes. — Herbes aquatiques, nageantes ou submergées, à f. fasciculées, verticillées, ou toutes radicales.

1. F. toutes assez long[t] pétiolées, à limbe orbiculaire-réniforme.
. . . . *Hydrocharis* (1).
F. toutes sessiles, à limbe oblong ou linéaire. 2
2. F. oblongues, courtes, les supér. disposées 3 à 3 en verticilles serrés, sur des tiges grêles. . . . *Elodea* (3).
F. linéaires, planes, très allongées, toutes radicales. . . .
. . . . *Vallisneria* (2).

1. Hydrocharis L. (Morène). — Périanthe à div. extér. herbacées, les intér. pétaloïdes, beaucoup plus grandes. — Fl. mâles 1-3 dans une spathe 1-valve; étam. 12, soudées en anneau à la base. — Fl. femelles solitaires dans une spathe 1-valve; étam. avortées; stigm. 6, 2-partits; fr. à 6 loges.

H. Morsus-ranæ L. — Souche émettant des stolons flottants, pourvus aux nœuds de faisceaux de f. ou de fl.; f. nageantes, orbiculaires-réniformes, à pétiole soudé avec une stip. axillaire engaînante; fl. à div. internes blanches, tachées de jaune à la base, les femelles plus petites. — ♃. — Juill.-août. — A. C. — Fossés, mares, étangs du Val-de-Saône. — Auxonne,

St-Jean-de-Losne, Seurre, Fontaine-Française, Pontailler, Cîteaux, etc.

2. VALLISNERIA L. — Fl. mâles très petites, dans une spathe 2-3-valve, brièv^t pédonculée ; périanthe à div. extér. d'un blanc grisâtre, le verticille interne réduit à un petit appendice ; étam. 3, dont une ord^t stérile. — Fl. femelles solitaires dans une spathe tubuleuse, 2-fide, à long pédonc. spiralé ; périanthe à div. extér. herbacées, les intér. réduites à de petits appendices filiformes ; stigm. 3, 2-fides ; fr. 1-locul.

V. spiralis L. — F. toutes radicales, obtuses, denticulées au sommet, développées en longs rubans submergés ; fl. rougeâtres ou blanchâtres. Au moment de la fécondation, les fl. femelles déroulant leur long pédonc. spiralé, viennent flotter à la surface de l'eau au voisinage des fl. mâles dont elles reçoivent le pollen, après quoi la spirale s'enroule de nouveau, entraînant au fond de l'eau l'ov. fécondé qui s'y transforme en fr. — ♃. — Juill.-sept. — Naturalisé dans le canal de Bourgogne où il est devenu très commun à Buffon, St-Remy, Velars, Dijon, etc., et dans la Saône à Pontailler, Lamarche, Seurre.

3. ELODEA Rich. — Périanthe à div. toutes pétaloïdes. — Fl. mâles solitaires dans une spathe 2-valve ; étam. 3-9, soudées en colonne par la base de leurs filets. — Fl. femelles solitaires dans une spathe 2-valve, long^t tubuleuse et pédonculée ; stigm. 3, émarginés ; fr. 1-locul.

E. canadensis Rich. — Pl. submergée, très rameuse, à verticilles foliaires très denses et rapprochés ; fl. d'un blanc rosé ou un peu violacé. — ♃. — Juin-juill. — L'individu femelle, seul naturalisé en France, est commun dans le canal de Bourgogne, à Buffon, St-Remy, Velars, Dijon, et dans plusieurs cours d'eau, à Is-sur-Tille, Laignes, etc.

XCIV. JONCAGINÉES Rich.

Périanthe à 6 div. herbacées sur 2 rangs, libres

ou soudées à la base. Étam 6. Ov. supère. Styles 3-6, très courts, ou stigm. sessiles. Fr. sec, déhisc., formé de 3-6 carp. 1-2-spermes, légèr[t] adhérents entre eux, ou soudés à un prolongement de l'axe, dont ils se détachent de bas en haut à la maturité. — Herbes des lieux humides, à f. graminiformes. Fl. petites, en grappes.

F. toutes radicales. . . . . *Triglochin* (1).
Tige articulée, portant une f. à chaque articulation. . . .
. . . . · . . . . *Scheuchzeria* (2).

1. TRIGLOCHIN L. (Troscart). — Périanthe à div. libres ; étam. courtes, à filet dorsal ; stigm. barbus ; carp. 6, dont 3 souv[t] stériles, fixés à un prolongement de l'axe.

T. palustre L. — F. semi-cylindriques, très étroites ; hampe grêle ; fl. verdâtres, en grappe spiciforme très effilée. — ♃. — Juill.-août. — A. R. — Marécages. — Marey, Arc-sur-Tille, Arcelot, Premeaux, Quincey, Genlis, Baigneux, Recey, Sombernon, Marcelois, etc.

2. SCHEUCHZERIA L. — Périanthe à div. soudées à la base ; étam. à anthères basifixes ; stigm. papilleux ; carp. 3, légèr[t] adhérents entre eux.

S. palustris L. — Tige écailleuse à la base ; f. linéaires, engaînantes ; fl. d'un vert jaunâtre, en grappes lâches, pauciflores, à pédonc. alternes, bractéolés. — ♃. — Juin-juill. — T. R. — Bords des étangs. — Étangs Fortier et Larmier, à Saulieu, étang de St-Andeux.

***

XCV. POTAMÉES Juss.

Fl. hermaphr. ou monoïques. Périanthe à 4 div. herbacées, libres, plus rar[t] nul ou remplacé par une spathe scarieuse. Étam. 1-4, à anthères 2-4-locul. Ov. supère. Fr. formé de 4, plus rar[t] 2-6 carp. libres, indéhisc., 1-spermes. — Herbes aquatiques, à f. alternes, rar[t] opposées, submergées ou flottantes, munies de stip. axillaires. Fl. petites, verdâtres, solitaires ou géminées, ou plus souv[t] disposées en épis.

Fl. hermaphr., en épis se développant hors de l'eau. . . . . *Potamogeton* (1).

Fl. monoïques, 1-2, axillaires, se développant sous l'eau. . . . . *Zannichellia* (2).

1. Potamogeton Tourn. (Potamot). — Périanthe à 4 div. ; étam. 4 ; carp. ord[t] 4, sessiles. — Pl. à tiges ord[t] rameuses, très rar[t] simples.

1. F. toutes opposées. . . . . *P. densus.*
    F. florales opposées, toutes les autres alternes. . . . 2

2. F. supér. flottantes, ord[t] coriaces, et différentes des f. infér. qui sont submergées et ord[t] translucides 3
    F. toutes submergées, semblables, membraneuses-translucides. 7

3. F. submergées sessiles, qqfois atténuées à la base, les supér. pétiolées. 4
    F. toutes assez long[t] pétiolées. 5

4. F. submergées lancéolées, les flottantes brièv[t] pétiolées ; pédonc. fructifères non renflés au sommet, de la grosseur de la tige. . . . . *P. alpinus.*
    F. submergées linéaires-lancéolées, les flottantes long[t] pétiolées ; pédonc. fructifères renflés au sommet et plus gros que la tige. . . . . *P. gramineus.*

5. F. flottantes à limbe rétréci aux 2 extrémités, dépourvu de plis à la base ; carp. à dos caréné et aigu. *P. fluitans.*
    F. flottantes arrondies ou un peu cordées à la base, à limbe formant 2 plis pour s'unir au pétiole ; carp. à dos obtus. 6

6. Carp. gros, verdâtres ; f. submergées à limbe se détruisant après la floraison . . . . *P. natans.*
    Carp. petits, rougeâtres ; f. submergées à limbe persistant après la floraison. . . . . *P. polygonifolius.*

7. F. à limbe élargi, ovale ou oblong. 8
    F. toutes linéaires ou lancéolées-linéaires. 10

8. F. brièv[t] pétiolées, à limbe muni de 7-9 nervures saillantes. . . . . *P. lucens.*

F. sessiles ou embrassantes, à limbe muni de 3-5 nervures saillantes. 9
9. F. cordées-embrassantes, planes, à limbe 5-nervé . . . .
. . . . *P. perfoliatus.*
F. sessiles, fort[t] ondulées-crispées sur les bords, à limbe 3-nervé. . . . . *P. crispus.*
10. Tiges comprimées-ailées, presque foliacées. *P. acutifolius.*
Tiges cylindriques ou à peine comprimées, souv[t] filiformes. 11
11. F. long[t] engaînantes à la base. . . . . *P. pectinatus.*
F. peu ou point engaînantes. 12
12. F. lancéolées linéaires, atténuées aux 2 extrémités ; pédonc. plus gros que la tige et renflés au sommet. *P. gramineus.*
F. étroit[t] linéaires ; pédonc. non renflés au sommet . . 13
13. F. obtuses ; pédonc. fructifère environ de la longueur de l'épi.
. . . . *P. obtusifolius.*
F. aiguës ou mucronées ; pédonc. fructifère 1-4 fois plus long que l'épi. 14
14. F. à une seule nervure distincte ; carp. semi-orbiculaires, à dos crénelé. . . . . *P. trichoides.*
F. à 3 5 nervures distinctes ; carp. elliptiques, à dos non crénelé. . . . . *P. pusillus.*

1. *Feuilles supérieures flottantes, coriaces, opaques, les inférieures souvent d'une autre forme, plus minces, transparentes, quelquefois réduites à des phyllodes, presque toujours submergées, rarement toutes submergées et translucides ; épis ordinairement multiflores.*

P. natans L. — Tiges simples, allongées ; f. grandes, les supér. ovales-oblongues, à limbe brusq[t] contracté à la base, les infér. lancéolées. — ♃. — Juin-juill. — A. C. — Mares, fossés, étangs.

P. fluitans Roth. — *P. natans* Lorey, 844, pro parte. — Tiges allongées ; f. grandes, les supér. oblongues ou ovales, les infér. plus allongées. — ♃. — Juin-juill. — C. — Étangs, rivières.

P. polygonifolius Pourr. — Tiges courtes ; f. assez petites, ovales ou oblongues, les supér. arrondies ou un peu cordées à la base. — ♃. — Juin-août. — R. — Ruisseaux tourbeux. — Saulieu, Orgeux, Rouvray, St-Andeux, etc.

P. alpinus Balb. — *P. rufescens* Schrad. ; Royer, 520. —Pl. devenant rougeâtre par la dessiccation ; tiges ord[t] simples ; f.

supér. assez grandes, ovales ou oblongues, atténuées en un court pétiole, les infér. étroites ; carp. à dos caréné. — ♃. — Juill.-août. — R. Ruisseaux des terrains granitiques. — St-Léger-de-Fourches, Saulieu, Ste Isabelle.

P. gramineus L. — *P heterophyllus* DC. ; Lorey, 847. — Tiges subfiliformes, très rameuses ; f supér. ovales-lancéolées, les infér. lancéolées-linéaires, ou toutes linéaires-lancéolées et translucides (*P. compressus* Lorey, 847, pro parte. — *P. gramineus* DC.) ; carp. à dos arrondi. — ♃. — Juin-août. — R. — Mares, étangs, fossés. — Censerey, Cîteaux, Liernais, Lamarche, Seurre, Pouilly-en-Auxois, etc.

2. *Feuilles ordinairement de même forme, ovales, oblongues ou lancéolées, toutes submergées et translucides, ou quelquefois les supérieures émergées.*

P. lucens L. — Tiges rameuses, épaisses ; f. grandes, elliptiques-oblongues, à bords ondulés ; pédonc. fructifères renflés au sommet ; carp. à dos obtus. — ♃. — Juin-juill. — C. — Canaux, étangs, rivières.

P. perfoliatus L. — Tiges rameuses ; f. ovales ou ovales-oblongues, à bords scabres ; carp. à dos obtus. — ♃. — Juin-août. — C. — Étangs, rivières, canal de Bourgogne.

P. crispus L. — Tiges dichotomes ; f. linéaires-oblongues, ondulées, denticulées ; carp. à dos obtus, terminés par un long bec recourbé. — ♃. — Juin-juill. — C. — Rivières, étangs, fossés.

P. densus L. — Tiges dichotomes, cylindriques ; f. elliptiques ou linéaires-lancéolées, fin^t denticulées, à bords ondulés, très rapprochées, connées à la base ; carp. à dos fort^t caréné, terminés par un bec court, recourbé ; épis pauciflores. — ♃. — Juin-août. — T. C. — Fossés, ruisseaux à eau froide.

F. oblongues-lancéolées, les submergées plus ou moins distantes : var. *laxifolius* Coss. et Germ. (*P. oppositifolius* DC.).

3. *Feuilles toutes étroitement linéaires, submergées et translucides ; épis pauciflores.*

P. pusillus L. — Tiges très rameuses, grêles, souv^t un peu comprimées ; pédonc. 2-4 fois plus longs que l'épi ; carp. terminés par un bec court. — ♃. — Juill.-août. — T. C. — Rivières, étangs, canal de Bourgogne.

Tiges plus robustes ; f. larges de 2-3 mill. : var. *major* Fries. — A. R. — Pothières, canal de Bourgogne.

P. trichoides Cham. et Schlech.— Tiges très rameuses, filiformes, subcylindriques ; pédonc. 1-2 fois plus long que l'épi ; carp. terminés par un bec saillant et pourvus d'une gibbosité au-dessus de leur base. — ♃. — Juill.-août. — T. R. — Étang près la Chaume-Roblot entre Saulieu et Thoisy-la-Berchère.

P. acutifolius Link. — *P. compressus* DC. var. *cuspidatus* Duby; Lorey, 847. — Tiges très rameuses ; f. aiguës ou cuspidées ; carp. à dos crénelé, terminés par un bec court et munis d'une dent au-dessus de leur base. — ♃. — Juill.-août. — A. R. — Étangs, canal de Bourgogne . — Labergement - lez - Seurre, Pouilly-sur-Saône, Gerland, Bâlon, St-Remy , étangs de Maison-Dieu.

P. obtusifolius M. et K. — Tiges subcylindriques ; f. obtuses ; carp. à dos obtus et bec court. — ♃. — Juill.-août. — T. R. — Étangs, ruisseaux. — Saulieu.

P. pectinatus L. — Tiges filiformes, arrondies, di-trichotomes, plus ou moins renflées aux nœuds ; f. linéaires-sétacées, planes ou canaliculées, veinées en travers ; carp. gros, à dos obtus et bec court. — ♃. — Juill.-août. — T. C. — Étangs, rivières.

2. Zannichellia Micheli. — Fl. mâles : périanthe nul ; étam. 1. — Fl. femelles : périanthe remplacé par une spathe scarieuse, cupuliforme, 1-phylle ; carp. 2-6.

Z. palustris L. — Pl. d'un beau vert, ent^t submergée, à tiges très rameuses, radicantes à la base ; f capillaires, alternes ou opposées, fasciculées au sommet, à stip. engaînantes ; carp. subsessiles, à dos ord^t crénelé ou denté, et terminés par un bec grêle, 2-6 sur un pédonc. commun très court ; fl. verdâtres, sans apparence. — ♃. — Juill.-août. — A. C. — Fossés, mares. — Pouillenay, St-François, Arnay-le-Duc, Dijon, Premeaux, etc.

XCVI. NAIADÉES Link.

Fl. monoïques ou dioïques, à périanthe remplacé par une spathe membraneuse. — Fl. mâles : Étam. 1, à anthère 1-4-locul., sessile ou à filet très court. — Fl. femelles : Ov. supère. Styles 2-3, filiformes. Fr. sec, indéhisc., 1-locul., 1-sperme. — Herbes

submergées, à tiges rameuses-dichotomes. F. étroites, sinuées-dentées, spinescentes, engaînantes à
la base, opposées, ternées ou verticillées. Fl. axillaires, verdâtres, peu apparentes.

F. à gaînes entières. . . . . *Naias* (1).
F. à gaînes denticulées-ciliées . . . . *Caulinia* (2).

1. NAIAS L. — Fl. dioïques, solitaires à l'aisselle
des f. — Fl. mâles : spathe 2-3-cuspidée au sommet ; étam. à anthère 4-locul. — Fl. femelles : ov.
entouré par la spathe ; 3 styles.

N. major Roth. — F. linéaires-lancéolées ; fr. assez gros,
surmontés des 3 styles persistants. — ④. — Juill.-sept. — C. —
Étangs, canal de Bourgogne.

2. CAULINIA Willd. — Fl. monoïques, en glomérules à l'aisselle des f. — Fl. mâles : spathe tubuleuse, denticulée ; étam. à anthère 1-locul. — Fl.
femelles : ov. soudé à la spathe ; 2 styles.

C. fragilis Willd. — *Naias minor* All.; Lorey, 850. — *C.
minor* Coss. et Germ.; Royer, 525. — F. étroit[t] linéaires ; fr.
petits, surmontés des 2 styles persistants. — ④. — Juill.-sept. —
C. — Étangs, rivières, canal de Bourgogne.

XCVII. LEMNACÉES Duby.

Fl. monoïques, très rar[t] dioïques, sans périanthe,
une fl. femelle et ord[t] deux fl. mâles réunies dans
une même spathe 1-phylle, et réduites, les mâles à
une seule étam., les femelles à un ov. supère, à
style court et stigm. tronqué. Fr. sec, 1-7-sperme,
1-locul., indéhisc. ou se déchirant transvers[t]. — Pl.
très petites, flottantes ou parfois submergées, à tige
formée d'articles plus ou moins aplanis, ord[t] lenti-

culaires (*frondes*), simulant des f. qui sortiraient l'une de l'autre, et donnant naissance, dans la fente que présente leur bord, aux spathes florifères, et à leur face infér. à une ou plusieurs fibrilles radicales.

Frondes planes sur les deux faces. . . . *Lemna* (1).
Frondes à face infér. convexe-spongieuse . . . . . .
. . . . *Telmatophace* (2).

1. LEMNA L. (Lenticule, Lentille d'eau). — Frondes planes sur les deux faces; fr. 1-2-spermes, indéhisc.

1. Fibrilles radicales nombreuses, fasciculées sous chaque fronde.
. . . . - *L. polyrhiza.*
Fibrille radicale unique sous chaque fronde. 2

2. Frondes lancéolées, long^t atténuées en pétiole . . . . .
. . . . *L. trisulca.*
Frondes suborbiculaires, non atténuées en pétiole. . . .
. . . . *L. minor.*

L. trisulca L. — Frondes submergées en hiver, transparentes, 1-nervées, soudées par 3 en croix, ou plus rar^t en groupes dichotomes. — 24. — Mai-juin. — A. C. — Étangs, fossés. — Dijon, Buffon, Lucenay, Lacanche, Morey, Velars, etc.

L. polyrhiza L. — Frondes réunies par 2-4, ovales-suborbiculaires, opaques, brunâtres en dessous, à nervures palmées. — 24. — Mai-juin. — A. C. — Étangs. — Pontailler, St-Jean-de-Losne, Vic-sous-Thil, etc.

L. minor L. — Frondes très petites, vertes, opaques, sans nervures, ord^t réunies 3-4. — 24. — Mai-juin. — T. C. — Eaux stagnantes.

2. TELMATOPHACE Schleid. — Frondes renflées-spongieuses à la face infér.; fr. 2-7-sperme, s'ouvrant transvers^t.

T. gibba Schleid. — *Lemna gibba* L.; Lorey, 1029; Royer, 527. — Frondes petites, suborbiculaires, sans nervures, non atténuées en pétiole, réunies 2-3 et se séparant de bonne heure; fibrille radicale unique. — 24. — Mai-juin. — A. R. — Mares, fossés. — Laignes, Seurre, Semur, etc. — Les Lentilles d'eau étaient autrefois employées comme topique réfrigérant contre les brûlures, les ophtalmies, etc.

XCVIII. IRIDÉES Juss.

Périanthe à 6 div. pétaloïdes sur 2 rangs. Étam. 3, à anthères extrorses. Ov. infère. Style simple. Stigm. 3, souv^t pétaloïdes. Fr. capsulaire, à 3 loges ord^t polyspermes. — Pl. herbacées, à f. alternes ou toutes radicales, ensiformes ou linéaires. Fl. grandes, entourées avant l'anthèse de bractées membraneuses en forme de spathe.

Iris L. — Périanthe à div. extér. réfléchies, les intér. dressées ; étam. appliquées contre la face externe des stigm., ceux-ci très grands, pétaloïdes, bilabiés au sommet. — Rhizome charnu, articulé ; tige feuillée ; f. ensiformes-équitantes.

Fl. à div. extér. d'un bleu gris, rayées de violet foncé, les intér. jaunes . . . . - *I. fœtidissima.*
Fl. à div. toutes jaunes . . . . . *I. Pseudo-Acorus.*

I. fœtidissima L. (Iris gigot). — Tige simple, anguleuse, 2-3-flore ; f. coriaces, lancéolées-linéaires, à odeur d'Ail par frottement ; fl. assez grandes, long^t pédonculées ; gr. rouges. — ♃. — Juin-juill. — A. R. — Bois argileux, haies. — Verrey-sous-Salmaise, Antilly, Thenissey, St-Remy, Darcey, Corsaint, etc.

I. Pseudo-Acorus L. (Iris des marais, Diajeu, Flamme). —Tige arrondie, rameuse ; f. glaucescentes, très allongées ; fl. grandes, ord^t réunies plusieurs dans la spathe ; gr. brunâtres. — ♃. — Juin-juill. — C. — Bords des eaux, fossés, lieux humides.

L'*I. germanica* L. (Iris des jardins) qqfois subspontané près des habitations, sur les vieux murs et les toits de chaume, est caractérisé par ses fl. très grandes, violettes, à barbes orangées. — Pl. off. ; fournit, ainsi que les *I. florentina* L. et *pallida* Lam., le rhizome connu sous le nom d'Iris de Florence, qui est utilisé en parfumerie et sert à la confection des pois à cautères. Les rhizomes de nos Iris indigènes sont émétiques et diurétiques à l'état frais.

XCIX. COLCHICACÉES DC.

Périanthe à 6 div. pétaloïdes sur 2 rangs. Étam. 6. Ov. supère, à 3 carp. plus ou moins soudés entre eux. Styles 3, libres ou soudés infér'. Fr. capsulaire, à 3 loges polyspermes. Herbes à souche ord' charnue, à f. alternes, embrassantes, sessiles, toutes ord' rapprochées à la base d'une très courte tige.

Colchicum Tourn. (Colchique). — Périanthe infundibuliforme, à div. soudées à la base en un tube très long et très grèle. qui porte les étam. insérées à la gorge ; styles filiformes, très allongés. — Bulbe ovoïde, enveloppé d'une tunique brune ; f. paraissant toutes radicales.

C. autumnale L. (Tue-chien, Veilleuse, Veillotte). — Fl. grandes, d'un rose lilacé, paraissant en automne, avant les f., celles ci larg' lancéolées-aiguës, dressées, se développant au printemps suivant et entourant le fr qui est de la grosseur d'une noix. — ♃. — Fl. sept.-oct., qqfois févr.-mars., fr. mai-juin. — T. C. — Prairies humides. — Pl. off. ; vénéneuse, purgative drastique ; fait la base des spécifiques anti-goutteux.

C. AMARYLLIDÉES R. Br.

Périanthe à 6 div. pétaloïdes sur 2 rangs, qqfois tubuleux à la base et alors muni à la gorge d'une couronne pétaloïde plus ou moins allongée. Etam. 6. Ov. infère. Style simple. Stigm. entier ou 3-lobé. Fr. capsulaire, à 3 loges polyspermes, ou bacciforme, indéhisc. — Pl. à souche bulbeuse et f. toutes radicales. Fl. ord^t solitaires et terminales, renfermées dans une spathe avant la floraison.

1. Périanthe muni d'une couronne à la gorge ; étam. insérées sur le tube du périanthe . . . . . *Narcissus* (1).
Périanthe à gorge nue ; étam. insérées sur un disque. . 2
2. Périanthe à div. intér. de moitié plus courtes que les extér.; anthères apiculées . . . . *Galanthus* (3).
Périanthe à div. presque égales ; anthères non apiculées . . . . *Leucoium* (2).

1. **Narcissus** Tourn. (Narcisse). — Périanthe à div. étalées, tubuleux à la base et muni à la gorge d'une couronne pétaloïde ; caps. obscur^t trigone, à 3 valves. — F. linéaires, assez larges, obtuses.

Fl. blanche. . . . . *N. poeticus.*
Fl. jaune. . . . . *N. Pseudo-Narcissus.*

N. poeticus L. (Jeannette blanche). — Fl. grande, odorante, un peu inclinée, sur une longue hampe ord^t 1-flore; couronne très courte, cupuliforme, plissée, jaune, à bord ord^t d'un rouge orangé. — ♃. — Avril-mai. — A. R. — Prairies. — Nuits, Lugny, Léry, Baigneux, près de Fontaine-Merle à Panges, bois des Maillys, Crépan, Fain-lez-Montbard, Val-Courbe, Val-Suzon, vallée de l'Ouche, etc.

N. Pseudo-Narcissus L. (Coucou, Godet, Porillon, Jeannette). — Fl. solitaire, grande, inodore, penchée ; couronne tubuleuse, à bord ondulé, aussi longue que les div. du périanthe, et d'un jaune plus foncé. — ♃. — Mars-avril. — A. R. — Bois de montagne.— Messigny, Beaune, Gevrey, Saulieu, bois de St-Andeux, Lignerolles, Val-Suzon, Lantenay, Mont-Afrique. — Bulbes amers, purgatifs, vomitifs, vénéneux.

2. **Leucoium** L. — Périanthe campanulé, à div. très profondes, presque égales ; anthères non apiculées, s'ouvrant par 2 fentes ; caps. charnue, 3-valve.

L. vernum L. (Nivéole). — Hampe ord^t 1-flore, plus longue que les f., celles-ci oblongues-linéaires, obtuses ; fl. penchée, assez grande, blanche, à div. tachées de vert au sommet. — ♃. — Fév.-mars. — A. R. — Bois couverts. — Vallées de Gevrey, de Messigny, de Marsannay et de toute la Côte, Flavigny, Courtivron, combe de Flavignerot, l'Auxois.

3. **Galanthus L.** — Périanthe campanulé, à div. très profondes, les extér. un peu étalées, les intér. plus courtes et échancrées au sommet ; anthères apiculées, s'ouvrant par 2 pores terminaux ; caps. charnue, 3-valve.

G. nivalis L. (Perce-neige, Nivéole). — Hampe 1-flore, plus longue que les f., celles-ci ord^t 2, oblongues-linéaires, obtuses ; fl. penchée, assez grande, blanche, à div. intér. tachées et striées de vert. — ♃. — Fév.-mars. — T. R. — Bois de Lachaume entre Lachaume et Vanvey.

CI. ORCHIDÉES Juss.

Fl. irrég. Périanthe à 6 div. plus ou moins pétaloïdes sur 2 rangs, les 3 extér. semblables entre elles, étalées, dressées ou conniventes avec les 2 div. intér. latér., la 3e div. intér. (*labelle*), très différente des 2 autres, beaucoup plus grande et souv^t prolongée en éperon. Étam. 3, à filets soudés en colonne avec le style (*gynostème*), les 2 latér. ord^t stériles et réduites à des staminodes, la médiane fertile et placée au-dessus du stigm., plus rar^t l'étam. médiane stérile et les 2 latér. fertiles. Pollen aggloméré en petites masses pulvérulentes, granuleuses ou compactes (*masses polliniques*), chacune d'elles supportée ou non par un pédic. plus ou moins allongé (*caudicule*), qui se termine souv^t à la base par une glande visqueuse (*rétinacle*), libre ou réunie avec la voisine, qqfois renfermée dans un repli du stigm. (*bursicule*). Ov. infère, droit ou tordu en spirale. Stigm. formant au-dessus du gynostème une surface oblique, glanduleuse. Fr. capsulaire,

1-locul., polysperme, s'ouvrant par 3 valves. Gr. très petites. — Herbes à fibres radicales charnues, souv^t accompagnées de bulbes ovoïdes ou palmés. Tige simple. F. ord^t alternes, plus ou moins ramassées à la base de la tige, souv^t engaînantes, qqfois réduites à des écailles. Fl. bractéolées, ord^t en épi ou en grappe spiciforme terminale.

1. Tige munie d'écailles remplaçant les f. 2
   Tige feuillée au moins à la base. 3
2. Pl. violacée; labelle prolongé en éperon *Limodorum* (12).
   Pl. roussâtre ; labelle non prolongé en éperon. . . . . .
   . . . . *Neottia* (13).
3. Labelle très développé, en forme de sabot ; fl. très grandes,
   souv^t solitaires. . . . . *Cypripedium* (16).
   Labelle non en forme de sabot ; fl. jamais très grandes, en
   épi terminal. 4
4. Labelle muni à la base d'un éperon ou d'un appendice en forme
   de sac. 5
   Labelle dépourvu d'éperon ou d'appendice en forme de sac.
   10
5. Labelle entier. . . . . *Platanthera* (9).
   Labelle à 3 div. primaires plus ou moins profondes . . 6
6. Labelle à div. linéaires, ondulées, celle du milieu ayant 4-6
   cent. de long . . . . *Loroglossum* (2).
   Labelle à div. non ondulées, rar^t toutes linéaires, celle du
   milieu ne mesurant jamais 4-6 cent. de long . . . 7
7. Périanthe à div. extér. toutes conniventes en casque; fl. verdâtres . . . . *Satyrium* (8).
   Périanthe à div. extér. étalées ou conniventes; fl. divers^t colorées, jamais ent^t verdâtres. 8
8. Labelle à éperon plus court que l'ov. ou l'égalant à peine et,
   dans ce dernier cas, épais et conique, ou élargi et tronqué
   à l'extrémité. . . . . *Orchis* (4).
   Labelle à éperon grêle ou filiforme, égalant ou dépassant l'ov.
   9
9. Périanthe à div. extér. toutes étalées; bulbes palmés . . .
   . . . . *Gymnadenia* (7).
   Périanthe à div. extér. latér. étalées, la médiane dressée ; bulbes entiers. . . . . *Anacamptis* (3).

A. Souche bulbeuse ; anthère médiane seule fertile, soudée à la colonne ; masses polliniques atténuées en caudicule.

A. RÉTINACLES ORDINAIREMENT SOUDÉS ENTRE EUX ; BURSICULE UNILOCULAIRE.

1. Aceras R. Br. — Périanthe à div. extér. conniventes en casque avec les 2 intér. ; labelle sans éperon, à 3 lobes linéaires, le médian 2-fide ; ov. tordu. — Bulbes globuleux, entiers.

A. anthropophora R. Br. — *Ophris anthropophora* L. ; Lorey, 862 (Homme pendu). — Tige nue supér¹ ; f. oblongues-lancéolées ; fl. en épi allongé, assez dense, d'un jaune verdâtre ou roussâtre, rayées et bordées d'un brun rougeâtre. — ♃. — Mai-juin. — A. C. — Friches, pelouses.

2. Loroglossum Rich. — Périanthe à div. extér. conniventes en casque avec les 2 intér. ; labelle à 3 div. linéaires très allongées, enroulées en spirale ; éperon court ; ov. tordu. — Bulbes ovoïdes, entiers.

L. hircinum Rich. — *Orchis hircina* Crantz; Lorey, 861. — Tige robuste ; f. oblongues ou ovales-lancéolées, acuminées ; fl. à odeur de bouc, d'un blanc verdâtre, ponctuées de brun, en épi allongé, assez lâche. — ♃. — Mai-juin. — A. C. — Friches, pelouses, bois.

3. ANACAMPTIS Rich. — Périanthe à div. extér. latér. étalées, la moyenne dressée ; labelle large, 3-lobé, à lobes courts ; éperon filiforme, allongé, arqué ; ov. tordu. — Bulbes ovoïdes, entiers.

A. pyramidalis Rich. — *Orchis pyramidalis* L.; Lorey, 860. — F. linéaires-lancéolées, acuminées ; fl. assez petites, d'un rose vif, en épi compacte, court, pyramidal, puis ovoïde. — ♃. — Mai-juin. — C. — Pelouses, bois.

B. RÉTINACLES LIBRES; UNE OU DEUX BURSICULES.

4. ORCHIS Tourn. — Périanthe à div. extér. conniventes en casque, ou les 2 latér. étalées ou réfléchies et la moyenne seule connivente avec les 2 intér.; labelle à 3 lobes plus ou moins profonds, le moyen entier, 2-lobé ou 2-fide ; éperon plus court que l'ov. ou l'égalant à peine ; 1 bursicule 2-locul.; ov. tordu. — Bulbes entiers ou palmés ; ceux de plusieurs espèces (*O. Morio, mascula, militaris,* etc.) sont riches en mucilage et en amidon; desséchés, ils constituent le Salep off., bon analeptique.

1. Bulbes prof^t palmés 2
   Bulbes entiers ou brièv^t lobés au sommet. 3
2. Tige pleine ; bractées la plupart plus longues que les fl. . .
  . . . . *O. maculata.*
   Tige fistuleuse ; bractées la plupart plus longues que les fl. .
  . . . . *O. latifolia.*
3. Périanthe à div. extér. latér. étalées ou réfléchies. . . 4
   Périanthe à div. extér. toutes conniventes en casque. . 6
4. Fl. jaunes, à labelle ponctué de pourpre. *O. sambucina.*
   Fl. purpurines. 5

5. Bractées 1-nervées ; éperon égalant presque l'ov. . . . . *O. mascula.*

Bractées plurinervées; éperon sensibl[t] plus court que l'ov. . . . . *O. laxiflora.*

6. Bractées beaucoup plus courtes que l'ov. 7
Bractées égalant au moins la moitié de la longueur de l'ov. 8

7. Casque ovoïde-lancéolé, d'un rose cendré en dehors, ord[t] veiné-ponctué de lilas en dedans . . . *O. militaris.*

Casque ovoïde-globuleux, d'un pourpre plus ou moins foncé, veiné-ponctué. . . . . *O. purpurea.*

8. Fl. 6-8 ; labelle plus large que long, 3-lobé, à lobe moyen ord[t] émarginé. . . . . *O. Morio.*

Fl. nombreuses; labelle plus long que large, 3-fide, à lobe moyen souv[t] 2-fide 9

9. Fl. petites, d'un pourpre noirâtre, à labelle blanc, ponctué. . . . . *O. ustulata.*

Fl. plus grandes, jamais d'un pourpre noirâtre. . . . 10

10. Fl. rosées ou lilacées ; labelle à lobe moyen élargi à l'extrémité. . . . . *O. tridentata.*

Fl. d'un rouge vineux, rayé de vert, ord[t] à odeur de punaise ; labelle à lobe moyen atténué à l'extrémité . . . . *O. coriophora.*

1. *Bulbes entiers.*

O. ustulata L. — F. oblongues ou oblongues-lancéolées, aiguës; fl. très petites, d'un pourpre foncé, en épi dense, assez petit ; labelle blanc, ponctué, à lobes oblongs, le médian 2-fide ; éperon 3-4 fois plus court que l'ov. — ♃. — Mai-juin. — R. — Pelouses, prairies. — Gouville, St-Remy, chaumes d'Auvenay, Val-Suzon, Jouvence, Gevrey, Velars, Fleurey, Neuvon.

O. purpurea Huds. — *O. militaris* DC. ; Lorey, 857. — Tige robuste, élevée ; f. larges, oblongues-lancéolées ; fl. en épi gros, dense, oblong ; périanthe pourpre, à div. extér. brièv[t] aiguës ; labelle blanc, ponctué-hérissé de violet, à div. latér. linéaires, beaucoup plus étroites que celles du lobe médian, celui-ci 2-fide, très élargi au sommet; éperon 2-3 fois plus court que l'ov. — ♃. — Mai-juin. — A. C. — Bois, friches des coteaux.

Casque d'un pourpre moins foncé; lobe moyen du labelle à div. à peu près de même largeur que les lobes latér. et plus ou moins divergentes, qqfois incisées-dentées : var. *hybrida* (*O. hybrida* Bœnn.).

O. militaris L. — *O. galeata* Lam. ; Lorey, 858 ; Royer, 497. — F. oblongues-lancéolées, ou ovales-elliptiques, aiguës ; bractées rougeâtres ; fl en épi un peu lâche ; périanthe à div. extér. acuminées, d'un rose pâle et cendré en dehors ; labelle blanc ou rosé, taché hérissé de pourpre, à lobe médian divisé en 2 lobes secondaires courts, divergents, 2-3 fois plus larges que les latér. ; éperon égalant environ la moitié de l'ov. — ♃. — Mai-juin. — C. — Pelouses des bois, prés secs. — Varie à fl. blanches : Mont-Afrique.

> Div. du labelle parallèles, toutes semblables, étroit^t linéaires, courbées à l'extrémité ; éperon un peu plus long que la moitié de l'ov. : var *Simia* (*O. Simia* Lam.). — T. R. — Nolay, bois des Muliers entre Prenois et Plombières.

O tridentata Scop. — *O. variegata* Lam. ; Lorey, 857 ; Royer, 497. — Bractées plus longues que dans l'espèce précédente ; s'en distingue encore par son épi court et serré, ses fl. plus pâles, à labelle taché de pourpre, mais glabre. — ♃. — Mai. — Signalé par Lorey au parc de Dijon et dans les bois ; pourrait bien n'être qu'une forme plus grêle de l'*O. militaris.*

O. coriophora L. — F. étroit^t lancéolées, aiguës ; bractées de couleur pâle ; fl. mêlées de rouge et de vert, en épi dense ; casque ovoïde-aigu ; labelle d'un pourpre livide, à 3 div. presque égales ; éperon égalant à peu près la moitié de la longueur de l'ov. — ♃. — Mai-juin. — T. R. — Prairies. — Magny, Jouvence, Liernais, Morey.

O. Morio L. — F. oblongues ou oblongues-lancéolées ; bractées d'un pourpre verdâtre ; fl en épi lâche, pauciflore ; périanthe purpurin, rosé ou violet, rar^t blanc, veiné de vert, en casque globuleux ; labelle très variable, ponctué de blanc et de lilas ; éperon épaissi au sommet, un peu plus court que l'ov. — ♃. — Avril-juin. — A. C. — Prés, pelouses. — Le Pays-Bas, la Côte, le Morvan.

O. mascula L. — F. oblongues-lancéolées, souv^t maculées de brun noirâtre ; bractées purpurines ; fl. grandes, purpurines, rar^t blanches, en épi lâche, allongé ; labelle très large, à lobes latér. crénelés, le médian émarginé ; éperon épais, égalant l'ov. — ♃. — Avril-mai. — T. C. — Bois, prés.

O. laxiflora Lam. — F. lancéolées-linéaires ; bractées rougeâtres, plus courtes que l'ov. ; fl. d'un rouge violacé, rar^t blanches, en épi lâche, pauciflore, allongé ; labelle à lobes latér. larges, entiers, crénelés, le médian très court ou nul ; éperon plus court que l'ov. — ♃. — Mai-juin. — R. — Prés marécageux. — Magny, Saulon, Chevigny, Seurre, etc.

> F. plus étroites ; bractées plus longues que l'ov. ; lobe mé-

dian du labelle égalant ou dépassant les latér. ; floraison plus tardive : var. *palustris* (*O. palustris* Jacq.). — R. — Comprise dans le type par Lorey. et seule rencontrée depuis à Laignes, Villedieu, Orgeux, Gevrolles, etc.

O. sambucina L. — *O. pallens* Lorey, 855 ; non L. — Bulbes entiers ou brièv[t] lobés au sommet ; f. plus ou moins allongées, les supér. lancéolées-linéaires, très aiguës ; bractées jaunâtres ; fl. en épi court, jaunes, à labelle ponctué de pourpre, peu prof[t] lobé ; éperon égalant l'ov. — ♃. — Mai. — T. R. — Signalé par Lorey à Lusigny.

2. *Bulbes palmés.*

O. maculata L. — F. ord[t] maculées de violet foncé, les infér. oblongues ou ovales, les supér. lancéolées ; bractées vertes ; fl. lilacées ou blanches. en épi oblong, assez dense ; labelle ord[t] veiné de violet, suborbiculaire, à lobes peu accusés, les latér. crénelés ; éperon plus court que l'ov. — ♃. — Mai-juin. — C. — Bois, prés argileux.

O. latifolia L. — F. infér. ovales-oblongues, les supér. lancéolées ; bractées ord[t] rougeâtres ; fl. en épi serré, oblong ; périanthe d'un rouge vineux ou d'un rose pâle ; labelle ponctué et veiné de pourpre, à lobes peu accusés, arrondis et crénelés ; éperon plus court que l'ov. — ♃. — Mai-juin. — T. C. — Prairies humides.

> F. plus étroites, non maculées ; bractées toutes plus longues que les fl., celles-ci plus petites, de couleur plus claire : var. *incarnata* (*O. incarnata* L.).

> F. très étroites ; épi pauciflore : var. *angustifolia* (*O. angustifolia* Rchb.). — T. R. — Pontailler, Combe-Noire au Val-des-Choux.

5. OPHRYS L. — Périanthe à div. extér. toutes étalées ; labelle épais, un peu charnu, plan ou convexe, entier ou 3-lobé, le lobe moyen très grand, souv[t] appendiculé, sans éperon ; 2 bursicules. — Bulbes subglobuleux, entiers ; fl. gén[t] assez grandes, en épi lâche, pauciflore.

1. Labelle muni à son extrémité d'un appendice charnu, glabre et verdâtre. 2
   Labelle dépourvu d'appendice à son extrémité. 3
2. Appendice recourbé en dessus ; anthère à bec court, droit.
   . . . . *O. arachnites.*

Appendice recourbé en dessous; anthère à bec long, flexueux.
. . . . *O. apifera.*

3. Labelle entier ou émarginé; les 2 div. intér. du périanthe oblongues-lancéolées, vertes, glabres ou pubérulentes. .
. . . . *O. aranifera.*
Labelle 3-lobé, à lobe moyen 2-fide; les 2 div. intér. du périanthe filiformes, pubescentes, d'un pourpre foncé. *O. muscifera.*

O. muscifera Huds. — *O. myodes* Jacq.; Lorey. 863 (Orchis mouche). — F. oblongues-lancéolées; fl. assez petites, à div. extér. d'un vert jaunâtre; labelle allongé, brun, velouté, marqué d'une large tache quadrangulaire glabre, bleuâtre. — ♃. — Mai-juin. — C. — Pelouses, friches, lieux herbeux.

O. aranifera Huds. (Orchis araignée). — F. infér. ovales-lancéolées, les supér. plus étroites; périanthe à div. extér. verdâtres; labelle large, d'un brun foncé, velouté, à bords jaunâtres, recourbés en dessous, et marqué au centre de 2-4 raies ou taches glabres, livides. — ♃. — Mai-juin. — A. C. — Pelouses, friches, lieux herbeux.

O. arachnites Murr. (Orchis frelon). — F. ovales-oblongues, aiguës; périanthe à div. extér. rosées, rarᵗ blanches, avec nne nervure verte, les 2 intér. plus petites, pubescentes, verdâtres au sommet; labelle large, d'un brun pourpre, velouté, marqué d'une tache verdâtre, à bords roulés en dessous. — ♃. — Mai-juin. — C. — Pelouses, coteaux incultes.

O. apifera Huds. (Orchis abeille). — F. ovales ou oblongues-lancéolées; périanthe à div. extér. rosées, rayées de vert, les 2 intér. plus petites, verdâtres; labelle 3-lobé, à lobes latér. triangulaires, peu distincts, le moyen très ample, velouté, d'un pourpre foncé, marqué d'une tache rayée verdâtre. — ♃. — Mai-juin. — C. — Pelouses, friches, lieux herbeux.

C. RÉTINACLES LIBRES, SANS BURSICULE.

6. HERMINIUM Rich. — Périanthe à div. toutes conniventes en cloche; labelle bossu à la base, à 3 lobes linéaires, entiers; ov. tordu. — Bulbes entiers.

H. Monorchis R. Br. — *Ophrys Monorchis* L.; Lorey, 865. — Tige grêle, naissant d'un bulbe entier et émettant à sa base 3-5 bulbes pédicellés; f. 2, engaînantes, lancéolées, presque radicales; fl. petites, d'un jaune verdâtre; labelle à lobes latér. divergents; épi grêle. — ♃. — Juin-juill. — T. R. — Coteaux herbeux. — Cussy-la-Colonne, bois de Montille près Semur.

7. GYMNADENIA Rich. — Périanthe à div. extér. toutes étalées; labelle 3-lobé; éperon grêle, allongé, arqué; ov. tordu. — Bulbes palmés.

Éperon beaucoup plus long que l'ov. . . . G. *conopea.*
Éperon égalant à peine l'ov. . . . . . G. *odoratissima.*

G. conopea R. Br. — *Orchis conopsea* L. ; Lorey, 853. — F. linéaires-lancéolées, aiguës ; fl. petites, rosées ou purpurines, rar[t] blanches, odorantes, en épi allongé, assez compacte ; labelle à lobes obtus, entiers. — ♃. — Mai-juin. — C. — Bois, friches.

G. odoratissima Rich. — *Orchis odoratissima* L.; Lorey, 853. — Pl. plus grêle que la précédente, à fl. plus petites, très odorantes ; épi plus étroit et plus serré ; lobe médian du labelle plus allongé. — ♃. — Juin-juill. — R. — Bois humides. — Vallées de Messigny et de Savigny, Moloy, Avot, Grancey-le-Château, etc.

8. SATYRIUM L. — Périanthe à div. extér. conniventes en casque ; labelle sublinéaire, 3-denté, à éperon en sac bien plus court que l'ov., celui-ci tordu. — Bulbes palmés.

S. viride L. — *Orchis viridis* Crantz ; Lorey, 852. — *Gymnadenia viridis* Rich. ; Royer, 500. — F. infér. ovales-obtuses, les supér. lancéolées-aiguës ; fl. verdâtres, en épi oblong, assez lâche ; labelle jaunâtre, à dent médiane très courte. — ♃. — Juin-juill. — R. — Prés, bois. — Val-des-Choux, Liernais, la Guette, Noiron-lez-Cîteaux, Nolay, Flammerans, Laroche-en-Breuil, Fontaine-Merle près Pauges.

9. PLATANTHERA Rich. — Périanthe à div. extér. latér. étalées, la médiane dressée ; labelle linéaire-allongé, à éperon très long ; ov. tordu. — Bulbes entiers.

P. bifolia Rich. — *Orchis bifolia* L.; Lorey, 860. — F. radicales ord[t] 2, grandes, oblongues-obtuses, les caulinaires très petites et très étroites ; fl. blanches, odorantes, en épi lâche; anthère à loges contiguës et parallèles; éperon arqué, 1 fois plus long que l'ov. — ♃. — Juin-juill. — Bois argileux, prés.

Fl. verdâtres, inodores ; anthère à loges non contiguës, divergentes infér[t] ; éperon plus court : var. *montana* (P. *montana* Rchb.). — A. C. — Laignes, Orgeux, Brognon, Satenay, etc.

B. Souche fibreuse ; anthère médiane seule fertile, libre ; masses polliniques non atténuées en caudicule.

A. MASSES POLLINIQUES SANS RÉTINACLE.

10. CEPHALANTHERA Rich. — Périanthe à div. toutes conniventes ; labelle sans éperon, fort[t] rétréci au milieu et présentant à son rétrécissement plusieurs côtes longitudinales saillantes, jaunes ; ov. sessile, tordu. — Fl. en épi lâche, pauciflore.

1. Fl. rosées ou purpurines ; ov. pubescent . .   *C. rubra.*
   Fl. blanches ou blanchâtres ; ov. glabre 2
2. Bractées égalant ou dépassant l'ov. . . .   *C. pallens.*
   Bractées beaucoup plus courtes que l'ov. .   *C. ensifolia.*

C. pallens Rich. — *Epipactis pallens* Sw. ; Lorey, 868. — *C. grandiflora* Babgt.; Royer, 502. — F. ovales ou ovales-lancéolées ; périanthe à div. toutes obtuses ; fl. d'un blanc jaunâtre. — ♃. — Juin-juill. — A. R. — Bois et taillis. — Dijon, Marsannay, Meursault, Marey-sur-Tille, St-Remy, Flavigny, Mont-Afrique, etc.

C. ensifolia Rich. — *Epipactis ensifolia* Sw. ; Lorey, 869 ; — *C. xyphophyllum* Rchb. ; Royer, 502. — F. linéaires-lancéolées, acuminées, distiques ; périanthe à div. toutes très aiguës ; fl. d'un blanc pur. — ♃. — Juin-juill. — A. R. — Bois, taillis. — Lugny, bois de la Côte, St-Remy, Gevrolles.

C. rubra Rich. — *Epipactis rubra* All. ; Lorey, 869. — F. lancéolées-acuminées ; bractées plus longues que l'ov. ; périanthe à div. toutes long[t] acuminées. — ♃. — Juin-juill. — A. C. — Bois de montagne. — Messigny, Val-Courbe, St-Remy, Villedieu, Val-des-Choux, Velars, etc.

B. MASSES POLLINIQUES RÉUNIES PAR UN RÉTINACLE COMMUN.

11. EPIPACTIS Hall. — Périanthe à div. extér. étalées ou un peu conniventes ; labelle entier ou subtrilobé, fort[t] rétréci au milieu et muni vers le rétrécissement de 2 bosses saillantes ; éperon nul ;

ov. non tordu. — Fl. en épi ou en grappe spiciforme assez lâche.

> Labelle plus court que les div. extér. latér. du périanthe, à lobe médian aigu et recourbé à l'extrémité ; pl. des terrains secs . . . . *E. Helleborine.*
> Labelle égalant ou dépassant les div. extér. latér. du périanthe, à lobe médian obtus, presque plan ; pl. des terrains marécageux. . . . . *E. palustris.*

E. Helleborine Crantz. — *E. latifolia* All. ; Lorey, 870 ; Royer, 502. — F. infér. larg^t ovales, les supér. lancéolées ou lancéolées-linéaires ; bractées la plupart plus longues que les fl., celles-ci un peu penchées : périanthe à div. extér. d'un vert pâle, les intér. roses ou rosées ; labelle à bosses lisses ; ov. épais, ovoïde. — ♃. — Juill-sept. — C. — Bois, friches.

> F. plus étroites et moins longues ; bractées la plupart plus courtes que les fl. , celles-ci d'un pourpre foncé : labelle à bosses plissées : var. *atrorubens* (*E. atrorubens* Schult. — *E. mycrophylla* Lorey, 870 ; non Sw.).

E. palustris Crantz. — F. infér. oblongues-lancéolées, les supér. lancéolees ; fl. pendantes ; périanthe à div. exter. vertes, les intér. blanches, lavées de rose ou de rouge ; ov. grêle, linéaire-oblong. — ♃. — Juin-juill. — A. R. — Bois humides et marécageux. — Jouvence, Val-des-Choux, St-Léger-de Fourches, St-Remy, Selongey, Orgeux, Magny-sur-Tille, Gevrey, etc.

12. LIMODORUM Tourn. — Périanthe à div. toutes conniventes ; labelle entier, muni d'un éperon ; ov. non tordu. — F. réduites à des écailles ; fl. en épi très lâche.

L. abortivum Sw. — Pl. à tige épaisse, violacée, de même que les fl., celles-ci grandes, à éperon subulé, égalant l'ov. — ♃. — Juin-juill. — A. C. — Bois de montagne. — Gouville, Marsannay, Concœur, Meursault, St-Remy, Vauchignon, Mont-Afrique, Gevrey, Velars, etc.

13. NEOTTIA Rich. — Périanthe à div. extér. toutes conniventes en casque avec les 2 intér. ; labelle 2-fide, à lobes divergents, sans éperon ; ov. sessile, non tordu. — F. réduites à des écailles.

N. nidus-avis Rich. — *Epipactis nidus-avis* All. ; Lorey, 868. — Pl. roussâtre, ayant l'aspect d'une Orobanche, à fibres radiculaires très charnues, en faisceaux pelotonnés imitant un nid d'oiseau ; fl. petites, roussâtres, en épi oblong, dense ; labelle gibbeux à la base. — ♃. — Juin-juill. — A. C. — Bois.

14. LISTERA R. Br. — Périanthe à div. toutes conniventes en gueule ; labelle 2-fide, à lobes légèr^t divergents, sans éperon ; ov. stipité, non tordu.

L. ovata R. Br. — *Epipactis ovata* All.; Lorey, 867. — *Neottia ovata* Bluff. et Fing. ; Royer, 503. — Tige munie au dessous du milieu de 2 f. opposées, larg^t ovales, étalées ; fl. verdâtres, en épi lâche et grêle. — ♃. — Mai-juin. — C. — Bois couverts et humides.

15. SPIRANTHES Rich. — Périanthe à div. extér. toutes conniventes en gueule ; labelle indivis, sans éperon ; ov. non tordu. — Fl. petites, blanches, en épi fort^t tordu en spirale ; souche à fibres napiformes.

F. toutes lancéolées-linéaires, entourant la tige . . . . *S. æstivalis.*
F. radicales ovales ou ovales-oblongues, disposées en un fascicule latér. par rapport à la tige, les autres réduites à des écailles engaînantes . . . . *S. autumnalis.*

S. æstivalis Rich. — Labelle obovale-oblong, crénelé ; fl. odorantes le soir, en épi grêle. — ♃. — Juill.-août. — T. R. — Pelouses humides des terrains argileux. — Semur, pâtis de Vielverge.

S. autumnalis Rich. — *Neottia spiralis* Sw.; Lorey, 866. — Labelle obovale, émarginé ; fl. à odeur de Vanille, plus petites que dans l'espèce précédente, en épi grêle. — ♃. — Juin-juill. — R. — Prairies. — Montot, Boncourt, Cîteaux, Seurre, Longvay, Vielverge, Lamarche-sur-Saône.

C. Souche fibreuse; anthère médiane stérile, les deux latérales fertiles.

16. CYPRIPEDIUM L. — Périanthe à div. étalées ; labelle très grand, en forme de sabot, sans éperon ; gynostème 3-fide, à div. latér. portant les anthères;

anthère médiane pétaloïde ; ov. non tordu. — Fl. souv^t solitaires.

C. Calceolus L. (Sabot de Vénus). — Tige couverte à la base de f. avortées, les caulinaires larges, ovales-acuminées ; périanthe à div. brunes, lancéolées, étalées en croix ; labelle jaune, strié de pourpre ; fl. très grandes. — ♃. — Juin-juill. — T. R. — Bois. — Val-des-Choux, Voulaines, Essarois.

CII. DIOSCORÉES R. Br.

Fl. dioïques. Périanthe campanulé, à-6 div. subpétaloïdes sur 2 rangs, soudées en tube à la base. Étam. 6, rudimentaires chez les fl. femelles. Ov. infère, à 3 loges. Styles 3, plus ou moins soudés. Stigm. 2-lobés. Fr. bacciforme, oligosperme, paraissant 1-locul. — Herbes à tige volubile, à f. simples, alternes. Fl. en grappes axillaires.

TAMUS L. (Tamier). — Caractères de la famille.

T. communis L. (Sceau de Notre-Dame, Herbe aux femmes battues). — Tige grêle, grimpante ; f. ovales-cordées, acuminées, luisantes, long^t pétiolées ; fl. petites, d'un blanc verdâtre ou jaunâtre ; baies rouges. — ♃. — Juin-juill. — C. — Bois couverts, buissons. — Tubercules purgatifs et diurétiques ; étaient regardés comme résolutifs contre les contusions.

L'Igname (*Dioscorea Batatas* Desne), appartenant à la même famille, est souv^t cultivée pour son rhizome alimentaire.

CIII. ASPARAGINÉES A. Rich.

Fl. hermaphr., rar^t dioïques. Périanthe à 4, 8 ou 10, ord^t 6 div. le plus souv^t pétaloïdes sur 2 rangs, libres ou plus ou moins soudées entre elles. Étam. ord^t en nombre égal à celui des div. du périanthe, rar¹ moins. Ov. supère. Styles 2-5, souv¹ soudés en un style indivis. Fr. bacciforme-charnu, globuleux, à 2-4, ord¹ 3 loges oligospermes, qqfois 1-locul., souv¹ 1-sperme par avortement. — Herbes ou sous-arbrisseaux à f. alternes, opposées ou verticillées, qqfois réduites à des écailles, ou toutes radicales. Inflor. variées.

1. Pl. ligneuse ; ramuscules élargis en forme de f. coriaces, acuminées en pointe piquante et portant les fl.; étam 3. . .
   . . . . *Ruscus* (6).

   Pl. herbacées, à f. non piquantes. parfois réduites à des écailles et toujours distinctes des fl.; plus de 3 étam. . . 2

2. Périanthe à 4-8-10 div. 3
   Périanthe à 6 div. 4

3. Périanthe à 4 div.; tige pluriflore. . *Maianthemum* (4).
   Périanthe à 8-10 div.; tige 1-flore . . . . . *Paris* (5).

4. Fl. ord¹ dioïques; tige très rameuse; f. réduites à des écailles
   et portant à leur aisselle de courts rameaux filiformes. . .
   . . . . *Asparagus* (1).

   Fl. hermaphr.; tige simple ; pl. pourvues de véritables f. 5

5. Périanthe long¹ tubuleux-cylindrique, à dents dressées; étam.
   insérées à la base du tube. . . . *Polygonatum* (3).
   Périanthe globuleux-campanulé, à dents réfléchies ; étam. insérées à la base du tube. . . . . *Convallaria* (2).

1. **Asparagus** Tourn. (Asperge). — Fl. ord¹ dioïques ; périanthe campanulé, à 6 div. profondes ; étam. 6; style indivis ; stigm. 3, étalés ou réfléchis. — Ramuscules en forme d'aiguilles, en fascicules à l'aisselle de f. réduites à des écailles.

A. officinalis L. — Jeunes pousses épaisses, charnues, écailleuses ; fl. petites, jaunâtres, à nervures vertes, solitaires ou géminées à la base des rameaux, à pédonc. à la fin réfléchis; baies rouges et luisantes. — ♃. — Juin-juill. — Culture alimentaire, vignes et jardins ; souv¹ subspontané près des habitations. — Pl. off.; rhizome et turions diurétiques et apéritifs.

2. **Convallaria** L. (Muguet). — Périanthe globu-

leux-campanulé, à 6 dents réfléchies ; étam. 6 ; style indivis ; stigm. trigone. — F. toutes radicales.

C. maialis L. — F. 2-3, ovales-oblongues, atténuées aux 2 extrémités ; fl. blanches, pendantes, d'une odeur suave, en grappe unilatér. terminale ; baies rouges. — ♃. — Mai-juin. — T. C. — Bois. — Pl. off.; fl. autrefois usitées comme antispasmodiques et sternutatoires : aujourd'hui le suc de la plante est regardé comme un puissant cardiaque.

3 POLYGONATUM Tourn. (Sceau de Salomon). — Périanthe tubuleux-cylindrique, à 6 dents dressées; étam. 6 ; style indivis ; stigm. trigone — Tige dressée, arquée au sommet ; f. alternes, oblongues, toutes rejetées d'un côté ; fl. blanches, maculées de vert, pendantes et disposées en grappes unilatér. du côté opposé aux f.

Pédonc. 1-2-flores . . . . *P. officinale.*
Pédonc. 3-5-flores . . . . *P. multiflorum.*

P. officinale All. — *Convallaria Polygonatum* L. ; Lorey, 883. — *P. vulgare* Desf.; Royer, 486 (Muguet bâtard). — Tige anguleuse ; étam. à filets glabres; baies d'un noir bleuâtre. — ♃. — Mai-juin. — C. — Bois. — Rhizome ast·ingent, diurétique, autrefois employé en applications topiques contre les contusions.

P. multiflorum All. — *Convallaria multiflora* L.; Lorey, 884. — Tige arrondie; étam. à filets velus; baies rouges. — ♃. — Mai-juin. — C. — Bois argileux.

4. MAIANTHEMUM Wigg. — Périanthe à 4 div. très profondes, étalées ou réfléchies ; étam. 4 ; style indivis ; stigm. obscur[t] 2-3-lobé. — Tige feuillée ; fl. en grappe terminale.

M. Convallaria Web. — *M. bifolium* DC. ; Lorey, 385, Royer, 487. — Tige flexueuse, portant 2, rar[t] 3 f. ovales-cordiformes, acuminées, brièv[t] pétiolées; fl. petites, blanches ; baies rouges. — ♃. — Mai-juin. — A. R. — Vau de Gevrey, combe de Marsannay, Saulieu, Marey-sur-Tille, Moloy, Pâques, Collonges, Longvay, etc.

5. PARIS Tourn. (Parisette). — Périanthe à 8-10

div. étalées, verdâtres, les intér. très étroites ; étam. 8-10 ; styles 4-5. — F. ord[t] 4, rar[t] 3, 5 ou 6, verticillées au-dessous d'une fl. terminale solitaire.

P. quadrifolia L. (Raisin de renard). — F. sessiles, ovales ou suborbiculaires, acuminées ; baies d'un noir bleuâtre. — ♃. — Mai-juin. — C. — Bois couverts. — Pl. très active; baies vénéneuses, narcotico-âcres.

6. Ruscus Tourn. (Fragon). — Fl. ord[t] dioïques; périanthe à 6 div. libres dont 3 plus petites ; étam. 3, à filets soudés en tube; style indivis ; stigm. épais, pelté. — F. réduites à des écailles membraneuses, portant à leur aisselle des ramuscules en forme de f. ovales, planes et piquantes.

R. aculeatus L. (Petit Houx, Bois piquant). — Sous-arbrisseau toujours vert, très rameux; fl. très petites, verdâtres, presque sessiles, 1-2 à la face supér. des ramuscules foliiformes ; baies rouges. — ♃. — Mars-oct. — A. C. — Bois de montagne.

CIV. LILIACÉES Juss.

Périanthe à 6 div. pétaloïdes sur 2 rangs, libres ou plus ou moins soudées entre elles. Étam. 6. Ov. supère. Style filiforme ou presque nul. Stigm. 3, libres ou soudés en un seul stigm. plus ou moins lobé. Fr. capsulaire, à 3 loges ord[t] polyspermes. — Pl. ord[t] glabres, à souche bulbeuse, rar[t] fibreuse, à f. alternes, verticillées ou toutes radicales, ord[t] lancéolées ou linéaires. — Fl. divers[t] disposées, ord[t] bractéolées, qqfois munies d'une spathe.

1. Périanthe ovoïde-subglobuleux ou cylindrique-urcéolé, à 6 dents courtes, étalées en dehors . . . *Muscari* (9).

Périanthe à div. libres ou soudées seul[t] à la base . . . 2

2. Fl. en ombelle terminale, souv^t globuleuse, renfermée avant l'épanouissement dans une spathe à 1-2 valves. *Allium* (8).

Inflor. ne présentant point ces caractères. 3

3. F. infér. et moyennes verticillées. . . . *Lilium* (3).
F. alternes ou toutes radicales 4

4. Fl. d'un jaune vif. 5
Fl. jamais d'un jaune vif. 6

5. Fl. grande, ord^t solitaire, terminale ; stigm. épais, sessile. . . . . *Tulipa* (1).
Fl. médiocres, ord^t en cymes pauciflores ; style filiforme . . . . *Gagea* (5).

6. Hampe ou tige ord^t 1-flore, rar^t 2-flore ; fl. grandes, penchées, d'un brun pourpre, marquées de dessins quadrillés. . . . . *Fritillaria* (2).
Hampe ou tige pluriflore ; fl. médiocres, bleues, blanches ou d'un blanc jaunâtre. 7

7. Périanthe rétréci sous l'ov. en forme de pédic.; souche fibreuse . . . . *Phalangium* (10).
Périanthe non rétréci sous l'ov.; souche bulbeuse. . . 8

8. Trois étam. insérées vers le milieu des div. du périanthe, les autres à la base. . . . . *Endymion* (7).
Étam. toutes insérées à la base des div. du périanthe. . 9

9. Fl. blanches ou d'un blanc jaunâtre, à nervures vertes ; filets des étam. élargis et aplatis à la base. *Ornithogalum* (4).
Fl. bleues, rar^t blanches ; filets des étam. non aplatis à la base. . . . . *Scilla* (6).

A. Souche bulbeuse ; pédoncules non articulés.

A. GRAINES PLANES, DISCOÏDES.

1. **TULIPA** Tourn. (Tulipe). — Périanthe campanulé, à div. libres ; stigm. sessile, 3-lobé ; caps. oblongue-trigone.

T. silvestris L. — F. alternes, lancéolées-linéaires, glauques ; fl. ord^t solitaire, jaune, grande, à div. acuminées. — ♃. — Avril-mai. — T. R. — Léry, Châtillon, parcs de Lignerolles et de Longecourt, environs de Dijon, Varois (probabl^t importé).

2. FRITILLARIA L. (Fritillaire). — Périanthe campanulé, à div. libres, munies chacune à la base d'une fossette nectarifère ; style allongé ; stigm. 3-fide ; caps. ord^t trigone.

F. Meleagris L. — F. alternes, étroit^t linéaires, canaliculées ; fl. ord^t solitaire, grande, penchée, d'un pourpre brunâtre, marquetée de dessins en damier. — ♃. — Mai.. — T. R. — Prés, bois. — Bois de la Reclive près Seurre, de Chivres, des Maillys et d'Échenon, prairie de Chamblanc à Seurre.

3. LILIUM L. (Lis). — Bulbe écailleux ; périanthe campanulé, à div. profondes ; style subcylindrique ; stigm. subtrilobé ; caps. trigone.

L. Martagon L. — Tige dressée, robuste, plus ou moins hérissée de poils courts ; f. ovales-lancéolées, ciliées ; fl. penchées, à div. roulées en dehors, grandes, violacées, ponctuées de noir ou de pourpre, en grappe terminale lâche, pauciflore. — ♃. — Juin-juill. — A. C. — Bois de montagne. - La Côte, Sombernon, Val-Suzon, Santenay, Flavignerot, Fromenteau, etc.

B. GRAINES GLOBULEUSES OU ANGULEUSES.

4. ORNITHOGALUM Tourn. (Ornithogale). — Périanthe étalé, à div. libres ; étam. à filets dilatés ; style filiforme ; caps. trigone. — F. linéaires, toutes radicales ; fl. munies de bractées membraneuses.

Fl. en grappe allongée. . . . . . . *O. pyrenaicum.*
Fl. en corymbe ombelliforme . . . . . *O. umbellatum.*

O. pyrenaicum L. (Asperge sauvage). — Tige dressée, bien plus longue que les f., celles-ci ord^t toutes desséchées au moment de l'anthèse ; fl. d'un blanc jaunâtre, à div. marquées d'une raie verte sur le dos. — ♃. — Mai-juin. — C. — Bois couverts, taillis, haies.

O. umbellatum L. (Dame d'onze heures). — Tige de même longueur ou plus courte que les f., celles-ci persistantes, canaliculées ; fl. blanches, à div. en grande partie vertes sur la face dorsale, ne s'ouvrant qu'au grand soleil. — ♃. — Mai-juin. — A. C. — Champs, prairies artificielles.

5. **Gagea** Salisb. — Périanthe à div. étalées, ord^t libres ; étam. à filets peu ou point dilatés ; anthères basifixes ; style filiforme ; caps. trigone, à loges oligospermes. — Fl. ord^t 3-8, en cymes corymbiformes, munies à la base de 2-3 bractées foliacées, ord^t opposées.

> Pédonc. velus ; bulbes 2, enveloppés dans une tunique commune. . . . . *G. arvensis.*
>
> Pédonc. glabres ; bulbes 2-3, dépourvus d'enveloppe commune. . . . . *G. stenopetala.*

G. arvensis Schult. — *G. villosa* Duby ; Lorey, 898. — F. radicales linéaires, canaliculées, ord^t 2 : bractées 2, souv^t bullifères à leur aisselle, de même que les f. ; fl. jaunes, à div. lancéolées-aiguës, pubescentes, lar.^t marquées de vert sur le dos. — ♃. — Mars-avril. — C. — Champs, cultures.

G. stenopetala Fries. — *G. lutea* Duby, pro parte ; Lorey, 897. Une seule f. radicale linéaire, carénée sur le dos, rar^t 2 ; bractées 2-3 ; fl. jaunes, à div. linéaires-oblongues, obtuses, glabres, munies sur le dos d'une large bande verte. — ♃. — Avril-mai. — Prés. — Signalé par Lorey au bord des bois de la vallée de Messigny.

6. **Scilla** L. (Scille). — Périanthe à div. étalées, libres ; étam. à filets filiformes ; anthères oscillantes ; style filiforme ; caps. obovée, à loges oligospermes. — F. toutes radicales ; fl. en grappe terminale pauciflore.

> F. 3-5, linéaires, très étroites, bien plus courtes que la tige et ne se développant qu'après la floraison. *S. autumnalis.*
>
> F. 2-3, linéaires-lancéolées, de même longueur que la tige et se développant en même temps qu'elle. . *S. bifolia.*

S. autumnalis L. — Tige pubérulente à la base ; fl. d'un bleu lilas ; gr. noirâtres, à raphé saillant, sans renflement arilliforme. — ♃. — Sept.-oct. — A. C. — Pelouses et bois de la Côte. — Gouville, Marsannay, Cussigny, Dijon, Beaune, Gevrey, Lantenay, Pont-de-Pany, etc.

S. bifolia L. — Tige glabre ; fl. d'un beau bleu ; gr. d'un roux pâle, puis noires à raphé muni d'un renflement arilliforme blanchâtre. — ♃. — Mars-avril. — C. — Bois, taillis des terrains argileux et calcaires.

7. **Endymion** Dumort. — Périanthe à div. campanulées, soudées à la base, recourbées en dehors au sommet ; étam. toutes ou 3 seul[t] (dans notre espèce) insérées au milieu du périanthe ; style filiforme ; caps. trigone, à loges oligospermes. — F. toutes radicales.

E. non-scriptus Garke. — *Scilla nutans* Sm. ; Lorey, 894. — *E. nutans* Dumort. ; Royer, 459. — F. linéaires-lancéolées, atténuées à la base, canaliculées ; fl. penchées, bleues, rar[t] blanches, en grappe lâche ; bractées violacées. — ♃. — Avril-mai. — T. R. — Bois couverts, prés, haies, dans les sols siliceux. — Environs de Saulieu, le Morvan.

8. **Allium** L. (Ail). — Périanthe campanulé ou en étoile, à div. libres ou un peu soudées à la base ; étam. à filets plus ou moins élargis et soudés entre eux à la base, simples ou les 3 intér. 3-dentés ; style filiforme ; caps. trigone, souv[t] déprimée au centre, ord[t] à loges 1-2-spermes. — Pl. à odeur forte ; tige nue ou d'apparence feuillée ; fl. en ombelle simple, renfermées avant la floraison dans une spathe 1-2-plurivalve et assez souv[t] transformées en bulbilles.

1. F. larges, lancéolées, pétiolées ; fl. blanches . *A. ursinum.*
   F. ni lancéolées ni pétiolées ; fl. rosées, rouges, pourprées ou d'un gris rose ou verdâtre. 2
2. F. linéaires, planes. 3
   F. arrondies ou à moitié arrondies, au moins à la base. 4
3. Tige cylindrique ; f. minces ; spathe ovoïde, acuminée. *A. rotundum.*
   Tige anguleuse, surtout au sommet ; f. épaisses, surtout sur un de leurs bords ; spathe ovoïde-subglobuleuse, non acuminée . . . . *A. acutangulum.*
4. Étam. toutes à filets simples 5
   Étam. intér. à filets 3-dentés 6

5. Tige feuillée seul^t dans le quart infér.; spathe à 2 valves égales, courtes. . . . . *A. Schœnoprasum.*

Tige feuillée jusqu'au milieu; spathe à 2 valves à pointes allongées et très inégales. . . . . . *A. oleraceum.*

6. Fl. d'un rose pâle; ombelle pauciflore, bulbifère. . . . . *A. vineale.*

Fl. rouges; ombelle multiflore, non bulbifère. . . . . *A. sphærocephalum.*

1. *Étamines toutes à filets simples; tige cylindrique ou anguleuse.*

A. ursinum L. — Tige subtriangulaire, nue ; f. ord^t 2 ; fl. en ombelle lâche, aplatie ; périanthe à div. aiguës ; étam. incluses ; pl. à odeur d'Ail très prononcée. — ♃. — Mai-juin. — A. C. — Bois humides des terrains argileux. — Fresnes, Arcelot, Rouvray, Orgeux, St-Julien, etc.

A. Schœnoprasum L. var. *asperum* Koch (Appétits). — Tige arrondie, feuillée à la base ; f. fistuleuses, subcylindriques; spathe 2-valve, rose au début ; fl. roses, en ombelle globuleuse, assez petite, serrée ; étam. de moitié plus courtes que le périanthe. — ♃. — Juin-juill. — R. — Pelouses humides de la Côte. — Gouville, plateau de Château-Renard à Gevrey, marais de Sacquenay.

Le type de cette espèce, *A. Schœnoprasum* L., plus robuste, constitue la Ciboulette des jardins.

A. acutangulum Schrad. — *A. senescens* Lorey, 906 ; non L. — Tige feuillée à la base ; f. planes, linéaires ; fl. roses, en ombelle subglobuleuse, multiflore ; étam. égalant le périanthe. — ♃. — Juill.-août. — R. — Bois humides, prés. — Marais de Limpré, bois d'Arcelot et de Magny-sur-Tille, prairies de Seurre, de Labergement-lez-Seurre, d'Arc-sur-Tille.

A. oleraceum L. (Ail sauvage). — Tige arrondie, feuillée jusqu'au milieu ; f. semi-cylindriques, canaliculées en dessus, fistuleuses ; fl. long^t pédicellées, d'un rose verdâtre, en ombelle très lâche, pauciflore, bulbifère ; spathe à 2 valves très inégales, terminées, au moins l'infér., par une pointe ord^t bien plus longue que l'ombelle ; étam. ord^t incluses. — ♃. — Juin-juill. — T. C. — Vignes, cultures, friches, bois, rochers.

2. *Étamines intérieures à filets tridentés ; tige toujours cylindrique.*

A. vineale L. (Ail sauvage). — F. étroites, subcylindriques, fistuleuses ; fl. d'un rose pâle, en ombelle globuleuse ; spathe 1-

valve, courte; étam. saillantes. — ♃. — Juin-juill. — C. — Lieux cultivés, prés, haies.

A. rotundum L.— Fl. en ombelle globuleuse, serrée, multiflore, à pédic. inégaux, les extér. réfléchis; fl. extér. d'un pourpre vif, les autres plus pâles; spathe 1-valve, courte ; étam. incluses. — ♃. — A. R. — Vignes. — Semur, St Remy, Crépan, Larrey-lez-Poinçon, etc.

A. sphærocephalum L. (Ail sauvage). — F. semicylindriques. fistuleuses ; fl. d'un pourpre foncé, en ombelle très fournie, globuleuse ou ovoïde, à pédic. inégaux; spathe 1-2 valve, courte; étam. longt saillantes ; ov. oblong-pyramidal. — ♃. — Juin-juill. — T C — Vignes, friches, cultures.

F. cylindracées; ov. ovoïde : var *approximatum* (*A approximatum* Gren et Godr.)

Les *A. Cepa* L. (Oignon), *fistulosum* L. (Ciboule), *ascalonicum* L. (Échalotte), *sativum* L. (Ail, et *Porrum* L. (Poireau) fréqt cultivés, sont qqfois subspontanés près des jardins et des habitations. — Le bulbe des *A. sativum* et *Cepa* et celui de plusieurs autres espèces contient une huile essentielle rubéfiante, stimulante et vermifuge.

9. MUSCARI Tourn. — Périanthe ovoïde-subglobuleux ou cylindrique-urcéolé, à dents courtes; style filiforme; caps. trigone, à loges ordt 2-spermes. — F. toutes radicales ; fl. en grappe terminale, les infér. seules fertiles.

Fl. inodores, les supér. longt pédicellées, et formant une houpe au sommet de la grappe. . . . *M. comosum.*

Fl. à odeur de prune, les supér. brièvt pédicellées, ne formant pas houppe au sommet de la grappe. . . . . *M. racemosum.*

M. comosum Mill. (Pourreau, Loup). — F. linéaires-élargies, denticulées; grappe à la fin très allongée ; fl. supér. d'un bleu violet, les infér. d'un brun olivâtre, à tube oblong. anguleux. — ♃. — Juin-juill. — T. C. — Champs, lieux cultivés, friches.

M. racemosum DC. — F. linéaires junciformes, à bords lisses ; grappe courte, dense, ovoïde ; fl d'un bleu foncé, à tube urcéolé; caps à valves échancrées au sommet. — ♃. — Avril-mai. — C. — Vignes, moissons, lieux cultivés.

Pl. plus robuste, à f. moins étroites, fortt canaliculées; caps. à valves tronquées : var. *neglectum* (*M. neglectum* Guss.). — Commun dans les vignes de Flavigny.

B. Souche fibreuse charnue ; pédicelles articulés.

10. PHALANGIUM Tourn. — Périanthe à div. étalées, rétréci en tube étroit sous l'ov.; style filiforme; caps. subglobuleuse, à loges oligospermes. — F. linéaires, toutes radicales ;. fl. blanches.

Tige rameuse au sommet; style droit . .   *P. ramosum.*
Tige simple, rar^t rameuse au sommet ; style arqué . . . . .
. . . . *P. Liliago.*

P. ramosum Lam. — F. bien plus courtes que la tige ; fl. en panicule lâche; pédic. articulé presque à la base ; caps. obtuses, mucronées. — ♃. — Juin-juill. — C. — Bois de montagne, rochers, pelouses arides.

P. Liliago Schreb.— F. presque aussi longues que la tige ; fl. plus grandes que dans l'espèce précédente, en grappe simple, terminale ; pédic articulé un peu au-dessous du milieu ; caps. aiguës. — ♃. — Mai-juin. — A. C. — Coteaux incultes, pelouses arides, lieux pierreux. — Toute la Côte, Arnay-le-Duc, Censerey, Châtillon, Darcey, Vauchignon, Semur, entre Boudreville et Lachaume, etc.

CV. JONCÉES DC.

Périanthe scarieux ou subpétaloïde, ord^t brunâtre ou d'un brun verdâtre, à 6 div. libres sur 2 rangs. Étam. 6 ou 3. Ov. supère. Style 1. Stigm. 3, filiformes. Caps. 3-locul., polysperme, ou 1-locul. et 3-sperme. — Pl. herbacées des lieux humides. F. engaînantes, qqfois réduites à des gaînes basilaires. Fl. disposées en cymes, en corymbes ou en panicules.

F. cylindriques ou canaliculées, glabres, qqf. réduites à des gaînes basilaires ; caps. 3-locul., polysperme. *Juncus* (1).
F. planes, graminiformes, ord^t poilues; caps.1-locul., 3-sperme.
. . . . *Luzula* (2).

1. **Juncus** Tourn. (Jonc). — Étam. 3-6; caps. à 3 loges polyspermes. — F. jamais ent^t planes, glabres, souv^t réduites à des gaînes basilaires; inflor. en panicules ou en corymbes terminaux, paraissant qqfois latér. en raison de la bractée qui semble continuer la tige.

1. F. réduites à des gaînes basilaires; inflor. paraissant latér.   2
   F. caulinaires ou radicales; inflor. terminale   4
2. Étam. 6; tiges fort^t striées-cannelées; moelle interrompue .
   . . . . *J. glaucus.*
   Étam. 3; tiges lisses ou fin^t striées-cannelées; moelle conti-
   nue 3
3. Caps. déprimée au sommet; inflor. étalée . . *J. effusus.*
   Caps. mamelonnée au sommet; inflor. compacte, globuleuse.
   . . . . *J. conglomeratus.*
4. F. toutes radicales 5
   Tiges feuillées 7
5. Tiges robustes; pl. vivace; f. nombreuses, étalées en rosette.
   . . . . *J. squarrosus.*
   Tiges grêles; pl. annuelles; f. peu nombreuses, non étalées
   en rosette 6
6. F. noueuses quand on les fait glisser entre les doigts; périanthe à div. linéaires-lancéolées, insensibl^t atténuées
   pointe, presque égales, toutes dressées . *J. pygmæus.*
   F. non noueuses; périanthe à div. ovales-lancéolées, les
   extér. brusq^t cuspidées, ord^t arquées-étalées . . . . .
   . . . . *J. capitatus.*
7. Étam. 3 8
   Étam. 6 9
8. Tiges ord^t renflées à la base; caps. tronquée au sommet, égalant à peu près le périanthe; fl. ord^t entremêlées de bractées . . . . *J. supinus.*
   Tiges non renflées à la base; caps. aiguë au sommet, bien
   plus courte que le périanthe; fl. non entremêlées de bractées . . . . *J. pygmæus.*
9. F. noueuses quand on les fait glisser entre les doigts . . 10
   F. non noueuses 12
10. Périanthe à div. inégales, les intér. plus longues que les extér.,
    toutes long^t acuminées . . . . *J. silvaticus.*

Périanthe à div. presque égales, toutes obtuses, ou les extér.
aiguës et les intér. obtuses 11
11. Fl. jaunâtres, à div. toutes obtuses; caps. insensibl[t] atténuée
en bec, égalant le périanthe . . . . *J. obtusiflorus.*
Fl. brunes, à div. intér. presque obtuses, les extér. aiguës ;
caps. brusq[t] mucronée, plus longue que le périanthe. . .
. . . . *J. lamprocarpos.*
12. Tiges robustes ; pl. vivace, à rac. traçante ; div. du périanthe
toutes obtuses . . . . *J. bulbosus.*
Tiges grêles, filiformes; pl. annuelles, à rac. fibreuse ; div. du
périanthe toutes aiguës ou les intér. mucronées. . . 13
13. Caps. oblongue, bien plus courte que le périanthe ; 1 f. sur la
tige. . . . . *J. bufonius.*
Caps. subglobuleuse, égalant environ le périanthe ; 1-2 f. sur
la tige. . . . . *J. Tenageia.*

1. Tiges nues.

J. effusus L. — *J. communis* E. Meyer, pro parte ; Lorey, 911. — *J. effusus* var. *communis* Royer, 534. — Tiges raides, dressées, cylindriques, cassantes, très lisses sur le frais ; gaînes brunes ou jaunâtres ; inflor. d'un brun verdâtre, très rameuse,
à rameaux plus ou moins allongés ; div. du périanthe aiguës,
plus longues que la caps. — ♃. — Juin-juill. — T. C. — Bords
des eaux, taillis humides.

J. conglomeratus L. — *J. communis* E. Meyer, pro
parte ; Lorey, 911. — *J. effusus* var. *conglomeratus* Royer, 534.
— Diffère du précédent par ses tiges fin[t] striées sur le frais et
son inflor. brunâtre, à rameaux courts, paraissant globuleuse. —
♃. — Juin-juill. — T. C. — Bords des eaux.

J. glaucus Ehrh. (Jonc des jardiniers). — Tiges raides,
dressées, cylindriques, d'un vert glauque, non cassantes ; inflor.
noirâtre ; gaînes d'un pourpre noir, luisantes ; div. du périanthe
lancéolées-subulées, égalant presque la caps. — ♃. — Juin-juill.
— C. — Bords des eaux, lieux marécageux. — Employé, ainsi
que les espèces précédentes, pour faire des liens, des nattes, etc.

J. squarrosus L. — Tiges florifères peu nombreuses,
souv[t] solitaires, raides, dressées ; périanthe à div. ovales-lancéolées ; filet des étam. 4 fois plus court que l'anthère ; caps. obova-
le-obtuse, mucronée. — ♃. — Juin-juill. — A. R. — Prairies
granitiques humides. — Semur, Saulieu, St-Léger, St-Didier,
Laroche-en-Brenil, etc.

J. capitatus Weig. — Tiges nombreuses, grêles, filiformes, de 5-10 cent. ; f. toutes radicales, plus courtes que la tige ;

fl. brunâtres, en glomérule subglobuleux terminal, accompagné parfois de 1-2 glomérules latér. ; périanthe à div. ovales-lancéolées, inégales, les extér. plus longues, acuminées, l'acumen courbé en dehors, toutes dépassant la caps., celle-ci ovoïde-subglobuleuse.— ①. — Juin-juill. — R. — Sables des étangs siliceux, friches marécageuses. — Longchamps, Vielverge, St-Andeux, Collonges, Rouvray.

2. *Tiges feuillées.*

1. Plantes annuelles; racine fibreuse.

J. pygmæus Thuill. — Tiges plus ou moins nombreuses, grêles, de 5-10 cent., feuillées, rar^t nues; f. linéaires-sétacées, dépassant souv^t les inflor.; fl. en glomérules compactes, terminaux ou latér.; div. du périanthe presque égales, linéaires-lancéolées, insen-ibl^t acuminées, dépassant la caps., celle-ci oblongue-allongée. — ①. — Juin-juill. — T. R. — Indiqué par Lombard à St-Didier ; n'a pas été revu.

J. Tenageia L. — Tiges nombreuses, grêles, filiformes, de 5-30 cent.; f. radicales peu nombreuses, sétacées, les caulinaires 1-2, à gaîne auriculée ; fl. en panicule lâche, à rameaux étalés; div. intér. du périanthe obtuses, mucronulées, les extér. aiguës, insensibl^t acuminées, toutes égalant la caps. — ①. — Juin-août. — C. — Moissons, pâtures humides.
> Périanthe à div. extér. dépassant la caps. : var. *sphærocarpus* (*J. sphærocarpus* Nees). — Saulon-la-Rue.

J. bufonius L. — Tiges nombreuses, grêles, de 5-30 cent.; f. radicales peu nombreuses, linéaires-sétacées, les caulinaires non auriculées ; fl. en panicule lâche, à rameaux dressés ; div. du périanthe un peu inégales, lancéolées-subulées, dépassant long^t la caps. — ①. — Juin-août. — T. C. — Taillis, cultures et pâtures humides.
> Pl. plus robuste ; tiges plus courtes ; fl. rapprochées en glomérules : var. *fasciculatus* (*J. fasciculatus* Koch). — Bords des eaux. — Avec le type.

2. Plantes vivaces ; racine traçante ou cespiteuse.

J. obtusiflorus Ehrh. — *J. acutiflorus* Lorey, 915; non Ehrh. — Tiges robustes, dressées, cylindriques, de 5-8 déc., munies à la base de larges gaînes jaunes ; f. caulinaires 1-2, cylindriques-subulées; inflor. terminale, très rameuse, à rameaux principaux dressés, les secondaires réfléchis; div. du périanthe égales. — ♃. — Juin-août. — C. — Marécages. — Saulon-la-Rue, Magny, Recey, etc.

J. silvaticus Reich. — *J. acutiflorus* Ehrh.; non Lorey,

915. — Tiges robustes, dressées, un peu comprimées, de 5-8 déc.; f. comprimées, les caulinaires 3-5, les infér. réduites à des gaines brièv^t mucronées; inflor. terminale, à rameaux fins, divariqués; div. du périanthe plus courtes que la caps., celle-ci ovoïde-trigone, atténuée en un long bec. — ♃. — Juin-août. — A. R.— Marécages. — Saulieu, Laroche-en-Brenil, etc.

J. lamprocarpos Ehrh. — Tiges couchées ou ascendantes, comprimées, de 1-5 déc.; f. comprimées, subulées au sommet; inflor. très rameuse, à rameaux divariqués ou étalés; div. du périanthe plus courtes que la caps., celle-ci ovoïde-oblongue, mucronée, d'un brun foncé et luisant. — ♃. — Juin-août. — C. — Bords des eaux, marécages.

J. supinus Mœnch. — *J. uliginosus* Roth; Lorey, 912. — Tiges grêles, ord^t couchées, souv^t radicantes, de 1-3 déc., qqfois flottantes et atteignant alors une grande longueur; f. caulinaires 2-3, les radicales nombreuses, fasciculées, toutes sétacées, auriculées à la base; inflor. terminale, en glomérules de fl. plus ou moins nombreuses; div. du périanthe presque égales, lancéolées, aiguës ou obtuses; caps. oblongue-trigone, égalant le périanthe. — ♃. — Juin-août. — R. — Fossés, marécages. — Saulieu, Rouvray.

J. bulbosus L. — *J. compressus* Jacq.; Royer, 535. — Tiges grêles, dressées, comprimées, feuillées dans leur moitié infér.; f. molles, étroit^t linéaires, dilatées à la base en une gaîne membraneuse; inflor. à rameaux filiformes; périanthe à div. presque égales, ovales-obtuses, scarieuses aux bords, plus courtes que la caps., celle-ci subglobuleuse. — ♃. — Juin-août. — C. — Lieux humides, prairies aquatiques.

2. LUZULA DC. (Luzule). — Étam. 6; caps. 1-locul., à 3 gr. — F. toujours planes, velues sur les bords, presque toutes radicales; fl. solitaires, en épis ou en glomérules; souche cespiteuse ou rampante.

1. Fl. solitaires au sommet des pédonc. 2
   Fl. groupées en glomérules ou en épis 3
2. F. radicales étroit^t linéaires; rameaux du corymbe et pédonc. dressés à la maturité . . . . *L. Forsteri.*
   F. radicales linéaires, élargies dans la partie moyenne; rameaux et pédonc. étalés ou réfractés à la maturité . . . .
   . . . . *L. vernalis.*

3. Fl. en glomérules formant une panicule étalée, décomposée. 4

Fl. en épis disposés en corymbe 5

4. Fl. d'un brun roux ; panicule dépassant long^t les f. florales. . . . . *L. maxima.*

Fl. d'un blanc jaunâtre ; panicule égalant environ les f. florales. . . . . *L. albida.*

5. Épis peu nombreux, 3-5, à pédonc. arqués . . . . *L. campestris.*

Épis nombreux, 5-10, à pédonc. dressés . . *L. erecta.*

1. Fleurs solitaires.

L. Forsteri DC. — F. radicales dressées, bordées de poils longs ; inflor. lâche, à rameaux inégaux, terminés par 2-5 fl. ; div. du périanthe égales, ovales-lancéolées, acuminées, dépassant un peu la caps., celle-ci ovoïde-trigone ; gr. d'un brun fauve, surmontées d'un appendice droit et obtus. — ♃. — Avril-mai. — C. — Bois, prairies.

L. vernalis DC. — F. radicales dressées, bordées de poils fins et longs ; inflor. à rameaux inégaux, terminés par 1-3 fl. ; div. du périanthe égales, lancéolées-aiguës, plus courtes que la caps., celle-ci ovoïde-trigone ; gr. d'un brun mat, surmontées d'un appendice en forme de crête. — ♃. — Mars-avril. — C. — Bois argileux.

2. Fleurs en épis ou en glomérules.

L. erecta Desv. — *L. multiflora* Lej.; Lorey, 918 ; Royer, 536. — F. lancéolées, long^t acuminées, bordées de denticules et de longs poils ; inflor. formées de 5-10 épis compactes, ovoïdes ; div. du périanthe presque égales, ovales-lancéolées, acuminées, égalant ou dépassant un peu la caps., ord^t d'un fauve pâle ; étam. à filet presque aussi long que l'anthère ; gr. appendiculées à la base. — ♃. — Mai-juin. — C. — Bois argileux.

Épis plus petits, d'un fauve très pâle : var. *pallescens* Koch (L. *pallescens* Bess.). — A. R. — Avec le type.

Épis d'un brun noirâtre ; f. presque ent^t glabres, excepté à la base : var. *nigricans* (*L. nigricans* DC.). — A. R. — Avec le type.

Épis subsessiles, presque rapprochés en capit. lobulés : var. *congesta* Koch (*L. congesta* Lej.). — A. R. — Avec le type.

L. campestris DC. — F. linéaires, long^t acuminées, bordées de poils ; inflor. formées de 3-5 épis compactes ; div. du périanthe égales, ovales-lancéolées, acuminées, dépassant un peu la caps. ; étam. à filet 3-4 fois plus court que l'anthère ; gr. pour-

vues à la base d'un appendice conique. — ♃. — Avril-mai. —
C. — Bois, pelouses, prairies.

L. albida DC. — Souche stolonifère ; f. linéaires, à bords
poilus ; glomérules de 3-4 fl., disposés en panicule étalée, décomposée ; div. du périanthe égales, aiguës, dépassant la caps. ; filet
des étam. égalant la moitié de la longueur de l'anthère ; gr. sans
appendice à la base. — ♃. — Mai-juin. — R. — Bois siliceux.
— Saulieu, Premières, Renève, Bèze près des Châtaigniers.

L. maxima DC. — Souche cespiteuse; f. lancéolées-linéaires, très poilues ; glomérules de 2-3 fl. formant une panicule étalée, divariquée ; div. du périanthe subacuminées, égalant presque
la caps. ; étam. à filet très court ; gr. sans appendice à la base. —
♃. — Mai-juin. — R. — Bois argilo-siliceux. — Forêt de Velours, Arnay-le-Duc, Saulieu, Rouvray, Laroche-en-Brenil.

CVI. TYPHACÉES Juss.

Fl. monoïques, les mâles et les femelles groupées
séparément en épis cylindriques ou en capit. globuleux, les mâles occupant toujours le sommet de
l'inflor. Fl. très nombreuses, toutes entremêlées de
poils ou d'écailles, et réduites, les mâles à des étam.
libres ou soudées 2-4 par leurs filets, les femelles
à des ov. libres ou plus rar^t soudés 2 à 2. Fr. sub-
drupacé, 1-locul., 1-sperme, indéhisc. — Herbes
croissant dans l'eau ou dans les lieux marécageux,
à f. radicales ou alternes, linéaires, plus ou moins
engaînantes.

Fl. groupées en 2 épis cylindriques superposés, plus ou moins
allongés. . . . . *Typha* (1).
Fl. groupées en plusieurs capit. globuleux, superposés et espacés . . . . *Sparganium* (2).

1. Typha Tourn. (Massette, Quenneton). — Épis
très compactes, cylindriques, superposés sur la
même tige, et enveloppés de bractées caduques en
forme de spathe, l'épi mâle terminal ; étam. plus ou
moins soudées 2-4 par leurs filets et entourées de

poils nombreux, dilatés au sommet ; ov. libres, à style allongé ; fr. long^t stipité, à pédic. capillaire, muni de longs poils. — Pl. à tige simple, dressée, raide, de 1-2 m. ; f. toutes radicales, très engaînantes.

> Épis contigus ou distants au plus de 1 cent. ; stigm. ovale-lancéolé, linguiforme . . . . *T. latifolia.*
> Épis espacés de 2 à 4 cent.; stigm. linéaire-subulé . . . . *T. angustifolia.*

T. latifolia L. — F. assez larges, planes, plus ou moins glaucescentes, un peu obtuses; épi femelle d'un brun noirâtre, à poils blancs, non épaissis au sommet. — ♃. — Juill.-août. — A. C. — Bords des eaux. — Rhizome réputé astringent; les f. et les tiges servent à faire des nattes et à couvrir les toits rustiques.

> F. plus étroites ; épi femelle court, souv^t un peu distant du mâle : var. *media* Coss. et Germ. (*T. media* DC.).

T. angustifolia L. — F. étroites, un peu aiguës, ord^t vertes, convexes en dessous, un peu concaves en dessus ; épi femelle d'un roux châtain, à poils blancs, épaissis et colorés au sommet. — ♃. — Juill.-août. — C. — Bords des eaux.

2. Sᴘᴀʀɢᴀɴɪᴜᴍ Tourn. (Rubanier). — Capit. globuleux, dépourvus de spathe; étam. libres, entre-mêlées d'écailles membraneuses, dilatées au sommet; ov. libres ou soudés 2 à 2; style court ; fr. sessile ou brièv^t stipité, entouré à la base de 3-5 écailles membraneuses. — F. les unes radicales, les autres alternes, un peu engaînantes.

> **1.** Capit. disposés en panicule rameuse ; écailles staminales entières. . . . . *S. ramosum.*
> Capit. disposés en grappe ou en épi simple ; écailles staminales dentées ou érodées au sommet 2
> **2.** Pl. croissant au bord des eaux; f. radicales dressées, triquètres à la base. . . . . *S. simplex.*
> Pl. submergée-nageante ; f. tombantes ou flottantes, planes sur toute leur longueur . . . . . . *S. minimum.*

S. ramosum Huds. — Tige dressée, robuste, un peu anguleuse; f. radicales triquètres à la base, à faces latér. concaves; fr.

sessiles, anguleux, brusq^t acuminés en un bec égalant le quart de leur longueur. — ♃. —Juin-juill. — T. C. —Bords des eaux.

S. simplex Huds. — Tige dressée, moins élevée que dans l'espèce précédente ; f. radicales triquètres à la base, à faces toutes planes ; fr. brièv^t stipités, oblongs-fusiformes, non anguleux, atténués en un bec égalant les trois quarts de leur longueur. — ♃. — Juin-juill. — A. C. — Étangs. — Saulieu, Fontenay-lez-Montbard, Fontaine-Française, Liernais, Thoisy-la-Berchère, etc.

S. minimum Fries. — S. *natans* Lorey, 924 ; non L. — Tige grêle, ord^t tombante ou flottante ; f. très étroites, transparentes ; fr. sessiles, ovoïdes, à bec court. — ♃. — Juill.-août. — R. — Fossés, étangs. — Saulieu, Laroche-en-Brenil, Pothières, Marey-sur-Tille, étang Bailly à Larrey-lez-Poinçon.

CVII. AROIDÉES Juss.

Fl. hermaphr., périanthées, ou plus souv^t monoïques et sans périanthe, sessiles et agglomérées autour d'un axe charnu, allongé (*spadice*) qu'entoure ord^t une grande spathe membraneuse ou colorée, 1-phylle. Fl. ord^t réduites chacune, les mâles à une seule anthère, les femelles à un ov. libre, sessile. Style simple ou nul. Fr. ord^t bacciforme. — Herbes à f. alternes, paraissant souv^t toutes radicales.

Arum Tourn. (Gouet). — Fl. monoïques ; spadice nu et renflé en massue dans sa partie supér. ; fl. disposées en 2 anneaux superposés et exclus^t formés, le supér. de fl. mâles, l'infér. de fl. femelles ; spathe roulée en cornet ; baie subglobuleuse, 1-oligosperme, d'un rouge vif. — Souche tubériforme ; f. sagittées ou hastées, à nervures anastomosées.

F. vertes, souv^t tachées de brun ; spadice violet . . . . *A. maculatum.*

F. ord^t veinées de blanc ; spadice jaunâtre. *A. italicum.*

A. maculatum L. — *A. vulgare* Lam.; Lorey, 920 (Pied de veau). — F. ovales-triangulaires, aiguës, à oreillettes ord[t] peu divergentes, se développant peu avant la floraison et détruites à la maturité du fr.; spathe d'un vert jaunâtre, qqfois veinée de violet. — ♃. — Avril-mai. — T. C. — Bois, broussailles, lieux ombragés. — Pl. off.; tubercules féculents, âcres et vénéneux à l'état frais; f. vésicantes.

A. italicum Mill. — F. très amples, triangulaires, à oreillettes très divergentes, paraissant dès l'automne et se développant en hiver; spathe blanchâtre, très grande. — ♃. — Mai-juin. — T. R. — St-Remy.

CVIII. CYPÉRACÉES Juss.

Fl. hermaphr. ou unisexuées, monoïques, rar[t] dioïques, solitaires à l'aisselle d'une écaille (*glume*), et disposées en épis ou en épillets. Périanthe nul ou représenté par des écailles ou des soies hypogynes, ou même (genre *Carex*) par une écaille bicarénée, à bords soudés, et formant un sac (*utricule*) ouvert au sommet, qui renferme l'ov. Étam. 2-3. Ov. supère. Style 1. Stigm. 2-3. Fr. sec, 1-sperme, indéhisc. (*achaine*). — Pl. herbacées, à tiges ord[t] simples, pleines, cylindriques ou trigones, sans nœuds aux points d'insertion des f., celles-ci tristiques, graminiformes, à gaîne non fendue, ord[t] privées de ligule.

1. Fl. monoïques ou dioïques; ov. enfermé dans un utricule ouvert au sommet pour le passage du style. *Carex* (1).

   Fl. hermaphr.; ov. non renfermé dans un utricule ouvert. 2

2. Épillets à écailles rég[t] imbriquées sur 2 rangs opposés. . 3

   Épillets à écailles irrég[t] imbriquées sur plusieurs rangs . 4

3. Inflor. en capit. ou en corymbe; bractées involucrales ent[t] foliacées; écailles florales nombreuses, toutes fertiles ou les 2-3 infér. seules stériles.; stigm. glabres. . *Cyperus* (8).

   Inflor. en épi ovoïde; bractées involucrales scarieuses à la base; écailles florales 5-6, les supér. seules fertiles; stigm. pubescents . . . . *Schœnus* (7).

4. Achaines entourés de longues soies blanches et brillantes en
   houppes dépassant les écailles . . . *Eriophorum* (6).
   Achaines nus ou entourés de soies plus courtes que les écailles.
   5
5. Écailles infér. égales aux supér. ou plus grandes qu'elles.   6
   Écailles infér. plus petites que les supér.   7
6. Style à base renflée, couronnant l'achaine . . . . . .
   . . . . *Eleocharis* (3).
   Style à base non renflée . . . . *Scirpus* (4).
7. Achaines munis de soies à la base ; épillets blanchâtres . .
   . . . . *Rhynchospora* (2).
   Achaines dépourvus de soies à la base ; épillets d'un brun
   ferrugineux. . . . . *Cladium* (5).

1. CAREX Micheli (Laiche). — Fl. unisexuées, réunies en épis ou en épillets monoïques ou androgynes, plus rar^t dioïques, naissant à l'aisselle d'écailles imbriquées. — Fl. mâles : étam. 2-3. — Fl.
femelles : 1 ov. devenant un achaine renfermé
dans un utricule ouvert au sommet ; style 1 ;
stigm. 2-3. — Fl. disposées en épillets androgynes,
formant un épi composé, une panicule ou un capit.,
ou en épis simples, ord^t 1-sexués, le ou les mâles
terminaux, les femelles axillaires, rar^t en un seul épi
simple terminal.

1. Épi simple, solitaire au sommet de la tige 2
   Tige portant deux ou plusieurs épis, ou plusieurs épillets,
   espacés ou rapprochés. 4
2. Épi androgyne, à fl. espacées. . . . *C. pulicaris* (3).
   Épi dioïque, à fl. rapprochées 3
3. Souche traçante ; tiges et f. lisses ; utricules à bec court. .
   . . . . *C. dioica* (1).
   Souche cespiteuse ; tiges et f. scabres ; utricules à bec allongé . . . . *C. Davalliana* (2).
4. Épillets ord^t androgynes, disposés en épi composé, en capit.
   ou en panicule ; toujours 2 stigm. 5
   Plusieurs épis de sexe ord^t différent, le ou les mâles terminaux, les femelles axillaires ; 3, rar^t 2 stigm. . . 19

5. Épillets réunis en tête arrondie, munie à la base de 2-3 longues bractées foliacées . . . . . *C. cyperoides* (11).
Épillets formant une panicule ou un épi plus ou moins interrompu, avec une seule bractée à la base 6

6. Épillets unisexués, les supér. et les infér. femelles, les intermédiaires mâles; souche stolonifère. *C. disticha* (17).
Épillets tous androgynes ; souche stolonifère ou cespiteuse. 7

7. Épillets mâles au sommet, femelles à la base. 8
Épillets femelles au sommet, mâles à la base. . . . 14

8. Utricules écartés, étalés à la maturité, non gibbeux à la base 9
Utricules non écartés, dressés à la maturité, gibbeux à la base. 12

9. Tiges robustes, à faces canaliculées et à angles un peu ailés ; utricules à 5-7 nervures saillantes sur chaque face; f. de 4-5 mill. de large . . . . *C. vulpina* (4).
Tiges grêles, à faces planes et à angles non ailés; utricules presque lisses; f. de 2-3 mill. de large. 10

10. Bractées sétacées, jamais foliacées; utricules d'un brun noirâtre, à bec court. . . . . . . *C. Pairæi* (7).
Bractées lancéolées, foliacées à la base ; utricules verdâtres, à bec assez long. 11

11. Ligule ovale-lancéolée, à bord antér. dépassant la naissance du limbe ; épillets ord¹ serrés; utricules divariqués . . . . *C. muricata* (5).
Ligule ovale-arrondie, à bord antér. ne dépassant pas la naissance du limbe ; épillets, surtout les infér., écartés; utricules étalés-dressés . . . . *C. divulsa* (6).

12. Utricules munis de nombreuses nervures saillantes et terminés par un bec à base étroite . . . . *C. paradoxa* (8).
Utricules munis de 1-3 nervures peu saillantes et terminés par un bec à base élargie 13

13. Tiges triquètres, à faces planes ou excavées ; épillets en panicule rameuse; écailles femelles larg¹ scarieuses. . . . . *C. paniculata* (10).
Tiges triquètres au sommet, à faces convexes; épillets en épi dense ; écailles femelles étroit¹ scarieuses . . . . *C. teretiuscula* (9).

14. Épillets à la fin très espacés; bractées foliacées, plus longues que l'inflor. . . . . *C. remota* (12).
Épillets rapprochés ou peu espacés; bractées scarieuses, plus courtes que l'inflor. 15

15. Épillets d'un blanc jaunâtre, oblongs-lancéolés, arqués ; souche
longt stolonifère. . . . . *C. brizoides* (18).

Épillets d'un brun verdâtre, rart blanchâtres, globuleux,
ovoïdes ou cylindriques ; souche cespiteuse, rart à courts
stolons 16

16. Épillets globuleux ; utricules divariqués, en étoile . . . .
. . . . *C. echinata* (13).

Épillets ovoïdes ou cylindriques ; utricules dressés ou subétalés 17

17. Tiges très rudes sur les angles ; épillets cylindriques ; utricules subétalés . . . . *C. elongata* (15).

Tiges lisses sur les angles, sauf un peu au sommet ; épillets
ovoïdes ; utricules dressés 18

18. Utricules entourés d'une bordure membraneuse denticulée ;
écailles rousses. . . . . *C. leporina* (14).

Utricules sans bordure membraneuse denticulée ; écailles blanchâtres . . . . *C. canescens* (16).

19. Stigmates 2 20
Stigmates 3 22

20. Tiges à faces canaliculées, entourées à la base de gaînes anciennes fibrilleuses ; souche cespiteuse . *C. stricta* (19).

Tiges à faces planes, entourées à la base de gaînes anciennes
non fibrilleuses ; souche stolonifère. 21

21. Bractée infér. étroite, plus courte que l'inflor. ; épis femelles
tous dressés, à écailles plus courtes que les utricules. . .
. . . . *C. vulgaris* (20).

Bractée infér. large, égalant ou dépassant l'inflor. ; épis femelles infér. penchés, à écailles ordt plus longues que les
utricules. . . . . *C. acuta* (21).

22. Utricules entt pubescents ou tomenteux. 23

Utricules entt glabres, ou hispides seult sur les angles . 33

23. Utricules velus-hérissés, à bec 2-fide ou 2-cuspidé . . 24

Utricules seult pubescents ou tomenteux, sans bec ou à bec
court, tronqué ou émarginé. 25

24. Bractée infér. longt engaînante ; écailles femelles verdâtres
ou d'un blanc verdâtre ; utricules à bec 2-fide . . . .
. . . . *C. hirta* (51).

Bractée infér. non engaînante ; écailles femelles brunes ;
utricules à bec 2-cuspidé . . . *C. filiformis* (52).

25. Épis femelles 2-3-flores, espacés sur toute la longueur de la
tige, celle-ci très courte et dépassée par les f. . . . .
. . . . *C. humilis* (35).

Épis femelles à plus de 2-3 fl., jamais espacés sur toute la longueur de la tige, celle-ci jamais très courte. . . 26

26. Épis femelles 2-3, rapprochés de l'épi mâle, et plusieurs autres long^t pédonculés et partant de la base . . . . *C. Halleriana* (34).

Épis femelles tous rapprochés de l'épi mâle 27

27. Épis femelles linéaires, pauciflores et presque digités . 28

Épis femelles cylindriques, ovoïdes ou globuleux, ord^t pluriflores. 29

28. Épis femelles distants, droits ; écailles femelles égalant les utricules ; gaînes des f. d'un brun rouge. *C. digitata* (36).

Épis femelles rapprochés, arqués ; écailles femelles de moitié plus courtes que les utricules ; gaînes des f. d'un vert pâle. . . . . *C. ornithopoda* (37).

29. Bractée infér. non engaînante 30

Bractée infér. engaînante 32

30. Épis femelles cylindriques ; souche traçante . . . . *C. tomentosa* (30).

Épis femelles ovoïdes ou globuleux ; souche cespiteuse. 31

31. Épis femelles globuleux ; écailles femelles ovales-aiguës . . . . *C. pilulifera* (32).

Épis femelles ovoïdes ; écailles femelles obtuses ou échancrées . . . . *C. montana* (33).

32. Souche traçante . . . . *C. præcox* (29).

Souche cespiteuse. . . . . *C. polyrhiza* (31).

33. Épi mâle solitaire, de 10-18 cent. de longueur ; f. larges de 10-15 mill. . . . . *C. pendula* (23).

Un ou plusieurs épis mâles de moins de 8 cent. de longueur ; f. larges de moins de 10 mill.. 34

34. Un seul épi mâle. 35

Plusieurs épis mâles. 49

35. Épi mâle blanchâtre ou verdâtre 36

Épi mâle brun ou brunâtre 41

36. Épis femelles à 3-5 fl.; écailles femelles ent^t scarieuses-argentées ; bractées réduites à des gaînes blanches . . . . *C. alba* (27).

Épis femelles ord^t à plus de 3-5 fl.; écailles femelles non ent^t scarieuses-argentées ; bractées non réduites à des gaînes blanches. 37

37. Utricules sans bec ou à bec tronqué. 38

Utricules à bec distinct, 2-denté ou 2-fide. 39

38. Utricules sans bec ; épis femelles denses, ovoïdes ; gaînes et f. pubescentes. . . . . *C. pallescens* (26).

Utricules à bec tronqué ; épis femelles lâches, linéaires ; gaînes et f. glabres . . . . *C. strigosa* (24).

39. Épis femelles court^t pédonculés, dressés, à 3-5 fl. ; utricules
à bec 2-denté. . . . . *C. depauperata* (39).

Épis femelles long^t pédonculés, à plus de 3-5 fl.; utricules à
bec 2-fide ou à dents cuspidées et divariquées . . 40

40. Utricules sans nervures, à bec 2-fide ; écailles femelles ovales-
lancéolées, non ciliées. . . . . . *C. silvatica* (38).

Utricules nervés, à dents cuspidées et divariquées ; écailles
femelles linéaires-subulées et ciliées. . . . .
. . . . *C. Pseudo-Cyperus* (45).

41. Utricules à bec très court et tronqué 42
Utricules à bec allongé, 2-fide ou 2-denté 44

42. Écailles femelles bien plus courtes que les utricules ; épis femelles dressés. . . . . *C. panicea* (25).

Écailles femelles égalant presque ou dépassant les utricules ;
épis femelles penchés ou pendants 43

43. Épi mâle pourvu à la base d'écailles stériles ; utricules denticulés aux bords et sans nervures . . *C. glauca* (22).
Épi mâle sans écailles stériles à la base ; utricules non denticulés aux bords et faibl^t nervés . . *C. limosa* (28).

44. Utricules étalés ou divergents à la maturité ; bractées étalées
ou réfléchies ; épis femelles subglobuleux, ord^t rapprochés 45

Utricules dressés-appliqués à la maturité ; bractées dressées ;
épis femelles ovoïdes ou cylindriques, espacés. . . 46

45. Utricules divergents, réfléchis, obovés, à bec long, à la fin
courbé en bas. . . . . *C. flava* (40).
Utricules divariqués, non réfléchis, globuleux, à bec plus
court, toujours droit . . . . . . *C. Œderi* (41).

46. Souche rampante ; bractée infér. engaînante . . . . .
. . . . *C. nutans* (50).
Souche cespiteuse ; bractée infér. non engaînante . . 47

47. Épis femelles verdâtres, les infér. penchés à la maturité ; f.
larg^t linéaires, surtout dans les fascicules stériles. . . .
. . . . *C. lævigata* (44).
Épis femelles fauves ou brunâtres, tous dressés ; f. étroit^t linéaires 48

48. Écailles femelles à bords blancs-scarieux, entières, aiguës et
mutiques au sommet . . . *C. Hornschuchiana* (42).

Écailles femelles à bords non scarieux, érodées, obtuses et
mucronées au sommet . . . . . *C. distans* (43).

49. Utricules sans nervures, à bec court et tronqué . . . . .
. . . . *C. glauca* (22).

Utricules nervés, à bec distinct, 2-denté ou 2-fide . . 50

50. Épis mâles grêles et linéaires. 51

Épis mâles gros, cylindriques ou ellipsoïdes 52

51. Épis mâles d'un fauve pâle ; écailles femelles lancéolées, qqfois mucronées ; utricules vésiculeux, translucides, sub-globuleux . . . . *C. ampullacea* (47).

Épis mâles d'un brun noirâtre ; écailles femelles longᵗ cuspi-dées ; utricules non vésiculeux, opaques, ovoïdes . . . . *C. nutans* (50).

52. Utricules ovoïdes-coniques, renflés, atténués en un long bec 2-denté ; écailles des épis mâles toutes aristées . . . . *C. riparia* (48).

Utricules oblongs-comprimés, terminés par un bec plus court, brièvᵗ 2-cuspidé ; écailles infér. des épis mâles obtuses . . . . *C. paludosa* (49).

1. Deux stigmates.

1. ÉPI SIMPLE, SOLITAIRE ET TERMINAL, DIOÏQUE OU ANDROGYNE.

1. **C. dioica** L. — Tiges filiformes, arrondies, de 1-2 déc. ; f. étroites, enroulées, canaliculées ; écailles femelles ovales-obtuses, brunâtres, à bords scarieux-blanchâtres ; utricules ovales-compri-més, ordᵗ étalés à la maturité. — ⚕. — Mai-juin. — T. R. — Marais tourbeux. — Saulieu, Laroche-en-Brenil.

2. **C. Davalliana** Sm. — Tiges grêles, triquètres, de 1-4 déc. ; f. enroulées-sétacées ; écailles femelles ovales-acuminées, brunâtres, à bords scarieux-blanchâtres ; utricules bruns, ovales-lancéolés, étalés ou réfléchis à la maturité. — ⚕. — Mai-juin. — A. R. — Marécages à tuf, prairies aquatiques. — Ste-Foy, Or-geux, Genlis, Arc-sur-Tille, Selongey, Val-des-Choux, Panges, etc.

3. **C. pulicaris** L. — Souche cespiteuse ; tiges filiformes, arrondies, lisses, de 1-3 déc.; f. enroulées-sétacées, égalant les tiges ou plus courtes ; écailles oblongues ; fl. mâles au sommet de l'épi ; utricules bruns, luisants, à bec court, fusiformes, réfléchis à la maturité. — ⚕. — Mai-juin. — A. R. — Orgeux, Saulieu, Laroche-en-Brenil, Val-des-Choux, etc.

2. ÉPILLETS ANDROGYNES, TRÈS RAREMENT UNISEXUÉS, RAPPROCHÉS OU ESPACÉS, ET DISPOSÉS EN ÉPI COM-POSÉ, EN PANICULE OU EN CAPITULE.

** Epillets mâles au sommet.*

4. **C. vulpina** L. — Tiges de 3-6 déc., dressées ; épillets

disposés en épi oblong, compacte ou interrompu à la base, rude au toucher; utricules ovales-lancéolés, plans-convexes; écailles femelles brunâtres ou décolorées, ovales, mucronées, plus courtes que l'utricule. — ♃. — Mai-juin. — C. — Bois, bords des chemins.

5. **C. muricata** L. — Tiges dressées, de 2-5 déc.; f. planes, à bords rudes; ligule à bord antérieur obliq^t tronqué; épillets disposés en épi dense ou interrompu à la base; utricules subéro-spongieux à leur base. — ♃. — Mai-juin. — C. — Bois, friches, bords des chemins.

Épi grêle, verdâtre, interrompu, à épillets distants: var. *elongata* Gren. (*C. virens* Auct.; non Lam.).

6. **C. divulsa** Good. — *C. muricata* var. *divulsa*; Royer, 543. — Tiges nombreuses, grêles, un peu penchées au sommet; f. molles; ligule à bord antérieur échancré en courbe arrondie; épi ord^t lâche, interrompu; utricules minces, non subéro-spongieux à leur base. — ♃. — Mai-juin. — C. — Bois, bords des chemins.

Épillets à peine espacés: var. *congesta* Gren.

Épi muni à la base d'une bractée foliacée aussi longue ou plus longue que lui: var. *virens* Gren.

7. **C. Pairæi** Schultz. — Tiges plus grêles et plus lisses que dans les 2 espèces précédentes; f. plus étroites et plus raides. Ses épillets rapprochés, ses fr. étalés le séparent du *C. divulsa*, dont il a le port. — ♃. — Mai-juin. — T. R. — Bois humides entre Bouilland et Savigny.

8. **C. paradoxa** Willd. — Tiges de 4-8 déc., triquètres; souche munie à la base de fibrilles noirâtres; f. étroit^t linéaires; épillets nombreux, disposés en panicule étroite, lâche à la base; bec de l'utricule à bords scabres; écailles égalant le fr. — ♃. — Mai-juin. — T. R. — Prairies tourbeuses. — Laignes, Villedieu.

9. **C. teretiuscula** Good. — Tiges de 3-5 déc., trigones; souche non munie de fibrilles; f. étroit^t linéaires; épillets nombreux, disposés en épi dense; bec de l'utricule à bords ailés-denticulés; écailles un peu plus courtes que le fr. — ♃. — Mai-juin. — T. R.—Saulieu à l'étang Larmier et à Montivent, Villedieu, St-Léger-de-Fourches.

10. **C. paniculata** L. — Tiges robustes, de 5-8 déc., munies à la base de lanières formées par les anciennes gaînes; épillets très nombreux, disposés en une longue panicule fauve, douce au toucher; utricules plans en dessus, convexes et gibbeux sur le dos. — ♃. — Avril-juin. — A. C. — Bords des eaux, bois marécageux.

*** Epillets femelles au sommet.*

11. C. cyperoides L. — Tiges grêles, lisses, trigones, de 2-5 déc.; f. molles, linéaires, long‍ᵗ acuminées-subulées ; épillets verdâtres, nombreux, en capit. entouré de bractées inégales simulant un invol.; utricules lancéolés-acuminés, à bec très long, 2-fide, denticulé-cilié. — ♃. — Mai-sept. — R. — Étangs desséchés, taillis marécageux. — Cîteaux, Collonges, Labergement-lez-Seurre, Pouilly-sur-Saône, etc.

12. C. remota L. — Tiges de 3-6 déc., très grêles, subtrigones; f. molles, très longues ; épillets petits, 5-10, ovoïdes ; utricules ovoïdes, à bec court, dépassant l'écaille, celle-ci d'un vert blanchâtre. — ♃. — Mai-juin. — A. C. — Bois humides et ombragés. — La plaine, le Morvan et l'Auxois.

13. C. echinata Murr. — *C. stellulata* Good.; Lorey, 943 ; Royer, 544. — Tiges de 1-3 déc., grêles, subtrigones; f. étroit‍ᵗ linéaires, canaliculées ; épillets sessiles, pauciflores, écartés; utricules terminés par un long bec à bords denticulés. — ♃. — Mai-juin. — R. — Prairies tourbeuses. — Vielverge, Arnay-le-Duc, Saulieu, St-Andeux, St-Germain-de-Modéon.

14. C. leporina L. — *C. ovalis* Good.; Lorey, 942. — Tiges de 3-5 déc., robustes, trigones ; f. étroit‍ᵗ linéaires, dressées ; épillets fauves, réunis en épi dense, ovoïde ; utricules lancéolés, plans-convexes, nervés sur les deux faces, à bec assez long. — ♃. — Mai-juin. — C. — Lieux humides.

15. C. elongata L. — Tiges grêles, triquètres, de 3-6 déc.; f. molles, linéaires, très longues ; épillets subcylindriques, formant un épi lâche, allongé ; utricules lancéolés, courbés en dehors à la maturité, à bec court. — ♃. — Mai-juin. — R. — Prés humides, bords des ruisseaux, mares. — Saulon, Limpré, Collonges, Vielverge, Labergement-lez-Seurre, Saulieu, Rouvray.

16. C. canescens L. — Tiges grêles, subtrigones, de 2-5 déc.; f. étroit‍ᵗ linéaires ; épillets ovoïdes, d'un blanc verdâtre, formant un épi lâche, interrompu ; utricules ovoïdes, à bec nul. — ♃. — Mai-juin. — T. R. — Prairies tourbeuses. — Saulieu, St-Léger-de-Fourches, Rouvray, St-Andeux, etc.

17. C. disticha Huds. — Tiges de 3-6 déc., triquètres, rudes au sommet, à souche stolonifère ; f. planes, linéaires, rudes sur les bords ; épillets ovoïdes, nombreux, formant un épi oblong-cylindrique ; utricules atténués en un bec allongé, dépassant les écailles, celles-ci ovales-acuminées, brunes, scarieuses aux bords. — ♃. — Mai-juin. — C. — Fossés, marécages.

18. C. brizoides L. (Crin végétal). — Tiges de 2-4 déc., très grêles, triquètres ; f. étroit‍ᵗ linéaires, très longues ; épillets peu nombreux ; utricules très petits, à bec 2-fide, dépassant les écailles, celles-ci lancéolées, blanchâtres. — ♃. — Mai-juin. — Très commun, mais seul[t] dans les bois du Val-de-Saône.

3. ÉPIS TOUS UNISEXUÉS OU LES FEMELLES QUELQUEFOIS MALES AU SOMMET, LE OU LES MALES TERMINAUX, LES FEMELLES AXILLAIRES.

19. C. stricta Good. — Souche formant une touffe compacte, volumineuse ; tiges robustes, de 5-10 déc., triquètres, scabres ; f. linéaires, plus courtes que les tiges ; bractée infér. étroite, dépassant à peine l'épi femelle infér.; épis mâles 1-2; épis femelles 2-3, souv[t] mâles au sommet; utricules nervés jusqu'au sommet. — ♃. — Avril-mai. — A. C. — Marécages, mares, étangs. — La plaine, l'Auxois, le Châtillonnais.

20. C. vulgaris Fries. — *C. cæspitosa* DC : Lorey, 1066; non L. — Souche formant une touffe compacte ; tiges grêles, de 2-5 déc., triquètres; f. étroit[t] linéaires, égalant ou dépassant les tiges ; épis mâles 1-2 ; épis femelles 2-4, plus grêles et plus courts que dans l'espèce précédente, rar[t] mâles au sommet; utricules nervés seul[t] à la base. — ♃. — Mai-juin. — A. R. — Prairies tourbeuses des terrains siliceux. — Saulieu, Nolay, Rouvray, etc.

21. C. acuta L. — Souche ne formant pas une touffe compacte ; tiges robustes, de 5-10 déc.; f. larges, planes, molles, recourbées; épis mâles 2-3 ; épis femelles 3-5, allongés, grêles, cylindriques, les infér. pendants ; utricules nervés seul[t] à la base. — ♃. — Avril-juin. — C. — Bords des eaux, prairies marécageuses.

2. *Trois stigmates.*

1. UTRICULES SANS BEC OU A BEC CYLINDRIQUE, COURT, TRONQUÉ OU BIDENTÉ.

  * *Utricules glabres, ou hispides mais sur les angles seulement.*

22. C. glauca Murr. — Souche stolonifère ; f. planes, raides, plus courtes que les tiges ; bractée infér. égalant environ l'inflor.; épis femelles 2-3, cylindriques, pédonculés, pendants, à écailles d'un brun rougeâtre, un peu plus courtes que l'utricule, celui-ci pourvu d'aspérités au sommet. — ♃. — Avril-juin. — T. C. — Pelouses, prés. — Espèce polymorphe.

23. C. pendula Huds. — *C. maxima* Scop.; Lorey, 955 ; Royer, 545. — Souche cespiteuse; tiges de 1-2 m., triquètres, robustes; f. glaucescentes en dessous, très longues; épis femelles 4-6, penchés, de 10-20 cent. de long, à écailles d'un brun rougeâtre, plus courtes que l'utricule. — ♃. — Mai-juin.

— A. R. — Bois humides, fossés. — Brazey, St-Jean-de-Losne, Cîteaux, Seurre, Grignon, etc.

24. **C. strigosa** Huds. — Souche court^t stolonifère ; tiges de 4-9 déc., grêles, subtrigones ; f. des fascicules stériles très larges, molles ; épis femelles 4-5, très lâches, à écailles blanches sur les bords, ovales-lancéolées, aiguës, un peu plus courtes que l'utricule. — ♃. — Mai-juin. — T. R. — Limpré.

25. **C. panicea** L. — Souche rampante, stolonifère ; tiges de 2-4 déc., lisses, trigones ; f. planes, raides, glauques ; 1-2 épis femelles écartés, cylindriques, un peu lâches à la base, ord^t dressés, à écailles d'un brun rougeâtre, plus courtes que l'utricule. — ♃. — Avril-mai. — C. — Lieux humides, bords des eaux.

26. **C. pallescens** L. — Tiges de 2-4 déc., grêles, scabres au sommet, triquètres ; f. linéaires, planes, molles ; 2-3 épis femelles denses, pédonculés, dressés, puis étalés-penchés ; utricules ovoïdes, luisants, égalant les écailles, celles-ci fauves ou d'un vert pâle. — ♃. — Mai-juin. — A. C. — Bois argileux, prairies humides. — Cîteaux, St-Julien, Orgeux, Montbard, etc.

27. **C. alba** Scop. — Souche grêle, rampante, stolonifère ; tiges très grêles, de 2-3 déc., trigones, lisses ; f. planes, très étroites ; épis femelles 2-3, petits, lâches, à 3-5 fl., tous long^t pédonculés ; utricules d'un vert blanchâtre, elliptiques-trigones, plus longs que les écailles. — ♃. — Avril-mai. — A. R. — Bois. — Ste-Foy, Gevrey, Val-Suzon, Marey-sur-Tille, Diénay, Étalante, Val-des-Choux, St-Remy, etc.

28. **C. limosa** L. — Souche rampante, stolonifère ; tiges de 2-3 déc., subfiliformes ; f. glaucescentes ; épis femelles 1-2, ovoïdes ou oblongs, compactes, penchés, à écailles ovales-acuminées, brunes, égalant ou dépassant les utricules, ceux-ci d'un vert bleuâtre. — ♃. — Mai-juin. — T. R. — Marécages. — Limpré, St-Léger, Saulieu.

*** Utricules tomenteux ou pubescents.*

29. **C. præcox** Jacq. — Tiges grêles, obscur^t trigones, presque lisses ; f. ord^t plus courtes que les tiges, fort^t carénées ; bractée infér. un peu engaînante ; épi mâle claviforme ; épis femelles 2-3, oblongs, rapprochés, à écailles brunâtres, égalant environ l'utricule. — ♃. — Mai-juin. — T. C. — Pelouses, prés secs.

30. **C. tomentosa** L. — Tiges grêles, triquètres, scabres au sommet ; bractée infér. non engaînante ; épi mâle lancéolé ; épis femelles 1-3, ovoïdes-cylindriques, un peu écartés, à écailles

brunes, plus courtes que l'utricule. — ♃. — Mai-juin. — C. — Prairies humides.

31. C. polyrhiza Wallr. — Tiges grêles, triquètres, entourées à la base de nombreuses fibrilles brunes ; f. étroit^t linéaires ; épi mâle cylindracé-claviforme ; écailles femelles brunâtres, oblongues-acuminées, égalant les utricules, ceux-ci grisâtres, fusiformes, hérissés-tomenteux. — ♃. — Avril-mai. — T. R. — Pelouses argileuses, prés humides. — Griselles, Riel-les-Eaux, Pontailler.

32. C. pilulifera L. — Tiges grêles, de 3-5 déc., triquètres, décombantes à la maturité ; f. molles, étroit^t linéaires ; épi mâle grêle, aigu ; épis femelles 3-5, subglobuleux, sessiles, à écailles scarieuses sur les bords ; utricules d'un jaune verdâtre, brièv^t pubescents. — ♃. — Avril-mai. — R. — Bois. — Marey-sur-Tille, Cîteaux, Soissons, Seurre, Semur, Saulieu, Rouvray, etc.

33. C. montana L. — Tiges de 1-2 déc., grêles, subtrigones, penchées à la maturité ; f. molles, linéaires ; épi mâle subclaviforme ; épis femelles 1-3, ovoïdes, sessiles, à écailles brunes ; utricules blanchâtres, hispides. — ♃. — Avril-mai. — A. C. — Bois. — La Côte, Ste-Foy, Laignes, Étalante, Montbard, Pothières, etc.

34. C. Halleriana Asso. — *C. gynobasis* Vill.; Lorey, 947 ; Royer, 547. — Tiges grêles, subtrigones, rudes ; f. rudes ; épi mâle panaché de blanc et de fauve ; écailles femelles lancéolées-aiguës, brunes, bordées de blanc, à 3 nervures vertes ; utricules d'un vert blanchâtre, à peine pubescents, plus courts que l'écaille. — ♃. — Avril-mai. — C. — Bois de montagne, coteaux calcaires.

35. C. humilis Leyss. — Tiges de 5-10 cent., triquètres ; f. étroites, canaliculées, courbées au sommet à la fin, bien plus longues que les tiges ; bractée long^t engaînante, cachant presque la tige ; épi mâle oblong ; écailles femelles ovales, mucronées, égalant l'utricule. — ♃. — Avril-mai. — A. R. — Bois et pelouses des terrains calcaires. — Ste-Foy, Val-Suzon, Gevrey, Dijon et toute la Côte, Buffon, etc.

36. C. digitata L. — Tiges de 1-2 déc., grêles, subtrigones, presque lisses ; f. d'un vert gai, ord^t plus courtes que les tiges, planes, dressées, formant des fascicules latér. ; bractées brunes, longues de 1-2 cent. ; épis femelles pauciflores (6-8 fl.). — ♃. — Avril-mai. — C. — Bois de montagne, pelouses calcaires.

37. C. ornithopoda Willd. — *C. digitata* var. *ornithopoda* Lorey, 948 ; Royer, 547. — Diffère de l'espèce précédente par les caractères indiqués au tableau et par ses tiges plus courtes, la gaîne supér. pâle, surmontée d'un mucron foliacé, ses bractées d'un vert très pâle, très courtes (5-6 mill.). — ♃. — Avril-mai. — R. — Bois et pelouses calcaires. — Pont-de-Pany, Flavigny, St-Remy, Moloy, Rougemont.

2. UTRICULES A BEC PLAN-CONVEXE, ALLONGÉ, BIDENTÉ OU BICUSPIDÉ.

** Dents du bec droites, parallèles ; épi mâle unique, linéaire.*

38. **C. silvatica** Huds. — *C. patula* Scop.; Lorey, 954. — Tiges de 3-6 déc., grêles, lisses, triquètres; f. planes, assez larges ; bractée infér. long^t engaînante, dépassant son épi axillaire ; épis femelles 3-5, long^t pédonculés, à écailles jaunâtres, lancéolées-cuspidées, un peu plus courtes que les utricules, ceux-ci à bec étroit, égalant presque l'utricule. — ♃. — Mai-juin. — C. — Bois couverts.

39. **C. depauperata** Good. — Tiges de 3-5 déc., grêles, subtrigones; bractée infér. ne dépassant pas son épi axillaire ; épis femelles 2-4, pédonculés, à écailles verdâtres, ovales-lancéolées, scarieuses aux bords, plus courtes que les utricules, ceux-ci à bec linéaire, scarieux à l'extrémité. — ♃. — Mai-juin. — T. R. — Bois. — Saulieu.

40. **C. flava** L. — Tiges de 2-5 déc., grêles, triquètres, dressées; f. d'un vert pâle, planes; épis femelles 2-3, à écailles fauves, ovales-lancéolées, plus courtes que les utricules, ceux-ci jaunâtres. — ♃. — Avril-juin. — C. — Prairies inondées, mares, fossés, taillis humides.

41. **C. Œderi** Ehrh. — *C. flava* var. *Œderi* Lorey, 950 ; Royer, 545. — Diffère de l'espèce précédente par ses tiges étalées-dressées, ses f. d'un vert plus pâle, sa bractée infér. long^t engaînante, ses épis femelles et ses utricules plus petits. — ♃. — Avril-oct. — A. C. — Marais.

42. **C. Hornschuchiana** Hoppe. — Tiges de 2-5 déc., grêles, dressées, triquètres ; f. étroites, d'un vert clair ; épis femelles 2-3, ovoïdes, compactes, espacés, le supér. sessile, les autres court^t pédonculés ; utricules ovoïdes, renflés, glabres. — ♃. — Mai-juin. — T. R. — Prairies tourbeuses. — Laignes, Griselles, Pothières.

Utricules plus gros, d'un jaune pâle et toujours stériles : *C. fulva* Good.; Lorey, 951. — A. R. — Lieux marécageux et tourbeux. — Ste-Foy, Limpré, Moloy, Val-Suzon, Val-des-Choux, Orgeux, etc. — Est considéré comme un hybride produit par le croisement des *C. flava* et *Hornschuchiana*.

43. C. distans L. — Tiges de 3-6 déc., trigones; f. glauques, raides, pourvues de 2 ligules, plus courtes que les tiges ; bractées long^t engaînantes ; épis femelles 2-4, tous pédonculés, très espacés ; utricules subtrigones, nervés sur les 2 faces. — ♃. — Mai-juin. — C. — Lieux aquatiques, bords des ruisseaux.

44. C. lævigata Sm. — Tiges de 5-10 déc., subtrigones ; f. planes, larg^t linéaires-lancéolées, pourvues de 2 ligules, l'une soudée au limbe, l'autre oppositifoliée; épis femelles 2-4, presque cylindriques, à écailles fauves, lancéolées, mucronées; utricules ovales, piquetés de brun, fort^t nervés, dépassant les écailles. — ♃. — Mai-juin. — T. R. — Prés et bois marécageux du Morvan. — Saulieu, Menessaire, St-Andeux, etc.

*** Bec de l'utricule à dents divergentes ; ordinairement plusieurs épis mâles.*

45. C. Pseudo-Cyperus L. — Tiges robustes, triquètres, scabres ; f. dépassant les tiges ; bractées dépassant beaucoup l'inflor. ; épis femelles 3-5, cylindriques, compactes, pédonculés, pendants et rapprochés ; utricules ovales-lancéolés, à bec long et grêle, dépassant les écailles. — ♃. — Mai-juin. — R. — Saulon, Limpré, Saulieu, Semur, Labergement-lez-Seurre, etc.

46. C. vesicaria L. — Tiges de 4-8 déc., robustes ; f. planes, d'un vert gai, égalant ou dépassant les tiges ; épis femelles 2-3, cylindriques, denses, espacés, dressés, l'infér. souv^t penché, à écailles brunâtres, lancéolées-aiguës, plus courtes que les utricules. — ♃. — Mai-juin. — A. C. — Fossés, marécages.

47. C. ampullacea Good. — Tiges de 4-8 déc., robustes, trigones ; f. glauques, étroites, canaliculées, égalant ou dépassant les tiges ; épis femelles 2-3, denses, assez gros, dressés ou penchés, les infér. pédonculés. — ♃. — Mai-juin. — A. C. — Marécages, ruisseaux.

48. C. riparia Curt. — Tiges de 5-12 déc., épaisses, robustes, triquètres, à 2 angles plus aigus et rudes ; f. planes, larges, dressées, glaucescentes en dessous; épis mâles 3-5, rapprochés, oblongs, gros, à écailles toutes acuminées-aristées; épis femelles 3-4, cylindriques, espacés. — ♃. — Mai-juin. — C. — Marais, bords des eaux.

49. C. paludosa Good. — Tiges moins robustes, de 4-9 déc., triquètres, à angles tous aigus, scabres ; f. moins larges que dans l'espèce précédente ; épis mâles 3-4, oblongs, gros, espacés, à écailles infér. arrondies au sommet. — ♃. — Mai-juin. — T. C. — Bords des eaux.

Utricules dépassés par les écailles long^t cuspidées : var. *Kochiana* Coss. et Germ.

50. C. nutans Host. — Tiges de 4-8 déc., trigones, lisses au sommet; f. linéaires, carénées, acuminées, non glaucescentes en dessous ; bractée infér. linéaire-allongée ; épis mâles 1-2, fusiformes ; épis femelles 2-4, oblongs ou cylindriques, à écailles d'un brun noirâtre, à la fin plus courtes que les utricules. — ♃. — Mai-juin. — A. C. — Talus des fossés et prairies humides. — Pontailler, Seurre, St-Jean-de-Losne, etc.

51. C. hirta L. — Tiges de 2-5 déc., triquètres, lisses ; f. ord^t velues ; épis mâles **2-3**, grêles, à écailles jaunâtres, pubescentes ; épis femelles 2-3 ; utricules ovoïdes, renflés, verdâtres, à bec prof^t 2-fide, plus longs que les écailles. — ♃. — Mai-juin. — C. — Lieux humides, terrains argileux.

F. et gaines glabres : var. *hirtæformis* (*C. hirtæformis* Pers.). — Avec le type.

52. C. filiformis L. — Tiges de 4-8 déc., subtrigones, lisses ou un peu scabres au sommet ; épis mâles 1-3, grêles, à écailles brunes et glabres ; épis femelles 2-3 ; utricules ovales-oblongs, brunâtres, à bec court, 2-cuspidé, plus longs que les écailles. — ♃. — Mai-juin. — T. R. — Lieux tourbeux. — Queue de l'étang Fortier à Saulieu.

2. RHYNCHOSPORA Vahl. — Fl. hermaphr. ; écailles peu nombreuses, imbriquées de tous côtés, les infér. stériles, plus courtes que les supér. ; soies hypogynes 6-12, plus courtes que l'écaille ; achaine couronné par la base du style renflée et persistante. — Tiges feuillées.

R. alba Vahl. — *Schœnus albus* L.; Lorey, 929. — Tiges fasciculées, trigones ; f. linéaires, planes, carénées ; épillets blanchâtres, puis fauves, oblongs-aigus, disposés en glomérules axillaires et terminaux, entourés de bractées foliacées égalant ou dépassant un peu l'inflor. — ♃. — Juin-août. — R. — Marécages tourbeux. — Vielverge, route d'Auxonne à Flammerans, Saulieu, Laroche-en-Brenil, St-Andeux.

3. ELEOCHARIS R. Br. — Fl. hermaphr.; écailles nombreuses, imbriquées de tous côtés, 1-2 infér. stériles ; soies hypogynes peu nombreuses, 6 ou moins, plus courtes que l'écaille ; achaines couronnés par la base du style renflée et persistante. —

Fl. en épis solitaires, terminaux ; tiges simples, fasciculées, nombreuses, sans f. et pourvues de gaînes à la base.

1. Stigm. 2 ; achaines obovés-comprimés 2
   Stigm. 3 ; achaines non comprimés 4

2. Épi ovoïde ou subglobuleux, à écailles courtes, obtuses ; rac. grêle, fibreuse. . . . . *E. ovata.*
   Épi oblong, à écailles lancéolées-aiguës ; rac. épaisse, rampante 3

3. Écailles stériles 2, l'infér. embrassant seul[t] la moitié ou les 2 tiers de l'épi . . . . *E. palustris.*
   Écaille stérile unique, embrassant complèt[t] la base de l'épi. *E. uniglumis.*

4. Tiges tétragones, capillaires ; achaines striés ; souche à rhizomes long[t] rampants . . . . *E. acicularis.*
   Tiges arrondies, non capillaires ; achaines lisses ; souche courte et fibreuse . . . . *E. multicaulis.*

E. ovata R. Br. — *Scirpus ovatus* Roth ; Lorey, 930. — Tiges un peu comprimées, entourées à la base d'une seule gaîne aphylle ; épi brun ; 2-3 écailles stériles n'embrassant chacune que la moitié de la base de l'épi ; achaines jaunâtres. — ①. — Juin-août. — R. — Lieux marécageux, queues des étangs. — Cîteaux, Saulon, Nuits, Saulieu, St-Didier, Collonges, Seurre, Vellerot, etc.

E. palustris R. Br. — *Scirpus palustris* L.; Lorey, 929. — Tiges robustes, arrondies, entourées à la base de 2 gaînes aphylles ; épi oblong, d'un brun fauve ; achaines jaunâtres, obovales-arrondis. — ♃. — Mai-juill. — T. C. — Bords des eaux, bois humides.

E. uniglumis Schult. — *E. palustris* var. *uniglumis* Royer, 552. — Tiges plus grêles, moins élevées ; épi plus petit, d'un brun plus foncé. — ♃. — Mai-juill. — A. R. — Marécages. — Plateau de Château-Renard à Gevrey, Pontailler, Saulieu, Villedieu, Larrey-lez-Poinçon, etc.

E. multicaulis Dietr. — Tiges nombreuses, pourvues de 2 gaînes aphylles ; 1-2 écailles stériles, l'infér. obtuse, émarginée au sommet, embrassant presque complèt[t] la base de l'épi, celui-ci ovoïde, brunâtre ; achaines d'un brun foncé. — ♃. — Juin-août. — R. — Marécages. — Magny, Genlis, étang de Romanet à St-Germain-de-Modéon.

E. acicularis R. Br. — *Scirpus acicularis* L.; Lorey, 931. — Tiges très nombreuses, grêles, pourvues à la base d'une seule gaîne aphylle ; 2 écailles stériles, l'infér. enveloppant complèt^t la base de l'épi, celui-ci petit, ovoïde, pauciflore, brunâtre; achaines blanchâtres. — ♃. — Juill.-août. — A. R. — Bords des eaux, fossés. — Seurre, Dijon, Velars, canal de Bourgogne, Cîteaux, Nuits, St-Jean-de-Losne, etc.

4. SCIRPUS Tourn. (Scirpe). — Fl. hermaphr. ; écailles imbriquées de tous côtés, les 2 infér. stériles, plus grandes ; soies hypogynes peu nombreuses, rar^t nulles, plus courtes que l'écaille ; achaines mucronés ou non par la base du style persistante mais non renflée. — Épillets solitaires et terminaux, ou plus ou moins nombreux et formant une inflor. terminale ou pseudo-latér. disposée en glomérule, en capit., en panicule ou en épi; tiges ord^t simples.

1. Un seul épillet simple, solitaire, dépourvu de bractées foliacées, terminant de longs pédonc. axillaires ; tiges molles, rameuses. . . . . *S. fluitans.*

Plusieurs épillets plus ou moins agglomérés, très rar^t solitaires, mais alors accompagnés de bractées foliacées ; tiges fermes, non rameuses. 2

2. Épillets comprimés, disposés en épi distique; bractées planes, canaliculées . . . . *S. compressus.*
Épillets non comprimés et non disposés en épi distique, 3

3. Inflor. paraissant latér. par la présence d'une bractée qui semble continuer la tige. 4
Inflor. terminale, entourée de bractées dont aucune ne paraît continuer la tige. 8

4. Tiges triquètres, à faces toutes ou une seul^t canaliculées. 5
Tiges cylindriques 6

5. Stigm. 3; écailles florales entières sur les bords et au sommet; épillets sessiles, réunis en un capit. solitaire, sphérique. . . . . *S. mucronatus.*
Stigm. 2; écailles florales ciliées sur les bords et échancrées au sommet; épillets agglomérés, plus ou moins pédonculés. . . . . *S. Pollichii.*

6. Tige robuste, de 1-2 m., solitaire, spongieuse ; écailles florales à bords laciniés-ciliés, émarginées au sommet. . . . . *S. lacustris.*

Tiges grêles, de 30 cent., fasciculées; écailles à bords ni laciniés, ni ciliés, à sommet non émarginé. 7

7. Tiges filiformes, dressées; bractée continuant la tige et plus courte qu'elle ; achaines sillonnés longitud[t]. *S. setaceus.*

Tiges non filiformes, étalées ou ascendantes ; bractée continuant la tige et aussi longue ou plus longue qu'elle ; achaines ridés transvers[t]. . . . . *S. supinus.*

8. Pl. grêle, haute de 3-15 cent. ; épillets sessiles, réunis en capit. subglobuleux ; écailles lancéolées-acuminées . . . . *S. Michelianus.*

Pl. robustes, hautes de 8-12 déc.; épillets disposés en panicule simple ou composée ; écailles ovales 9

9. Tige solitaire, trigone, à faces convexes; épillets petits, d'un vert noirâtre, en panicule composée très ample ; écailles obtuses, entières . . . . *S. silvaticus.*

Tiges fasciculées, trigones, à faces planes ; épillets gros, brunâtres, en panicule simple ; écailles 2-fides, mucronées. . . . . *S. maritimus.*

1. Plusieurs épillets terminaux, disposés en capitule, en panicule on en épi distique comprimé.

S. Michelianus Savi. — Tiges fasciculées, trigones, feuillées à la base; f. planes, molles ; bractées dépassant long[t] l'inflor. ; épillets blanchâtres ; soies hypogynes nulles. — (1). — Juill.-sept. — T. R. — Bords des étangs. — Citeaux, Collonges, Boncourt, Labergement-lez-Seurre, Arnay-le-Duc, etc.

S. silvaticus L. — Tige dressée, fistuleuse, feuillée infér[t]; f. larges, linéaires ; bractées de l'invol. inégales, égalant ou dépassant à peine l'inflor. — 4. — Mai-juill. — C. — Bords des eaux, prairies marécageuses.

S. maritimus L. — Tiges dressées, feuillées à la base ; f. planes, très allongées ; bractées de l'invol. inégales, dépassant long[t] l'inflor. — 4. — Juin-août. — C. — Ruisseaux, fossés, canaux.

Rameaux de l'inflor. nuls ou très courts : var. *congestus* (*S. compactus* Krock).

S. compressus Pers. — *Schœnus compressus* L.; Lorey, 928. — Tiges de 1-2 déc., dressées, arrondies à la base, trigones au sommet ; f. linéaires, égalant les tiges ; épillets d'un brun ferrugineux ; stigm. 2; soies hypogynes 3-6, garnies d'aiguillons recourbés. — 4. — Juin-août. — A. R. — Ruisseaux, marécages. — Fossés du chemin de fer près Gevrey, Marey-sur-Tille, Blaisy-Bas, Bouilland, Saulieu, Semur, Flavigny, Arc-sur-Tille, etc.

2. *Plusieurs épillets paraissant latéraux.*

S. lacustris L. (Jonc des tonneliers). — Tige entourée à la base de gaines brunâtres, la supér. prolongée en une f. courte, subulée ; épillets brunâtres, ovales, en panicule un peu penchée ; stigm. 3 ; achaines gros, trigones. — ♃. — Juin-juill. — T. C. — Étangs, rivières. — Souche réputée astringente et diurétique. On fabrique avec les tiges de cette espèce des nattes et des paillassons.

> Tige moins élevée, d'un vert -glauque ; stigm. 2 ; achaines plus petits, comprimés : var. *glaucus* And. (*S. glaucus* Sm.) — R. — Prissey, Larrey-lez-Poinçon.

S. Pollichii Gren. et Godr. — *S. triqueter* Auct. mult.; Lorey, 933 ; Royer, 556 ; non L. — Tiges de 5-10 déc., triquètres, présentant 2 faces planes et une canaliculée, entourées de 2-3 gaines, la supér. prolongée en une f. courte, triquètre ; épillets nombreux, ovoïdes, en panicule composée, munie à la base de 2 bractées inégales, triquètres. — ♃. — Juin-juill. — T. R. — Étangs, rivières. — Limpré, Saulieu, Cîteaux. — Non signalé depuis Lorey.

S. mucronatus L. — Tiges de 4-9 déc., à faces toutes canaliculées, munies à la base de gaines aphylles, mucronées ; épillets ovales-oblongs, 10-20, disposés en capit. et munis à la base d'une seule bractée triquètre, dépassant l'inflor. — ♃. — Juin-août. — T. R. — Étangs de Longvay, Cîteaux.

S. supinus L. — Tiges fasciculées, subcylindriques, de 5-20 cent., munies à la base d'une f. courte, subulée ; épillets assez gros, ovales-oblongs, réunis par 4-10 ; achaines bruns, trigones. — ①. — Juill.-sept. — A. R. — Lieux marécageux du Val-de-Saône. Cîteaux, Longvay, Nuits, Boncourt, Seurre, St-Jean-de-Losne.

S. setaceus L. — Tiges de 5-15 cent., striées, munies à la base d'une f. ord^t très courte, sétacée ; épillets 2-3, rar^t 1 seul, petits, ovoïdes ; achaines plus petits que dans l'espèce précédente. — ♃. — Juill.-août. — A. R. — Bords des eaux, fossés. — Cîteaux, Vielverge, Seurre, Arnay-le-Duc, Saulieu, etc.

3. *Épillets terminaux solitaires.*

S. fluitans L. — Tiges grêles, couchées ou nageantes, radicantes, munies aux nœuds d'une f. linéaire-subulée ; épillets petits, verdâtres, solitaires ; achaines blanchâtres, un peu comprimés. — ♃. — Juill.-août. — T. R. — Étangs Fortier et de Pontaquin près Saulieu.

5. Cladium R. Br. — Fl. hermaphr.; écailles peu nombreuses, imbriquées sur plusieurs rangs, les infér. plus petites, stériles; soies hypogynes nulles; achaines ovoïdes-subglobuleux, mucronulés par la base du style non renflée. — Épillets pauciflores, en glomérules formant une ample panicule.

C. Mariscus R. Br. — *Schœnus Mariscus* L.; Lorey, 928. — Tiges robustes, de 1 m. et plus, cylindriques, fistuleuses, feuillées jusqu'au sommet; f. larg^t linéaires, allongées, scabres, coupantes sur les bords et la carène; épillets ovoïdes-oblongs, fauves, 2-flores. — ♃. — Juin-juill. — A. R.—Bords des eaux.— Arcelot, Limpré, Magny-sur-Tille, moulin des Étangs, Saulieu, Villedieu, etc.

6. Eriophorum L. (Linaigrette). — Fl. hermaphr.; écailles peu nombreuses, imbriquées sur plusieurs rangs, presque égales, les infér. stériles ; soies hypogynes très nombreuses, bien plus longues que les écailles, accrescentes, d'un blanc brillant.—Épillets solitaires, formant houppe à l'extrémité de pédonc. plus ou moins nombreux, penchés et disposés en panicule terminale, ou plus rar^t un seul épillet terminal sessile ; tiges feuillées.

1. Un seul épillet terminal et sessile ; gaîne caulinaire supér. renflée. . . . . *E. vaginatum.*
   Plusieurs épillets pédonculés formant une panicule terminale ; gaîne caulinaire non renflée 2
2. Pédonc. lisses et glabres ; achaines aigus et acuminés . . . . *E. angustifolium.*
   Pédonc. scabres ou tomenteux ; achaines arrondis et mutiques. 3
3. Pédonc. denticulés-scabres, glabres ; f. planes, assez larges. . . . . *E. latifolium.*
   Pédonc. scabres et tomenteux ; f. triquètres, très étroites. *E. gracile.*

E. vaginatum L. — Tiges très grêles, triquètres au sommet; f. radicales nombreuses, étroites, triquètres, scabres aux bords; bractées nulles ; écailles lancéolées-acuminées, scarieuses aux bords. — ♃. — Mai-juin. — T. R. — Marais tourbeux, queue des étangs. — Saulieu.

E. latifolium Hoppe. — *E. polystachium* DC.; Lorey, 936. — Tiges robustes; f. planes à la base, triquètres au sommet, scabres aux bords, d'un vert pâle; bractées 2-3; épillets ord^t 7-12, penchés à la maturité; écailles ovales-lancéolées, aiguës ou obtuses. — ♃. — Mai-juin. — A. C. — Marécages. — Jouvence, Is-sur-Tille, Saulieu, Étalante, Val-des-Choux, etc.

E. angustifolium Roth. — Tiges assez robustes; f. étroites, triquètres, canaliculées, presque lisses aux bords, d'un vert foncé; épillets ord^t 4-6, penchés à la maturité; écailles ovales-lancéolées, acuminées. — ♃. — Mai-juill. — A. R. — Marécages. — Saulieu, Laignes, Lucenay, Rouvray, Laroche-en-Brenil, etc.

Rameaux de l'inflor. presque nuls : var. *congestum* M. et K.

E. gracile Koch. — Tiges très grêles; f. canaliculées, très étroites, triquètres, presque lisses aux bords; épillets petits, peu nombreux, toujours dressés; écailles ovales, presque obtuses. — ♃. — Mai-juin. — T. R. — Marécages tourbeux, — Étangs Larmier et Morin à Saulieu.

7. SCHŒNUS L. (Choin). — Fl. hermaphr.; écailles imbriquées sur 2 rangs opposés, les infér. stériles, plus petites; soies hypogynes 1-6 ou nulles. — Épillets 1-6-flores, en capit. terminal muni de 2 bractées larges, inégales, scarieuses à la base; f. toutes radicales.

Bractée infér. terminée ord^t en pointe oblique et dépassant le capit.; épillets 5-12; soies hypogynes petites ou nulles. . . . . *S. nigricans.*

Bractée infér. terminée en pointe dressée et ne dépassant pas le capit.; épillets 2-3; soies hypogynes 3-6, plus ou moins allongées. . . . . *S. ferrugineus.*

S. nigricans L. — Tiges de 3-6 déc., lisses, munies de gaînes d'un brun noirâtre et luisant; f. raides, triangulaires, subulées; épillets d'un brun noirâtre, réunis en capit. ovale et dense. — ♃. — Mai-juill. — R. — Marécages à tuf. — Ste-Foy, Recey, Moloy, Vernois, Aisey-sur-Seine.

S. ferrugineus L. — Tiges de 1-3 déc., très grêles, lisses; f. raides, subulées; épillets noirâtres, subgéminés, en capit. lâche. —

♃. — Mai-juill. — T. R. — Marécages à tuf. — Marey-sur-Tille, Combe-Noire au Val-des-Choux, Avot.

8. CYPERUS Tourn. (Souchet). — Fl. hermaphr.; écailles imbriquées sur 2 rangs opposés, pliées-carénées, toutes fertiles, presque égales, ou les 2 infér. plus petites, stériles; soies hypogynes nulles. — Épillets multiflores, en fascicules formant un capit. ou une ombelle terminale, irrég., simple ou composée; inflor. entourée d'un invol. de bractées inégales, ord^t plus longues qu'elle.

1. Deux stigm.; épillets jaunâtres; achaines lenticulaires, à bords arrondis. . . . . *C. flavescens.*
    Trois stigm.; épillets d'un brun noirâtre ou rougeâtre; achaines oblongs ou ovales, triquètres, à bords aigus. . . . 2
    . . . . , ... *C. fuscus.*
2. Tiges de 5-20 cent.; épillets linéaires, réunis en petits fascicules subsessiles ou inégal^t pédonculés, formant une ombelle simple plus ou moins compacte; écailles florales 1-nervées.
    Tiges de 8-12 déc.; épillets linéaires-lancéolés, réunis en petits fascicules portés sur des pédonc. très inégaux et formant une ombelle paniculée, lâche, très ord^t composée; écailles florales 5-7-nervées. . . . . *C. longus.*

C. flavescens L. — Tiges de 4-15 cent., subtrigones, fasciculées; f. linéaires, canaliculées; épillets lancéolés, à 8-20 fl., presque sessiles et formant un capit. ord^t compacte; étam. 3.— ①. —Juill.-août.— R. — Lieux marécageux. — Ruisseau de Sans-Fond près Fénay, moulin des Étangs, Vielverge, Saulieu, Rouvray, etc.

C. fuscus L. — Tiges fasciculées, triquètres; f. linéaires, planes; épillets à 12-40 fl., d'un brun noirâtre; étam. 2; écailles très petites, oblongues, mucronulées. — ①. — Juin-août. — A. C. — Lieux humides. — Broin, Seurre, Baigneux, St-Remy, etc.

C. longus L. — Tige solitaire, triquètre; f. larges, planes, carénées; épillets à 20-60 fl., d'un brun rougeâtre; étam. 3 ; écailles décurrentes sous forme d'aile membraneuse. — ♃. — Juill.-sept. — T. R. — Ruisseaux, bords des eaux. — Premeaux, Saulon, Arcelot, Arc-sur-Tille, Prissey, Argilly. — Cette espèce n'a pas été signalée depuis Lorey.

CIX. GRAMINÉES Juss.

Pl. hermaphr., rar[t] unisexuées, disposées en épillets composés d'une ou plusieurs fl. dont quelques-
unes parfois rudimentaires ; chaque épillet ord[t] entouré de 2 bractées (*glumes*); chaque fl. enveloppée
de 2 écailles (*glumelles*), l'une infér., plus grande,
embrassant la supér. qui est ord[t] 2-nervée. Périanthe nul ou formé de 2-3 écailles très petites, à
peine visibles (*glumellules*). Étam. 3, très rar[t] 1-2.
Ov. supère. Stigm. 2, rar[t] 1-3, ord[t] plumeux. Fr.
sec, indéhisc., 1-sperme (*caryopse*), qqfois soudé
aux glumelles. — Pl. herbacées, à tige (*chaume*)
cylindrique, fistuleuse, noueuse, portant des f.
alternes, entières, à gaîne fendue entourant la tige,
et munies à la naissance du limbe d'un appendice
ord[t] membraneux (*ligule*). Épillets ord[t] plus ou
moins pédicellés sur les axes de l'inflor., et formant des panicules, des thyrses, des grappes lâches
ou compactes et plus ou moins spiciformes, ou des
épis, plus rar[t] sessiles sur des excavations du rachis.

Le fruit des Graminées contient de l'amidon, des
principes azotés (gluten, albumine), des matières
grasses, du sucre, des phosphates ; aussi constitue-
t-il un aliment complet pour l'homme.

Le Blé et ses variétés, le Riz, le Maïs, l'Orge, le
Seigle, l'Avoine et plusieurs autres espèces moins
importantes, sont cultivés comme céréales dans différentes régions du globe. — Les Graminées constituent partout la masse des prairies naturelles et
sont la base de l'alimentation des herbivores.

1. Épillets unisexués, les mâles en panicule terminale rameuse, les femelles en épis latér., enveloppés de larges bractées foliacées . . . . *Mays* (1).
Épillets tous hermaphr., ou épillets mâles et femelles non séparés en panicule et en épis. **2**

2. Épillets disposés en longs épis linéaires partant presque du même point et formant une panicule digitée. **3**
Épillets non disposés en épis linéaires formant une panicule digitée. **5**

3. Épillets entourés à la base de longs poils soyeux. . . . . *Andropogon* (13).
Épillets glabres ou ciliés, non entourés de longs poils soyeux. **4**

4. Glumes très inégales, l'infér. très petite et squamiforme ou nulle; épillets contenant 2 fl. hermaphr. *Digitaria* (11).
Glumes presque égales; épillets contenant 1 fl. hermaphr. . . . . *Cynodon* (12).

5. Épillets sessiles ou brièv^t pédicellés, formant soit un épi, soit une panicule serrée, simple ou rameuse, ressemblant à un épi. **6**
Épillets tous ou au moins ceux de la base de l'inflor. plus ou moins distinct^t pédicellés, et formant une panicule simple ou rameuse plus ou moins lâche **27**

6. Épillets tous sessiles ou subsessiles, insérés dans des excavations du rachis **7**
Épillets sessiles ou brièv^t pédicellés, jamais insérés dans des excavations du rachis. **17**

7. F. très étroites, enroulées sur les bords **8**
F. planes, assez larges. **9**

8. Épillets sans glumes, bleuâtres, tous disposés du même côté, et contenant 1 seule fl. hermaphr. . . *Nardus* (53).
Épillets pourvus de 2 glumes, verdâtres, distiques, pluriflores. . . . . *Nardurus* (52).

9. Épillets se recouvrant étroit^t les uns les autres, et formant un épi compacte **10**
Épillets ne se recouvrant pas étroit^t les uns les autres, et formant un épi distique **13**

10. Glumes larges, ventrues, arrondies ou tronquées au sommet; épillets presque aussi larges que longs. . *Triticum* (47).
Glumes allongées; épillets plus longs que larges. . . **11**

11. Un seul épillet sur chaque excavation du rachis; glumelle infér. bordée de poils très raides . . . *Secale* (46).

Plusieurs épillets sur chaque excavation du rachis; glumelle infér. non bordée de poils raides 12

12. Épillets ternés; rachis de l'épi fragile à la maturité; caryopse étroit^t canaliculé . . . . *Hordeum* (44).

Épillets géminés ou ternés; rachis non fragile à la maturité; caryopse larg^t canaliculé . . . . . . *Elymus* (45).

13. Une seule glume aux épillets infér., l'épillet supér. seul ayant 2 glumes. . . . . *Lolium* (50).

Deux glumes à tous les épillets. 14

14. Épillets un peu pédicellés, au moins à la base de l'inflor. 15

Épillets complèt^t sessiles. 16

15. Épillets aplatis, étroit^t appliqués sur l'axe par un de leurs bords . . . . *Festuca* (42).

Épillets arrondis, non étroit^t appliqués contre l'axe. . . .
. . . . *Brachypodium* (49).

16. Glumes presque égales; glumelle infér. simpl^t acuminée, ou portant une arête droite terminale. . *Agropyrum* (48).

Glumes très inégales; glumelle infér. portant une arête genouillée naissant sur le dos . . . . *Gaudinia* (51).

17. F. obtuses; glumelle infér. à 3-5 dents mucronées ou aristées; panicule spiciforme dense, luisante et bleuâtre. .
. . . . *Sesleria* (8).

F. aiguës; glumelle infér. jamais à 3-5 dents; panicule spiciforme ni luisante ni bleuâtre. 18

18. Épillets entourés à la base de longues soies raides . . . .
. . . . *Setaria* (9).

Épillets non entourés à la base de longues soies raides. 19

19. Ligule remplacée par des poils; chaumes étalés en cercle.
. . . . *Crypsis* (5).

Ligule non remplacée par des poils; chaumes plus ou moins dressés 20

20. Étam. 2; épillets devenant jaunâtres; pl. odorante . . . .
. . . . *Anthoxanthum* (4).

Étam. 3; épillets ne devenant pas jaunâtres; pl. inodores ou peu odorantes 21

21. Épillets fertiles entremêlés d'épillets stériles ayant la forme de bractées pectinées. . . . . . *Cynosurus* (43).

Épillets tous fertiles, jamais entremêlés d'épillets stériles. 22

22. Glumelle infér. long^t ciliée de la base au sommet . . . .
. . . . *Melica* (28).

Glumelle infér. non ciliée de la base au sommet. . . 23

Épillets contenant 3-20 fl. ; chaumes portant plusieurs nœuds.
. . . . *Eragrostis* (31).

35. Glumelle infér. portant une arête naissant au-dessous du
sommet 36
Glumelle infér. mutique, ou mucronée, ou portant une arête
naissant au sommet 38

36. Glumelle infér. mutique, ou aristée tout à fait au sommet ;
ov. ou caryopse glabre au sommet . . *Festuca* (42).
Glumelle infér. aristée au-dessous du sommet, très rar[t] mutique ou mucronée; ov. ou caryopse terminé par un appendice velu 37

37. Glumes inégales, la supér. 3-nervée; glumelle infér. comprimée-carénée, la supér. 2-dentée . . *Bromus* (40).
Glumes presque égales, la supér. 7-9-nervée; glumelle infér.
arrondie sur le dos, la supér. presque entière. . . . .
. . . . *Serrafalcus* (41).

38. Glumelle infér. portant une arête terminale 39
Glumelle infér. ord[t] mutique, rar[t] mucronée 40

39. Épillets tous brièv[t] pédicellés, réunis en masses compactes
tournées du même côté ; caryopse libre. *Dactylis* (38).
Épillets la plupart long[t] pédicellés, jamais réunis en masses
compactes tournées du même côté; caryopse soudé à la
glumelle supér. . . . . *Festuca* (42).

40. Épillets suborbiculaires, plus larges que longs, tous très espacés et tremblotants. . . . . *Briza* (32).
Épillets non suborbiculaires, plus longs que larges, non très
espacés et tremblotants. 41

41. Épillets ne contenant que 2 fl. hermaphr. souv[t] accompagnées
d'une fl. stérile. 42
Épillets renfermant, tous ou la plupart, plus de 2 fl. hermaphr. 43

42. Pl. aquatique ; chaumes couchés-radicants à la base, souv[t]
nageants ; ligule ovale-aiguë. . . . *Catabrosa* (33).
Pl. terrestres ; chaumes dressés ; ligule très courte, tronquée . . . . *Melica* (28).

43. Glumelle infér. à 7-11 nervures saillantes, à dos arrondi ; pl.
aquatique ; f. larges, à gaînes fendues seul[t] dans leur moitié
supér. . . . . *Glyceria* (34).
Pl. ne présentant pas cet ensemble de caractères. . . 44

44. Glumelle infér. arrondie sur le dos, non carénée ; fl. sans
poils laineux à la base . . . . . . *Festuca* (42).
Glumelle infér. comprimée-carénée; fl. souv[t] laineuses à la
base 45

45. Épillets presque sessiles, à pédic. épais, subtriquètres ; panicule peu rameuse, subunilatér. . . . *Scleropoa* (35).

Épillets pédicellés, à 2-8 fl.; pédic. grêles, arrondis ; panicule ord^t très rameuse et diffuse . . . *Poa* (30).

46. Une seule fl. hermaphr. dans chaque épillet, accompagnée ou
non d'une fl. mâle ou de 1 ou plusieurs fl. rudimentaires   47

Deux ou plusieurs fl. hermaphr. dans chaque épillet .   57

47. La fl. hermaphr. accompagnée d'une fl. mâle   48

La fl. hermaphr. non accompagnée d'une fl. mâle . .   50

48. Glumes presque égales ; fl. supér. mâle, l'infér. hermaphr.;
chaumes velus . . . . *Holcus* (26).

Glumes très inégales ; fl. supér. hermaphr., l'infér. mâle ;
chaumes glabres   49

49. Épillets presque sessiles, verts ou violacés, rapprochés ; ligule indistincte. . . . . *Echinochloa* (10).

Épillets distincts, pédicellés, blanchâtres, espacés ; ligule
courte, ciliée. . . . . *Arrenatherum* (24).

50. Glumelle infér. pourvue d'une arête plumeuse, longue de 10
cent. et plus. . . . . *Stipa* (17).

Glumelle infér. mutique ou aristée, mais jamais pourvue d'une
arête de 10 cent. et plus.   51

51. Glumelle infér. très long^t velue à la base   52
Glumelle infér. glabre ou brièv^t velue   53

52. Glumelle infér. portant une arête droite, plus courte que les
poils ou les dépassant à peine ; ligule oblongue. . . . .
. . . . *Calamagrostis* (14).

Glumelle infér. portant une arête genouillée, 2 fois plus longue que les poils ; ligule presque indistincte . . . . .
. . . . *Lasiagrostis* (18).

53. Glumelle infér. brièv^t velue, ord^t aristée, rar^t mutique.   54
Glumelle infér. tout à fait glabre, toujours mutique. .   55

54. Glumes peu inégales, dépassant toutes deux la fl.; glumelle
infér. portant une arête 1-2 fois plus longue que l'épillet,
plus rar^t mutique . . . . *Agrostis* (15).

Glumes très inégales, l'infér. plus courte que la fl.; glumelle
infér. portant une arête 3-6 fois plus longue que l'épillet .
. . . . *Apera* (16).

55. Glumes comprimées-carénées ; styles allongés ; panicule serrée, à épillets très nombreux . . . *Baldingera* (3).

Glumes arrondies sur le dos ; styles courts ; panicule lâche, à
épillets peu nombreux   56

56. Glumelles coriaces-luisantes, persistantes ; panicule à ra-

meaux infér. très longs, verticillés ; ligule oblongue. . .
. . . . *Milium* (19).

Glumelles non coriaces-luisantes ; panicule unilatér., à rameaux infér. peu allongés ; ligule tronquée, à bord opposé au limbe de la f. et prolongé en arête . *Melica* (28).

57. Glumelle infér. mutique ou brièv^t aristée au sommet . 58

Glumelle infér. aristée sur le dos ou à la base. . . . 59

58. Glumelle infér. entière et mutique . . . *Melica* (28).

Glumelle infér. 2-dentée et portant entre les dents une arête courte et aplanie . . . . *Sieglingia* (27).

59. Glumelle infér. entière, aristée au-dessus de sa base; arête droite, articulée, entourée d'un anneau de poils en son milieu et renflée en massue au sommet. *Weingærtneria* (20).

Glumelle infér. 2-fide, 2-cuspidée, 2-aristée, ou tronquée au sommet ; arête non entourée d'un anneau de poils en son milieu, non renflée en massue au sommet 60

60. Épillets assez gros ; glumes de plus de 7 mill. de long ; ov. velu . . . . *Avena* (23).

Épillets petits ; glumes de moins de 4 mill. de long ; ov. glabre 61

61. Glumelle infér. 2-cuspidée ou 2-aristée au sommet, portant au-dessus de son milieu une arête droite ou genouillée . .
. . . . *Trisetum* (25).

Glumelle infér. 2-fide ou tronquée, portant vers sa base, ou au-dessous de son milieu, ou plus rar^t au milieu une arête droite ou tordue, qqfois nulle 62

62. Glumelle infér. 2-fide ; caryopse adhérent aux glumelles ; pl. de 3 déc. au plus . . . . *Aira* (21).

Glumelle infér. tronquée irrég^t., 3-5-dentée ; caryopse libre ; pl. de plus de 3 déc. . . . . . *Deschampsia* (22).

A. Épillets unisexués et dissemblables, les mâles en panicule terminale, les femelles en épis axillaires.

1. MAYS Tourn. — Épillets mâles 2-flores, en panicule terminale ; épillets femelles 1-flores, en épis axillaires, enveloppés de bractées foliacées ; style très long ; caryopse lisse, subglobuleux.

M. Zea Gœrtn. (Blé de Turquie, Troquet). — Tige robuste, de 1-2 m.; f. larges, planes; caryopses portés sur un gros axe charnu. — ④. — Juin-sept. — Culture ; variétés nombreuses.

B. Épis ou inflorescences hermaphrodites ou polygames, semblables.

A. ÉPILLETS NON DISPOSÉS DANS DES EXCAVATIONS DU RACHIS.

a. Fleurs fermées pendant l'anthèse ; styles ordinairement très longs ; épillets 1-flores (excepté le genre *Sesleria*) avec ou sans rudiments d'autres fleurs.

2. LEERSIA Soland.— Épillets 1-flores, en panicule lâche ; glumes nulles ; glumelles égales, mutiques, carénées sur le dos ; caryopse oblong, comprimé latér^t.

L. oryzoïdes Sw. — Souche rampante ; chaumes de 8-10 déc., velus sur les nœuds ; f. et gaines rudes ; épillets petits, en panicule lâche, d'un vert blanchâtre, à rameaux capillaires, flexueux, étalés ; glumelles à carène ciliée. — ♃. — Juill.-oct. — C. — Bords des eaux.

3. BALDINGERA Fl. de Wett. — *Phalaris* L.; Lorey. — Épillets en panicule rameuse, 1-flores, avec les rudiments de 2 autres fl. ; glumes presque égales, comprimées-carénées ; glumelles carénées, coriaces, mutiques ; caryopse oblong, comprimé latér^t.

B. arundinacea Dumort. — *Phalaris arundinacea* L. ; Lorey, 972. — Souche traçante ; chaumes robustes, de 1-2 m.; f. linéaires-lancéolées, rudes ; panicule allongée, rameuse, contractée avant et après l'anthèse, verte ou panachée de vert et de violet. — — ♃. — Juin-juill. — C. — Bords des eaux, canal de Bourgogne.

Le *Phalaris canariensis* L. est qqfois subspontané près des jardins où on le cultive. Il se reconnaît à ses glumes à carène ciliée, et à ses fl. panachées de vert et de blanc, disposées en une panicule courte, ovale, très serrée.

4. ANTHOXANTHUM L. (Flouve). — Épillets en panicule étroite, spiciforme, contenant chacun une seule fl. hermaphr. accompagnée de 2 fl. infér. représentées par 2 écailles pubescentes, aristées, dé-

passant la fl. fertile ; glumes inégales ; glumelles mutiques ; étam. 2 ; caryopse ovale, luisant.

A. odoratum L. — Souche fibreuse ; chaumes de 2-5 déc., en touffe ; f. planes, glabres ou plus ou moins velues ; épillets en panicule spiciforme dense, oblongue, à la fin jaunâtre ; glumes lancéolées-cuspidées ; pl. odorante surtout après la dessiccation. — ♃. — Mai-juin. — T. C. — Prés, pelouses, bois.

5. CRYPSIS Ait. — Épillets 1-flores, réunis en panicule dense, spiciforme ; glumes égalant la fl. ou plus courtes qu'elle ; glumelles membraneuses, mutiques ; caryopse ovale, comprimé latér^t.

C. alopecuroides Schrad. — Chaumes inégaux, genouillés, étalés en cercle; f. glauques, planes, acuminées ; panicule cylindrique, obtuse, d'un brun noirâtre.—①.—Juill.-oct. — A. R. — — Bords des eaux, atterrissements. — Boncourt, St-Jean-de-Losne, Cîteaux, Seurre, Arnay-le-Duc, réservoirs de Grosbois et de Panthier, etc.

6. PHLEUM L. (Phléole). — Épillets 1-flores, avec ou sans rudiment d'une 2e fl., et disposés en panicule spiciforme ou en épi ; glumes égales, acuminées ou tronquées-acuminées, dépassant la fl.; glumelle infér. tronquée, la supér. 2-carénée ; caryopse oblong, très petit. — F. planes, rudes aux bords, la supér. à gaîne très longue.

Épillets subsessiles; glumes tronquées à angle droit, terminées par une arête courte . . . . *P. pratense.*
Épillets pédicellés ; glumes obliq^t tronquées-acuminées . . .
. . . . *P. Bœhmeri.*

P. pratense L. — Chaumes dressés ou un peu genouillés ; f. longues, sans bordure blanche ; épi compacte, souv^t très long, ou au contraire court (P. *alpinum* Lorey, 974 ; non L.), obtus, verdâtre ; glumes long^t ciliées sur la carène ; pl. très variable dans ses dimensions. — ♃. — Juin-juill. — T. C. — Prés, bois, pelouses.
Souche noueuse-tuberculeuse; épi court; f. plus étroites : var. *nodosum* (P. *nodosum* L.).

P. Bœhmeri Wib. — *Phalaris phleoides* L.; Lorey, 973. — Chaumes grêles, raides, luisants ; f. courtes, bordées de blanc, denticulées; panicule spiciforme, lâche à la base, atténuée aux 2 extrémités, d'un vert jaunâtre ou purpurin ; glumes ponctuées-tuberculeuses, scabres ou ciliées sur la carène. — ♃. — Juin-juill. — C. — Pelouses arides.

7. ALOPECURUS L. (Vulpin). — Épillets 1-flores, en panicule spiciforme très dense ; glumes presque égales, plus ou moins soudées entre elles, égalant ord^t la fl., comprimées-carénées, ord^t mutiques ; glumelle unique, aristée sur le dos, à arête ord^t exserte ; caryopse ovale, comprimé latér^t.

1. Glumes soudées entre elles seul^t à la base. 2
   Glumes soudées dans leur moitié ou leur tiers infér. . . 3
2. Glumelle aiguë, à arête beaucoup plus longue que les glumes.
   . . . . *A. geniculatus.*
   Glumelle obtuse, à arête plus courte que les glumes ou les
   dépassant à peine . . . . *A. fulvus.*
3. Panicule velue-soyeuse, à rameaux les plus longs portant 4-6
   épillets . . . . *A. pratensis.*
   Panicule glabre ou presque glabre, à rameaux portant 1 ou
   2 épillets seul^t. 4
4. Panicule courte, ovoïde ou ovoïde-oblongue ; gaîne de la f.
   supér. enflée-vésiculeuse . . . . . . *A. utriculatus.*
   Panicule cylindrique, très allongée ; gaîne supér. cylindrique,
   non renflée . . . . *A. agrestis.*

A. utriculatus Pers. (Bourbillotte, Queue de rate). — Chaumes fasciculés, de 15-20 cent., à rac. fibreuse ; f. planes, rudes, linéaires-aiguës ; glumes lanceolées-acuminées ; arête long^t exserte. — ②. — Mai-juin. — A. C. — Prés aquatiques. — Dijon, l'Auxois, Velars, Pontailler, le Val-de-Saône, etc.

A. pratensis L. — Chaumes robustes, de 3-6 déc., dressés, à souche stolonifère ; f. planes et rudes ; panicule très dense, obtuse au sommet, à rameaux portant 4-6 épillets ; glumes long^t ciliées sur la carène. — ♃. — Mai-juin. — C. — Prés.

A. agrestis L. (Seiglet). — Chaumes grêles, dressés ou ascendants, à rac. fibreuse ; f. planes, rudes ; panicule verdâtre ou violacée, atténuée aux 2 extrémités, à rameaux courts, portant 1-2 épillets ; glumes brièv^t ciliées sur la carène. — ① ou ②. — Mai-juill. — C. — Prés.

A. geniculatus L. — Pl. verte ou glaucescente ; chaumes de 3-4 déc., couchés-genouillés et souv^t radicants à la base ;

f. planes, rudes, à gaîne verte ; panicule obtuse ; anthères d'abord jaunes, puis brunes. — ②. — Mai-juin. — A. R. — Prairies humides. — Pothières, Pontailler, Aisy-sous-Thil, etc.

A. fulvus Sm. — *A. geniculatus* Lorey, 976, pro parte. — Var. *fulvus* Royer, 571. — Pl. glauque ; chaumes de 2-3 déc., plus grêles que dans l'espèce précédente, couchés-genouillés à la base ; f. planes et rudes, à gaîne bleuâtre-pruineuse ; panicule amincie au sommet ; anthères d'abord blanchâtres, puis orangées. — ♃. — Mai-juin. — A. R. — Prairies humides. — Vielverge, Cîteaux, Arnay-le-Duc, Montberthault, etc.

8. **SESLERIA** Ard. — Épillets en panicule spiciforme dense, contenant chacun 2-6 fl. hermaphr. ; glumes presque égales, carénées, aiguës ; glumelle infér. terminée par 3-5 dents mucronées ou aristées.

S. cærulea Ard. — Pl. gazonnante, à chaumes dressés ; f. linéaires, planes, obtuses, un peu scabres ; épi oblong, luisant, bleuâtre ; épillets infér. munis d'une bractée ovale, mucronée, amplexicaule. — ♃. — Mars-avril. — C. — Coteaux calcaires.

9. **SETARIA** P. B. — *Panicum* L.; Lorey. — Épillets en panicule spiciforme dense, chacun d'eux muni à la base d'un invol. de soies raides, et contenant 2 fl., la supér. hermaphr., l'infér. neutre ou mâle ; glumes inégales ; glumelles 1-2, presque égales, coriaces, rugueuses ; caryopse plan-convexe.

1. Panicule rude quand on la fait glisser de bas en haut entre les doigts ; soies ord^t géminées. . . *S. verticillata.*
Panicule lisse au toucher de bas en haut ; soies nombreuses. 2

2. Soies des invol. vertes ou rougeâtres ; glume supér. égalant environ la fl hermaphr. . . . . . . *S. viridis.*
Soies des invol. rousses ; glume supér. de moitié plus courte que la fl. hermaphr. . . . . *S. glauca.*

S. viridis P B. — *Panicum viride* L.; Lorey, 971. — Chaumes ord^t simples ; f. vertes, à gaîne pubescente ; panicule cylindrique, dense, à axe pubescent ; glumelle infér. lisse. — ①. — T. C. — Juill.-oct. — Moissons, cultures, vignes.

S. glauca P. B. — *Panicum glaucum* L.; Lorey, 971. — Chaumes ord^t simples, plus robustes que dans l'espèce précédente ; f. larges, un peu glauques, à gaîne glabrescente ; panicule dense, jaunâtre ; glumelle infér. ridee en travers. — ①. — Juill.-oct. — A. C. — Moissons et cultures des terrains siliceux. — St-Julien, Auxonne, Vielverge, Pontailler, Seurre, etc.

S. verticillata P. B. — *Panicum verticillatum* L. ; Lorey, 971. — Chaumes rameux ; f. lancéolées-linéaires, scabres ; panicule cylindrique, un peu interrompue à la base, verte, rar^t lavée de pourpre ; glumelle infér. luisante. — ①. — Juill.-oct. — A. C. — Cultures, jardins, bords des chemins. — Beaune, Auxonne, Laignes, Quincy, etc.

10. ECHINOCHLOA P. B. — *Panicum* L. ; Lorey. — *Oplismenus* P. B. ; Royer (Pied de coq). — Épillets brièv^t pédicellés, disposés en épis 1-latér. dont l'ensemble forme une panicule, chaque épillet contenant 2 fl., la supér. hermaphr., l'infér. mâle ou neutre ; glumes très inégales, la supér. mucronée ou aristée ; glumelles de la fl. supér. cartilagineuses ; glumelle infér. de la fl. stérile mucronée ou aristée ; caryopse bi-convexe.

E. crus-galli P. B. — *Panicum crus-galli* L. ; Lorey, 970. — *Oplismenus crus-galli* Kunth ; Royer, 568. — Chaumes robustes, dressés ; f. planes, à bords ord^t rudes et ondulés ; épillets comprimés par le dos, verdâtres ou violacés. — ①. — Juill.-oct.— C. — Cultures, bords des chemins, décombres.

11. DIGITARIA Scop. — Épillets brièv^t pédicellés, réunis en épis filiformes, 1-latér., formant une panicule simple, digitée ; glumes très inégales, l'infér. nulle ou très petite, la supér. mutique ; fl. infér. à 1 seule glumelle mutique. — Le reste comme dans le genre précédent.

<table>
<tr><td>F. et gaînes velues ; 3-8 épis. . . . .</td><td>*D. sanguinalis.*</td></tr>
<tr><td>F. et gaînes glabres ; 2-4 épis. . . . . .</td><td>*D. glabra.*</td></tr>
</table>

D. sanguinalis Scop. — Chaumes nombreux, étalés-ascendants ; f. courtes, rudes aux bords ; épillets lancéolés-oblongs, souv^t violacés ; glume supér. de moitié plus courte que l'épillet. — ①. — Juill.-oct. — A. C. — Cultures, décombres.— Vielverge, Beaune, Seurre, Montbard, etc.

D. glabra Retz. — *D. filiformis* Krœl.; Lorey, 962 ; Royer, 568.—Chaumes plus nombreux que dans l'espèce précédente, étalés-couchés ; épis plus grêles et plus courts. souv^t violacés ; glume supér. égalant à peu près l'épillet. — ①. — Juill.-sept. — R. — Pelouses arides. — Boncourt, Agencourt, Velars, Rouvray, etc.

12. CYNODON Rich. (Chiendent). — Épillets 1-flores, avec le rudiment d'une 2e fl., comprimés latér^t et réunis en épis linéaires, 1-latér. formant une panicule simple, digitée ; glumes égales, mutiques ; glumelles égales, l'infér. carénée, la supér. 2-carénée ; caryopse comprimé latér^t.

C. Dactylon Rich. (Grand Chiendent). — Rhizome long^t rampant ; chaumes genouillés à la base ; f. glauques, plus ou moins velues-ciliées ; 3-7 épis digités. — ♃. — Juill.-août. — A. C. — Chemins et pelouses du Val-de-Saône. — Vielverge, Pontailler, Seurre, Auxonne, etc.

B. Fleurs étalées pendant l'anthèse ; styles ordinairement très courts ou nuls.

a. Épillets uniflores, avec ou sans rudiment d'une seconde fleur.

13. ANDROPOGON L. (Barbon). — Épillets géminés, l'un sessile et hermaphr., l'autre pédicellé, mâle ou neutre, réunis en épis linéaires formant une panicule simple, digitée ; glumes presque égales ; glumelle supér. de la fl. fertile long^t aristée ; caryopse comprimé par le dos.

A. Ischæmum L. (Barbon, Pied de poule). — Souche rampante ; chaumes dressés ou ascendants ; f. glauques. étroit^t linéaires, poilues ; épis 3-10, à rachis long^t velus et fragiles. — ♃. — Juill.-août. — R. — Coteaux arides, pelouses. — Voie romaine de Dijon à Gevrey, Chenôve, Nuits, Domois, etc.

14. CALAMAGROSTIS Adans. — Épillets 1-flores, ord^t avec rudiment d'une 2e fl. et disposés en panicule rameuse ; glumes carénées, presque égales ; glumelles inégales, entourées à la base de longs

poils soyeux, l'infér. carénée, aristée ; caryopse linéaire-oblong.

> Glumelle infér. de moitié plus courte que la glume ; arête dorsale ; poils aussi longs que les glumes.   *C. epigeios.*
> Glumelle infér. d'un tiers plus courte que la glume ; arête terminale ; poils plus courts que les glumes. . . . .   *C. lanceolata.*

G. epigeios Roth. — Chaumes robustes, dressés, rudes au sommet, ord^t feuillés très haut ; f. glauques, fermes ; panicule paraissant lobée, compacte, à rameaux fasciculés. — ♃. — Juill.-août. — C. — Lieux humides et couverts, taillis.

G. lanceolata Roth. — Chaumes grêles, dressés, nus et lisses au sommet ; f. un peu velues, molles ; panicule lâche, à rameaux étalés. — ♃. — Juin-juill. — T. R. — Bords des mares, cultures aquatiques. — Perrigny-sur-l'Ognon, Pontailler, route d'Auxonne à Flammerans.

15. AGROSTIS L. — Épillets 1-flores, en panicule rameuse ; glumes carénées, inégales ; glumelle infér. carénée, pourvue d'une arête égalant à peine 2 fois l'épillet, qqfois mutique, entourée à la base de poils courts ; glumelle supér. qqfois nulle ou très petite ; caryopse ellipsoïde.

> 1. Glumelle supér. nulle ou très petite. . . . *A. canina.*
> Les deux glumelles bien développées. 2
> 2. Ligule oblongue ; panicule étroite, contractée, à rameaux les plus courts pourvus de fl. jusqu'à la base . *A. alba.*
> Ligule courte, tronquée ; panicule large, étalée, à rameaux tous nus à la base. . . . . *A. vulgaris.*

A. alba L. — *A. stolonifera* L. var. *coarctata* et *A. alba* L. ; Lorey, 964 et 965. — *A. alba* var. *coarctata* (*A. coarctata* Hoffm.) Royer, 572. — Chaumes florifères dressés ou ascendants ; f. courtes, lancéolées-aiguës ; panicule ovale-oblongue, à pédic. ord^t scabres. — ♃. — Juin-sept. — T. C. — Prés, bois, friches.

> Chaumes plus robustes ; panicule grande, compacte, ord^t verdâtre : var. *gigantea* Mey. — Larrey-lez-Poinçon, moulin des Étangs.
> Chaumes moins élevés ; stolons nombreux ; panicule d'un violet foncé : var. *prorepens* Koch.

A. vulgaris With. — *A. stolonifera* L., pro parte ; Lorey,

964. — *A. alba* var. *vulgaris* Royer, 572 (Traînasse). — Chaumes ord* dressés, qqfois un peu couchés à la base ; f. long* subulées ; panicule ovoïde, à rameaux presque lisses. — ♃. — Juin-juill. — T. C. — Prés, friches, moissons, bois.

A. canina L. (Traînasse). — Chaumes souv* genouillés et radicanls à la base, les stériles couchés ; f. caulinaires p'anes, à limbe court, étroit, les radicales filiformes, enroulées ; épillets violacés, panachés de vert, qqfois jaunâtres, à rameaux et à pédic. rudes. — ♃. — Juin-août. — C. — Terres argileuses, cultures, taillis.

> Pl. plus robuste, à chaumes tous dressés, non radicants ; f. toutes planes et assez larges : var. *surculifera* (*A. surculifera* Royer. — An *A. rubra* Lorey, 966 ?). — R. — Coteaux arides, friches. — Savigny-sous-Beaune, Laroche-en-Brenil.

16. Apera Adans. — Épillets en panicule, 1-flores, avec le rudiment d'une 2ᵉ fl. ; glumes inégales ; glumelles 2, l'infér. portant une arête égalant 3-6 fois l'épillet. — Le reste comme dans le genre *Agrostis*.

A. spica-venti P. B. — *Agrostis spica-venti* L.; Lorey, 967 (Bouquet de mariée). — Chaumes de 5-10 déc.; f. planes, très rudes, à nervures ciliées; ligule allongée et frangée ; épillets très nombreux, en panicule ample, pyramidale, souv* penchée, jaunâtre ou violette. — ②. — Juin-juill. — A. C. — Moissons argileuses. — Varois, Couternon, Cîteaux, Talmay, Vielverge, Saulieu, etc.

17. Stipa L. — Épillets en panicule, 1-flores, à fl. stipitées ; glumes presque égales, plus longues que la fl., atténuées en un long acumen ; glumelle infér. coriace, enroulée, enveloppant la supér., surmontée d'une longue arête articulée et tordue dans sa partie infér.; caryopse subcylindrique.

S. pennata L. — F. glauques, enroulées ; panicule pauciflore ; glumes 2 fois plus longues que la fl.; glumelle infér. munie de 5 lignes poilues et terminée par une arête de 20-30 cent., plumeuse supér*. — ♃. — Juin-juill. — T. R. — Rochers, coteaux arides. — Velars près du viaduc et à la Combe-au-Loup, Gevrey, route de Corcelles à Flavignerot, etc.

18. LASIAGROSTIS Link. — Épillets en panicule, 1-flores, à fl. brièv* stipitée ; glumes aiguës et mutiques ; glumelle infér. arrondie sur le dos, munie de longs poils à la base et sur les côtés, émarginée au sommet et portant dans l'échancrure une arête assez longue, non articulée ; caryopse fusiforme.

L. Calamagrostis Link. — Souche fibreuse ; chaumes dressés ; f. longues, raides, à la fin enroulées ; panicule allongée, à rameaux semi-verticillés. — ♃. — Juin-juill. — T. R. — Bois. — Cîteaux.

19. MILIUM Tourn. (Millet). — Épillets en panicule, ne contenant chacun qu'une seule fl. sessile ; glumes égales, mutiques, petites, renflées ; glumelles égales, l'infér. aiguë, arrondie sur le dos, la supér. émarginée au sommet ; caryopse ovale.

M. effusum L. — Souche stolonifère ; chaumes élevés, dressés, faibles, glabres ; f. planes, d'un vert foncé ; épillets ovoïdes-obtus, verdâtres ou violets, disposés en longue panicule pyramidale lâche, à rameaux capillaires, inégaux, rudes et long* nus à la base, étalés, puis réfléchis. — ♃. — Mai-juill. — T. C. — Bois, buissons.

b. Épillets bi-pluriflores.

✝ Glumes embrassant les fleurs et ordinairement plus longues qu'elles.

20. WEINGÆRTNERIA Bernh. — *Corynephorus* P. B.; Royer. — Épillets en panicule, à 2 fl. chacun, l'infér. sessile, la supér. pédicellée ; glumes carénées, presque égales ; glumelle infér. aiguë, entière, munie sur le dos d'une arête articulée, barbue au niveau de l'articulation et renflée en massue au sommet ; caryopse oblong-obtus.

W. canescens Bernh. — *Aira canescens* L.; Lorey, 981. — *Corynephorus canescens* P. B ; Royer, 576. — Pl. formant des touffes compactes ; chaumes dressés, à nœuds colorés ; f. un peu glauques, enroulées-sétacées, courtes ; épillets d'un blanc verdâtre ou rosé, en panicule étroite. — ♃. — Juill.-août. — R. — Pelouses, sables. — Dijon, Auxonne, Semur, Saulieu, etc.

21. AIRA L. (Canche). — Épillets très petits, en panicule, contenant chacun 2 fl. sessiles ; glumes presque égales ; glumelle infér. 2-fide, portant sur le dos une arête exserte, non articulée ni renflée au sommet ; caryopse subfusiforme, adhérent aux glumelles. — Pl. annuelles ou bisannuelles.

Panicule spiciforme compacte, oblongue, à rameaux courts, dressés . . . . *A. præcox.*
Panicule diffuse, à rameaux allongés, subtrichotomes, étalés après la floraison . . . . *A. caryophyllea.*

A. præcox L. — Pl. très petite, à chaumes fasciculés, grêles ; f. courtes, enroulées-sétacées, à gaînes lisses ; épillets fasciculés, d'un blanc verdâtre. — ②. — Mai-juin. — A. R. — Pelouses, coteaux arides. — Parc de Dijon, Marsannay-la-Côte, Semur, friches entre Corgoloin et Prissey, etc.

A. caryophyllea L. — *A. præcox* var. *caryophyllea* et *multiculmis* Royer, 576. —Pl. plus élevée, à chaumes fasciculés ou solitaires ; f. sétacées. à gaînes un peu scabres ou lisses ; épillets blanchâtres ou rougeâtres, ord^t solitaires, la plupart plus courts que leurs pédic. — ②. — Mai-juin. — A. R. — Pelouses arides. — Bagnot, Semur, Vielverge, Auxonne, etc.

Rameaux moins allongés, dressés-étalés ; épillets fasciculés, la plupart plus longs que leurs pédic. : var. *multiculmis* (*A. multiculmis* Dumort.). — ② ou ①. —Juill.-sept.— R. — Pelouses argileuses, moissons. — Vellerot, Arnay-le-Duc, St-Andeux, friches entre Corgoloin et Prissey.

22. DESCHAMPSIA P. B. —Épillets petits, en panicule rameuse, contenant chacun 2 fl., avec le rudiment pédicelliforme d'une 3e, rar^t 3 fl. hermaphr., l'infér. sessile, les autres stipitées ; glumes presque égales, presque aussi longues que les fl. ; glumelle infér. tronquée, 3-5-dentée, ord^t munie sur le dos d'une arête tordue ou droite, rar^t nulle; caryopse oblong, libre.

1. Arête genouillée, long^t exserte . . . . . *D. flexuosa.*
Arête droite, incluse ou presque incluse, ou nulle . . 2.

2. F. vertes et planes ; arête un peu plus courte que la glumelle.
. . . . *D. cæspitosa.*

F. glauques, enroulées-sétacées ; arête nulle ou égalant la glumelle ou la dépassant à peine. . . . . . *D. media.*

D. cæspitosa P. B. — *Aira cæspitosa* L.; Lorey, 980.
— Pl. cespiteuse, de 5-10 déc.; f assez grandes, à face supér.
striée ; ligule oblongue ; arête un peu plus courte que la glumelle ; panicule très ample, à rameaux nombreux, les plus courts
fleuris jusqu'à la base. — ♃. — Juin-juill. — C. — Lieux humides, taillis, prairies argileuses.

D. media R. et S. — Chaumes fasciculés, de 2-4 déc.;
f. courtes, striées sur la face supér.; ligule lancéolée-acuminée, déchiquetée au sommet; panicule très étalée, très rameuse,
à rameaux long^t nus à la base ; arête nulle, d'après Royer, dans
la pl. de la Côte-d'Or (*Aira subaristata* Faye). — ♃. — Juin-
juill. — T. R. — Chemins, prairies, pelouses argileuses. — Dijon, Auxonne, Château-Renard près Gevrey, Brognon, Magny-sur-
Tille.

D. flexuosa Nees. — *Aira flexuosa* L.; Lorey, 980. —
Chaumes grêles, de 4-8 déc.; f. enroulées-sétacées, à face supér. non striée ; ligule courte, obtuse ; panicule étalée, à la fin
contractée, à rameaux long^t nus à la base. — ♃. — Juin-août. —
T. C. — Bois et friches des terrains granitiques et siliceux.

23. AVENA Tourn. (Avoine). — Épillets 2-pluri-
flores, assez gros, en panicule rameuse ; glumes
plus ou moins inégales, carénées ; glumelle infér.
2-fide, munie sur le dos, au moins dans les fl. infér., d'une longue arête ord^t genouillée au sommet ;
caryopse fusiforme, canaliculé, ord^t velu au sommet,
enveloppé par les glumelles.

1. Épillets pendants, surtout à la maturité. . . . . . .
Épillets dressés ou étalés. . . . .

2. Axe de l'épillet velu dans toute sa longueur ; glumelle
ord^t velue à la base ou jusqu'au milieu . . *A.)*
Axe de l'épillet et glumelle infér. glabres ou à peu p.

3. Panicule à rameaux étalés en tous sens ; arête tordue-
lée. . . . . *A.*
Panicule subunilatér.; arête droite ou seul^t un peu
qqfois nulle . . . . *A. c*

4. Pl. annuelle ; ov. glabre ; glumes à 7-9 nervures . . . . *A. tenuis.*

Pl. vivaces ; ov. velu ; glumes à 1-3 nervures. 5

5. F. infér. et gaînes velues-pubescentes ; glume infér. 1-nervée, la supér. 3-nervée. . . . . . . *A. pubescens.*

F. et gaînes glabres ; glumes 3-nervées . *A. pratensis.*

A. sativa L. — Chaumes de 5-12 déc., dressés ; f. planes, assez larges ; épillets 2-flores, à axe brièv[t] velu sous la fl. infér ; panicule très ample. — ④. — Juill.-août. — Cultivé. — Pl. off. ; le fruit mondé de ses enveloppes glumacées porte le nom de gruau d'Avoine ; alimentaire.

A. orientalis Schreb. (Avoine de Hongrie). — Chaumes de 5-12 déc.; f. planes, assez larges ; épillets 2-flores, à axe glabre ; panicule allongée, étroite, dressée ou un peu penchée au sommet. — ④. — Juill.-août. — Cultivé.

On cultive dans le Morvan l'*A. strigosa* Schreb., reconnaissable à ses épillets linéaires, disposés en panicule serrée, 1-latér., à sa glumelle infér. 2-fide, à div. terminées chacune par une arête droite, et portant au dos une arête plus forte, genouillée, très longue.

A. fatua L. (Folle Avoine). — Chaumes de 5-10 déc.; f. planes, linéaires-aiguës; épillets 2-3-flores, en panicule étalée en tous sens ; glumelle infér. munie sur le dos d'une arête longue, tordue et genouillée. — ④. — Juin-août. — C. — Moissons.

A. tenuis Mœnch. — *Ventenata avenacea* Koch. — Chaumes de 2-4 déc.. grêles ; f. glauques, courtes ; épillets 2-3-flores, petits, d'un glauque blanchâtre, disposés en panicule à la fin très étalée. — ④. — Juin-juill. — T. R. — Grande friche de Normier.

A. pubescens L. — Chaumes de 3-6 déc., genouillés à la base; f. molles, presque lisses ; épillets à 3-4 fl. égalant environ les glumes ; axe très velu dans toute sa longueur, mais d'un seul côté ; panicule contractée, peu rameuse, à rameaux infér. unis par 4-5. — ♃. — Juin-juill. — C. — Bois, prés, friches.

A. pratensis L. — Chaumes de 4-8 déc., dressés ; f. ..s, à bords rudes ; épillets à 4-6 fl. plus longues que les glu- ; axe velu seul[t] sous les fl.; panicule subspiciforme, contractée, meaux infér. géminés. — ♃. — Juin-juill. — C. — Bois, ..s.

24. ARRHENATHERUM **P. B.** — Épillets en pani- le rameuse, à 2 fl., l'infér. mâle ; glumes très inégales, carénées ; glumelle infér. 2-fide, arrondie sur le dos, munie à sa base ou en son milieu, dans la fl. infér., d'une arête genouillée-tordue ; caryopse elliptique, velu au sommet, canaliculé, libre.

A. avenaceum P. B. — *Avena elatior* L.; Lorey, 984. — *Arrhenaterum elatius* M. et K. ; Royer, 579 (Fromental). — Chaumes dressés, de 5-15 déc.; f. planes, long^t acuminées; ligule courte, ciliée ; épillets dressés, luisants, d'un vert blanchâtre, en panicule contractée avant et après l'anthèse. — ♃. — Juin-juill. — T. C. — Prés, bois.

> Collet de la rac. renflé en 2-3 tubercules superposés : var. *bulbosum* Gaud. (*Avena bulbosa* Willd.; Lorey, 984). — (Chiendent). — C. — Champs et lieux secs.

25. Trisetum Pers. — Épillets en panicule rameuse, à 2-6 fl., la supér. souv^t rudimentaire ; glumes carénées, inégales, plus courtes que les fl. ; glumelle infér. carénée, 2-cuspidée au sommet, munie d'une arête dorsale ; caryopse oblong, glabre, non canaliculé.

T. flavescens P. B. — *Avena flavescens* L.; Lorey, 985. — Souche stolonifère; chaumes grêles, dressés; f. planes, velues ou pubescentes; épillets luisants, jaunâtres, qqfois teintés de violet; panicule étalée pendant l'anthèse, à rameaux fins, flexueux. — ♃. — Juin-juill. — C. — Prés.

26. Holcus L. (Houque). — Épillets en panicule étalée pendant l'anthèse, puis contractée, contenant chacun 2 fl., l'infér. hermaphr., la supér. mâle ; glumes carénées, presque égales ; glumelle infér. obtuse, carénée, munie d'une arête au-dessous de son sommet dans la fl. mâle, rar^t dans la fl. hermaphr. ; caryopse oblong, glabre.

> Souche fibreuse ; arête de la fl. mâle incluse ou presque incluse, courbée en crochet au sommet.   .   *H. lanatus.*
> Souche rampante ; arête de la fl. mâle long^t exserte, à la fin genouillée, non courbée en crochet . . .   *H. mollis.*

H. lanatus L. — *Avena lanata* Kœl.; Lorey, 983. — Pl. cespiteuse ; f. et gaines couvertes de poils mous ; glume supér. à nervures latér. plus rapprochées des bords que de la nervure médiane. — ♃. — Juin-juill. — T. C. — Prairies.

H. mollis L. — *Avena mollis* Kœl. ; Lorey, 983. — P. non cespiteuse ; f. d'abord pubescentes, puis glabres ; glume supér. à nervures latér. plus rapprochées de la nervure médiane que des bords. — ♃. — Juin-juill. — C. — Bois et prés, surtout dans les sols siliceux.

27. Sieglingia Bernh. — *Danthonia* DC.; Lorey et Royer. — Épillets en panicule racémiforme, à 2-6 fl., la supér. rudimentaire ; glumes égales, un peu ventrues, égalant à peu près les fl.; glumelle infér. convexe sur le dos, 2-fide et aristée, ou 2-dentée (dans notre espèce), avec une courte arête entre les dents ; caryopse libre, plan-convexe.

S. decumbens Bernh. — *Danthonia decumbens* DC. ; Lorey, 988 ; Royer, 579. — Chaumes décombants, puis redressés pendant l'anthèse ; f. linéaires, planes, acuminées, à ligule remplacée par des poils ; épillets peu nombreux, assez long[t] pédicellés. — ♃. — Juin-juill. — A. C. — Pâtures, bruyères, prés humides. — Ste-Foy, Semur, Saulieu, Vielverge, Arnay-le-Duc, etc.

28. Melica L. — Épillets en panicule, à 2-4 fl., les 1-2 infér. hermaphr., les supér. rudimentaires ; glumes inégales, larges, embrassantes ; glumelle infér. entière et mutique ; caryopse elliptique, muni d'un sillon.

1. Panicule spiciforme compacte ; glumelle infér. long[t] poilue. . . . . *M. ciliata.*

Panicule lâche ; glumelle infér. glabre 2

2. Épillets pendants, 3-flores, à 2 fl. fertiles . *M. nutans.*

Épillets dressés, 2-flores, à 1 fl. fertile . . *M. uniflora.*

M. ciliata L. var. *nebrodensis* Coss. et Germ. — Pl. cespiteuse ; chaumes grêles, dressés ; f. raides, glauques, planes ou enroulées-sétacées ; gaines striées ; ligule oblongue. — ♃. — Mai-juin. — C. — Rochers, carrières, vieux murs dans le calcaire.

M. nutans L. — *M. montana* Huds.; Lorey, 979. — Souche stolonifère: chaumes grêles, dressés ; f. planes ; gaînes anguleuses-tétragones, rudes ; ligule très courte, tronquée ; panicule 1-latér., à rameaux courts, dressée, puis penchée. — ♃. — Mai-juin. — A. C. — Bois de montagne. — Dijon, Val-Suzon, Bouilland, St-Remy, etc.

M. uniflora Retz. — Souche stolonifère ; chaumes très grêles ; f. planes ; gaînes faibl^t anguleuses, lisses ; ligule acuminée, opposée à la f. ; panicule très lâche, dressée, à rameaux allongés, nus à la base. — ♃. — Mai-juin. — T. C. — Bois.

†† Glumes n'embrassant pas les fleurs et plus courtes qu'elles.

** Glumelle inférieure ni apiculée ni aristée.*

29. PHRAGMITES Trin. — *Arundo* L.; Lorey. — Épillets en panicule, à 3-7 fl., l'infér. mâle et nue à la base, les autres hermaphr., entourées de longs poils à la base ; glumes inégales, carénées; glumelle infér. subulée, entière; styles 2, allongés; caryopse subfusiforme.

P. communis Trin. — *Arundo Phragmites* L. ; Lorey, 1001 (Roseau à balais). — Chaumes de 1-3 m., robustes, dressés; f. très grandes, glauques, raides, coupantes; ligule remplacée par une rangée de poils; épillets violacés, en panicule très ample, diffuse. — ♃. — Juill.-sept. — T. C. — Étangs, rivières, lieux humides.

30. POA L. (Paturin). — Épillets 2-multiflores, en panicule rameuse ; glumes herbacées, peu inégales ; glumelle infér. carénée, entière, mutique ; caryopse oblong-trigone.

1. Chaumes très sensibl^t comprimés-ancipités 2
   Chaumes cylindriques ou à angles obscurs 3
2. Fl. laineuses ou soyeuses à la base ; f. étroit^t linéaires, lisses; souche stolonifère. . . . . P. *compressa*.
   Fl. non laineuses à la base ; f. lancéolées-linéaires, rudes aux bords et sur la carène ; souche non stolonifère. . . . . P. *silvatica*.

3. Chaumes renflés à la base en forme de bulbe. *P. bulbosa.*
   Chaumes non renflés à la base. 4
4. Ligule des f. supér. oblongue 5
   Ligule des f. supér. courte, tronquée ou presque nulle. 7
5. Rameaux infér. de la panicule 3-5, en demi-verticille . . .
   . . . . *P. trivialis.*
   Rameaux infér. de la panicule solitaires ou géminés . . 6
6. Glumes inégales, l'infér. 1-nervée, la supér. 3-nervée ; f.
   molles, aiguës. . . . . *P. annua.*
   Glumes presque égales, toutes deux 3-nervées ; f. raides,
   brusq^t mucronées. . . . . *P. alpina.*
7. Gaînes des f. ne se prolongeant pas d'un nœud à l'autre, celle
   de la f. supér. ord^t plus courte qu'elle ; fl. peu tomenteuses.
   . . . . *P. nemoralis.*
   Gaînes des f. se prolongeant d'un nœud à l'autre, celle de la
   f. supér. plus longue qu'elle ; fl. très tomenteuses. . .
   . . . . *P. pratensis.*

1. *Rameaux inférieurs de la panicule solitaires ou géminés.*

P. annua L. — Chaumes dressés ou subétalés, cylindriques ou très peu comprimés ; f. molles, planes, aiguës ; panicule lâche, à rameaux étalés à angle droit, lisses ; épillets à 2-7 fl. — ④ ou ②. — Mars-oct. — T. C. — Sables, cultures.

P. bulbosa L. — Pl. cespiteuse, à f. courtes, linéaires, planes ou canaliculées ; épillets assez gros, souv^t vivipares ; panicule dressée, compacte, contractée avant et après l'anthèse, à rameaux scabres ; fl. laineuses à la base ; glumes presque égales, 3-nervées. — ♃. — Avril-mai. — T. C. — Pelouses sèches, rochers.

P. alpina L. var. *brevifolia* (P. *brevifolia* DC.). — Chaumes dressés ou ascendants, raides, long^t nus au sommet ; f. très courtes, de 4-5 cent. ; panicule très étalée pendant l'anthèse, puis contractée, à rameaux flexueux. — ♃. — Juin-juill. — A. R. — Bois et pelouses de la Côte. — Gevrey, Lantenay, Nuits, Santenay, Nolay, Baulme-la-Roche, etc.

2. *Rameaux inférieurs de la panicule ordinairement verticillés par 3-5.*

P. silvatica Chaix. — P. *sudetica* Hæncke ; Lorey, 1008 ; Royer, 587. — Chaumes de 6-10 déc., dressés, comprimés ; f. d'un vert gai, linéaires-lancéolées, brusq^t mucronées et courbées en cuiller au sommet ; panicule grande, étalée-diffuse, à rameaux flexueux, nus à la base. — ♃. — Juin-juill. — R. —

Bois argileux. — Culêtre, Châteauneuf, bois entre Vellerot et Arnay-le-Duc.

P. compressa L.— Chaumes de 2-4 déc., très comprimés, ascendants ; f. linéaires, courtes ; panicule oblongue, subunilatér., contractée avant et après l'anthèse, à rameaux courts, chargés d'épillets dès la base. — ♃. — Juin-juill. — C. — Pelouses arides, bords des chemins, vieux murs.

P. pratensis L. — Souche long^t stolonifère ; chaumes dressés, arrondis ; f. planes, linéaires-aiguës ; épil ets rapprochés au sommet des rameaux ; panicule étalée ; glumelle infér. à 5 nervures saillantes. — ♃. — Mai-juin. — C. — Prairies.

> F. infér. très étroites, enroulées-sétacées : var. *angustifolia* Sm.

P. trivialis L. — Souche fibreuse ; chaumes dressés ; f. planes, atténuees en pointe ; ligule allongée, ord^t aiguë ; panicule pyramidale, à rameaux scabres ; glumelle infér. à 5 nervures saillantes. — ♃. — Mai-juill — C. — Bois, prés.

> Ligule plus courte, presque ovale ; glumelle infér. obscur^t nervée : var. *serotina* (*P serotina* Ehrh.). — A. R. — Lieux humides. — Orgeux, Buffon, Labergement-lez-Seurre.

P. nemoralis L. — Pl. très cespiteuse ; chaumes grêles, dressés ; f. linéaires-aiguës, planes ; panicule lâche, ord^t penchée ; glumelle infér. obscur^t nervée. — ♃. — Mai-juill. — C. — Bois, prés, pelouses. — Espèce très variable.

> Pl. d'un vert plus gai ; chaumes moins grêles ; gaines glabres ; panicule à rameaux dressés : var. *firmula* Gaud. — Avec le type.

31. ERAGROSTIS P.B. — Épillets 3-multiflores, en panicule très rameuse ; ligule remplacée par des poils rayonnants; glumes membraneuses, carénées; glumelle infér. ventrue, carénée, mutique ou mucronulée; caryopse ovoïde ou globuleux.

> Panicule à rameaux solitaires ; épillets fasciculés, subsessiles. *E. major.*
> Panicule à rameaux disposés par 4-5 en demi-verticilles ; épillets solitaires, pédicellés . . . . . . *E. pilosa.*

E. major Host. — *Poa megastachya* Kœl.; Lorey, 1009. — *E. vulgaris* Coss. et Germ.; Royer, 585. — Chaumes genouillés; f. glanduleuses aux bords ; épillets assez gros; panicule ovoïde,

à rameaux épais ; glumelle infér. obtuse ou émarginée, mucronulée. — ①. — Juill.-sept. — R. — Cultures. — Auxonne, Seurre,
Pouilly-sur-Saône.

E pilosa P. B. — Chaumes dressés ou ascendants; f. non
glanduleuses aux bords ; épillets très petits; panicule allongée, à
rameaux capillaires ; glumelle infér. subaiguë. — ①. — Juin-juill.
— T. R — Lieux sablonneux. — Entre Seurre et St-Jean-de-
Losne. — Non revu depuis Fleurot.

32. BRIZA L. — Épillets 3-multiflores, très comprimés latér[t], ovales, pendants, en panicule lâche
et rameuse ; glumes presque égales, membraneuses,
concaves ; glumelle infér. ventrue, non carénée,
mutique ; caryopse obové-cunéiforme.

B media L. (Amourette). — Chaumes dressés, nus au
sommet ; f. planes, linéaires-lancéolées ; ligule courte, tronquée ;
panicule dressée, à rameaux long[t] nus ; épillets à 5-9 fl. étroit[t]
imbriquées. — ♃. — Mai-juin. — C. — Prés, bois.

33. CATABROSA P.B. — Épillets en panicule rameuse, à 2 fl., l'infér. sessile, la supér. stipitée ;
glumes inégales, membraneuses, concaves; glumelle
infér. carénée, 3-nervée, tronquée ou arrondie au
sommet ; caryopse obové.

C. aquatica P. B. — *Poa airoides* Kœl.; Lorey, 1010. —
Souche rampante, stolonifère ; chaumes ascendants, radicants à la
base ; f. courtes, planes, obtuses ; épillets très petits, verdâtres
ou violacés, en panicule pyramidale, à rameaux semi-verticillés,
très inégaux. — ♃. — Juin-juill. — A. C. — Bords des eaux. —
Sombernon, Val-Courbe, St-Remy, etc.

34. GLYCERIA R. Br. — Épillets 3-multiflores, en
grappe spiciforme ou en panicule ; glumes très
inégales ; glumelle infér. subcylindrique, convexe
sur le dos, entière ou érodée au sommet, à 7-11 nervures ; caryopse ovale ou oblong.

Chaumes dressés ; f. grandes, lancéolées-linéaires, rudes en
dessous; panicule ample, étalée en tous sens . . . . .
. . . . *G. aquatica.*

Chaumes ascendants ; f. linéaires, lisses en dessous : grappe
subunilatér. . . . . *G. fluitans*.

G. fluitans R. Br. — *Poa fluitans* DC.; Lorey, 1011. —
Chaumes mous, long' couché`, radicants à la base ; f. molles,
simpl' pliées, les radicales souv' nageantes ; grappe à rameaux infér. ord' géminés, l'un d'eux réduit à un pédic.; glumelle infér.
aiguë. — ⅄. — Juin-août. — T. C. — Bords des eaux.

Chaumes court' couchés ; jeunes f. plusieurs fois pliées ; panicule
à rameaux infér. semi-verticillés par 4-5 ; glumelle infér.
à sommet obtus, érodé : var. *plicata* (*G. plicata* Fries).
— A. C. — Avec le type.

G. aquatica Wahl. — *Poa aquatica* L.; Lorey, 1008. —
Chaumes raides, de 1 à 2 m.; f. fermes, brusq' acuminées ; gaînes
fin' striées, portant 2 taches jaunes au sommet. — ⅄. — Juill.-
août. — C. — Bords des eaux, canal de Bourgogne.

35. SCLEROPOA Griseb. — Épillets 5-12-flores,
en panicule subunilatér. ; glumes herbacées, presque égales ; glumelle infér. carénée, entière ou
émarginée, mutique, rar' mucronulée ; caryopse
courbé en gouttière, canaliculé, adhérent aux glumelles.

S. rigida Griseb. — *Poa rigida* L.; Lorey, 1009. — *Festuca rigida* Kunth ; Royer, 592. — Pl. glabre, glaucescente ;
chaumes dressés, rameux ; f. linéaires-acuminées, à la fin enroulées ; ligule lacérée ; épillets linéaires-oblongs, dressés, en panicule
raide, serrée. — ②. — Mai-juill. — A. R. — Rochers, chemins,
lieux arides. — Beaune, Semur, Saulieu, Auxey, chaumes d'Auvenay, etc.

36 MOLINIA Schrank. — Épillets 2-5-flores, en panicule rameuse ; glumes inégales, membraneuses ;
glumelle infér. entière, obtuse, convexe sur le dos,
mutique ; caryopse oblong-cylindrique.

M. cærulea Mœnch. — *Festuca cærulea* DC.;Lorey, 1000.
— Souche cespiteuse ; chaumes de 5-10 déc., raides, dressés,
long' nus ; f. raides, planes, très allongées, acuminées ; ligule
remplacée par des poils ; épillets petits, en panicule allongée,
étroite, dressée, à rameaux filiformes. — ⅄. — Juill.-sept. —

A. C. — Prés et bois marécageux. — Toute la plaine, Genlis, Neuilly, Gevrey, Seurre, Saulieu, Val-des-Choux, etc.

*** Glumelle inférieure à nervures ordinairement terminées en arête, plus rarement mutique ou mucronée, ou 2-dentée et aristée.*

37. Kœleria Pers. — Épillets 2-6-flores, en panicule spiciforme rameuse ; glumes inégales ou presque égales, carénées ; glumelles membraneuses, l'infér. carénée, mutique ou brièv^t aristée ; caryopse oblong.

F. radicales enroulées-sétacées ; souche recouverte par un réseau de filaments entrecroisés, formé par les gaînes déchirées des anciennes f. . . . . *K. valesiaca.*

F. radicales linéaires, planes; souche recouverte par les gaînes des anciennes f. non entrecroisées en réseau. . . . . *K. cristata.*

K. cristata Pers. — Pl. cespiteuse ; chaumes long^t nus au sommet ; f pubescentes-ciliées, à face supér. superf^t striée ; gaînes pubescentes ; panicule spiciforme large, interrompue et lobée à la base. — ♃. — Juin-juill. — C. — Prés secs.

K. valesiaca Gaud. — Pl. cespiteuse ; chaumes nus au sommet ; f. ord^t glabres, à face supér. prof^t striée ; gaînes ord^t glabres ; panicule spiciforme dense, oblongue ou cylindrique. — ♃. — Juin-juill. — A. R. — Rochers, bois arides. — Dijon, Velars, Gevrey, Nuits, Santenay, etc.

38. Dactylis L. — Épillets 3-5-flores, rapprochés en fascicules compactes tournés du même côté ; glumes inégales, carénées, mucronées ; glumelle infér. carénée, entière ou émarginée, mucronée-aristée, la supér. 2-carénée, à carènes ciliées; caryopse oblong.

D. glomerata L. — Pl. cespiteuse ; chaumes de 5-10 déc., dressés ou ascendants ; f. vertes ou glaucescentes, linéaires ; gaînes comprimées; ligule allongée. acuminée, déchirée ; glumelle infér. à 5 nervures. — ♃. — Mai-juill. — T. C. — Prés, bords des chemins.

39. Vulpia Gmel. — Épillets 3-multiflores, élargis au sommet et disposés en panicule spiciforme subunilatér. ; glumes très inégales, membraneuses, acuminées ; glumelle infér. fusiforme-subulée, long^t aristée ; caryopse adhérent aux glumelles, linéaire-oblong, glabre, pourvu au sommet d'un appendice blanc.

1. Glume infér. très courte ou nulle, la supér. 10 fois plus longue, aristée. . . . . *V. bromoides.*
   Glume infér. 2-3 fois plus courte que la supér. qui est mutique. . . . . 2.
2. Panicule allongée, arquée, très rapprochée de la gaîne supér. . . . . *V. pseudo-myuros.*
   Panicule courte, dressée, éloignée de la gaîne supér. *V. sciuroides.*

V. pseudo-myuros S. W. — *Festuca myuros* L.; Lorey, 995 ; Royer, 591, pro parte. — Chaumes de 3-5 déc., feuillés jusque sous la panicule ; f. étroites, à la fin carénées-sétacées ; glume supér. triple de l'infér. et obscur^t 3-nervée. — ②. — Mai-juill. — C. — Chemins, friches, rochers.

V. sciuroides Gmel. — *Festuca sciuroides* Roth; Lorey, 995. — *Festuca myuros* var. *sciuroides* Royer, 591. — Chaumes grêles, de 2-3 déc., long^t nus au sommet ; glume supér. double de l'infér. et nettem^t 3-nervée. — ②. — Mai-juill. — Chemins, friches. — A. R. — Velars, Semur, Saulieu, Arnay-le-Duc, etc.

V. bromoides Rchb. — *Festuca bromoides* L.; Royer, 592. — Chaumes dressés, qqfois genouillés, de 2-3 déc.; f. étroites, à la fin carénées-sétacées; gaîne de la f. supér. ord^t très rapprochée de la panicule, celle-ci dressée, lâche, subunilatér., à pédic. épaissis au sommet. — ①. — Mai-juill. — Lieux sablonneux. — Indiqué à Semur ; douteux pour le département.

40. BROMUS L. (Brome). — Épillets 3-multiflores, d'abord cylindriques, puis très comprimés latér^t, disposés en panicule rameuse ; glumes très inégales, l'infér. 1-nervée, la supér. 3-nervée ; glumelle infér. fusiforme-subulée, carénée, 2-fide ou 2-dentée, munie d'une arête située très près du sommet ; caryopse adhérent à la glumelle supér., courbé en gouttière, velu au sommet.

1. Épillets très élargis au sommet après l'anthèse ; arête plus
   longue que la glumelle. . . . . 2.
   Épillets non ou peu élargis au sommet après l'anthèse ; arête
   plus courte que la glumelle. . . . . 3.
2. Chaumes glabres au sommet ; panicule étalée en tous sens. .
   . . . . *B. sterilis.*
   Chaumes pubescents au sommet ; panicule 1-latér. . . .
   . . . . *B. tectorum.*
3. Panicule dressée ; f. radicales étroites, pliées en carène, les
   supér. planes, 2 fois plus larges. . . . *B. erectus.*
   Panicule penchée ; f. toutes semblables, planes et larges. .
   . . . . *B. asper.*

B. sterilis L.— (Seiglet).—Chaumes de 3-6 déc.; f. planes, rudes, pubescentes ; panicule pendante, à rameaux très rudes; épillets ord^t glabres, oblongs-cunéiformes ; glumelle infér. à nervures très saillantes, la supér. denticulée. – ②. — Mai-juin. — T. C. — Prairies artificielles, vieux murs, bords des chemins.

B. tectorum L.—Chaumes de 2-4 déc.; f. planes, molles, pubescentes sur les 2 faces ; panicule pendante, à rameaux lisses ; épillets oblongs-cunéiformes, ord^t pubescents ; glumelle infér. faibl^t nervée, la supér. entière. — ② ou ①. — Juin-août. — A. C. — Chemins, friches, coteaux arides, murs. — Dijon, Velars, etc.

B. asper Murr. — Pl. d'un vert foncé ; chaumes robustes, de 1-2 m ; f. très grandes, rudes, à gaînes velues ; panicule très ample, lâche, étalée, à rameaux allongés, les infér. géminés ; épillets linéaires-lancéolés. — ♃. — Mai-juin. — C. — Coteaux incultes, bois.

B. erectus Huds. — Pl. d'un vert clair ; chaumes de 8-12 déc. ; f. infér. long^t ciliées ; panicule étroite, oblongue, à rameaux infér. courts, semi-verticillés ; épillets linéaires-lancéolés. — ♃. — Mai-juin. — C. — Coteaux incultes, bois.

41. SERRAFALCUS Parl.—Épillets multiflores, rétrécis au sommet ; glumes presque égales, la supér. 7-9-nervée ; glumelle infér. un peu ventrue, convexe sur le dos, non carénée, entière ou 2-fide, aristée ou très rar^t mucronée. — Le reste comme dans le genre *Bromus.*

1. Fl. espacées, ne se recouvrant pas par leurs bords et laissant voir l'axe à la maturité ; gaînes des f. infér. ord^t glabres . . . . *S. secalinus.*

Fl. imbriquées, se recouvrant par leurs bords et ne laissant pas voir l'axe à la maturité ; gaînes des f. infér. velues. 2

2. Panicule ample, à rameaux étalés, très allongés ; glumelle infér. égalant la supér. . . . . *S. arvensis.*

Panicule étroite, à rameaux dressés, courts, ou les infér. à peine 5-6 fois plus longs que l'épillet ; glumelle supér. plus courte que l'infér. 3

3. Arête divariquée à angle droit, tordue, insérée bien au-dessous du sommet de la glumelle . . . *S. squarrosus.*

Arête dressée, non tordue, insérée un peu au-dessous du sommet de la glumelle. 4

4. Épillets ord[t] pubescents; glumelle infér. fort[t] nervée. *S. mollis.*

Épillets glabres ; glumelle infér. faibl[t] nervée. *S. racemosus.*

S secalinus Babgt. — *Bromus secalinus* L. ; Lorey, 989 ; Royer, 590. — Chaumes de 5-10 déc., glabres, sauf aux nœuds ; f. à limbe un peu velu ; épillets ord[t] glabres, ovales-lancéolés, à fl. à la fin espacées, en panicule lâche, étalée, pendante, à rameaux plus longs que les épillets ; glumes égales, ainsi que les glumelles ; glumelle infér. émarginée ou 2-fide, aristée ou très rar[t] mucronée, à bords rég[t] courbés. — ② ou ①. — Mai-août. — A. C. — Moissons, cultures. — Dijon, Velars, l'Auxois, le Morvan.

S. arvensis Godr. — *Bromus arvensis* L. ; Lorey, 991 ; Royer, 589. — Chaumes de 3-8 déc. ; f. molles, velues ; épillets glabres, linéaires-lancéolés ; glumelle infér. portant une arête aussi longue qu'elle, à bords présentant au-dessus du milieu un angle obtus ; panicule lâche, dressée, à rameaux fins, long[t] nus à la base, les infér. ord[t] semi-verticillés, égalant la moitié de la longueur de la panicule. — ② ou ①. — Mai-août. — C. — Moissons, cultures.

S. mollis Parl. — *Bromus mollis* L. ; Lorey, 990 ; Royer, 589, pro parte. — Chaumes de 1-5 déc., pubescents au sommet; f. molles, d'un vert cendré, velues ; épillets ovales-oblongs, presque toujours pubescents ; glumelle infér. à arête moins longue qu'elle, à bords présentant au-dessus de leur milieu un angle obtus ; panicule oblongue, dressée, d'abord étalée, puis contractée, compacte, à rameaux très courts. — ②. — Mai-août. — C. — Moissons, cultures.

S. racemosus Parl. — *Bromus pratensis* Ehrh.; Lorey, 992. — *Bromus mollis* var. *racemosus* Royer, 589 — Chaumes de 4-10 déc. ; f. velues ; épillets ovales, glabres ; glumelle infér. à bords présentant vers leur milieu un angle obtus très peu saillant, et portant une arête à peu près aussi longue qu'elle; pani-

cule lâche, dressée, d'abord étalée, puis contractée.— ②.— Juin-
juill. — C. — Prés humides, cultures, bords des chemins.

S. squarrosus Babgt. — *Bromus squarrosus* L.; Lorey,
990 ; Royer, 590. — Chaumes grêles, de 2-6 déc.; f. velues-pubescentes ; épillets oblongs ou lancéolés, ord^t glabres ; glumelle
infér. à bords présentant vers le milieu un angle saillant, et portant une arête aussi longue qu'elle, étalée horizont^t ; panicule peu
rameuse, penchée, subunilatér. — ②. — Mai-juin. — A. R.—
Bords des chemins. — Dijon, Mâlain, Velars, Beaune, Nuits,
Santenay, etc.

42. FESTUCA L.(Fétuque)—Épillets 2-multiflores,
d'abord cylindriques, puis comprimés latér^t, pédicellés ou presque sessiles, en panicule ord^t rameuse,
rar^t spiciforme ; glumes inégales, plus courtes que
les fl.; glumelle infér. à dos arrondi, non caréné,
munie d'une arête terminale courte ou nulle ;
caryopse oblong, glabre, adhérent à la glumelle
supér.

1. F. toutes, ou au moins les radicales, enroulées sur elles-
  mêmes 2
  F. toutes planes 5
2. F. toutes enroulées-sétacées 3
  F. radicales enroulées, les caulinaires planes 4
3. Chaumes anguleux au sommet ; f. ord^t scabres. *F. ovina.*
  Chaumes striés, mais non anguleux au sommet ; f. un peu
    épaisses, lisses ou à peu près . . . *F. duriuscula.*
4. Épillets elliptiques-oblongs, à 5-10 fl. ; souche stolonifère.
    . . . . *F. rubra.*
  Épillets oblongs, à 4-5 fl.; souche non stolonifère . . . .
    . . . . *F. heterophylla.*
5. Glumelle infér. munie d'une arête environ 2 fois plus longue
    qu'elle. . . . . *F. gigantea.*
  Glumelle infér. mutique, mucronée ou à arête courte. . 6
6. Panicule à rameaux très courts, appliqués contre l'axe ;
    glume supér. à 5-7 nervures. . . . . *F. loliacea.*
  Panicule à rameaux inégaux, étalés ; glume supér. à 3-5
    nervures 7
7. Panicule très grande, ord^t étalée, à rameaux infér. portant 5-15
    épillets 4-5-flores . . . . *F. arundinacea.*

Panicule spiciforme avant et après l'anthèse, à rameaux infér. portant 1-4 épillets 5-10-flores . . . *F. pratensis.*

1. Feuilles toutes, ou au moins les radicales, enroulées sur elles-mêmes.

F. ovina L. — Var. *ovina* Royer, 593. — Souche cespiteuse ; chaumes de 1-5 déc., grêles ; f. très fines, capillaires; panicule assez étroite, oblongue, étalée, puis contractée ; épillets petits, de 3-4 mill., oblongs ; arête très courte. — ♃. — Mai-juill. — R. — Rochers, pelouses, prés, bois. — Arnay-le-Duc.

Panicule très étroite, contractée ; épillets ovales ; glumelle infér. mutique : var. *tenuifolia* (F. *tenuifolia* Sibth.). — A. C. — Vielverge, Cîteaux, Semur, Val-des-Choux, etc.

F. duriuscula L. — *F. ovina* var. *duriuscula* Royer, 593. — Souche cespiteuse ; chaumes de 1-5 déc., raides ; f. ord[t] carénées ; panicule oblongue, contractée après l'anthèse ; épillets ellipsoïdes, 2 fois plus longs que dans l'espèce précédente ; glumelle infér. aristée. — ♃. — Mai-juill. — C. — Rochers, pelouses, bois.

F. glauques, très courtes, raides, souv[t] arquées : var. *glauca* Koch (*F. glauca* Schrad.).

F. rubra L. — Chaumes de 3-6 déc., long[t] nus au sommet ; f. caulinaires larges, planes; panicule dressée, contractée après l'anthèse, à rameaux infér. géminés ; glumelle infér. aristée, à nervures saillantes. — ♃. — Mai-juin. — C. — Pelouses des bois, prés secs.

F. heterophylla Lam. — Chaumes de 5-10 déc., courbés à la base ; f. radicales nombreuses, en touffe, les caulinaires planes, longues et larges ; panicule grande, lâche, souv[t] penchée, à rameaux infér. ord[t] géminés ; glumelle infér. aristée, faibl[t] nervée. — ♃. — Juin-juill. — A.C. — Dijon, le Pays-Bas, le Morvan, l'Auxois.

2. Feuilles toutes planes.

F. gigantea Vill. — *Bromus giganteus* L.; Lorey, 993. — Souche fibreuse ; chaumes de 1-2 m ; f. longues, larges de 7-10 mill , scabres sur les bords; panicule très grande, lâche, penchée, à rameaux très longs, les infér. géminés ; épillets oblongs-lancéolés, d'un vert blanchâtre ; arête longue, flexueuse. — ♃. — Juill.-août. — A. C. — Bois. — Dijon, la Côte, Semur, Montbard, etc.

F. arundinacea Schreb. — Souche rampante ; chaumes robustes, de 8-15 déc. ; f. larges de 7-10 mill., scabres sur les

bords ; panicule très grande, penchée, lâche, étalée, à rachis très
rude, à rameaux long[t] nus à la base, géminés ; épillets ovales-lancéolés; arête nulle ou très courte. — ♃. — Juin-juill. — C. —
Bois et prairies humides, fossés.

F. pratensis Huds. — *F. elatior* DC. ; Lorey, 999. —
Souche cespiteuse ; chaumes de 5-8 déc : f. planes, linéaires, larges de 4-5 mill.; panicule allongée, spiciforme, dressée ou penchée, à rachis presque lisse, à rameaux nus à la base, très inégaux, ord[t] géminés ; épillets linéaires-oblongs ; arête ord[t] nulle.
— ♃. — Mai-juill. — C. — Prés.

F. loliacea Huds. — Souche fibreuse ; chaumes de 4-8
déc.; f. rudes aux bords ; panicule en grappe spiciforme allongée,
à rachis creusé aux points d'insertion des pédic., ceux ci très courts,
appliqués contre l'axe ; épillets sublinéaires, distiques, le plus
souv[t] solitaires ; arête nulle. — ♃. — Mai-juin. — T. R. — Prés
humides. — Chevigny-lez-Semur.

43. Cynosurus L. (Cretelle). — Épillets de deux sortes, les uns fertiles, à 3-5 fl. hermaphr., les autres stériles, bractéiformes, formant un invol. pennatifide à la base des épillets, tous réunis en une panicule subspiciforme 1-latér.; glumelle infér. 2-dentée, aristée ; caryopse oblong.

C. cristatus L. — Chaumes de 4-8 déc., fasciculés, dressés ; f. linéaires, planes; ligule courte ; panicule linéaire, dressée,
subspiciforme ; glumes des fl. fertiles presque égales, carénées,
mucronées, plus courtes que les fl.; arête courte. — ♃. — Juin-
juill. — C. — Prés.

44. Hordeum Tourn. (Orge).— Épillets 1-flores, avec le rudiment d'une 2e fl., réunis par 3 dans les excavations du rachis, les 2 latér. souv[t] stériles ; glumes presque égales, planes, subulées-aristées, placées sur un même plan au-dessous de la fl. ; glu-melle infér. convexe sur le dos, aristée au moins dans l'épillet médian de chaque groupe ; caryopse elliptique-oblong, étroit[t] canaliculé sur la face in-

terne, pubescent au sommet. — Épillets disposés en épi simple, dense, à rachis fragile à la maturité.

1. Épillets tous à glumelle aristée, les 2 latér. mâles ou neutres; pl. indigènes. . . . . 2.
   Épillets tous hermaphr. ou les 2 latér. mâles, les latér. à glumelle toujours mutique; pl. cultivées . . . . . . 3.
2. Arêtes atteignant toutes la même longueur dans chaque groupe. . . . . *H. murinum.*
   Arête des épillets latér. bien plus courte que celles du médian. . . . . *H. secalinum.*
3. Épillets latér. mâles et mutiques, le médian hermaphr. et aristé. . . . . *H. distichum.*
   Épillets tous hermaphr. . . . . 4.
4. Épillets sur 6 rangs, dont 4 plus proéminents à la maturité. . . . . *H. vulgare.*
   Épillets sur 6 rangs, tous égal^t proéminents à la maturité. . . . . *H. hexastichum.*

H. murinum L. — Chaumes de 4-5 déc., gazonnants; f. larges, molles, la supér. à gaîne renflée, rapprochée de l'épi, celui-ci gros, comprimé-subcylindrique ; épillets disposés sur 6 rangs ; glumes des fl. hermaphr. linéaires-lancéolées, ciliées, celles des épillets stériles plus étroites. — ① ou ②. — Mai-juill. — T. C. — Rues, bords des chemins.

H. secalinum Schreb. — Chaumes de 5-8 déc., grêles, long^t nus au sommet, qqfois renflés en bulbe à la base ; f. linéaires, scabres sur les 2 faces ; épi grêle, allongé, comprimé ; glumes de tous les épillets de même largeur, scabres, sétacées. — ♃. — Juin-juill. — C. — Prés humides.

H. vulgare L. (Orge, Escourgeon). — Chaumes de 6-9 déc., peu nombreux, robustes ; f. larges, scabres en dessus ; épi robuste, comprimé, souv^t penché ; arêtes plus longues que l'épi. — ① ou ②. — Mai-juill. — Cultivé. — Pl. off.; Orge mondé : semence séparée du péricarpe ; — Orge perlé : semence privée de son tégument.

H. hexasticum L. (Orge carré, Orge d'hiver). — Diffère de l'espèce précédente par ses épis plus courts, ses épillets disposés sur 6 rangs, tous égal^t proéminents à la maturité. — ①. — Mai-juill. — Cultivé.

H. distichum L. (Paumelle). — Diffère des 2 précédentes espèces par ses épis très allongés, comprimés, moins robustes, par ses épillets disposés sur 6 rangs, dont 2 plus saillants. — ①. — Mai-juill. — Cultivé.

45. Elymus L. — Épillets 1-multiflores, hermaphr., réunis par 2-3 dans les excavations du rachis ;
glumes presque égales, contiguës et planes ; glumelle infér. convexe sur le dos, long^t aristée ; caryopse linéaire-oblong, larg^t canaliculé sur la face
interne, pubescent au sommet. — Épillets disposés
en épi simple, à rachis non fragile.

E. europæus L. — *Hordeum europæum* All.; Royer, 595.
— Pl. d'un vert gai, à souche cespiteuse, un peu traçante ;
chaumes de 5-10 déc., peu nombreux ; f. planes, linéaires,
à gaînes velues, à poils réfléchis ; épi cylindrique ; épillets ternés,
1-2-flores ; glumes linéaires, aristées, à arêtes plus courtes que celle
de la glumelle infér. — ♃. — Juin-juill. — A. C. — Dijon, Nuits,
Blaisy, Gevrey, etc.

46. Secale Tourn. (Seigle). — Épillets solitaires
dans les excavations du rachis, 2-flores, avec le rudiment d'une 3e fl.; glumes presque égales, subulées, 1-nervées, carénées ; glumelle infér. carénée,
à carène et à bords ciliés, et terminée par une longue arète ; caryopse oblong, convexe sur le dos,
étroit^t sillonné à la face interne, velu au sommet.
— Épillets en épi dense.

S. cereale L. — Pl. glauque ; chaumes de 8-20 déc., peu
nombreux ; f. planes, rudes sur les 2 faces ; épi allongé, comprimé, d'abord dressé, puis penché. — ① ou ②. — Mai-juill. —
Cultivé. — Pl. off.; fr. alimentaire, émollient et laxatif.

47. Triticum Tourn. (Froment, Blé). — Épillets
solitaires dans les excavations du rachis, à 2-5 fl.,
les supér. ord^t mâles ; glumes égales, plurinervées,
obliq^t tronquées ou arrondies au sommet, dentées
ou aristées ; glumelle infér. ovale, ventrue, mucronée ou aristée; caryopse oblong, obscur^t tri-tétra-

gone, étroit[t] sillonné, à sommet velu, non appendiculé. — Épillets en épi ord[t] simple, compacte.

1. Rachis de l'épi fragile à la maturité ; caryopse adhérent à la glumelle . . . . *T. monococcum.*
Rachis non fragile ; caryopse libre. . . . . 2.
2. Épi tétragone ; glume à carène peu saillante.   *T. sativum.*
Épi comprimé ; glume à carène très saillante, presque ailée. . . . . *T. turgidum.*

T. sativum Lam. — Chaumes dressés, de 7-12 déc., fistuleux au sommet ; f. linéaires, planes, scabres ou lisses ; épillets larges, ovales ; glumes émarginées et carénées seul[t] au sommet ; glumelle infér. aristée (*T. æstivum* L.) ou presque mutique (*T. hybernum* L). — ① ou ②. — Juin-juill. — Cultivé.

T. turgidum L. (Blé barbu, Poulard). — Diffère du précédent par ses chaumes ord[t] pleins au sommet, ses glumes ventrues, fort[t] carénées du sommet à la base, sa glumelle infér. toujours long[t] aristée. — ① ou ②. — Juin-juill. — Cultivé.

T. monococcum L. (Locular, Petit Épeautre). — Chaumes de 6-8 déc.; épi étroit, fort[t] comprimé ; épillets oblongs ; glumes 2-dentées au sommet, à carène saillante du sommet à la base. — ① ou ②. — Juin-juill. — Cultivé. — Les farines de Blé donnent le gluten et l'amidon.

48. AGROPYRUM P. B. — Épillets solitaires dans les excavations du rachis, et appliqués contre lui par une de leurs faces, à 3-10 fl., les 2 supér. ord[t] mâles ; glumes presque égales, non ventrues, subcarénées, plurinervées, ord[t] mutiques, obtuses ou aiguës ; glumelle infér. non ventrue, linéaire-lancéolée, simpl[t] acuminée ou plus ou moins aristée ; caryopse linéaire-oblong. — Épi allongé, distique, à épillets espacés.

Souche long[t] rampante ; f. rudes en dessus.   *A. repens.*
Souche fibreuse; f. rudes sur les 2 faces.   *A. caninum.*

A. repens P. B. — *Triticum repens* L. ; Lorey, 1017 ; Royer, 596 (Chiendent). — Stolons blancs, très allongés ; chaumes de 5-10 déc., ord[t] solitaires ; f. ord[t] planes, raides, qqfois glauques, à face infér. presque lisse ; épi comprimé, à rachis ord[t] scabre ; épillets ovales, rétrécis à la base ; glumes à 5-7 nervures;

glumelle infér. mutique ou brièv[t] aristée. — ♃. — Juin-sept. —
T. C. — Cultures, moissons, friches.

A. caninum R. et S. — *Triticum caninum* L. ; Lorey,
1017 ; Royer, 596. — Chaumes de 6-10 déc., croissant en touffe,
à nœuds noirâtres ; f. planes, tachées de noir à la base ; épillets
linéaires-oblongs ; glumes à 3-5 nervures ; glumelle infér. acuminée, terminée par une arête plus longue qu'elle. — ♃. —Juin-août
— C. — Berges des rivières, bois.

49. BRACHYPODIUM P.B. — Épillets multiflores,
presque sessiles, solitaires dans les excavations du
rachis et appliqués contre lui par une de leurs
faces ; glumes inégales, lancéolées, plurinervées ;
glumelle infér. linéaire-lancéolée, ord[t] aristée ; caryopse linéaire-oblong, canaliculé, terminé par un
appendice velu.—Épillets distiques, souv[t] courbés,
en épi lâche.

F. molles, tombantes, courbées; fl. supér. à arête au moins aussi
  longue que la glumelle. . . . . . . *B. silvaticum.*
F. raides, dressées ; fl. toutes à arête plus courte que la glumelle . . . . *B. pinnatum.*

B. silvaticum R. et S. — *Triticum silvaticum* DC.; Lorey, 1019. — Souche fibreuse ; chaumes de 5 10 déc., fasciculés ;
f. glabres ou velues ; épillets 5-10 flores, presque sessiles, en épi
à la fin penché ; glumelle infér. plus longue que la supér. — ♃.
— Juin-août. — C. — Bois, friches.

B. pinnatum P. B. — *Triticum pinnatum* DC. ; Lorey,
1018. — Souche traçante ; chaumes de 4-9 déc.; f. ord[t] pubescentes ; épillets 8-24 flores, souv[t] arqués, plus distinct[t] pédicellés
que dans l'espèce précédente, en épi dressé ; glumelle infér. plus
courte que la supér ou l'égalant. — ♃. — Juin-août. — C. —
Prés secs, bois, coteaux incultes.

50. LOLIUM L. (Ivraie). — Épillets 3-multiflores,
sessiles et solitaires dans les excavations du rachis
contre lequel ils sont appliqués par le côté; une
seule glume lancéolée, mutique, pour chaque épillet,
sauf 2 glumes presque égales pour l'épillet terminal ; glumelle infér. concave, mutique ou aristée ;

caryopse oblong, larg^t canaliculé, surmonté d'un appendice glabre. — Épillets distiques, en épi ord^t simple, plus ou moins lâche.

1. Pl. vivaces, produisant des faisceaux de f. stériles à la base des chaumes . . . . 2.
Pl. annuelles ou bisannuelles, dépourvues de faisceaux de f. stériles à la base des chaumes . . . . 3.
2. F. pliées en deux dans leur jeunesse ; épillets rapprochés de l'axe, même pendant l'anthèse. . . . . *L. perenne.*
F. enroulées sur les bords dans leur jeunesse ; épillets étalés presque à angle droit pendant l'anthèse. *L. italicum.*
3. Épillets lancéolés, étalés pendant l'anthèse, dépassant plus ou moins la glume. . . . . *L. multiflorum.*
Épillets oblongs, rapprochés de l'axe, même pendant l'anthèse, plus courts ou à peu près de même longueur que la glume. . . . . *L. temulentum.*

L. perenne L. (Ray-grass). — Chaumes de 2-5 déc., ascendants-dressés ; f. planes ; épi dressé ; épillets lancéolés, à 3-11 fl ; glume plus courte que l'épillet ; glumelle inför. mutique, à 5 nervures les 2 latér. plus saillantes. — ♃. — Mai-sept. — C. — Bords des chemins, prairies, moissons, friches.

Épillets à 3-4 fl.; pl. plus grêle : var. *tenue* (*L. tenue* L.; Lorey, 1022). — Avec le type.
Épillets multiflores, un peu étalés, formant un épi distique court, large et comprimé : var. *cristatum* (*L. cristatum* Pers.). — A. R. — Avec le type.

L. italicum A. Br. (Ray-grass). — Diffère de l'espèce précédente par les caractères déjà indiqués au tableau et par sa glumelle infér. pourvue, au moins dans les fl. supér., d'une fine arête naissant au dessous du sommet. — ♃. — Mai-sept. — A. C. — Prairies, lieux herbeux (cultivé).

L. multiflorum Lam. — *L. perenne* var. *multiflorum* Royer, 595. — Chaumes de 5-10 déc.; f. planes, rudes aux bords ; épi dressé, très allongé; épillets à 8-20 fl ; glumelle supér. de même largeur que l'infér., celle-ci à 3 nervures et ord^t aristée, au moins dans les fl. supér. — ①. — Juin-juill. — A. C. — Champs, bords des chemins. — Dijon, Cîteaux, Noiron, Beaune, Nuits, etc.

L. temulentum L. (Ivraie). — Chaumes de 6-10 déc., robustes ; f. planes, d'autant plus larges et plus longues qu'elles sont placées plus haut ; épi dense, robuste : épillets à 3-8 fl.; glumelle supér. dépassant en largeur la glumelle infér., celle-ci plus ou moins aristée. — ②. — Juin-juill. — C. — Cultures, moissons. — Les fruits vénéneux ont été employés comme stupéfiant en Allemagne.

> Épillets à 3-5 fl.; glumelle infér. pourvue d'une arête plus longue qu'elle: var. *machrochœton* A Br. — Avec le type.
>
> Épillets à 6-8 fl. mutiques ou très brièv[t] aristées: var. *leptochœton* A. Br. (*L. speciosum* Koch).

51. GAUDINIA P.B. — Épillets à 4-11 fl., sessiles et solitaires dans les excavations du rachis contre lequel ils sont appliqués par une de leurs faces; glumes très inégales; glumelle infér. larg[t] scarieuse, carénée, 2-cuspidée, pourvue sur le dos d'une arête genouillée; caryopse linéaire-oblong, larg[t] canaliculé, contracté en un stipe cilié au sommet. — Épi lâche, distique.

G. fragilis P. B. — Chaumes de 3-6 déc., grêles, fasciculés; f. molles, planes, velues; épi flexueux, à rachis fragile; arête tordue, plus longue que la glumelle infér. — ②. — Juin-juill. — T. R. — Glacis et prés d'Auxonne, Cîteaux, Trouhans.

52. NARDURUS Rchb. — Épillets à 3-7 fl., subsessiles et solitaires dans les excavations du rachis contre lequel ils sont appliqués par une de leurs faces; glumes très inégales, carénées; glumelle infér. mutique ou aristée, la supér. 2-dentée; caryopse oblong, prof[t] canaliculé, non appendiculé. — Épi lâche, grêle, distique ou 1-latér.

> Épi 1-latér.; glumes lancéolées-linéaires, acuminées. . . . . *N. tenellus.*
>
> Épi distique; glume supér. oblongue-obtuse. . . . . *N. Lachenalii.*

N. tenellus Rchb. — *Triticum Nardus* DC.; Lorey, 1020. — *Festuca tenuiflora* Schrad.; Royer, 592. — Chaumes de 5-30 cent., grêles, nombreux; f. étroites, d'abord planes, puis enroulées, glabres ou pubescentes; épi grêle, dressé ou arqué, à rachis très long, flexueux; épillets peu écartés; glumelle infér. acuminée-aiguë, mutique ou aristée. — ②. — Mai-juill. — A. C. — Bords des chemins, rochers, pelouses. — Dijon aux Chartreux et à la fontaine Ste-Anne, la Côte, etc. — La var. mutique (*Festuca uni-lateralis* Schrad.) n'a pas été signalée dans le département.

N. Lachenalii Godr. —*Triticum Poa* DC.; Lorey, 1020.— *Festuca Poa* Kunth ; Royer, 592. — Chaumes de 1-3 déc., raides, nombreux ; f. étroites, courtes, pubescentes à la face supér., d'abord planes, puis enroulées ; épi dressé, ord[t] simple ; épillets espacés; glumelle infér. un peu obtuse, mutique ou aristée. — ②. — Mai-juill. — A. C.—Coteaux arides siliceux.— Semur, Saulieu, Laroche-en-Brenil, Liernais, etc..

53. NARDUS L. — Épillets 1-flores, sessiles et solitaires dans les excavations du rachis; glumes nulles ; glumelle infér. linéaire, subulée-aristée ; 1 seul stigmate ; caryopse linéaire-trigone. — Épi 1-latér.

N. stricta L. — Pl. gazonnante, à chaumes de 1-2 déc., raides, dressés; f. glauques, raides, étroites, enroulées-sétacées ; épi grêle. filiforme, dressé, violacé. — ♃. — Mai-juin. — A. C. — Bruyères et pâtis des terrains granitiques. — Saulieu, Rouvray, Arnay-le-Duc, Laroche-en-Brenil..

CONIFÈRES.

CX. ABIÉTINÉES Rich.

Fl. monoïques, rar[t] dioïques, en chatons. — Chatons mâles formés d'écailles portant chacune 2 anthères 1-locul. — Chatons femelles à écailles nombreuses, imbriquées, munies extér[t] d'une bractée membraneuse plus ou moins accrescente, et intér[t] de 2, rar[t] 1-3 ov. supères (ovules de beaucoup d'auteurs), —Chatons fructifères transformés en cônes à écailles coriaces ou ligneuses, s'écartant plus ou moins pour laisser échapper les fr. (gr. des mêmes auteurs), ceux-ci munis d'une aile membraneuse, persistante ou caduque. — Arbres résineux, ord^t élevés, à rameaux verticillés. F. aciculées, gén^t persistantes. Fl. jaunâtres.

1. F. fasciculées par 2-3 à l'aisselle d'une stip. membraneuse; cônes à écailles épaissies en écusson au sommet. . . . . *Pinus* (1).

F. éparses, distiques ou disposées en fascicules très fournis; cônes à écailles minces au sommet . . . . . . **2.**

2. F. coriaces, persistantes, toutes éparses ou distiques. . . . . *Abies* (2).

F. molles, caduques, d'abord disposées en fascicules très fournis lorsqu'elles poussent sur le vieux bois, éparses sur les pousses de l'année . . . . *Larix* (3).

1. PINUS Tourn. (Pin). — Chatons mâles ovoïdes-oblongs, imbriqués en grappes spiciformes à la base des jeunes pousses de l'année ; cônes ovoïdes, à écailles épaissies au sommet, terminaux, solitaires ou fasciculés par 2-3 ; f. ord^t géminées dans nos espèces et rapprochées sur les rameaux.

F. longues de 5-6 cent.; cônes pédonculés, pendants, ord^t de la longueur des f. . . . . *P. silvestris.*

F. longues dé 10-20 cent.; cônes subsessiles, dressés ou étalés, plus courts que les f. . . . . . . *P. maritima.*

P. silvestris L. (Pin sylvestre). — Chatons mâles à peu près de la longueur des f.; cônes de grosseur médiocre, ovoïdes-coniques, à écailles ternes. — ♄. — Mai. — T. C. — Bois, parcs, reboisement des montagnes (toujours planté). — Pl. off.; bourgeons, dits de Sapin, aromatiques, résineux, employés comme toniques et diurétiques.

P. maritima Lam. (Pin maritime). — Chatons mâles ord^t beaucoup plus courts que les f.; cônes plus gros que dans l'espèce précédente, ovoïdes ou oblongs-coniques, à écailles luisantes. — ♄. — Mai. — Planté.

Les P. *austriaca* Hœss (Pin noir d'Autriche), *Laricio* Poir. (Pin de Corse), *Pinea* L. (P. Pignon), *Cembra* L., et autres, sont aussi plantés assez souv^t dans les parcs, et employés, quoique moins fréquemment que les deux espèces précédentes, au reboisement des montagnes dans quelques parties de notre département.

2. ABIES Tourn. (Sapin). — Chatons mâles soli-

taires, axillaires ou terminaux, entourés d'écailles
à la base ; cônes oblongs-cylindriques, à écailles
minces, non épaissies au sommet. — Arbres élevés.

> F. éparses, subtétragones-comprimées ; cônes pendants, à
> écailles persistantes, tronquées au sommet.   *A. excelsa.*
> F. distiques, planes ; cônes dressés, à écailles larges au
> sommet, obtuses, à la fin caduques . . .   *A. alba.*

A. excelsa Poir. (Épicea). — ♄. — Mai. — Parcs, promenades, bois (planté). — Pl. off.; fournit la térébenthine dite poix
de Bourgogne ; sert à préparer des emplâtres révulsifs.

A. alba Mill. — *A. pectinata* DC.; Lorey, 833 (Sapin). —
♄. — Mai. — Parcs, bois (planté); moins fréquent que le précédent. —Pl. off.; fournit la térébenthine de Strasbourg.

3. LARIX Tourn. (Mélèze). — Chatons mâles en
forme de bourgeons solitaires et latér., entourés
d'écailles à la base ; cônes ovoïdes, à écailles minces,
obtuses.

L. europæa DC. — Arbre élevé ; cônes subsessiles, assez
petits, dressés, d'abord d'un rouge pourpre, à écailles lâches, très
obtuses, persistantes. — ♄. — Mai. — Reboisement des montagnes, parcs (planté).—Pl. off.; donne la térébenthine de Venise et la
manne de Briançon, laxative.

Le bois des Abiétinées, imprégné d'oléo-résine, est précieux pour
la construction. Les térébenthines soumises à la distillation donnent plusieurs produits intéressants : essence de térébenthine, colophane, etc., utilisés en médecine et dans les arts. Le goudron off.,
la poix noire off., le noir de fumée, s'obtiennent par la distillation
du bois des Abiétinées.

CXI. CUPRESSINÉES Rich.

Fl. monoïques ou dioïques, en chatons. — Chatons mâles formés d'écailles peltées, portant chacune à la base 3-12 anthères 1-locul. — Chatons
femelles à écailles peu nombreuses, imbriquées,

sans bractées, portant chacune à la base 1-2 ov. supères (ou ovules), et formant à la maturité un cône court, à écailles ligneuses et libres, ou bacciforme-charnu par la soudure des écailles. Fr. (ou gr.) ord¹ non ailés. — Arbres ou arbrisseaux à f. linéaires, persistantes, éparses ou ternées, qqfois squamiformes et imbriquées.

Juniperus Tourn. (Genévrier). — Fl. ord¹ dioïques. — Fl. mâles en chatons petits, globuleux. — Fl. femelles en chatons ovoïdes, à écailles infér. stériles, les 3 supér. se transformant à la maturité en un cône bacciforme-charnu.

J. communis L. — Arbuste très rameux dès la base, à f. ternées, nombreuses, étalées, glaucescentes, très piquantes; cônes verts, puis d'un noir bleuâtre à la maturité, plus courts que les f. — ♃. — Fl. avril-mai, fr. oct. — T. C. — Bois, friches. — Pl. off.; fr. aromatiques, résineux; le Gin, eau-de-vie de grains, est parfumé avec les baies de Genièvre.

Le *J. Sabina* L. (Sabine), à f. imbriquées et à fr. petits, est assez fréq¹ planté dans les parcs et les jardins. — Pl. off.; f. vénéneuses, irritantes, emménagogues. — On y rencontre aussi le *Taxus baccata* L. (If), à cônes charnus, rouges à la maturité, et plusieurs espèces des genres voisins *Thuya* et *Cupressus*.

CRYPTOGAMES.

CXII. ÉQUISÉTACÉES Rich.

Fructifications terminales, disposées en cône ou en épi, et composées de plusieurs récept. en forme d'écailles peltées, verticillées, portant à leur face infér. des sporanges tous semblables, membraneux, 1-locul., s'ouvrant par une fente longitudinale. Spores nombreuses, subsphériques, munies à leur base de 2 filaments (*élatères*) disposés en croix, élargis en spatule à leur extrémité, s'enroulant en spirale autour de la spore sous l'influence de l'humidité et se déroulant par la sécheresse. — Herbes vivaces, à rhizome allongé. Tiges simples ou munies de rameaux verticillés, aphylles, fistuleuses, sillonnées, articulées, munies aux articulations de gaînes membraneuses dentées.

EQUISETUM Tourn. (Prêle, Queue de renard, Queue de rat). — Caractères de la famille.

1. Épi porté par une tige simple, d'un blanc rougeâtre ; tiges fertiles et stériles dissemblables **2**
   Épi porté par une tige rameuse, verte ou décolorée, ou simple et toujours verte ; tiges fertiles et stériles semblables. **4**
2. Gaînes très larges, 1-2 cent., à 20-30 dents très aiguës ; tiges stériles de 10-25 déc. . . . . *E. maximum.*
   Gaînes ayant moins de 1 cent. de large, à 3-12 dents ; tiges stériles n'atteignant pas 10 déc. **3**
3. Gaînes à 3-5 dents membraneuses, lancéolées ; tiges stériles à rameaux allongés, capillaires . . . *E. silvaticum.*
   Gaînes à 8-12 dents acuminées ; tiges stériles à rameaux assez courts et plus épais . . . . . . *E. arvense.*
4. Gaînes entourées d'un anneau noir à la base ; tiges très rudes, peu compressibles ; épi ord^t apiculé au sommet . . . .
   . . . . *E. hiemale.*
   Gaînes vertes à la base ; tiges lisses ou presque lisses, compressibles ; épi ord^t obtus au sommet **5**
5. Tiges à 6-8 sillons profonds ; gaînes lâches, élargies, à dents brunâtres, blanches et membraneuses aux bords . . . .
   . . . . *E. palustre.*
   Tiges à 10-20 sillons peu profonds ; gaînes cylindriques, appliquées, à dents brunâtres, mais non blanches et membraneuses aux bords . . . . *E. limosum.*

1. Tiges dissemblables, les fertiles décolorées, les stériles vertes, à rameaux sans lacune centrale.

E. arvense L. — Tiges fertiles blanchâtres ou rougeâtres, peu élevées ; gaînes infundibuliformes, à div. très profondes ; épi cylindrique-oblong ; tiges stériles de 2-6 déc., plus grêles, prof^t sillonnées, rameuses au sommet, à rameaux tétragones. — 2⁄. — Fruct. avril-mai. — T. C. — Champs et prés humides, lieux ombragés.

E. maximum Lam. — *E. Telmateya* Ehrh. ; Lorey, 1035 ; Royer, 616. — *E. fluviatile* DC. ; Lorey, 1035 ; non L. — Tiges fertiles de la grosseur du doigt, d'un blanc rougeâtre, à gaînes grandes, infundibuliformes, d'abord emboîtées les unes dans les autres, puis espacées ; épi gros, allongé, serré ; tiges stériles de 10 à 25 déc., à entre-nœuds d'un beau blanc d'ivoire, rar^t d'un noir d'ébène, à gaînes plus courtes, à rameaux allongés, à 8-10 angles. — 2⁄. — Fruct. avril-mai. — A. C. — Bois et champs argileux. — Blaisy, Quincey, Cîteaux, tout l'Auxois, etc.

E. silvaticum L. — Tiges fertiles blanchâtres ou rougeâtres, nues ou pourvues à la fin au sommet de rameaux courts et rameux ; gaînes longues, lâches, vertes à la base, à dents brunes ; épi petit, ovoïde ; tiges stériles de 3-8 déc., munies aux articulations de rameaux grêles, très rameux, arqués, pendants, tétragones. — 2⁄. — Fruct. mai-juin. — R. — Prés et buissons des sols granitiques. — Arnay-le-Duc, Saulieu sous les Chemins-Blancs, Eschamps.

2. *Tiges stériles et fertiles semblables, à rameaux pourvus d'une lacune centrale.*

E. palustre L. — Tiges grêles, de 3-6 déc., d'un vert blanchâtre, munies aux articulations de rameaux tétragones, étalés-dressés ; gaînes lâches, élargies, à 6-12 dents ; épi court, cylindrique, obtus au sommet. — 2⁄. — Fruct. mai-juill. — C. — Prés aquatiques, bords des marais.

E. limosum L. — Tiges robustes, de 5-10 déc., d'un beau vert, nues ou qqfois pourvues de rameaux courts, pentagones, fructifères (*E. fluviatile* L.) ; gaînes à 10-25 dents ; épi court, ovoïde, obtus au sommet. — 2⁄. — Fruct. mai-juill. — T. C. — Marécages, ruisseaux, bords des étangs. — En Toscane on mange les jeunes pousses de cette espèce en guise d'Asperges.

E. hiemale L. (Prêle des tourneurs). — Tiges de 5-10 déc., d'un vert glauque, munies de 14-20 sillons, nues ou très rar^t pourvues de rameaux à 8-10 angles ; gaînes cylindriques, appliquées, à 15-20 dents noires, à extrémité blanche, caduque ; épi court, ovoïde, serré, apiculé au sommet. — 2⁄. — Fruct. mai-juill. — T. R. — Bois marécageux. — Bois entre Arcelot et Orgeux, bois de Magny-sur-Tille, étang de Froidvent. — La grande quantité de silice contenue dans la couche corticale de cet *Equisetum* l'a fait employer pour le polissage des bois et des métaux. — Les Prêles étaient autrefois usitées comme diurétiques.

CXIII. FOUGÈRES Juss.

Fructifications (*sporanges*) naissant ord[t] à la face infér. des f. (*frondes*) par groupes (*sores*) nus, ou recouverts, soit par un prolongement de l'épiderme (*indusium*), soit par le bord enroulé de la fronde, plus rar[t] disposées en épi ou en panicule sur des frondes modifiées et différentes des frondes stériles. Spores libres, très nombreuses dans chaque sporange. — Herbes vivaces, à rhizome ord[t] ligneux. Frondes plus ou moins divisées, rar[t] entières, à pétiole ord[t] pourvu d'écailles ou de poils scarieux, ord[t] enroulées en crosse dans leur jeunesse.

1. Sporanges en épi linéaire ou en panicule 2

   Sporanges groupés sur la face infér. des frondes . . . 4

2. Fronde stérile entière ; sporanges disposés en épi linéaire distique . . . . *Ophioglossum* (2).

   Frondes stériles découpées; sporanges en panicule. . . 3

3. Pl. de 5-15 cent.; fronde stérile ord[t] solitaire, pennatiséquée, à segments semi-lunaires . . . . *Botrychium* (1).

   Pl. de 1m. et plus ; frondes stériles nombreuses, 2-pennatiséquées, à segments secondaires lancéolés. *Osmunda* (3).

4. Frondes entières, lancéolées, cordées à la base ; sores linéaires et parallèles entre eux . . . *Scolopendrium* (10).

   Frondes plus ou moins découpées. 5

5. Frondes de 2 sortes, les fertiles plus allongées, fort[t] contractées, à segments linéaires. . . . . *Lomaria* (11).

   Frondes toutes semblables 6

6. Sores entremêlés de poils et d'écailles scarieuses, luisantes, couvrant toute la face infér. des frondes. *Ceterach* (4).

   Sores ord[t] distincts ; poils et écailles nuls ou très rares. 7

7. Sores nus, c'est-à-dire n'étant recouverts ni par un indusium ni par les bords repliés de la fronde . *Polypodium* (5).

   Sores recouverts par un indusium, ou sores groupés sur la marge de la fronde et plus ou moins cachés par ses bords repliés 8

8. Sores marginaux, linéaires, en ligne continue, et plus ou moins cachés par les bords repliés de la fronde . . . . *Pteris* (12).

Sores non marginaux, jamais cachés par les bords repliés de la fronde. 9

9. Indusium seul^t soudé par son centre, ou soudé par son centre et par un pli déprimé allant du centre à la circonférence 10

Indusium soudé seul^t par un de ses bords 11

10. Indusium orbiculaire-pelté et stipité, soudé seul^t par le centre . . . . *Aspidium* (6).

Indusium subréniforme, soudé par le centre et par un pli déprimé allant du centre à la circonférence. *Polystichum* (7).

11. Sores arrondis ou suborbiculaires ; indusium caduc, libre du côté tourné vers le bord ou le sommet des lobes . . . . *Cystopteris* (8).

Sores linéaires ou ovales ; indusium persistant, libre du côté tourné vers la nervure médiane. . . *Asplenium* (9).

A. Sporanges en épi ou en panicule, s'ouvrant en deux valves.

1. BOTRYCHIUM Sw. — Sporanges libres, sessiles, en panicule terminale ; fronde stérile pennatiséquée, ord^t solitaire.

B. Lunaria Sw. — Pl. basse, de 5-15 cent. ; fronde stérile à segments réniformes ou semi-lunaires, à pétiole engaînant dans une partie de sa longueur la fronde fertile, qui dépasse la fronde stérile. — ♃. — Fruct. juin-août. — T. R. — Pelouses montagneuses. — Près la ferme du Val-des-Choux, Thoisy-la-Berchère au pré Luidiot, Saulieu.

2. OPHIOGLOSSUM Tourn. (Ophioglosse). — Sporanges soudés entre eux, disposés en épi linéaire, distique, grêle, aigu ; fronde stérile solitaire, très entière.

O. vulgatum L. (Langue de serpent, Herbe sans couture). — Pl. basse ; fronde stérile à limbe ovale ou lancéolé, à pétiole engaînant une partie de la fronde fertile, celle-ci dépassant long^t à la maturité la fronde stérile. — ♃. — Fruct. mai-juin. — A. R. — Prés et pelouses humides. — Val-Suzon,

St-Apollinaire, Plombières, Villebichot, Cîteaux, Saulieu, Vielverge, Vauchignon, etc.

3. Osmunda Tourn. (Osmonde). — Sporanges libres, stipités, en panicule terminale; frondes 2-
pennatiséquées.

O. regalis L. (Osmonde, Fougère royale, Fougère fleurie).
— Frondes élevées, de 1-2 m., dressées, à rachis canaliculé, à
segments lancéolés, tronqués obliq[t] à la base, réduits, dans le
haut des frondes fertiles, à la nervure qui porte tout autour les
sporanges réunis en panicule terminale rameuse. — ♃. — Fruct.
juin-sept. — T. R. — Marécages des bois. — Saulieu au bois de
la Fiotte, les Cordains près Eschamps au marécage de la Vente-à-
l'Italienne. — Pl. regardée jadis comme vulnéraire, astringente
et diurétique.

**B. Sporanges formant des sores placés à la
face inférieure des frondes, et s'ouvrant
irrégulièrement.**

4. Ceterach C. B. — Sores oblongs ou linéaires,
sans indusium, entremêlés de nombreuses écailles
scarieuses, luisantes, recouvrant toute la face infér.
de la fronde.

C. officinarum Willd. (Herbe dorée). — Frondes nombreuses, réunies en touffes, courtes, épaisses, pennatipartites, à
segments arrondis, alternes, confluents, verts à la face supér.,
d'un brun roux en dessous. — ♃. — Fruct. mai-sept. -- A. C.
— Dijon, Talant, Arnay-le-Duc, Sombernon, Cîteaux, etc., toute
la Côte. — Pl. usitée autrefois; diurétique et astringente.

5. Polypodium Tourn. (Polypode). — Sores arrondis, dépourvus d'indusium, épars ou disposés en
séries rég.

1. Frondes 2-3-pennatiséquées ou pennatipartites, à div. primai-
    res infér. nues à la base. . . . . .   *P. Dryopteris.*
    Frondes pennatipartites ou pennatiséquées, à segments penna-
    tipartits, les infér. non nues à la base. 2
2. Frondes glabres, pennatipartites, à segments ord[t] presque en-
    tiers et distiques. . . . . *P. vulgare.*

Frondes velues-pubescentes, à segments pennatipartits, la plupart opposés. . . . . *P. Phegopteris.*

P. vulgare L. (Polypode, Réglisse des bois). — Rhizome épais, traçant, sucré; frondes de 2-5 déc., lancéolées dans leur pourtour, à segments un peu confluents à la base; sores disposés sur 2 lignes parallèles à la nervure médiane. — ♃. — Fruct. mai-oct. — C. — Rochers, vieux murs ombragés. — Pl. off.; le rhizome est regardé comme laxatif et expectorant.

P. Phegopteris L. — Rhizome grêle, traçant; frondes de 2-5 déc., ovales-triangulaires et acuminées dans leur pourtour; lobes des segments obtus, subcrénelés, les 2 premiers segments soudés avec les 2 lobes du segment opposé; sores en plusieurs séries près du bord des lobes. — ♃. — Fruct. juill.-août. — T. R. — Bois, broussailles des terrains granitiques. — Saulieu aux Chemins-Blancs, Montbroin.

P. Dryopteris L. — Rhizome grêle, traçant; frondes de 1-4 déc., étalées, molles, glabres, triangulaires dans leur pourtour, à segments lancéolés, opposés, les supér. confluents, les infér. pennatipartits; sores petits, en plusieurs séries, rapprochés des bords des segments. — ♃. — Fruct. juin-sept. — R. — Rochers, éboulis. — Saulieu, cours supér. du Suzon.

Rhizome moins grêle, plus ligneux; frondes raides, dressées, pubescentes-glanduleuses : var. *calcareum* Godr. (*P. calcareum* Sm.; Lorey, 1043). — ♃. — A. C. — Pierrailles et éboulis des coteaux boisés. — Toutes les combes de la Côte, Flavigny, Saffres, St-Remy, etc.

6. **Aspidium** R. Br. — Sores arrondis, épars ou disposés en séries rég., recouverts d'un indusium orbiculaire-pelté, fixé seul^t par son centre, et libre dans tout son pourtour.

A. aculeatum Sw. — *Polystichum aculeatum* Roth; Lorey, 1047. — Frondes nombreuses, de 4-8 déc., robustes, raides, oblongues-lancéolées, 2-pennatiséquées, à segments primaires lancéolés, les secondaires ovales, un peu en croissant, dentés, mucronulés, plus ou moins auriculés d'un côté à la base; pétiole couvert de nombreuses écailles brunes. — ♃. — Fruct. juin-sept. — R. — Haies, bois. — Nuits, Blanot, Saulieu, Recey, Rouvray.

7. **Polystichum** Roth. — *Nephrodium* Rich.; Royer. — Sores suborbiculaires, épars ou disposés en séries rég., recouverts d'un indusium subréni-

forme, fixé par son centre et par un pli déprimé allant du centre à la circonf.

1. Rachis plus ou moins garni d'écailles brunes. 2
Rachis dépourvu d'écailles brunes. 4

2. Segments secondaires à div. pennatifides ou pennatiséquées ; lobules munis de dents cuspidées-spinuleuses . . . . *P. spinulosum.*
Segments secondaires crénelés-dentés, à dents mutiques ou mucronulées, mais non cuspidées-spinuleuses. . . . 3

3. Frondes planes ; sores occupant seul[t] la base des segments secondaires à dents mutiques . . . . *P. Filix-mas.*
Frondes pliées longitud[t] ; sores occupant toute la face infér. des segments secondaires à dents mucronulées. . . . . *P. cristatum.*

4. Souche cespiteuse ; frondes parsemées de glandes jaunes résineuses . . . . *P. montanum.*

Souche grêle, traçante ; frondes sans glandes jaunes résineuses . . . . *P. Thelypteris.*

P. Thelypteris Roth. — *Nephrodium Thelypteris* Stremp.; Royer, 609. — Frondes de 2-6 déc., oblongues-lancéolées, pennatiséquées, à segments primaires linéaires-lancéolés, pennatipartits, roulés en dessous, les secondaires entiers, aigus, confluents à la base ; pétiole très long ; sores presque confluents, éloignés des bords de la fronde. — ♃. — Fruct. juin-sept. — R. — Bois humides. — Dijon, Premeaux, Marey-sur-Tille, Val-des-Choux, Aignay-le-Duc.

P. montanum Roth. — *Nephrodium Oreopteris* Kunth ; Royer, 609. — Frondes de 4-8 déc., oblongues-lancéolées, pennatiséquées, à segments primaires linéaires-lancéolés, pennatipartits, les secondaires obtus, larg[t] confluents à la base ; pétiole court ; sores placés près du bord des lobes. — ♃. — Fruct. juill.-août. T. R. — Bois montueux des terrains granitiques. — Bois de Verneau près de l'étang Larmier à Saulieu, St-Léger.

P. Filix-mas Roth. — *Nephrodium Filix-mas* Stremp.; Royer, 608 (Fougère mâle). — Frondes grandes, de 5-10 déc., oblongues-lancéolées, pennatiséquées, à segments primaires lancéolés, pennatipartits, les secondaires oblongs, crénelés-dentés, obtus, confluents vers le sommet des segments primaires ; sores peu nombreux. — ♃. — Fruct. juin-sept. — C. — Bois argileux, rochers et coteaux au nord. — Pl. off.; le rhizome est notre meilleur tænifuge indigène.

P. cristatum Roth. — *P. Callipteris* DC.; Lorey, 1045; Royer, 608. — Frondes moins élevées que dans l'espèce précédente, lancéolées, atténuées aux 2 extrémités, pennatiséquées, à segments primaires plus ou moins découpés, les secondaires arrondis ; sores nombreux. — ♃. — Fruct. juin-sept. — Bois des terrains granitiques. — Saulieu, Laroche-en-Brenil. — Malgré le témoignage de Lorey cette espèce, non revue, est fort douteuse pour le département.

P. spinulosum DC. — P. *dilatatum* DC.; Lorey, 1046; —*Nephrodium spinulosum* DC.; Royer, 608. — Frondes de 3-8 déc., rar[t] de 1-3 déc., peu nombreuses, molles, oblongues, non atténuées à la base, 2-3-pennatiséquées, à segments primaires triangulaires-lancéolés, acuminés ; sores 2-sériés parallèlement à la nervure médiane. — ♃. — Fruct. juin-sept. — A. C. — Bois granitiques et argilo-siliceux. — Gevrey, Sombernon, Cîteaux, Pontailler, Semur, Saulieu, etc.

Frondes plus larges; segments à div. presque toutes distinctes : var. *dilatatum* Gren. et Godr. (*P. tanacetifolium* DC.).— Avec le type.

8. **Cystopteris** Bernh. — Sores oblongs-arrondis ou suborbiculaires, épars ou en séries rég., recouverts d'un indusium prompt[t] fugace, lancéolé ou subréniforme, libre du côté du bord ou du sommet des lobes.

C. fragilis Bernh. — *Aspidium fragile* DC.; Lorey, 1047. — Frondes courtes, de 1-4 déc., grêles, délicates, oblongues-lancéolées, 2-pennatiséquées, à segments primaires ovales-lancéolés, les secondaires alternes, écartés, à div. obovales, deuticulées-crénelées, rar[t] entières. — ♃. — Fruct. juin-sept. — A. C. — Bois humides, rochers. — Murs du parc de Dijon, toute la Côte, Semur, Saulieu, etc.

L'*Aspidium regium* DC., indiqué par Lorey, n'est sans doute qu'une variété de l'espèce précédente, dont il diffère par les lobes des segments secondaires plus prof[t] découpés.

9. **Asplenium** L. (Doradille). — Sores linéaires ou oblongs, ord[t] épars sur les nervures secondaires, recouverts d'un indusium linéaire ou oblong, fixé par son bord externe, libre par son bord interne qui se renverse en dehors.

1. Frondes divisées au sommet en 2-3 segments linéaires-allongés qui semblent prolonger le pétiole . *A. septentrionale.*

Frondes pennatiséquées ou 2-pennatiséquées, à segments nombreux, élargis et distincts. **2**

2. Frondes linéaires, pennatiséquées. . . *A. Trichomanes.*

Frondes 2-3-pennatiséquées, oblongues, lancéolées ou triangulaires. **3**

3. Frondes à segments infér. plus longs que les moyens. . **4**

Frondes à segments infér. plus courts que les moyens. . **5**

4. Segments primaires lancéolés-aigus, à lobes nombreux. . . . . *A. Adiantum-nigrum.*

Segments primaires obovales-cunéiformes, à lobes peu nombreux . . . . *A. Ruta-muraria.*

5. Frondes de 1-3 déc., à segments à 5-6 lobes obtus, dentés-mucronés . . . . *A. Halleri.*

Frondes de 5-10 déc., à segments étroit^t acuminés, à 30-40 lobes denticulés . . . . *A. Filix-fœmina.*

A. Trichomanes L. (Capillaire). — Pl. étalée, gazonnante ; frondes raides, de 1-3 déc., atténuées aux 2 extrémités ; segments ovales-arrondis, crénelés-dentés, tronqués à la base ; pétiole d'un pourpre noir luisant, à angles ailés. — ♃. — Fruct. mai-oct. — T. C. — Vieux murs, rochers. — Passait pour diurétique et astringent.

A. septentrionale Sw. — Frondes courtes, de 5-15 cent., coriaces, à segments linéaires, entiers, incisés ou bifurqués ; pétioles bruns à la base, verts au sommet ; sores linéaires, couvrant complèt^t à la fin la face infér. des segments. — ♃. — Fruct. juin-août. — A. C. — Rochers granitiques. — Semur, Saulieu, Arnay-le-Duc, Nolay, etc.

A. Ruta-muraria L. (Rue des murailles). — Pl. gazonnante ; frondes courtes, de 5-10 cent., triangulaires-ovales, 2-3-pennatiséquées ; segments primaires peu nombreux, épais, les secondaires oblongs-cunéiformes, entiers, lobulés ou dentés ; pétiole vert. — ♃. — Fruct. mai-oct. — T. C. — Vieux murs, rochers. — Était employé comme diurétique et astringent.

A. Adiantum-nigrum L. — Frondes assez grandes, de 15-25 cent., triangulaires-lancéolées, brillantes, 2-4-pennatiséquées, acuminées ; segments primaires lancéolés-aigus, les secondaires alternes, ovales, incisés-dentés, atténués à la base ; pétiole brun, au moins à la base. — ♃. — Fruct. juin-sept. — R. — Bois, rochers. — Dijon, Savigny-sous-Beaune, Saulieu, Semur, Montberthault, Remilly.

A. Halleri DC. — Frondes de 1-3 déc., lancéolées-oblongues, 2-pennatiséquées ; segments primaires ovales, les secondaires divisés en lobes dentés-mucronés ; pétiole plus court que le limbe. — ♃. — Fruct. juin-sept. — Indiqué par Lorey à Messigny et à Nuits ; très douteux pour le département. — Signalé dans le département de Saône-et-Loire.

A. Filix-fœmina Bernh. — *Athyrium Filix-fœmina* Roth; Lorey, 1049 (Fougère femelle). — Frondes grandes, oblongues-lancéolées, 2-pennatiséquées, à pétiole court ; segments primaires allongés, lancéolés-acuminés, les secondaires lancéolés, subpennatifides, à lobules entiers ou denticulés. — ♃. — Fruct. juill.-sept. — Bois, haies. — Commun dans le Val-de-Saône et le Morvan. — Ne doit pas être substitué à la Fougère mâle, bien qu'on lui ait attribué les mêmes propriétés.

10. SCOLOPENDRIUM Sm. — Sores linéaires, allongés, parallèles entre eux et obliques à la nervure médiane ; indusium membraneux, s'ouvrant en son milieu suivant une ligne longitudinale.

S. vulgare Symons. — *S. officinale* Sm.; Lorey, 1052; Royer, 605 (Scolopendre, Langue de cerf). — Frondes très longues, de 2-5 déc., lancéolées, entières, un peu rétrécies au-dessus de la base, celle-ci cordée-auriculée ; pétiole plus court que le limbe. — ♃. — Fruct. juill.-oct. — C. — Rochers ombragés, puits, bois. — Pl. off.; béchique et astringente.

11. LOMARIA Willd. — *Blechnum* Roth ; Lorey et Royer. — Frondes de deux sortes, les unes stériles, les autres fertiles, centrales, plus longues, fort[t] contractées ; sores linéaires, rapprochés par paires, parallèles à la nervure médiane ; indusium se renversant en dehors à la maturité.

L. spicant Desv. — *Blechnum spicant* Roth; Lorey, 1053; Royer, 605. — Frondes oblongues-lancéolées, pennatiséquées, atténuées aux 2 extrémités, les stériles à segments-lancéolés, un peu confluents à la base, les fertiles à segments linéaires, écartés. — ♃. — Fruct. juill.-sept. — R. — Bois humides des terrains granitiques. — Saulieu, Eschamps, St-Andeux, St-Germain-de-Modéon.

12. PTERIS L. — Frondes toutes fertiles ; sores linéaires, disposés en série continue sur le bord des segments ; indusium continu avec le bord des segments, libre sur son côté interne.

P. aquilina L. (Grande Fougère, Fougère aigle). — Pl. élevée, de 1-2 m.; frondes très grandes, ovales-triangulaires, 2-3-pennatiséquées, à segments primaires subopposés et pétiolés à la base, les tertiaires oblongs-obtus, entiers, coriaces, pubescents à la face infér. — ♃. — Fruct. juin-sept. — T. C. — Bois, broussailles, friches des sols siliceux et granitiques, affleurements siliceux dans le calcaire. — Le Morvan, le Val-de-Saône, Flavigny, Marcelois, etc. — A la campagne on fait coucher les enfants rachitiques ou scrofuleux sur les frondes de cette Fougère et sur celles de l'Osmonde et de la Fougère mâle.

CXIV. LYCOPODIACÉES Rich.

Fructifications (*sporanges*) nombreuses, toutes semblables, ovoïdes ou réniformes, s'ouvrant régt par une fente transversale, et contenant une grande quantité de spores très petites (*microspores*), lisses ou papilleuses, réunies par groupes de 4 dans des cellules qui se résorbent. Sporanges placés soit à l'aisselle de f. non modifiées et occupant presque toute la longueur de la tige, soit à l'aisselle de f. ou de bractées disposées en épis terminaux. — Herbes vivaces, à tiges très feuillées, rameuses-dichotomes, couchées-radicantes à la base. F. très nombreuses, petites, 1-nervées, imbriquées et spiralées sur les tiges.

Lycopodium Dill. — Caractères de la famille.

1. Sporanges placés à l'aisselle des f. sur presque toute la longueur de la tige et ne formant pas d'épis distincts. *L. Selago.*
Sporanges placés à l'aisselle de f. ou de bractées, et formant des épis distincts. 2
2. Sporanges placés à l'aisselle de f. non modifiées, et formant des épis solitaires et distincts au sommet des rameaux. . . . . *L. inundatum.*
Sporanges placés à l'aisselle de bractées, et formant 2-3 épis au sommet d'un long pédonc. commun. *L. clavatum.*

L. Selago L. — Tiges couchées-ascendantes, de 1-2 déc., souv[t] arquées, à rameaux nombreux, parallèles et s'élevant à la même hauteur ; f. lancéolées-acuminées, coriaces, raides, entières ou un peu denticulées, étroit[t] imbriquées. — ♃. — Fruct. juill.-sept. — T. R. — Lieux tourbeux. — Étangs Morin à St-Léger-de-Fourches et de Romanet à St-Germain-de-Modéon.

L. inundatum L. — Tiges couchées, de 5-15 cent., peu rameuses, à rameaux simples ; f. raides, un peu étalées, linéaires, très entières; épis cylindriques-oblongs ; f. bractéales un peu plus larges à la base que les caulinaires. — ♃. — Fruct. juill.-sept. — R. — Bruyères, bois humides. — Saulieu au bois du Brenil, à l'ancien étang Larmier et à l'étang Fortier, étang Morin à St-Léger-de Fourches.

L. clavatum L. (Lycopode) — Tiges rampantes, de 4-8 déc.; rameaux fertiles ascendants ; f. molles, minces, étalées-arquées, à bords denticulés, terminées par un long poil blanc ; épis cylindracés ; bractées scarieuses, frangées. — ♃. — Fruct. juill.-sept. — R. — Saulieu au bois du Brenil, étang Morin à St-Léger-de-Fourches. — Pl. off.; ses microspores constituent la poudre, connue sous le nom de Lycopode, qui sert à saupoudrer la peau des jeunes enfants pour éviter les excoriations. On l'emploie aussi au théâtre pour simuler les éclairs. — Les Lycopodes sont purgatifs et vomitifs.

CXV. RHIZOCARPÉES Batsch.

Fr. (*sporocarpe*) naissant sur le rhizome ou vers la base des f. (*frondes*), formé d'un invol. (*conceptacle*) ovoïde ou globuleux, divisé en 2-4 loges ou plus, s'ouvrant plus ou moins complèt[t] par 2-4 valves ; chaque loge contenant des sporanges de deux sortes : les *macrosporanges*, plus gros, placés à la partie infér. de la loge, les *microsporanges*, plus petits, à la partie supér. — Herbes aquatiques, à rhizome rampant, filiforme, émettant des rac. au point d'insertion des frondes, celles-ci roulées en crosse dans la préfoliaison.

Frondes terminées par un limbe à 4 lobes en croix. . . .
. . . . *Marsilia* (1).
Frondes linéaires, junciformes, subulées . . *Pilularia* (2).

1. MARSILIA L. — Sporocarpes pédicellés, ord^t 2-3
vers la base des pétioles, sur un pédonc. commun,
ovoïdes, 2-locul. et 2-valves, transvers^t divisés par
des cloisons membraneuses.

M. quadrifolia L. — Frondes long^t pétiolées, à pétiole
grêle, et limbe d'un beau vert, à 4 lobes glabres, obovales-cunéiformes ; sporocarpes noirâtres. — ♃. — Fruct. juill.-août. — R.
— Mares, fossés, eaux stagnantes. — Cîteaux, étang de Villebichot, Broin, Seurre, St-Nicolas, etc.

2. PILULARIA Vaill. — Sporocarpes globuleux,
subsessiles, solitaires, à 4 loges et à 4 valves ; frondes linéaires, junciformes.

P. gobulifera L. — Frondes allongées, dressées ou nageantes ; sporocarpes de la grosseur d'un petit pois, recouverts
d'un feutrage brunâtre. — ♃. — Fruct. juill.-août. — T. R. —
Mares, fossés. — Mares de Pontaquin à Saulieu, étang de Vernon
à Rouvray.

[illegible]
[illegible]
[illegible]
[illegible]

[illegible]
[illegible]

[illegible]
[illegible]
[illegible]
[illegible]

VOCABULAIRE DES MOTS TECHNIQUES.

A

Acaule, sans tige apparente.

Accrescent, qui continue de se développer après la floraison.

Accrochante (tige), qui se soutient sur les autres plantes au moyen d'aiguillons recourbés en crochet.

Achaine, fruit sec, monosperme, indéhiscent, à péricarpe non soudé avec la graine.

Aciculaire (feuille), en forme d'aiguille.

Aculéolé, muni de très petits aiguillons.

Acuminé, terminé en pointe effilée.

Adhérent, qui est soudé, se confond avec la partie voisine.

Adné, adhérent à un autre organe dans la totalité ou dans une partie de sa longueur.

Adventice, adventive (plante), venue d'une région étrangère et poussant sans avoir été semée.

Agglutiné, collé comme avec de la glu, mais de manière à pouvoir se séparer sans déchirure.

Aigrette, couronne ou faisceau de poils surmontant quelques fruits, ou quelques graines.

Aiguillon, production de l'épiderme ne différant des poils que par une plus grande épaisseur.

Aile, expansion membraneuse plus ou moins saillante. (Voy. aussi **Papilionacées**, p. 88).

Ailé, pourvu d'une expansion membraneuse.

Aisselle, angle interne formé par l'insertion d'une feuille ou d'une bractée sur la tige.

Alternes (feuilles), espacées une à une sur la tige, à des hauteurs différentes.

Alterni. ou **alternatipétales** (étamines), placées entre chaque pétale (devant l'espace qui sépare chaque pétale).

Alvéolé, creusé de fossettes.

Alvéoles, petites fossettes anguleuses creusées sur divers organes.

Amplexicaule, embrassant la tige en totalité ou en partie.

Anastomosées (nervures), se soudant entre elles de manière à former un réseau.

Ancipitée (tige), comprimée et formant deux angles opposés.

Androgyne, se dit d'un ensemble de fleurs unisexuées portées sur un axe commun (épi, épillet), et disposées de telle sorte que les fleurs mâles occupent ordinairement le sommet de l'inflorescence.

Annuelle (plante) ①, ayant une végétation continue et d'une seule période; elle germe au printemps, fructifie en été et meurt avant l'hiver. (Voy. **Bisannuelle**).

Antérieure, se dit de la partie de la fleur qui regarde la bractée ou la feuille à l'aisselle de laquelle cette fleur est née.

Anthère, partie de l'étamine qui contient le pollen.

Anthèse, épanouissement de la fleur.

Anthode. (Voy. COMPOSÉES, p. 186).

Apétale (fleur), privée de pétales.

Aphylle (tige), sans feuilles ou qui semble dépourvue de feuilles.

Apiculé, terminé en pointe courte.

Appendice, partie accessoire d'un organe.

Appendiculaires (organes), qui naissent de l'axe : feuilles, bractées, sépales, pétales, carpelles.

Appendiculé, muni d'un appendice.

Appliqué, qui s'applique exactement sur un autre objet.

Apprimé, couché sur, appliqué contre.

Aranéeux, couvert de poils longs et fins entrecroisés, simulant une toile d'araignée.

Arbrisseau, arbre peu élevé, à tige ramifiée presque dès la base, et muni de bourgeons écailleux à l'aisselle des feuilles.

Arbuste ou sous-arbrisseau, végétal ligneux peu élevé, ramifié dès la base et dépourvu de bourgeons écailleux à l'aisselle des feuilles.

Arête, prolongement ou appendice filiforme, droit et raide.

Arille, appendice charnu ou membraneux que présentent quelques graines.

Aristé, pourvu d'une pointe en forme d'arête.

Article, portion d'un organe formé de pièces pouvant se séparer spontanément.

Articulation, nom donné aux renflements (nœuds) cassants que portent certaines tiges.

Articulé, se dit d'un fruit présentant des étranglements à intervalles égaux, des folioles d'une feuille composée, qui peuvent se détacher sans déchirement, d'une tige pourvue de nœuds cassants, etc.

Ascendante (tige), couchée ou oblique à la base, redressée au sommet.

Atténué, graduellement et insensiblement rétréci.

Auriculé, pourvu d'oreillettes. (Voy. ce mot).

Avorté, se dit d'un organe arrêté dans son développement.

Axe, se dit de toute partie d'un végétal : racine, tige, rameau, pédoncule, qu'on peut considérer comme centrale par rapport aux autres organes, dits appendiculaires, qui y sont insérés.

Axile, se dit d'un organe dépendant de l'axe. (Voy. aussi **Placentation**.)

Axillaire, placé à l'aisselle d'une feuille ou d'une bractée.

Axillante, se dit d'une feuille ou d'une bractée portant à son aisselle un rameau ou une inflorescence.

B

Bacciforme, se dit d'un fruit de consistance molle ou charnue, en forme de baie.

Baie, fruit complètement charnu et renfermant plusieurs graines.

Basifixe (anthère), s'attachant par la base au filet.

Basilaire, qui appartient à la base, qui paraît naître de la base.

Bec, prolongement terminal d'un organe en une pointe raide, épaisse à la base.

Bi., devant un mot, signifie deux : bidenté, à deux dents; bifide, divisé en deux, etc.

Bilabié, partagé en deux lobes inégaux simulant deux lèvres.

Bisannuelle (plante) ②, celle qui vit pendant deux saisons successives ; en général, elle ne développe qu'une tige courte, des feuilles et des racines dans la première, elle produit des fleurs et des fruits dans la seconde, puis meurt. Par exception les plantes bisannuelles peuvent avoir une seconde et même une troisième floraison.

Bisérié, disposé sur deux lignes.

Bourgeon, organe plus ou moins ovoïde, ordinairement placé à l'aisselle des feuilles, et composé d'un axe très court couvert de petites feuilles ou d'écailles étroitement imbriquées.

Bractéal, qui est de la nature des bractées.

Bractée, petite feuille à la base des fleurs, différant le plus souvent des feuilles de la tige par sa couleur et sa forme.

Bractéiforme, en forme de bractée.

Bractéole, très petite bractée placée à la base des pédicelles. (Voy. ce mot).

Bractéolé, qui porte des bractéoles.

Bulbe, souche souterraine charnue, renflée, arrondie.

Bulbifère, qui porte des bulbes ou des bulbilles.

Bulbille, petit bourgeon bulbiforme, naissant, chez certaines espèces, à la place des fleurs ou à l'aisselle des feuilles, et susceptible de s'enraciner et de produire un nouvel individu, après s'être détaché de la plante-mère.

Bursicule. (Voy. ORCHIDÉES, p. 371).

C

Caduc, se dit d'un organe qui se détache de très bonne heure.

Calathide. (Voy. COMPOSÉES, p. 186).

Calice, enveloppe recouvrant la corolle dans le bouton, ordinairement verte et composée de folioles appelées *sépales*. Lorsque les sépales sont distincts et séparables sans déchirure, le calice est dit *polysépale;* quand au contraire, ils sont soudés entre eux, le calice est dit *monosépale.*

Calicule, verticille de bractées placé à l'extérieur du calice et simulant un second calice.

Calleux, pourvu d'un ou plusieurs points épaissis, durs et saillants.

Campanulé, en forme de cloche.

Canaliculé, plié longitudinalement en forme de gouttière.

Cannelée (tige), munie de côtes alternant avec des sillons.

Capillaire, délié comme un cheveu.

Capité, terminé en tête arrondie ou globuleuse.

Capitule. (Voy. COMPOSÉES, p. 186).

Capsulaire, de la nature d'une capsule.

Capsule, fruit sec, polysperme, déhiscent.

Carène, arête saillante et longitudinale située sur la face d'un organe.(Voy. aussi PAPILIONACÉES, p. 88).

Caréné, saillant d'un côté et creusé de l'autre.

Carpelle. Le pistil, situé au centre de la fleur, est formé par un ou plusieurs carpelles. Le carpelle est une feuille profondément modifiée. Souvent les carpelles sont isolés (Renoncule); on y distingue alors une base arrondie creuse (*ovaire*), contenant de petits corps arrondis (*ovules*); l'ovaire est ordinairement surmonté par un organe aminci (*style*) qui se termine par une masse visqueuse (*stigmate*). Dans d'autres cas, les carpelles sont soudés entre eux sur une étendue plus ou moins considérable. Lorsque la soudure est complète, le pistil semble n'avoir qu'un ovaire, un style et un stigmate. (Voy. **Ovaire** et **Placentation**).

Caryopse, fruit sec, indéhiscent, monosperme, à péricarpe soudé avec la graine. (Voy. GRAMINÉES, p. 424).

Casque (fleur en), formée par différentes enveloppes florales, dont une ou plusieurs divisions supérieures se soudent ou se rapprochent en formant une voûte en forme de casque.

Caudicule. (Voy. ORCHIDÉES, p. 371.)

Caulinaire, qui tient à la tige.

Cespiteux, qui croît en touffes serrées.

Chagriné, se dit d'une surface rugueuse, à rugosités peu saillantes.

Charnu, épais, succulent.

Chaton, épi composé de fleurs unisexuées, toutes mâles ou toutes femelles, et se détachant d'une seule pièce, après la floraison pour les premières, à la maturité pour les secondes. On donne aussi le nom de chatons aux inflorescences globuleuses des Platanes.

Chaume. (Voy. GRAMINÉES, p. 424).

Cilié, bordé de cils.

Cils, poils courts et fins.

Claviforme, en forme de massue.

Cloison, séparation des loges dans les fruits ou les ovaires pluriloculaires.

Cohérent, collé ou agglutiné, mais non soudé.

Coloré, se dit de tout organe qui n'est pas vert.

Columelle. (Voy. OMBELLIFÈRES, p. 146).

Commissure. (Voy. OMBELLIFÈRES, p. 146).

Complet, se dit d'un organe ou d'un appareil pourvu de toutes les parties qu'il est susceptible d'avoir dans le type le plus régulier.

Composé, formé de parties distinctes et séparables.

Composée (feuille), formée de plusieurs folioles articulées sur le rachis.

Comprimé, se dit d'un corps dont la forme semble avoir été modifiée ou déterminée par une pression latérale.

Conceptacle. (Voy. Rhizo- carpées, p. 478).

Concolore, de même couleur.

Cône. (Voy. Cannabinées, p. 340, et Conifères, p. 463).

Confluents, se dit de deux ou plusieurs organes se réunissant en tout ou en partie, de manière à n'en former qu'un seul.

Conforme, dont la forme est la même que celle des organes analogues.

Connectif, corps de forme variable, continuant le filet de l'étamine et réunissant les loges de l'anthère.

Connées, se dit de deux feuilles opposées, soudées entre elles par leur base.

Connivent, se rapprochant par le sommet sans se souder.

Contigu, qui est en contact avec un autre objet sans lui être adhérent.

Contourné, tordu régulièrement dans un même sens.

Contracté, resserré.

Coque. (Voy. Euphorbiacées, p. 331).

Cordé, cordiforme, échancré en cœur à la base.

Corolle, enveloppe intérieure de la fleur, placée entre le calice et les étamines, et ordinairement colorée. Elle est dite *polypétale* quand les folioles qui la forment (*pétales*) sont libres et séparées, *monopétale*, quand elles sont soudées entre elles.

Coronule, petite couronne.

Corymbe, inflorescence dans laquelle les pédicelles, bien qu'insérés à différents points, arrivent à la même hauteur.

Corymbiforme, en forme de corymbe.

Coulant. (Voy. **Stolon**).

Couronne, ensemble d'appendices pétaloïdes, libres ou soudés, placés à la gorge de la corolle ou du périanthe dans certaines fleurs.

Crampons, espèces de racines aériennes permettant à certains végétaux de grimper en se fixant sur les corps voisins.

Crénelé, muni de dents courtes, obtuses et arrondies au sommet.

Crête, appendice saillant, en forme de crête de coq, sur divers organes.

Cryptogames (plantes), dont les organes reproducteurs ne sont ni des étamines ni des ovules, mais des spores. (Voy. Fougères, p. 469, et Équisétacées, p. 466.

Cunéiforme, en forme de coin à fendre le bois.

Cupule, involucre écailleux, foliacé ou épineux, entourant certains fruits.

Cupuliforme, en forme de cupule, ressemblant à une cupule.

Cuspidé, terminé en pointe allongée, aiguë et raide.

Cyme, inflorescence dans laquelle l'axe primaire se termine par une fleur qui s'épanouit avant toutes les autres, et de même pour les axes successifs.

D

Décombante, se dit d'une tige grêle ou molle qui retombe sur le sol.

Décomposées (feuilles), se dit des feuilles composées dont les folioles sont portées sur des pétioles secondaires, ou des feuilles non composées dont les divisions sont elles-mêmes divisées.

Décurrente (feuille), dont les bords du limbe se prolongent sur la tige au-dessous de son point d'insertion.

Déhiscence, manière dont s'ouvrent certains fruits murs.

Déhiscent (fruit), qui s'ouvre à la maturité.

Demi-fleuron. (Voy. Composées, p. 186).

Denté, bordé de dents. — Bi., tri., quadridenté : à 2, 3, 4 dents.

Denticulé, dentelé, bordé de dents peu apparentes.

Déprimé, comprimé dans le sens vertical.

Diadelphes (étamines), soudées par leurs filets en deux faisceaux.

Dichotome, qui se divise en fourche successivement et régulièrement.

Dicotylédones ou **dicotylédonées** (plantes), dont la graine renferme deux *cotylédons* (feuilles ordinairement charnues et blanches qui doivent fournir à l'embryon sa première nourriture). On les reconnaît aux nervures de leurs feuilles ordinairement très ramifiées et disposées d'après le type penné ou digité, à leurs feuilles rarement entières, à leurs fleurs dont les parties sem-blables sont le plus souvent dis-posées par quatre ou par cinq. Quand les fleurs ont deux en-veloppes, l'extérieure (*calice*) est ordinairement foliacée et l'intérieure (*corolle*) colorée. (Voy. **Monocotylédo-nes**).

Didyme, formé par la réunion de deux parties globuleuses.

Didynames (étamines), au nombre de quatre dans une fleur, dont deux plus longues que les deux autres.

Diffus, diffuses, se dit de tiges ou de rameaux couchés et entrecroisés sans ordre.

Digité, disposé comme les doigts écartés.

Digitiforme, se dit d'une corolle irrégulière en forme de doigt de gant.

Dilaté, élargi, aplati, amplifié latéralement.

Dimère (fleur), dont tous les verticilles sont composés de deux pièces.

Dioïques, se dit des plantes à fleurs unisexuées, dont les fleurs à étamines (*mâles*) et les fleurs à pistil (*femelles*) sont portées par des individus différents.

Discoïde, ayant la forme d'un disque ou d'une sphère aplatie.

Discolore, de deux couleurs différentes.

Disque, corps glanduleux ou charnu sur lequel s'insèrent un ou plusieurs verticilles de la fleur. (Voy. aussi Composées, p. 186).

Distique, inséré sur deux rangs opposés sur un axe com-mun.

Divariqué, écarté à angle très ouvert.

Divergents, se dit d'organes qui se dirigent dans des sens différents et tendent à s'écar-ter l'un de l'autre.

Dorsal, qui appartient au dos, qui est du côté du dos.

Dressé, dont la direction est perpendiculaire au sol.

Drupacé, de la nature de la drupe.

Drupe, fruit charnu, à noyau osseux renfermant ordinairement une seule graine.

E

Écailles, petites feuilles, ou appendices colorés ou membraneux, de forme variable, qui se trouvent sur diverses parties des plantes.

Échinulé, hérissé de petites pointes raides et fines.

Élatères. (Voy. ÉQUISÉTACÉES, p. 466).

Émarginé, échancré.

Embrassant. (Voy. **Amplexicaule**).

Émergée, se dit d'une plante quand elle croît sous l'eau et que son sommet se développe à l'air.

Endocarpe, partie interne du péricarpe qui entoure immédiatement la ou les graines.

Engaînant, entourant la tige ou un autre organe par une sorte de gaîne.

Ensiforme, en forme de glaive.

Entier, sans divisions.

Entre-nœuds, partie de la tige qui est comprise entre deux feuilles alternes ou deux verticilles foliaires.

Épars, disposé sans ordre.

Éperon, sorte de cornet ou de tube, droit ou recourbé, fermé à une extrémité, qui se trouve à la base de certains pétales ou sépales.

Épi, inflorescence dans laquelle toutes les fleurs sont sessiles sur l'axe (*épi simple*) ou sur les ramifications de l'axe (*épi composé*).

Épigyne. (Voy. **Insertion**).

Épillet, petit groupe de fleurs sessiles réunies entre les glumes. (Voy. GRAMINÉES, p. 424).

Épine, production ligneuse, allongée et piquante, provenant de la transformation d'un rameau, d'une stipule ou d'une feuille.

Équitantes (feuilles), se dit des feuilles qui, pliées en long, sont à cheval les unes sur les autres.

Érodé, se dit d'un organe irrégulièrement denté et comme déchiré par une morsure.

Espèce, réunion d'individus qui se ressemblent plus entre eux qu'ils ne ressemblent à tous les autres ; tous les individus issus des graines d'une même plante sont de la même espèce; ou, d'une façon plus générale, les plantes qui proviennent les unes des autres appartiennent toujours à la même espèce.

Estival, qui fleurit l'été.

Étalé, qui s'écarte de l'axe à angle droit.

Étamines, organes constituant, dans une fleur complète, le troisième verticille placé entre la corolle et le pistil. Chaque étamine comprend, en général, le *filet*, petite baguette qui porte à son sommet l'*anthère*, celle-ci le plus souvent à deux *loges*.

Étendard. (Voy. PAPILIONACÉES, p. 88).

Exsert, qui fait saillie au dehors.

Extrorses (étamines), dont l'anthère tourne le dos au centre de la fleur et s'ouvre du côté externe.

F

Falciforme, recourbé comme une faux ou comme une faucille.

Famille, réunion de genres qui ont plus de ressemblance entre eux qu'avec tous les autres.

Fasciculé, réuni en faisceau.

Fastigiés (rameaux), rapprochés et dressés contre la tige.

Femelle (fleur), celle qui est pourvue d'un ovaire et privée d'étamines.

Fertile, se dit d'un ovaire pourvu d'ovules, des étamines contenant du pollen, des épillets contenant des fleurs femelles.

Feuille, organe ordinairement vert, porté par la tige ou les rameaux ; une feuille complète comprend trois parties : la *gaine*, le *pétiole* et le *limbe*.

Fibres, filaments grêles et desséchés qui se présentent à la base de certaines tiges.

Fibres radicales, divisions ténues des racines et des rizhomes.

Fibreux, constitué par des fibres.

Fide, terminaison qui indique que l'organe est fendu profondément. — Bi., tri., quadri., multifide, indique le nombre des divisions.

Filet. (Voy. **Étamines**).

Filiforme, de la forme et de l'épaisseur d'un fil.

Fimbrié, frangé.

Fistuleux, creux à l'intérieur.

Fleur, partie de la plante qui renferme les organes destinés au développement et à la formation de la graine ; les *étamines* et le *pistil* en sont les parties essentielles ; le *calice* et la *corolle* les parties accessoires.

Fleuron. (Voy. Composées, p. 186).

Flexueux, courbé plusieurs fois en zigzag.

Floraison, époque de l'épanouissement des fleurs.

Flore (uni., bi., tri.), à 1, 2, 3 fleurs.

Flosculeux. (Voy. Composées, p. 186).

Flottante, se dit d'une plante dont les feuilles nagent à la surface de l'eau.

Foliacé, qui a la couleur et la consistance des feuilles.

Foliole, une des divisions de la feuille composée ; par extension on donne ce nom aux divisions du calice, de l'involucre, etc.

Foliolée (feuille uni., tri.), à 1, 3 folioles.

Follicule, fruit sec, polysperme, s'ouvrant par la suture ventrale sur laquelle les graines sont attachées.

Fossette, petit creux, comme celui qui serait fait par une tête d'épingle sur de la cire.

Fronde, nom donné aux feuilles de plusieurs Cryptogames.

Fructifère, qui porte le fruit.

Fruit, ovaire accru et fécondé, arrivé à maturité.

Frutescent, qui est ligneux et très ramifié dès la base.

Fugace, synonyme de caduc.

Fusiforme, en forme de fuseau, renflé au milieu, atténué aux extrémités.

G

Gaîne, base de certaines feuilles, se prolongeant sur la tige et l'entourant plus ou moins complètement. (Voy. GRAMINÉES, p. 424).

Gazonnante, se dit d'une tige qui forme à sa base des touffes serrées.

Géminés, rapprochés deux à deux, mais sans être opposés.

Genouillé, géniculé, plié en faisant un angle, souvent au niveau d'un nœud.

Genre, groupe dans lequel on réunit les espèces qui ont entre elles beaucoup de ressemblance, ou plus de ressemblance entre elles qu'avec toutes les autres.

Gibbeux, muni d'une bosse.

Gibbosité, bosse.

Glabre, totalement dépourvu de poils.

Glabrescent, presque glabre.

Glande, organe de nature celluleuse, secrétant des liquides particuliers.

Glanduleux (poils), portant soit à la base, soit au sommet, des glandes ovoïdes ou sphériques. Par abréviation un organe est dit glanduleux quand il porte des poils de cette sorte.

Glacescent, d'un aspect glauque, ou qui tend à devenir glauque.

Glauque, d'un vert blanchâtre ou bleuâtre.

Glochidiés, se dit de poils ordinairement raides, rameux et courbés en crochet à leur extrémité.

Glomérule, inflorescence en tête serrée, dont les fleurs s'épanouissent du centre à la circonférence.

Glumacé, de la nature et de la consistance des glumes.

Glume, glumelle, glumellule. (Voy. GRAMINÉES, p. 424).

Glutineux, visqueux comme la glu.

Gorge, entrée du tube dans une corolle monopétale, un calice monosépale, un périanthe monophylle.

Gousse, fruit sec, ordinairement polysperme, uniloculaire et s'ouvrant en deux valves (Pois).

Graine, ovule accru et fécondé ; partie du fruit entourée par le péricarpe.

Graminiforme (feuille), ressemblant à une feuille de Graminée.

Grappe, inflorescence dans laquelle les fleurs sont portées sur des pédoncules à peu près égaux et insérés à différentes hauteurs sur l'axe commun (Groseiller).

Grimpant, qui s'appuie et s'élève sur les corps voisins par divers procédés.

Gueule (corolle en), corolle monopétale, irrégulière, à deux lobes rapprochés et inégaux, simulant le mufle d'un animal (G. *Antirrhinum*, p. 280).

Gynobasique (style), qui paraît naître de la base du ou des ovaires. (Voy. LABIÉES, p. 290).

Gynostème. (Voy. ORCHIDÉES, p. 371).

H

Hampe, pédoncule nu et paraissant radical (Primevère).

Hastée (feuille), en fer de hallebarde, c'est-à-dire prolongée à sa base en deux lobes aigus et divergents.

Herbacée (plante), dont la tige, ordinairement verte, est molle et facile à briser.

Herbe, plante herbacée, non ligneuse.

Hérissé, couvert de poils raides produisant l'effet d'une brosse.

Hermaphrodite (fleur), ayant pistil et étamines.

Hispide, couvert de poils longs, très raides et piquants.

Hybride, se dit d'une plante issue d'une graine résultant de la fécondation d'une espèce par une autre espèce du même genre.

Hypocratériforme, en forme de coupe, large, peu profonde et portée sur un pied.

Hypogyne. (Voy. **Insertion**).

I

Imbriqué, se recouvrant comme les tuiles d'un toit.

Imparipennée (feuille), feuille composée-pennée, ter-minée par une foliole impaire (Acacia).

Incisé, divisé par des fentes assez irrégulières en segments ordinairement étroits et profonds.

Inclus, qui ne fait pas saillie hors du tube de la corolle.

Incomplète (fleur), celle qui n'a pas à la fois calice, corolle, étamines et pistil.

Indéfini (en nombre), en grand nombre, en nombre non déterminé. Les étamines sont en nombre indéfini quand il en a plus de 10 (Rose, Renoncule).

Indéhiscent, qui ne s'ouvre pas.

Indivis, se dit d'un organe qui n'offre aucune division.

Induré, qui a acquis une consistance ligneuse.

Indusium. (Voy. FOUGÈRES, p. 469).

Induvié, se dit du fruit entouré par le calice accru et persistant.

Inerme, sans aiguillons ni épines.

Infère (ovaire), soudé au calice ou au réceptacle, ou étroitement enveloppé par l'un ou l'autre de ces organes, et surmonté par la corolle ou le périanthe.

Infléchi, fléchi en dedans du côté de l'axe.

Inflorescence, disposition des fleurs sur la tige ou les rameaux.

Infundibuliforme, en forme d'entonnoir.

Inséré, qui a un point d'attache. — Les feuilles sont insérées sur la tige.

Insertion, le point, la région où un organe appendiculaire est attaché à l'axe. L'insertion des étamines est *hypogynique* quand elles s'attachent au-dessous de l'ovaire, *épigynique* lorsqu'elles s'attachent au-dessus, et *périgynique*, lorsqu'elles s'attachent autour du même organe. Selon qu'elles occupent la première, la seconde ou la troisième de ces positions, la corolle et les étamines sont dites *hypogynes*, *épigynes* ou *périgynes*.

Interrompu, présentant des solutions de continuité.

Introrses (anthères), dont les lignes de déhiscence sont tournées vers le centre de la fleur.

Involucelle, ensemble de bractées formant collerette sous les ombellules. (Voy. Ombellifères, p. 146).

Involucre, ensemble de bractées placées sous certaines inflorescences. (Voy. Ombellifères, p. 146).

Involucre commun, *péricline* de certains auteurs. (Voy. Composées, p. 186).

Involucré, entouré d'un involucre.

Irrégulière (fleur), celle dont on peut distinguer une moitié droite et une moitié gauche, ou fleur ne présentant aucune symétrie.

L

Labelle. (Voy. Orchidées, p. 371).

Labié, dont le limbe se partage en deux parties principales, l'une supérieure, l'autre inférieure, nommées *lèvres*.

Le mot *bibabié* a le même sens.

Lâche, formé de parties très espacées ou peu nombreuses.

Lacinié, découpé en lanières étroites et irrégulières.

Lacune, espace vide dans le tissu de certaines tiges.

Lancéolé, en fer de lance.

Languette. (Voy. Composées, p. 186).

Latéral (style), paraissant naître sur le côté de l'ovaire. —Ordinairement le style est au sommet de l'ovaire.

Lenticulaire, convexe sur les deux faces et aminci sur les bords, comme une lentille.

Lèvres. (Voy. **Labié**).

Libre, qui n'adhère pas aux organes voisins.

Ligneuse (plante) ♄, dont la tige adulte et les branches ont la consistance du bois.

Ligule. (Voy. Composées, p. 186, et Graminées, p. 424).

Ligulée (fleur), allongée en languette. (Voy. Composées, p. 186).

Limbe, partie élargie d'un pétale, d'une feuille.

Linéaire, allongé, étroit et d'égale largeur.

Linguiforme, en forme de langue.

Lobe, division peu profonde d'une feuille, d'un calice, d'une corolle.

Lobé, se dit d'un organe à divisions superficielles. — Bi., tri., quadrilobé : à 2, 3, 4 lobes.

Lobulé, muni de lobes très peu saillants.

Loculaire (uni., bi., tri., multi.), se dit d'un fruit à 1, 2, 3 ou plusieurs loges.

Loges. (Voy. **Étamines** et **Ovaire**).

Lyrée(feuille), divisée inférieurement jusqu'à la nervure médiane en lobes latéraux plus petits que le terminal (Pissenlit).

M

Macrosporange. (Voy. Rhizocarpées, p. 478).

Mâle, se dit d'une fleur n'ayant que des étamines, ou d'une plante n'ayant que des fleurs à étamines.

Marcescent, qui se dessèche et persiste sur place.

Marge, bord de la feuille, du sépale, du pétale.

Marginal, placé sur le bord.

Marginé, entouré d'un rebord.

Médian, placé à la partie moyenne.

Membraneux, mince et ayant un peu la consistance du parchemin.

Microsporange, microspore. (Voy. Lycopodiacées, p. 477, et Rhizocarpées, p. 478).

Monadelphes (étamines), soudées en un seul faisceau.

Moniliforme, en forme de chapelet.

Monocéphale, à un seul capitule. (Voy. ce mot).

Monocotylédones ou monocotylédonées (plantes), dont la graine ne contient qu'un seul *cotylédon*. (Voy. **Dicotylédones**). On les reconnaît aux nervures de leurs feuilles ordinairement nombreuses et parallèles entre elles, à leurs feuilles le plus souvent très entières, engaînantes et sans stipules, à leurs fleurs dont les parties semblables sont ordinairement disposées par trois. Quand leur périanthe est double, l'extérieur et l'intérieur sont ordinairement tous deux foliacés ou tous deux colorés. Toutes les Monocotylédonées de nos pays sont des plantes herbacées à l'exception du *Ruscus aculeatus*.

Monoïques (plantes), portant des fleurs à étamines (*mâles*) et des fleurs à pistil (*femelles*) distinctes sur le même pied.

Monopétale (corolle), dont les pétales sont plus ou moins soudés entre eux.

Monosépale (calice), à sépales soudés entre eux.

Monosperme, à une seule graine.

Mucron, petite pointe raide et terminale.

Mucroné, pourvu d'un mucron.

Mucronulé, courtement mucroné.

Multi., beaucoup, nombreux : multiflore, multiséqué, multifide, etc.

Mutique, dépourvu de pointe, d'arête, ou de mucron.

N

Nageante, se dit d'une plante aquatique dont les feuilles nagent à la surface de l'eau.

Napiforme, renflé en forme de navet.

Nectaires, glandes de certaines fleurs, sécrétant un liquide sucré.

Nectarifère, qui porte des nectaires.

Nervé, à nervures saillantes. — Bi., tri., quadrinervé : à 2, 3, 4 nervures.

Nervures, faisceaux libéro-ligneux constituant la charpente de la feuille.

Neutre (fleur), dont les étamines et le pistil ne se sont pas développés.

Nœud, articulation de la tige, renflée et correspondant au point d'insertion d'une feuille.

Noueux, muni de nœuds.

Nucule. (Voy. BORAGINÉES, p. 258, et LABIÉES, p. 290).

Nue (fleur), dont les organes reproducteurs ne sont point entourés d'enveloppes florales (périanthe, ou calice et corolle).

O

Ob, placé devant un qualificatif, indique que la disposition qu'exprime celui-ci est inverse de la position normale : obcordé, en cœur renversé.

Oblong, se dit d'un organe dont la surface ou la coupe forme une ellipse très allongée.

Obovale, en forme d'œuf renversé, la partie élargie en haut.

Obové, en forme d'œuf, avec la partie élargie en haut.

Obtus, à sommet arrondi.

Ochrea. (Voy. POLYGONÉES, p. 320).

Œil, nom donné à la couronne constituée par le limbe du calice marcescent au sommet de certains fruits (Poirier, Pommier).

Oligophylle, se dit d'une tige qui ne porte qu'un petit nombre de feuilles.

Oligosperme, se dit d'un fruit dont les graines sont peu nombreuses.

Ombelle, inflorescence dans laquelle les pédoncules partent du même point. (Voy. OMBELLIFÈRES, p. 146).

Ombelliforme, en forme d'ombelle.

Ombellule. (Voy. OMBELLIFÈRES, p. 146).

Ombilic, dépression concave au centre de certains organes.

Ombiliqué, pourvu d'un ombilic.

Onglet, base rétrécie d'un pétale.

Onguiculé, pourvu d'un onglet.

Opercule, pièce en forme de couvercle qui se détache circulairement du sommet de certains fruits.

Operculé, pourvu d'un opercule.

Opposé, se dit d'un organe placé en face d'un autre.

Opposées (feuilles), placées par paire et attachées l'une en face de l'autre à la même hauteur sur la tige.

Oppositifolié, qui est en face de la feuille, du côté opposé de la tige.

Orbiculaire, en cercle régulier, ou presque régulier.

Oreillettes, appendices foliacés latéraux de certains pétioles.

Ovaire, partie renflée du carpelle, ou des carpelles soudés, qui renferme le ou les ovules. Il peut être *supère*, *infère*, ou *semi-infère* (V. ces mots). Il peut être à une ou plusieurs *loges* : à une seule loge quand il est formé par un seul carpelle, ou par plusieurs carpelles soudés par leurs bords ; à plusieurs loges quand il résulte de la fusion de plusieurs carpelles roulés en cornet et formant chacun une cavité distincte.

Ovale, se dit d'un organe dont la surface ou la coupe rappellent celles d'un œuf.

Ovoïde, en forme d'œuf, le gros bout en bas, ou approchant de cette forme.

Ovules, petits corps renfermés dans l'ovaire et attachés sur le placenta ; après fécondation les ovules deviennent des graines.

P

Pailleté, portant des paillettes.

Paillette. (Voy. Composées, p. 184).

Palais, renflement de la lèvre inférieure qui ferme la gorge de la corolle de quelques Labiées et Scrophularinées.

Paléacé, hérissé de paillettes.

Palmatifide (feuille), dont le limbe est divisé jusque vers le milieu en segments aigus, disposés comme les doigts écartés de la main.

Palmatilobée (feuille), à nervures palmées et limbe divisé en segments arrondis et ordinairement peu profonds.

Palmatipartite (feuille), à nervures palmées, dont le limbe est découpé en segments aigus jusqu'au delà de son milieu.

Palmatiséquée (feuille), à nervures palmées, dont le limbe est découpé jusqu'à sa base.

Palmée (feuille), dont les divisions ou les nervures divergent en rayonnant, comme les doigts de la main quand ils sont écartés.

Panicule, inflorescence dans laquelle les axes secondaires, plus ou moins ramifiés, décroissent en longueur de la base au sommet.

Papilionacée (corolle). (Voy. Papilionacées, p. 88).

Papilles, petites rugosités coniques qui recouvrent certaines surfaces.

Parasite (plante), qui vit aux dépens d'une autre plante, en se fixant sur elle.

Paripennée (feuille), feuille composée, dont toutes les folioles sont disposées par paires latérales.

Partit, se dit d'un organe profondément divisé. — Bi., tri., quadripartit, indique le nombre des divisions.

Pauciflore, ne portant qu'un petit nombre de fleurs.

Pectiné, à divisions étroites disposées comme les dents d'un peigne.

Pédicelle, ramification du pédoncule, qui porte la fleur.

Pédicellée (fleur), portée sur un pédicelle.

Pédoncule, support non ramifié de la fleur.

Pédonculée (fleur), munie d'un pédoncule.

Pellucide, se laissant traverser par la lumière.

Peltée (feuille), de forme orbiculaire et fixée par le centre.

Pennatifide, pennatilobée, pennatipartite,

pennatiséquée (feuille), à divisions plus ou moins profondes, et disposées comme les barbes d'une plume.

Pennée (feuille), feuille composée, dont les folioles sont disposées alternativement à droite et à gauche du rachis, comme les barbes d'une plume.

Pentagonal, à cinq angles.

Pentagone, même sens.

Pentamère (fleur), dont chaque verticille est formé de cinq pièces.

Pépins, nom donné aux graines des PYRÉES. (Voy. p. 132).

Péponide, fruit charnu des CUCURBITACÉES. (Voy. p. 240).

Perfoliées (feuilles), soudées deux à deux par leur base et traversées par la tige.

Périanthe, ensemble des enveloppes florales. Ce nom sert aussi plus particulièrement pour désigner les fleurs des Monocotylédones ou de certaines Dicotylédones incomplètes.

Péricarpe, partie du fruit formée par les parois de l'ovaire accru et fécondé.

Péricline. (Voy. COMPOSÉES, p. 186).

Périgyne. (Voy. **Insertion**).

Persistant, qui reste quoique desséché ; se dit aussi des feuilles qui restent vertes pendant l'hiver.

Pétales, pièces qui constituent la corolle.

Pétaloïde, qui a l'aspect d'un pétale.

Pétiole, support du limbe de la feuille.

Pétiolule, petit pétiole de chaque foliole dans une feuille composée.

Phanérogames (plantes), dont les organes reproducteurs sont des étamines et des ovules.

Phyllode, formation ayant l'apparence d'une feuille et résultant le plus souvent de l'aplatissement latéral d'un pétiole.

Piriforme, en forme de poire.

Pistil, le quatrième verticille d'une fleur complète dont il occupe le centre ; le pistil se compose du ou des carpelles. (Voy. ce mot).

Pivotante (racine), qui s'enfonce perpendiculairement dans le sol (Carotte).

Placenta, partie de l'ovaire où les ovules sont attachés.

Placentation, manière dont les ovules sont attachés sur les placentas. La placentation est *axile* (dans l'axe de la fleur) quand les carpelles qui constituent l'ovaire sont roulés en cornet et soudés les uns aux autres ; *pariétale* quand les carpelles étalés sont soudés bords à bords et que les ovules sont attachés sur les sutures pariétales ; *centrale* quand, les carpelles étant soudés bords à bords et circonscrivant une cavité unique, comme dans le cas précédent, les ovules sont portés sur un prolongement de l'axe faisant saillie dans cette cavité.

Plumeux, se dit d'un poil portant deux rangées de poils secondaires disposés comme les barbes d'une plume. Par abréviation : aigrette plumeuse, pour : aigrette à poils plumeux.

Pluriloculaire, à plusieurs loges.

Plurisériés, sur plusieurs lignes.

Poilu, muni de poils longs et distincts.

Pollen, poussière fécondante renfermée dans l'anthère.

Poly., beaucoup, en grand nombre : polysperme, polyphylle, etc.

Polygame. Une plante est dite polygame, quand, sur le même individu, se trouvent des fleurs à étamines seulement (*fleurs mâles*), des fleurs à pistil seulement (*fleurs femelles*), et enfin des fleurs à étamines et à pistil (*fleurs hermaphrodites*). Par abréviation on dit : fleurs polygames, pour : plante à fleurs polygames.

Polymorphe, se dit d'une espèce à formes nombreuses.

Polypétale (corolle), à plusieurs pétales libres.

Polyphylle, à plusieurs folioles libres entre elles.

Polysépale (calice), à plusieurs sépales libres.

Polysperme, à graines nombreuses.

Pore, très petite ouverture par laquelle s'échappent les graines dans certains fruits, le pollen dans quelques anthères.

Postérieur, se dit d'un pétale ou de plusieurs pétales, ou d'autres organes, qui, dans la fleur, sont placés du côté de l'axe et, par conséquent, opposés à la bractée à l'aisselle de laquelle la fleur s'est développée.

Pruineux, couvert d'une poussière glauque.

Pubérulent, diminutif de pubescent.

Pubescence, état des surfaces qui portent des poils.

Pubescent, couvert de poils fins, courts et peu abondants.

Pulvérulent, couvert d'une fine poussière.

Pyriforme, en forme de poire.

Pyxide, capsule qui s'ouvre au sommet par une fente circulaire, comme une boîte à savonnette.

R

Racémiforme, en forme de grappe.

Rachis, axe de l'épi des Graminées, pétiole principal des feuilles composées, des frondes de Fougères, etc.

Racine, partie de l'axe qui fait suite à la tige et tend en général à s'enfoncer perpendiculairement dans le sol pour y fixer le végétal et y puiser les sucs nourriciers ; se distingue de la tige en ce qu'elle ne porte pas de feuilles, même réduites à des écailles, ni traces de feuilles tombées. Les racines qui naissent de tous autres points de la tige ou de ses ramifications, sont dites *adventives*.

Radical, qui naît ou paraît naître de la racine.

Radicant, qui émet des racines.

Radié, en rayon. (Voy. ce mot).

Rampant, couché sur le sol.

Ramuscule, petit rameau, petite branche.

Raphé, ligne saillante, partant

du point d'attache (*hile*) de la graine sur le placenta.

Rayonnantes, se dit des fleurs de la circonférence d'un capitule, d'une ombelle ou d'une ombellule, lorsqu'elles sont plus grandes que celles du centre et que leurs pétales sont irréguliers, les plus grands à l'extérieur. Les fleurons de la circonférence dans le capitule des Composées Radiées sont aussi dits rayonnants.

Rayons, nom donné à plusieurs organes disposés comme les rayons d'une roue autour d'un axe ou d'un disque. Dans les ombelles et les ombellules, les pédoncules ou les pédicelles forment des rayons qui partent du même point en divergeant.

Réceptacle, partie de l'axe qui porte la fleur; il est de forme variable : plan, convexe, conique ou concave.

Réceptacle commun. (Voy. Composées, p. 186).

Réfléchi, recourbé en dehors ou dirigé vers le sol.

Réfracté, brusquement réfléchi.

Régulier, qualifie l'ensemble des différentes pièces constituant un des verticilles floraux, lorsqu'elles sont toutes semblables entre elles.

Rejets, nom donné aux tiges qui naissent sur la souche des plantes vivaces.

Réniforme, en forme de rein ou de haricot.

Réticulé, disposé en réseau.

Rétinacle. (Voy. Orchidées, p. 371).

Rhizome, tige souterraine, émettant des racines et des rameaux aériens.

Rhomboïdal, se dit d'un organe plan dont la surface a la forme d'un losange.

Roncinée (feuille), feuille pennatifide, à lobes aigus et dirigés vers la base.

Rosette (en), disposition en cercle de feuilles nombreuses et étalées à la surface du sol.

Rotacée (corolle), corolle monopétale, à tube court et limbe presque plan (G. *Galium*, p. 176).

Rudimentaire, à peine développé.

Rugueux, creusé de sillons ou de rides, et rude au toucher.

Ruguleux, faiblement rugueux.

S

Sagitté, en fer de flèche.

Saillant, qui s'élève au-dessus de certains organes, de la corolle, par exemple.

Samare, fruit sec, monosperme, indéhiscent, entouré d'une aile membraneuse.

Sarmenteuse, se dit d'une tige ligneuse, allongée, flexible, faible, couchée quand elle est isolée, et ne s'élevant qu'en s'appuyant sur les corps voisins.

Scabre, rude au toucher.

Scarieux, se dit d'un organe ayant la consistance raide d'une écaille et plus ou moins transparent.

Scorpioïde (inflorescence), enroulée en queue de scorpion et présentant sur sa convexité deux séries parallèles de fleurs.

Segment, division d'une

feuille se prolongeant jusqu'à la nervure médiane.

Semi., devant un mot, signifie demi, à moitié.

Semi-flosculeuses. (Voy. Composées, p. 186).

Semi-infère (ovaire), se dit d'un ovaire dont une partie seulement est soudée avec le réceptacle ou le tube du calice, tandis que l'autre est libre et saillante dans la fleur.

Semi-lunaire, en forme de croissant ou de demi-lune.

Sépales, pièces constituant le calice polysépale.

Séqué, segmenté.—Une feuille bi., tri., multiséquée, est celle dont les portions ou segments sont très profondément séparés en 2, 3, ou plusieurs divisions.

Sérié, disposé en lignes.

Sessile, dépourvu de support, attaché directement sur l'axe.

Sétacé, en forme de soie raide.

Sétiforme, ressemblant à une soie, en forme de soie.

Silique et **silicule**. (Voy. Crucifères, p. 19).

Sillonné, creusé de sillons.

Simple, qualificatif indiquant, quand il est appliqué à une feuille, que celle-ci n'est pas constituée dans son ensemble par des folioles distinctes, bien qu'elle puisse être d'ailleurs entière ou plus ou moins découpée. Une tige, une inflorescence, un organe quelconque, sont simples quand ils ne sont pas divisés. Un ovaire est simple quand il n'est formé que d'un seul carpelle ou de plusieurs carpelles soudés.

Sinué, dont le bord est sinueux ou faiblement échancré.

Soie, poil long et raide.

Solitaire, se dit d'un organe qui n'est pas accompagné d'organes de même nature.

Sores. (Voy. Fougères, p. 469).

Souche, partie souterraine de la tige.

Sous-arbrisseau. (Voy. Arbuste).

Sous-frutescent, même sens que sous-ligneux.

Sous-ligneux, se dit des plantes dont la tige est ligneuse à la base seulement.

Spadice. (Voy. Aroidées, p. 401).

Spathe. (Voy. Amaryllidées, p. 369, Aroidées, p. 401, Liliacées, p. 386, etc.).

Spatulé, longuement rétréci à la base et élargi au sommet en forme de spatule.

Sperme, graine.—Mono., di., polysperme, se dit d'un fruit à 1, 2, beaucoup de graines.

Spiciforme, en forme d'épi.

Spinescent, muni de petites épines.

Spinuleux, même sens.

Spontanée (plante), croissant naturellement dans une région.

Sporange, appareil de fructification de certaines Cryptogames, renfermant les spores. (Voy. Fougères, p. 469, et Lycopodiacées, p. 477).

Spore, corps reproducteur des Cryptogames. (Voy. Fougères, p. 469, et Équisétacées, p. 466).

Sporocarpe. (Voy. Rhizocarpées, p. 478).

Squamiforme, en forme d'écaille.

Staminode, étamine stérile, plus ou moins modifiée dans sa forme.

Stérile, se dit d'une fleur dont l'ovaire ne se développe pas, ou d'une étamine sans pollen.

Stigmate, extrémité papilleuse du style, de forme très variable.

Stipe, non donné à une base très rétrécie par laquelle s'insèrent certains organes.

Stipité, porté par un stipe.

Stipulée (feuille), pourvue de stipules.

Stipules, appendices foliacés qui se trouvent à la base d'un grand nombre de feuilles.

Stolon ou coulant, rejet rampant qui se développe à la base de la tige et qui s'enracine aux nœuds, donnant ainsi naissance à de nouveaux individus.

Stolonifère, pourvu de stolons.

Strié, couvert de stries.

Stries, petits sillons séparés par des côtes.

Strophiole, épaississement en forme de crête d'une partie de la graine.

Style, prolongement filiforme de l'ovaire.

Stylopode. (Voy. OMBELLIFÈRES, p. 146).

Sub., précédant un adjectif : presque, à peine.

Submergé, entièrement plongé dans l'eau.

Subulé, en forme d'alène.

Succulent, gorgé de sucs.

Suçoirs, organes qui servent à quelques plantes parasites à puiser leur nourriture sur d'autres végétaux.

Supère, se dit de l'ovaire libre et entièrement visible au fond de la fleur.

T

Terminal, qui termine, qui est situé au sommet.

Ternatiséquée (feuille), se dit d'une feuille profondément divisée en trois segments ; ces segments eux-mêmes peuvent être à leur tour ternatiséqués et la feuille est dite alors biternatiséquée, etc.

Terné, à trois parties, à trois divisions, disposé par trois.

Tétragone, à quatre angles.

Tétramère (fleur), dont chaque verticille est formé de quatre pièces.

Thyrse, panicule dont les rameaux les plus longs sont à la partie moyenne de l'inflorescence.

Tige, partie de l'axe qui tend en général à se diriger vers la lumière et porte, soit directement, soit indirectement, sur ses ramifications, des organes appendiculaires : feuilles et fleurs. La tige peut être aérienne, aquatique ou souterraine ; dans ce dernier cas, elle porte le nom de *rhizome*. On la distingue toujours de la racine, en ce que seule elle porte en des points déterminés des feuilles, des bourgeons, des écailles, ou tout au moins les cicatrices laissées par ces organes.

Tomenteux, couvert d'un duvet court, serré et entrecroisé.

Tortile, qui se tord, s'entortille, ou se roule en spirale.

Toruleux, formé d'une série de renflements séparés par des étranglements.

Traçant, même sens que **Stolonifère.**

Triadelphes (étamines), soudées en trois faisceaux par leurs filets.

Trichotome, qui se divise et se subdivise par trois.

Trigone, à trois angles obtus ou peu saillants.

Trimère (fleur), dont les verticilles sont formés de trois pièces.

Triquètre, à trois angles saillants.

Tristiques (feuilles), alternes et disposées sur trois lignes parallèles et équidistantes (G. *Carex*, p. 403).

Tronqué, coupé à angle droit au sommet.

Tube, base de la corolle monopétale ou du calice monosépale.

Tubercule, renflement féculent de la racine ou de la tige.

Tubériforme, en forme de tubercule.

Tubuleux, en forme de tube.

Tunique, ensemble de feuilles ou écailles charnues embrassant presque complètement certains bulbes.

Turbiné, en forme de toupie ou de poire renversée.

Turion, bourgeon souterrain naissant de la souche ou du rhizome des plantes vivaces.

U

Unciné, courbé en crochet, ou en forme de hameçon.

Unilatéral, disposé d'un seul côté.

Uniloculaire, à une seule loge.

Unisérié, disposé sur un seul rang.

Unisexuées (fleurs), n'ayant que des étamines ou que des carpelles.

Urcéolé, en forme de grelot.

Utricule. (Voy. CYPÉRACÉES et G. *Carex*, p. 402 et 403).

V

Vallécule. (Voy. OMBELLIFÈRES, p. 146).

Valve, l'une des parties qui s'écartent lorsqu'un fruit s'ouvre. — Bi., tri., quadrivalve : à 2, 3, 4 valves.

Variété, nom donné aux individus d'une même espèce différant du type par des caractères moins importants que ceux qui existent entre deux espèces différentes.

Vasculaires (plantes), dont le tissu se compose de vaisseaux ou tubes plus ou moins allongés, unis à des fibres et à des cellules (*Phanérogames* et *Cryptogames vasculaires*).

Velu, couvert de poils nombreux, mous et couchés.

Verruqueux, couvert de verrues.

Verticille, série d'organes disposés en cercle autour d'un axe.

Verticillées (feuilles), attachées toutes à la même hauteur sur la tige.

Vésiculeux, renflé comme une petite vessie.

Vittæ. (Voy. OMBELLIFÈRES, p. 146).

Vivace (plante), qui peut vivre plus de deux années. Les arbres, les arbustes, beaucoup de plantes herbacées à tiges souterraines développées, sont vivaces. Le signe ♃ ne s'applique qu'à ces dernières. (Voy. **Ligneuse**).

Vivipare (plante), dont les rameaux portent des bulbilles à leur aiselle, dont les fleurs se transforment en bourgeons, etc., etc.

Volubile, qui s'enroule en spirale autour des corps voisins.

Vrilles, parties d'une tige ou d'une feuille, allongées et sensibles, pouvant s'enrouler autour de supports pour soutenir la plante et lui permettre de grimper.

TABLE DES NOMS VULGAIRES.

CORRECTIONS ET ADDITIONS.

P. 10, ligne 23, au lieu de : près Barges, lisez : près Fénay.

P. 27, ligne 20, au lieu de : crénelées, lisez : les infér. crénelées.

P. 129, ligne 23, au lieu de : Deség., lisez : Déség.

P. 143, ligne 15, au lieu de : renflement creux, lisez : renflement spongieux.

P. 149, ligne 6, et p. 160, ligne 26, au lieu de : *Athamantha*, lisez : *Athamanta*.

P. 189, ligne 24, au lieu de *Achillæa*, lisez : *Achillea*.

P. 206, ligne 40, après : GNAPHALIUM, ajoutez : L.

P. 229, ligne 28, après : *S. palustris*, ajoutez : L.

P. 238, ligne 12, après : SPECULARIA Heist., ajoutez : — *Legouzia* Durande ; Lorey.

P. 373, ligne 28, au lieu de : *Ophris*, lisez : *Ophrys*.

P. 383, ligne 23, au lieu de : Desne, lisez : Dcsne.

P. 476, ligne 12, après : SCOLOPENDRIUM Sm., ajoutez : (Scolopendre).

P. 477, ligne 25, après : LYCOPODIUM Dill., ajoutez : (Lycopode).

TABLE DES MATIÈRES.

Dijon, imprimerie Darantiere, rue Chabot-Charny, 65.

www.ingramcontent.com/pod-product-compliance
Lightning Source LLC
Chambersburg PA
CBHW061550080726
47597CB00001BA/51